電機學

范盛祺、張琨璋、盧添源　編著

全華圖書股份有限公司　印行

序

1. 本書使用的對象為非電機與電子科系的理工學院學生。
2. 本書共分為兩部份：第 1 章至第 6 章在說明基本電學；第 7 章至第 12 章在說明電機機械。
3. 基本電學在闡述電學的基本理論，同時附有模擬軟體，可作為實際演算的驗證。
4. 電學部份共有 6 章，包含電的基本概念、直流基本電路、電磁的基本概念、電容器與電感器、交流基本概念及交流電路等，透過基本觀念的介紹，電路理論的詳述，對電學有深層的瞭解。
5. 電機機械在介紹電磁的理念及作用，包含有電機基本概念、變壓器、直流電機、單相感應電動機、三相感應電動機及同步電機等，由基本電磁概念到電機之動作及應用，都有詳實的解說。
6. 本書各章皆附有習題，可供學生作複習使用。
7. 本書之專有名詞，悉依照教育部所公布之“電機工程名詞”為準。
8. 本書係利用課餘編撰，雖經多次校訂，仍難免有所疏漏，敬祈諸先進不吝指正。

作者　謹識

編輯部序

「系統編輯」是我們的編輯方針，我們所提供給您的，絕不只是一本書，而是關於這門學問的所有知識，它們由淺入深，循序漸進。

此書為作者針對外系(非電機系)所編寫的電機學教本，內容由淺至深、說明詳細，並因應非電機系學生的需要，介紹一般電工原理、電機機械、電儀表的原理、種類以及其應用，且基本電學在闡述電學的基本理論時，附有模擬軟體可作為實際演算的驗證，而電機機械部分由基本電磁概念到電機之動作及應用，都有詳細的解說及圖表，使讀者一目了然。本書適用於私大、科大機械系二年級必修“電機學”課程使用。

同時，為了使您能有系統且循序漸進研習相關方面的叢書，我們以流程圖方式，列出各有關圖書的閱讀順序，以減少您研習此門學問的摸索時間，並能對這門學問有完整的知識。若您在這方面有任何問題，歡迎來函連繫，我們將竭誠為您服務。

相關叢書介紹

書號：0518702
書名：電機學(第三版)
編著：顏吉永.林志鴻
16K/552 頁/510 元

書號：0621176
書名：電機學(第七版)(精裝本)
編著：楊善國
16K/248 頁/320 元

書號：0643871
書名：應用電子學(第二版)(精裝本)
編著：楊善國
20K/496 頁/540 元

書號：0429702
書名：機電整合
編著：郭興家
16K/328 頁/320 元

書號：05280
書名：小型馬達技術
日譯：廖福奕
20K/224 頁/250 元

書號：0344404
書名：實用保護電驛(第五版)
編著：李宏任
16K/680 頁/740 元

書號：1029571
書名：微機電系統技術與應用(精裝本)(上、下冊)需一起合購
編著：國研院精密儀器中心
16K/1286 頁/1500 元

◎上列書價若有變動，請以最新定價為準。

流程圖

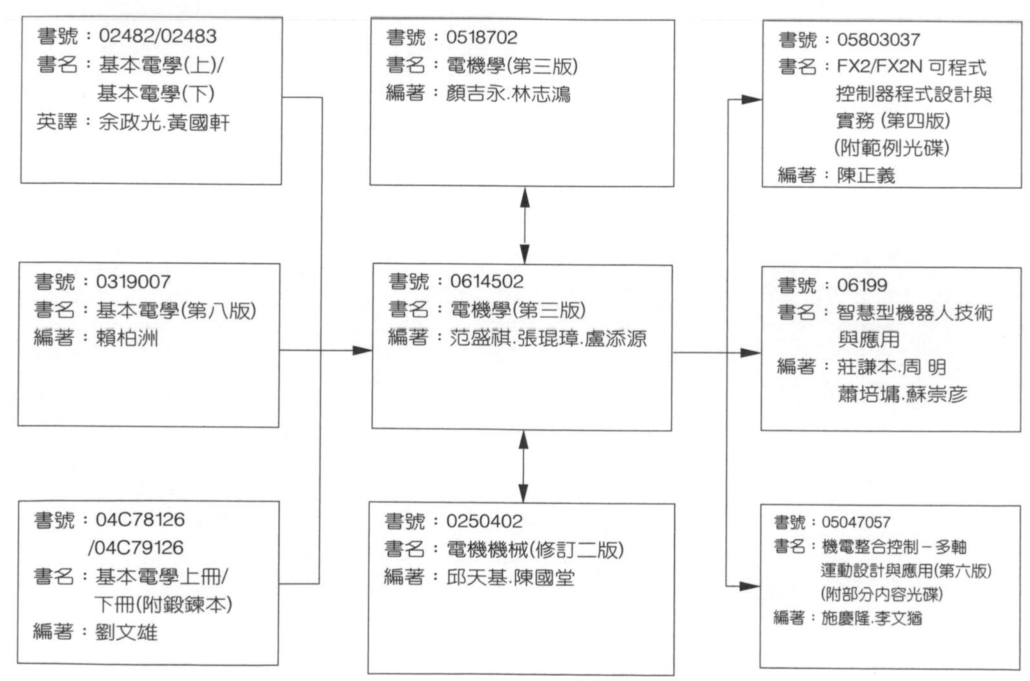

目錄 Contents

第 1 章 電的基本概念

第 2 章 直流基本電路

第 6 章 交流基本電路

第 7 章 電機基本概念

第 8 章 變壓器

Contents

第 9 章 直流電機

第 10 章 單相感應電動機

第 11 章 三相感應電動機

第 12 章 同步電機

附　錄

電的基本概念

1-1 物質之組成

任何具有質量且佔有空間的物體，稱爲物質(matter)。物質以物理方法，例如加溫，分割成最小微粒但仍保有該物質原有的特性，稱爲分子(molecule)。若物質以化學方法，例如電解法，分解成最小微粒，則將失去該物質原有的特性，稱爲原子(atom)。

如圖 1-1 所示爲原子的基本結構。在原子結構中，最內層稱爲原子核(atomic nucleus)。原子核由中子(neutron)與質子(proton)組成。環繞原子核外圍軌道者，稱爲電子(electron)。電子爲帶負電的電荷，質子爲帶正電的電荷，中子則爲不帶電。自然界原子的電子與質子數量相等，所以淨電荷爲零，且爲中性體(不帶電)。在原子核的周圍有電子循軌道不斷地移動。電子與原子核距離的遠近決定束縛力的大小，距離較近者，束縛力較大；距離較遠者，束縛力較小。

如圖 1-2 所示，在固體中，原子呈緊密地排列，能在金屬內自由地移動，稱爲自由電子(free electron)。如在室溫(25℃)下，每立方公尺就有 10^{29} 個自由電子移動。

當電流流過不同的材料時，自由電子的漂移方式也不同。在導體中，電子幾乎不受原子核的束縛而能快速地移動；在半導體內，由於電子-電洞效應造成電子的移動；在絕緣體內受限於分子所構成的共價鍵(covalent bond)，電子無法脫離原子而移動，但對絕緣體而言，只要有足夠大的能量(例如高電壓)也可以使電子移開原子的束縛成爲自由電子。

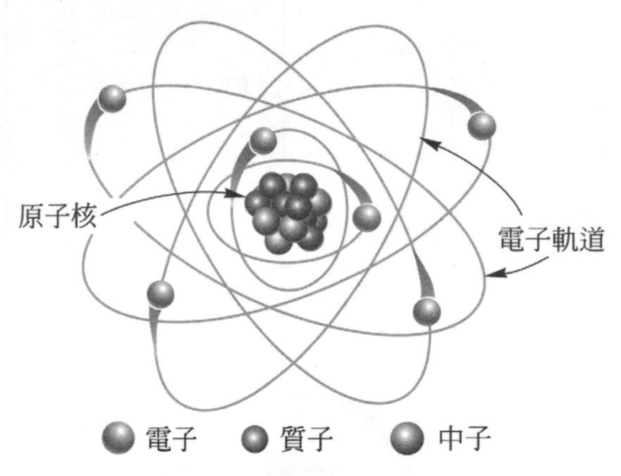

圖 1-1　原子結構圖

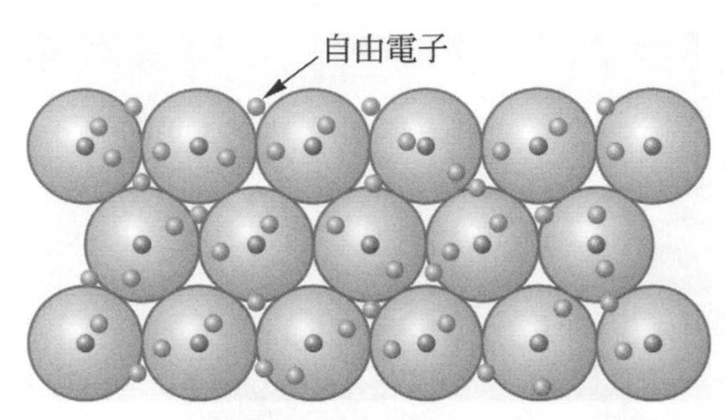

圖 1-2　原子緊密地排列

如圖 1-3 所示，依材料能隙(energy bandgap)寬度的不同，可分為導體(conductor)、半導體(semiconductor)及絕緣體(insulator)。在正常情況下，電子都在價電帶，又稱價電子(valence electron)，其是指在原子內最外層電子軌道上的電子，電子從價電帶跳入傳導帶(conduction band)成為自由電子，必須獲得最低的能量。通常能隙寬度小於 3 電子伏特(electron volt, eV)者為半導體，大於 3 電子伏特以上稱為絕緣體，導體則幾乎沒有能隙。1 電子伏特定義為一個電子(帶電量=1.602×10^{-19} 庫侖)移動一伏特的電位所需要的能量。[註]：1eV=1.602×10^{-19} 焦耳，電子伏特為能量單位。

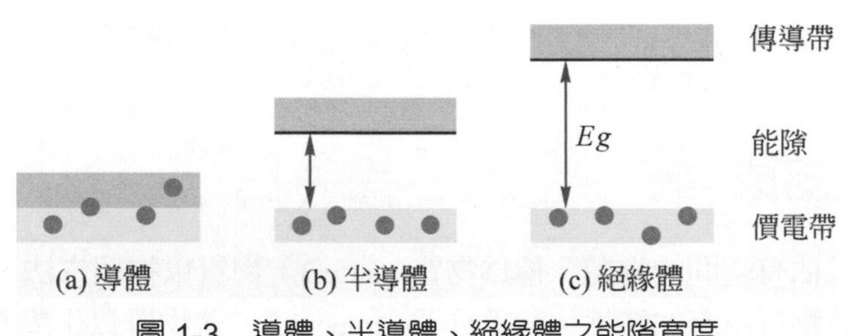

圖 1-3　導體、半導體、絕緣體之能隙寬度

1-2　電荷與庫侖定律

原子內質子與電子是最小的微粒，通稱電荷(electric charge)。質子帶正電者稱為正電荷(positive charge)，電子帶負電者稱為負電荷(negative charge)。帶電體內含有電荷的數量稱為電量，符號為 Q，單位為庫侖(coulomb)，代號為 C。

$$1\text{ 庫侖(C)} = 6.25\times10^{18}\text{ 個電子所含的電量} \tag{1-1}$$

$$1\text{ 個電子的電量} = \frac{1}{6.25\times10^{18}}\text{ 庫侖} \fallingdotseq 1.6\times10^{-19}\text{ 庫侖(C)} \tag{1-2}$$

兩電荷間因極性之交互作用，會產生相吸或相斥的作用力。作用力的大小由庫侖定律(Coulomb's law)決定。庫侖定律為：兩電荷間的作用力與兩電荷帶電量的乘積成正比，而與兩電荷間之距離的平方成反比。如圖 1-4 所示。庫侖定律的關係式為：

$$F(\text{相吸或相斥}) = k\frac{Q_1 Q_2}{r^2} \tag{1-3}$$

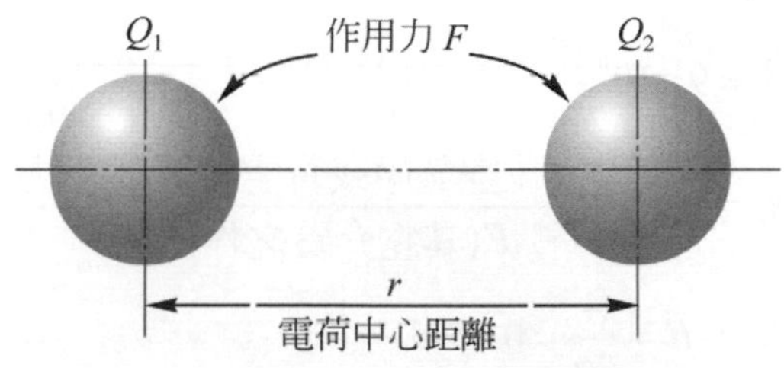

圖 1-4　庫侖定律

式中，F 為作用力，k 為常數，Q 為電荷之帶電量，r 為兩電荷間之距離。其單位如表 1-1 所示。

表 1-1　單位

	作用力(F)	電荷帶電量(Q)	距離(r)	常數(k)
SI 制或 MKS 制	牛頓(Nt)	庫侖(C)	公尺	9×10^9
CGS 制	達因	靜電庫侖	公分	1

常數 k 說明於下：

在眞空或空氣中：$k = \dfrac{1}{4\pi\varepsilon_o}$　(ε_o：眞空介電係數)

其它介質中：$k = \dfrac{1}{4\pi\varepsilon}$　(ε：介電係數)

介電係數：$\varepsilon = \varepsilon_o\,\varepsilon_r$　(ε_r：相對介電係數)　(1-4)

$$\varepsilon_o = \frac{1}{36\pi\times10^9} = 8.85\times10^{-12} \quad (\text{庫侖}^2/\text{牛頓-米}^2)$$

$$\varepsilon_r = \frac{\varepsilon}{\varepsilon_o}$$

單位間的互換：

1 庫侖 $= 6.25\times10^{18}$ 個電子電量，1 個電子電量 $=-1.6\times10^{-19}$ 庫侖

1 牛頓 $= 10^5$ 達因，1 庫侖 $= 3\times10^9$ 靜電庫侖(或簡稱靜庫)

EXAMPLE

例題 1-1

兩電荷，$Q_1 =\ 5\times10^{-6}$ C，$Q_2 =\ 8\times10^{-6}$ C，相距 30cm，求(1)在空氣中，(2)在水中($\varepsilon_r = 80$)的作用力分別爲多少？

解 (1) 在空氣中，30cm = 30/100m= 0.3m。

$$F_o = k\frac{Q_1Q_2}{r^2} = 9\times10^9\frac{(5\times10^{-6})\times(8\times10^{-6})}{0.3^2} = \frac{9\times10^9\times40\times10^{-12}}{9\times10^{-2}} = 4\ \text{N}(\text{斥力})$$

(2) 比較法：$\varepsilon_r = \dfrac{\varepsilon}{\varepsilon_o} = \dfrac{F_o(\text{在空氣中或真空中之作用力})}{F(\text{其它介質之作用力})}$ (ε 與 F 成反比)

$$\varepsilon_r = \frac{4}{F} = 80\text{，}F = \frac{4}{80} = 0.05\ \text{N}$$

EXAMPLE

例題 1-2

在空氣中，兩電荷共帶有 3 微庫命之電量，相距 10 公分，問作用力爲多少？

解 3 微庫侖$=3\times10^{-6}$ C，10cm = 10/100m = 0.1m = 10^{-1} m。

$$F = k\frac{Q_1Q_2}{r^2} = 9\times10^9\frac{3\times10^{-6}\times3\times10^{-6}}{(10^{-1})^2} = \frac{9\times10^9\times9\times10^{-12}}{10^{-2}}$$

$= 8.1$ N(正號表示斥力)

1-3 電壓

電池因內部的化學反應，使得負電荷會累積在負電端，正電荷累積在正電端。當正、負電端累積定量的電荷時，正、負電兩端會形成電位差。此時，若用導線連接正、負兩端，負電端上之電荷因具有足夠的位能，會被吸引到正電端。

若電荷的帶電量爲 1 庫侖(C)，電荷由負端到達正端，需要 1 焦耳(J)的能量，則正、負兩端的電位差爲 1 伏特。如果移動 1 庫侖的電荷，由負端到正端，需要 10 焦耳能量，正、負兩端的電位差會增至 10 伏特。因此，電位差可定義爲：單位電荷作功所需要的能量。

$$V = \frac{W}{Q} \tag{1-5}$$

式中，V 爲電位差，單位爲伏特(V)；W 爲能量，單位爲焦耳(J)；Q 爲電荷，單位爲庫侖(C)。由此可知，電位差愈高，可移動電荷的能量也愈多，兩者成正比。上式可轉換成：

$$W = VQ \text{ 或 } Q = \frac{W}{V}$$

電壓(voltage)是電位(electric potential)、電位差(potential difference)、電動勢(electromotive force, emf)、電壓降(voltage drop)的通稱，單位爲伏特(volt，V)。

電壓相關用語較多，但觀念相近，容易造成混淆，現以電路圖說明各用語的意義及用法。圖 1-5 所示，電池爲供應電路主要的能量，稱爲電壓、電壓源、電動勢。e 端爲電路之接地端，或電壓源之負端，該端電壓值爲 0V。電路圖中常以電壓源之負端作爲接地端，故接地端常作爲電位的參考點，符號爲 “—”，電壓值爲 0V。

電動勢：使電路系統之電荷流動的原動力，提供電路所需電壓的來源，亦可稱爲電壓源。如圖 1-5 之電壓源(以電壓稱呼)，電路符號爲 E。

電位：指電路中某點的電壓值，或指該點對接地端的電壓值。如圖 1-5 所示，d 點對地(e 點)的電壓值，表示爲 V_{de}。因電壓值大小實際上爲兩點電壓值的比較值或算術差之值，即

$$V_{de} = V_d - V_e = V_d - 0 = V_d$$

若指 b 點的電位 V_b，係指 b 點對接地端的電壓值。電位若高於接地端稱爲正電位，以$+V_b$ 表示；電位若低於接地端稱爲負電位，以$-V_b$ 表示。

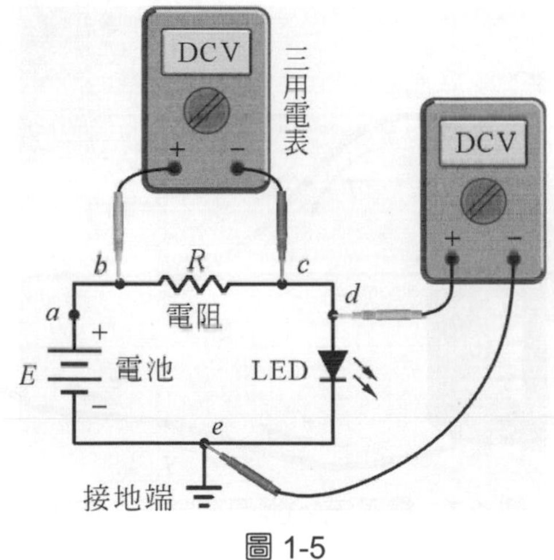

圖 1-5

電位差：如圖 1-5，兩點電位之算術差。b 點與 c 點的電壓差，以 V_{bc} 表示，數學式爲

$$V_{bc} = V_b - V_c$$

V_{bc} 爲 b 點與 c 點的電位值差值，現常以電壓降稱呼。如圖 1-5 中之電阻 R 的電壓降爲 V_{bc}，d 點與 e 點的電壓降爲 V_{de}。

在電路中，電壓源是提供能量的來源，是產生電路電流(current)或使電荷移動的原因。電路加上電壓的情形，就像在輸水管加上水壓，使得水可以在管線上流動。

1-4 電流

若一段電導線無外接任何電源，僅在室溫下，導線內之原子自室溫中取得熱能，自由電子會離開原子，原子成爲淨正電荷變爲正離子，並在固定位置上振動，自由電子離開原子作無定向的運動，如圖 1-6 所示。此時，自由電子成爲導線或電導體的電荷載體。不過，當導線未接受任何電源驅動時，電導線或導體內任何方向的淨電荷流過量仍爲零(正、負電荷量相同)。

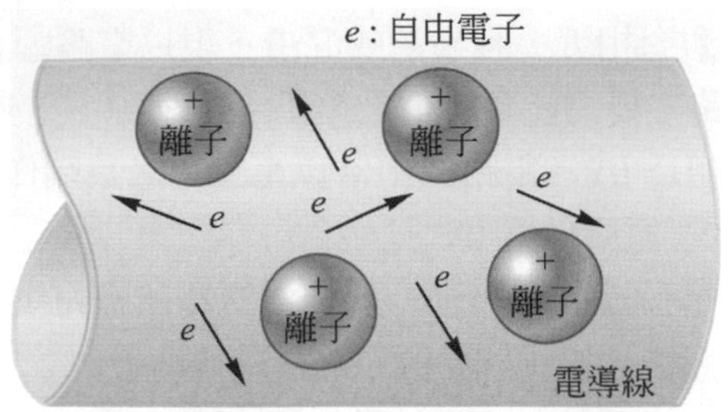

圖 1-6　電導線內之自由電子及正離子

如圖 1-7 所示，當接上電壓源時，導線內之自由電子，因電力作用，會移向電壓源之正端(異性相吸)，正離子只在固定位置上振動，導線內之電子並由電源之負端穩定的供應。導線之電荷載體由電源之負端經導線、負載，再流入電源之正端，稱爲電子流。傳統電流方向(＋→－)與電子流(－→＋)相反，由電源正端流出，經導線、負載再流入電源之負端。

圖 1-7　電子流(e)與傳統電流(I)方向

在圖中之迴路，若 1 秒鐘內有 6.25×10^{18} 個自由電子以等速的方式流過，則電荷之流動(或稱電流)，稱爲 1 安培(Ampere)。

電流(I)可定義爲單位時間(t)內，通過導體(或導線)任一截面之電量(Q)，爲：

$$I\,(\text{安培})=\frac{Q(\text{庫侖})}{t(\text{時間})} \tag{1-6}$$

式中，I 爲電流，單位爲安培(A)；Q 爲電量，單位爲庫侖(C)；t 爲時間，單位爲秒(s)。因此，在相同的時間內，若流過導線之電量(電子的數量)愈多，產生之電流愈大，電流與電量成正比。經由式子的運算，可得：

$$Q=I\times t\text{，或 } t=\frac{Q}{I}$$

電流對人體之影響很嚴重及危險。實驗結果顯示，只要幾毫安培(mA)的電流流過，人體就會反應。人體可忍受電流的程度，或稱邊際效應(side effect)，大約有 10 毫安培。50 毫安培的電流就會造成嚴重的休克，超過 100 毫安培將有生命的危險。

EXAMPLE
例題 1-3

有一電線流經之電流為 10mA，問每秒通過電線之電子數為多少個？

解　$10\text{mA} = \frac{10}{1000}\text{A} = 0.01\text{A}$，電流之數學式為：$I = \frac{Q}{t}$，則

$0.01 = \frac{Q}{1}$，$Q = 0.01$ 庫侖，又 1 庫侖 $= 6.25\times10^{18}$ 個電子

0.01 庫侖 $= 0.01\times6.25\times10^{18}$ 個電子 $= 6.25\times10^{16}$ 個電子

EXAMPLE
例題 1-4

10 安-時之蓄電池保有多少庫侖的電量？其電子數為多少個？

解　安-時為安培小時的簡寫，即 $I\times t = Q$。因時間 t 的單位為秒，則

(1)　電量 $Q = 10$ (安培)×3600 (秒) = 36000 (庫侖) = 3.6×10^4 (庫侖)

(2)　3.6×10^4 庫侖=$3.6\times10^4\times6.25\times10^{18}$ 個電子=2.25×10^{23} 個電子

1-5 電能與電功率

電能為電機作功的能力。電機作功可將能量從一種形式，經一段時間後，轉換成另一種形式。如抽水馬達通電，經一段時間運轉後，可將水槽的水抽至水塔。因此，電能的數學式為：

$$W = P \times t \tag{1-7}$$

式中，W 為電能，單位為焦耳(J)；P 為功率，單位為瓦特(W)；t 為時間，單位為秒(s)。

【提示】：電能(W)表示作功的能力，電功率(P)表示作功的速率。

1-5-1　仟瓦小時

電能之單位為瓦特．時間。電能若以仟瓦小時作為一個單位，在觀念上，如同家裡裝有 10 盞 100 瓦特的電燈泡，在通電後連續使用 1 小時所消耗之電能。而仟瓦小時正是作為計量用電住戶所使用電量的單位，故仟瓦小時又稱為 1 度用電量。

$$\text{電能(kWh)} = \frac{\text{功率(W)}\times\text{時間(h)}}{1000} = \frac{\text{功率(kW)}\times\text{時間(s)}}{3600} = \frac{\text{功率(W)}\times\text{時間(s)}}{1000\times3600} \tag{1-8}$$

在瓦特表(或稱仟瓦小時計)上方為計數之數字盤，其單位為仟瓦小時(kWh)。瓦特表之鋁盤轉得愈快，需要的電能愈多，每月使用之電量也愈高。

EXAMPLE
例題 1-5

60 瓦特的電燈泡連續使用 50 小時，其耗電量為多少度電？

解 電量(W) =瓦特×時間，且 1 度電=1 仟瓦小時 (kWh)

60 瓦特= 0.06 仟瓦特，則

耗電量 $W = 0.06 \times 50 = 3\text{kWh} = 3$ 度。

EXAMPLE
例題 1-6

100 瓦特白熾燈泡一個，連續使用 6 小時，若每度電費為 0.9 元，則需繳納多少電費？

解 100 瓦特 = 100/1000 仟瓦特 = 0.1kW。

$W = Pt = 0.1 \times 6 = 0.6$ (仟瓦小時) = 0.6 度

需繳電費 $= 0.9 \times 0.6 = 0.54$ (元)

1-6 電功率

在某一時間內，將能量由某一形式轉換成另一形式，如抽水馬達通電後，可將電能轉換成機械能，此種轉換所消耗的能量，稱為電功率(electrical power，符號 P)。一台 7.5 馬力(hp)的馬達較 0.5 馬力的電功率較高。因在同時間內，7.5 馬力的馬達可轉換較多的電能成為機械能。

轉換後之能量，常以焦耳(J)計量，時間以秒(s)計量。電功率又可定義為：單位時間內所作之功，或消耗電能的比率。

$$P = \frac{W}{t} \tag{1-9}$$

式中，P 為電功率，單位為瓦特(W)；W 為電能量的符號，單位為焦耳(J)；t 為時間的符號，單位為秒(s)。電功率的另一單位為馬力(horsepower，hp)。馬力是以一匹強壯的馬在一天內之平均功率作為測量標準，而電功率與馬力的關係式為：

$$1\text{ 馬力(hp)} = 746\text{ 瓦特(W)} \fallingdotseq 0.75\text{ 仟瓦特(kW)} = \frac{3}{4}\text{ 仟瓦特} \tag{1-10}$$

在電氣系統中，電氣的輸出入功率，也可經由電路之電壓(V)與電流(I)求得：

$$P = \frac{W}{t} = \frac{QV}{t} = V\frac{Q}{t}$$

因電流(I) = 電量(Q) / 時間(t)，則

$$P = V \times I \quad (\text{瓦特，W}) \tag{1-11}$$

利用歐姆定律，電壓(V)、電流(I)、電阻(R)三者之關係，電功率又可寫成：

$$P = V \times \frac{V}{R} = \frac{V^2}{R}\text{，及 } P = I \times R \times I = I^2 R \text{ (瓦特)}$$

由上述式子，電功率的釋放或吸收，決定於電流的方向及電壓的極性。如圖 1-8 所示，以電池爲例。

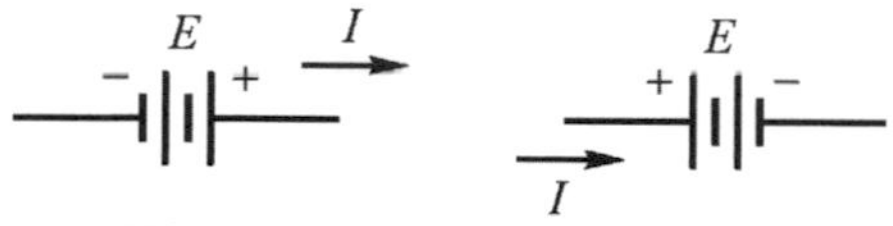

(a) 釋放功率　　(b) 吸收功率

圖 1-8　電池的電功率

圖 1-8(a)電流自電池之正端流出，是電池對電路作功。圖 1-8(b)電流自電池的正端流入，如同被動元件，吸收供應的能量。電池釋放或吸收功率的大小爲：$P = VI$ (瓦特)。

EXAMPLE

例題 1-7

有一 1.5V 的電池，若流過 2A 的電流，問該電池供應了多少電力？

解　電力(電功率) $P = VI = 1.5 \times 2 = 3\text{W}$

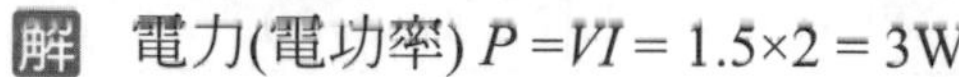

EXAMPLE

例題 1-8

燈泡兩端加 1V 的直流電壓，若流過燈泡的電流爲 1A，則燈泡每分鐘消耗的電能爲多少？

解　電能(W) =功率(P)×時間(秒)，$P = VI = 1 \times 1 = 1\text{W}$

$W = Pt = 1 \times 60 = 60\text{J}$　　[註]：1 分鐘= 60 秒。

EXAMPLE

例題 1-9

燈泡的額定值爲 100V，100W，問該燈泡的內阻爲多少？

解　功率 $P = V^2/R \Rightarrow R = V^2/P = 100^2/100 = 100\Omega$

1-7 電阻

1-7-1 電阻及電導

電流流經任何材質之導體，電荷都會受到阻力，如同機械間的摩擦力，此種現象源自於電荷間的碰撞，或與材料內之物質間相互的摩擦。碰撞與摩擦的結果，導體會產生熱量，如同電鍋插電之電源線，一段時間後會發熱，此稱爲導體之電阻。

電阻(resistance)的電路代號為 R，其測量或計算單位為歐姆，歐姆之符號為希臘字母 Ω。1 歐姆的電阻值，可解釋為 1 安培的電流在電線中流動，當流經電阻時，產生了 1 伏特的電壓降。電阻的電路符號，如圖 1-9 所示。

R　　　　VR

(a) 固定電阻　　(b) 可變電阻

圖 1-9　電阻的符號

1-7-2　電阻的計算

任何導體之電阻值的都受到下列 4 個因數影響：

1. 導體之材質：材質的因數稱為電阻係數(resistivity，代號為 ρ)。電阻係數愈大，電阻值愈大，兩者成正比。表(1-2)為常溫下(20℃)，常用材料的電阻係數。

表 1-2　常用材料之電阻係數

材料名稱	電阻係數(Ω-m)	材料名稱	電阻係數(Ω-m)
銀(silver)	1.645×10^{-8}	鎢(tungsten)	5.485×10^{-8}
銅(copper)	1.723×10^{-8}	鎳(nickel)	7.811×10^{-8}
金(gold)	2.443×10^{-8}	鐵(iron)	12.299×10^{-8}
鋁(aluminum)	2.825×10^{-8}	碳(carbon)	3500×10^{-8}

2. 導體之長度：導體使用之長度(length，代號為 l)，採用之導線長度愈長，電阻愈大，兩者成正比。
3. 導體之面積：導體之面積(area，代號為 A)愈大，流經之電流量愈多，電阻則愈小，兩者成反比。
4. 周圍溫度：當溫度升高時，導體之電阻值也會增加，兩者成正比。

在常溫時，以上所述前三者因數與電阻值的數學式為：

$$R=\rho\frac{l}{A} \tag{1-12}$$

式中，各係數的單位，如表(1-3)所示。

表 1-3　電阻各係數的單位

單位	電阻(R)	電阻係數(ρ)	導體長度(l)	導體面積(A)
MKS 制(SI 制)	Ω	Ω-m	m(公尺或米)	m^2(平方公尺)
CGS 制		Ω-cm	cm(公分)	cm^2(平方公分)
英制		Ω-CM/ft	ft(呎)	CM(圓密爾)

EXAMPLE
例題 1-10

銅製導線之直徑為 1.6 毫米，長度為 100 公尺，電阻係數查表 1-2 為 1.723×10^{-8}，電阻值為多少？

解　依電阻數學式，面積 A 的單位為平方公尺(m^2)，則

$$A=\pi D^2/4=3.14\times(1.6\times10^{-3})^2/4\doteqdot 2\times10^{-6}\ (m^2)$$

電阻值 $R=\rho\dfrac{l}{A}=1.732\times10^{-8}\times\dfrac{100}{2\times10^{-6}}=0.866$(歐姆，Ω)

EXAMPLE
例題 1-11

有一銅製導線，若均勻拉長為原來之 N 倍，則其電阻變為原來電阻值的多少倍？

解　設電阻值為 R 歐姆，拉長後之電阻值為 R' 歐姆。

$R=\rho\dfrac{l}{A}$，$R'=\rho\dfrac{Nl}{\dfrac{A}{N}}=\rho\dfrac{l}{A}\times N^2=N^2\times R$ (長度拉長 N 倍，面積會縮小 N 倍)

【提示】：體積∝面積×長度∝ $A\times l$，若物體的密度相同，拉長後體積仍不變，$l'=Nl$，則 $A'=A/N$。

1-7-3　圓密爾(CM)與直徑(mil，密爾)

如圖 1-10 所示為圓密爾(circular mill)與平方密爾(square mill)的關係。平方密爾是邊長為 1 密爾(mil)的導體，其正方形面積為 1 平方密爾；圓密爾是直徑為 1 密爾的導體，其圓形面積為 0.785 平方密爾。所以，兩者之差別在於，平方密爾指的是正方形之面積，而圓密爾指的是圓形之面積。

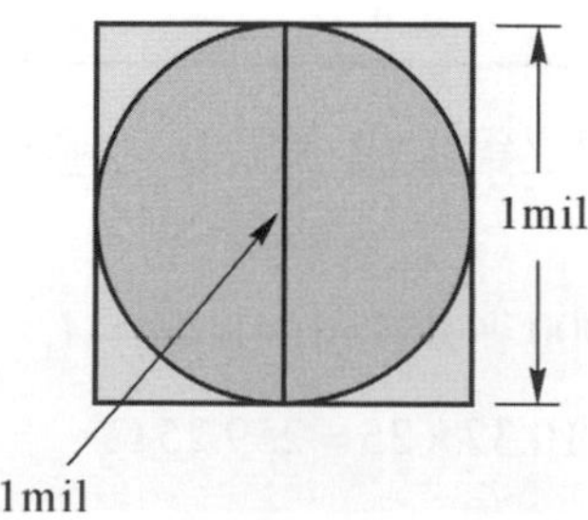

圖 1-10　圓密爾與平方密爾

由圖 1-10 所示，正方形面積之 1 平方密爾在 1 圓密爾(CM)的外圍。可知，1 平方密爾的面積大於 1 圓密爾的面積。

$$\text{圓密爾 CM}=\frac{\pi}{4}\times(\text{mil})^2\ (\text{平方密爾})\text{，或 1 平方密爾}=\frac{4}{\pi}\text{圓密爾} \tag{1-13}$$

假設導體之直徑爲 R 密爾，則其面積 A 爲：

$A=\frac{\pi}{4}\times R^2\times(\text{mil})^2$ (平方密爾)，因 1 平方密爾$=\frac{4}{\pi}$圓密爾

代入上式，則

$$A=\frac{\pi}{4}\times R^2\times\frac{4}{\pi}\text{ 圓密爾}=R^2\text{ 圓密爾} \quad (1\text{-}14)$$

由上式可知，$A=R^2$，若以圓密爾表示導體面積，其面積等於直徑的平方。因此面積只須以直徑平方表示。

以上所述，歸納爲：

(1) 1mil(密爾) $=\frac{1}{1000}$ 吋(仟分之一吋) = 0.001 吋，故 1 吋=1000mil(1000 倍的密爾)。

(2) 面積 $A=\frac{\pi}{4}\times D^2$ (直徑的平方)。即：圓密爾 CM $=\frac{\pi}{4}\times(\text{mil})^2=0.785$ 平方密爾。

(3) 爲方便應用，常將(2)式之面積以直徑的平方表示爲：

$$1\text{CM}=1(\text{mil})^2\text{，1 圓密爾=平方密爾} \quad (1\text{-}15)$$

EXAMPLE
例題 1-12

有一導線之電阻係數爲 15Ω-CM/ft(歐姆-圓密爾/呎)，線長爲 100 呎，線徑爲 0.01 吋，導線之電阻值爲多少？

解 直徑 $D=0.01$ 吋$=0.01\times1000$ 密爾=10 密爾，面積 $A=(\text{密爾})^2=(10)^2=100$ 平方密爾

$$R=\rho\frac{l}{A}=15\times\frac{100}{100}=15\,\Omega$$

EXAMPLE
例題 1-13

直徑 0.002 吋，長度 100 呎之銅線在 20℃時，電阻係數 ρ =10.37Ω-cm/ft(歐姆-圓密爾/呎)，其電阻值應爲多少？

解 $D=0.002$ 吋$=0.002\times1000$ 密爾(mil) =2mil，$A=(\text{mil})^2=(2)^2\text{CM}=4\text{CM}$

$$R=\rho\frac{l}{A}=10.37\times\frac{100}{4}=10.37\times25=259.25\,\Omega$$

1-7-4 電導

電導(conductance)係作爲測量材料導電的程度。電導爲電阻的倒數，電路符號爲 G，測量或計算單位爲西門子(siemens, S)，傳統的單位爲姆歐(℧)。

$$G=\frac{1}{R}\quad(\text{西門子，S}) \quad (1\text{-}16)$$

電導與電阻成反比關係，當電導愈大，表示材料導電的程度愈佳，則電阻值愈小，例如 1MΩ 電阻等於 $G=1/R=1/10^6=10^{-6}$ (S)電導，1mS 電導等於 $R=1/G=1/10^{-3}=10^3(\Omega)$電阻。

$$G=\frac{1}{R}=\frac{1}{\rho}\times\frac{A}{l}=\sigma\frac{A}{l} \tag{1-17}$$

式中，σ 爲電導係數(conductivity, $\sigma=\frac{1}{\rho}$ 電阻係數之倒數)。在實用上，國際電工技術委員會規定，各種材料都採用百分率之電導係數，其中以標準韌銅($\sigma=5.8\times10^7$S/m)的導電率爲 100% 爲基準。

1-7-5　色碼電阻的識別

色碼電阻器是以色碼排序的順序，表示電阻值的大小，色碼表示的數字，如表 1-4 所示。

表 1-4　色碼代表之數字

色環	黑	棕	紅	橙	黃	綠	藍	紫	灰	白	金	銀	無色
數值	0	1	2	3	4	5	6	7	8	9	0.1	0.01	
容許誤差	—	±1%	±2%	—	—	±0.5%	—	—	—	—	±5%	±10%	±20%

色碼電阻值的計算式：如圖 1-11 所示，電阻色碼爲橙綠棕銀，則

電阻值 $R=(a\times10+b)\times10^c\pm d\,\%=(3\times10+5)\times10^1\pm10\%=350\pm10\%\ (\Omega)$

電阻值 R 的範圍爲 315 Ω～385 Ω，若用電表量測，其值在此範圍內才爲正確值。

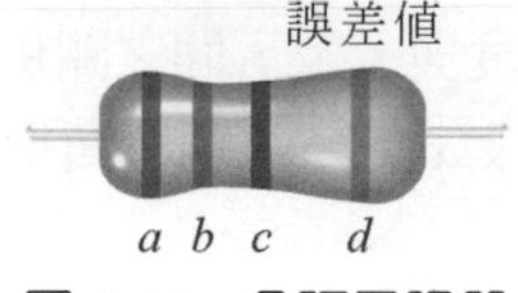

圖 1-11　色碼電阻器

【提示】：(1)擺法：因金色、銀色爲誤差值，應置於最右端。

(2)讀法：由左至右，a 是第 1 數字，b 是第 2 數字，c 是 10 的次方，d 爲誤差。數字 ab 合成爲十位數，若 $a=2$、$b=5$，則數字爲 25。c 若爲 3，其讀值爲：$25\times10^3=25000=25\text{k}(\Omega)$

1-7-6　電阻溫度係數

因材質問題，材料加溫受熱後，其內部之自由電子會有不同的變化。當材料加熱時，總電子數量中，只有少部份之電子運動能力增加，大部份電子的移動卻受到阻礙，這種現象是溫度升高時，材料之電阻值變大所造成，稱此材料之電阻溫度係數爲正值，即正的電阻溫度係數，如良導體等。當加熱之溫度升高時，因熱能之傳導，會使材料內傳導的自由電子數目增加，造成材料之電阻值減小，稱此材料之電阻溫度係數爲負值，即負的電阻溫度係數，如半導體等。如圖 1-12 所示。

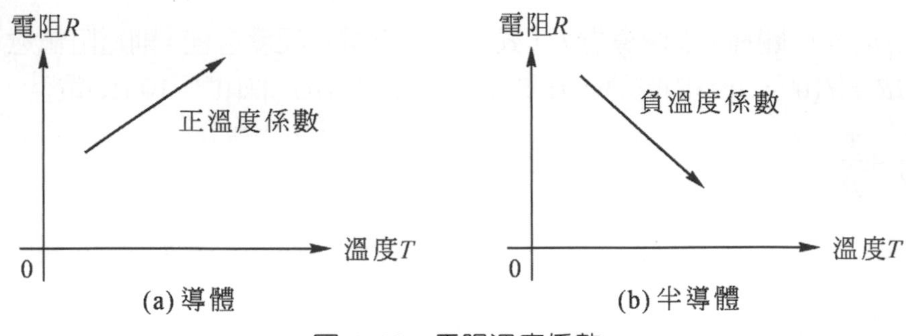

圖 1-12　電阻溫度係數

1-7-7　推論絕對溫度

對大部份金屬材料的導體，在溫度上升時，其電阻值會有增加的趨勢，如圖 1-13 所示，曲線中，R_1 至 R_2 間之曲線幾乎是線性(或直線性)的關係。

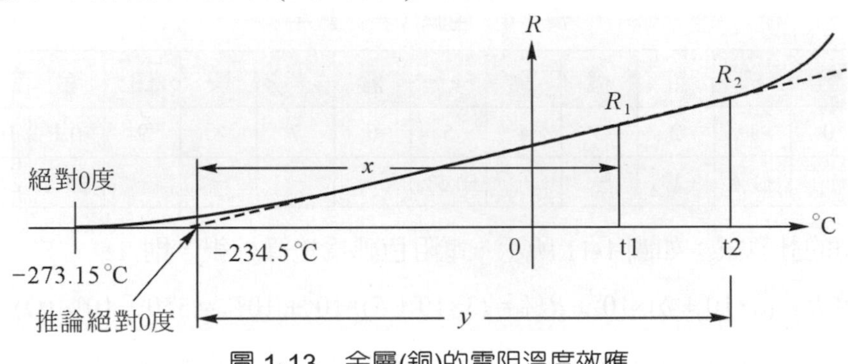

圖 1-13　金屬(銅)的電阻溫度效應

由圖 1-13 之曲線，來推論絕對零度與 t_1 及 t_2 間之關係。在曲線上作切線，交水平線於推論絕對 0 度，可形成兩個直角三角形。設 x 與 y 爲兩三角形之底邊長度，依相似三角形定理，可知：

$$\frac{x}{R_1}=\frac{y}{R_2} \quad \text{或} \quad \frac{234.5+t_1}{R_1}=\frac{234.5+t_2}{R_2} \tag{1-18}$$

式中，－234.5℃溫度稱爲材料(銅)的推論絕對溫度，不一樣的金屬材質，將有不同的推論溫度值，典型值如表 1-5 所示。

表 1-5

材料名稱	推論絕對溫度℃	材料名稱	推論絕對溫度℃
銀(silver)	－243℃	鎢(tungsten)	－204℃
銅(copper)	－234.5℃	鎳(nickel)	－147℃
金(gold)	－274℃	鐵(iron)	－162℃
鋁(aluminum)	－236℃	鎳鉻齊(nichrome)	－2250℃

改變推論絕對溫度值，則圖(1-13)可應用於任何材質，其數學式亦可以通式表示為：

$$\frac{|T|+t_1}{R_1}=\frac{|T|+t_2}{R_2} \tag{1-19}$$

式中，T 為材料的推論絕對溫度。

1-7-8　超導體

超導體(superconductor)是電阻值為零歐姆之導體。任何材料皆有電阻值存在，當有電流(I)流經時，電阻因作功(W)都會有功率的消耗，$P=I^2R$，而產生了發熱現象。若用超導體作為電路之連接線，則因電阻值為零歐姆，$P=I^2R=$ 0(W)，電流因無功率消耗，將持續流動不會衰減，此稱超導體電流。

超導體，如圖 1-13 所示，係處於絕對溫度，具有零歐姆及抗磁性的特性。因零歐姆電流沒阻力，會產生永久性的電流(persistent current)。具抗磁性，係將超導體放入磁場中，會將其內部之磁場完全排除，使內部保持零磁通量(magnetic flux)，如此，若將超導體接近一般磁體，則會因排斥作用而懸浮在空中。

約翰內斯・貝德諾爾茨(G. Bednorz)與卡爾・米勒(A. müller)於 1986 年發現高溫超導體。材質方面，主要是用鉍鍶鈣銅氧化物(BSCCO)。而釔鋇銅氧(YBCO)是另一常用的材質。目前大多數的超導體必須加以冷卻方式才能降低電阻。因超導體處於臨界溫度(critical temperature，T_0)以下時，才具有超導現象。如 YBCO 系列的臨界溫度一般可達 92K，BSCCO 則可達 110K(degree kelvin，凱氏溫度)，K=273.15+℃。

超導體的應用：

1. 電力輸送：因沒有電阻，故不會損耗電力。若用超導體作發電與傳輸電力線，可節省大量的能量與費用。
2. 製作超強的磁鐵：利用超導體製成之永久磁鐵，其磁場約有五千高斯，較一般材質做成之永久磁鐵約高一百倍。而且旋轉之速度夠快時，還可浮起火車，此即磁浮火車。
3. 儲存能量：超導體儲存能量與其製成品之體積成正比，成品體型大，可儲存之能量亦多。當提升控溫區的溫度時，超導體儲存之電流會被迫向外流動，其作用如同電源供應器。
4. 高速電腦：以超導體製成之電子零件與連接線，因無能量之消耗，也不會產生發熱現象的影響，可提高電腦的執行速度，較矽晶片製成之電路約可快上 100 倍。
5. 腦波偵測器：當把兩個超導體連在一起時，會感應形成“弱連結”現象，此因流經接觸面的電流，對連接處起電磁感應所致。量子干涉儀(SQUID)為此一原理的產品，SQUID 可偵查腦波內磁場的微量變化，也可以觀察心臟跳動時所產生的電磁波。

1-7-9　電阻溫度係數

電阻溫度係數定義為：溫度每升高 1℃，材料所增加之電阻值與原來電阻值的比值。其數學式為：

$$\alpha_t = \frac{R_2 - R_1}{t_2 - t_1} \times \frac{1}{R_1} \text{，} R_2 = R_1[1+\alpha_t(t_2 - t_1)] \quad (1\text{-}20)$$

式中，α_t 爲電阻溫度係數，單位爲 Ω/℃/Ω。R_1 爲 t_1℃溫度時的電阻值，R_2 爲溫度升高至 t_2℃的電阻值。不同的材料有不一樣的電阻溫度係數，表 1-6 所示爲不同材料在 20℃之電阻溫度係數。

表 1-6

材料名稱	電阻溫度係數(α_{20})	材料名稱	電阻溫度係數(α_{20})
銀(silver)	0.0038	鎢(tungsten)	0.005
銅(copper)	0.00393	鎳(nickel)	0.006
金(gold)	0.0034	鐵(iron)	0.0055
鋁(aluminum)	0.00391	鎳鉻齊(nichrome)	0.000008

材料之電阻溫度係數愈高，電阻對溫度的反應愈靈敏，由表可知，銅(0.00393)較銀(0.0038)、金(0.0034)、鋁(0.00391)等還要靈敏。

EXAMPLE 例題 1-14

銅在 0℃時，電阻之溫度係數爲 0.00427，若一銅線電阻在 0℃時，電阻爲 30 歐姆，則其在 50℃時之電阻爲多少歐姆？

解 溫度增加時，其電阻值爲：

$$R_2 = R_1[1 + \alpha_t(t_2 - t_1)] = 30[1 + 0.00427(50 - 0)] = 30\times1.2135 = 36.4\ (\Omega)$$

EXAMPLE 例題 1-15

有一銅線在 20℃之電阻爲 500Ω，問在 50℃之電阻爲多少歐姆？

解 比較不同溫度之電阻的關係爲：

$$\frac{234.5+t_1}{R_1} = \frac{234.5+t_2}{R_2} \rightarrow \frac{234.5+20}{500} = \frac{234.5+50}{R_2}$$

$$R_2 = 284.5\times500/254.5 = 558.94\ (\Omega)$$

EXAMPLE 例題 1-16

在 0℃時銅的電阻溫度係數爲 0.00427，則 30℃時電阻係數爲多少？

解 不同溫度之溫度係數的比較式爲：

$$\alpha_1 = \frac{\alpha_0}{1+\alpha_0 t_1} = \frac{0.00427}{1+0.00427\times30} = \frac{0.00427}{1.1281} = 0.00378$$

1-8 歐姆定律

能量以任何形式轉換，如水加熱成爲蒸汽，都含有起因(加熱)、元素(水)及轉換之結果(蒸汽)等三因素。引用在電路上，若在材料或導體(電阻、元素)上連接電壓源(起因)，將有電流(結果)產生，並在連接的電路上流通。而電壓、電流與電阻三者的關係，如圖 1-14 之實驗數據及特性曲線所示。

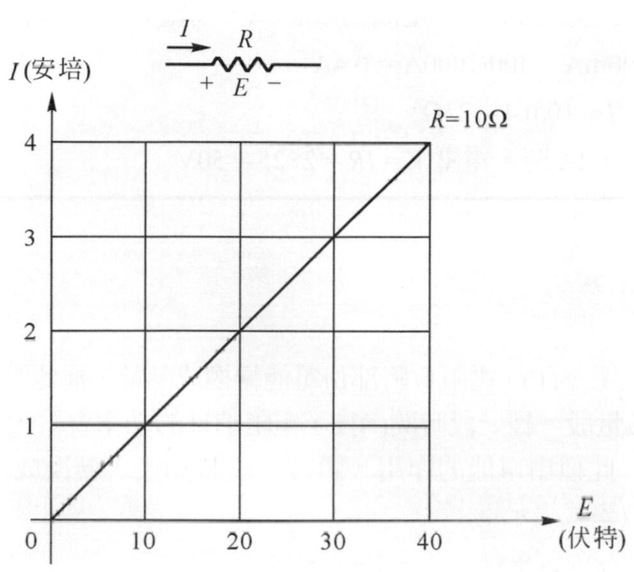

圖 1-14　電阻為定值，電壓與電流成正比

圖中，當電阻保持定值時，電壓愈大，電流也愈大；當電壓保持定值時，電阻愈大，電流愈小。換言之，電流與電壓成正比，與電阻成反比。以數學式表示爲：

$$\text{電流}=\frac{\text{電壓}}{\text{電阻}}，I=\frac{E}{R}\ (\text{安培，A}) \tag{1-21}$$

此數學式係德國物理學家歐姆(Georg Simon Ohm)於西元 1827 元發展出電路學最重要的定理之一，爲紀念而訂定此數學式爲歐姆定律(Ohm's law)。再經由簡單的數學運算電壓與電阻的關係爲：

$$\text{電壓}=\text{電流}\times\text{電阻}，E=I\times R\ (\text{伏特，V}) \tag{1-22}$$

$$\text{電阻}=\frac{\text{電壓}}{\text{電流}}，R=\frac{E}{I}\ (\text{歐姆，}\Omega) \tag{1-23}$$

由上述三式，歐姆定律可定義爲“在電路中，流經電阻(R)之電流(I)大小，與電阻兩端產生之電壓(E)成正比，而與電阻值的大小成反比”。

EXAMPLE

例題 1-17

將 40W、100V 之燈泡接上 100V 之電壓，流過燈泡的電流爲多少？

解 燈泡的電阻 $R = V^2/P = 100^2/40 = 250\Omega$

流過燈泡的電流 $I = E/R = 100/250 = 0.4\text{A}$

EXAMPLE

例題 1-18

某電阻元件上之電壓 10V 時，電流爲 400mA，問電流爲 2A 時，電壓爲多少？

解 電流 $I = 400\text{mA} = 400/1000\text{A} = 0.4\text{A}$

電阻 $R = E/I = 10/0.4 = 25\Omega$

當電流爲 $I = 2\text{A}$ 時，電壓 $V = IR = 2\times 25 = 50\text{V}$

1-9 焦耳定理

在電阻器(R)上加入電壓(V)，電阻會將部份電能轉換成熱能，稱此電阻在作功($P = V^2/R$)，如電鍋通電後會產生熱量般。經一段時間(t)後，電阻消耗的功率會增大，如同電鍋升高至適量的溫度，可將飯煮熟，此種由電能的作用，再經一段時間後，轉換成熱能的現象，稱爲能量(energy，W)轉換，其數學式表示爲：

$$W = Pt = VIt = I^2Rt \text{ (焦耳，Joule)} \tag{1-24}$$

式(1-24)稱爲焦耳定理(Joule law)，此表示電流(I)流經電阻(R)一段時間後，電阻所消耗之能量(W)。因功率的單位爲瓦特，時間的單位爲秒，故能量的單位爲瓦特秒，或以焦耳(J)表示。

1-9-1 熱功當量

在 1798 年，德國倫福特(Count Rumford)研究摩擦作功產生之熱量，發現熱量與所作之功成正比。依能量不滅定律，當摩擦所作之功(W)轉換成熱能(ΔH)，其轉換的數學式爲：

$$W = J \times \Delta H \tag{1-25}$$

式中，J 爲熱功當量，單位爲焦耳/卡。ΔH 爲作功產生之熱量，單位爲卡。

1 焦耳的電能轉換成熱能，可得到約 0.24 卡(calorie)的熱量，卡爲熱量的單位。數學式爲：

$$1 \text{ 焦耳} \fallingdotseq 0.24 \text{ 卡，或 } 1 \text{ 卡} \fallingdotseq 4.2 \text{ 焦耳} \tag{1-26}$$

式(1-26)表示，若將 4.2 焦耳之機械能轉變爲熱能時，可使 1 克水的水溫升高攝氏溫度 1℃。因此，若將質量爲 m 公克之物質，上升溫度 ΔT ℃，所需之熱量的數學式表示爲：

$$H = m \cdot s \cdot \Delta T \tag{1-27}$$

式中，H 為熱量的符號，單位為卡；m 為物質的質量，單位為公克；s 為比熱的符號，水的比熱等於 1；ΔT 表示上升的溫度值，單位為℃。

熱量亦可用英熱單位表示，所謂英熱單位(british thermal unit，簡稱 BTU)是表示 1 磅水升高 1°F所需的熱量。其數學式為：

$$1 \text{ 焦耳} \fallingdotseq 0.24 \text{ 卡} = 0.0009478 \text{ BTU}$$

$$1 \text{ BTU} = 252 \text{ 卡} = 1055 \text{ 焦耳} \tag{1-28}$$

若將能量公式，$W = Pt$，以熱量來表示，可改寫為：

$$H = 0.24Pt = 0.24 I^2 Rt \text{ (卡)} = 0.0009478 I^2 Rt \text{ (BTU)}$$

EXAMPLE

例題 1-19

一電熱器電阻為 10Ω，通過 5A 電流，每秒產生熱量為多少？

解　熱量 $H = 0.24Pt = 0.24 I^2 Rt = 0.24 \times 5^2 \times 10 \times 1 = 6 \times 10 = 60$ (卡)

EXAMPLE

例題 1-20

有一 100 伏特、5 安培的熱水器，欲將 1.2 仟克的水由 20℃加熱至 120℃，需要幾分鐘？

解　熱量 $H = m \cdot s \cdot \Delta T = 1200 \times 1 \times (120 - 20) = 120000$(卡)

熱量 $H = 0.24IVt = 0.24 \times 5 \times 100t = 120t = 120000$

$t = 120000/120 = 1000$(秒) $= 1000/60$(分) $- 16.7$(分)

1-10 各種電阻器

電阻元件依工作特性、結構、用途、功率消耗與誤差百分比等因素，可分為固定電阻器(fixed resistor)、可變電阻器(variable resistor)及特殊用途電阻等三大類。

1-10-1 固定電阻器

固定電阻是指電阻值為定值，不可改變者。依電阻之組成結構及製造方式，可分為碳素電阻(Carbon composition resistor)、碳膜電阻(Carbon-film resistor)、金屬膜電阻(Metal-film resistor)、氧化金屬膜電阻(Metal-Oxide-Film resistor)及線繞電阻(Wire-wound resistor)等。

1. 碳素電阻

碳素電阻採用較大電阻係數的物質，如石墨、碳等，加上其他膠類共同封入長圓形的小外殼內，外殼兩端加入引線，再經加壓、加熱形成。碳素電阻值的大小，係依碳粉的比例及碳棒的粗細、長短而定。碳素電阻為常用之電阻元件，其成本較低，缺點是較不精準，誤差值在±5%。

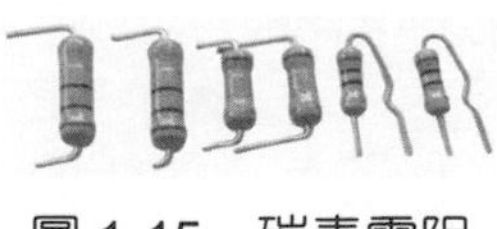

圖 1-15　碳素電阻

2. 碳膜電阻

碳膜電阻利用高溫眞空中分離有機化合物之碳，並將此碳膜塗在絕緣管的外層，並在碳膜表面上切割成螺旋狀的溝槽而成。在外層之溝槽愈多，其電阻值愈大，如圖 1-16 所示。

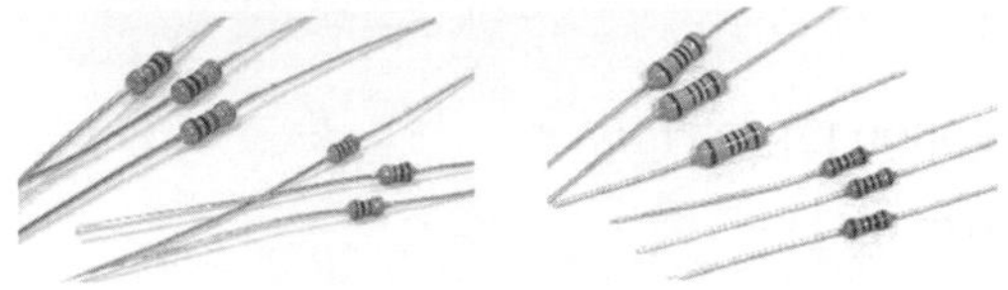

圖 1-16　碳膜電阻

3. 金屬膜電阻

金屬膜電阻係於眞空中在瓷棒上被覆特殊之金屬皮膜而成。在瓷棒兩端鍍有貴金屬，目的在確保具有低雜音、低溫度的係數。金屬膜電阻常應用於高級音響、電算機、電腦、測試儀器、儀表、自動控制、國防及太空設備。

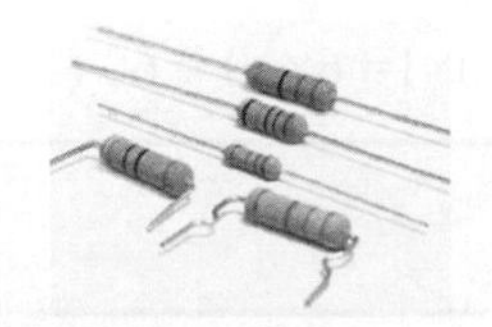

圖 1-17　金屬膜電阻

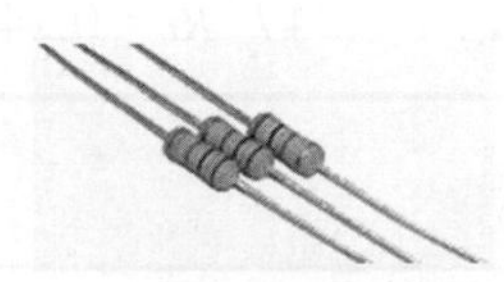

圖 1-18　氧化金屬膜電阻

4. 氧化金屬膜電阻

氧化金屬膜電阻的特點是在高溫下有長期之安定性，可負載較高之電力、電氣及機械上之性能極安定，具高度信賴性、低雜音，電阻值較線繞電阻器爲高。小型化之高性能金屬氧化皮膜電阻器係選用高品質瓷棒製作，不但具有大型尺寸之功能，使用上更方便，並可負載高電流。另加不燃性之絕緣塗裝，耐高溫及溶劑的清洗。電阻皮膜已氧化過，強度更強，特性穩定變異不大。

5. 線繞電阻

線繞電阻係採用鎳、鉻及鐵等電阻值較大的合金線緊繞在絕緣管上，並在表面上塗以不燃性之塗料而成。方形之線繞電阻器或稱水泥電阻(cement resistor)，是將線繞電阻體置入一長方形之瓷器框內，再以不燃性且耐熱之水泥充填密封而成。水泥電阻大多使用於放大器功率級部份。

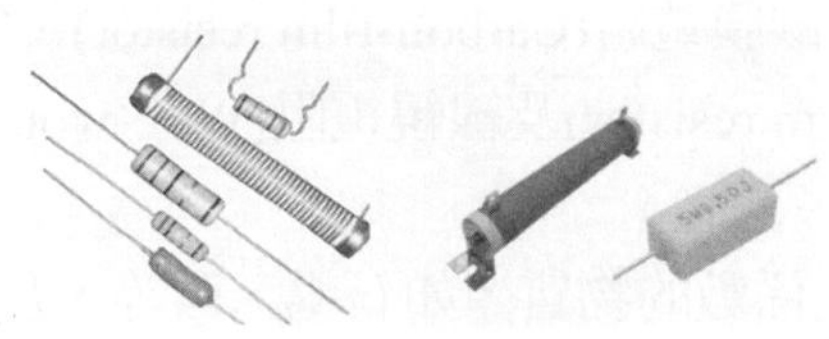

圖 1-19　線繞電阻

1-10-2　可變電阻

可變電阻通稱為電位器，可分為電位器、半固定可變電阻元件及線繞功率型可變電阻元件。電位器可隨需求在某一範圍內任意改變其電阻值，時常是使用在需要連續性的移動其分接頭，來調整改變其電阻值時之狀況下使用，而半固定可變電阻元件適用在電路完成時，而某一部分須要調整以達到預期之效果，但調整之後即予固定。線繞功率型可變電阻元件使用於需要較大瓦特數的限流電路中。

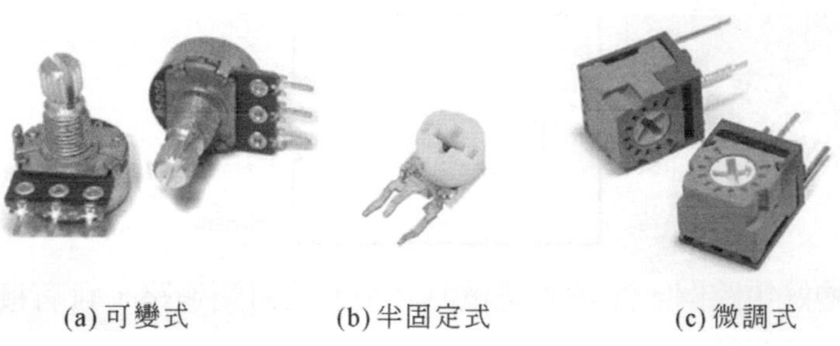

(a) 可變式　(b) 半固定式　(c) 微調式

圖 1-20　可變電阻

1-10-3　特殊用途之電阻

特殊用途之電阻元件有很多，例如光敏電阻、熱敏電阻(可分為 PTC 及 NTC)、氣敏電阻及航太電阻等，其阻抗值可受外界溫度、光線、磁場、溼度及機械壓力等因素影響而改變，例如高速公路上的路燈，就有以光線的強弱來控制燈泡的開關，這種自動控制之路燈裝置便是使用光敏電阻之特性，來控制路燈的使用時機。

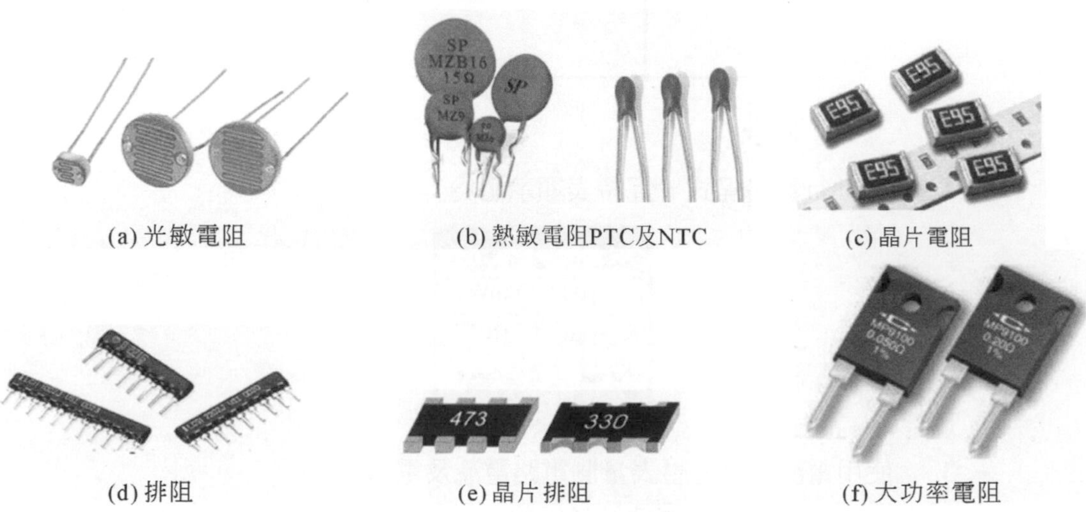

(a) 光敏電阻　(b) 熱敏電阻PTC及NTC　(c) 晶片電阻

(d) 排阻　(e) 晶片排阻　(f) 大功率電阻

圖 1-21　特殊用途電阻

1-11 Multisim 電腦分析

使用 Multisim 軟體分析下圖電路之電流、電壓及電阻消耗功率。

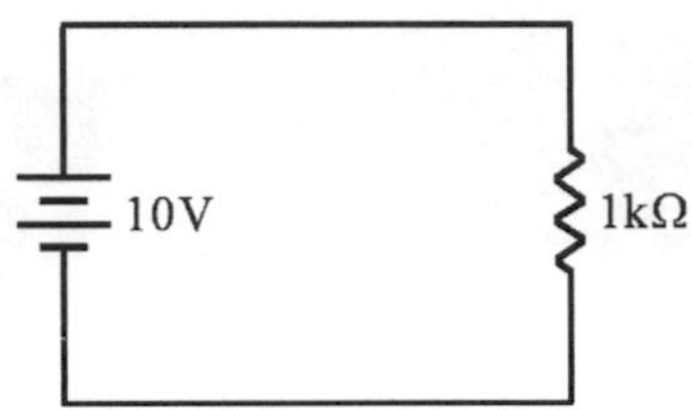

解 1. 繪好電路圖，注意的是電路必須形成封閉迴路，且有接地端。

2. 使用瓦特表量測負載電阻消耗之功率。

(1)取用並連接瓦特表，如下圖所示。

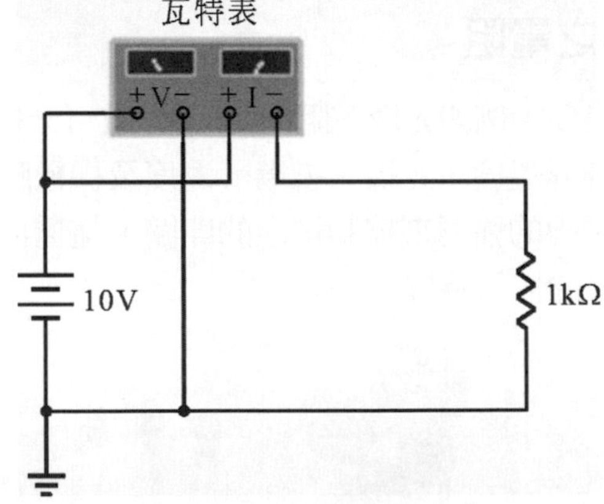

(2)執行電路程式，瓦特表顯示值爲：

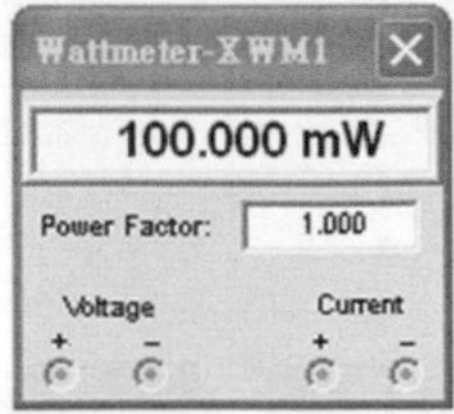

3. 使用電流表及電壓表量測電路電流及電壓值。

(1)取用電表並確實連接於電路。

(2)執行電路程式，電表顯示值，如下圖所示。

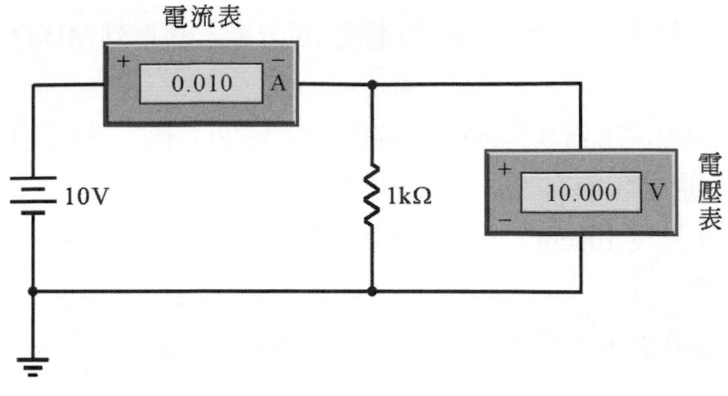

4. 比較計算式與模擬顯示之數值：

電路電流 $I = \dfrac{E}{R_L} = \dfrac{10}{1\text{k}} = 10\text{mA} = 0.01\text{A}$

負載電壓 $V_L = IR_L = 0.01 \times 1\text{k} = 10\text{V}$

負載消耗功率 $P_L = IV_L = 0.01 \times 10 = 0.1\text{W} = 100\text{mW}$

習　題　EXERCISE

1. 若流過某電阻的電流爲 6A，則每分鐘通過該電阻截面積之電量爲多少？
2. 有一導線，每秒流過 6.25×10^{18} 個電子，其電流爲多少？
3. 將 3 庫侖之電荷由 A 點移至 B 點，需作功 18J，則 A 與 B 點間之電位差爲多少？
4. 100W 燈泡使用 20 小時，損耗幾度電？
5. 有一抽水馬達輸入功率爲 500W，若其效率爲 80%，求其損失爲多少？
6. 將 4 庫侖的電荷通過一元件作 20J，則元件兩端的電位差爲多少？
7. 有一 1500W 的電熱水器，連續使用 2 小時，如果每度電費爲 2 元，則應繳電費多少元？
8. 將 10C 電荷，在 5 秒內由電位 10V 處移到 70V 處，則平均功率爲多少？
9. 某導線上之電流爲 3A，則在 10 分鐘內流過該導線之電量是多少？
10. 一電池以定電壓 1.5V 供電 9mA 連續 10 小時，此電池所提供之能量爲多少？
11. 直徑爲 5 密爾圓形實心導線，其截面積爲多少？圓密爾？
12. 電阻值若爲 120 ± 5% Ω，則其色碼順序爲何？
13. 一個 2kΩ 電阻器和電連接後，有 6mA 電流流過，若電池現和 600Ω 電阻器連接，此電阻器上流過的電流爲多少？
14. 有一導線其電阻值爲 50Ω，現將其拉長(導線不斷裂)，使其線徑爲原來之一半，其電阻值爲多少？
15. 某電阻值爲 10Ω 之負載，通有 4A 之電流，則於一分鐘內轉換爲熱之能量爲多少？
16. 某電機之銅線繞組在 30℃時之電阻爲 100mΩ，當電機運轉後，溫度上升至 80℃，試求此時電機繞組變爲多少？

17. 有一台 10Ω 的電熱器，若通以 10A 的電流 10 分鐘，該電熱器所產生之總熱量約爲多少 B.T.U？
18. 溫度 60℃時，銅線電阻爲 0.540Ω，若溫度下降至 20℃後，該電阻值爲多少？(銅在 20℃時之電阻溫度係數 $\alpha = 0.00393$)
19. A、B 兩銅條，A 長爲 100cm，截面積爲 4cm^2；B 長爲 200cm，截面積爲 2cm^2，則電阻比 R_A：R_B 爲何？
20. 某發電機之銅線圈在 19℃時電阻爲 35.3Ω，運轉後測得電阻爲 41.9Ω，則此線圈之平均溫升約爲多少？
21. 有一 1kW 的電熱水器，內裝有 10 公升水，加熱 10 分鐘，求水溫上升多少？
22. 將規格爲 100V/40W 與 100V/60W 的兩個相同材質電燈泡串聯接於 110V 電源，試問那個電燈泡會較亮？
23. 兩個規格分別爲 1Ω/1W 及 2Ω/4W 電阻器串聯後，相當於幾歐姆幾瓦的電阻器？
24. 有一電熱器連續使用半小時，共耗電 3 度，求此電熱器之電功率爲何？
25. 將二只額定功率分別爲 10W、50W 的 10Ω 電阻串聯在一起，則串聯後所能承受的最大額定功率爲多少？

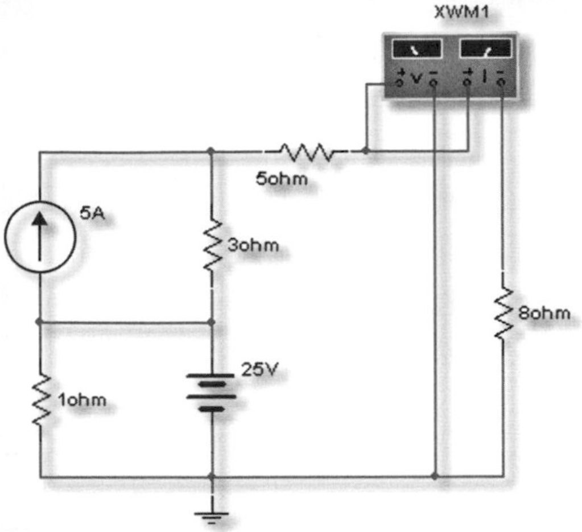

Chapter 2

直流基本電路

2-1 電路型態及其特性

若以電壓或電流論其電路之型態，有直流(direct current, DC)與交流(alternating current, AC)兩種型態。圖 2-1(a)所示為直流，其電壓、電流值或極性為固定值，不隨時間的變動而改變；圖 2-1(b)所示為交流，其電壓、電流值或極性隨時間的變動而改變。

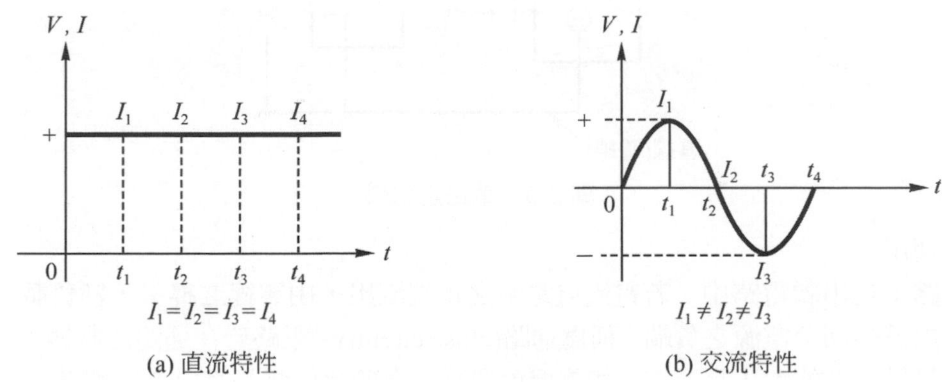

(a) 直流特性 (b) 交流特性

圖 2-1　電路電流型態

圖 2-2 所示為直流電路，電池(或稱電壓源)為電路電能之供應者，電阻(或負載)為電路電能之消耗者。當電池之正、負兩端有足夠之電位差(*V*)時，藉著導線(或電線)之連接，電池內之電子將自電池負端流經電阻(*R*)，再由電阻另端流出，回至電池正端，此為電子流方向。電流方向自電池之正端流出，經電阻再回至電池負端，電路形成封閉迴路，且電流方向與電子流相反。

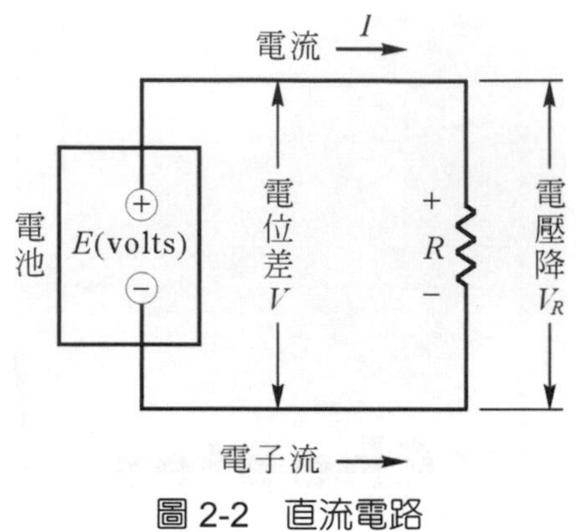

圖 2-2　直流電路

2-1-1　電路之運用

1. 電路

電流流過的路徑由電源、負載及導線三大要件組成，如圖 2-3 所示。

(1) **電源**：供應電路需要的電能。有直流與交流兩種。

(2) **負載**：電能之消耗者。如電燈泡、電扇、音響及電冰箱等用電設備。

(3) **導線(或稱電線)**：電能之輸送線或元件之連接線。一般採用銅或銅合金線，如單心線、絞線(多心線)或電纜線等。

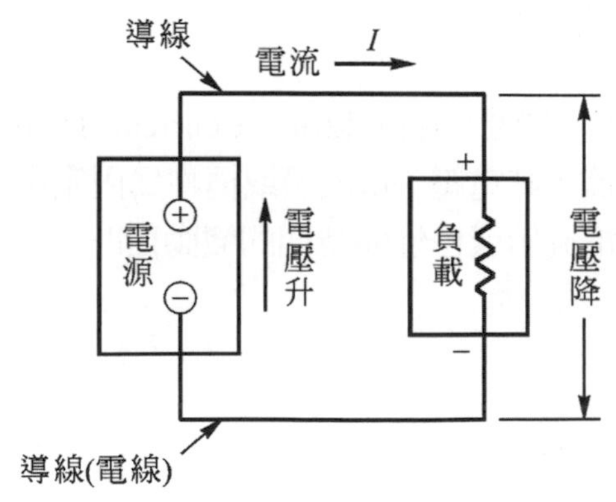

圖 2-3　電路之組成

2. 電路之運用

(1) **通路**：在串聯電路中，若電流自電源之正端流出，由導線之導引，經負載用電設備，再由導線回至電源之負端，稱為通路(close circuit)。電路若在通路之狀態下，負載即用電設備之功能會正常運作。如電燈會發亮、音響會作響及電扇會旋轉送風等。

(2) **斷路(或稱開路)**：電路斷路(open circuit)之特點，電路電流等於 0A，表示電路無法形成通路。例如吹風機無法送出冷風及熱風、電燈不會發亮及抽水機無法抽水等，用電設備皆無法正常動作。電路斷路之現象，若用三用電表之電壓檔測量用電設備兩端，其電壓值應等於電源電壓值。

(3) **短路**：電路短路(short circuit)之特點爲電流沒有流經負載，直接經導線回至電源負端。因電路電流 $I=$ 電源 E/負載 R，沒經過負載，即 $R=0\Omega$，則 $I=\dfrac{E}{R}=\dfrac{E}{0}\fallingdotseq\infty$ (A)。極大之電路電流，可能使電源之斷路器(breaker)跳脫，形成停電現象，亦可能造成意外事件，如火災等。若用電設備之兩端被短路，利用三用電表之電壓檔測量電器之兩端，其電壓值爲 0V。

3. 電路名詞

(1) **元件**(element)：一般指用電設備之屬性，有電阻性，如燈泡類；電感性，如馬達類；電容性，較少單獨使用，常配合電感性設備，作爲功率因數之改善，提昇電器之效能。

(2) **節點**(node)：兩個或數個元件之連接點。如圖 2-4 所示之 *a*、*b*、*c*、*d*、*e* 等端點。

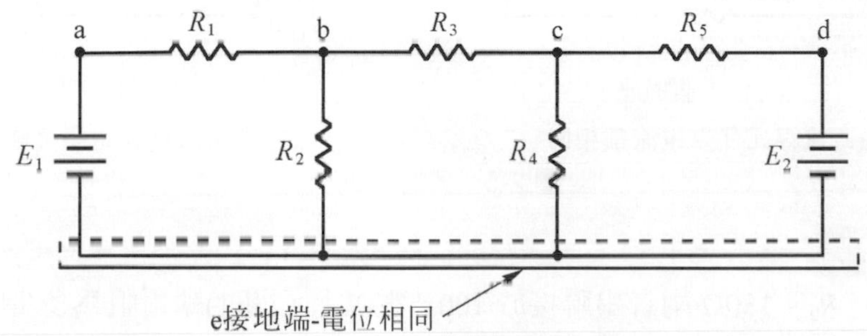

圖 2-4　串聯電路(網路)

(3) **分路**(shunt)：又稱爲支路(branch)。由任意兩個節點連接而成之電路，如圖 2-4 之 *b-a-e*、*b-e*、*b-c*、*c-e*、*c-d-e* 等五個分路。

(4) **迴路**(loop)：又稱爲環路。由兩個或兩個以上之分路組成之閉合電路，如圖 2-4 之 *b-a-e-b*、*b-c-e-b*、*c-d-e-c*、*a-b-c-e-a*、*a-b-c-d-e-a*、*b-c-d-e-b* 等六個迴路。

(5) **電壓升**(voltage rise)：依電路電流之流向，由負端至正端者稱爲電壓升。一般指電壓源。

(6) **電壓降**(voltage drop)：依電路電流之流向，由正端至負端者稱爲電壓降。一般指電路元件。

2-2 串聯電路

連接各電路元件之端點，再接上電壓源，形成一封閉迴路，如圖 2-5 所示。三顆電阻與電壓源連接成四個端點，分別爲 *a*、*b*、*c*、*d*，形成的電路只提供一個電流迴路 *I*，如此連接之電路，稱爲串聯(series)電路。串聯電路之特性爲：

1. 二個元件(圖 2-5 爲電阻及電池)只有一個共用的端點，如 E 與 R_1 共用 a 端點。
2. 共用之連接端 a、b、c、d，並未連接其它元件。
3. 電路之總電阻爲各電阻之和即 $R_T = R_1 + R_2 + R_3$。
4. 流經各電阻之電流值都相同，圖(a)所示爲電流 I；圖(b)之電流值 $I = E/R_T$。
5. 依歐姆定律：
   電壓 E = 電流 I × 電阻 R。則圖(b)所示，$E = IR_T = I(R_1+R_2+R_3) = IR_1+IR_2+IR_3=V_1+V_2+V_3$。
   電壓源等於各元件電壓降之和，即：$E = V_1+V_2+V_3$。
6. 電阻之消耗功率 $P = IV$、$P = I^2R$ 或 $P = \frac{V^2}{R}$。故 $P_1= I^2R_1$、$P_2= I^2R_2$、$P_3= I^2R_3$，電路之總消耗功率 $P_T= I^2R_T= I^2 (R_1+R_2+R_3) = I^2R_1+ I^2R_2+ I^2R_3 = P_1+ P_2+ P_3$，等於各電阻消耗功率之和。

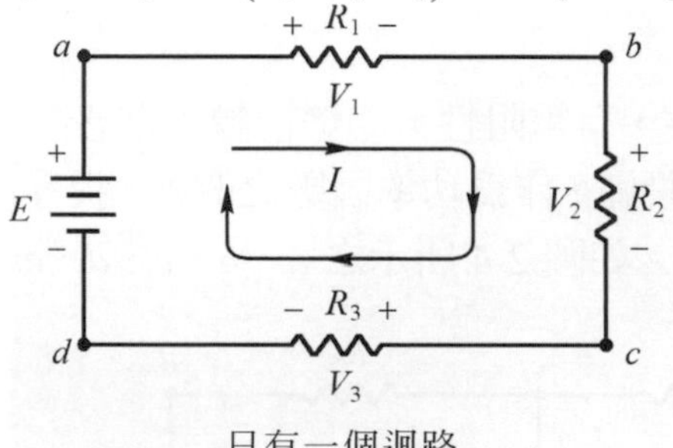

(a) 流經元件之電流都相同

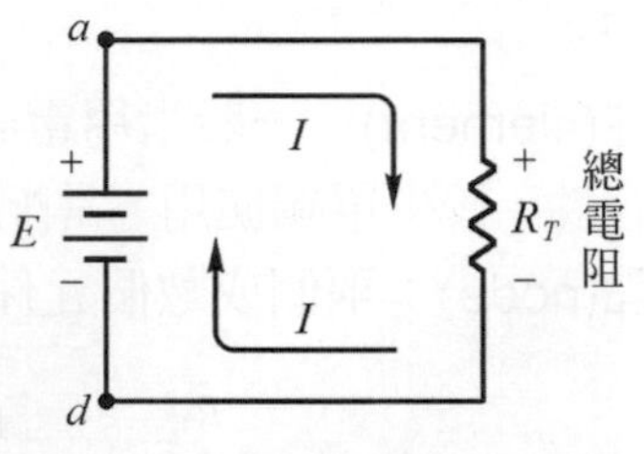

(b) 總電阻爲各電阻之和

圖 2-5　串聯電路

例題 2-1

$R_1 = 100\Omega$，$R_2 = 150\Omega$ 兩者串聯接於 100V 電源上，問(1)總電阻爲多少歐姆？(2)電路電流爲多少安培？(3)R_1 兩端的電壓爲多少伏特？

解 (1) 串聯電路之總電阻 $R_T = R_1 + R_2 = 100 + 150 = 250\Omega$

(2) 電路之電流 $I = \frac{E}{R_T} = \frac{100}{250} = 0.4\text{A}$

(3) R_1 端的電壓 $V_1 = I \times R_1 = 0.4 \times 100 = 40\text{V}$

EXAMPLE

例題 2-2

10kΩ、400W 及 10kΩ、100W 之兩電阻器串聯，問等值電阻及功率爲多少？

解 串聯之等值電阻(總電阻)$R = R_1 + R_2 = 10\text{k} + 10\text{k} = 20\text{k}\Omega$

因功率 $P = I^2R$，而電阻器之額定電流值 $I = \sqrt{\frac{P}{R}}$，則

$I_1 = \sqrt{\frac{400}{10\text{k}}} = \sqrt{0.04} = 0.2\text{A}$，$I_2 = \sqrt{\frac{100}{10\text{k}}} = \sqrt{0.01} = 0.1\text{A}$

兩電阻額定電流值不同，串聯電流相同，爲免損毀電阻，電流應選較小者，即 $I = I_2 = 0.1\text{A}$

額定功率 $P = I^2R = (0.1)^2 \times 20\text{k} = 0.01 \times 20000 = 200\text{W}$

EXAMPLE 例題 2-3

110V、100W 燈泡和 110V、40W 燈泡串接於 110V 電源，請問哪一個燈泡較亮？

解　先求燈泡的電阻，因串聯電流相同，而功率 $P = I^2R$。

$R_1 = \dfrac{V^2}{P_1} = \dfrac{110^2}{100} = 121\Omega$，$R_2 = \dfrac{V^2}{P_2} = \dfrac{110^2}{40} = 302.5\Omega$

串聯之總電阻 $R_T = R_1 + R_2 = 121 + 302.5 = 423.5\Omega$

串聯電路之電流 $I = \dfrac{E}{R_T} = \dfrac{110}{423.5} \fallingdotseq 0.26\text{A}$

串聯後燈泡之功率消耗：

$P_1 = I^2R_1 = 0.26^2 \times 121 \fallingdotseq 8.2\text{W}$

$P_2 = I^2R_2 = 0.26^2 \times 302.5 \fallingdotseq 20.4\text{W}$

$P_2 > P_1$，故 110V、40W 燈泡較亮。

COMPUTER TEST 電腦模擬

試求串聯電路之總電阻、電路電流及各電阻之壓降。

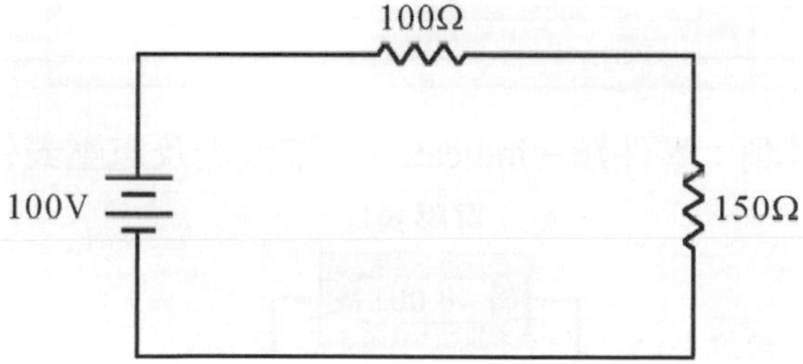

解　1.　繪好串聯電路，並連接好三用電表，如下圖所示。

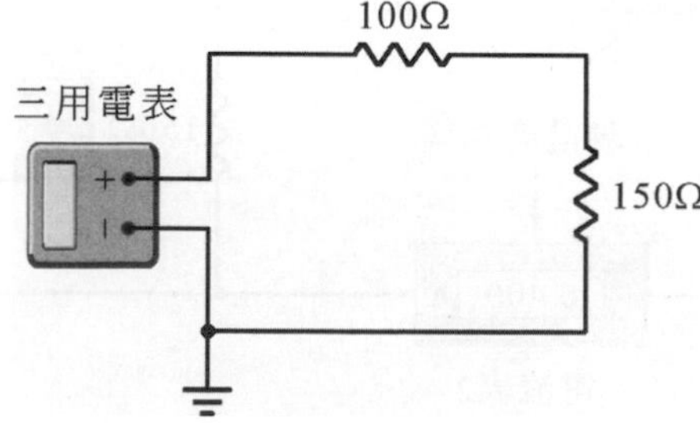

2.　執行電路程式量測結果，顯示爲：

3. 串聯電路接上電源，顯示節點(node)：Options-Perferences-Show node names。

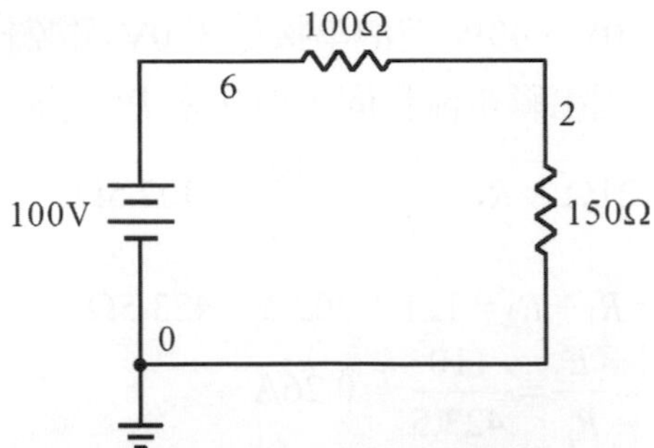

4. 直流電路分析：Simulate-Analyses-DC operating Point，顯示為：

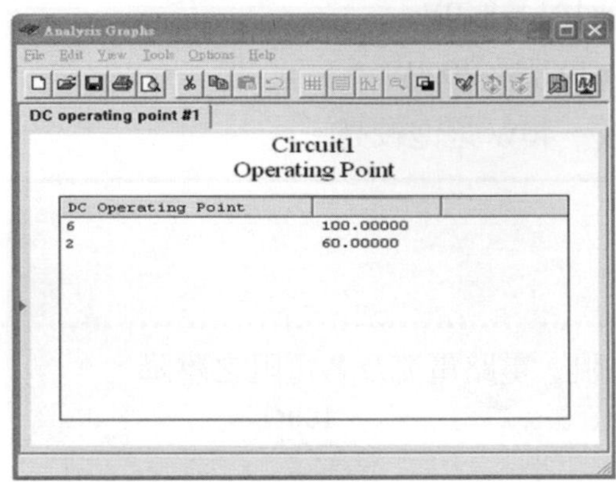

5. 電表量測：零件類－indicators－電流表及電壓表執行後，顯示為：

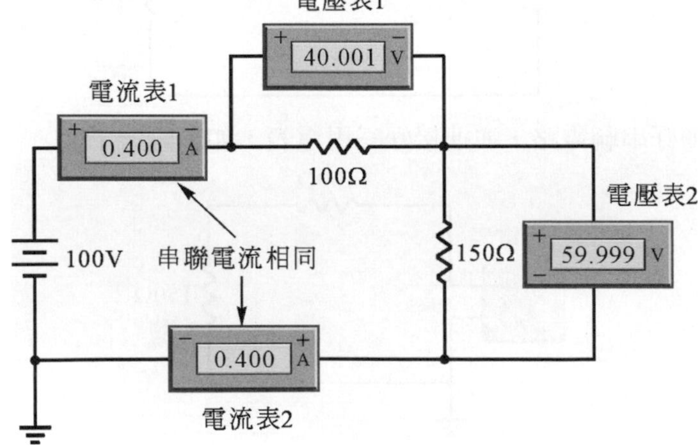

2-2-1　串聯分壓定則

在串聯電路中，電阻之電壓值係電壓源依電阻值大小作比例的分配，如圖 2-6 所示。

圖 2-6　電阻壓降分佈情形

總電阻：$R_T = R_1 + R_2 = 2 + 8 = 10\Omega$

總電流：$I = \dfrac{E}{R_T} = \dfrac{10}{10} = 1\text{A}$

R_1 壓降：$V_1 = IR_1 = 1\times 2 = 2\text{V}$

R_2 壓降：$V_2 = IR_2 = 1\times 8 = 8\text{V}$

電路中以最大電阻值 R_2 的電壓降 8V 最大，以最小電阻值 R_1 的電壓降 2V 最小，符合歐姆定律：當電流爲定值時，電阻值與電壓值成正比。依電阻比值 $\dfrac{R_2}{R_1} = \dfrac{8}{2} = 4$ 倍，R_2 的電壓值也爲 R_1 的 4 倍，電阻值之倍率同電壓值之倍率。在串聯電路中，電阻之電壓比等於電阻間的比值，此稱電壓分配定則，解法爲

總電阻：$R_T = R_1 + R_2 = 2 + 8 = 10\Omega$

R_1 所佔的比率：$\dfrac{R_1}{R_T} = \dfrac{2}{10} = \dfrac{1}{5}$，$R_2$ 所佔的比率：$\dfrac{R_2}{R_T} = \dfrac{8}{10} = \dfrac{4}{5}$

按電壓之比值等於電阻之比值，則各電阻分配之電壓值爲：

R_1 分配之電壓：$V_1 = \dfrac{E\times R_1}{R_T} = \dfrac{10\times 1}{5} = 2\text{V}$，$R_2$ 分配之電壓：$V_2 = \dfrac{E\times R_2}{R_T} = \dfrac{10\times 4}{5} = 8\text{V}$

關係式爲：$V_1 = E\times\dfrac{R_1}{R_T}$，$V_2 = E\times\dfrac{R_2}{R_T}$，$R_T = R_1 + R_2$

EXAMPLE 例題 2-4

三電阻 $R_1 = 10\Omega$、$R_2 = 20\Omega$、$R_3 = 30\Omega$，串接於 120V 之電壓源，問(1)總電阻爲多少歐姆？(2)總電流爲多少安培？(3)R_2 的電壓降爲多少伏特？

解　(1)　串聯之總電阻 $R_T = R_1 + R_2 + R_3 = 10 + 20 + 30 = 60\Omega$

(2)　串聯之總電流 $I = \dfrac{E}{R_T} = \dfrac{120}{60} = 2\text{A}$

(3)　電阻 R_2 之壓降 $V_2 = I\times R_2 = 2\times 20 = 40\text{V}$

使用分壓定則：

R_2 之壓降 $V_2 = \dfrac{\text{電壓源}E\times\text{電阻}R_2}{\text{總電阻}R_T} = \dfrac{120\times 20}{60} = 40\text{V}$

EXAMPLE

例題 2-5

如右圖所示之串聯電路，求 a 點之電位為多少伏特？

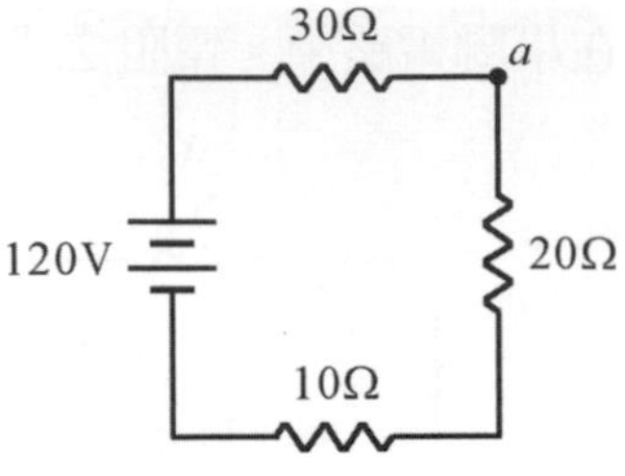

解 a 點的電位為電阻 20Ω 及 10Ω 之電壓降的和。

使用串聯電壓分配定則：

$$V_a = 120 \times \left(\frac{20+10}{30+20+10}\right) = 60\ \text{V}$$

或：總電阻 $R_T = 10 + 20 + 30 = 60\ \Omega$

總電阻 $I = \dfrac{120}{60} = 2\text{A}$，$V_a = (20+10) \times 2 = 60\ \text{V}$

2-3 並聯電路

在電路上，二個(或以上)元件有 2 個(或以上)的共用節點稱為並聯(parallel)電路，如圖 2-7 所示。

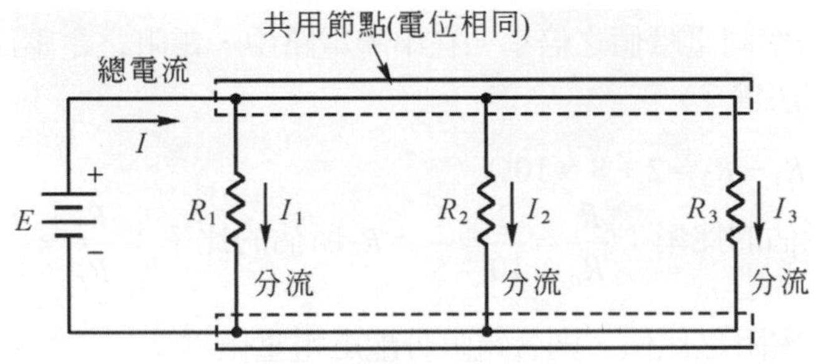

並聯：經節點具分流效果 $I = I_1 + I_2 + I_3$

圖 2-7 並聯電路

圖 2-8 所示為並聯電路的形式，特點是各元件具有共同之節點 a 及 b。

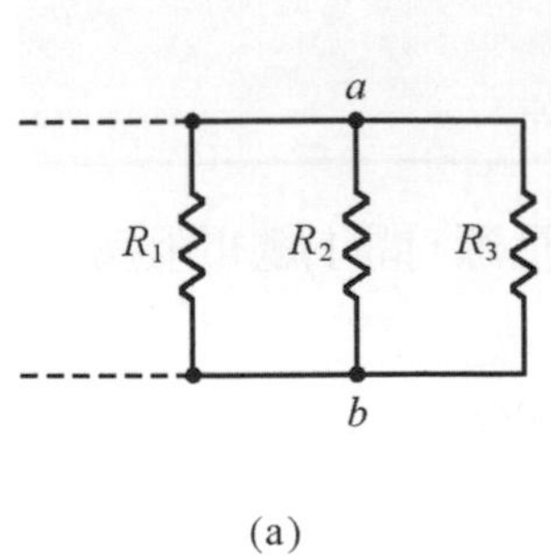

(a)

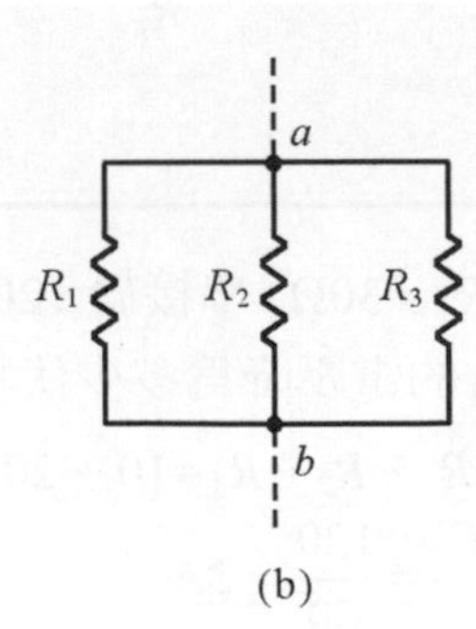

(b)

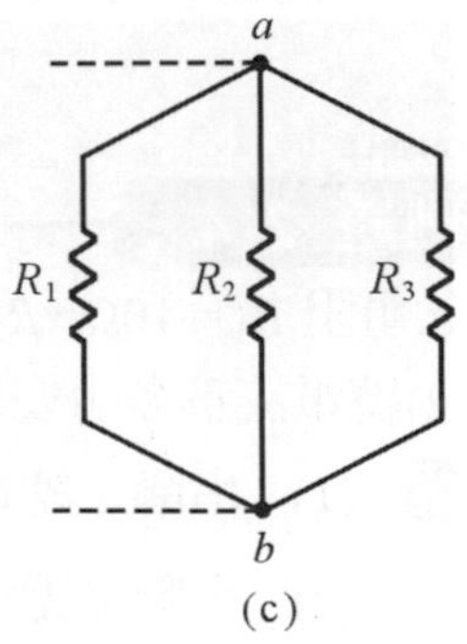

(c)

圖 2-8 並聯的形式

並聯電路具有下列之特性：

1. 並聯電路各元件之兩端皆有共同節點，特點是電位相同，各元件之端電壓也相同，如圖 2-9 所示。

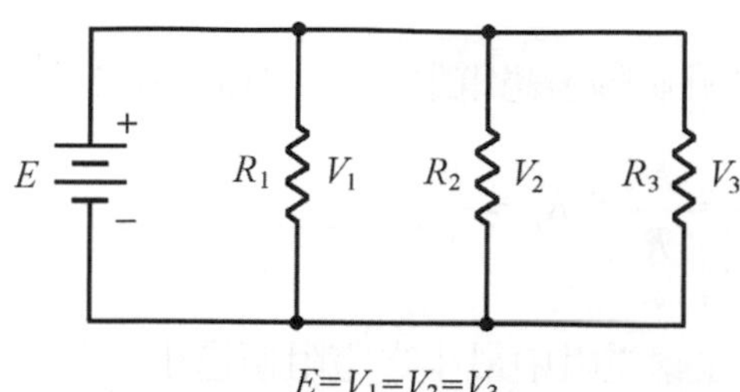

圖 2-9　各元件之端電壓相同

2. 並聯電路之總電流爲各分路電流之和，圖 2-7 所示爲 $I = I_1 + I_2 + I_3$。

3. 並聯電路之總電阻的倒數爲各分路電阻倒數的和，如圖 2-10 所示。依歐姆定律 $I = \dfrac{E}{R}$，則

$I_1 = \dfrac{V_1}{R_1}$，$I_2 = \dfrac{V_2}{R_2}$，$I_3 = \dfrac{V_3}{R_3}$

因 $I = I_1 + I_2 + I_3 = \dfrac{V_1}{R_1} + \dfrac{V_2}{R_2} + \dfrac{V_3}{R_3} = \dfrac{E}{R_T}$ 且 $E = V_1 = V_2 = V_3$

故 $I = \dfrac{E}{R_T} = \dfrac{V_1}{R_1} + \dfrac{V_2}{R_2} + \dfrac{V_3}{R_3} = \left(\dfrac{1}{R_1} + \dfrac{1}{R_2} + \dfrac{1}{R_3}\right)E$，$\dfrac{1}{R_T} = \dfrac{1}{R_1} + \dfrac{1}{R_2} + \dfrac{1}{R_3}$

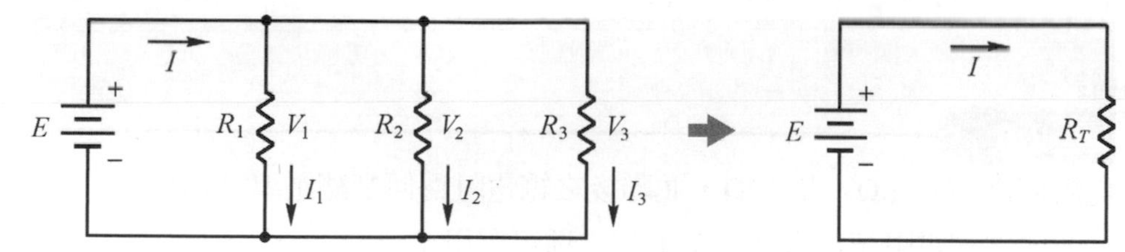

圖 2-10　並聯電路

並聯總電阻值之求解法，可歸納爲：

(1) $\dfrac{1}{R_T} = \dfrac{1}{R_1} + \dfrac{1}{R_2} + \dfrac{1}{R_3}$，$R_T = \dfrac{1}{\dfrac{1}{R_1} + \dfrac{1}{R_2} + \dfrac{1}{R_3}}$

(2) $\dfrac{1}{R_T} = \dfrac{R_2R_3 + R_1R_3 + R_1R_2}{R_1R_2R_3}$，$R_T = \dfrac{R_1R_2R_3}{R_1R_2 + R_2R_3 + R_3R_1}$

(3) 電導在並聯電路之計算，可簡化數學式，缺點是須再轉換成電阻值。

$G_1 = \dfrac{1}{R_1}$、$G_2 = \dfrac{1}{R_2}$、$G_3 = \dfrac{1}{R_3}$，$G_T = G_1 + G_2 + G_3$，$R_T = \dfrac{1}{G_T}$

並聯之元件數量愈多，電導值會愈大，電流也會愈大。

(4) 只有兩個電阻 R_1 及 R_2 之並聯，總電阻值為：

$$\frac{1}{R_T}=\frac{R_1+R_2}{R_1R_2}\text{，}R_T=\frac{R_1R_2}{R_1+R_2}$$

(5) N 個相同電阻值的電阻並聯，總電阻為單一電阻值之 $\frac{1}{N}$ 倍。

$$\frac{1}{R_T}=\underbrace{\frac{1}{R}\quad\frac{1}{R}\quad\cdots\quad\frac{1}{R}}_{N\text{個}}=\frac{N}{R}\text{，}R_T=\frac{R}{N}$$

4. 並聯後之總電阻(R_T)值比並聯電阻中最小之電阻值還小。
5. 並聯電路中，若增加並聯電阻的數量，總電阻值會更小，但總電流值為變大。
6. 並聯電路中，電阻與電壓源之功率為：(圖 2-10 為例)

$$P_1=V_1I_1=I_1{}^2R_1=\frac{V_1^2}{R_1}=\frac{E^2}{R_1}$$

$$P_2=V_2I_2=I_2{}^2R_2=\frac{V_2^2}{R_2}=\frac{E^2}{R_2}$$

$$P_3=V_3I_3=I_3{}^2R_3=\frac{V_3^2}{R_3}=\frac{E^2}{R_3}$$

$$P_S=EI=I^2R_T=\frac{E^2}{R_T}=P_1+P_2+P_3$$

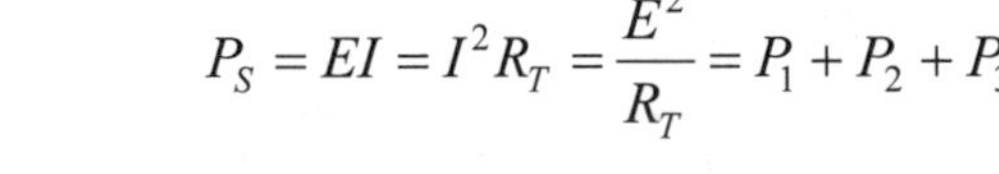

三電阻值為 4Ω、6Ω、及 12Ω，並聯後之總電阻為何？總電導又為何？

並聯之總電阻值之求法，有下列二種可選用：

(1) 解法一：

$$R_T=\frac{1}{\frac{1}{4}+\frac{1}{6}+\frac{1}{12}}=\frac{1}{\frac{3+2+1}{12}}=\frac{1}{\frac{6}{12}}=\frac{1}{\frac{1}{2}}=2\,\Omega$$

(2) 解法二：

$$R_T=\frac{4\times6\times12}{4\times6+6\times12+12\times4}=\frac{288}{24+72+48}=\frac{288}{144}=2\,\Omega$$

總電導 $G=\frac{1}{R_T}=\frac{1}{2}=0.5(\text{S})$

例題 2-7

如圖所示之並聯電路，試求 4Ω 電阻之電壓降爲多少伏特？

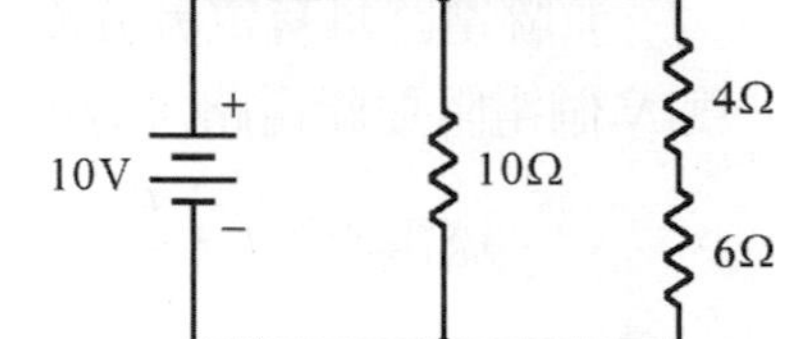

解　流過 4Ω 電阻之電流 $I=\dfrac{10}{(4+6)}=\dfrac{10}{10}=1\text{A}$

4Ω 電阻之電壓降 $V=IR=1\times4=4\text{V}$

電腦模擬

試求下圖並聯電路之總電阻、總電流、分路電流、分路電壓及總功率值。

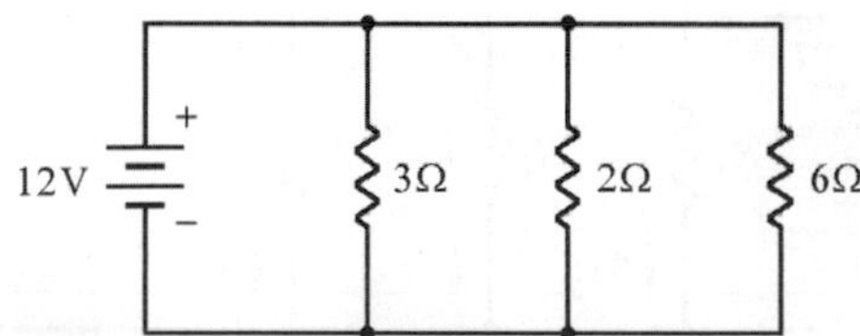

解　1.　總電阻：連接三用電表及執行之結果，如圖所示。

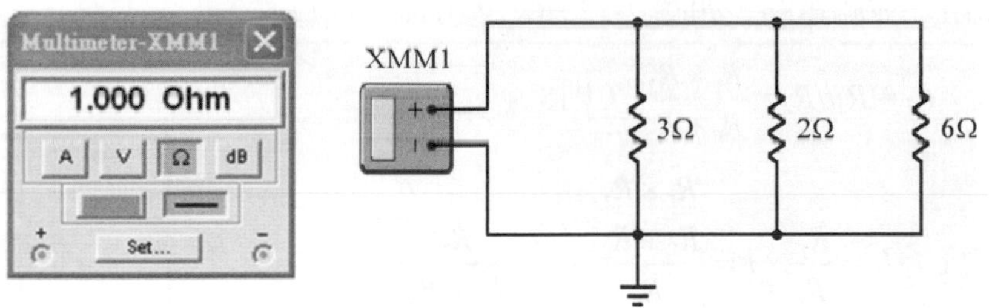

2.　電路電流、電壓及功率值模擬之連接圖及執行結果，如圖所示。

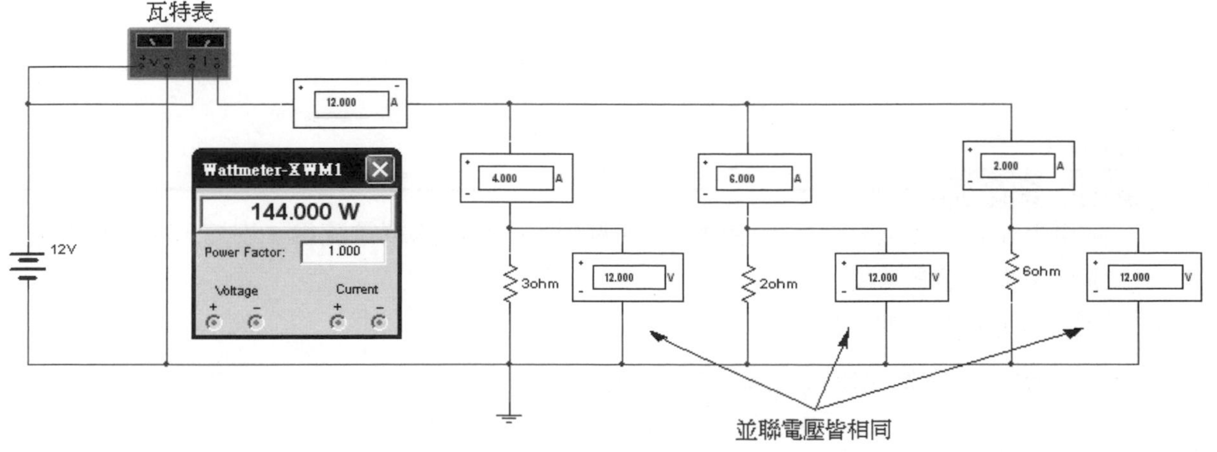

2-3-1 並聯分流定則

並聯電路具有電流分流之效果。分流定則可簡化計算求解分路電流的過程。如圖 2-11 所示為 N 個電阻並聯電路，分流定則之推導為：

總電流：$I=\dfrac{E}{R_T}$，並聯電壓相等：$E=V_1=V_2=\cdots=V_N$

設定第 a 個分路之分路電流為：$I_a=\dfrac{V_a}{R_a}$，則分路電流與總電流的關係為：

$I=\dfrac{E}{R_T}=\dfrac{V_a}{R_T}=\dfrac{I_aR_a}{R_T}$，分路電流：$I_a=\dfrac{R_T}{R_a}\times I$

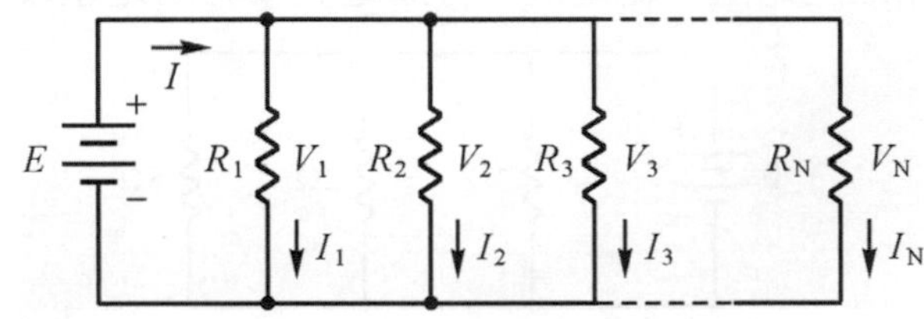

圖 2-11　分流定則之推導

求解兩個電阻之並聯電路，如圖 2-12 所示，分流定則為：

總電阻：$R_T=R_1//R_2=\dfrac{R_1\times R_2}{R_1+R_2}$，則：

分路電流：$I_1=\dfrac{R_T}{R_1}\times I=\dfrac{\dfrac{R_1\times R_2}{R_1+R_2}}{R_1}\times I=\dfrac{R_2}{R_1+R_2}\times I$

$I_2=\dfrac{R_T}{R_2}\times I=\dfrac{\dfrac{R_1\times R_2}{R_1+R_2}}{R_2}\times I=\dfrac{R_1}{R_1+R_2}\times I$

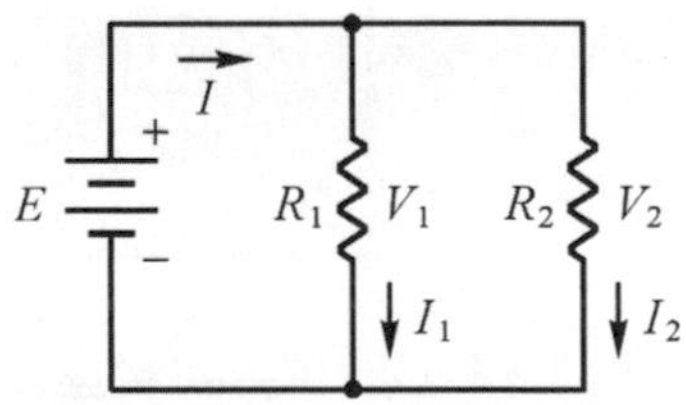

圖 2-12　兩個電阻並聯電路

EXAMPLE
例題 2-8

兩電阻並聯，其値分別為 10 歐姆及 15 歐姆，已知電路總電流為 5 安培，問分路電流分別為多少安培？

解　利用分流定則，為：

流經 10 歐姆之電流 $I_{10}=\dfrac{15}{10+15}\times 5\text{A}=3\text{A}$

流經 15 歐姆之電流 $I_{15}=\dfrac{10}{10+15}\times 5\text{A}=2\text{A}$，或為 $I_{15}=I-I_{10}=5\text{A}-3\text{A}=2\text{A}$

EXAMPLE
例題 2-9

如右圖所示爲並聯電路，試求電流值 I 及 I_1 爲多少安培？

解　並聯電壓相同，

流經 3Ω 之電流 $I_1 = \frac{12}{3} = 4\text{A}$

分流定則：$I_1 = \frac{6}{3+6} \times I = 4$

總電流：$I = \frac{9 \times 4}{6} = 6\text{A}$

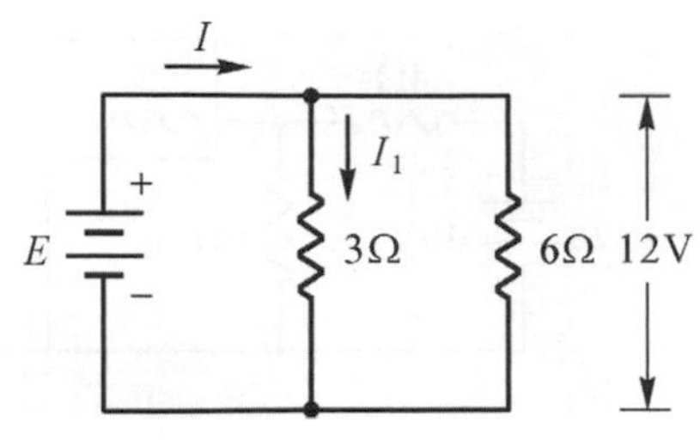

2-4 串並聯電路

串並聯電路爲電路內包含串聯及並聯兩種接法的電路，如圖 2-13 所示。圖 2-13(a)爲先串聯後並聯，圖 2-13(b)爲先並聯後串聯。

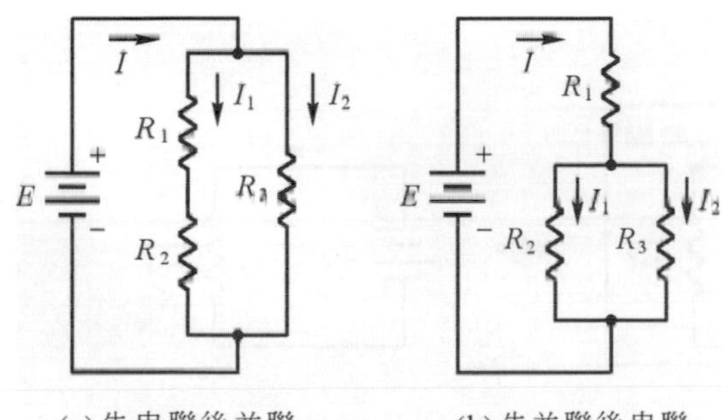

圖 2-13　串並聯電路

2-4-1　串並聯電路之解法

以圖 2-14 爲例，說明串並聯電路之解法。

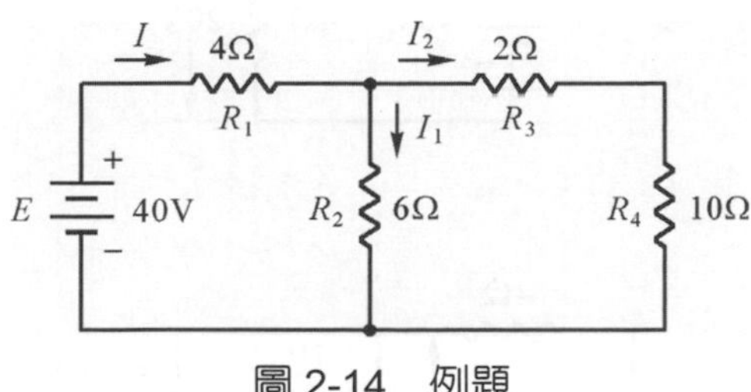

圖 2-14　例題

1. 化簡法：單電源之串並聯電路，可利用串或並聯之關係式，先化簡複雜之電阻電路成單電阻及單電源電路。

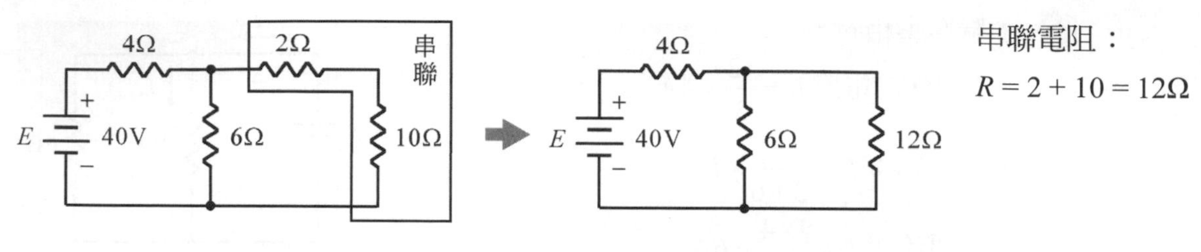

(a)

串聯電阻：

$R = 2 + 10 = 12\Omega$

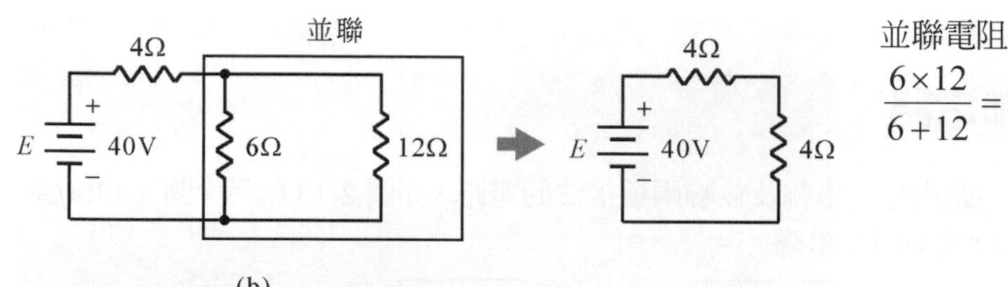

(b)

並聯電阻：

$$\frac{6\times12}{6+12}=\frac{72}{18}=4\,\Omega$$

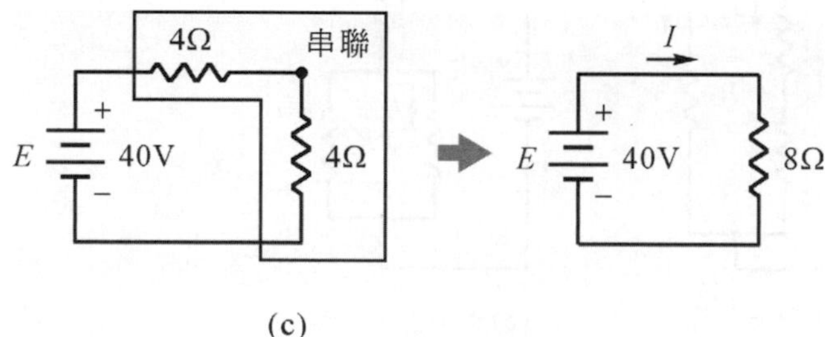

(c)

總電阻：$R_T = 4 + 4 = 8\Omega$

總電流：$I=\dfrac{E}{R_T}=\dfrac{40}{8}=5\text{A}$

2. 倒敘法：依最終求得之總電流(或電壓)值，以倒敘的方式求出串或並聯關係值。

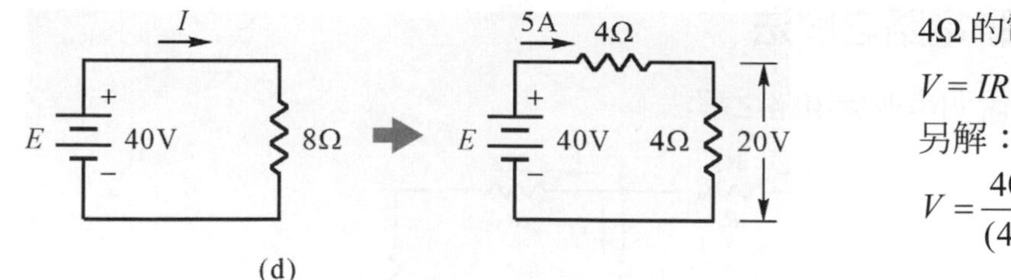

(d)

4Ω 的電壓降：

$V = IR = 5\times4 = 20\text{V}$

另解：分壓定則：

$$V=\frac{40\times4}{(4+4)}=20\text{V}$$

(e)

並聯電壓相同，分路電流：

$$I_1=\frac{20}{6}=\frac{10}{3}\text{A}$$

$$I_2=\frac{20}{12}=\frac{5}{3}\text{A}$$

則電路之電流值為：$I = 5\text{A}$、$I_1=\dfrac{10}{3}\text{A}$、$I_2=\dfrac{5}{3}\text{A}$。

例題 2-10

如右圖所示電路，試求 2Ω 電阻之消耗功率爲多少瓦特？

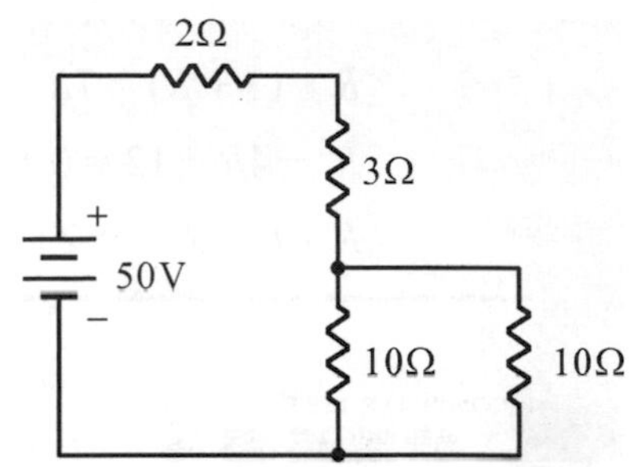

解　先求總電阻，

$R_T = (10//10) + 3 + 2\Omega$

$R_T = 5 + 3 + 2 = 10\Omega$

電路總電流 $I = \dfrac{50}{10} = 5\text{A}$

2Ω 電阻消耗功率 $P_2 = I^2R = 5^2 \times 2 = 50\text{W}$

例題 2-11

如右圖所示電路，試求 A、B 兩點間之電位差。

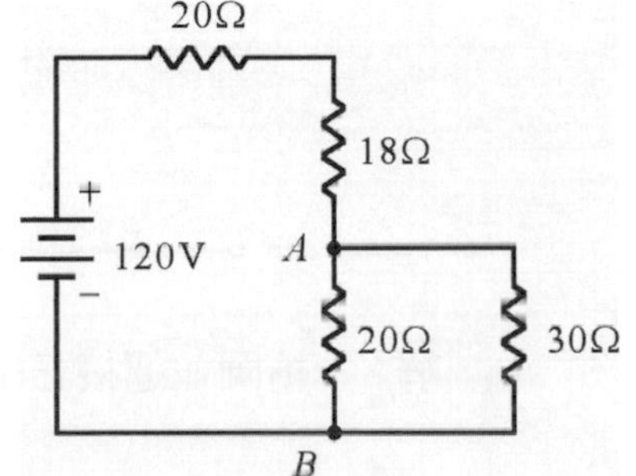

解　AB 間之並聯電阻：$R_{AB} = \dfrac{20 \times 30}{20 + 30} = 12\,\Omega$

串聯分壓定則：$V_{AB} = 120 \times \dfrac{12}{20 + 18 + 12} = 28.8\text{ V}$

例題 2-12

如下圖所示電路，試求 R_{AB} 爲多少？

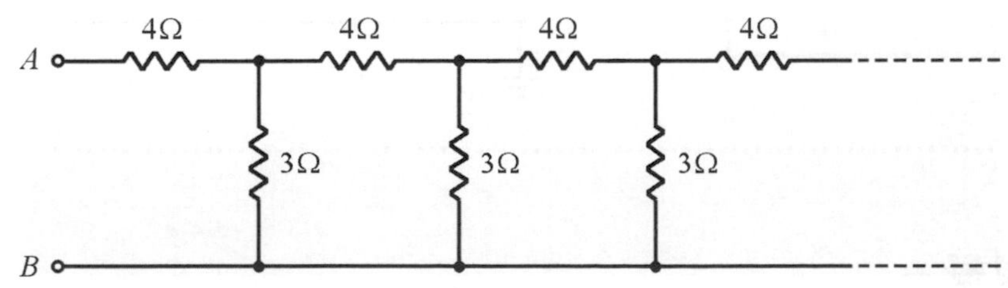

解　首先，將圖形調整如下圖。

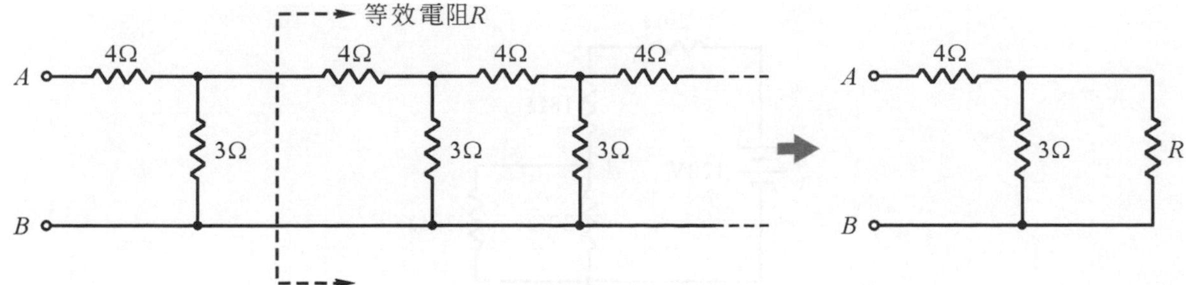

等效電阻 R 可視為 R_{AB}，即 $R_{AB}=R$，則

$$R_{AB}=4+\frac{3\times R}{3+R}=\frac{4\times(3+R)+3R}{3+R}=\frac{7R+12}{3+R}=R$$

$R\times(3+R)=7R+12$，$R^2+3R=7R+12$

$R^2-4R-12=0$，$(R-6)(R+2)=0$

$R=6$，$R=-2$ (不合)，$R_{AB}=6\Omega$

COMPUTER TEST
電腦模擬

試求下圖之總電阻值。

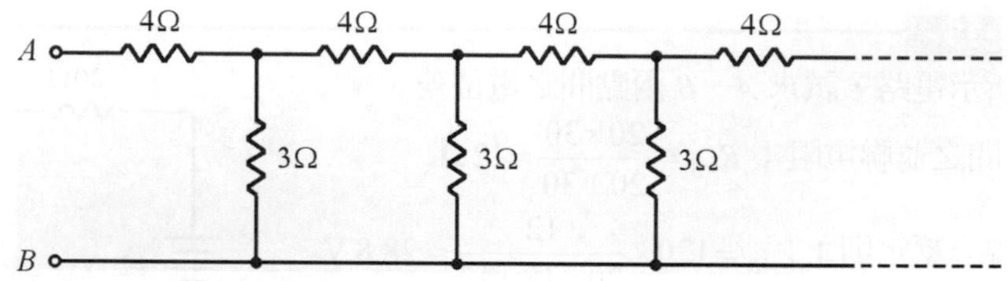

解 繪圖並連接三用電表量測電路，執行結果如圖所示。

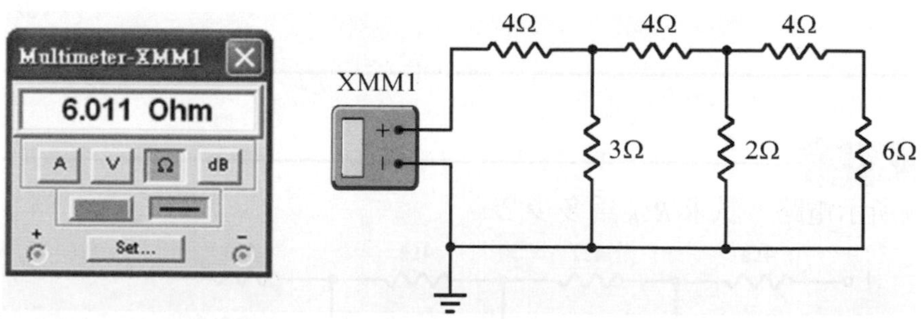

COMPUTER TEST
電腦模擬

試求下圖之電路總電流值及 AB 點間之電壓值。

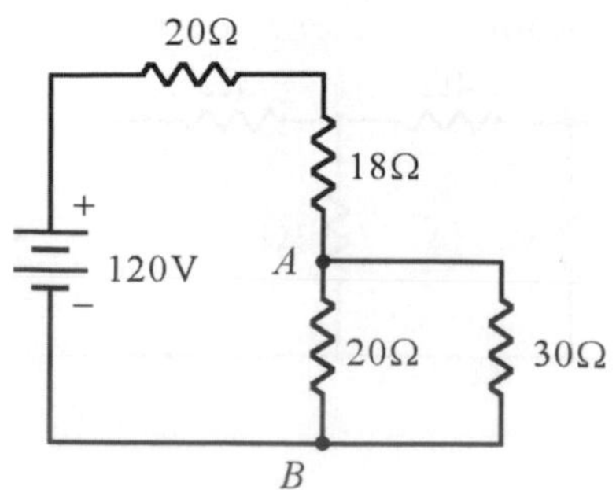

解　繪出電路並連接電壓與電流表量測電路，執行結果如下圖所示。

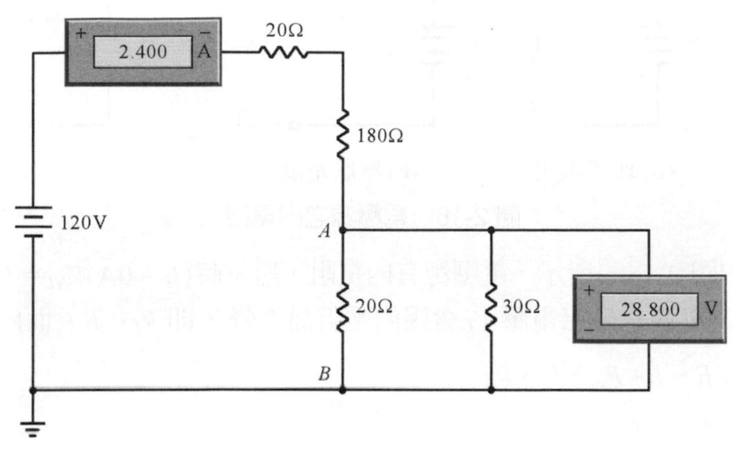

2-5 電壓源及電流源

2-5-1 電壓源與電流源

電壓源(voltage source)在電路中是供應電路所需之電壓能量者。如發電機、蓄電池或電源供應器等。直流電壓源之特性為供應之電壓值為定值，不受電路負載變化之影響。如圖 2-15(a)所示為直流電壓源之電路符號，代號為 E，單位為 V(伏特)。

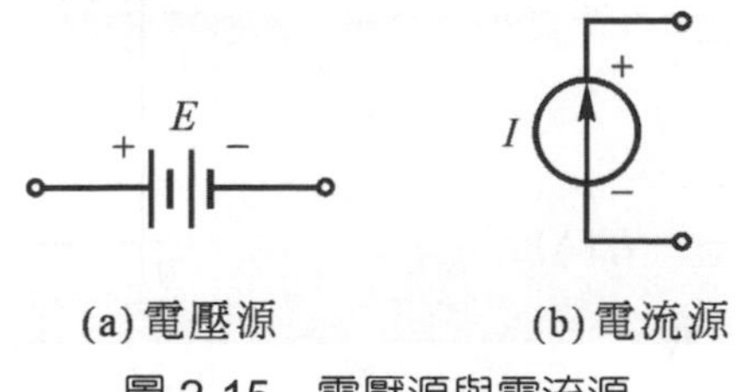

(a) 電壓源　(b) 電流源

圖 2-15　電壓源與電流源

電流源(current source)在電路中是供應電路所需之電流能量者，如電源供應器等。直流電流源之特性為供應電路之電流值為定值，不受電路負載變化影響。如圖 2-15(b)所示為直流電流源之電路符號，代號為 I，單位為 A(安培)。

2-5-2 電壓源之內電阻

所有之電壓源皆有內電阻，且電壓源之內阻以串聯方式連接，如圖 2-16(a)所示為實際電壓源之等效電路。分析電路時，大都採用理想電壓源(無內電阻)。理想電壓源之內電阻 $R_{in} = 0\Omega$，在滿載或無載時，端電壓皆以 E 伏特表示，如圖 2-16(b)所示。

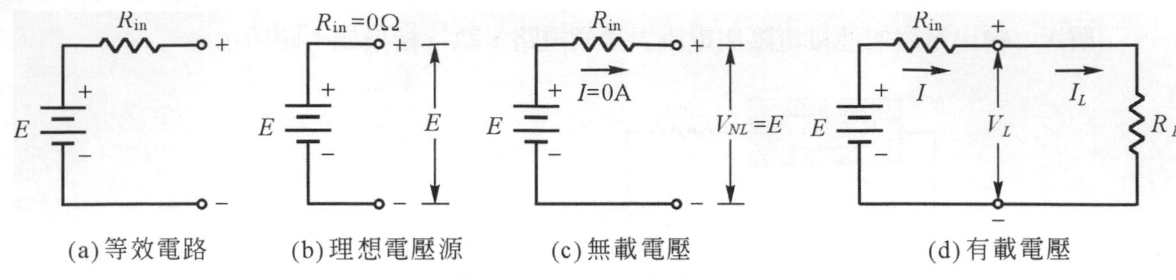

圖 2-16　電壓源之內電阻

實際的狀況，如圖 2-16(c)所示，電壓源有內電阻，無載時($I_L = 0$A)$V_{NL} = E$ 伏特。有負載時，如圖 2-16(d)所示，電壓源之輸出電壓 V_L 會因內電阻而下降，即 $V_L < E$。而內電阻之大小為：

串聯電路：$E = I \times R_{in} + I_L \times R_L$

無載電壓：$V_{NL} = E$

$V_{NL} - I \times R_{in} - I_L \times R_L = 0$，因 $V_L = I_L \times R_L$、$I = I_L$，故 $V_{NL} - I_L \times R_{in} - V_L = 0$

內電阻：$R_{in} = \dfrac{V_{NL} - V_L}{I_L}\ \Omega$

電壓源內電阻的大小，會影響供應負載的電壓值，如圖 2-17(a)所示。當負載電流 I_L 增加時，內電阻的壓降隨著增加，輸出電壓 V_L 隨著降低。如果負載電流無限制增大，內電阻之壓降可能會等於電源電壓(E)，使得供應電路之輸出電壓變成零伏特。所以理想電壓源之內電阻應為零歐姆。

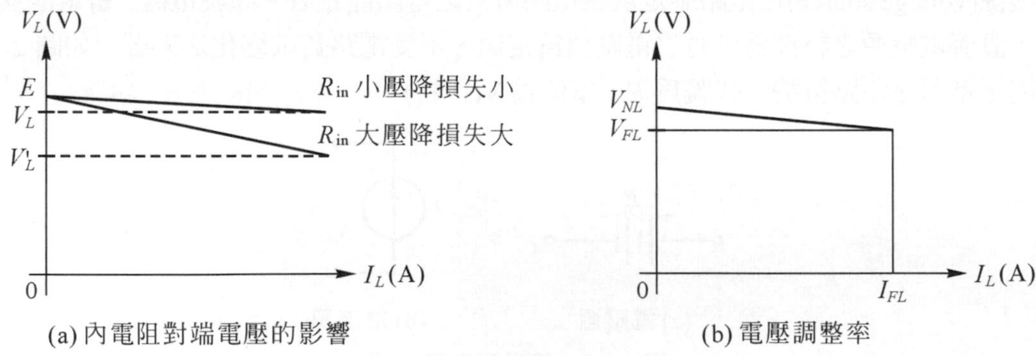

圖 2-17　具內電阻電壓源特性曲線

2-5-3　電壓調整率

任何的電源，在負載需求的範圍內，輸出電壓應可保持定值。如圖 2-17(b)所示，調整輸出電壓的特性，可判斷輸出電壓接近理想電壓的程度，則電壓調整率(voltage regulation)為：

$$\text{電壓調整率(VR\%)} = \frac{V_{NL} - V_{FL}}{V_{FL}} \times 100\%$$

式中，V_{NL} 為無載時之端電壓，V_{FL} 為有負(或全)載時之端電壓。在理想狀況下，$V_{NL} = V_{FL}$，電壓調整率 VR% = 0%，此表示電壓調整率愈小端電壓受負載變動之影響愈小。

電壓調整率也可以內電阻與負載電阻之關係表示：

$$VR\% = \frac{R_{in}}{R_L} \times 100\%$$

式中，電壓調整率與內電阻成正比，內電阻愈小，電壓調整愈小，輸出電壓值更理想。

EXAMPLE

例題 2-13

如右圖所示電路，試求電壓源內阻 R 及電路電壓調整率為多少？

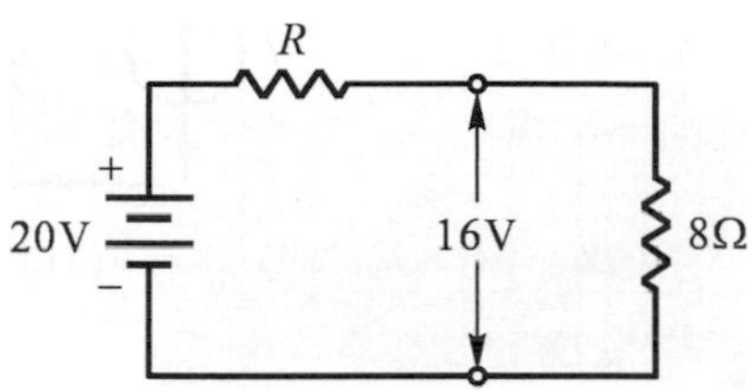

 解　電流 $I = \frac{V_L}{R_L} = \frac{16}{8} = 2\text{A}$

內阻 $R = \frac{(20-16)}{2} = 2\Omega$

電壓調整率：

$VR = \frac{(20-16)}{16} = \frac{4}{16} = 0.25$，$VR\% = 25\%$

EXAMPLE

例題 2-14

如右圖所示電路，試求電路之電壓調整率為多少？

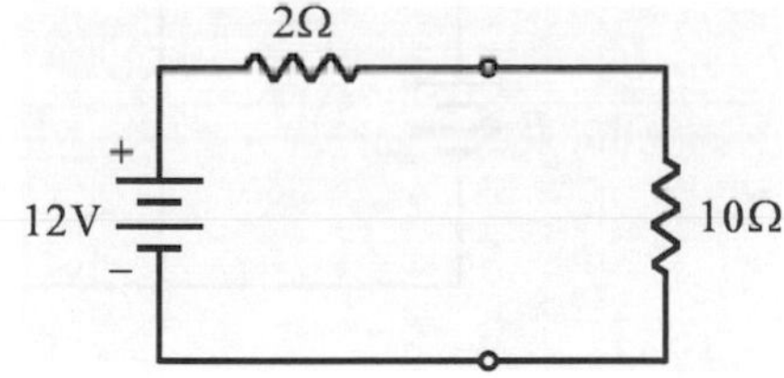

 解　電壓調整率：

$VR\% = \frac{2}{10} \times 100\% = 20\%$

EXAMPLE

例題 2-15

一電源供應器，其輸出阻抗為 2Ω，開路電壓為 30V，滿載時所提供之電流為 2.5A，則此電源之電壓調整率為多少？

解　電壓調整率$(VR\%) = \frac{V_{NL} - V_{FL}}{V_{FL}} \times 100\%$

無載(或開路)電壓 $V_{NL} = 30\text{V}$，

滿載電壓(即負載之電壓降)$V_{FL} = 30 - 2 \times 2.5 = 25\text{V}$

$VR\% = \frac{30-25}{25} \times 100\% = \frac{5}{25} \times 100\% = 20\%$

2-5-4 電流源之內電阻

任何電流源皆有內電阻，且電流源之內電阻以並聯方式連接，如圖 2-18(a)所示。依並聯分流定則，電流源之內電阻愈大，負載電流之損失愈小。當內電阻爲無限大時，電流源之電流值與供應負載之電流值相同，此稱理想電流源。所以理想電源之內電阻應爲無限大。

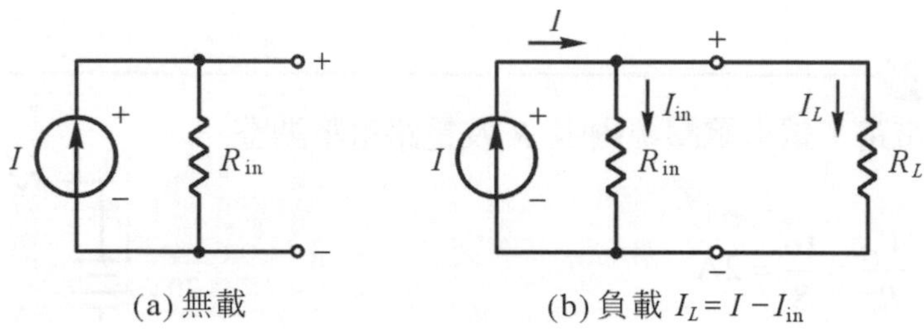

圖 2-18 電流源之內電阻

2-5-5 電壓源與電流源之互換

電路在作計算時，爲方便電路之運算，有時需要將電壓源與電流源相互間作轉換。電壓源與電流源之轉換，如圖 2-19 所示爲運算過程。

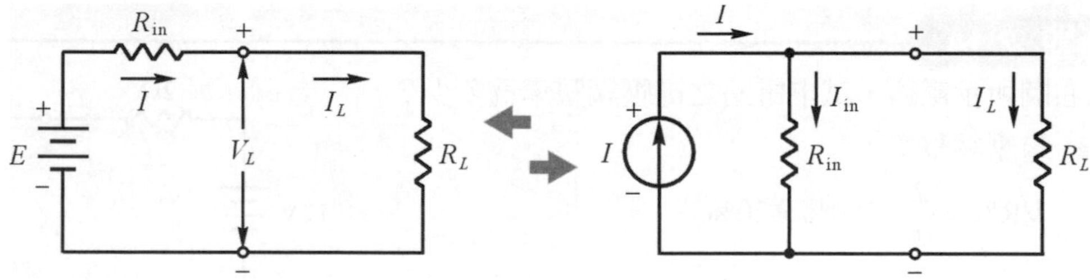

圖 2-19 電壓源與電流源之互換

負載電流：$I_L = \dfrac{E}{R_T} = \dfrac{E}{R_{in} + R_L}$

轉換電壓 E 爲電流 I，歐姆定律：$I = \dfrac{E}{R_{in}}$，則

$$I_L = \frac{E}{R_T} = \frac{E}{R_{in} + R_L} = \frac{R_{in} \times \dfrac{E}{R_{in}}}{R_{in} \times R_L} = \frac{R_{in}}{R_{in} + R_L} \times I \text{ (並聯之分流定則)}$$

電壓源與電流源之轉換，可歸納爲：

(1) 內電阻經轉換後，電阻值不變，維持爲 R_{in}。內電阻與電壓源串聯，與電流源並聯。

(2) 轉換的電流值爲：電壓源 $E = I \times R_{in}$，電流源 $I = E/R_{in}$。

(3) 電源之方向，以電流流出電源端者爲正("+")。

EXAMPLE

例題 2-16

將下圖之各電壓源電路轉換爲等效之電流源電路。

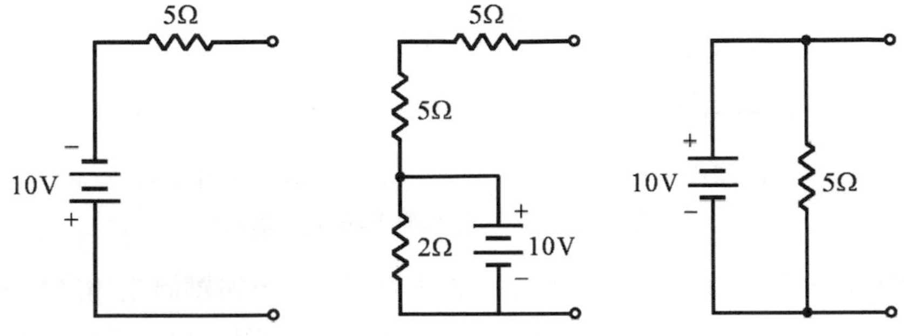

(a)　　(b)　　(c)

解

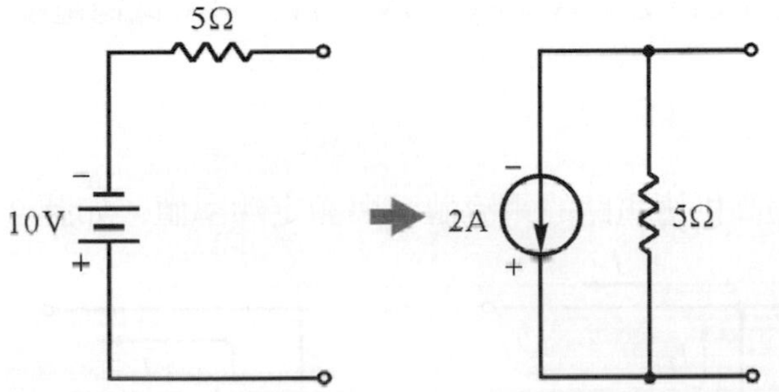

$I = \frac{10}{5} = 2A$

$R = 5\Omega$

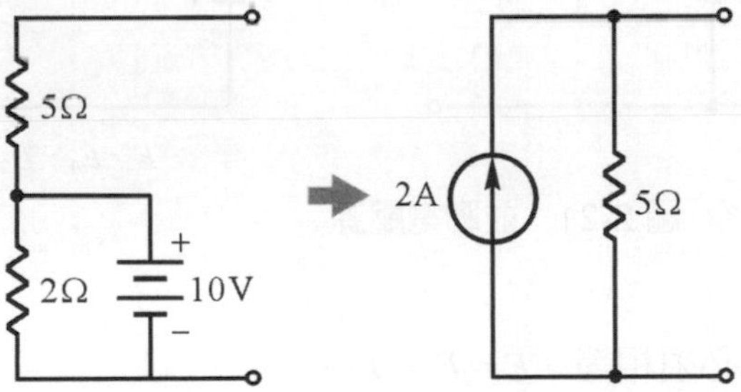

$I = \frac{10}{5} = 2A$，並聯電壓相同

$R = 5\Omega$，2Ω 被電壓源短路

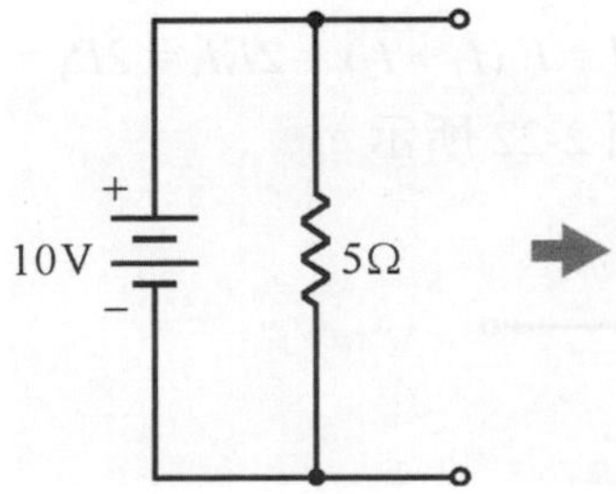

無法轉換成電流源電路

電壓源並聯電阻，非電壓源電路

2-5-6　串聯電壓源

將多個電壓源串接，可以提高或降低電壓源之總電壓值，以供應電路所需之電壓值。多個電壓源串接的方式，如圖 2-20 所示，有同極性相加與反極性相減兩種。

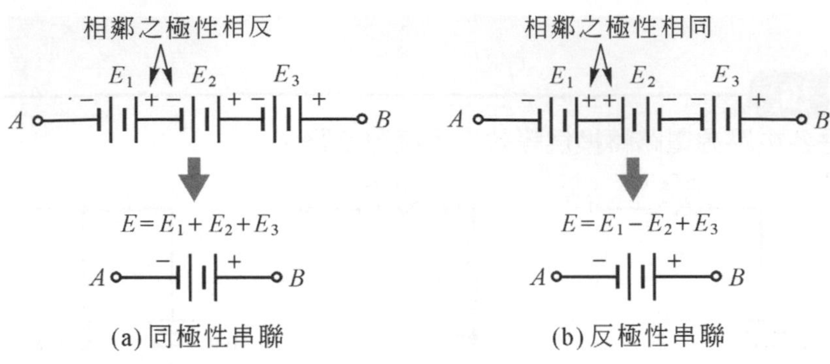

圖 2-20　多個電壓源串接之方式

數個電壓源以同極性串接，如圖 2-20(a)，總電壓值等於各電壓值相加之和，提高電壓值爲其目的。若 $E_1=5\text{V}$、$E_2=8\text{V}$、$E_3=7\text{V}$，則 $E=E_1+E_2+E_3=5\text{V}+8\text{V}+7\text{V}=20\text{V}$。若以反極性串接，如圖 2-20(b)，則 $E=E_1-E_2+E_3$，$E=5\text{V}-8\text{V}+7\text{V}=4\text{V}$，可降低總電壓值。

2-5-7　並聯電壓源

將電壓源並聯使用，目的在提高供應電路的電流值，與額定功率值。如圖 2-21 所示。

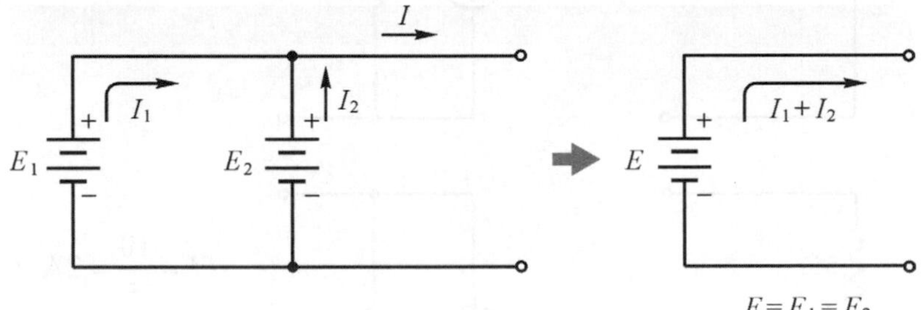

圖 2-21　並聯電壓源

圖中，並聯電壓源之特性爲：

(1)　並聯電壓源之額定電壓值必須相等。$E=E_1=E_2$。

(2)　並聯電壓源可提高倍數之電流值。圖中，$I=I_1+I_2=2I_1=2I_2$。$(I_1=I_2)$

(3)　並聯電壓源可提高倍數之功率。圖中，$P_T=EI=E(I_1+I_2)=2EI_1=2P_1=2EI_2=2P_2$。

若將兩個不同額定電壓值之電壓源並接一起，如圖 2-22 所示。

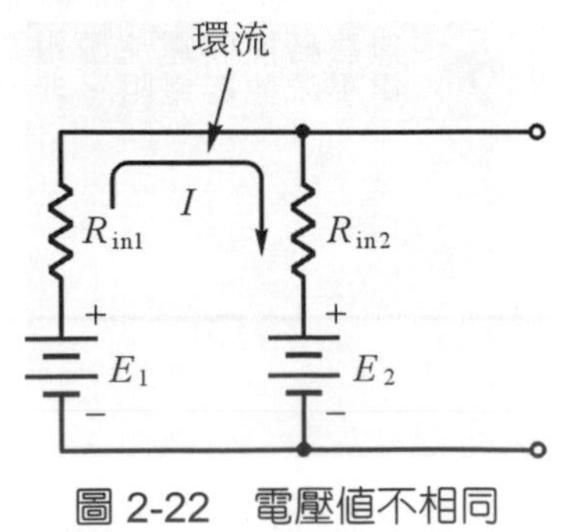

圖 2-22　電壓值不相同

圖中，若 $R_{in1}=0.06\Omega$，$R_{in2}=0.04\Omega$，$E_1=15\text{V}$，$E_2=12\text{V}$，求環流 I 爲多少？

因無外接負載，電路爲串聯電路，則串聯電流 I 爲：

$$I=\frac{E_1-E_2}{R_{\text{in}1}+R_{\text{in}2}}=\frac{15-12}{0.06+0.04}=\frac{3}{0.1}=30\text{ A}$$

不同額定電壓值之電壓源並接在一起，造成的影響爲：

(1) 產生甚大之環路電流。圖例 $I = 30$ 安培(A)。

(2) 功率：$P_1 = 15\times30 = 450$ 瓦特(W)，$P_2 = 12\times30 = 360$ 瓦特(W)，過大功率消耗，可能燒毀電壓源。

(3) 不同電壓值形成之電位差，將使 E_1 朝較低電壓之 E_2 放電。

EXAMPLE

例題 2-17

如圖所示電路，試求電路電流 I 爲多少安培？

解　兩電壓源爲同極性串聯，則 $E = E_1 + E_2 = 12 + 8 = 20\text{V}$

兩內阻串聯，則 $R = 3 + 2 = 5\Omega$

電路電流 $I=\frac{E}{R_T}=\frac{20}{(5+15)}=\frac{20}{20}=1\text{A}$

EXAMPLE

例題 2-18

如圖所示電路，試求環流 I 爲多少安培？

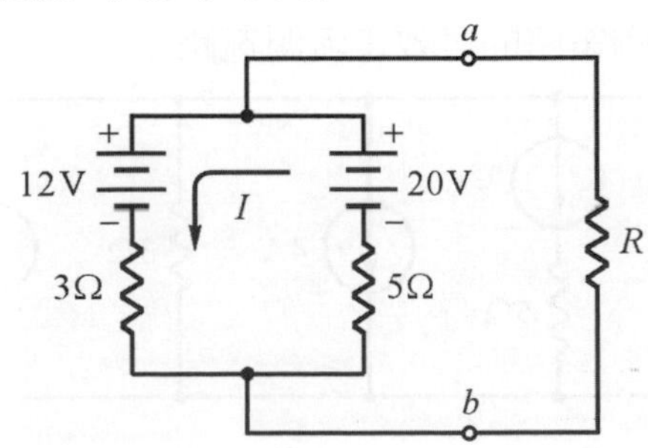

解　不同值之電壓源並聯會形成環流。

$E = 20 - 12 = 8\text{V}$

$R = 3 + 5 = 8\ \Omega$(串聯)

環流 $I=\frac{E}{R}=\frac{8}{8}=1\text{A}$

2-5-8 串聯電流源

電流在任何迴路中只有唯一值，不可能同時出現兩個或以上的不同值，所以應用串聯電流源，電流值應相等，不同電流值之電流源不可以串聯，如圖 2-23 所示。

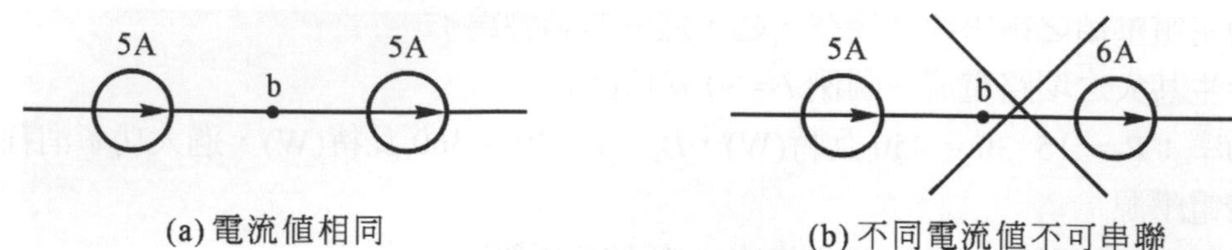

圖 2-23 串聯之電流源

2-5-9 並聯電流源

並聯 2 個或以上之電流源，應用之方法為：

(1) 同方向電流源之和減去反方向之和，以一個電流源取代。

(2) 內電阻以並聯方式求出總電阻值，如圖 2-24 所示。

同向電流源之和－反向電流源之和：10A－(2A + 6A) = 2A

並聯內阻之總電阻值：$R_{in}=\dfrac{6\times3\times2}{6\times3+3\times2+2\times6}=\dfrac{36}{36}=1\Omega$

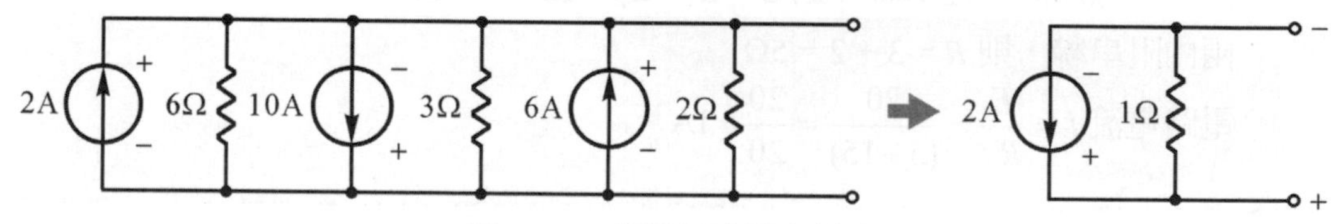

圖 2-24 多個電流源之並聯

EXAMPLE

例題 2-19

試求下圖之多電流源並聯電路的等效電流源電路。

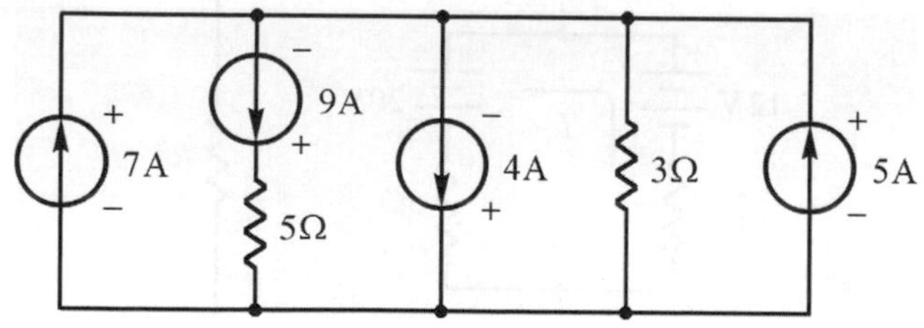

解 假設電流方向向上者為正，向下者為負，則 $I=+7-9-4+5=12-13=-1$，結果為負表示與假設方向相反，等效電流方向向下。5Ω 與電流源 9A 串聯，5Ω 沒作用可忽略。等效電阻 $R=3\Omega$。

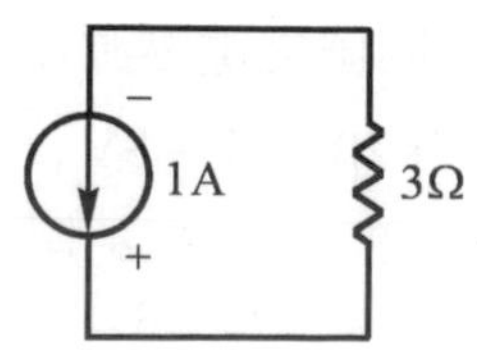

2-6 克希荷夫電壓定律

克希荷夫電壓定律(Kirchhoff's Voltage Law，簡稱 KVL)指出：環繞一封閉迴路之電壓升(ΣE)與電壓降(ΣV)之代數和為 0。即：

$$\Sigma V = 0\text{ V}$$

在電路，如圖 2-25 所示，電流 I 以順時針方向流動，自 a 點流出，經電路 a-b-c-d-a，再回到 a 點，形成一封閉迴路。依克希荷夫電壓定律，電壓之升降以電流流動之方向作為判斷之準則。對大部份電子元件而言，電流流入端為正，流出端為負，故電子元件的電壓屬於電壓降。電壓源本身具正負極性屬於主動元件。依圖示電流方向，E_1 為電壓升，E_2 則為電壓降。再者，電壓升取正值，電壓降取負值。如上所述為：

$$E_1 - V_1 - E_2 - V_2 = 0\text{V}，E_1 - E_2 = V_1 + V_2$$

$$E_1 - IR_1 - E_2 - IR_2 = 0\text{V}，E_1 - E_2 = I(R_1 + R_2)$$

克希荷夫電壓定律適用於串聯電路，以求得電路元件之電壓值、電流值及未知電阻值。

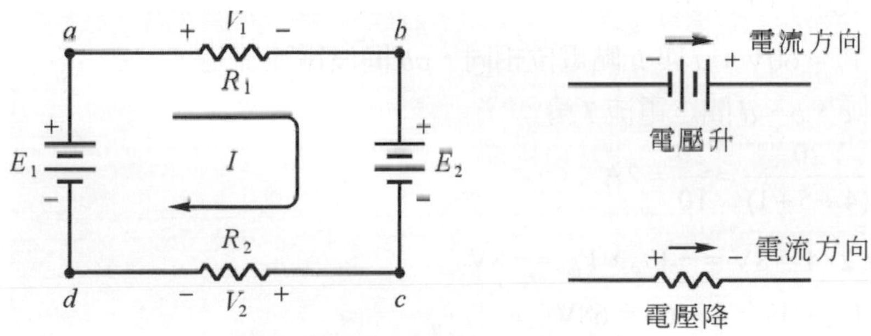

圖 2-25　克希荷夫電壓定律

如圖所示電路，若電流 $I = 1\text{A}$，則 R 及 V 各為多少？

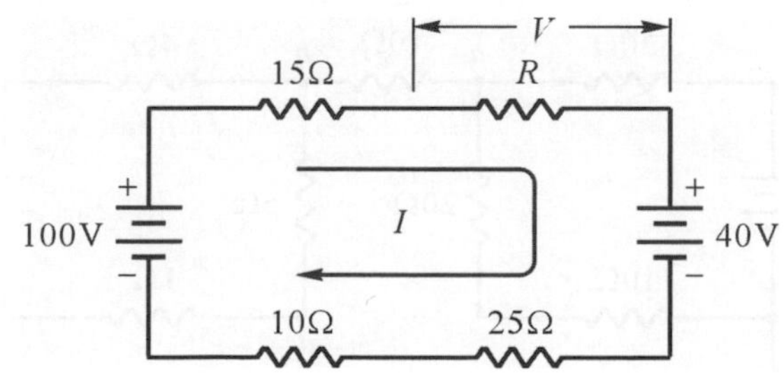

解　依 KVL：$100 - 15\times1 - R\times1 - 40 - 25\times1 - 10\times1 = 0$

$R = 100 - 90 = 10\Omega$

$V = IR = 1\times10 = 10\text{V}$

如圖所示電路，試求 V_a、V_b、V_{bc}、V_c、V_d電位為多少伏特？

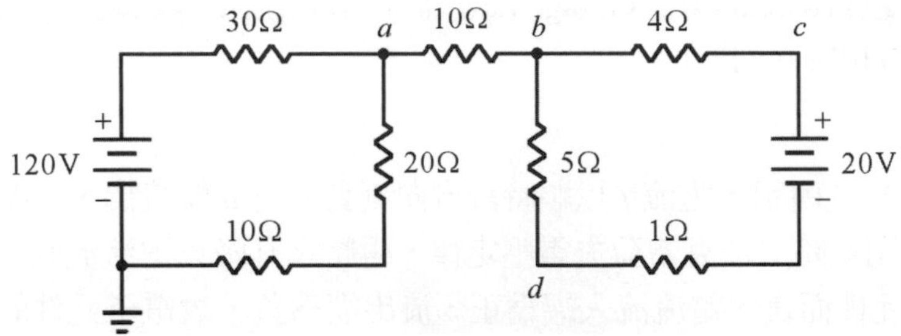

解 由圖可知，a 點電位為 20Ω 與 10Ω 壓降之和。依克希荷夫電壓定律：

$120-I(30+20+10)=0$，$60I=120$，$I=\dfrac{120}{60}=2\text{A}$

$V_a=2(10+20)=2\times30=60\ (\text{V})$，或以串聯分壓定則求得：

$$V_a=\frac{120\times(10+20)}{(30+10+20)}=\frac{120}{2}=60\text{V}$$

$V_b=V_a=60\text{V}$；a 與 b 點電位相同，ab 間沒電流流過。

流經 c、b、d 間之電流 I 為：

$$I=\frac{20}{(4+5+1)}=\frac{20}{10}=2\text{A}$$

$V_{cb}=2\times4=8\text{V}=-V_{bc}$，$V_{bc}=-8\text{V}$

$V_c=V_{cb}+V_b=8+60=68\text{V}$

$V_d=V_b-V_{db}=60-(2\times5)=60-10=50\text{V}$

量測下圖電路之 V_a、V_{ab}、V_{bc}、V_{bd}及 V_d之電位。

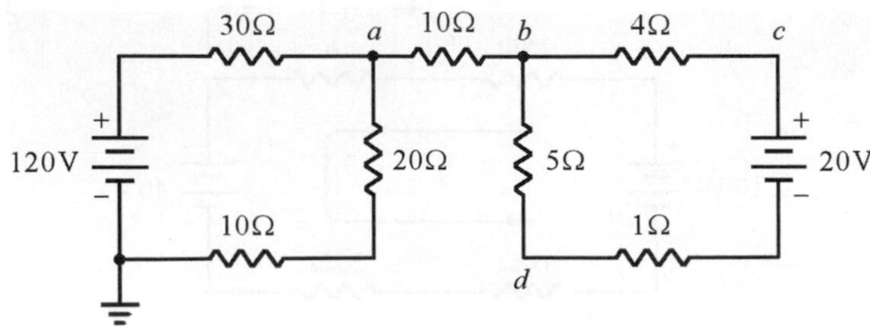

解　繪電路圖、連接各點之電壓表及執行電路程式，結果如圖所示。

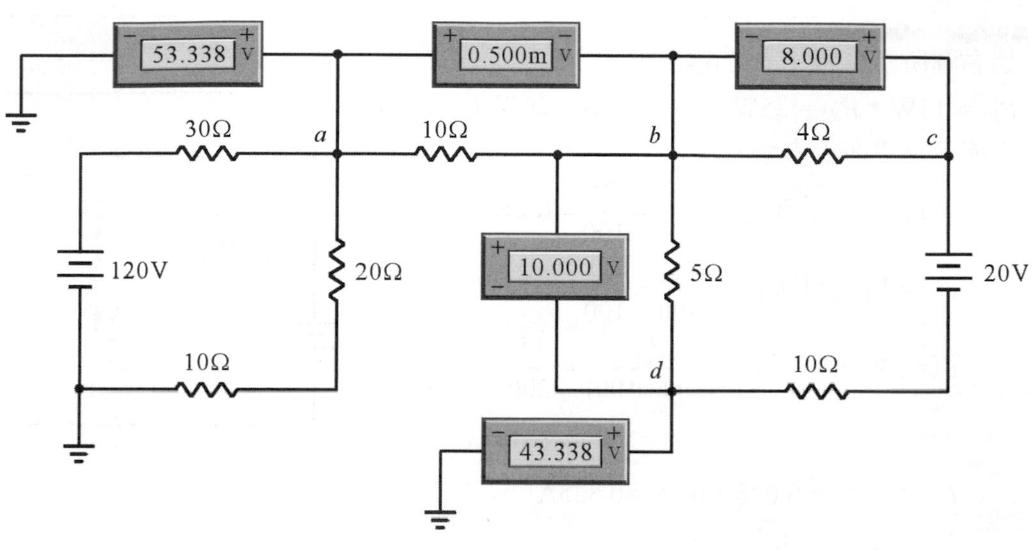

2-7 克希荷夫電流定律

克希荷夫電流定律(Kirchhoff's Current Law，簡稱 KCL)指出流入電路任一節點之電流和與流出之電流和相等。換言之，在電路節點上，流入之電流和減去流出之電流和爲 0。則：

$$\Sigma I_{流入}=\Sigma I_{流出}$$

圖 2-26 所示，箭頭指向節點爲流入節點的電流，如 I_2、I_3 及 I_5；箭頭遠離節點爲流出節點的電流，如 I_1、I_4 及 I_6。克希荷夫電流定律適用於求出電路之未知電流值。

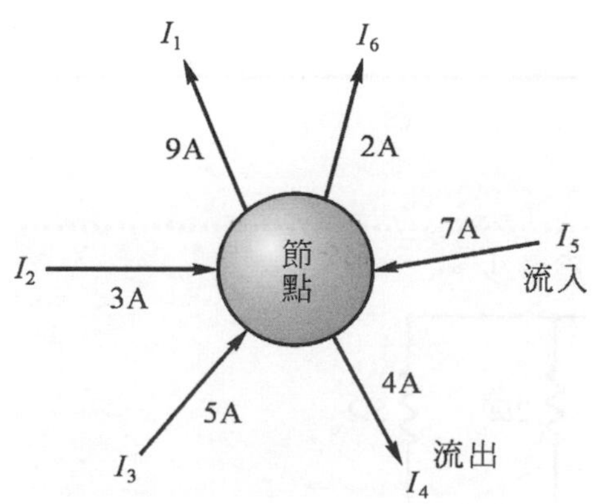

圖 2-26　克希荷夫電流定律

克希荷夫電流定律：$\Sigma I_{流入}=\Sigma I_{流出}$

$I_2+I_3+I_5=I_1+I_4+I_6$

$3A + 5A + 7A = 9A + 4A + 2A$

$15A = 15A$

EXAMPLE

例題 2-22

如右圖所示電路，三個電阻所消耗功率分別為 $P_{R1}=15\text{W}$，$P_{R2}=25\text{W}$，$P_{R3}=20\text{W}$，試求 I_1、I_2、I_3 電流分別為多少安培。

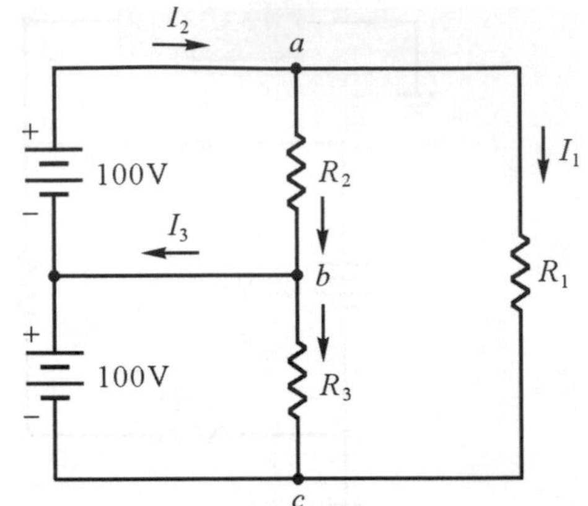

解　流經 R_2 之電流 $I_{R2}=\dfrac{P_{R2}}{100}=\dfrac{25}{100}=0.25\text{A}$

流經 R_3 之電流 $I_{R3}=\dfrac{P_{R3}}{100}=\dfrac{20}{100}=0.2\text{A}$

流經 R_1 之電流 $I_1=\dfrac{P_{R1}}{(100+100)}=\dfrac{15}{200}$

$=0.075\text{A}$

$I_2=I_1+I_{R2}=0.075+0.25=0.325\text{A}$

$I_3=I_{R2}-I_{R3}=0.25-0.2=0.05\text{A}$

EXAMPLE

例題 2-23

如右圖所示電路，電流 I 為多少安培？

解　由圖可知，圖形中之"口"字可視為節點，則：

流出電流＝流入電流

$I+5+4+3=3+6+4+9$

$I+12=22$

$I=22-12=10\text{A}$

COMPUTER TEST

電腦模擬

試求下圖電路之電流 I_1、I_2、I_3 及總電壓 E 為多少。

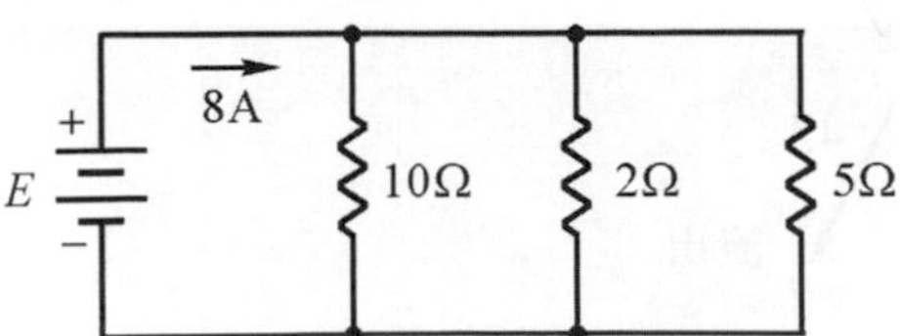

解　連接串聯電流表，電路如圖所示，執行電路程式，結果為：

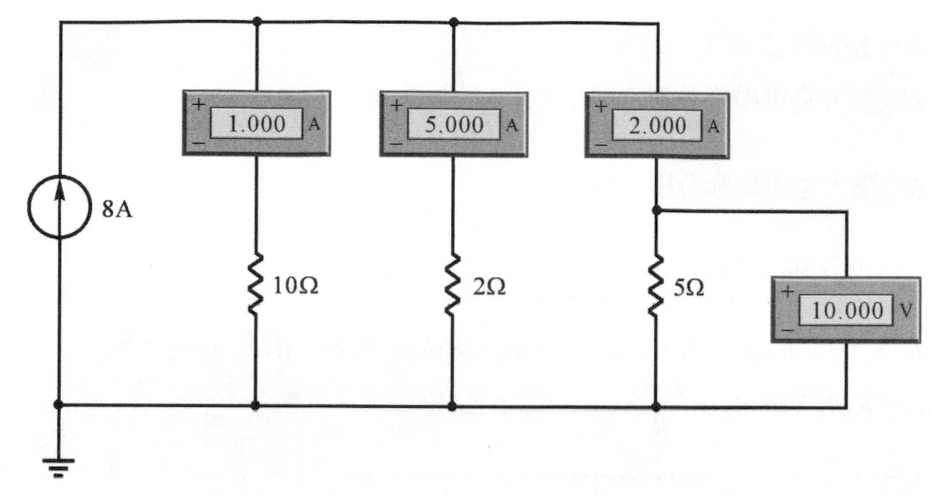

2-8 惠斯登電橋

如圖 2-27 所示爲惠斯登電橋常用之電路架構。不論直流或交流電路，甚至二極體整流電路都在使用。

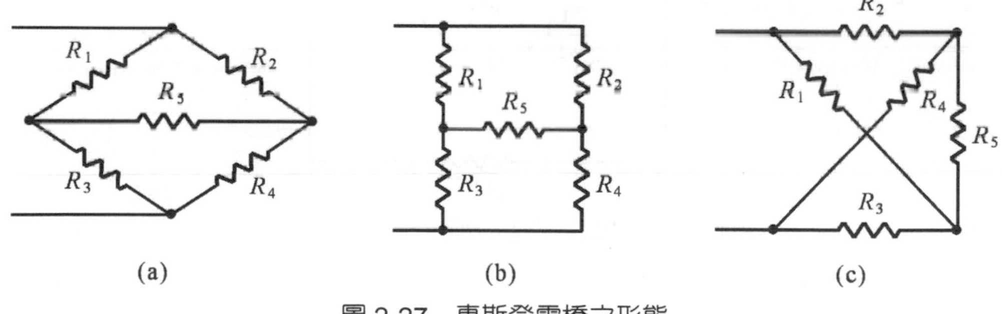

圖 2-27　惠斯登電橋之形態

惠斯登電橋爲一對稱電路，可用來測量未知電阻值，如圖 2-28 所示，電阻 R_1 與 R_2 稱爲比例臂，電阻 R_3 爲調整臂，電阻 R_X 爲待測電阻。

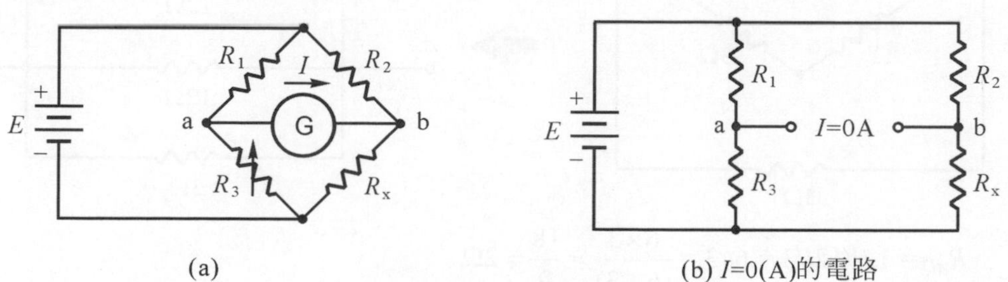

圖 2-28　基本電路

若適度地調整可變電阻器 R_3，使流過檢流計 G 的電流爲 0 安培，此時的電路稱爲電橋平衡，如圖 2-28(b)所示。求解待測電阻 R_X 的運算過程爲：

因電位相同，表示 $V_a = V_b$。

a 點電壓，可用串聯分壓定則：$V_a = \dfrac{R_3}{R_1 + R_3} \times E$

b 點電壓，也用串聯分壓定則：$V_b = \dfrac{R_x}{R_2 + R_x} \times E$

因 $V_a = V_b$，則 $\dfrac{R_3}{R_1 + R_3} \times E = \dfrac{R_x}{R_2 + R_x} \times E$，消去 E

$R_3(R_2 + R_X) = R_X(R_1 + R_3)$，$R_3R_2 + R_3R_X = R_XR_1 + R_XR_3$，消去 $R_X R_3$，則

$R_3R_2 = R_XR_1$，或 $R_X = \dfrac{R_3R_2}{R_1}$

求得電橋平衡的條件為兩對角電阻的相乘積相等，即 $R_3R_2 = R_XR_1$。

EXAMPLE
例題 2-24

如下圖所示為惠斯登電橋電路，試求 AD 間之等值電阻為多少歐姆？

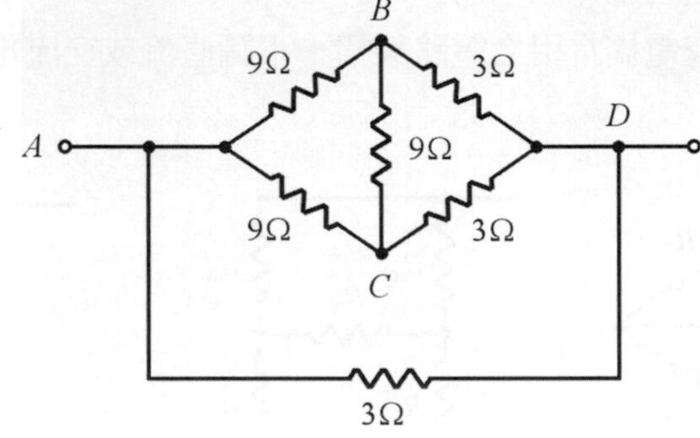

解 依電橋平衡的條件：$3\Omega \times 9\Omega = 3\Omega \times 9\Omega$。

BC 間之 9Ω 電阻可視為開路，簡化電路為：

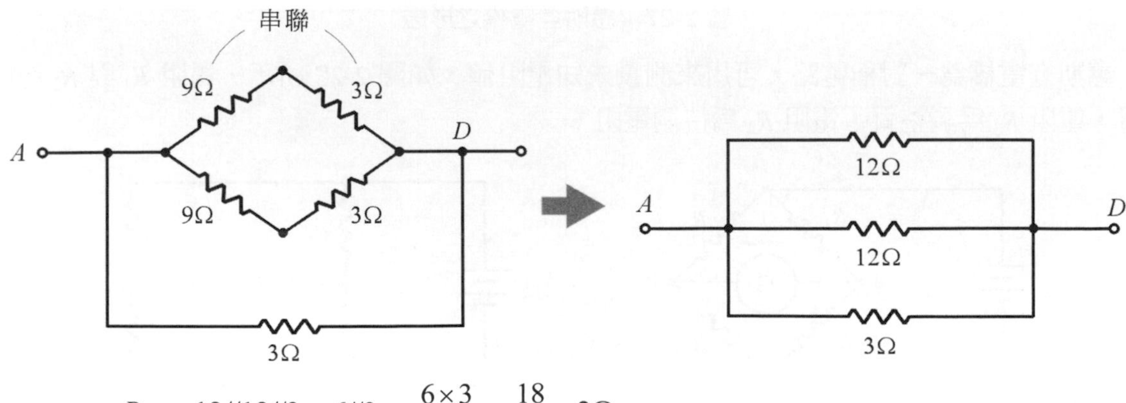

$R_{AD} = 12//12//3 = 6//3 = \dfrac{6 \times 3}{(6+3)} = \dfrac{18}{9} = 2\Omega$

EXAMPLE 例題 2-25

如下圖所示電路，試求電路電流 I 為多少安培？

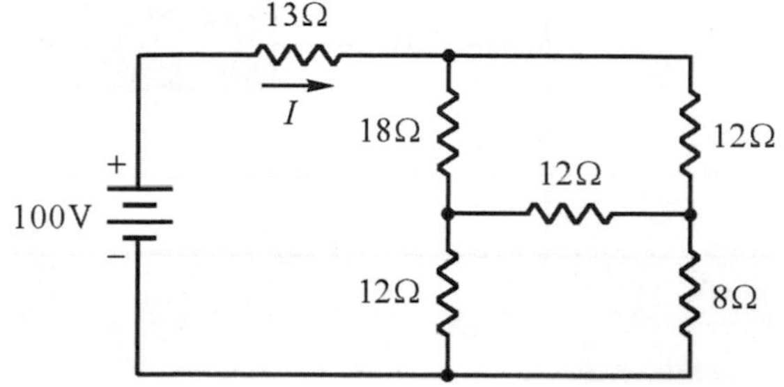

解　依電橋平衡條件：12Ω × 12Ω = 18Ω × 8Ω，電橋平衡，電路可改為：

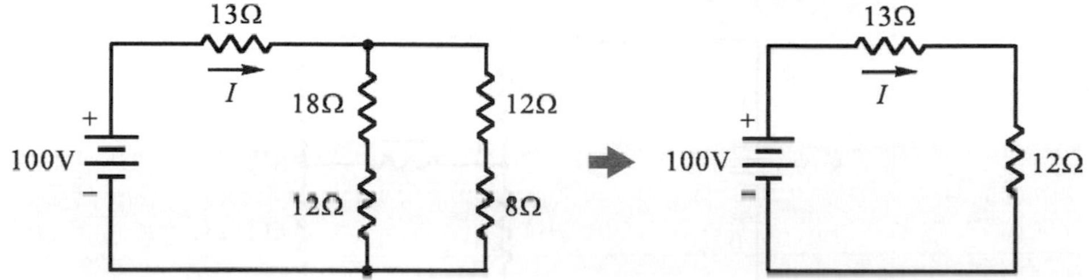

串聯電阻各為 18Ω + 12Ω = 30Ω 及 12Ω + 8Ω = 20Ω，兩電阻之並聯值為：

$$30//20=\frac{30\times 20}{(30+20)}=\frac{600}{50}=12\Omega$$

電路電流 $I=\dfrac{100}{(13+12)}=\dfrac{100}{25}=4\text{A}$

COMPUTER TEST 電腦模擬

如圖電路，試量測電路總電流 I 及 9Ω 之電壓降為何？

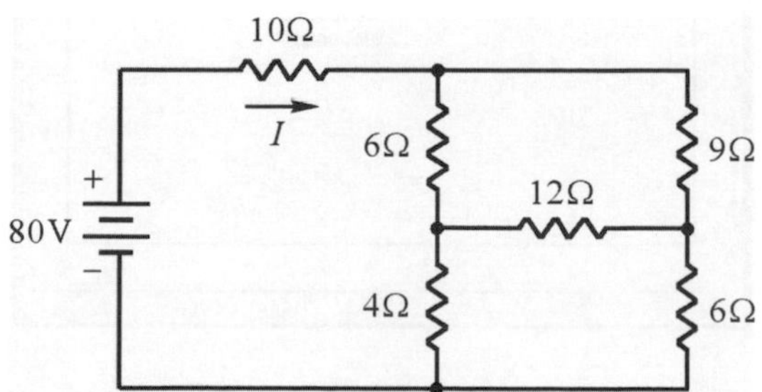

解　連接量測電路，並接上電流表及電壓表，執行電路程式，結果為：

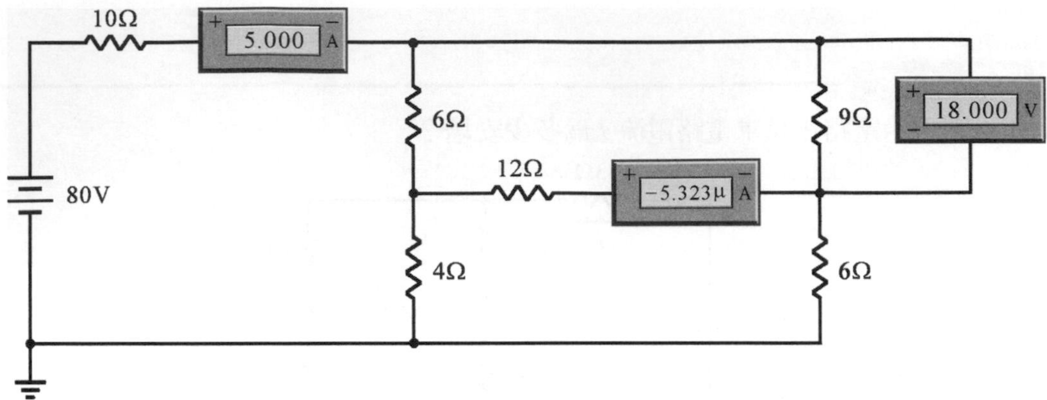

或作直流電路節點分析：顯示節點-Options-Preferences-Show node names。

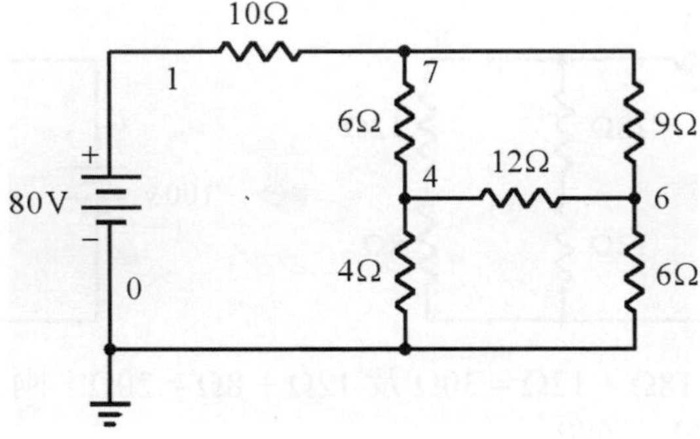

直流分析：Simulate-Analyses-DC Operating Point-Simulate。

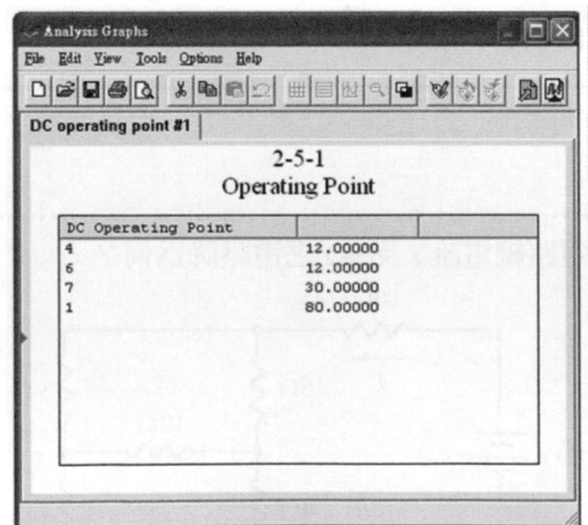

DC Operating Point		
4	12.00000	
6	12.00000	
7	30.00000	
1	80.00000	

2-9 Y-Δ 互換法則

在電路中，有時電阻組成之架構，不是串聯，也不是並聯，如圖 2-29 所示稱為 Y-Δ 型電路。

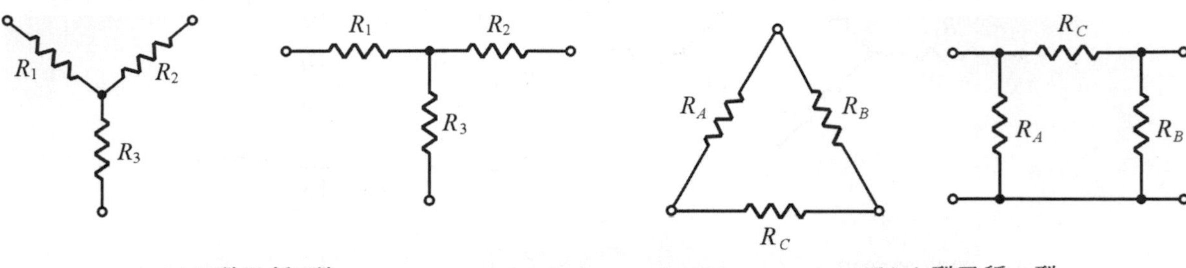

圖 2-29　Y-Δ 型電路

Y 型電路又稱為 T 型電路，Δ 型電路(或稱三角型)又稱為 π 型電路。

2-9-1　Δ 型轉換成 Y 型

若將 Δ(R_A、R_B、R_C)轉換成 Y(R_1、R_2、R_3)，是將 R_1、R_2、R_3的電阻值，以 R_A、R_B、R_C的運算關係表示，如圖 2-30 所示，則 Δ 型轉換成 Y 型的公式為：

$$R_1 = \frac{R_B R_C}{R_A + R_B + R_C}，R_2 = \frac{R_C R_A}{R_A + R_B + R_C}，R_3 = \frac{R_A R_B}{R_A + R_B + R_C}$$

Δ 型轉換成 Y 型，應注意的是：

(1) 分母皆相同，為 Δ 型三電阻之和，即 $R_A + R_B + R_C$。

(2) 分子，如圖 2-30(b)，為 Δ 型中相鄰兩電阻之乘積，如 R_1 在 R_B 與 R_C 之夾角上。

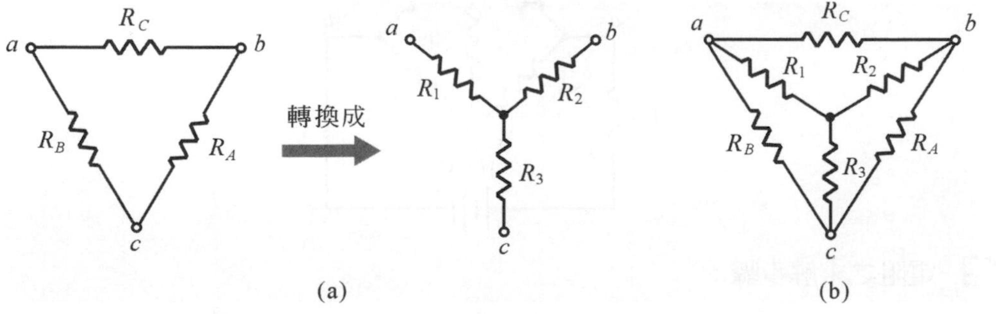

圖 2-30　Δ 型轉換成 Y 型電路

EXAMPLE 例題 2-26

如圖所示電路，試求電阻 R_{ab} 為多少歐姆？

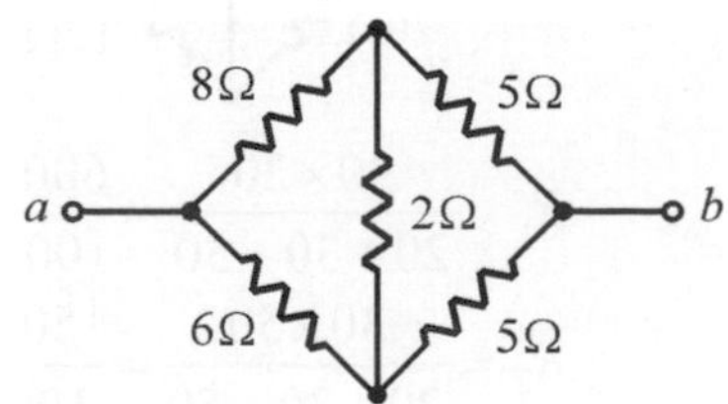

解 (1) 先將 a 端之 Δ 型轉換成 Y 型。

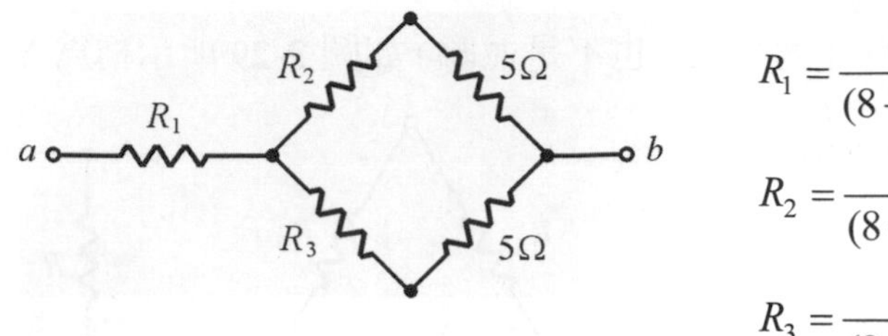

$$R_1 = \frac{8\times 6}{(8+2+6)} = \frac{48}{16} = 3\Omega$$

$$R_2 = \frac{8\times 2}{(8+2+6)} = \frac{16}{16} = 1\Omega$$

$$R_3 = \frac{2\times 6}{(8+2+6)} = \frac{12}{16} = 0.75\Omega$$

(2) 電路整理為：

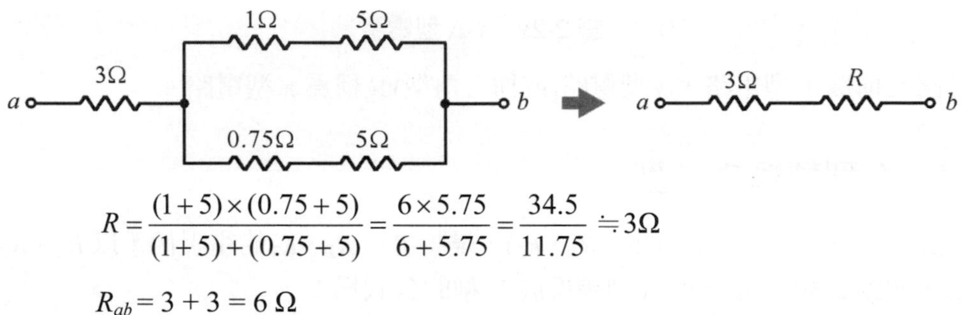

$$R = \frac{(1+5)\times(0.75+5)}{(1+5)+(0.75+5)} = \frac{6\times 5.75}{6+5.75} = \frac{34.5}{11.75} \fallingdotseq 3\Omega$$

$R_{ab} = 3 + 3 = 6\ \Omega$

例題 2-27

如下圖所示為 Δ 型電路，試求電阻 R_{ab} 與電流 I 各為多少？

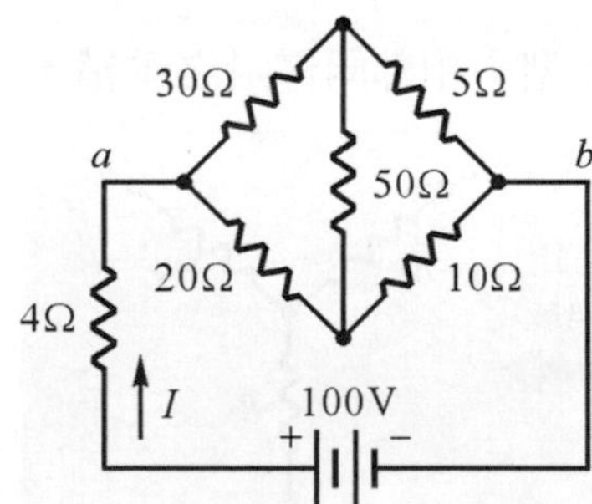

解 電阻之求解步驟：

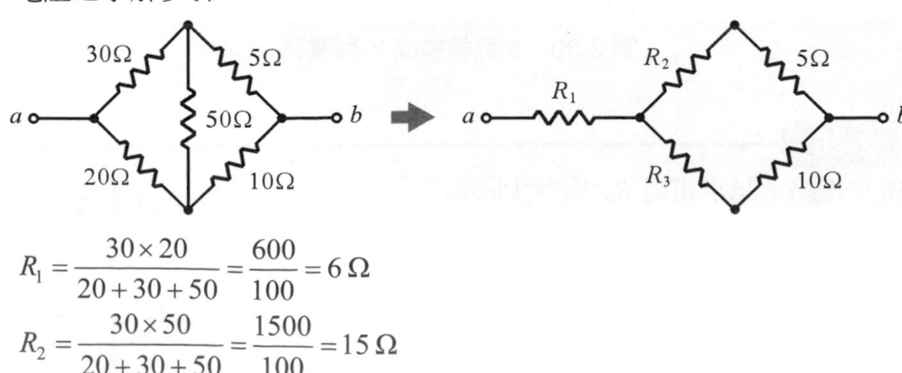

$$R_1 = \frac{30\times 20}{20+30+50} = \frac{600}{100} = 6\ \Omega$$

$$R_2 = \frac{30\times 50}{20+30+50} = \frac{1500}{100} = 15\ \Omega$$

$$R_3 = \frac{20 \times 50}{20+30+50} = \frac{1000}{100} = 10\,\Omega$$

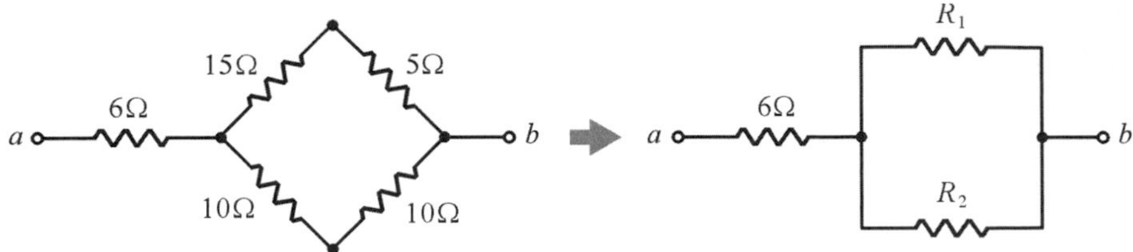

$R_1 = 15+5 = 20(\Omega)$，$R_2 = 10+10 = 20(\Omega)$

6Ω　10Ω　a　b　→　16Ω　a　b

$$R_{ab} = 6 + \frac{20 \times 20}{20+20} = 6+10 = 16\,\Omega$$

總電阻 $R_T = 4 + 16 = 20\ \Omega$

電路電流 $I = \dfrac{E}{R_T} = \dfrac{100}{20} = 5\text{A}$

COMPUTER TEST

電腦模擬 ➜ 2-9-1

量測 Δ 型電路之總電阻 R_{ab} 及電路總電流 I。

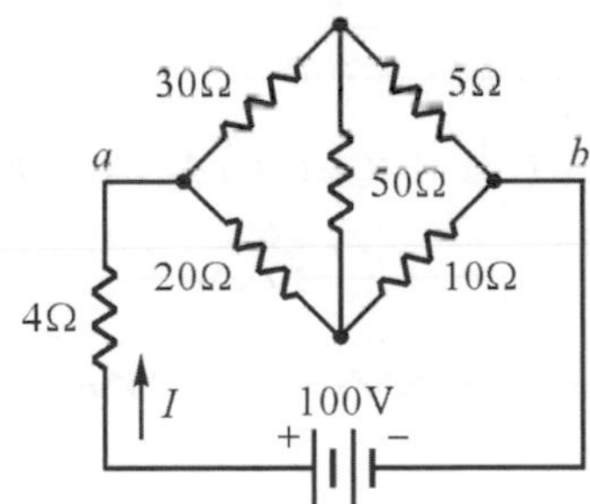

解　重繪電路圖，並連接三用電表測總電阻與電流表測電路電流。

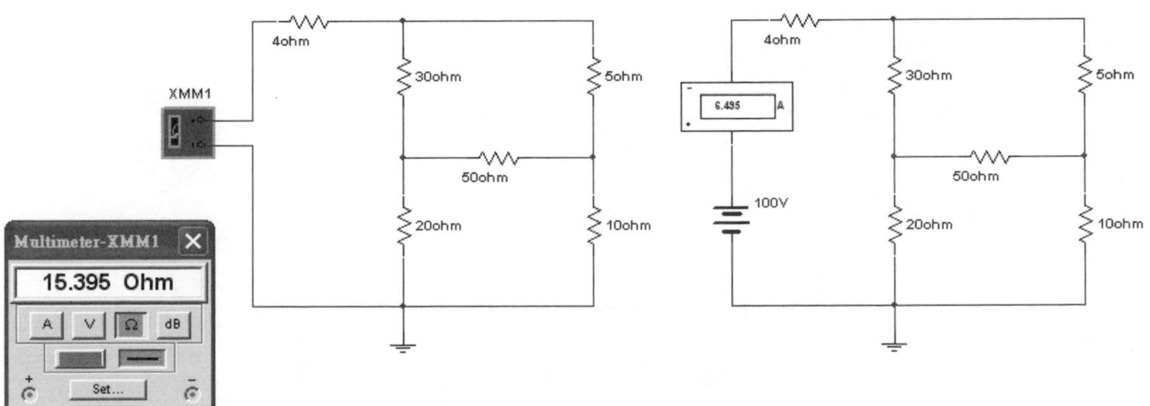

2-9-2 Y 型轉換成 Δ 型

若將 Y(R_1、R_2、R_3)轉換成 Δ(R_A、R_B、R_C)，是將 R_A、R_B、R_C 的電阻值以 R_1、R_2、R_3 的運算關係表示，如圖 2-31 所示，則 Y 型轉換成 Δ 型的公式爲：

$$R_A = \frac{R_1R_2 + R_2R_3 + R_3R_1}{R_1}，R_B = \frac{R_1R_2 + R_2R_3 + R_3R_1}{R_2}，R_C = \frac{R_1R_2 + R_2R_3 + R_3R_1}{R_3}$$

Y 型轉換成 Δ 型，應注意的是：

(1) 分子皆相同，爲 Y 型兩兩電阻乘積之和。

(2) 分母爲 Δ 型對角之 Y 型電阻。如 R_A 之對角爲 R_1 等。

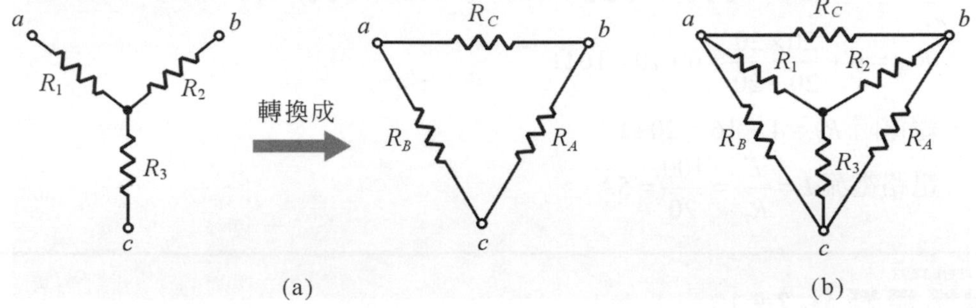

圖 2-31 Y 型轉換成 Δ 型電路

EXAMPLE
例題 2-28

如下圖所示爲 Y 型電路，試求電阻 R_{ab} 各爲多少歐姆？

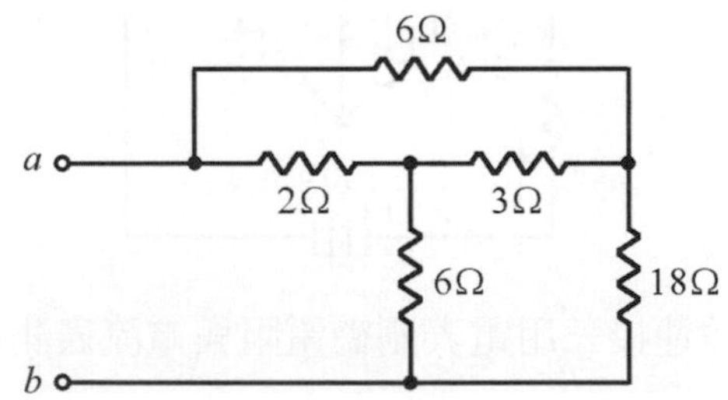

解

$$R_A = \frac{2\times6+6\times3+3\times2}{6} = \frac{36}{6} = 6\,\Omega$$

$$R_B = \frac{2\times6+6\times3+3\times2}{3} = \frac{36}{3} = 12\,\Omega$$

$$R_C = \frac{2\times6+6\times3+3\times2}{2} = \frac{36}{2} = 18\,\Omega$$

$$6//6=\frac{6\times 6}{(6+6)}=3\Omega\text{，}18//18=\frac{18\times 18}{(18+18)}=9\Omega$$

$$R_{ab}=12//(3+9)=12//12=\frac{12\times 12}{(12+12)}=\frac{144}{24}=6\Omega$$

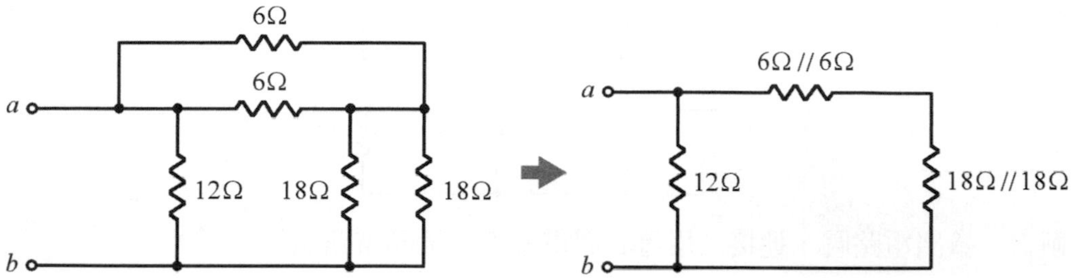

例題 2-29

如下圖所示電路，試求電路電流 I 爲多少安培？

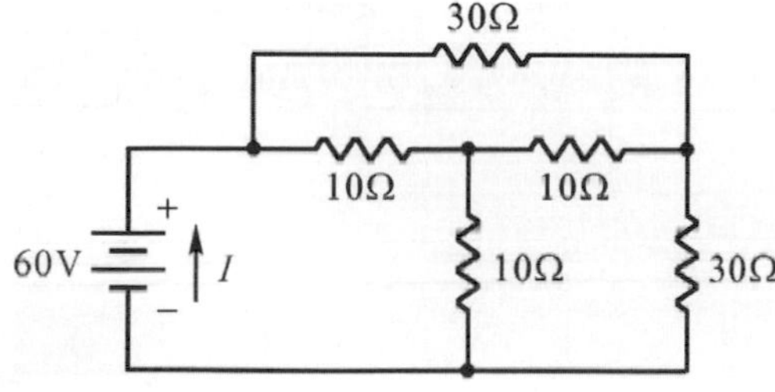

解　將 Y 型電路轉換成 Δ(或 π)電路。

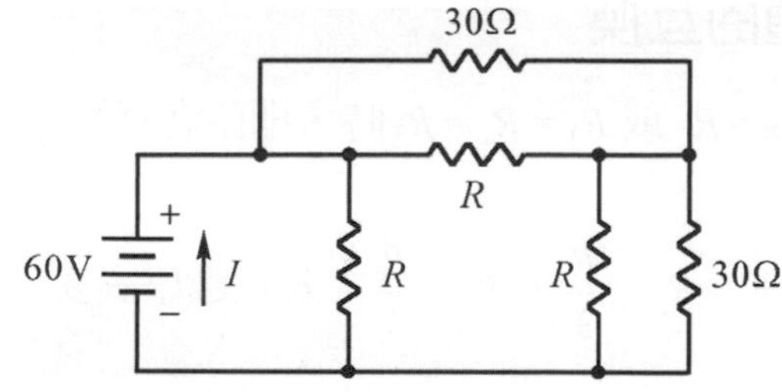

$$R=\frac{10\times 10+10\times 10+10\times 10}{10}=\frac{300}{10}=30\,\Omega$$

計算並聯電阻 30Ω//30Ω，電路爲：

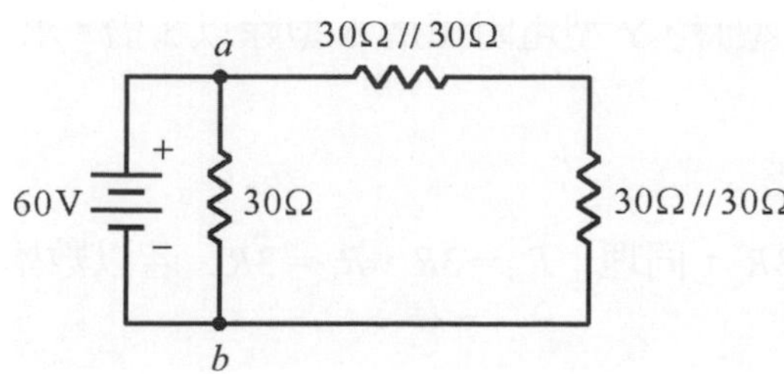

$$30\Omega//30\Omega=\frac{30\times 30}{(30+30)}=15\Omega$$

15Ω 串接 15Ω = 15 + 15 = 30 Ω

$$R_{ab}=30//30=\frac{30\times 30}{(30+30)}=15\Omega$$

電路電流 $I=\frac{E}{R_{ab}}=\frac{60}{15}=4\text{A}$

量測 Y 型電路之總電阻值及電路總電流值。

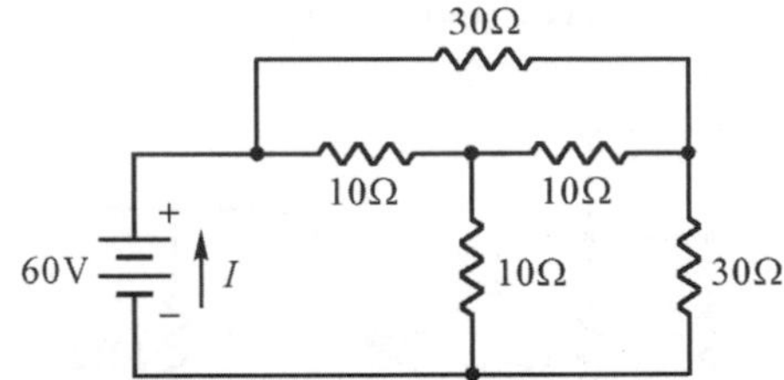

解 繪出電路圖，連接三用電表與電流表，量測電路值。

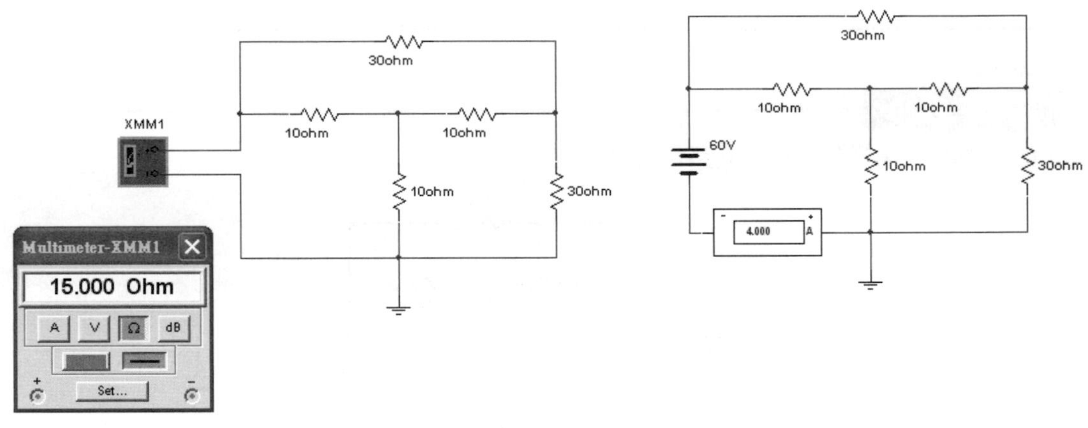

2-9-3　Δ 型或 Y 型之電阻為等值的互換

若 Δ 型或 Y 型之電阻爲等值，即當 $R_A = R_B = R_C$ 或 $R_1 = R_2 = R_3$ 時，則兩者互換的公式爲：

(1) Δ 型轉換成 Y 型。依公式：

$$R_1 = \frac{R_B R_C}{R_A + R_B + R_C} = \frac{R^2}{3R} = \frac{R}{3}$$，同理：$R_2 = \frac{R}{3}$，$R_3 = \frac{R}{3}$。若以數學式表示：

$$R_Y = \frac{R_\Delta}{3}$$

若 Δ 型三電阻值相同，轉換成 Y 型時，Y 型電阻值爲 Δ 型除以 3 倍，求得之 Y 型電阻較小。

(2) Y 型轉換成 Δ 型。依公式：

$$R_A = \frac{R_1R_2 + R_2R_3 + R_3R_1}{R_1} = \frac{3R^2}{R} = 3R$$，同理：$R_B = 3R$，$R_C = 3R$。若以數學式表示：

$$R_\Delta = 3R_Y$$

若 Y 型三電阻值相同，轉換成 Δ 型時，求得之 Δ 型電阻值爲 Y 型電阻之 3 倍大。

2-10 節點電壓法

節點電壓法是應用克希荷夫電流定則，$I_{in} - I_{out} = 0$ 的觀念作爲電路端電壓計算的通式。節點爲兩個或以上之支路的連接處。節點電壓法以支路之共用端(或稱接地點)$V = 0V$，作爲參考點，各節點相對於參考點有一電位差，再依電流定則列出電流方程式，如圖 2-32 說明如下：

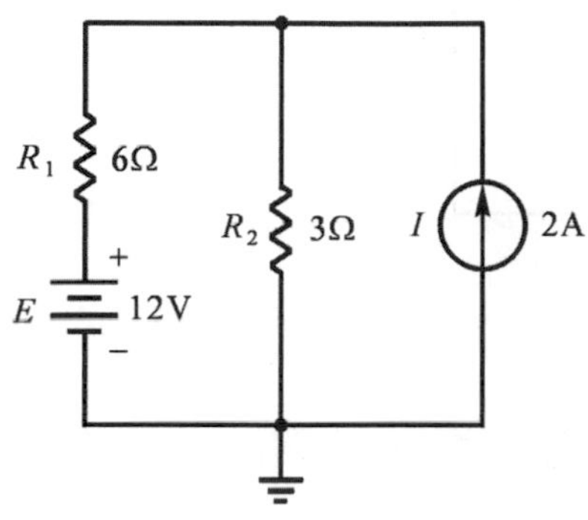

圖 2-32　節點電壓法

1. 決定電路之節點及參考點。

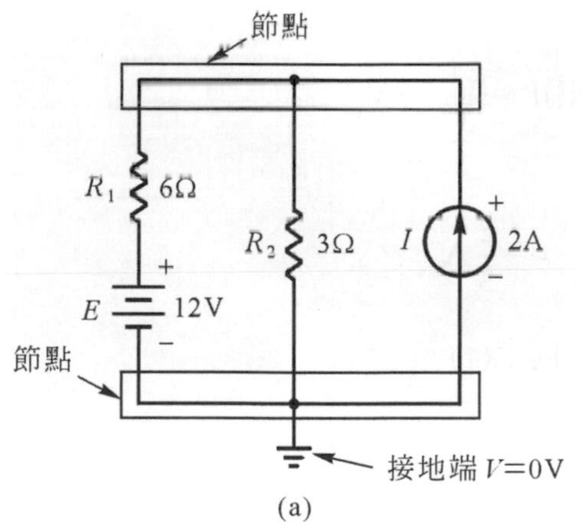

(1) 節點爲支路之共用端。
(2) 參考點的電壓等於 0V，大都以電壓源之負端作爲參考點。
(3) 圖(a)共有 2 個節點。

2. 選定節點並定名稱。

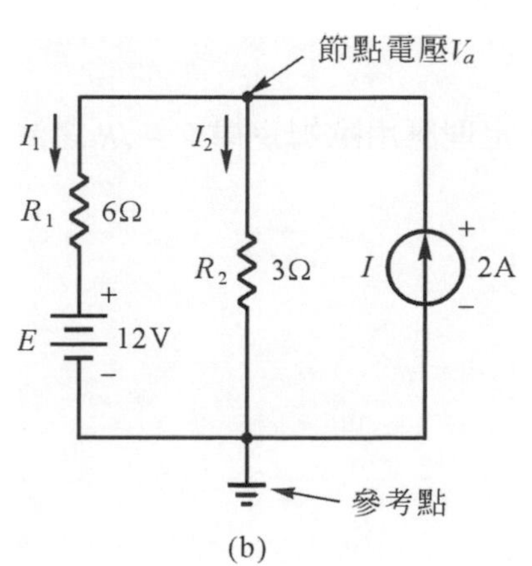

(1) 接地端爲參考點。
(2) 另節點作爲節點電壓 V_a。
(3) 假設電流方向 I_1 及 I_2。

3. 應用克希荷夫電流定律，求得節點電壓法之通式。

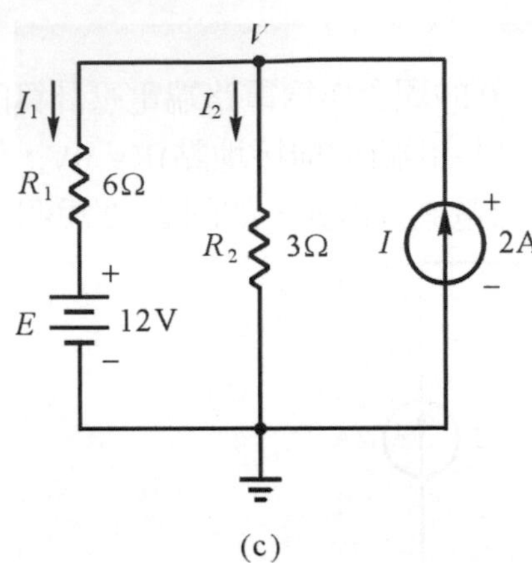

(c)

(1) 克希荷夫電流定律：$I-I_1-I_2=0$

(2) $I_1=\dfrac{V-E}{R_1}$，$I_2=\dfrac{V}{R_2}$，$I=2\text{A}$

(3) $I-I_1-I_2=I-\dfrac{V-E}{R_1}-\dfrac{V}{R_2}=0$

4. 將圖 2-32 之元件數值，代入節點電壓法之關係式，則節點電壓值 V 為：

$$I-\frac{V-E}{R_1}-\frac{V}{R_2}=2-\frac{V-12}{6}-\frac{V}{3}=0$$

$$\frac{12-V+12-2V}{6}=\frac{24-3V}{6}=0\text{ A}$$

$24-3V=0$，所以，節點電壓(或端電壓)$V=\dfrac{24}{3}=8\text{ V}$

5. 計算各支(分)路之電流值 I_1 及 I_2。

支路 1 之電流：$I_1=\dfrac{V-E}{R_1}=\dfrac{8-12}{6}=\dfrac{-4}{6}=-\dfrac{2}{3}\text{A}$

負號表示與假設方向相反，I_1 的方向應向上(↑)。

支路 2 之電流：$I_2=\dfrac{V}{R_2}=\dfrac{8}{3}\text{A}$

正號表示電流方向與假設相同，向下(↓)。

驗證：$I_2=I_1+I\rightarrow\ \dfrac{8}{3}=\dfrac{2+6}{3}=\dfrac{2}{3}+\dfrac{6}{3}=\dfrac{8}{3}$，故得證。

6. 密爾門定理→節點電壓法之應用

密爾門定理為節點電壓流之應用。密爾門定理應用歐姆定律 $V=IR$ 之演變，其數學式為：

觀念：$V=I\times R=\dfrac{I}{\dfrac{1}{R}}=\dfrac{\text{支路之電流和}}{\text{並聯電阻之倒數和}}$

數學式：$V=\dfrac{\dfrac{E_1}{R_1}+\dfrac{E_2}{R_2}+\dots.+\dfrac{E_n}{R_n}}{\dfrac{1}{R_1}+\dfrac{1}{R_2}+\dots.+\dfrac{1}{R_n}}$

以圖 2-32 為例，用密爾門定理求解端電壓為：

$$V=\frac{\frac{12}{6}+0+2}{\frac{1}{6}+\frac{1}{3}+0}=\frac{4}{\frac{1}{2}}=8\,\text{V}$$

EXAMPLE

例題 2-30

如圖所示，若 $X_{ac}=-10\text{V}$，則 V_{ac} 為多少伏特？

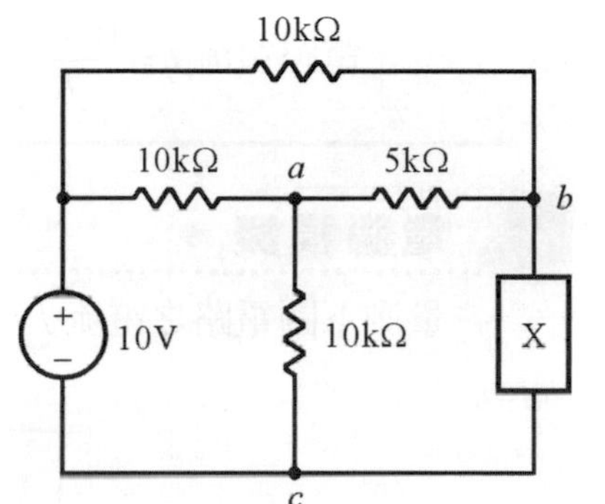

解 參考點電位為 a，依節點電壓法，數學式為：

$$\frac{V_a-10}{10\text{k}}+\frac{V_a}{10\text{k}}+\frac{V_a-(-10)}{5\text{k}}=0$$

$$V_a-10+V_a+2(V_a+10)=0$$

$$4V_a+10=0，V_a=-\frac{10}{4}=-2.5\text{V}$$

[另解]：密爾門定理，假設電流方向向上。

分路電流和 $I_T=\frac{10}{10\text{k}}+0+(-\frac{10}{5\text{k}})=1\text{m}-2\text{m}=-1\text{mA}$

並聯總電阻 $R_T=10\text{k}//10\text{k}//5\text{k}=5\text{k}//5\text{k}=2.5\text{k}\Omega$

節點電壓 $V_a=(-1\text{m})\times 2.5\text{k}=-2.5\text{V}$

EXAMPLE

例題 2-31

如圖所示電路，試求電路電流 I 為多少安培？

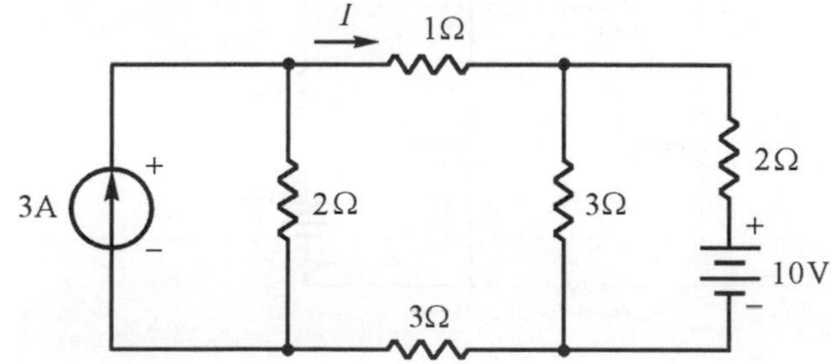

解 將電源轉換成電壓源，如圖所示：

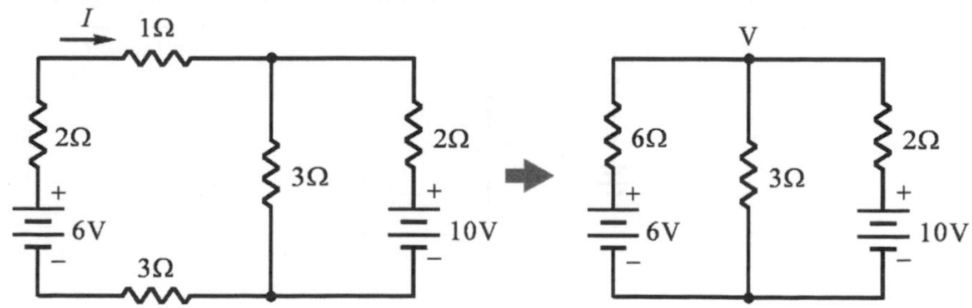

電壓源之電壓值 $E = 3 \times 2 = 6\text{V}$

三電阻串聯之總值 $R = 1 + 2 + 3 = 6\,\Omega$

節點電壓為 V，假設電流方向向下，依節點電壓法為：

$\dfrac{V-6}{6} + \dfrac{V}{3} + \dfrac{V-10}{2} = 0$，化解：$V - 6 + 2V + 3(V-10) = 0$

$6V - 36 = 0$，$6V = 36$，$V = \dfrac{36}{6} = 6\text{V}$

電路電流 $I = \dfrac{(6-6)}{6} = 0\text{A}$

COMPUTER TEST

電腦模擬

量測下圖電路之電流 I 及端電壓值。

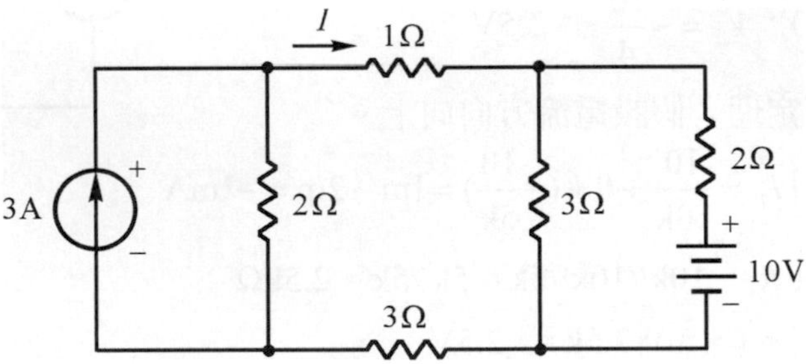

解 繪出電路圖，並連接電流與電壓表，量測電路值。

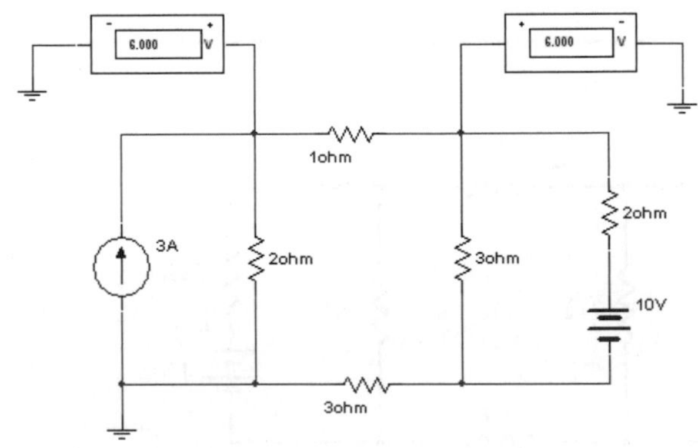

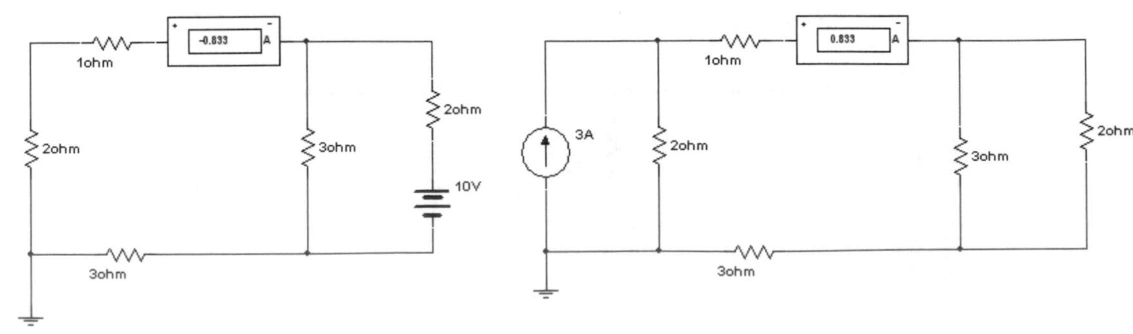

2-11 重疊定理

重疊定理應用在電路具有二個或二個以上電源的電路，如圖 2-33 所示。重疊定理的求解，先將電源單獨處理，最後以代數和決定電路之未知量。在圖 2-33(b)中，電壓源有一電流 I_1 經電阻 R_3，電流源也有一電流 I_2 經 R_3，對電阻 R_3 而言，兩電源相互的影響，此爲重疊現象。

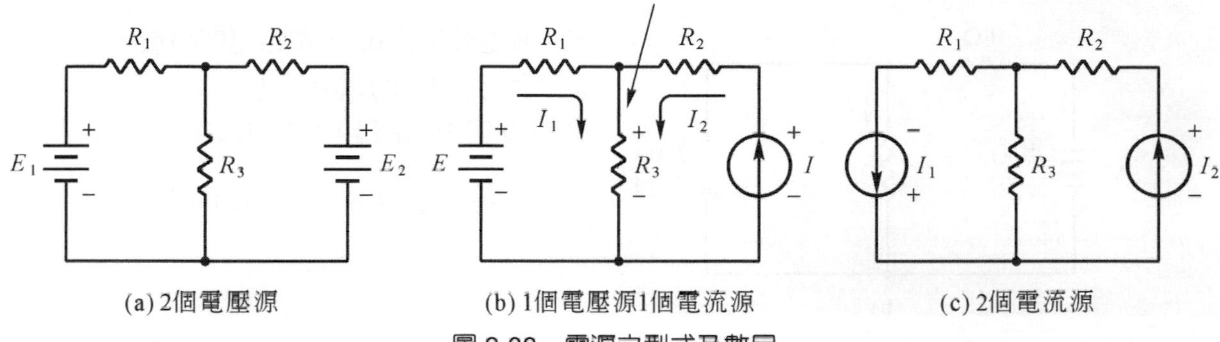

圖 2-33　電源之型式及數目

重疊定理的敘述爲：在多個電源電路中，流經任一元件之電流值或跨越任一元件之電壓值，等於單獨電源在該元件產生之電流或電壓值的和。

以圖 2-34 爲例，重疊定理應用於多電源電路之解法過程，如下所述：

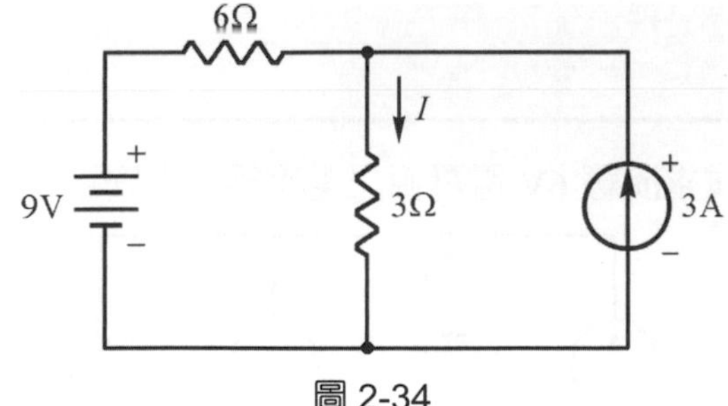

圖 2-34

1. 解出單電源對電路元件之作用，首先必須指定那個電源作用，那個電源沒作用，條件爲：
   (1) 若電壓源沒作用，電壓值爲零，電路呈短路現象。
   (2) 若電流源沒作用，電流值爲零，電路呈開路現象，如圖 2-35 所示。

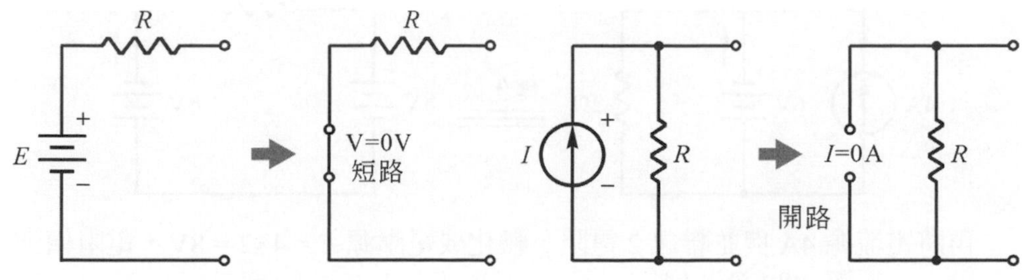

圖 2-35　移去電源之現象

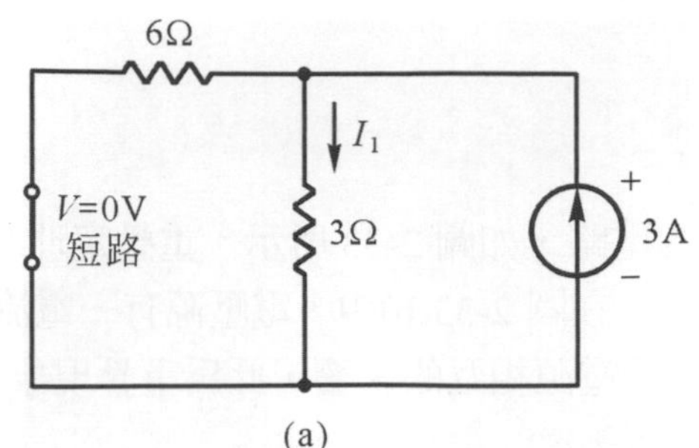

① 令電壓源為 0V，電壓端呈短路。

② 令流過 3Ω 的電流為 I_1。

③ 6Ω 與 3Ω 並聯，依分流定則，I_1 為：

$I_1 = \frac{6}{6+3} \times 3A = 2A$，電流方向向下。

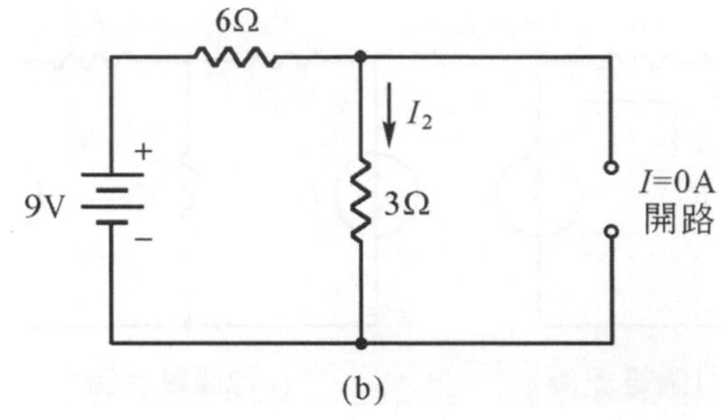

① 令電流源為 0A，電路呈開路現象。

② 令流過 3Ω 的電流為 I_2。

③ 6Ω 與 3Ω 串聯，依歐姆定理，I_2 為

$I_2 = \frac{9}{6+3} = 1A$，電流方向向下

2. 欲求元件之電流或電壓值，應為單電源作用，產生之電流或電壓值之和。若

(1) 單電源作用之電流或電壓值的極性相同，應取和值。

(2) 單電源作用之電流或電壓值的極性相反，應取差值。

則流經電阻 R_3 的電流值 $I = I_1 + I_2 = 2A + 1A = 3A$，電流方向向下。

EXAMPLE

例題 2-32

如下圖所示電路，試求流經 6V 電壓源之電流為多少安培？

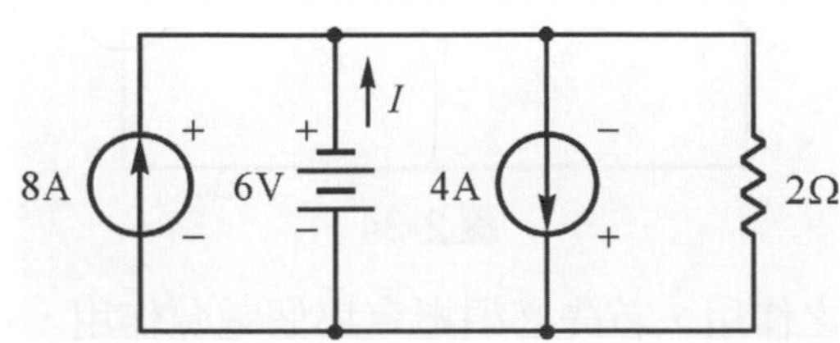

解 先合併多電流源為單電流源，兩者方向相反，應相減，電路圖為：

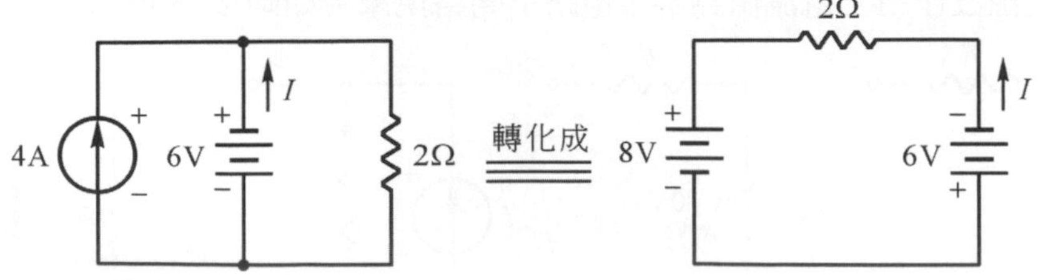

再將電流源 4A 與並聯之 2 電阻，轉化成電壓源 $E = 4 \times 2 = 8V$，電阻值則不變。

電路電流 $I = \frac{(8+6)}{2} = \frac{14}{2} = 7A$，與設定方向相反，故 $I = -7A$。

例題 2-33

如右圖所示電路，試求流過 6Ω 電阻的電流為多少安培？

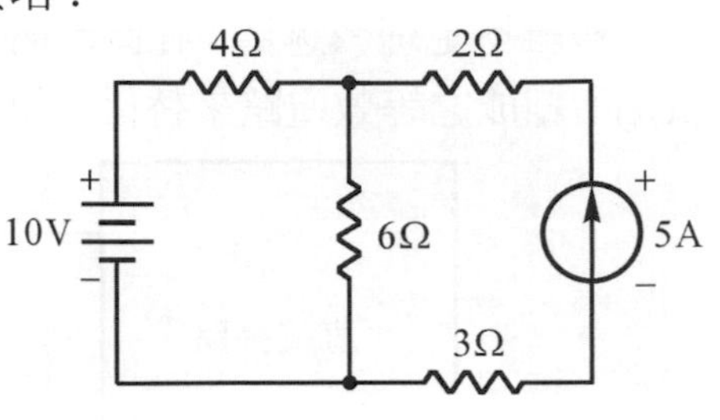

解　電流源開路，流經 6Ω 之電流，設為 I_1，則：

$$I_1 = \frac{10}{(4+6)} = 1\text{A}$$ ；方向向下

電壓源短路，流經 6Ω 之電流，設為 I_2，則：

$$I_2 = \frac{5\times 4}{(4+6)} = 2\text{A}$$ ；方向向下

電流 $I = I_1 + I_2 = 1 + 2 = 3\text{A}$

電腦模擬

量測下圖中流過 6Ω 之電流值。

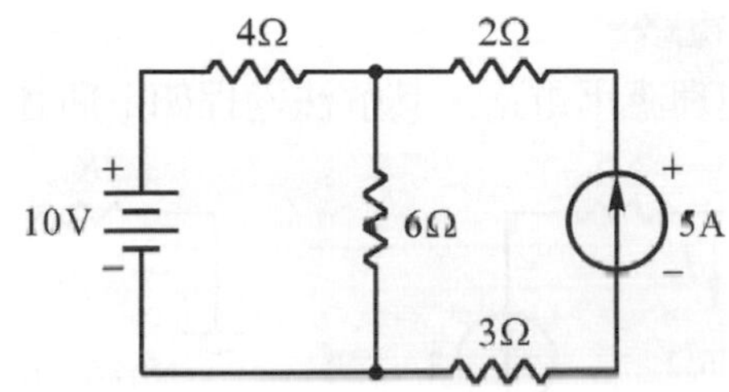

解

1. 直接量測之電流值。
2. 分開量測之電流值。

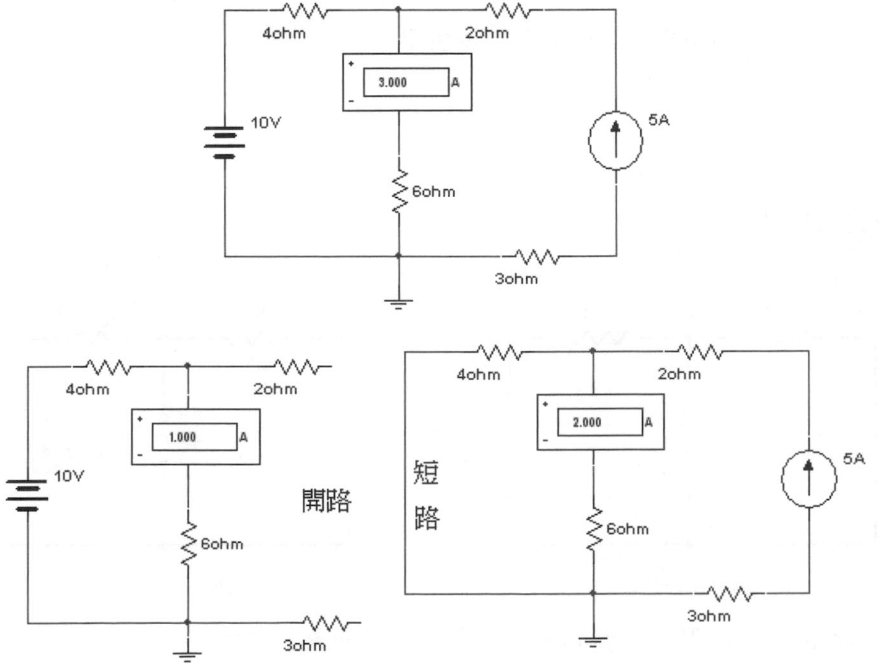

2-12 戴維寧定理

戴維寧定理敘述為：在直流網路中，任意兩端點(a、b)間，皆可以一電壓源(E_{Th})與串聯電阻(R_{Th})所組成之等效電路來替代，如圖 2-36 所示。

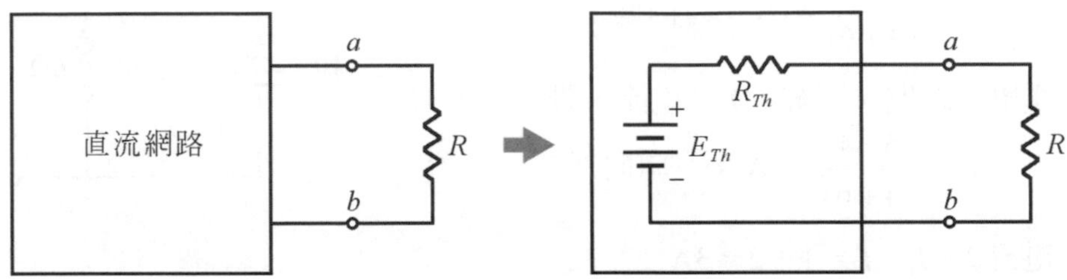

圖 2-36　戴維寧等效電路

運用戴維寧定理的特點是：

(1) 可精確地計算出直流網路中，任一特定支路的電壓或電流值，不會受多個電源影響。

(2) 等效電路可簡化繁雜電路。

以圖 2-37 為例，戴維寧定理應用電路，其解法過程如下所述：

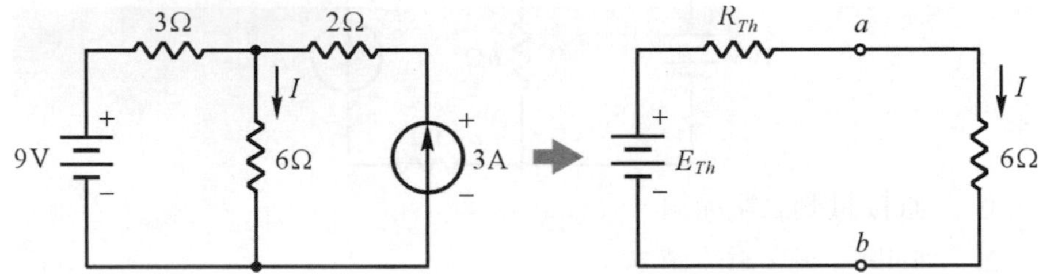

圖 2-37　說明圖例

1. 兩電源電路，求流經電阻 6Ω 的電流為多少？
2. 求解戴維寧等效電阻 R_{Th}：
   (1) 令所有電源為零。
   (2) 電壓源呈短路，電流源呈開路。
   (3) 電路呈純電阻電路。

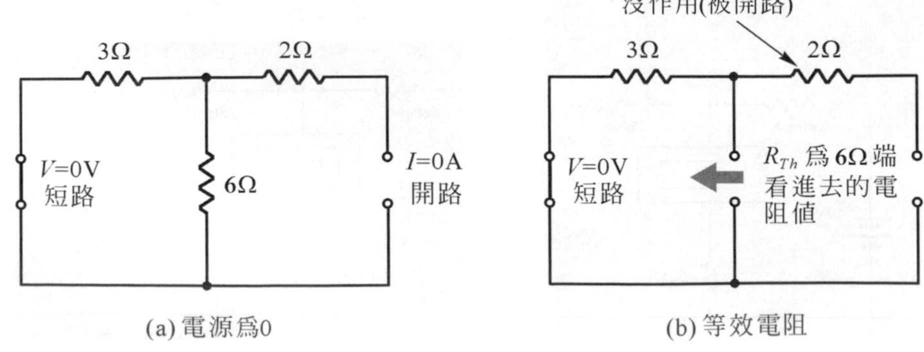

(a) 電源為0　　(b) 等效電阻

圖(b)中，電阻 2Ω 被開路，故沒作用，則 $R_{Th} = 3\Omega$。

3. 求解戴維寧等效電壓 E_{Th}：因兩電源，故 $E_{Th} = E_{Th1} + E_{Th2}$。
   (1) 利用重疊定理求電阻 6Ω 兩端之電壓降。
   (2) 令電流源 $I = 0$A，並定電阻 6Ω 兩端之電壓降名爲 E_{Th1}。

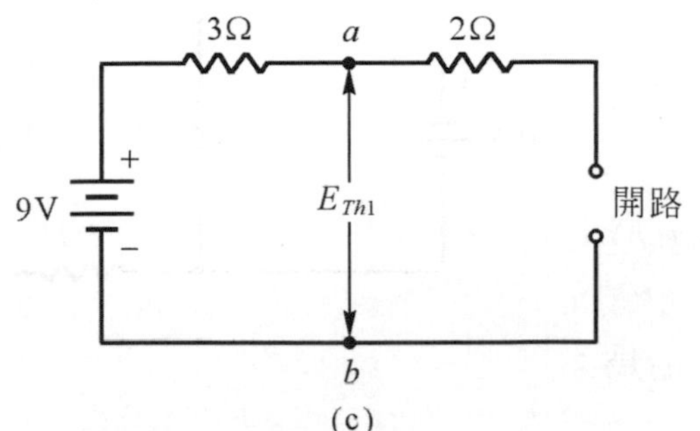

(c)

① 電路呈開路現象，沒電流產生。
② 電阻 6Ω 兩端之電壓降等於電壓源。
$E_{Th1} = E = 9$V，極性電壓源，上正下負。

   (3) 令電壓源 $V = 0$V，並定電阻 6Ω 之電壓降名爲 E_{Th2}。

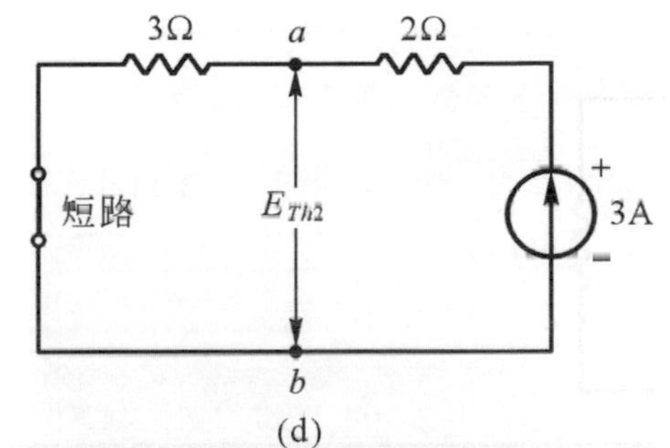

(d)

① 電壓源呈短路，電路爲串聯電路。
② 6Ω 兩端之電壓降等於 3Ω 之電壓降。
$E_{Th2} = IR = 3\times3 = 9$V。極性上正下負。

   (4) 戴維寧等效電壓 $E_{Th} = E_{Th1} + E_{Th2} = 9 + 9 = 18$V (因電壓極性相同，故相加)

4. 戴維寧等效電路：

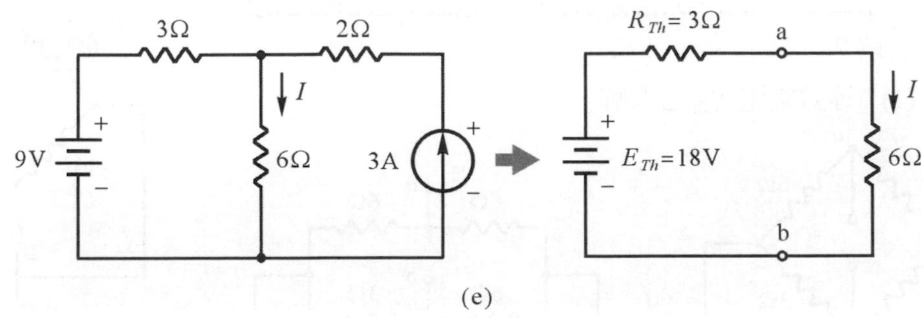

(e)

流經電阻 6Ω 的電流，利用歐姆定理爲：$I = \dfrac{18}{3+6} = \dfrac{18}{9} = 2\text{ A}$

例題 2-34

如圖所示電路，試求 6Ω 電阻兩端之戴維寧等效電路。

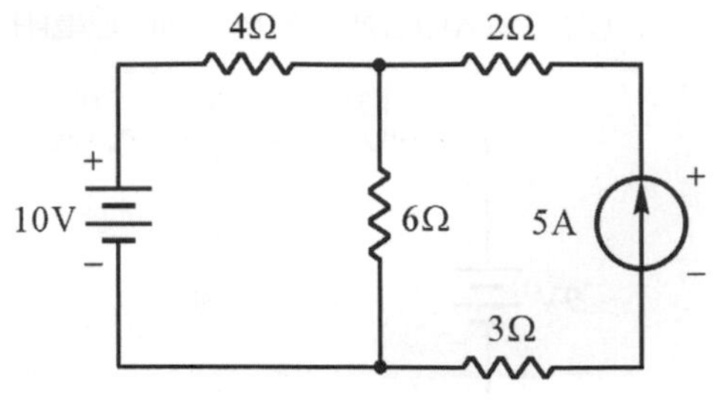

解　電流源開路，電壓源短路，等效電阻 R_{Th} 為：

$R_{Th} = 4\Omega$

電流源開路，6Ω 電阻之壓降，設為 E_{Th1} 為：

$E_{Th1} = 10\text{V}$；上正下負

電壓源短路，6Ω 電阻之壓降，設為 E_{Th2} 為：

$E_{Th2} = 4\times5 = 20\text{V}$；上正下負

$E_{Th} = E_{Th1} + E_{Th2} = 10 + 20 = 30\text{V}$

等效電路圖為：

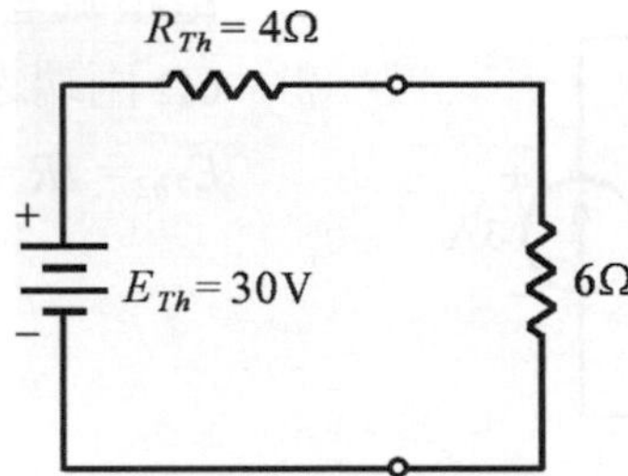

例題 2-35

如圖所示電路，當 a、b 兩端短路時，流經該短路線之電流 I 為多少安培？

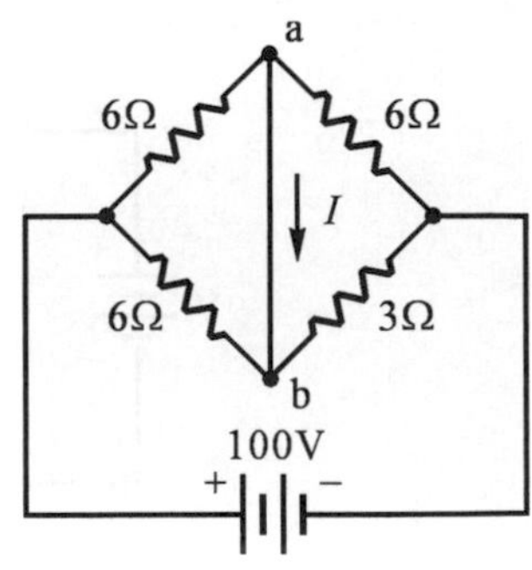

解　(1)　等效電壓 E_{Th} 之求解。

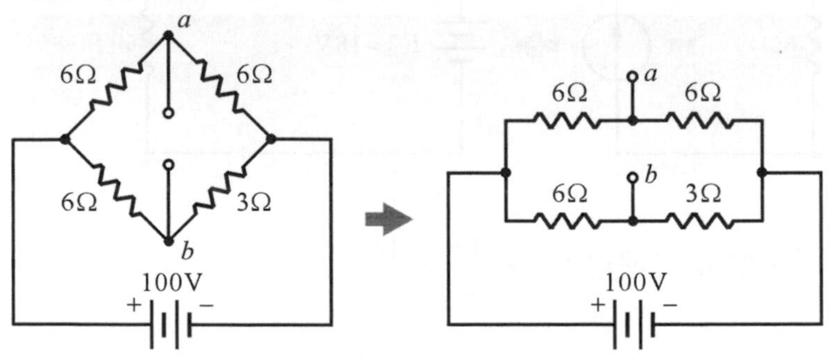

a、b 兩端電壓為 $E_{Th} = V_{ab} = V_a - V_b$，$V_a$ 與 V_b 可用串聯分壓定則求得。

$$V_a = \frac{100\times6}{(6+6)} = 50\text{V}$$

$$V_b = \frac{100\times3}{(6+3)} = \frac{100}{3}\text{V}$$ ；以電壓源之負端為參考電位。

$$E_{Th} = V_{ab} = V_a - V_b = 50 - (\frac{100}{3}) = \frac{50}{3}\text{V}$$

(2) 等效電阻 R_{Th} 之求解，令電壓源爲零–短路。

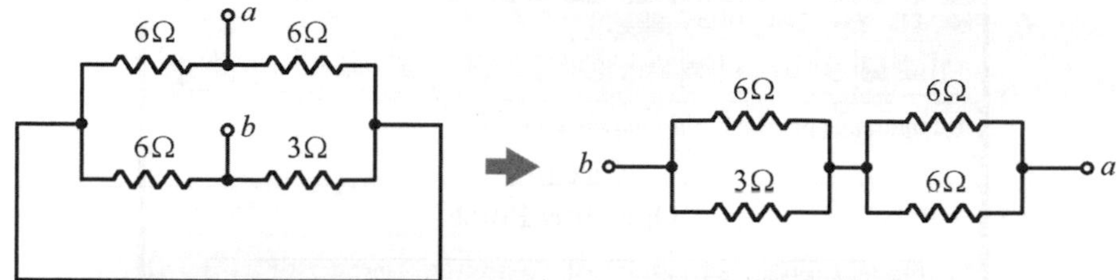

$R_{Th} = 6//6 + 6//3 = 3 + 2 = 5\ (\Omega)$

(3) 戴維寧等效電路：

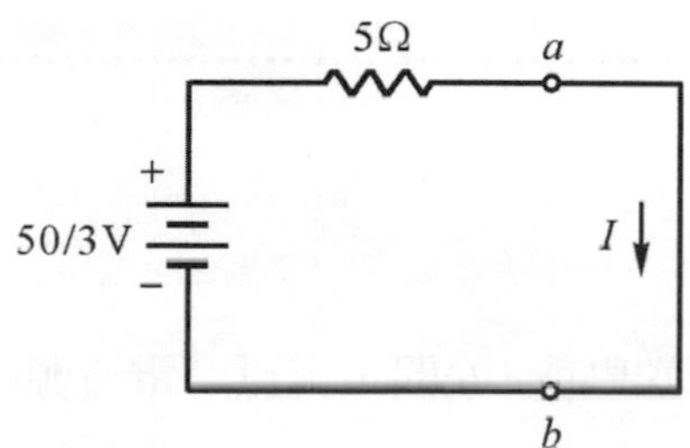

短路電流 $I = \frac{\frac{50}{3}}{5} = \frac{10}{3}(\text{A})$

COMPUTER TEST
電腦模擬

量測右圖中 ab 兩端間之短路電流值。

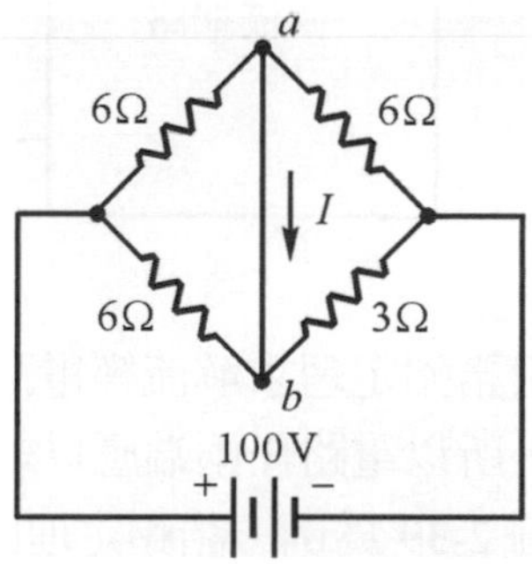

解 1. 電流表直接量測 ab 兩端之短路電流。

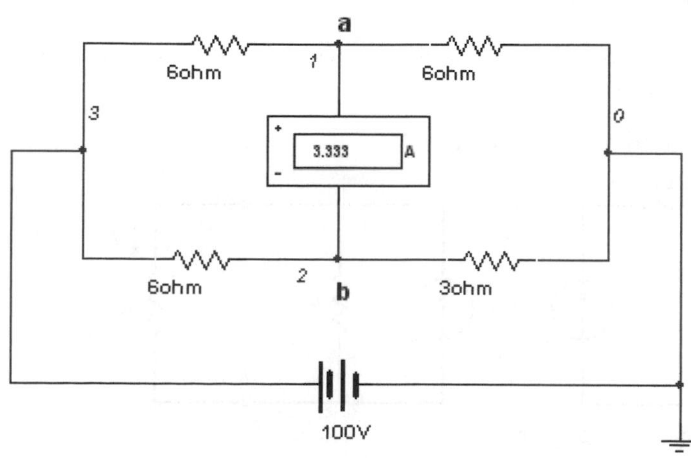

2. 採用 DC Analysis 求得兩端之電壓值，$V_a = V_b$，但仍有電流流過。

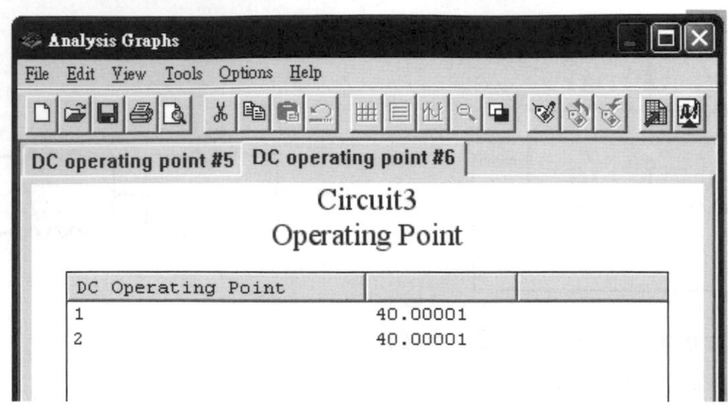
Analysis Graphs
File Edit View Tools Options Help
DC operating point #5 DC operating point #6
Circuit3
Operating Point

DC Operating Point		
1	40.00001	
2	40.00001	

2-13 諾頓定理

諾頓定理敘述為：在直流網路中，任意兩端點(a、b)間，可以一電流源(I_N)與並聯電阻(R_N)所組成之等效電路來替代，如圖 2-38 所示

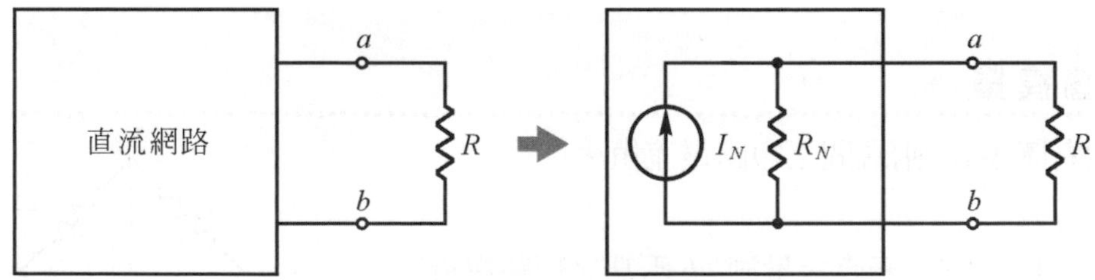

圖 2-38　諾頓等效電路

運用諾頓定理求解流經電路任兩端之電流，因電壓為兩端開路之壓降，則電流應為兩端短路電流，所以電路任兩端應以短路的狀況來求解。

以圖 2-39 為例，諾頓定理應用在電路，其解法過程為：

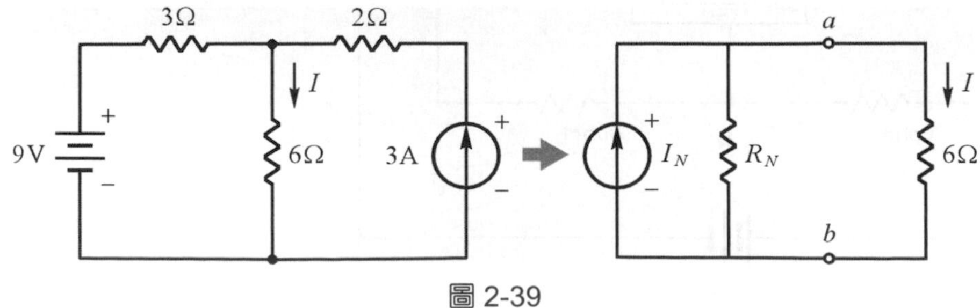

圖 2-39

1. 兩電源電路，求流經電阻 6Ω 的電流為多少？
2. 求解諾頓等效電阻 R_N：
   (1) 令所有電源為零。
   (2) 電壓源呈短路，電流源呈開路。
   (3) 電路呈純電阻電路。

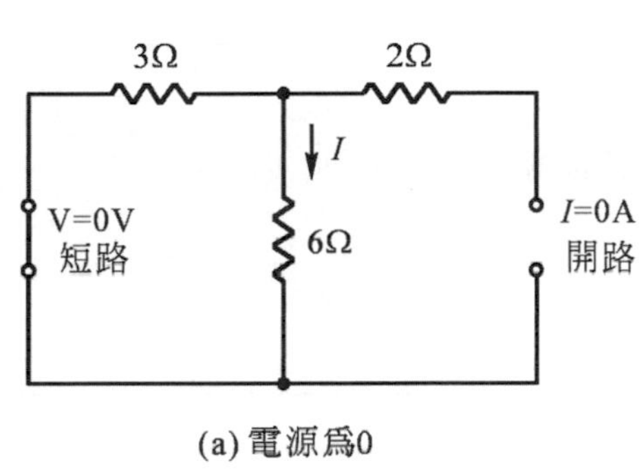

(a) 電源為0

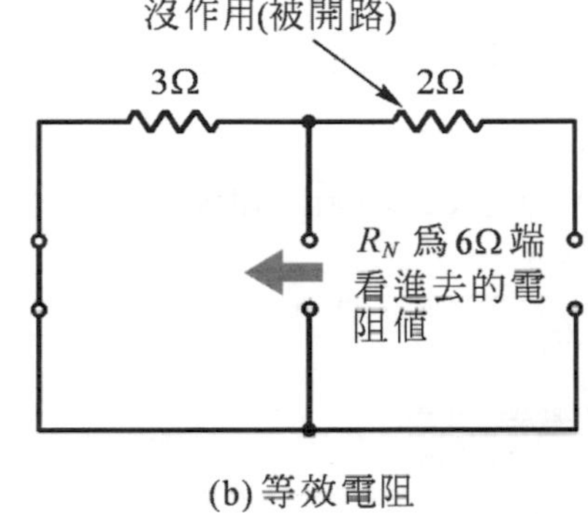

(b) 等效電阻

   (4) 2Ω 電阻被開路，等效電阻 $R_N = 3\Omega$。
3. 求解諾頓等效電流 I_N：
   (1) 因電路有兩電源，利用重疊定理，解出 $I_N = I_{N1} + I_{N2}$。
   (2) 首先令電流源 $I = 0A$，電路呈開路，6Ω 兩端應以短路表示，並定電流名為 I_{N1}。

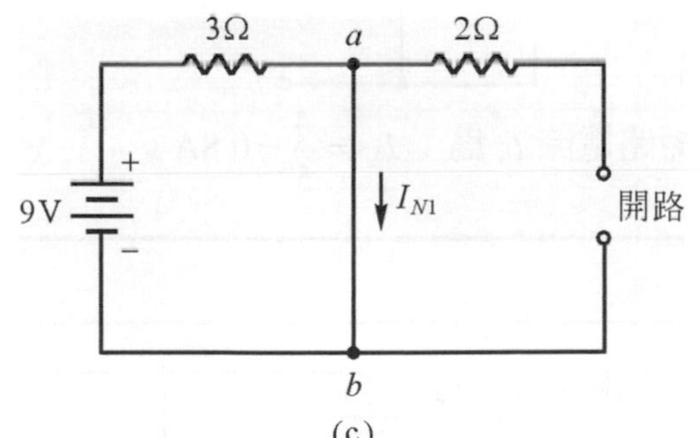

(c)

① 電阻 2Ω 被開路，故沒作用。
② 短路電流 I_{N1} 為：
$I_{N1} = \frac{9}{3} = 3\,A$，電流方向向下

   (3) 再令電壓源 $V = 0V$，電路呈短路，6Ω 兩端應以短路表示，並定電流名為 I_{N2}。

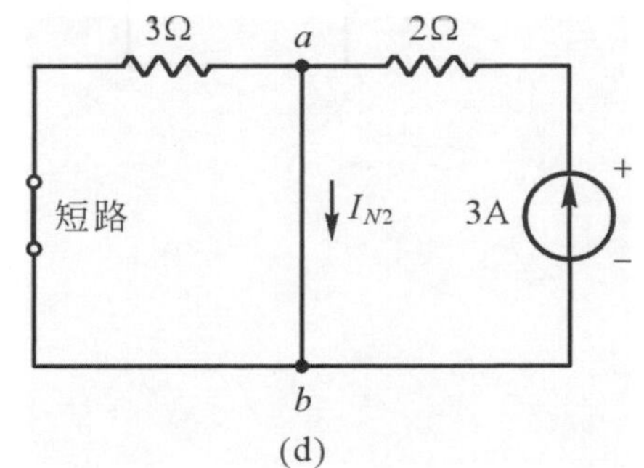

(d)

① 電阻 3Ω 被短路，故沒作用。
② 短路電流 I_{N2} 等於電流源，即
$I_{N2} = I = 3A$，電流方向向下

   (4) 兩電流方向相同，故諾頓等效電流 $I_N = I_{N1} + I_{N2} = 3 + 3 = 6A$。

4. 諾頓等效電路：

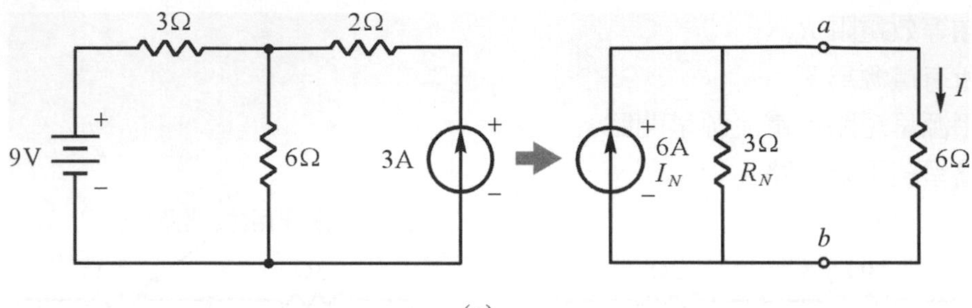

(e)

由圖(e)，流經 6Ω 電阻之電流 I，利用分流定則為：

$$I=\frac{3}{6+3}\times 6=2\text{ A}$$

例題 2-36

如下圖所示，試求諾頓等效電路。

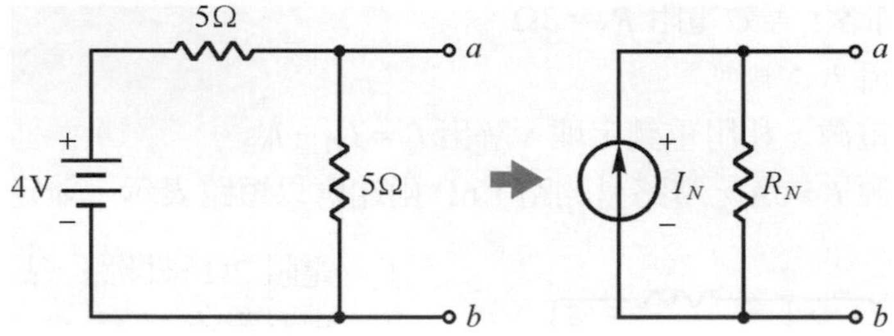

解 等效電阻 R_N：$R_N=\frac{5\times 5}{(5+5)}=2.5\Omega$，短路電流 I_N 為：$I_N=\frac{4}{5}=0.8\text{A}$

例題 2-37

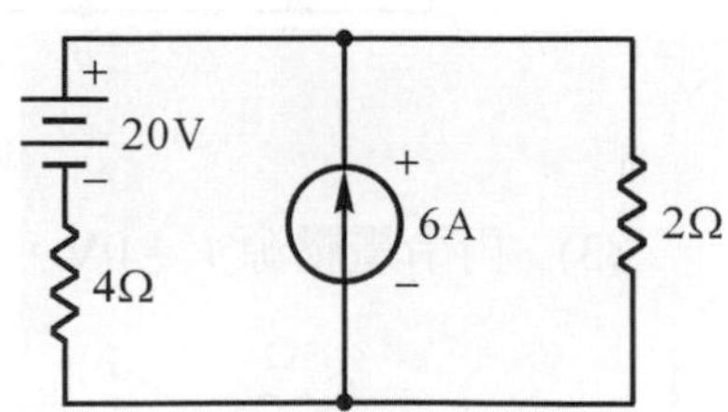

如右圖所示電路，試利用諾頓等效電路，求出流經 2Ω 之電流為多少安培？

解 等效電阻 R_N：

$R_N=4\Omega$

電流源開路，設短路電流為 I_{N1}：

$$I_{N1}=\frac{20}{4}=5\text{A}\text{；向下}$$

電壓源短路，設短路電流為 I_{N2}：

$I_{N2}=6\text{A}$；向下

短路電流 $I_N=I_{N1}+I_{N2}=5+6=11\text{ A}$

流經 2Ω 電阻之電流為：(分流定則)

$$I=\frac{11\times 4}{(4+2)}=\frac{44}{6}\fallingdotseq 6.33\text{ A}$$

量測下圖中之電路電流值。

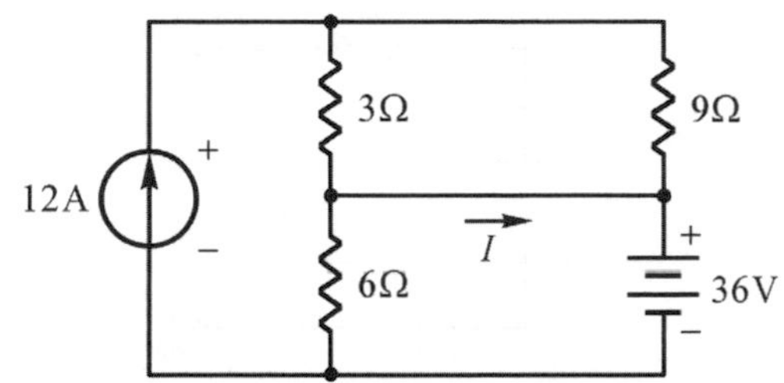

解　電流表連接在短接兩端，執行電路，結果為：

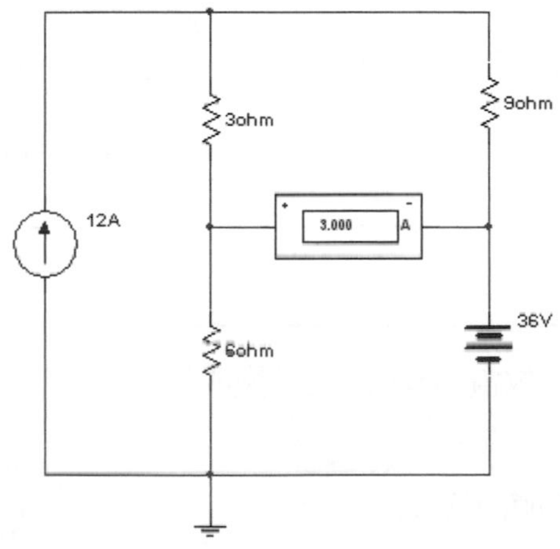

2-14 戴維寧與諾頓等效電路之轉換

戴維寧與諾頓等效電路之轉換，如同電壓源與電流源之互換，如圖 2-40 所示。轉換中等效電阻值保持定值，$R_{Th} = R_N$。等效電壓與等效電流則依歐姆定律 $E = IR$ 及 $I = \frac{E}{R}$ 互換。

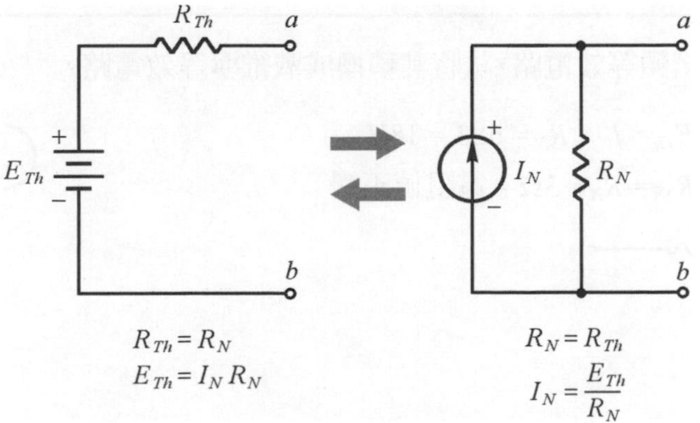

圖 2-40　戴維寧與諾頓等效電路之互換

例題 2-38

如下圖所示為戴維寧等效電路，試將其轉換成諾頓等效電路。

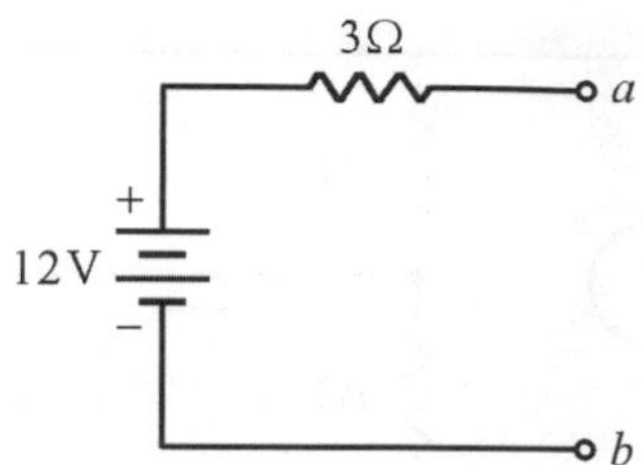

解 等效電流 $I_N = \dfrac{E_{Th}}{R_{Th}} = \dfrac{12}{3} = 4\text{A}$

等效電阻 $R_N = R_{Th} = 3\Omega$；電阻值不變

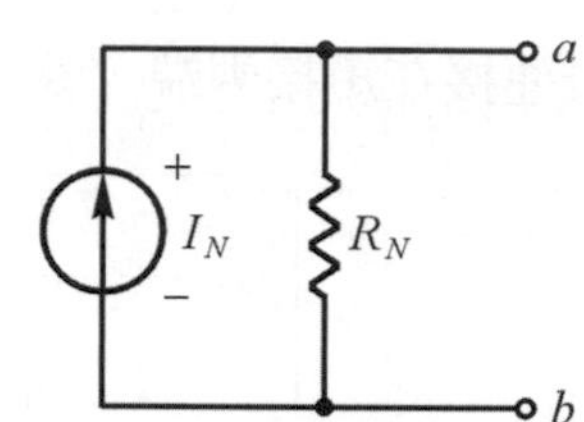

例題 2-39

如右圖所示為戴維寧等效電路，試將其轉換成諾頓等效電路。

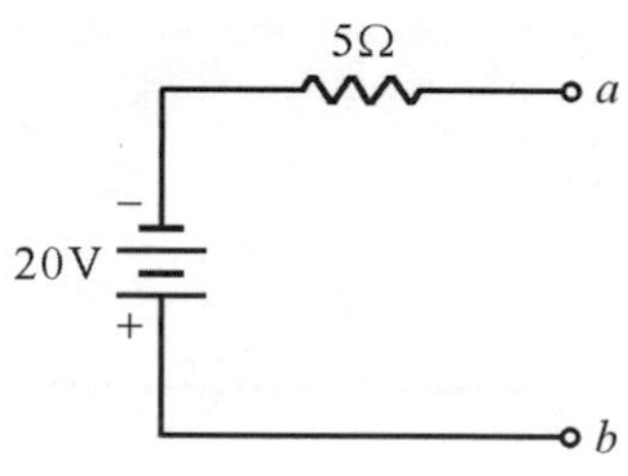

解 $R_N = R_{Th} = 5\Omega$

$I_N = \dfrac{20}{5} = 4\text{A}$；箭頭(正端)向下

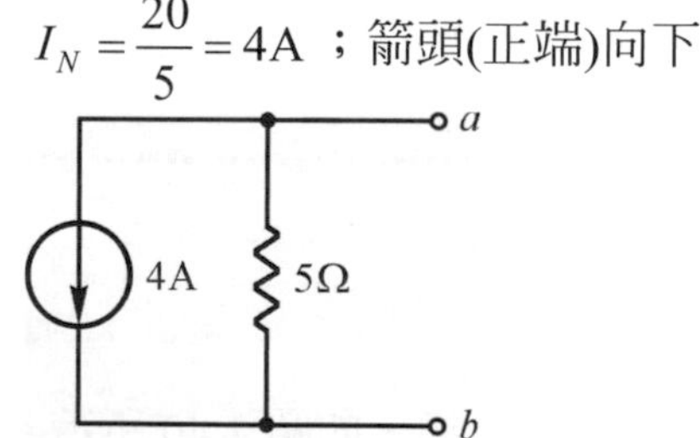

例題 2-40

如右圖所示為諾頓等效電路，試將其轉換成戴維寧等效電路。

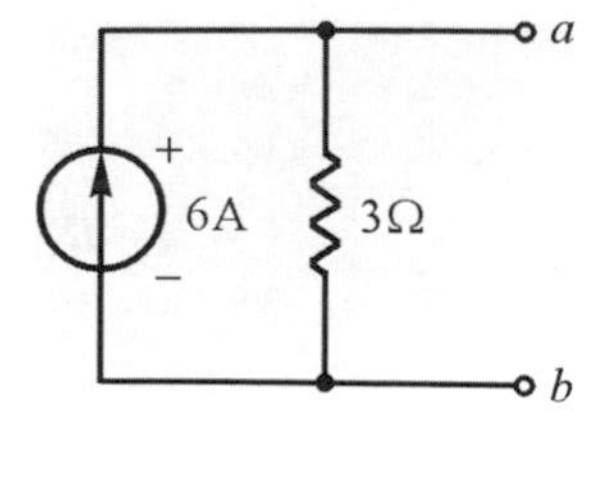

解 等效電壓 $E_{Th} = I_N \times R_N = 6\times 3 = 18\text{V}$

等效電阻 $R_{Th} = R_N = 3\Omega$；電阻值不變

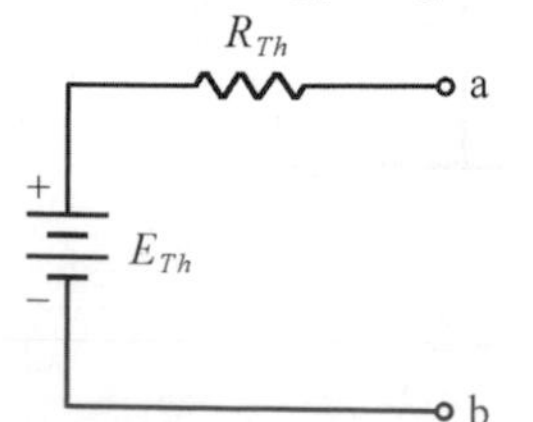

2-15 最大功率轉移定理

最大功率轉移定理之敘述：在直流網路中，負載自網路獲取最大功率的條件，是當負載的總電阻值等於網路之戴維寧等效電阻值，如圖 2-41 所示。

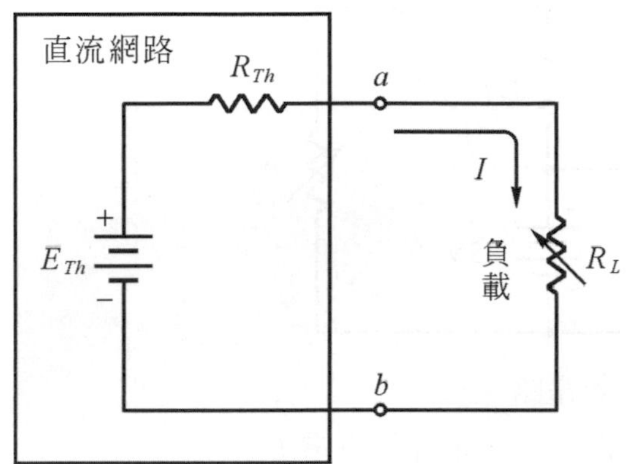

最大功率轉移之條件：
$R_L = R_{Th}$

圖 2-41　最大功率轉移

如圖 2-41 所示之網路，當 $R_L = R_{Th}$ 時，負載可獲得最大功率。最大功率之關係式為：

功率：$P = I^2R$

網路之電流：$I = \dfrac{E_{Th}}{R_{Th} + R_L}$

負載之功率：$P_L = I^2 R_L = \left(\dfrac{E_{Th}}{R_{Th} + R_L}\right)^2 \times R_L$，當 $R_L = R_{Th}$ 時

最大功率為：$P_{L\max} = \left(\dfrac{E_{Th}}{2R_{Th}}\right)^2 \times R_{Th} = \dfrac{E_{Th}^{\ 2}}{4R_{Th}}$

EXAMPLE
例題 2-41

如右圖所示電路，欲使 R_X 獲得最大功率輸出，試求 (1)R_X=？(2)此最大功率為多少？

解　(1) $R_X = R_{Th} = R_L + R_g = 3 + 2 = 5\ \Omega$

(2) 最大功率

$$P_{\max} = \frac{E^2}{4R_X} = \frac{50^2}{4 \times 5} = \frac{2500}{20} = 125\ \text{W}$$

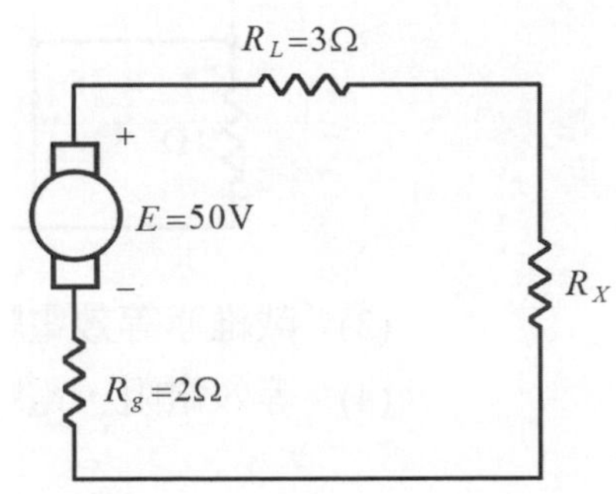

EXAMPLE

例題 2-42

如圖所示電路，純電阻負載 R_L 之最大消耗功率為多少瓦特？

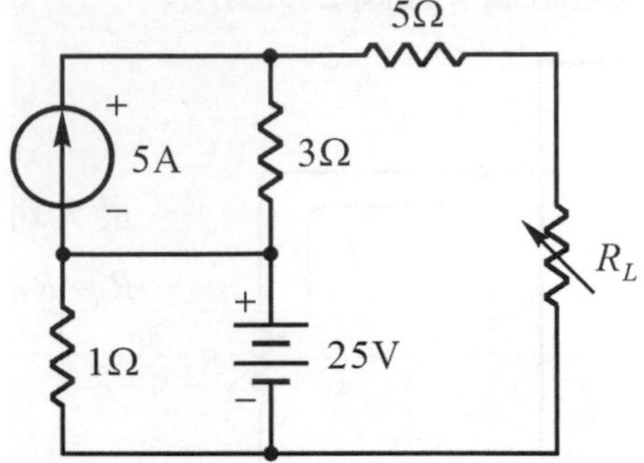

解 首先將電路轉換成戴維寧等效電路。

(1) 令電流源為零，電路如圖所示，求等效電壓 E_{Th1}。

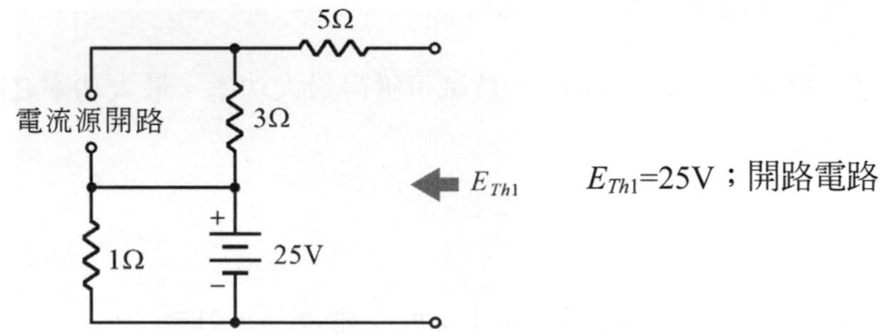

(2) 令電壓源為零，電路如圖所示，求等效電壓 E_{Th2}。

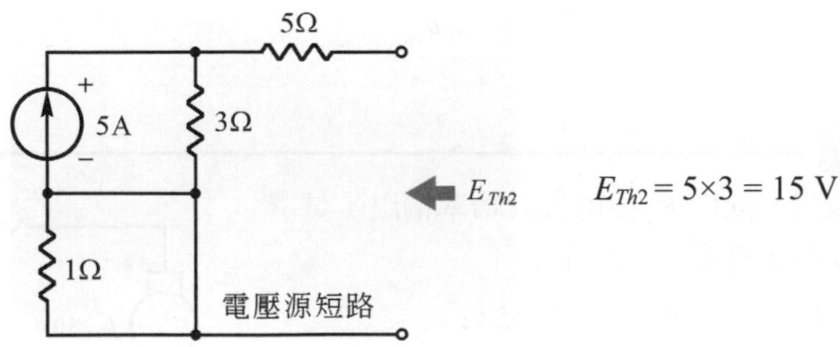

(3) 戴維寧等效電壓 $E_{Th} = E_{Th1} + E_{Th2} = 25 + 15 = 40\text{V}$

(4) 等效電阻，電壓源與電流源均應為零，電路如圖所示。

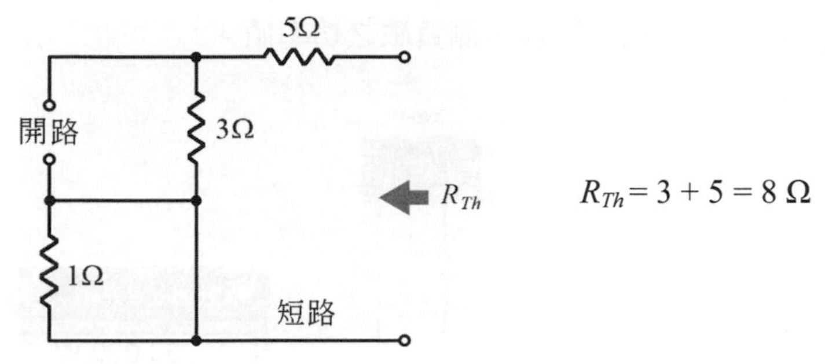

$R_{Th} = 3 + 5 = 8\ \Omega$

(5) 戴維寧等效電路，如圖所示。

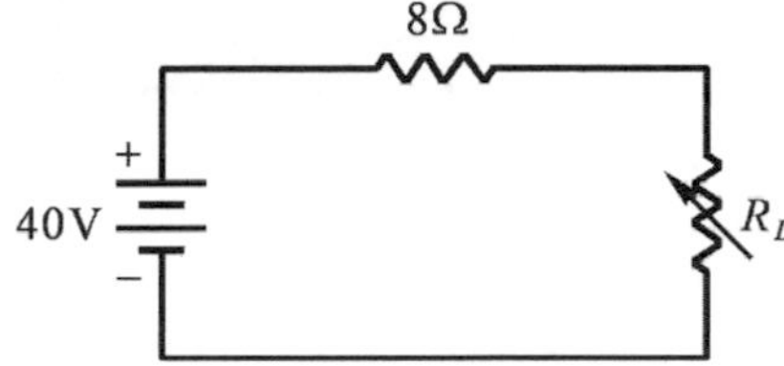

R_L= 8Ω 時，可獲得最大消耗功率

$$P_{\max} = \frac{40^2}{4 \times 8} = \frac{1600}{32} = 50\ \mathrm{W}$$

量測電阻 R_L 等於戴維寧等效電阻時，負載可獲得最大功率值。

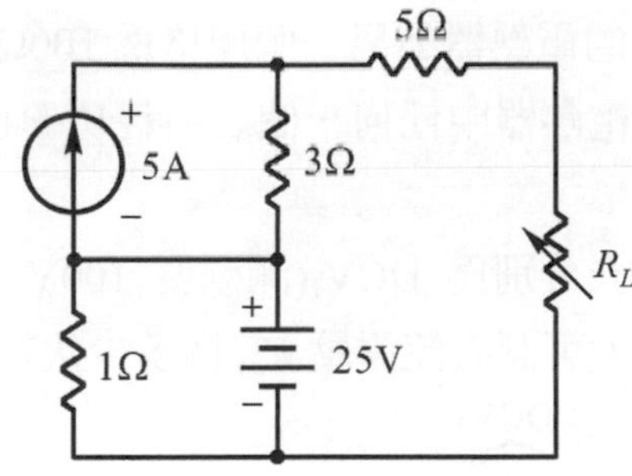

解　1.　先量測 R_L 端等效電阻，令電源爲零。

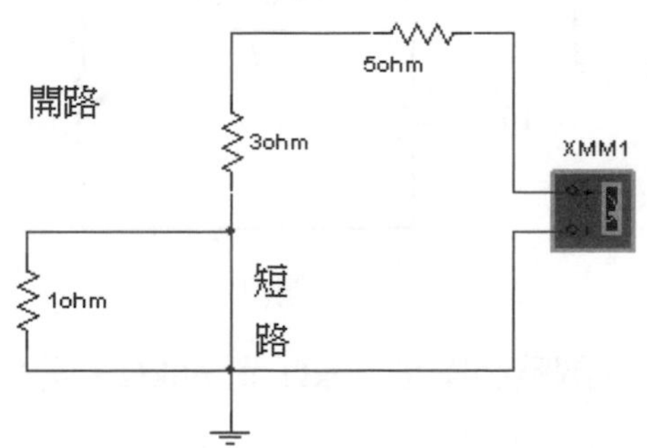

三用電表顯示值

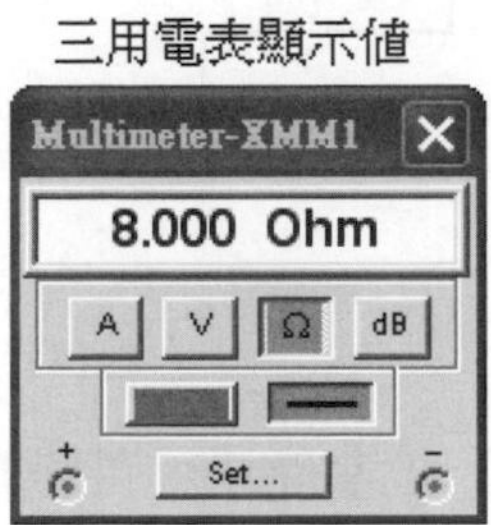

2. 令 $R_L = 8\Omega$，用瓦特表量測負載之功率值。

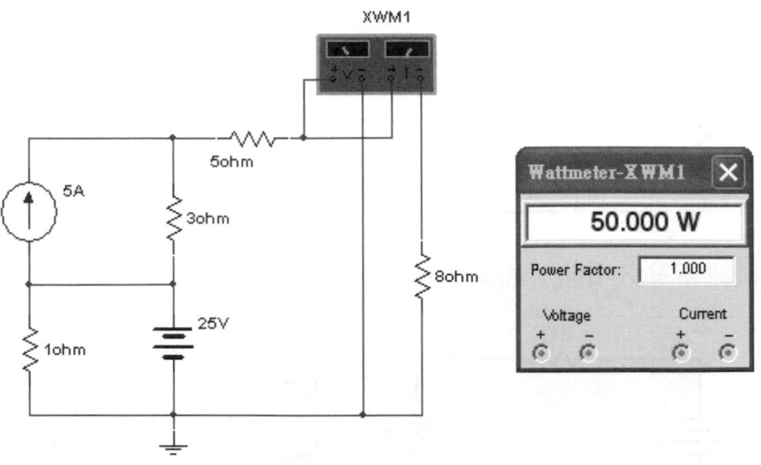

習題 EXERCISE

1. 一個規格為 100Ω、100W 的電熱器與另一個規格為 100Ω、400W 的電熱器串聯之後，再接上電源，若不使此兩電熱器中任何一個之消耗功率超過其規格，則電源之最高電壓為何？
2. 如圖(1)所示，2 個 DCV 表分別為 DCV_1(滿刻度 100V，內阻 10kΩ)及 DCV_2(滿刻度 150V，內阻 20kΩ)，則最大可測直流電壓 V_{ab} 為多少伏特？

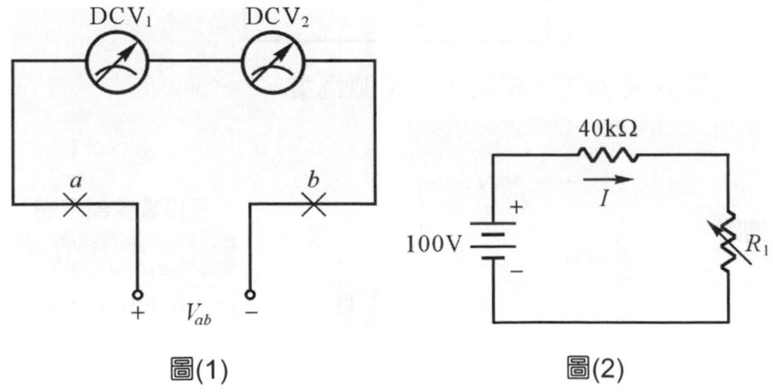

圖(1) 圖(2)

3. 如圖(2)所示的電路中，可變電阻器 R_1 調整範圍是 30kΩ 到 60kΩ，當可變電阻調整到跨於 R_1 兩端的電壓為最大值時，電流 I 等於多少？
4. 有串激式電動機，電樞內阻為 0.3Ω，串激繞組的電阻為 0.2Ω，若外加電壓為 100V、電樞電流為 10A，電樞繞組之應電勢為多少伏特？

5. 利用克希荷夫定律，求圖(3)電路之 E_3 爲多少伏特？

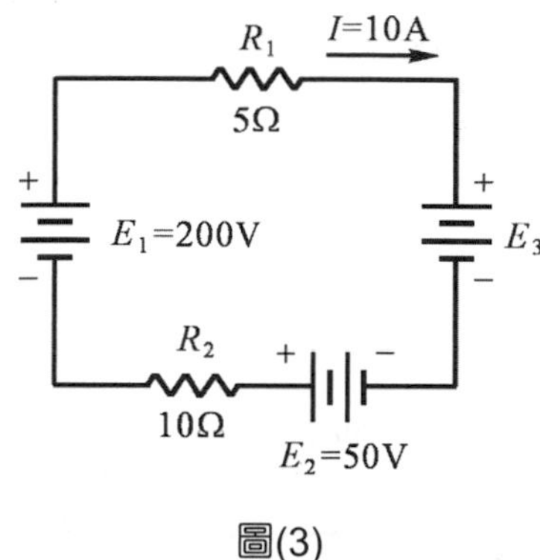

圖(3)

6. 設有兩個電阻 R_1 與 R_2 串聯於 100V 之電源，其中 R_1 消耗功率爲 20W，R_2 消耗功率爲 80W，則 R_1 及 R_2 之值分別爲多少？
7. 如圖(4)所示之直流電路，求其中電流 I_1+I_2 爲多少？

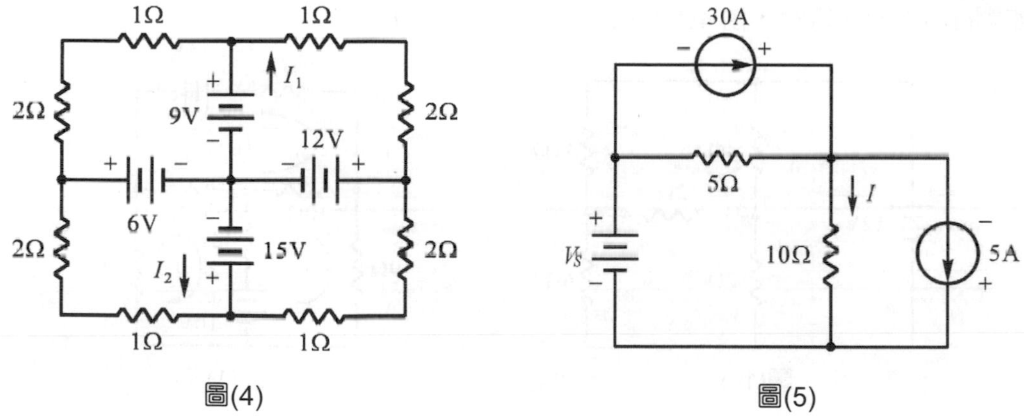

圖(4)　　圖(5)

8. 如圖(5)所示電路，已知圖中之電流 $I=5\text{A}$，試求出電壓源 V_S 爲多少伏特？
9. 如圖(6)之電路中，a、b 兩點間之等效電阻 R 及分支電流 I 分別爲多少？
10. 兩電阻值相等的電阻器，將其並聯後，連到一理想電流源的兩端，已知此二電阻共吸收 10 瓦特之功率。如將此二電阻改爲串聯後再連接到同一理想電流源的兩端，則此二電阻將共吸收多少瓦特之功率？
11. 如圖(7)所示之電路，電壓源所供給之功率爲多少瓦特？

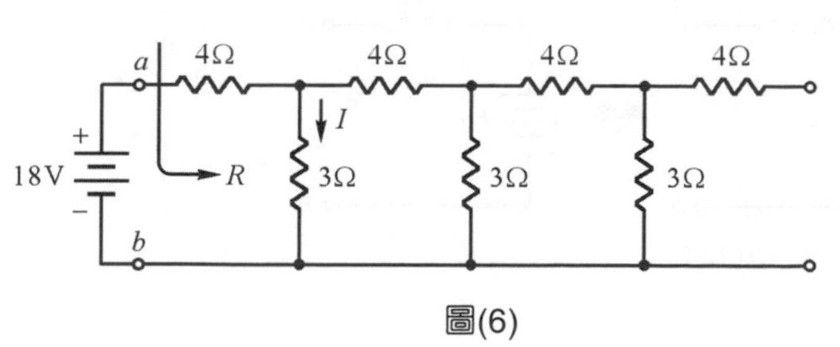

圖(6)

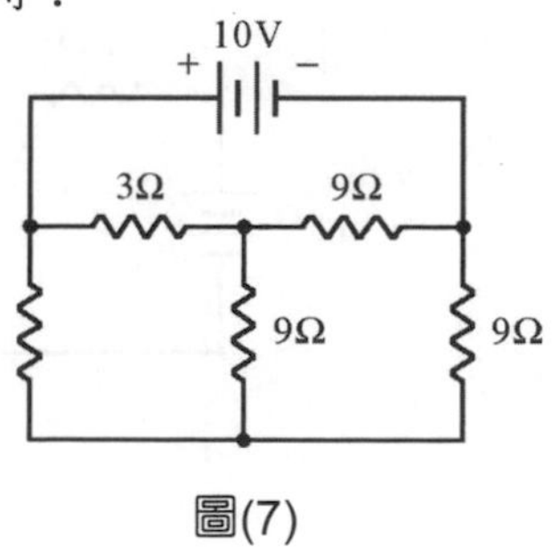

圖(7)

12. 如圖(8)所示，試求流經 a、b 兩點間的電流 I 爲多少安培？

13. 如圖(9) 所示，將Δ電路換成等效的 Y 電路，求 R_1 爲多少？

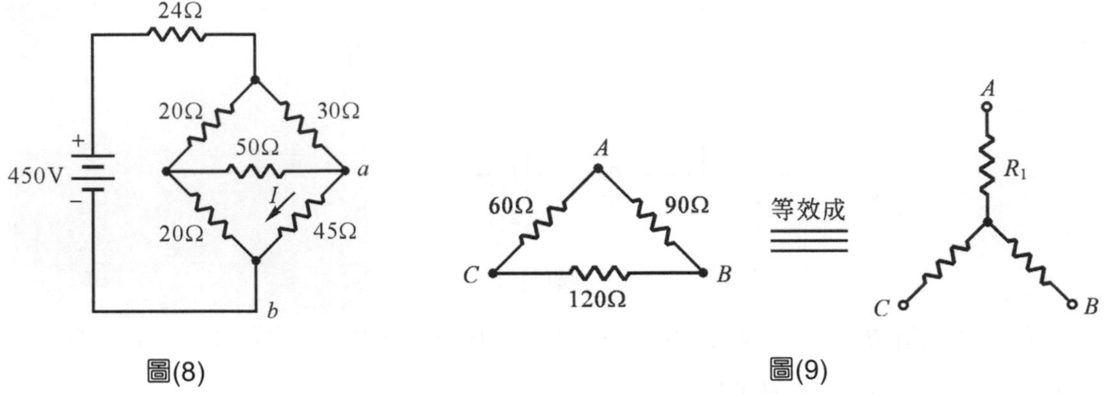

圖(8)　　圖(9)

14. 將四個電壓爲 1.5V，內阻爲 1Ω 之電池串聯起來，對負載所能提供之最大功率爲多少？

15. 如圖(10)所示之電路，由 4Ω 所消耗之功率爲多少瓦特？

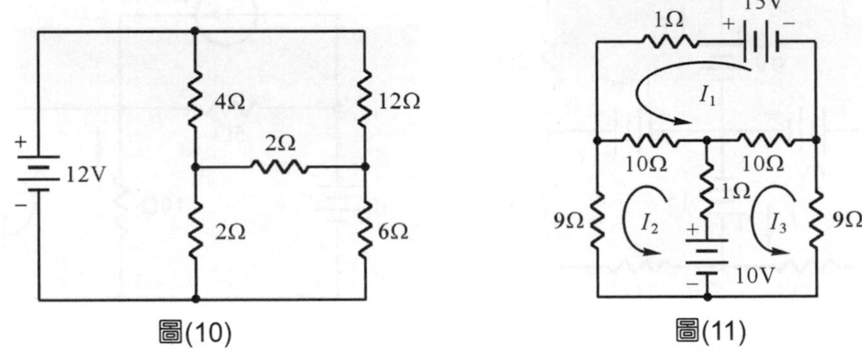

圖(10)　　圖(11)

16. 如圖(11)之直流電路，以迴路電流法所列出之方程式如下：

$a_{11}I_1 + a_{12}I_2 + a_{13}I_3 = 15$

$a_{21}I_1 + a_{22}I_2 + a_{23}I_3 = 10$

$a_{31}I_1 + a_{32}I_2 + a_{33}I_3 = -10$

則 $a_{11} + a_{22} + a_{33} =$ ？

17. 圖(12)電路中之戴維寧等效電阻 R_{Th} 與戴維寧等效電壓 E_{Th} 各是多少？

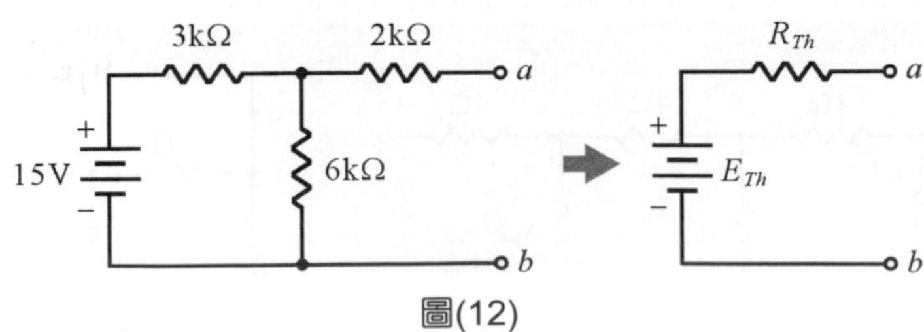

圖(12)

18. 如圖(13)所示，I_N (諾頓等效電流)與 R_N (諾頓等效電阻)各為多少？

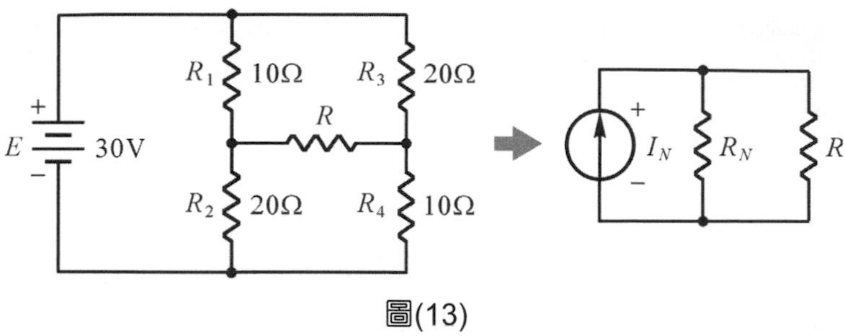

圖(13)

19. 有一內含直流電源及純電阻之兩端點電路，已知兩端點 a、b 間之開路電壓 V_{ab}=30V，當 a、b 兩端點接至一 20Ω 之電阻，此時電壓 V_{ab}=20V；則此電路之 a、b 兩端需要接至多大之電阻方能得到最大功率輸出？

20. 如圖(14)所示電路，若電流 I 為 2A，則電源電壓 E 為多少？

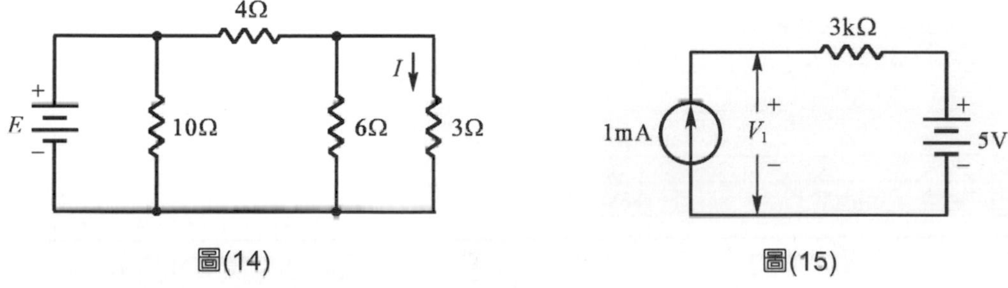

圖(14)　　圖(15)

21. 如圖(15)的電路中，電壓值 V_1 為多少？

22. 有 8 個完全相同之直流電壓源，每一個的開路電壓均為 10V，內阻均為 0.5Ω，現欲將此 8 個電壓源全部做串、並聯之連結組合後，供電給 1Ω 的負載電阻，依串並聯方式組合，何種組合可使該負載電阻消耗到最大功率？

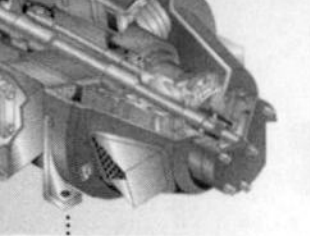

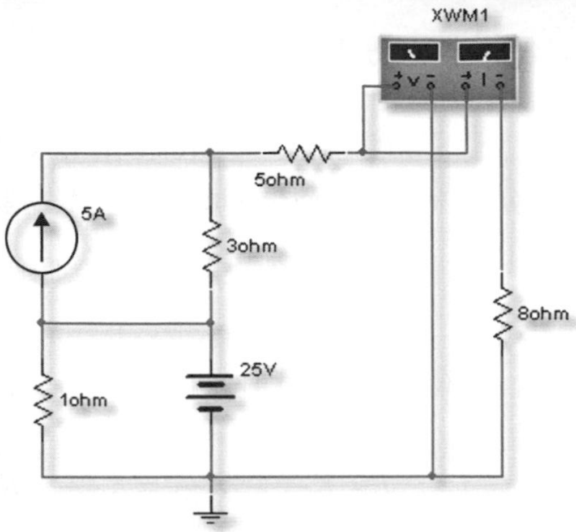

Chapter 3

電磁的基本概念

3-1 電場與電位

3-1-1 電場(electric field)

電荷所在之空間，因靜電之作用，電荷對週遭會有一定程度的作用力產生，如相吸引或相排斥。電荷藉電力的作用，形成作用力可及的範圍稱為電場，如圖 3-1 所示。

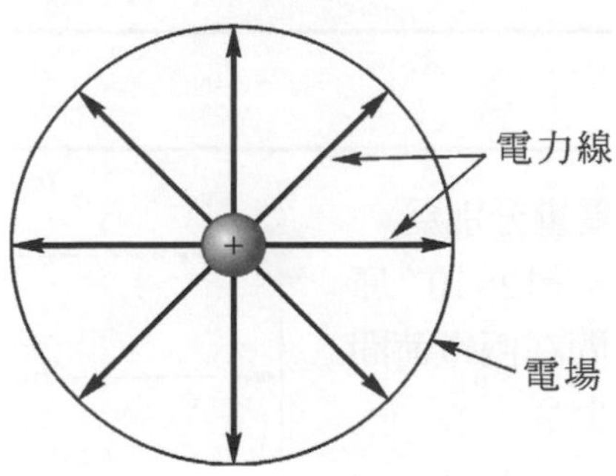

圖 3-1 正電荷形成之電場

電場經常用電通量(electric flux)表示。電通量爲電力線的數量，用來表示帶電體或電荷附近的電場強度(electric intensity)。電場強度指單位正電荷在電場中所受作用力的大小。

$$電場強度\ E=\frac{F}{Q_2}\quad 牛頓/庫侖 \tag{3-1}$$

依庫侖靜電定律，兩電荷間之作用力 $F=K\frac{Q_1Q_2}{d^2}$，電場強度的關係式可轉化爲：

$$E=K\frac{Q_1Q_2}{d^2}\times\frac{1}{Q_2}=K\frac{Q_1}{d^2}\ ，K=9\times10^9\,\text{N}\cdot\text{m}^2/\text{C}^2 \tag{3-2}$$

由式可知，電場強度與單位電荷成正比，而與兩電荷距離之平方成反比。電場強度之單位，如表 3-1 所示。

表 3-1　電場強度的單位

名稱	代號	CGS 制	MKS 或 SI 制
電荷	Q	靜庫	庫侖
作用力	F	達因	牛頓
電場強度	E	達因/靜庫	牛頓/庫侖

EXAMPLE
例題 3-1

在空氣中，有一正電荷帶有 10×10^{-8} 庫侖之電量，試求距此電荷 30cm、300cm 處之電場強度爲多少？

解　距離電荷 r 公尺處的電場強度爲 $E=KQ/d^2$：

(1) 距離 $30\text{cm}=\frac{30}{100}=0.3$ 公尺之電場強度

$$E=\frac{9\times10^9\times10\times10^{-8}}{0.3^2}=\frac{900}{0.09}=10000=10^4\ (\text{N/C})$$

(2) 距離 300cm = 300/100 = 3 公尺之電場強度

$$E=\frac{9\times10^9\times10\times10^{-8}}{3^2}=\frac{900}{9}=100\ (\text{N/C})$$

EXAMPLE
例題 3-2

如圖所示，二點電荷之電量分別爲 $Q_1=12\times10^{-9}$ 庫侖、$Q_2=-12\times10^{-9}$ 庫侖，二電荷相距 9cm，問在兩電荷間之 A 點的電場強度爲多少？

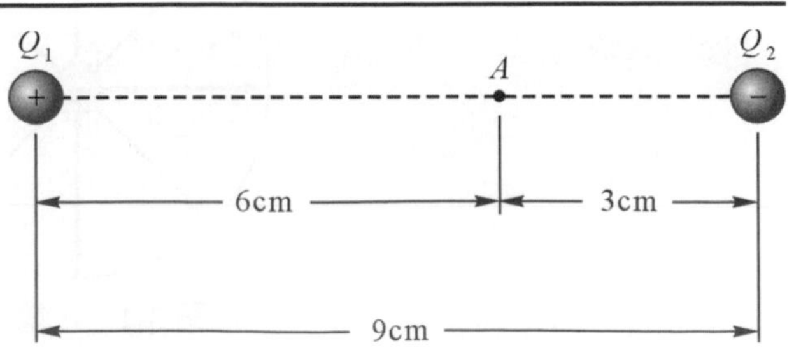

解　依各電荷對 A 點產生之電場強度，再求合成之電場強度。

(1) Q_1 對 A 點產生之電場強度為 E_1，$d = 6\text{cm} = 0.06\text{m}$

$$E_1 = \frac{9\times10^9\times12\times10^{-9}}{0.06^2} = \frac{108}{0.0036} = 30000\ (\text{N/C})$$；正為斥力，故向右

(2) Q_2 對 A 點產生之電場強度為 E_2，$r = 3\text{cm} = 0.03\text{m}$

$$E_2 = \frac{9\times10^9\times(-12\times10^{-9})}{0.03^2} = -\frac{108}{0.0009} = -120000\ (\text{N/C})$$；負為吸力，故向右

(3) 在 A 點之合成電場強度 E

$E = E_1 + E_2 = 30000 + 120000 = 150000\ (\text{N/C})$；方向相右

EXAMPLE
例題 3-3

有一電荷帶電量為 6 庫侖，在電場中某點受力 30 牛頓，試求該點之電場強度為多少？

解　某點在電場中受力之電場強度 $E = \frac{F}{Q}$，則

$$E = \frac{30}{6} = 5\ (\text{N/C})$$

3-1-2　電力線

在電場中，常以電力線數之多寡(電通量)表示電場強度及電荷間的相斥或相吸的情形，如圖 3-2 所示。電力線的特性為：

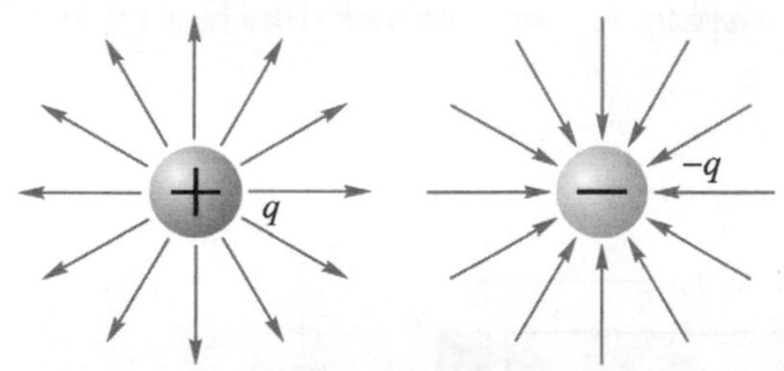

(a) 單一電荷之電場

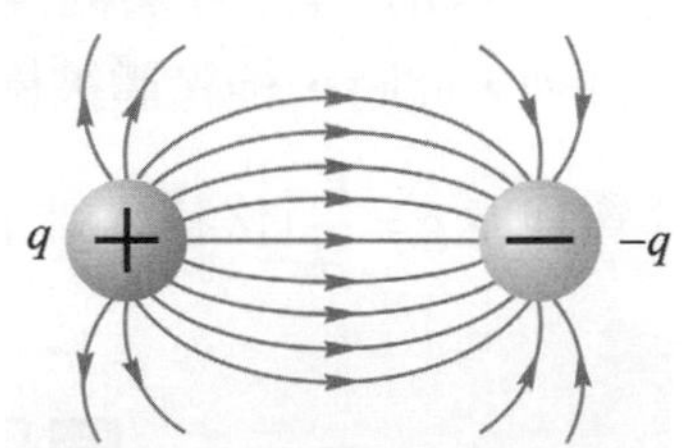

(b) 電荷異性相吸之電場

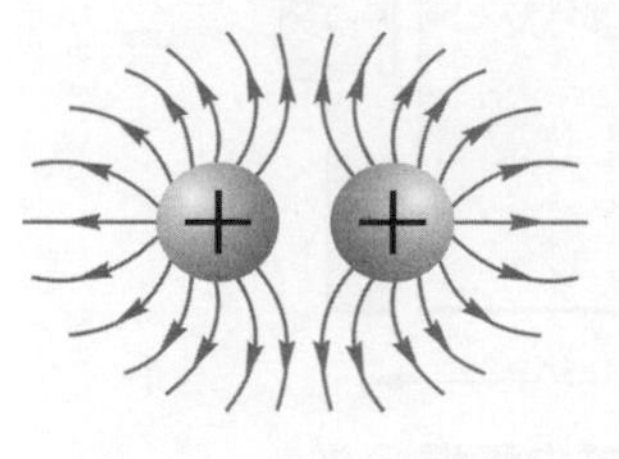
(c) 電荷同性相斥之電場

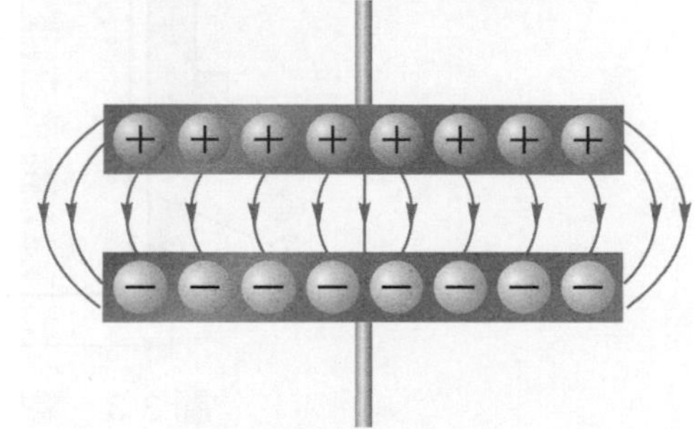
(d) 金屬板電容器之電場

圖 3-2　電力線

(1) 電力線由正電荷出發止於負電荷，形成開放路徑。
(2) 電力線與電力線間互相排斥，永不相交。
(3) 電力線垂直帶電荷表面。
(4) 電力線密集處，其電場強度較強。
(5) 同一電力線之出發點與終點，皆不能同一導體上，且均與導體之表面垂直。

3-2 電位

在電場中，單位正電荷若順著電場的電力方向移動，該電荷將作功而釋放能量；若逆著電場之電力方向移動，因外界必須對電荷作功，才能使該電荷移動，所以電荷吸收能量。如此，在電場中移動單位電荷自 B 點到 A 點，所需釋放或吸收能量，即爲兩點的電位差。

$$V_{AB}=V_A-V_B=\frac{W_A-W_B}{Q}=\frac{W_{AB}}{Q} \tag{3-3}$$

式中，V_{AB} 爲 AB 兩點間之電位差，單位爲伏特(V)。若將 B 點設定爲無窮遠處，因無窮遠處的電位 $V=0$ 伏特，則單位電荷自 B 點移到電場中之 A 點，所需之能量或所作的功，稱爲電位。

$$V=\frac{W}{Q} \tag{3-4}$$

在電場中，移動 1 庫侖的電荷，需要 1 焦耳的能量，稱爲 1 伏特的電位。對電容器而言，每一種電介質都存有電位。當施加電容器的電壓值，較電介質之電位小時，如圖 3-3 所示。因電介質爲絕緣體，所以電子不會離開原子移到電極板上，每一個原子中的質子(＋)與電子(－)會組成電偶極排列，此時，絕緣體被極化。

介質強度 $g=\dfrac{V}{d}$ (伏特/毫米)

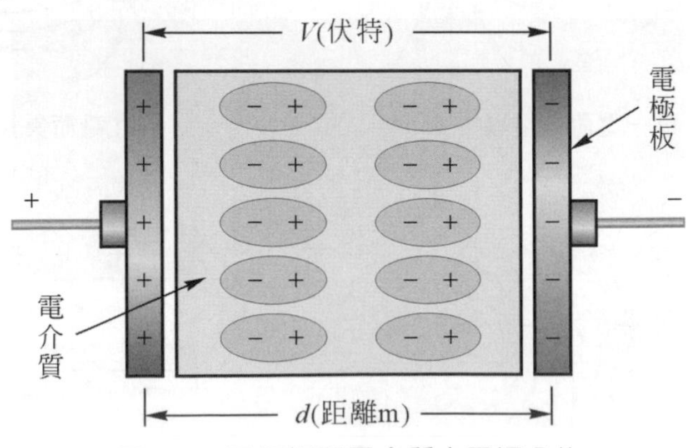

圖 3-3　電極板間電介質之電場分佈

當施加在電容器電極板間之電壓大於介質之電位時，介質內的鍵結會被打斷，兩極板間會有電流流通。這種使介質發生導電的現象，而單位長度需要的電壓，稱爲介質強度。數學式爲：

$$g=\frac{V}{d}\ \text{(伏特/毫米或伏特/密爾)} \qquad (3\text{-}5)$$

各材質之電介質的介質強度，如表 3-2 所示。電介質在不發生鍵結破壞時，介質強度等於電場強度 $E=\frac{F}{Q}$ ，則電位(V)與單位電荷(Q)之關係，可轉化爲：

$$E=\frac{F}{Q}=K\frac{Q}{d^2}=g=\frac{V}{d}\ ,\ \frac{V}{d}=K\frac{Q}{d^2}$$

$$V=K\frac{Q}{d} \qquad (3\text{-}6)$$

式中，V 爲電位的符號，單位爲伏特(V)；Q 爲帶電量之導體(即電荷)的符號，單位爲庫侖(C)；d 爲兩電極板的距離的符號，單位爲米(m)；K 爲介質係數的代號，$K=9\times10^9$ 公尺/庫侖。

表 3-2　電介質的介質強度

介質	介質強度(伏特/密爾)	介質	介質強度(伏特/密爾)
空氣	75	玻璃	3000
橡膠	700	雲母	5000

EXAMPLE
例題 3-4

某導體之電位爲 30V，若將 5 庫侖之正電荷由無窮遠處移至該導體上，問需作多少的功？

解　將電荷移至電場，所需作功 $W=QV$，則

$W=5\times30=150$ 焦耳

EXAMPLE
例題 3-5

如下圖所示，在眞空中，$Q_1=4\times10^{-8}$ 庫侖與 $Q_2=-6\times10^{-8}$ 庫侖，兩點電荷相距 18cm，試求 A 點之電位爲多少伏特？

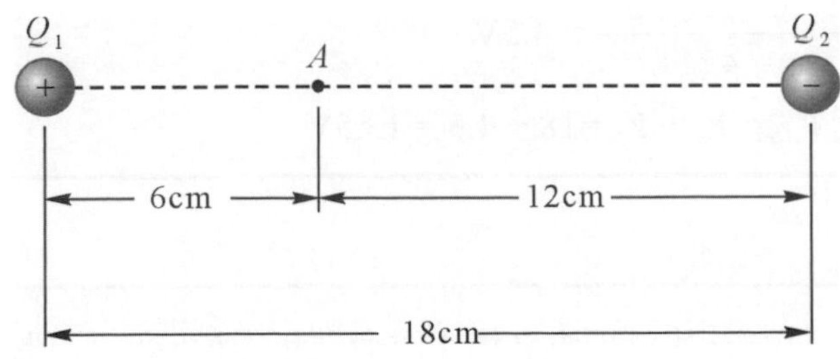

解　(1)　Q_1 電荷對 A 點形成之電位 V_1 爲(距離 $r=6\text{cm}=\frac{6}{100}=0.06\text{m}$)

$$V_1=\frac{9\times10^9\times4\times10^{-8}}{0.06}=\frac{360}{0.06}=6000\text{V}$$

(2) Q_2電荷對 A 點形成之電位 V_2爲(距離 $r = 12\text{cm} = \frac{12}{100} = 0.12\text{m}$)

$$V_2 = \frac{9\times10^9\times(-6\times10^{-8})}{0.12} = -\frac{540}{0.12} = -4500\text{V}$$

(3) A 點之電位 $V = V_1 + V_2 = 6000 - 4500 = 1500\text{V}$

EXAMPLE

例題 3-6

如下圖中電荷 $Q = 6\times10^{-9}$ 庫侖，則 A、B 二點之電位差爲多少伏特？(利用 $V = k\frac{Q}{d}$)

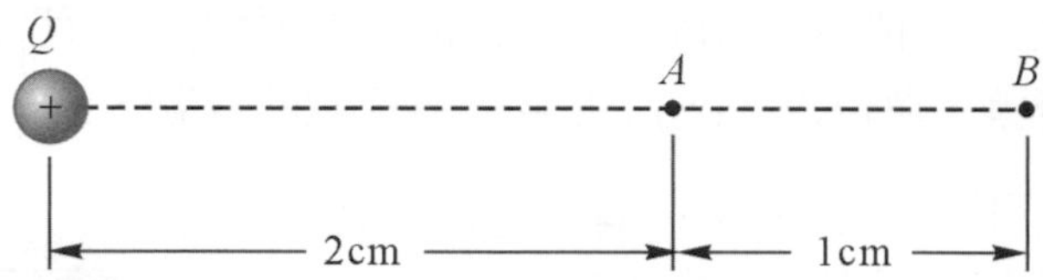

解 $V_A = 9\times10^9\times\frac{6\times10^{-9}}{0.02} = 2700\text{V}$

$V_B = 9\times10^9\times\frac{6\times10^{-9}}{0.03} = 1800\text{V}$

$V_{AB} = V_A - V_B = 2700\text{V} - 1800\text{V} = 900\text{V}$

EXAMPLE

例題 3-7

設在空間中有一正電荷之電量爲 2×10^{-9} 庫侖，問(1)在距離電荷 1 米處之 A 點電位爲何？(2)距離電荷 4 米處之 B 點電位爲何？(3)A、B 兩點之電位差爲多少？

解 (1) 距離電荷 1 米處之電位爲 V_A

$$V_A = \frac{9\times10^9\times2\times10^{-9}}{1} = 18\text{V}$$

(2) 距離電荷 4 米處之電位爲 V_B

$$V_B = \frac{9\times10^9\times2\times10^{-9}}{4} = 4.5\text{V}$$

(3) 電位差 $V_{AB} = V_A - V_B = 18 - 4.5 = 13.5\text{V}$

EXAMPLE

例題 3-8

邊長爲 1 公尺之三角形，其三頂點各置 1 庫侖之正電荷，則三角形中心點之電位爲多少？

[註]：各頂點至中心點之距離爲邊長之 $1/\sqrt{3}$ 公尺。

解 $27\sqrt{3}\times10^9\text{V}$。

3-2-1　帶電球體之電場與電位

帶電之金屬球若電場處於平衡的狀態中，其電荷會均勻的分佈在球殼表面。在金屬球內部因沒有可以產生電場的電荷分佈，所以內部之電場為零($E=0$)。如圖 3-4(a)所示，設定金屬球之半徑為 a 米(m)，則距離球心 r 米處的電場強度之分佈情形為：

1. 若在金屬球體的內部，即 $r<a$，電場強度為零，$E=0$。
2. 若在金屬球體的表面，即 $r=a$，電場強度 $E=9\times10^9\times\dfrac{Q}{r^2}$，球面上之電場強度最大。
3. 若在金屬球體外，即 $r>a$，電場強度 $E=9\times10^9\times\dfrac{Q}{r^2}$(牛頓/庫侖)。

若電荷均勻分佈在球體之表面，如圖 3-4(b)所示，其球面之電位(V)最高，漸離球體電位將會遞減，距離帶電球體 r 處之電位的分佈為：

1. 若在金屬球體內或球面上，即 $r\leqq a$，電位值為 $V=9\times10^9\times\dfrac{Q}{r}$，球內電位均相等。

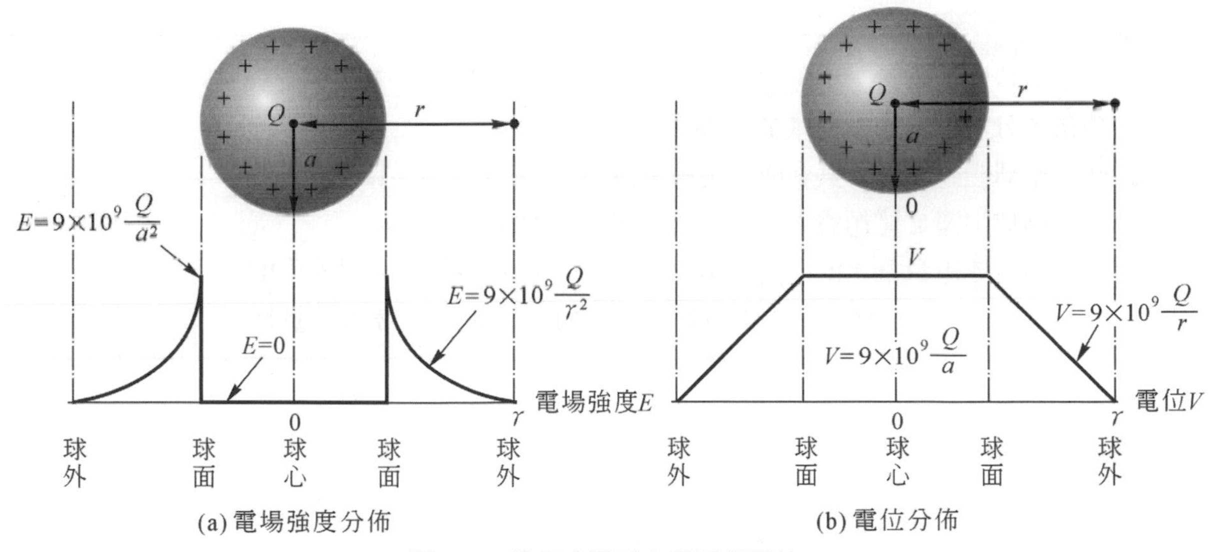

(a) 電場強度分佈　　(b) 電位分佈

圖 3-4　帶電金屬球之電場與電位

2. 若在球體外，即 $r>a$，電位值為 $V=9\times10^9\times\dfrac{Q}{r}$(伏特)。

【提示 1】：若將兩帶電金屬球相碰，電量為重新分配，因球面上之電位相等，故其電量的分配會與半徑成正比，數學式為：$r_1=nr_2$，$Q_1=nQ_2$，n 為倍率。

【提示 2】：絕緣球體(非導球)，球內部之電位較球面高，而以球心為最高。
V_o(球心) $=1.5V_S$(球面)。

EXAMPLE
例題 3-9

有一金屬球形導體，設其半徑為 0.2 公尺，球上帶電量為 2×10^{-9} 庫侖，試求(1)球心、(2)距球心 0.1 公尺、(3)球面、(4)距離球心 0.5 公尺處之電場強度與電位各為多少？

解 (1)、(2)、(3)中，因球形導體之球心、內部至表面，其電場強度因無電荷產生電場，故電場強度 $E=0$ 牛頓/庫侖，但因電荷均勻分佈，則電位大小相等為：

$$V=9\times10^{9}\times\frac{2\times10^{-9}}{0.2}=90\ \text{V}$$

(4)距離球心 0.5m

電場強度 $E=9\times10^{9}\times\dfrac{2\times10^{-9}}{0.5^{2}}=\dfrac{18}{0.25}=72\ \text{N/C}$

電位大小 $V=9\times10^{9}\times\dfrac{2\times10^{-9}}{0.5}=\dfrac{18}{0.5}=36\ \text{V}$

EXAMPLE
例題 3-10

兩帶電球體之電量分別為 $Q_1=+16$ 庫侖，$Q_2=-4$ 庫侖，若半徑比為 $r_1=5r_2$，則兩球碰撞後，分別帶有多少電量？

解 兩球體碰撞後，其合成之總電量為 $Q_1-Q_2=16-4=12\text{C}$

兩球半徑之比值為 $r_1=5r_2$，則電量之比值為 $Q_1=5Q_2$

因合成電量為 $12\text{C}=Q_1+Q_2=5Q_2+Q_2=6Q_2$，故 $Q_2=12/6=2\text{C}$

$Q_1=12-2=10\text{C}$，即碰撞後，Q_1 帶 10C 電量，Q_2 帶 2C 電量

EXAMPLE
例題 3-11

兩帶電球體之電量皆相等，若半徑比為 $r_1=3r_2$，則電位 $\dfrac{V_1}{V_2}$ 為多少？

解 電量相同，電位與半徑成反比，則：

$$\frac{V_1}{V_2}=\frac{r_2}{r_1}=\frac{r_2}{3r_2}=\frac{1}{3}$$

EXAMPLE
例題 3-12

有一金屬球形導體，半徑為 0.5 公尺，有電荷 10^{-8} 庫侖，此球形導體中心處之電場強度為何？中心處之電位又為何？

解 球形導體內之電場強度為 0N/C。

電位皆相等 $V=\dfrac{9\times10^{9}\times10^{-8}}{0.5}=\dfrac{90}{0.5}=180\text{V}$

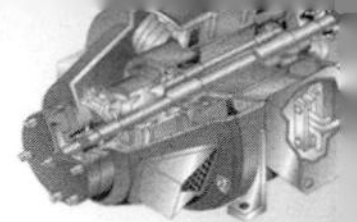

3-3 磁場與磁力線

鐵質性物質靠近磁鐵時，會被吸引，而具有磁性，稱此鐵質性物質被磁化。可磁化之鐵質性物質又稱爲磁性物質，如鐵、鈷及鎳等含有金屬元素的合金。被磁化的物質，當磁化的原因消除時，如移開磁鐵，其磁性便會消失，稱爲暫時磁鐵；被磁化的物質，若消除磁化的原因後，其磁性仍可長期保有，稱爲永久磁鐵。

磁場是磁鐵可影響的空間。磁場屬向量性，具有大小及方向。將磁鐵置放在磁場中，磁鐵會受到磁力的作用而移動，如相吸引或相斥。磁場的方向以磁針之 N 極在磁場中受力的方向來表示。如圖 3-5 所示爲鐵屑在磁場中，排列成整齊的曲線。曲線稱爲磁力線。

由圖 3-5 所示，磁鐵與磁力線之特性爲：

1. 磁鐵的兩端吸附之鐵屑較多，磁性最強。磁鐵兩端稱爲磁極。
2. 磁鐵之兩端分別爲指北極(N 極)與指南極(S 極)。N 極和 S 極同時存在。
3. 同極性，如 N 極與 N 極，相排斥；異極性，如 N 極與 S 極，相吸引。
4. 磁力線是一條封閉的曲線。在磁鐵的外部，由 N 極指向 S 極，在磁鐵的內部，則由 S 極指向 N 極。
5. 磁力線間永不相交。在磁鐵流出或流入端與磁極相互垂直。
6. 磁力線的疏密程度，代表所在位置的磁場強度。
7. 磁力線上任一點的切線方向，即爲該點的磁場方向。

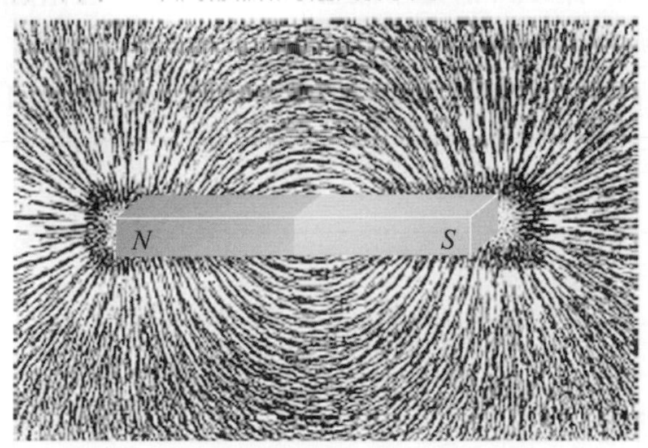

圖 3-5 排列整齊的鐵屑表示磁力線的分佈

3-3-1 庫侖磁力定律

將兩磁極擺在一起，依磁鐵之特性，會有相吸或相斥的作用力產生，如圖 3-6 所示。兩磁極(M)作用力(F)的大小，與兩磁極強度的乘積成正比，而與兩磁極之間隔距離(d)的平方成反比，此爲庫侖磁力定律。數學式爲：

$$F = K\frac{M_1 M_2}{d^2} \tag{3-7}$$

式中，若 F 爲正(+)，表示兩磁極之極性相同，而爲斥力；若 F 爲負(−)，則爲吸力。K 爲常數，$K=\dfrac{1}{4\pi\mu}$=6.33×10^4 米/亨利，$\mu=\mu_o\mu_r$。μ 爲物質的導磁係數；μ_o 爲空氣或眞空中之導磁係數；μ_r 爲相對導磁係數。庫侖磁力定律之單位換算，如表 3-3 所示。

圖 3-6　庫侖磁力定律

表 3-3　庫侖磁磁力定律之單位

名稱	作用力(F)	磁極(M)	距離(d)	常數(K)	μ_o
CGS 制	達因	靜磁	公分(cm)	$\dfrac{1}{\mu_r}$	1
MKS 制或 SI 制	牛頓	韋伯	公尺(m)	$\dfrac{1}{4\pi\mu_o\mu_r}$	$4\pi\times10^{-7}$
1 韋伯=$\dfrac{1}{4\pi}\times10^8$ 靜磁=10^8 馬克士威=10^8 線，1 牛頓=10^5 達因					

EXAMPLE
例題 3-13

二磁極皆爲 N 極，分別爲 20 靜磁單位及 50 靜磁單位，若兩磁極相距 5 公分，且置於空氣中，試求兩磁極之作用力爲多少達因？

解　依題意，單位爲 CGS 制，且兩磁極置於空氣中，則 $K=1$。數學式爲：

$$F=K\frac{M_1M_2}{d^2}=\frac{20\times50}{5^2}=\frac{1000}{25}=40\ \text{(達因，相斥)}$$

EXAMPLE
例題 3-14

二磁極相距 10 公分，磁極強度分別爲 25 靜磁單位及−40 靜磁單位，若置於空氣中，則兩磁極之作用力爲何？

解　兩磁極之作用力 $F=K\dfrac{M_1M_2}{d^2}=\dfrac{25\times(-40)}{10^2}=\dfrac{-1000}{100}=-10$ (達因，相吸)

EXAMPLE
例題 3-15

如圖所示，若磁鐵各磁極強度皆爲 100 靜磁單位，在空氣中，則作用力 F_1 及 F_2 各爲多少達因？

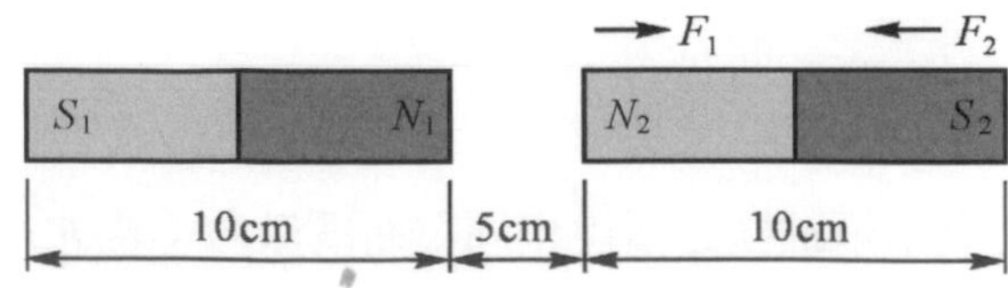

解　F_1 為磁極 N_1 與 N_2 之作用力，相距 5cm，則

$$F_1 = K\frac{M_1M_2}{d^2} = \frac{100\times100}{5^2} = \frac{10000}{25} = 400 \quad (\text{達因，相斥力})$$

F_2 為磁極 N_1 與 S_2 之作用力，相距 $5 + 10 = 15$cm，則

$$F_2 = K\frac{M_1M_2}{d^2} = \frac{100\times(-100)}{15^2} = \frac{-10000}{225} = -40 \quad (\text{達因，相吸力})$$

EXAMPLE

例題 3-16

二磁鐵之位置，如例題 3-15 所示，其磁極強度皆為 50 靜磁單位，在空氣中，求 S_1 與 S_2 之作用力為何？

解　S_1 與 S_2 之距離為 $r = 10 + 5 + 10 = 25$ 公分，空氣中 $K = 1$，則：

$$F = K\frac{M_1M_2}{d^2} = \frac{(-50)\times(-50)}{25^2} = \frac{+2500}{625} = +4 \quad (\text{達因，斥力})$$

EXAMPLE

例題 3-17

在空氣中，兩磁極之作用力 $F = 5\times10^{-4}$ 牛頓，若在 $\mu_r = 5$ 之液體中，其作用力又為多少牛頓？

解　在空氣中，相對導磁係數 $\mu_r = 1$，則作用力 F_o 為

$$F_o = \frac{1}{4\pi\mu_o}\times\frac{M_1M_2}{d^2} = 5\times10^{-4} \cdots\cdots(1)$$

在液體中，作用力 F 為

$$F = \frac{1}{4\pi\mu_o\mu_r}\times\frac{M_1M_2}{d^2} \cdots\cdots(2)$$

$$\frac{(1)}{(2)}\ \frac{F_o}{F} = \mu_r，\text{故 } F = \frac{F_o}{\mu_r} = \frac{5\times10^{-4}}{5} = 10^{-4}\,\text{N}$$

3-3-2　磁場強度(magnetic field strength)

將單位磁極置放在磁場中某點上，磁極會有吸力或斥力產生。單位磁極在磁場某點之作用力，稱為磁場中該點之磁場強度或稱磁化力。磁場之磁強度為：

$$H = \frac{F}{M} \quad (\text{牛頓/韋伯}) \tag{3-8}$$

式中，H 為磁場強度，單位為牛頓/韋伯；F 為作用力，單位為牛頓；M 為磁極，單位為韋伯。磁場強度為一向量，受力方向與磁力方向相同，磁力方向係由 N 極指向 S 極。在磁場中，若某兩點之磁場強度相同，表示兩點之磁場強度相等(指數值大小相等)，方向相同(指北或指南極)。

假設在磁極 M_1 所建立之磁場上，將另一磁極 M_2 置放在該磁場的某點，則在該點之磁場強度爲：

$$H = \frac{F}{M_2} = K\frac{M_1 M_2}{d^2} \times \frac{1}{M_2} = K\frac{M_1}{d^2} \text{ (N/Wb)} \tag{3-9}$$

磁場強度的單位，在 CGS 制爲達因/靜磁或奧斯特；SI 制爲牛頓/韋伯或安匝/公尺。

EXAMPLE

例題 3-18

有一磁極強度爲 5×10^{-3} 韋伯，若置於磁場中某點，其受力爲 15×10^{-3} 牛頓，則該點之磁場強度爲多少？

解 磁場中某點之磁場強度爲：

$$H = \frac{F}{M} = \frac{15\times10^{-3}}{5\times10^{-3}} = 3 \text{ N/Wb}$$

EXAMPLE

例題 3-19

有一 N 磁極之強度爲 10^{-4} 韋伯，在磁場某點之磁場強度爲 10 牛頓/韋伯，問磁極在磁場中受力大小爲何？

解 磁極在磁場之受力 $F = HM = 10^{-4}\times10 = 10^{-3}$ N

EXAMPLE

例題 3-20

有一磁極強度爲 100 靜磁單位，若置於磁場中某點，其受力爲 50 達因，則該點之磁場強度爲多少？

解 磁場中某點之磁場強度爲：

$$H = \frac{F}{M} = \frac{50}{100} = 0.5 \text{ (Oe 或 dyn/unit pole)}$$

EXAMPLE

例題 3-21

已知有一磁極在磁場之受力及磁場強度分別爲 200 達因及 50 奧斯特，問該磁極強度爲何？

解 4 unit pole。

EXAMPLE
例題 3-22

在空氣中，有一磁極強度爲 3.2×10^{-5} 韋伯，若置於距磁場 10 公分處，問磁場在該處之磁場強度約爲多少？

解　磁極在磁場某點之磁場強度爲：(空氣中 $\mu_r = 1$)

$$H = K\frac{M}{d^2} = \frac{1}{4\pi\mu_o}\times\frac{M}{d^2} = 6.33\times10^4\times\frac{3.2\times10^{-5}}{(10\times10^{-2})^2} = \frac{2}{0.01}$$

$= 200$ N/Wb 或 AT/m

3-3-3　磁通密度與導磁係數

在磁場中，穿過磁路之磁力線的總數，稱爲磁通(magnetic flux)或稱磁通量。磁通量是量度磁大小的物理量，磁指的是物質相吸或相斥的現象。在 SI 制，磁通量的單位是韋伯(Webers)；在 CGS 制爲線，或馬克士威(Maxwell)。

磁通密度定義爲：磁力線垂直通過每單位面積的總數量，以字母 B 表示，在 SI 制，單位是特士拉(Teslas)或韋伯/平方米(Wb/m^2)；在 CGS 制爲高斯或線/平方公分。磁通密度與面積之關係爲：

$$B = \frac{\phi}{A} \tag{3-10}$$

【提示】：1 韋伯/米 $^2 = 10^4$ 高斯，1 韋伯 $= 10^8$ 線。

若將兩塊體積相同，材質不同的物質做成電磁鐵，產生磁力線的數量不會相等，磁場強度也不相同。這種可建立磁力線數多寡的物質，稱爲有磁性或高導磁性。衡量物質建立磁力線的難易程度是用物質的導磁係數(μ)。在空氣或眞空中，SI 制之導磁係數爲：

$$\mu_o = 4\pi\times10^{-7}$$

導磁係數定義爲：在磁場中之某點，其磁通密度(B)與磁場強度(H)的比值。關係式爲：

$$\mu = \frac{B}{H} \tag{3-11}$$

相對導磁係數定義爲：物質的導磁係數(μ)與空氣或眞空導磁係數(μ_o)的比值。關係式爲：

$$\mu_r = \frac{\mu}{\mu_o} = \frac{B(\text{鐵磁物質})}{B_o(\text{空氣中})} = \frac{\phi(\text{鐵磁物質})}{\phi_o(\text{空氣中})} \tag{3-12}$$

一般鐵磁性物質，如鋼、鈷及鎳等，的相對導磁係數 $\mu_r > 100$，而非磁性物質，如銅、鋁及玻璃等，的相對導磁係數 $\mu_r = 1$。

EXAMPLE
例題 3-23

設有磁力線 2×10^{-2} 韋伯，垂直通過長、寬皆為 5 公分之截面，試求其磁通密度為多少？

解　截面之面積 $A = 5\times5 = 25(\text{cm}^2) = 25\times10^{-4}\,(\text{m}^2)$

磁通密度 B 為：

$$B = \frac{\phi}{A} = \frac{2\times10^{-2}}{25\times10^{-4}} = \frac{200}{25} = 8\ (\text{Wb/m}^2 \text{或 T})$$

EXAMPLE
例題 3-24

有一磁極強度為 100 靜磁單位，若置於 40 平方公分之截面，試求該截面上之磁通密度為多少？

解　磁通量與磁極強度之關係式為：

$\phi = 4\pi M = 4\times3.14\times100 = 1256$ (line 或 maxwell)

截面之磁通密度為：

$$B = \frac{\phi}{A} = \frac{1256}{40} = 31.4\ (\text{line/cm}^2 \text{或 G})$$

EXAMPLE
例題 3-25

將導線繞於鐵芯上，產生之磁通量為 2000 線，若抽去鐵芯於空氣中，其磁通量變為 50 線，試求鐵芯之導磁係數 μ 為多少？

解　相對導磁係數與磁通量之關係式為：

$$\mu_r = \frac{\phi(\text{鐵磁物質})}{\phi_o(\text{空氣中})} = \frac{2000}{50} = 40$$

鐵芯之導磁係數 μ 為：(空氣中，$\mu_o = 1$)

$\mu = \mu_o\mu_r = 1\times40 = 40$

EXAMPLE
例題 3-26

已知某鐵磁物質之導磁係數為 20，導線繞在鐵磁物質上，產生之磁力線為 4000 線，若抽去鐵磁物質置於空氣中之磁力線為多少？

解　$\mu_r = \dfrac{\mu}{\mu_o} = \dfrac{\phi(\text{鐵磁物質})}{\phi_o(\text{空氣中})}$，空氣中，$\mu_o = 1$，則：

$$\frac{20}{1} = \frac{4000}{\phi_o}，\ \phi_o = \frac{4000}{20} = 200\ \text{line}$$

3-4 磁路之歐姆定律

在磁場中，磁性物質建立磁力線時，產生之阻力，稱爲磁阻(magnetic reluctance)。磁阻爲：

$$\Re = \frac{l}{\mu A} \text{ 安匝/韋伯(At/Wb)} \tag{3-13}$$

式中，$\Re$ 爲磁阻，單位爲安培匝數/韋伯。l 爲磁路長度，單位爲公尺(m)。A 爲面積，單位爲平方公尺(m^2)。如同電阻特性，磁阻亦與面積成反比。意謂大面積之物質可降低電阻或減少磁阻的影響，相對地，電流(I)或磁通(ϕ)將增大。長度(l)與磁阻成正比，加長物質長度，磁通會減少。導磁係數與磁阻成反比，μ 愈大，$\Re$ 愈小。高導磁性之鐵磁性物質，因導磁係數高，磁阻小，產生之磁力線數目會較多。

在磁性物質中，建立磁力線所需之外力，稱爲磁動勢，如圖 3-7 所示，以字母 F 表示。磁動勢與電流之關係爲：

$$F = NI \tag{3-14}$$

式中，F 爲磁動勢，單位爲安匝(安培匝數之簡稱)；N 爲繞製線圈之數目，單位爲匝數(turns)；I 爲流經線圈之電流，單位爲安培(A)。CGS 制單位之磁動勢，磁動勢可以爲：

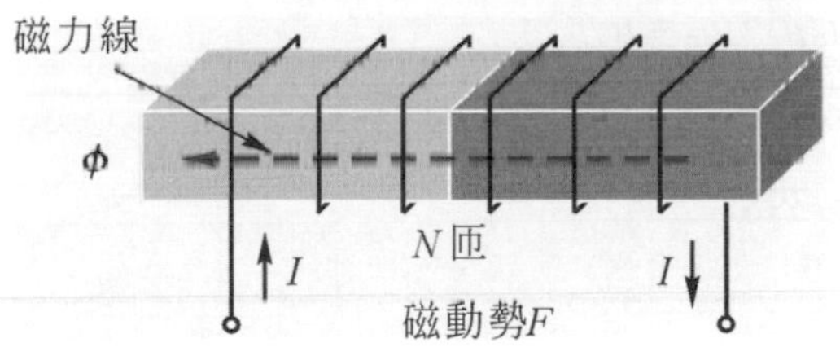

圖 3-7　磁動勢

$$F = 0.4\pi NI = 1.257NI \text{ 單位爲吉柏} \tag{3-15}$$

磁動勢(F)與線圈繞製之圈數(N)及流過線圈之電流(I)成正比。增加線圈匝數及線圈電流，可使磁動勢增大，亦可增加磁通(ϕ)的產生。若以建立磁通之阻力爲磁阻($\Re$)，則產生之磁通爲：

$$\phi = \frac{F}{\Re} \tag{3-16}$$

如同電學之歐姆定律，式 3-16 稱爲磁路歐姆定律或稱羅蘭定律。磁通與磁動勢成正比，而與磁阻成反比。

單位長度的磁動勢稱爲磁化力(H)，即磁場強度。磁場強度爲：

$$H = \frac{F}{l} = \frac{NI}{l} \tag{3-17}$$

式中，l 爲磁路之長度，單位爲公尺(m)。磁化力以圖 3-8 說明：假設磁動勢 $F = NI = 50$ 安匝(At)，磁路長度爲 0.5 公尺(m)，則磁化力 H 爲：

$$H = \frac{F}{l} = \frac{50}{0.5} = 100 \text{ (安匝/公尺，At/m)}$$

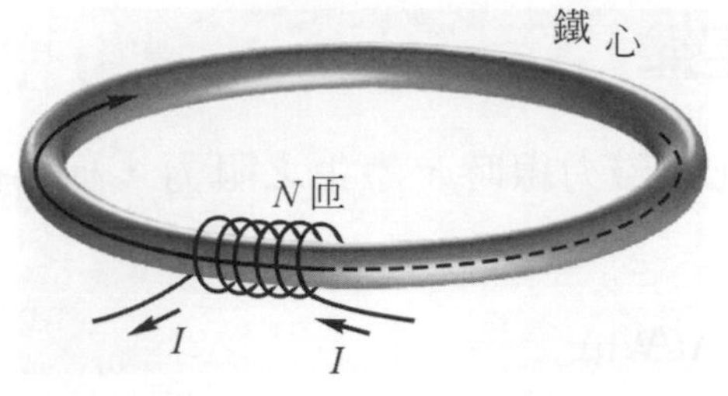

圖 3-8　磁化力之說明

計算式之值表示，磁路每公尺須具有 100 安匝之磁動勢來建立鐵心之磁通。磁通流動之方向，可用螺管定則來判斷。若以右手之四根手指代表鐵心上線圈之電流方向，大姆指的指向爲磁通方向。

例題 3-27

有一鐵芯長爲 0.1 公尺，面積爲 0.02 平方公尺，其導磁係數爲 5×10^{-4}，試求鐵芯之磁阻 $\Re$ 及相對導磁係數 μ_r 爲多少？

解　磁阻爲：

$$\Re=\frac{l}{\mu A}=\frac{0.1}{5\times10^{-4}\times0.02}=10^4\ (\text{AT/Wb})$$

導磁係數 $\mu=\mu_o\mu_r$，$\mu_r=\mu/\mu_o$，

SI 制：$\mu_o=4\pi\times10^{-7}$；CGS 制：$\mu_o=1$，

$$\mu_r=\frac{5\times10^{-4}}{4\pi\times10^{-7}}=398$$

例題 3-28

有一繞有 1000 匝之線圈，通過 0.2 安培之電流，若磁阻爲 2×10^4 安匝/韋伯，問產生之磁通爲多少韋伯？

解　磁通 ϕ 與磁動勢 F 成正比，磁動勢 $F=NI$，則

$$\phi=\frac{F}{\Re}=\frac{NI}{\Re}=\frac{1000\times0.2}{2\times10^4}=\frac{200}{20000}=0.01\ (\text{Wb})$$

例題 3-29

繞有 2000 匝線圈，若通入 0.5 安培電流，產生 0.01 韋伯之磁通，問線圈之磁阻爲多少？

解　磁通 $\phi=\dfrac{NI}{\Re}$，則磁阻爲：

$$\Re=\frac{NI}{\phi}=\frac{2000\times0.5}{0.01}=100000=10^5\ (\text{AT/Wb})$$

EXAMPLE

例題 3-30

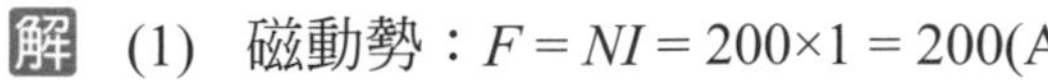

如圖所示爲環形鐵芯，其截面積爲 1 平方公分，周長爲 100 公分，若繞有 200 匝(N)線圈，通過電流爲 1 安培，產生磁通爲 5×10^{-4} 韋伯，求(1)磁動勢 F，(2)鐵芯磁阻 $\Re$，(3)磁化力 H 爲多少？

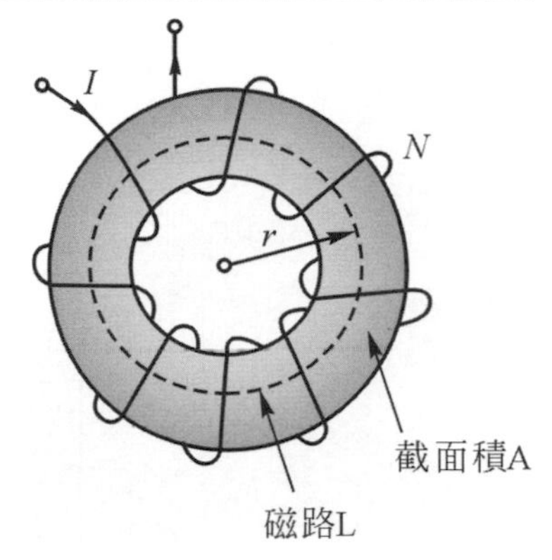

解 (1) 磁動勢：$F = NI = 200\times1 = 200(\text{AT})$

(2) 磁阻 $\Re = \dfrac{F}{\phi} = \dfrac{200}{5\times10^{-4}} = 4\times10^{5}\ (\text{AT/Wb})$

(3) 磁化力 $H = \dfrac{F}{l} = \dfrac{200}{100\times10^{-2}} = 200(\text{AT/m})$

3-5 磁化曲線(magnetization curve)與磁滯(magnetic hysteresis)

依式 3-17 磁化力(H)與繞在鐵心上之線圈圈數(N)、流過線圈之電流(I)及磁路之長度(l)有關，而與鐵心之材質無關。依磁通密度(B)、磁化力(H)及導磁係數(μ)三者之關係，$B = \mu H$。若磁通密度維持定值，磁化力與導磁係數之關係，可以 $\mu - H$ 曲線，如圖 3-9 所示說明：當磁化力(H)增強時，導磁係數會隨著先增至最大值，再降低至最低值。若導磁係數保持定值，磁通密度(B)與磁化力(H)成正比，兩者之關係，如圖 3-10 所示說明：當電流 I 增加時，磁化力 H 與磁通密度 B 隨著增加，$H = \dfrac{NI}{l} = \dfrac{B}{\mu}$，兩者成正比，如曲線段 o-a。若電流 I 持續增加，磁通密度 B 與磁化力 H 變化不大，如曲線 a-b，此時磁通密度爲最大值 B_{max}，磁化力也爲定值 H_s，b 點稱爲飽和點。

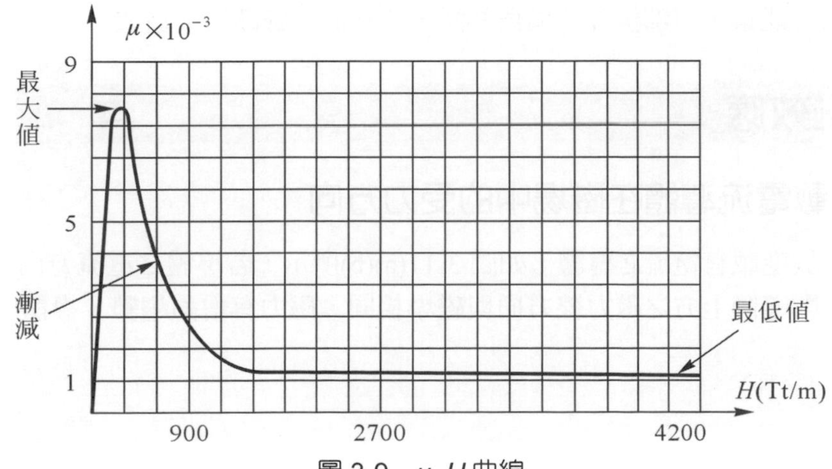

圖 3-9　μ–H 曲線

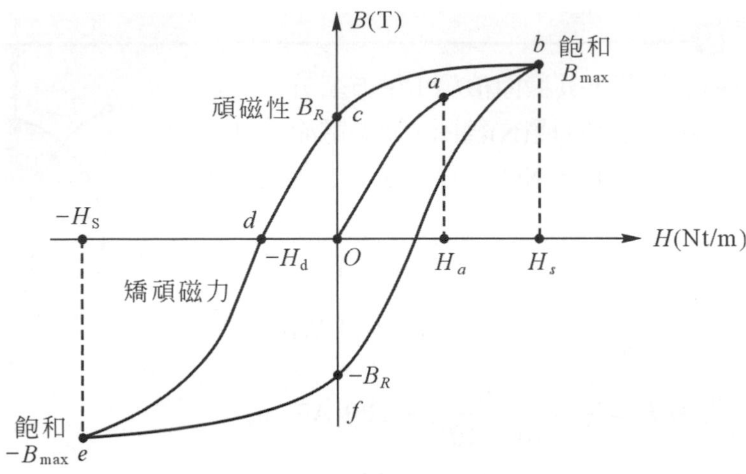

圖 3-10　磁滯曲線

當電流 I 減爲 0A 時，磁化力 H 降爲 0，磁通密度卻不爲 0 而爲 B_R，曲線由 b 降至 c，表示磁性物質仍保有相當的磁性，稱爲殘(或剩)磁(residual flux)。曲線段 oc 部份稱爲頑磁性(remanence)。永久磁鐵係利用此段殘餘的磁通密度 B_R 製成。

因爲有殘磁存在，所以鐵心仍具有磁性。若欲完全消除磁性物質之殘磁，如圖 3-10 所示必須施以相反之磁化力，即$-H$。當反向電流$-I$ 增加時，磁通密度會減少，磁化力爲$-H_d$，磁通密度降爲 0，由 c 至 d 段曲線表示。此種降低磁通密度爲 0，需要之磁化力$-H_d$ 稱爲矯頑磁力(coercive force)，曲線 od 段。矯頑力可用來衡量磁性物質的抗磁性。

反向電流$-I$ 繼續增加時，再次達到飽和$-B_{max}$、$-H_s$。反向電流降爲 0 時，磁化力爲 0，磁通密度仍具殘磁性，由曲線 d-e-f 段表示。當正向電流增加時，磁化力向正向$+H$ 增加，磁通密度沿曲線 f 回至 b。由 b-c-d-e-f-b 形成完整之封閉曲線，因整個過程磁通密度 B 皆落後磁化力 H，故稱曲線爲鐵磁性物質之磁滯曲線(hysteresis curve)。hysteresis 爲希臘文，表示落後的意思。

磁滯曲線是增加反向磁化力以消除殘餘磁通密度所形成。故磁滯曲線的面積表示，磁性物質在磁化的過程中，正負循環一次所損耗的能量，稱爲磁滯損失(hysteresis loss)。也就是，在磁化中，電源供給之能量，有部份會轉換爲熱能，此熱能即磁滯損失造成。

3-6 電磁效應

3-6-1　載電流導體在磁場中的受力方向

在磁場中，放進載有電流之導體，如圖 3-11(a)(b)所示，若導體之電流方向爲流入磁場，以符號"⊕"表示，則導體上方之磁力線方向與磁場相同，磁力有增強趨勢，導體下方之磁力線因方向相反。

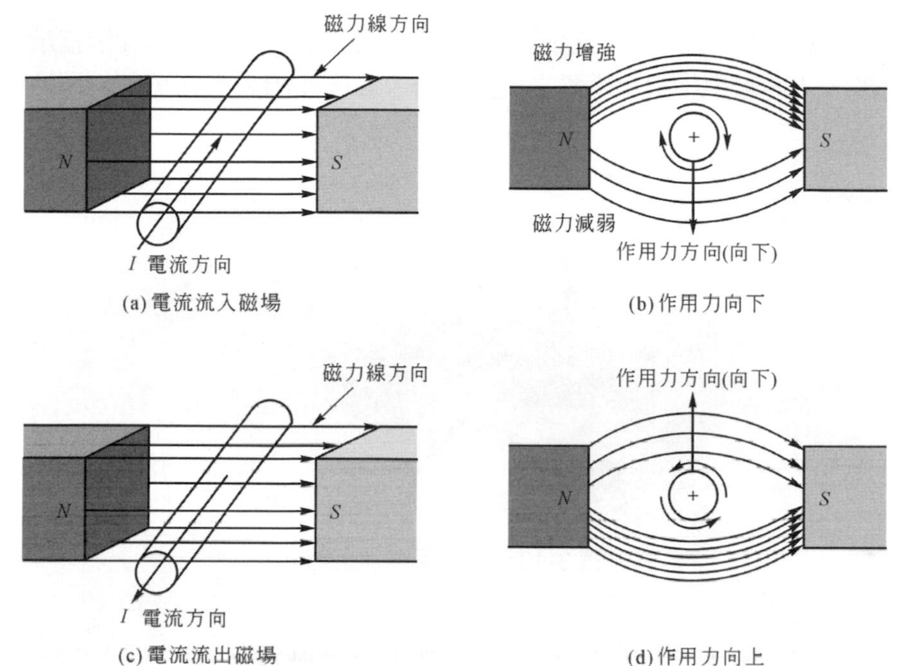

圖 3-11　載流導體的作用力方向

磁力有減弱的傾向，作用如同彈簧施力，導體會因彈力作用而向下移動。同理，如圖 3-11(c)(d) 所示，導體會向上移動。此種因電流產生之磁效應，稱電磁效應。

載流導體在磁場中，因電流產生之磁通而使導體移動的方向，可由法國物理學家安培(Ampere，1775～1836)發表之安培右手定則，與英國電氣學家夫來明(Fleming，1849～1945)之左手定則說明。

1. 安培右手定則

   如圖 3-12 所示，安培右手定則係以右手大姆指指示電流在導體流動的方向，四指則指示產生之磁力線的方向。

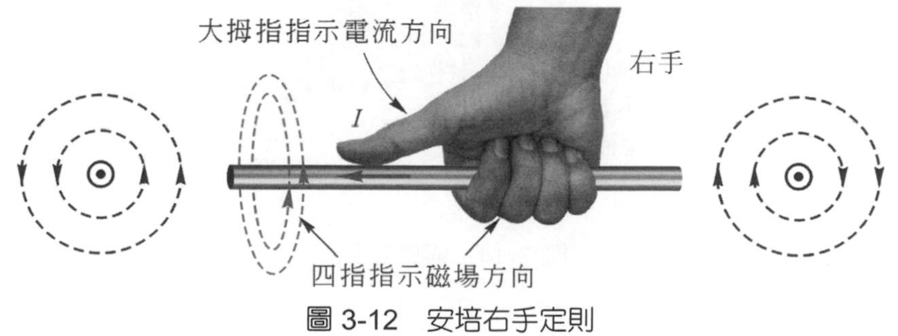

圖 3-12　安培右手定則

2. 夫來明左手定則

   如圖 3-13 所示，夫來明左手定則又稱電動機定則，說明載流導體在磁場中移動的方向。若令左手之大姆指、食指及中指等三指互成 90 度，則大姆指指示載流導體移動的方向，食指指示磁場的方向，在空間中磁力線由 *N* 極流向 *S* 極，中指指示導體之電流方向。

【提示】：使用夫來明左手定則，三指同時指示，易生混淆，可先伸出食指指示磁場方向，確定後，才伸出中指指示導體之電流方向，最後伸出大姆指可判知導體移動的方向。

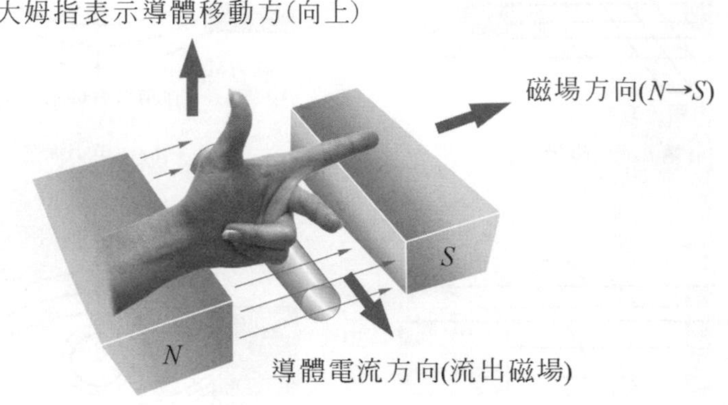

圖 3-13　夫來明左手定則

3.　螺管定則

如圖 3-14 所示。螺管定則常用以指示變壓器之磁場方向。螺管定則同安培右手定則使用右手，只是指示之方向兩者相反。螺管定則之磁場方向，以大姆指表示，導體之電流方向則以四指表示。

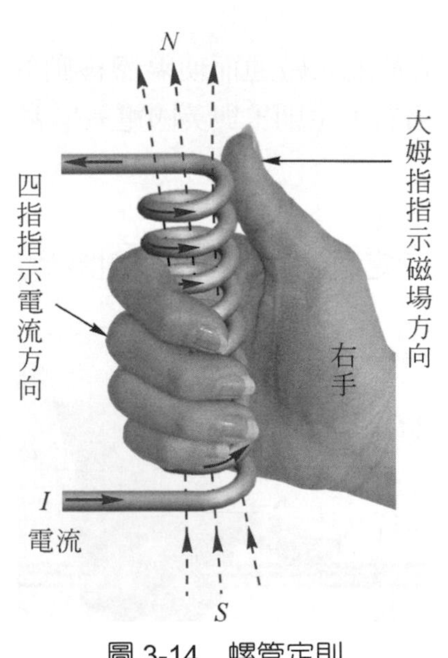

圖 3-14　螺管定則

3-7　載電流導體在磁場中受力的大小

在磁場中，將導體通入電流，導體產生之磁通會與磁場起交互作用，而使導體移動。讓導體移動之作用力的大小爲：

$$F = BlI \sin\theta \tag{3-18}$$

式中，B 為磁場之磁通密度，單位為韋伯/平方公尺(Wb/m^2)；l 為導體割切磁力線之有效長度，單位為公尺(m)；I 為流經導體之電流，單位為安培(A)；θ 為導體與磁場方向的夾角。當夾角 $\theta = 90°$時，因 $\sin 90° = 1$，產生之作用力 $F = BlI$ 最大。當夾角 $\theta = 0°$或 180°時，即導體與磁場方向平行，導體未受力作用，只作直線移動。如圖 3-15 所示。

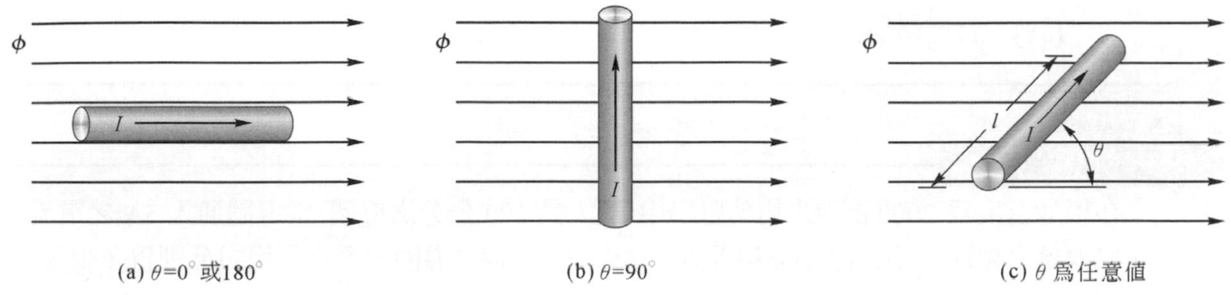

圖 3-15 導體與磁場之夾角

3-7-1 導體在磁場中移動之感應電勢

如圖 3-16 所示，在磁場(B)中之導體，以 v 速度移動，若在 Δt 秒內移動 Δd 距離，則導體上感應之電勢為：

$$e = B\,l\,v\sin\theta \tag{3-19}$$

式中，B 為磁通密度，SI 單位為韋伯/平方公尺；l 為導體割切磁力線之有效長度，單位為公尺；v 為導體移動之速度，單位為公尺/秒；θ 為導體移動方向與磁場之夾角。夾角若為 0 度，因 $\sin 0° = 0$，則導體沒感應電勢產生，即 $e = 0$V；夾角若為 90 度，導體移動方向與磁場垂直，則導體之感應電勢最大，即 $e = B\,l\,v$ 最大。

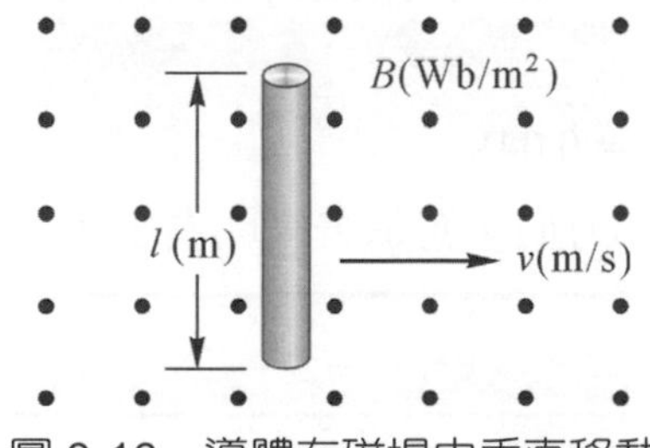

圖 3-16 導體在磁場中垂直移動

試以安培右手定則或夫來明左手定則，判知載流導體在磁場內之移動方向。

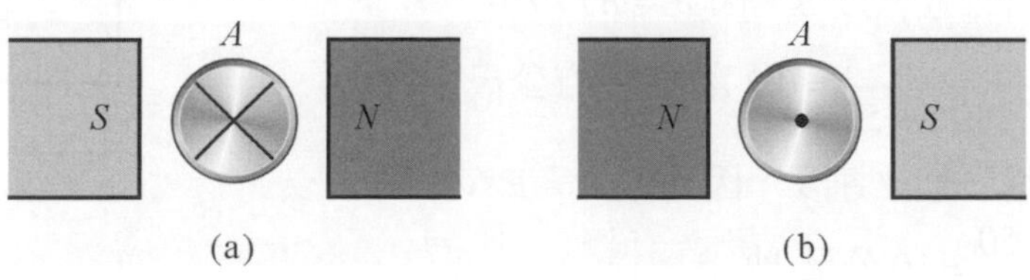

解 (a)圖之載流導體向上移動，(b)圖之載流導體向上移動。

例題 3-33

如圖所示，已知線圈產生之磁力線方向，試問 AB 兩端之電流流向爲何？

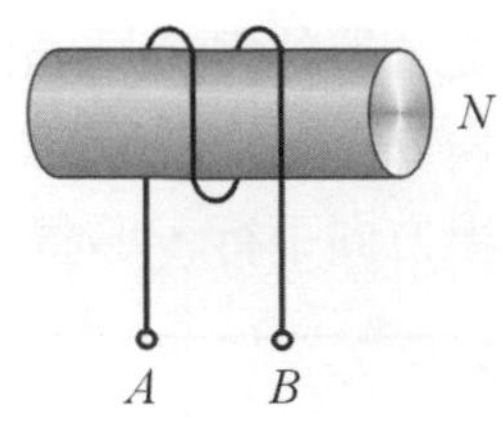

解 依螺管定則：電流由 A 端流入，B 端流出。

[註]：對電路而言，流出端爲正。

例題 3-34

在磁通密度爲 2000 高斯之均勻磁場中，置入長 100 公分之導體，當導體通入 5A 之電流，問導體之位置與磁力線(1)互相垂直，(2)成 30 度時，導體承受之作用力分別爲多少？

解 導體在磁場中產生之作用力的數學式爲 $F = BlI\sin\theta$，則

$\theta = 90°$：$F = 2000\times10^{-4}\times100\times10^{-2}\times5\sin90° = 0.2\times5 = 1\text{N}$

$\theta = 30°$：$F = 2000\times10^{-4}\times100\times10^{-2}\times5\sin30° = 0.2\times5\times0.5 = 0.5\text{N}$

[註]：單位換算：1 韋伯/米 ^{2} = 10^4 高斯，1 公尺=100 公分。

例題 3-35

如圖所示，一導體長度 $l = 4\text{m}$，以 10m/sec 的速度在磁通密度 $B = 10^{-3}$ 韋伯/米 ^{2} 中向右移動，其感應電勢及電流方向爲何？

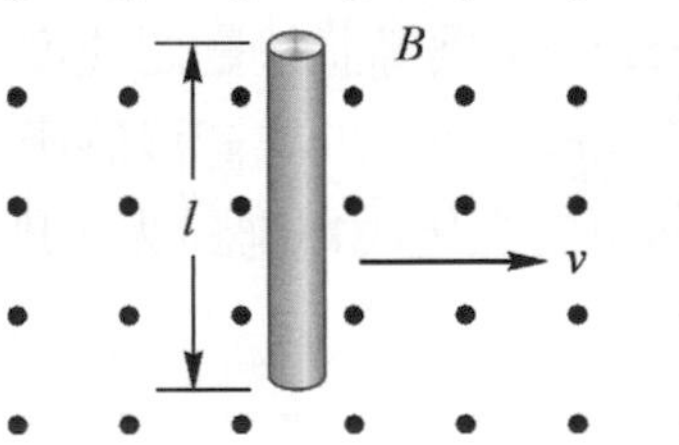

解 導體在磁場中運動，產生之電勢的數學式爲：

$e = Blv\sin\theta$

$e = 10^{-3}\times4\times10\times\sin 90° = 0.04\text{V}$

判斷感應電勢(或電流)方向，應依夫來明右手定則，電流方向向下。

例題 3-36

如圖所示，導體 A 通過 50A 電流時，所受之電磁力若爲 5 牛頓，而機械功率爲 50 瓦特，則導體 A 滑動後感應之電勢爲多少伏特？

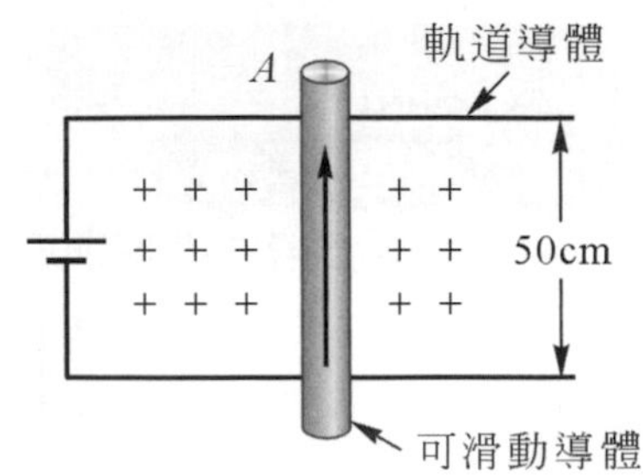

解 首先求出磁通密度 B，因 $F = BlI$，則

$$B = \frac{F}{l\times I} = \frac{5}{0.5\times50} = 0.2 \text{ 韋伯/平方公尺}$$

次求導體移動之速度，因功率 $P = F\times v$，則

$$v = \frac{P}{F} = \frac{50}{5} = 10 \text{ 公尺/秒}$$

感應電勢 $e = Blv = 0.2\times0.5\times10 = 1$ 伏特

EXAMPLE
例題 3-37

如圖所示，若導體 A 向 f 方向移動，則導體 A 感應之電勢以 a、b 兩點表示，其關係爲何？

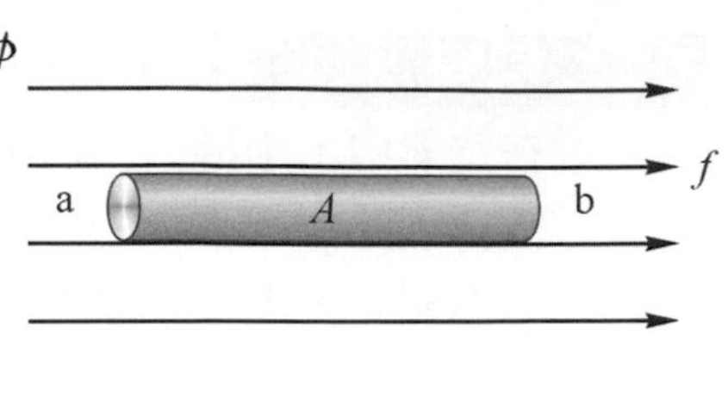

解　圖示，導線與磁場平行移動，兩者夾角爲 0 度，導線沒有感應電勢產生，故 a 電位與 b 電位相等。

3-7-2　兩平行載流導體之作用力

通上電流之兩導體，以固定間隔平行擺在一起，由於磁場作用，兩導體會發生相吸或相斥的作用力，如圖 3-17(a)所示。兩導體之電流方向若相同，依安培右手定則，兩導體間產生之磁力線的方向相反，兩磁力線相互抵消，磁力有減弱的趨勢，形成兩導體之磁力，外側較內側爲強，兩導體之作用力方向向內，具相吸效果。如圖 3-17(b)所示，兩導體載入之電流方向相反，依安培右手定則，在兩導體間之磁力線方向相同，磁力有增強的傾向，形成兩導體之磁力，內側較外側強，兩導體之作用力方向向外，具相斥效果。

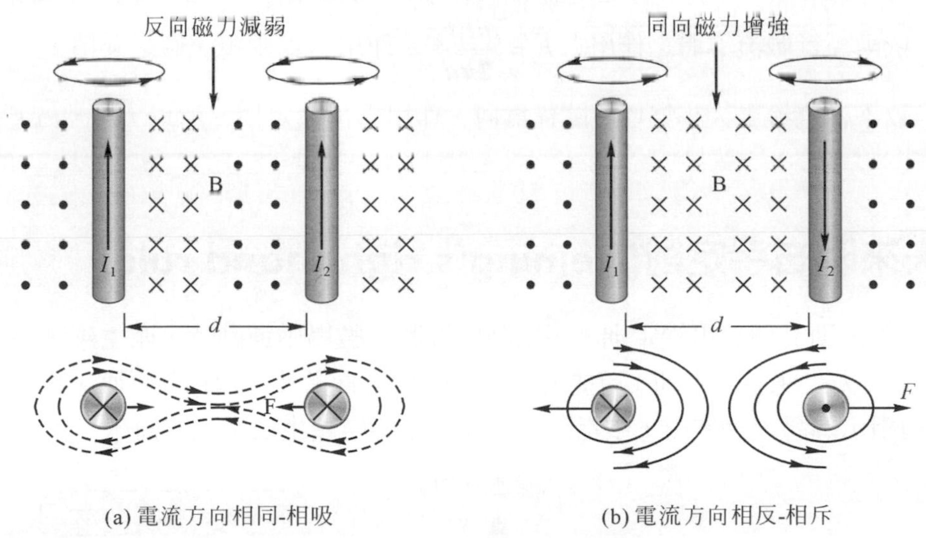

圖 3-17　兩載流導體之作用力

兩平行載流導體之作用力的大小爲：

$$F=\frac{\mu l I_1 I_2}{2\pi d} \tag{3-20}$$

式中，F 爲兩導體間之作用力，單位爲牛頓；μ 爲導體之導磁係數，介質若爲空氣，則 $\mu=4\pi\times10^{-7}$ 亨利/米；d 爲兩導體之間距，單位爲米(m)；I 爲電流，單位爲安培(A)；l 爲長度，單位爲米(m)。

例題 3-38

在空氣中，兩導體相隔 10 公分平行並排，兩導體之長度皆為 1 公尺，流經兩導體之電流分別為 15A 及 20A，且電流方向相同，試求每一根導體所承受之作用力為何？若電流方向相反，則每一根導體承受之作用力又為何？

解 兩平行載流導體之作用力 $F=\dfrac{\mu l I_1 I_2}{2\pi d}$

每一根載流導體之作用力

$$F_1=F_2=4\pi\times10^{-7}\times\frac{15\times20}{2\pi\times10\times10^{-2}}=2\times10^{-7}\times30\times10^{2}=6\times10^{-4}\,\text{N}$$

兩導體之電流方向相同，作用力方向為相吸。

若電流方向相反 $F_1=F_2=-6\times10^{-4}$ 牛頓，負號表示作用力方向為相斥。

例題 3-39

兩平行導線 a 及 b，若導線之電流 $I_a>I_b$，則兩導體之作用力 F_a 與 F_b 之關係為何？

解 依兩平行載流導體之作用力 $F=\dfrac{\mu l I_1 I_2}{2\pi d}$，作用力為兩電流值之乘積，

故不論電流之大小為何，關係為何，作用力仍為定值，所以，$F_a=F_b$。

3-8 夫來明右手定則(Fleming's right hand rule)

夫來明右手定則又稱發電機定則，用來判斷導體在磁場中運動時，產生感應電勢的方向，如圖 3-18 所示。夫來明右手定則：首先使右手之姆指、食指及中指相互垂直，再以食指指示磁場方向，姆指指示導體運動方向，中指即可指示導體感應產生之電流方向。

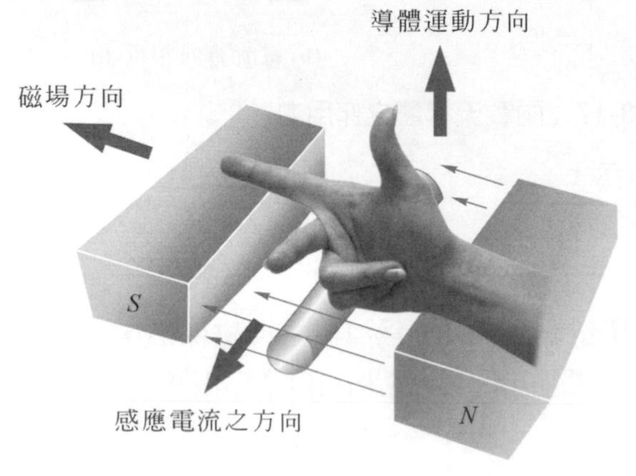

圖 3-18 夫來明右手定則

EXAMPLE
例題 3-40

如圖所示為電機之示意圖，若轉子旋轉方向如圖所示，問流經 R 之電流方向為何？

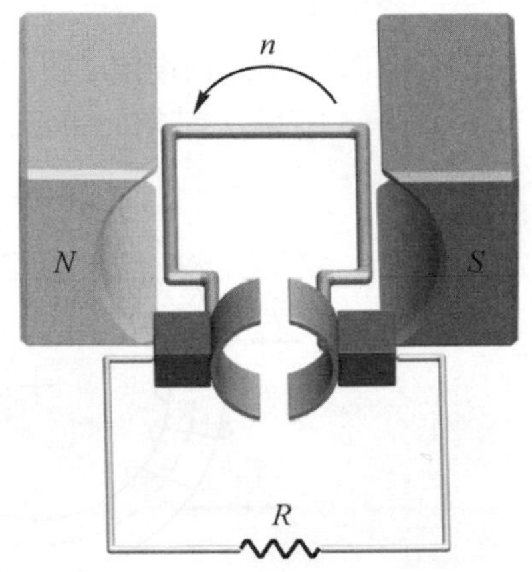

解　依右手定則或發電機定則，電流向右流經電阻。

習　題

EXERCISE

1. 有一個 10×10^{-6} 庫侖的點電荷，距其 10 公尺遠的電場強度為多少牛頓/庫侖？
   [註]：$\dfrac{1}{4\pi\varepsilon}=9\times10^{9}$
2. 真空中 1000μC 的電荷產生 28.2 牛頓的作用力，則此電荷所在位置的電場強度為何？
3. 在真空中，距離 $Q=6\times10^{-8}$ 庫倫點電荷 2 公尺處之電場強度為何？
4. 兩平行板距離 0.5mm，帶電量 200 微庫倫的電荷置於其中產生 4 牛頓作用力，則兩平行板間電位差為多少伏特？
5. 均勻帶電之實心橡皮球，球面電場強度為 10^4 牛頓/庫倫，試求距球心 2cm 處之電場強度為多少？又球心之電場強度為多少？(設半徑為 4cm)
6. 邊長為 1 公尺之正三角形，其三頂點各置 1 庫倫之正電荷，則三角形中心點之電位為多少伏特？
7. 兩帶電球體，若 $Q_1=+10$ 庫倫，$Q_2=-2$ 庫倫，且 $r_1=3r_2$，則兩金屬球碰撞後，分別帶有多少電量？
8. 有一孤立實心金屬球體，其半徑為 10cm，球面電位為 100V，則距球心 5cm 之電場強度為何？
9. 某一磁路在 50 週/秒之磁滯損為 120 瓦特，則 60 週/秒之磁滯損為多少？
10. 一大小均勻為 3.0×10^{-2} 韋伯/米 ^{2} 之磁場與一面積為 $1m^2$ 之平面成 30°角，則通過此平面之磁通量為多少？

11. 一空芯螺管長度爲 1m，半徑爲 5cm，線圈數爲 100 匝，通過電流爲 1A，則磁通量爲多少？
12. 如圖所示之(a)與(b)圖，若截面積 $A = 20$ 平方公分，平均磁路長 $l = 40$ 公分，$N = 200$ 匝，$I = 5$ 安培，試求磁通 ϕ 之大小爲多少？

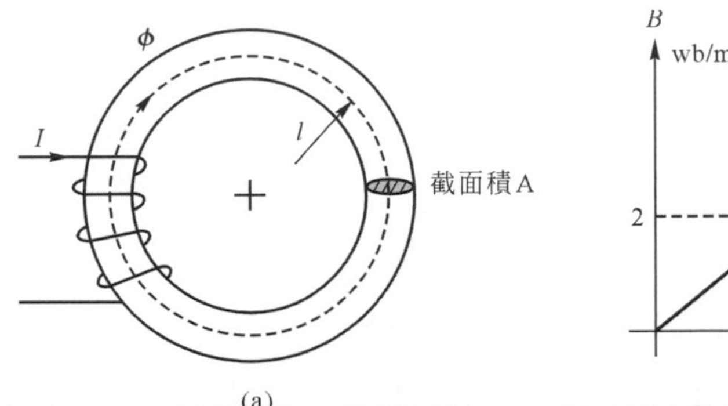

(a)

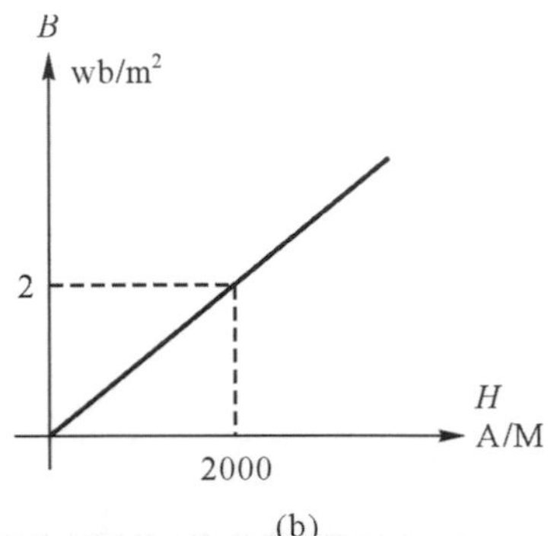

(b)

13. 一磁路如圖，其截面積 $A = 1\ cm^2$。其中 $l_1 = 45.9$ cm，材質爲鑄鐵，$l_2 = 0.5$ cm 材質爲空氣。若已知於鑄鐵中每一厘米產生 12000 線/cm^2 的磁通密度需 12.5 安匝。現欲在該磁路中產生 12000 線/cm^2 的磁通密度，需多少安匝？

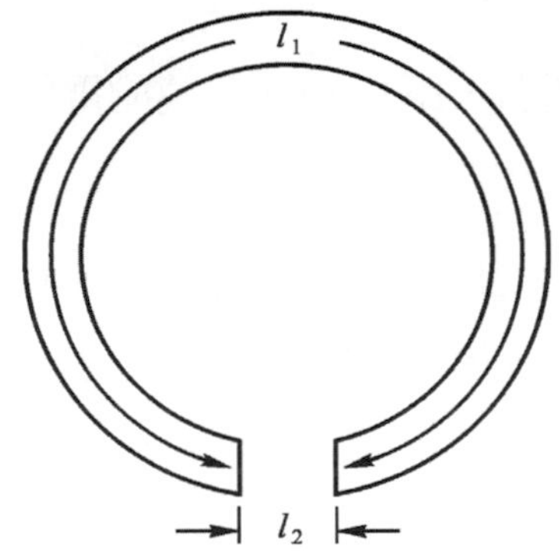

14. 於 100 匝之線圈中，若磁力線在 0.5 秒由 1 韋伯增加至 4 韋伯，則此線圈感應電勢爲多少伏特？
15. 有一隨時間變化的磁通 $\phi = 0.0005 - 0.0001t$：ϕ 的單位爲韋伯，t 的單位爲秒，與 200 匝線圈相鏈，試求線圈上感應電動勢爲多少伏特？
16. 一電子一磁場爲 10 牛頓/安培-米中以 10 米/秒之速度與磁場直方向運動，則其受力大小爲何？
17. 有一導體在磁場裡，有效長度爲 10cm，磁通密度爲 0.02 韋伯/平方米，若感應電勢爲 0.1V，則導體移動之速度爲多少米/秒？
18. 一導線長 10 米，在磁通密度 $B = 10^{-3}$ 韋伯/平方米之磁場中，若其上電流 $I = 2$A，所受之力爲 0.02 牛頓，則導線與磁場間之夾角爲多少度？
19. 兩條無限長平行導體，在眞空中相距 1 米，各流有相等電流，若每一導體每單位長度所受之力爲 2×10^{-7} 牛頓，則此電流爲多少安培？

20. 如圖所示之(a)(b)兩圖，試問流過電阻 R 之電流方向爲何？

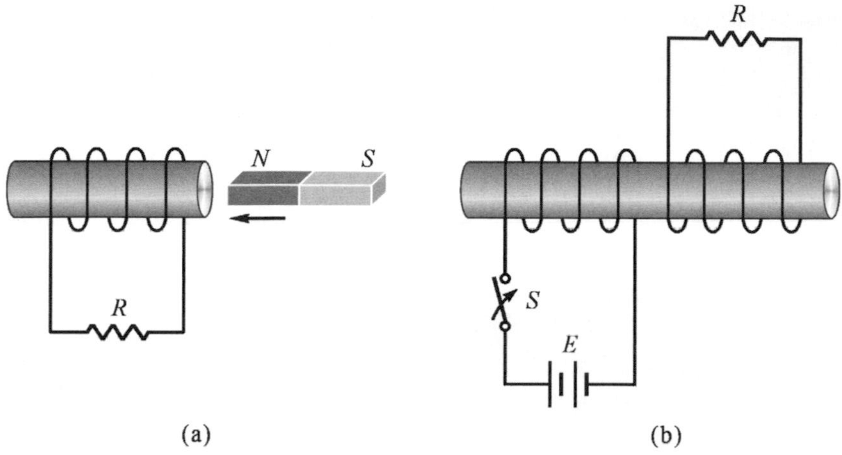

21. 空氣中，距離某點電荷一段距離處的電位及電場強度分別爲 300 伏特及 100 牛頓/庫侖，求此點電荷的電量爲多少庫侖？
22. 設有兩帶電小球體在空氣中相隔 3 公分，如兩球間之斥力爲10^{-10}牛頓，而其中一小球帶有正電荷 3×10^{-9} 庫侖，則另一小球荷電多少庫侖？
23. 若使 5 庫侖的負電荷由 a 移至 b 點獲得 200 焦耳之能量，設 b 點的電位爲 20 伏特，則 a 點的電位爲多少伏特？

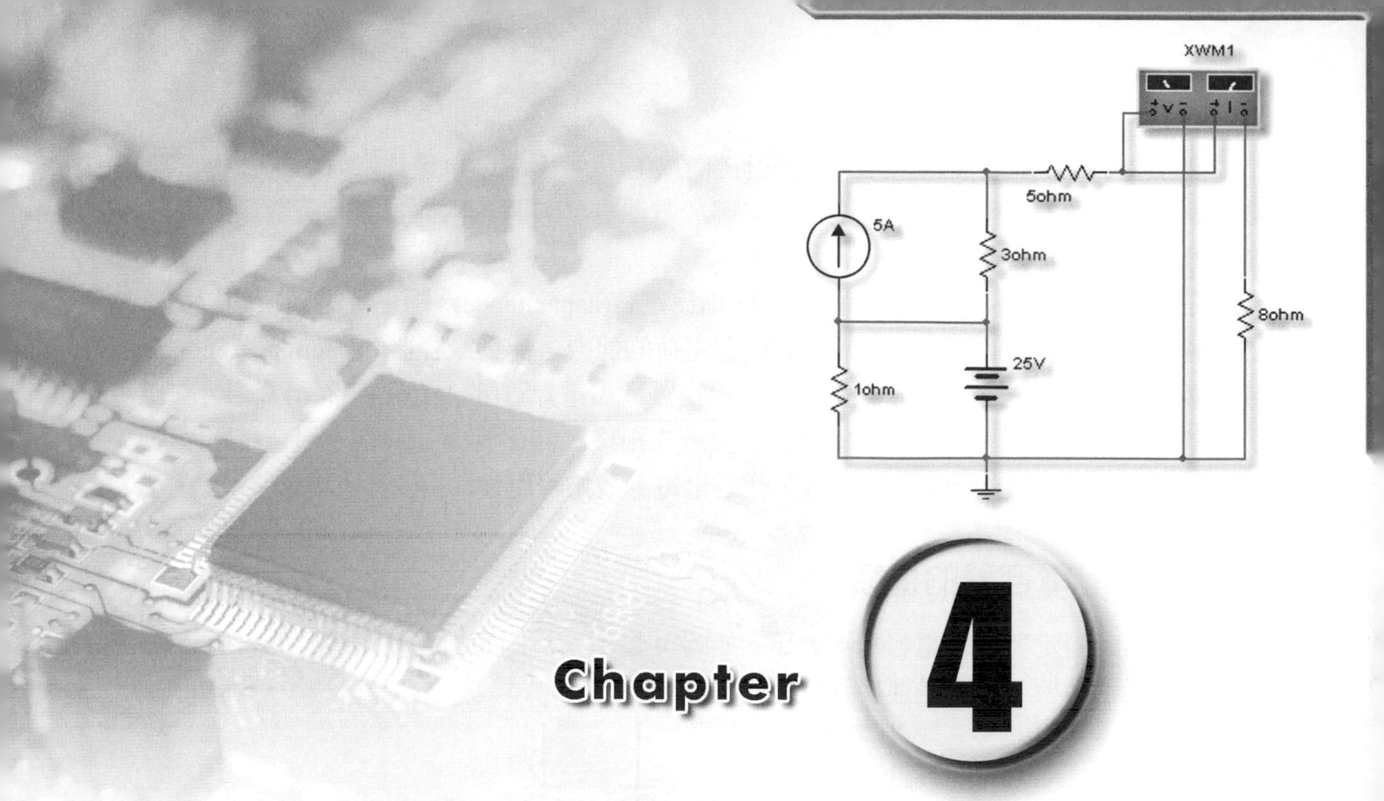

Chapter 4

電容器與電感器

4-1 電容器

電容器無論在用途上、操作上或構造上都和電阻器不同。電阻器消耗電路能量，特性只和所在電路之電壓或電流的變化量有關。電容器會將電路能量以某種形儲存起來，直到電路需要時，再釋放出來，不如電阻般直接消耗功率。

4-1-1 電容器的構造

將兩片材質、體積大小及形狀相同之電極板，平行置放在空間，兩板間以空氣隔離。兩電極板連接電阻器與開關，再串接電池(作爲電壓源)形成封閉電路，如圖 4-1 所示。

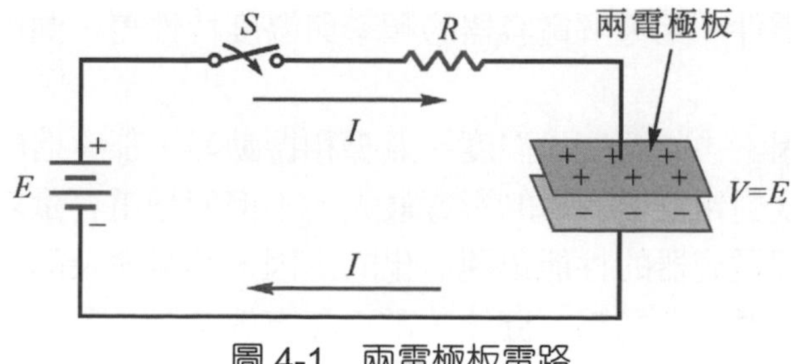

圖 4-1　兩電極板電路

當開關 S 閉合時，正電荷會聚集在上端之電極板，下端則聚集負電荷。正、負電荷累積在電極板上之數量，使得兩板間的電位差 V 等於電池電壓 E 時，兩板上的電荷數量不會再繼續增加，電路電流 I 也不會流動。

在電路中，電極板能儲存電荷的能力，稱為電容(capacitance)。兩平行電極板間以絕緣物質，如空氣、油質或紙質等隔開，同時具有儲存電荷的能力，稱為電容器(capacitor 或 condenser)。導電極板稱為電容器之電極(electrode)，絕緣物質稱為電介質(dielectric)或簡稱介質。在應用上，主要是作為阻絕直流、耦合交流、濾波、調諧、相移、儲存能量、旁路、耦合電路及喇叭系統等，也被應用於相機之中的閃光燈等，作為儲電或放電等用途。

4-1-2 電容器的種類

電容器分固定與可變電容器兩大類。如圖 4-2 所示為固定與可變電容器的符號。符號下方若為曲線表示極板，通常是連接到較低的電位。

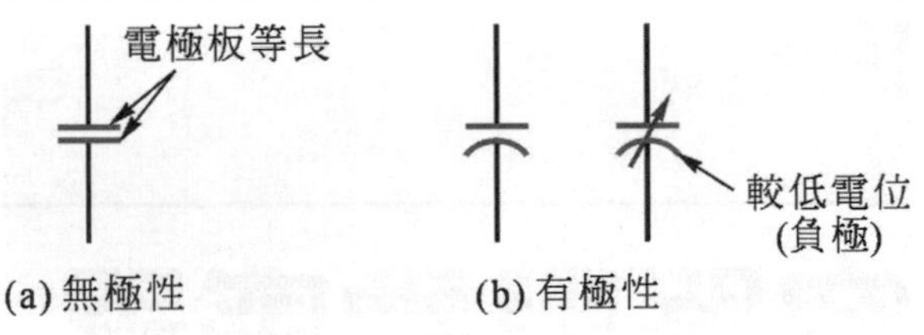

圖 4-2 電容器之符號

一、固定電容器(fixed capacitors)

固定電容器是電容值為定值的電容器。依採用介質的材料，可分為：

1. 電解電容器(electrolytic capacitor)

電解電容器在鋁、鉭、鈮及鈦等閥金屬(valve metal)的表面上，採用陽極氧化法(anodic oxidation)生成一薄層氧化物作為電介質，電解質作為電容器的陰極。電解電容器的陽極通常採用腐蝕箔或粉體燒結成塊狀，特點是單位面積的容量會很高。特性是體型小、容量大。目前工業化生產的電解電容器主要以鋁電解電容器 (aluminum electrolytic capacitor)和鉭電解電容器(tantalum electrolytic capacitor)為主。

(1) 鋁電解電容器：是以電解法形成的氧化皮膜作為介質(dielectric)，以高純度鋁作為陽極，電解液是以乙二醇、丙三醇、硼和氨水等化合物所組成的糊狀物。如圖 4-3 所示為鋁電解電容器之外觀。

鋁電解電容器因介質薄膜作得很薄，體積小與容量大是其特點，常作為大容量電容器的主要的零件。鋁電解電容器的頻率與溫度特性差，漏電流與介質損失大等是其缺點。

外在環境因素，如溫度、濕度、氣壓和振動等，都會造成電解電容器性能上的劣化，尤其以溫度對電容器壽命的影響最大，不但使靜電容量變小，而且會增大損失。高熱是使得電解電容器的性能迅速劣化的主因，其壽命及靜電容量都會縮短好幾倍。在電氣方面的影響，有電壓、漣波、電流和充放電等。此外，因鋁電解電容器的內阻

比其它電容器大，損失也較大，故由漣波電流所引發的熱，對電容器之壽命也會造成很大的影響。

(a) 電解電容6.3V~25V　　(b) SMD電解電容

圖 4-3　鋁電解電容器

(2) 鉭電容器：為陽極使用鉭的電解電容器。基本上有兩種型式：固體型及液體型。固體型是以二氧化錳當電解液；液體型則以硫酸當電解液。鉭電解電容的特性是耐溫性較廣，無電感性，較低的洩漏電流等，發生突破電壓與逆電壓時無持久性，不耐機械衝擊等是其缺點。如圖 4-4 所示為鉭電解電容器之外觀。鉭電容器有體積小、重量輕、可靠性高及性能優良等特性。適用於通訊、電腦、攝像機及移動通訊等各種表面貼裝(SMD)電路。

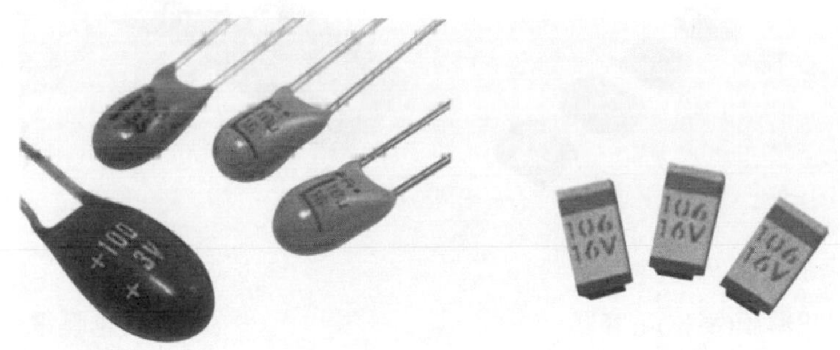

(a) 樹脂模塑固體型　　(b) SMD型

圖 4-4　鉭電解電容器

2. 陶瓷電容器(ceramic capacitor)

陶瓷電容器以陶瓷當電介質，在圓形陶瓷片兩面電鍍一層金屬薄膜而成，如圖 4-5(a) 所示。陶瓷電容的種類有單層型陶瓷電容與積層型陶瓷電容(multilayer ceramic capacitor, MLCC)兩種。

近年來由於陶瓷薄膜堆疊技術越來越進步，電容值也越來越高，有取代中低電容(如電解電容和鉭質電容的市場應用)的趨勢。又因陶瓷積層電容可以 SMT(Surface Mount Technology 表面黏著技術)直接黏著，如圖 4-5(b)。積層電容器的靜電容量範圍為 0.1PF～100F 或以上，誤差值從 0.25% 到高達－20%～＋80%，額定電壓值可從 6.3V～1KV，規格有 0201、0402、0603、0805、1206、1812 等。

(a) DIP陶瓷電容　　(b) SMD陶瓷電容

圖 4-5　陶瓷電容器

陶瓷電容的特點是介電係數高、絕緣度好及溫度特性佳，可做成小尺寸產品，適合用在行動電話等通訊產品及筆記型電腦等輕薄短小產品。電容量小爲其缺點。

3. 薄膜電容器(film capacitor)

薄膜電容器，如圖 4-6 所示，特點是無極性、絕緣阻抗很高、頻率特性優異(即頻率響應範圍寬廣)及介質損失很小等，大量使用在類比電路上的信號交連部份。

(a) 塑膠薄膜(麥拉)電容器　　(b) 金屬化膜電容器

圖 4-6　薄膜電容器

塑膠薄膜電容器的製法，是將鋁等金屬箔當成電極和塑膠薄膜重疊後捲繞在一起製成。其中以以聚丙烯(PP)電容和聚苯乙烯(PS)電容的特性最爲顯著。

金屬化薄膜(metallized film)的製法是在塑膠薄膜上以眞空蒸鍍上一層很薄的金屬以做爲電極。金屬化薄膜電容器所使用的薄膜有聚乙酯、聚丙烯及聚碳酸酯等，除了捲繞型之外，也有疊層型。

常見的有金屬化聚丙烯膜電容器(metailized polypropylene film capacitor)，簡稱 MPP 電容及金屬化聚乙酯電容 (metailized polyester)，簡稱 MPE 電容。

二、可變電容器(variable-value capacitor)

常見的可變電容器，如圖 4-7 所示。電容器的電介質(或絕緣質)是空氣，藉著旋轉調整鈕，可以改變可動和固定平行板間的共用極板面積，如計算電容值公式 $C=\varepsilon\dfrac{A}{d}$，電容值($C$)與面積(A)成正比，若公用之極板面積愈大，電容值也愈大，因此改變成所需之電容值。圖 4-7(a)之型式常用在收音機電路之調諧電路。圖 4-7(b)爲電子電路常用之半固定可變電容器。

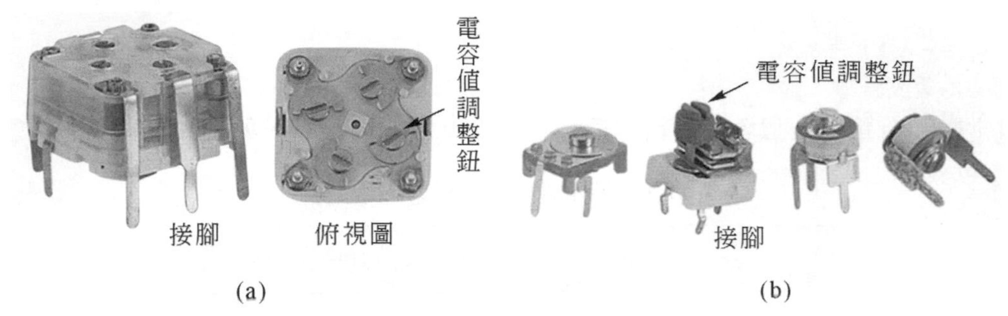

圖 4-7　可變電容器

4-1-3　電容量(capacitance)

電容量用來表示電容器儲蓄電荷(Q)的能力(或容量)。電容器儲存電荷之能力為：若在兩平行之極板上跨接 1 伏特的電壓(V)，則在極板上會蓄積 1 庫侖(Q)的電荷，稱此電容器的電容量為 1 法拉(Farad)。法拉是紀念十九世紀英國化學家和物理學家麥可法拉(Michael Faraday 1791～1867)對電學的偉大貢獻。則電容量為：

$$C = \frac{Q}{V} \tag{4-1}$$

式中，C 為電容量號，單位法拉(F)。在應用上，法拉(F)實在太大，轉換成常使用的單位，如微法拉(μF)，$1\mu F = 10^{-6}$ F，或微微法拉(pF)，$1pF = 10^{-12}$ F $= 10^{-6}$ μF。Q 為電荷，單位為庫侖(C)。

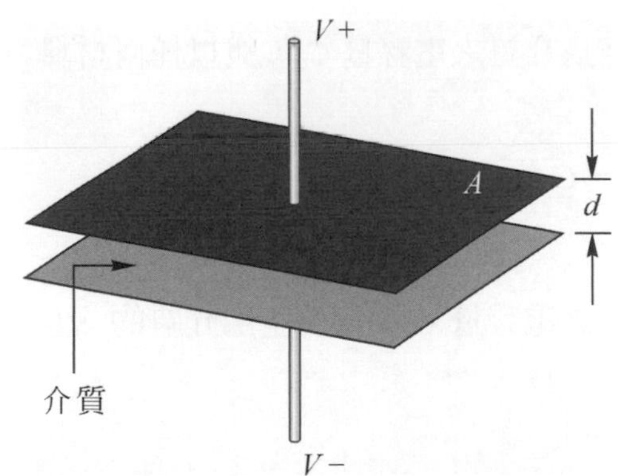

圖 4-8　兩平行金屬板之電容器

兩平行金屬板製成之電容器是最簡單且實用的電容器，如圖 4-8 所示。在兩極板間填以絕緣物作為介質，若兩極板之間隔 d 甚小於極板的尺寸，則電容量(C)大小與金屬板之面積(A)及介質之介電係數 ε 成正比，而與兩板間之距離(d)成反比。

$$C = \varepsilon \frac{A}{d} \tag{4-2}$$

式中，A 是電極板的面積，單位為平方公尺(m^2)；d 是極板的間隔距離，單位為公尺(m)。ε 是介質之介電係數，在眞空或空氣中，ε 常用 ε_o 表示為 8.85×10^{-12} 庫侖 ^{2}/牛頓-米 ^{2}。介電常數(relative permittivity)或稱相對介電係數定義為：以其它絕緣材料為介質(ε)之電容器與以空氣為介質(ε_o)之電容器的比值。介電常數以 ε_r 表示。

$$\varepsilon_r = \frac{\varepsilon}{\varepsilon_o}，\varepsilon = \varepsilon_o \varepsilon_r \tag{4-3}$$

介電常數沒有單位。以各種材料作爲介質之介電常數的數值，如表 4-1 所示。

表 4-1　各種材料作介質之介電常數

介質	ε_r (平均值)
眞空	1.0
空氣	1.0006
鐵弗龍	2.0
橡膠	3.0
雲母	5.0
電木	7.0
玻璃	7.5
蒸餾水	80.0

式(4-3)可改寫成：

$$C = \varepsilon_o \varepsilon_r \frac{A}{d} = 8.85 \times 10^{-12} \varepsilon_r \frac{A}{d} \quad \text{單位法拉(F)} \tag{4-4}$$

假設同一電容器，以眞空爲介質之電容量 C_o，與以任何材料爲介質之電容量 C 的比值爲：

$$\frac{C}{C_o} = \frac{\varepsilon \frac{A}{d}}{\varepsilon_o \frac{A}{d}} = \frac{\varepsilon}{\varepsilon_o} = \varepsilon_r，C = \varepsilon_r C_o \tag{4-5}$$

式中，以任何材料爲介質之電容量 C 爲以眞空爲介質的 ε_r 倍。利用上式，依 C 與 C_o 的關係，也可求得其它介質的介質常數 ε_r。

EXAMPLE
例題 4-1

電容器之電容量爲 100 微法拉(μF)，若其儲存之電量爲 10^{-3} 庫侖，則電容器兩極板間之電位差爲多少伏特？

解　電容量 $C = \frac{Q}{V}$，則兩極板間之電位差 $V = \frac{Q}{C} = 10^{-3}/100 \times 10^{-6} = 1000/100 = 10\text{V}$

某平行金屬板電容器之介質為空氣，且其極板面積為 0.4 平方公分，若兩極板間之距離為 0.02 公分，則其電容量約為多少微微法拉？

解　電容器之電容量(C)與極板面積(A)成正比與板距(d)成反比，$C=\varepsilon A/d$。

在真空或空氣中，ε 常用 ε_o 表示為 8.85×10^{-12} 庫侖 ²/牛頓-米 ²，則

$$C=8.85\times10^{-12}\times\frac{0.4\times10^{-4}}{0.02\times10^{-2}}=8.85\times10^{-12}\times0.2=1.77\times10^{-12}=1.77\ \text{p(F)}$$

電容量的識別

電解電容器的電容量範圍一般為 0.47μF－10000 μF， 測試頻率為 120Hz；塑膠薄膜電容器的電容量範圍為 0.001μF～0.47μF，測試頻率為 1kHz；陶瓷電容器 *T/C* type 的電容量範圍為 1 pF～680pF，測試頻率為 1MHz。電容量可由標示法識別，常用的標示法為：

直接標示法：較大體積之電容器採用，如電解質電容器。利用文字及數字直接將電容量、誤差及工作電壓(working voltage)標示在電容器的外殼上。工作電壓表示電容器可長期工作，不致崩潰的電壓。如圖 4-9 所示，接腳較長者表示正(＋)極。

表示電容4700μF
長腳為正極
表示耐壓35V　短腳為負極

圖 4-9　直接標示法

代碼標示法：如圖 4-12 所示，代碼是用英文字或數字來表示電容器之電容量大小、耐壓及誤差值。常用代碼標示法的電容器有陶瓷電容器與塑膠電容器兩種。圖(a)代碼“2D 223M”的耐壓，經查表可知是 200V，電容量 $C=22\times10^3$ pF $=22\times10^3\times10^{-6}$ μF $=0.022$ μF。

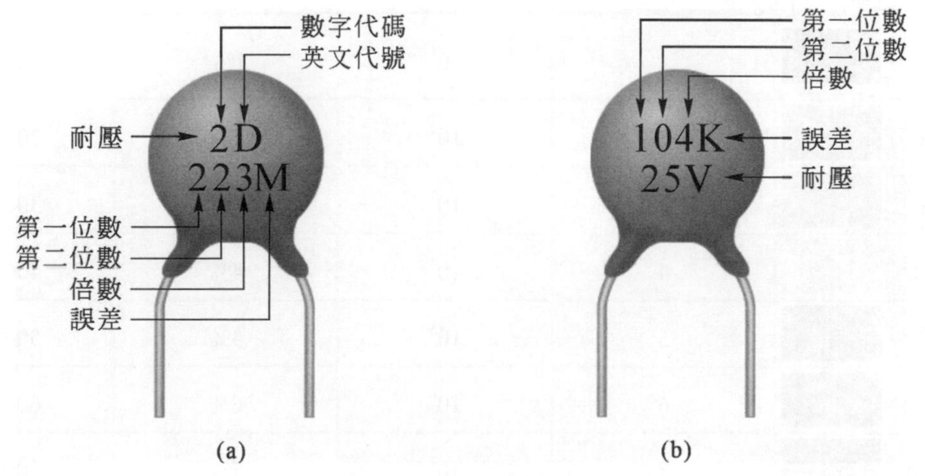

圖 4-10　代碼標示法

【提示】：代碼標示法換算成數值的單位為微微法拉(pF)，1pF $=10^{-6}$ μF $=10^{-12}$ F。字母 M 是誤差值，查表 4-2 得知為 20%，因此代碼 2D 223M 的電容器，其電容量 $C=0.022\pm20\%$ μF，耐壓為 200V。圖(b)代碼“104K”之電容器，其 $C=10\times10^4$ pF $=0.1$μF，字母 K 之誤差值，查表 4-2 得知為 10%，則 104K 之電容器，其電容量應為 $0.1\pm10\%$ μF。電

容器之誤差代碼表與耐壓代碼表，如表 4-2 與 4-3 所示。

表 4-2　電容器容許誤差值之代碼表

代碼	B	C	D	F	G	H	J	K	L	M	N
誤差值	±1%	±0.25%	±0.5%	±1%	±2%	±3%	±5%	±10%	±15%	±20%	±30%

表 4-3　電容器耐壓值代碼表(單位 V)

英文代號／耐壓值／數字代碼	A	B	C	D	E	F	G	H	I	J
0	1	1.25	1.6	2	2.5	3.15	4	5	6.3	8
1	10	12.5	16	20	25	31.5	40	50	63	80
2	100	125	160	200	250	315	400	500	630	800

色碼標示法：使用在較小體積之電容器。直接在電容器上，以圓形圖點或條紋標示。色碼表示的資料，如表 4-4 所示。色碼表示的狀況及電容量值，說明如下：

表 4-4　色碼表示之意義及其大小(單位：pF，微微法拉)

顏色	代表數字	倍數	誤差值	耐壓
黑	0	10^0	－	－
棕	1	10^1	1%	100
紅	2	10^2	2%	200
橙	3	10^3	3%	300
黃	4	10^4	4%	400
綠	5	10^5	5%	500
藍	6	10^6	6%	600
紫	7	10^7	7%	700
灰	8	10^8	8%	800
白	9	10^9	9%	900
金	－	－	5%	1000

表 4-5　色碼表示之意義及其大小(單位：pF，微微法拉)(續)

顏色	代表數字	倍數	誤差值	耐壓
銀	−	−	10%	2000
無色	−	−	20%	−

(1) 圖點標示法：如圖 4-11 所示，將電容器之商標固定在正視面，在商標上之圖點，由左至右共三圖點，分別爲第一位數字(百位)、第二位數字(十位)及第三位數字(個位)；在商標下之圖點，由右至左也有三點，分別爲倍數(十的次方)、誤差值及耐壓。

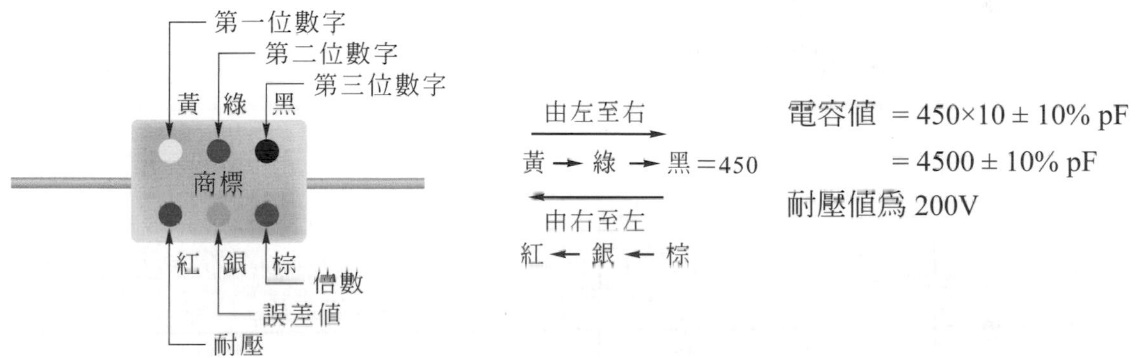

圖 4-11　圖點表示值及計算法

(2) 條紋標示法：條紋表示如同色碼電阻器，以直條形按順序標示在電容器上，如圖 4-12 所示。

① 條形電容器

電容值 $= 150\times10^4 \pm 20\%$ pF

$= 1.5 \pm 20\%$ μF

耐壓爲 300V

色碼：棕綠黑黃無

② 圓形電容器

電容值 $= 12\times10 \pm 10\%$ pF

$= 120 \pm 10\%$ pF

色碼：棕紅棕銀

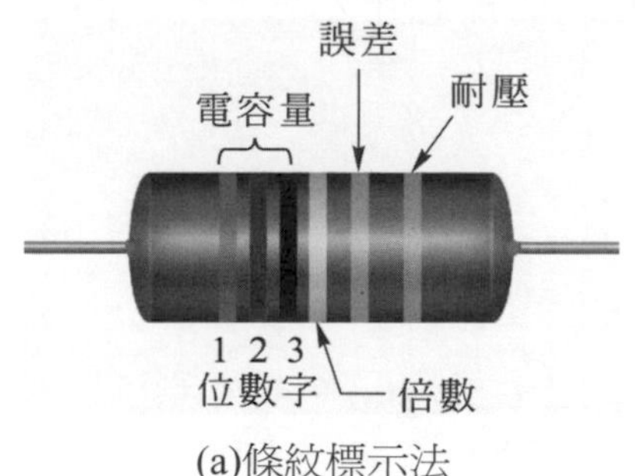

(a)條紋標示法

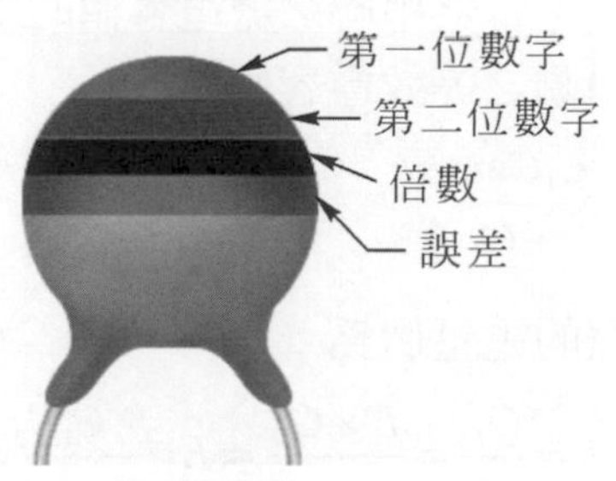

(b)圓形標示法

圖 4-12

4-1-4 電容器的串聯

如同電阻器，爲增加或減少電容量，電容器也可應用串聯或並聯方式，得到希望的電容值。電容器採用串聯方式，可以減少電容值；採用並聯方式，可以增加電容值。

將多個電容器串聯一起，如圖 4-13 所示。在每個電容器上，可獲得相同的電荷(Q)，電源電壓爲每個電容器之電壓降的總和，即

$$Q_T = Q_1 = Q_2 = Q_3$$

串聯電路應用克希荷夫電壓定則：

$$E = V_1 + V_2 + V_3$$

電壓與電容之關係：

$$V = \frac{Q}{C} \quad \therefore \frac{Q_T}{C_T} = \frac{Q_1}{C_1} + \frac{Q_2}{C_2} + \frac{Q_3}{C_3}$$

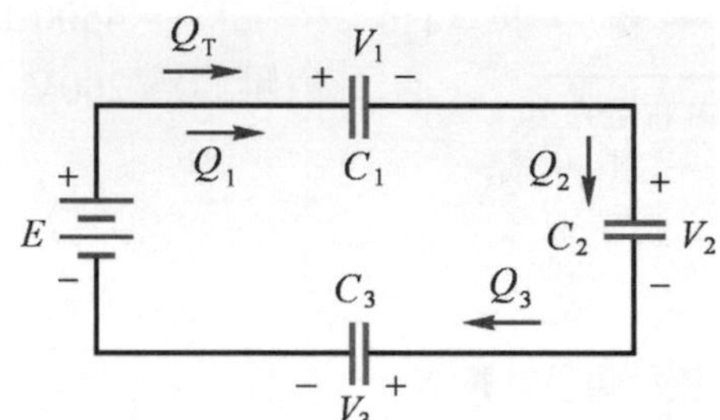

電荷：$Q_T = Q_1 = Q_2 = Q_3$
電壓：$E = V_1 + V_2 + V_3$

圖 4-13　電容器串聯電路

將式(4-4)代入式(4-5)消去電荷 Q，得電容器串聯之總電容值爲：

$$\frac{1}{C_T} = \frac{1}{C_1} + \frac{1}{C_2} + \frac{1}{C_3} \text{ 或 } C_T = \frac{C_1C_2C_3}{C_1C_2 + C_2C_3 + C_3C_1} \tag{4-6}$$

由式可知，電容器串聯之總電容值的求法，如同並聯電阻。

兩電容器串聯之等效電容值爲：

$$C_T = \frac{C_1C_2}{C_1 + C_2} \tag{4-7}$$

各個電容器的電壓值爲：

$$V_1 = \frac{Q_1}{C_1} = \frac{Q_T}{C_1} = \frac{E \times C_T}{C_1} = E \times \frac{C_1C_2}{C_1 + C_2} \times \frac{1}{C_1} = \frac{C_2}{C_1 + C_2} \times E$$

$$V_2 = \frac{C_1}{C_1 + C_2} \times E \tag{4-8}$$

例題 4-3

如圖所示為電容串聯電路，若 $C_1 = 6\mu F$、$C_2 = 3\mu F$、$C_3 = 2\mu F$，則(1)總電容量值，(2)各電容之電量，(3)各電容量之電壓值為多少？

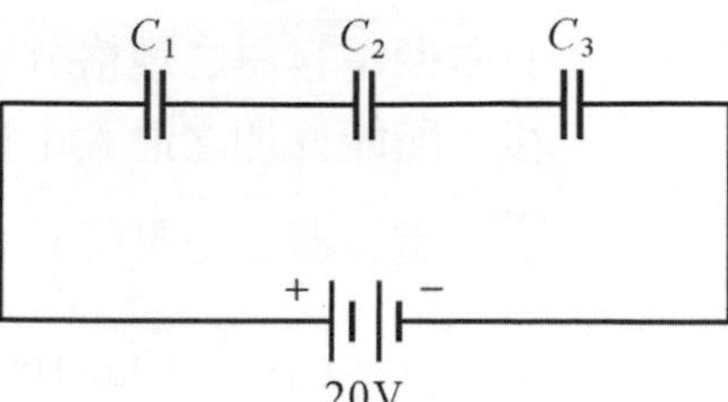

解 (1) 總電容量為 C_T

$$\frac{1}{C_T}=\frac{1}{C_1}+\frac{1}{C_2}+\frac{1}{C_3}=\frac{1}{6}+\frac{1}{3}+\frac{1}{2}$$

$$C_T=\frac{6\times3\times2}{6\times3+3\times2+2\times6}=\frac{36}{36}=1\,\mu F$$

(2) 電容串聯電荷量皆相同，即 $Q_T=Q_1=Q_2=Q_3=\cdots\cdots$，而 $Q_T=C_TV$

電荷量 $Q_T=1\times20=20$ 微庫侖

(3) 各電容器之電壓值為：

$$V_1=\frac{Q_1}{C_1}=\frac{20\times10^{-6}}{6\times10^{-6}}=\frac{10}{3}V$$

$$V_2=\frac{Q_2}{C_2}=\frac{Q_1}{C_1}=\frac{20\times10^{-6}}{3\times10^{-6}}=\frac{20}{3}V$$

$$V_3=\frac{Q_3}{C_3}=\frac{Q_1}{C_1}=\frac{20\times10^{-6}}{2\times10^{-6}}=10V$$

例題 4-4

三串聯之電容器，$C_1 = 9\mu F$ 耐壓 100V，$C_2 = 6\mu F$ 耐壓 100V，$C_3 = 4.5\mu F$ 耐壓 100V，問串聯後之等值電容為多少？

解 依題意，先求各電容之額定電荷量為多少。$Q = CV$。

$Q_1 = 9\mu\times100 = 900\mu C$

$Q_2 = 6\mu\times100 = 600\mu C$

$Q_3 = 4.5\mu\times100 = 450\mu C$

串聯之各電量(Q)應相同，三者之電量不同，選用時為避免損壞，應取最低為準。

$Q_T = Q_1 = Q_2 = Q_3 = 450\mu C$

等值電容值 $C_T=\dfrac{9\times6\times4.5}{9\times6+6\times4.5+4.5\times9}=\dfrac{243}{121.5}=2\,\mu F$

耐壓值 $V=\dfrac{Q}{C}=\dfrac{450\mu}{2\mu}=225V$

EXAMPLE

例題 4-5

有兩個電容器之規格分別為 $C_1 = 10\mu F$ 耐壓 100V 及 $C_2 = 10$ 耐壓 50V，將兩電容器串聯後，所能外加之最大電壓為多少？

解　電容器之電壓降 $V = \dfrac{Q}{C}$，必須先求得各電容之電量值 $Q = CV$。

$Q_1 = C_1V_1 = 10\mu\times100 = 1000\mu C$

$Q_2 = C_2V_2 = 10\mu\times50 = 500\mu C$

避免串聯後燒燬電容器，應選額定電量較低者。$Q_T = 500\mu C$。

C_1 之電壓降 $V_1 = \dfrac{Q_T}{C_1} = \dfrac{500\mu}{10\mu} = 50V$

C_2 之電壓降 $V_2 = \dfrac{Q_T}{C_2} = \dfrac{500\mu}{10\mu} = 50V$

外加電壓，即電源壓 $V = V_1 + V_2 = 50 + 50 = 100V = 2V_2$

可知：若有 N 個電容量相同之串聯，其外加電壓為最小規格之耐壓之 N 倍。

4-1-5　電容器的並聯

多個電容器之並聯電路，如圖 4-14 所示，並聯電路之特性，跨在每個電容器上的電壓都相同，電路之總電荷為每個電容器上電荷之總和。

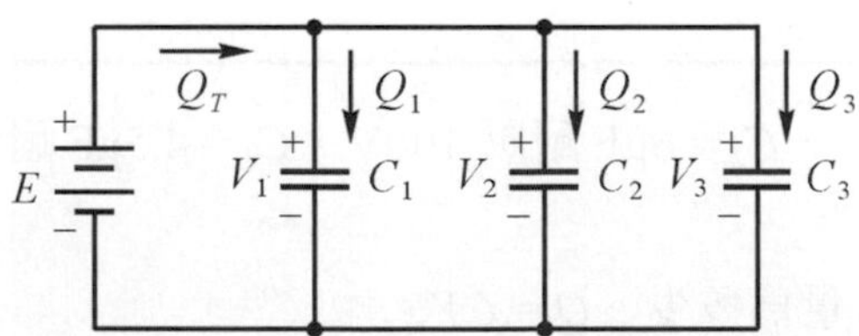

電壓：$E = V_1 = V_2 = V_3$

電荷：$Q_T = Q_1 + Q_2 + Q_3$

圖 4-14　電容器並聯電路

並聯電路之特性：

$$E = V_1 = V_2 = V_3$$

$$Q_T = Q_1 + Q_2 + Q_3$$

因 $Q = CV$，所以

$$C_TE = C_1V_1 + C_2V_2 + C_3V_3$$

因 $E = V_1 = V_2 = V_3$，兩邊消去 V，則

$$C_T = C_1 + C_2 + C_3 \tag{4-9}$$

電容並聯電路之總電容值為各電容值之總和，求法如同串聯之電阻電路。

EXAMPLE 例題 4-6

如圖所示爲三電容器並聯電路，試求各電容器之電壓降、電量及總電量爲多少？

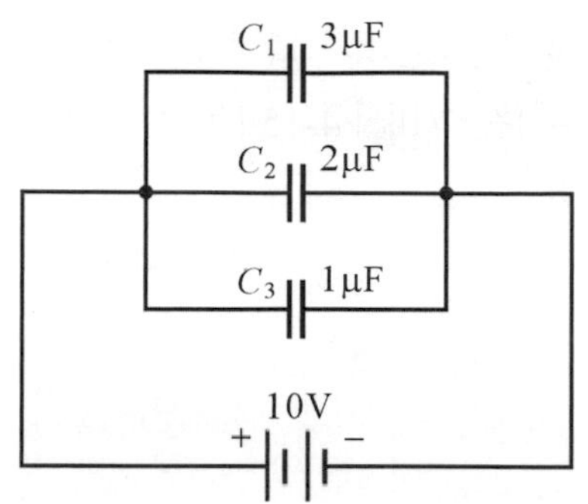

解　並聯電路各分路之電壓降均相同，

$V = V_1 = V_2 = V_3 = 10\text{V}$

各分路之電量 $Q_1 = C_1V_1 = 3\mu\times 10 = 30\mu\text{C}$

$Q_2 = C_2V_2 = 2\mu\times 10 = 20\mu\text{C}$

$Q_3 = C_3V_3 = 1\mu\times 10 = 10\mu\text{C}$

總電量 $Q_T = Q_1 + Q_2 + Q_3 = 30\mu + 20\mu + 10\mu = 60\mu\text{C}$

EXAMPLE 例題 4-7

兩電容值爲 10μF 及 15μF，並接在 20V 之電壓源，問電路之總電量 Q_T 爲多少？

解　分路之電荷值：

$Q_1 = 10\times 20 = 200\mu\text{C}$

$Q_2 = 15\times 20 = 300\mu\text{C}$

總電荷量 $Q_T = 200 + 300 = 500\mu\text{C}$

EXAMPLE 例題 4-8

如圖所電路，若 $C_1 = 2\mu\text{F}$，$C_2 = 3\mu\text{F}$，$C_3 = 2.8\mu\text{F}$，外加電壓 $E = 100\text{V}$，求(1)總電容，(2)各電容器的端電壓，(3)各電容器的電荷爲多少？

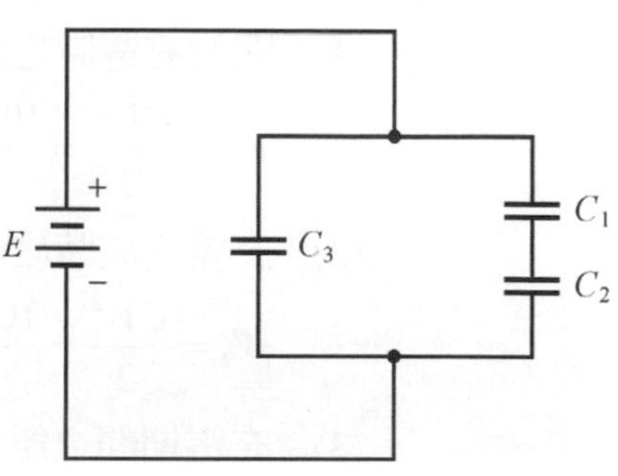

解

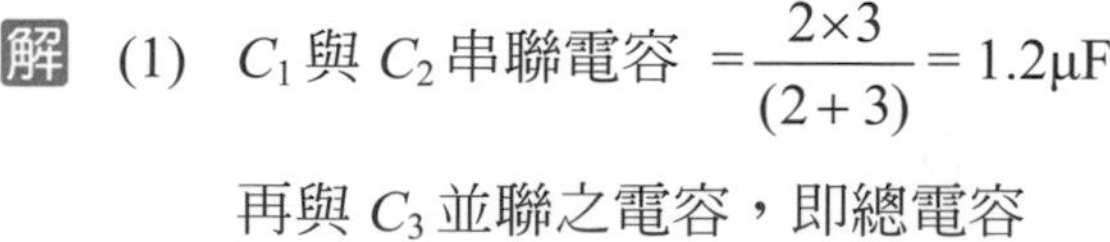

(1) C_1 與 C_2 串聯電容 $= \dfrac{2\times 3}{(2+3)} = 1.2\mu\text{F}$

再與 C_3 並聯之電容，即總電容

$C_T = 1.2 + 2.8 = 4\mu\text{F}$

(2) 並聯電壓相同：

$V_3 = E = 100\text{V}$

C_1 與 C_2 串聯，端電壓各爲

$V_1 = E\times C_2/(C_1 + C_2) = 100\times 3/(2+3) = 60\text{V}$

$V_2 = E\times C_1/(C_1 + C_2) = 100\times 2/(2+3) = 40\text{V}$

(3) 流經 C_3 之電荷 $Q_3 = V_3\times C_3 = 100\times 2.8 = 280\mu\text{C}$

流經 C_1 與 C_2 之電荷 $Q_2 = Q_1 = V_2\times C_2$ 或 $V_1\times C_1 = 60\times 2 = 120\mu\text{C}$

4-1-6 儲能特性

在電容器 C 上，外接一電壓時，電容器將開始儲存電量 Q。電容器儲存之電量 $Q = CV$，若電容器之電容量 C 爲定值，則電容器儲存之電量與外接之電壓成正比關係。電量 Q 與電壓 V 之關係，如圖 4-15 所示。V 與 C 成正比關係爲一直線，斜線下之三角形面積爲電容器儲存之能量 W。

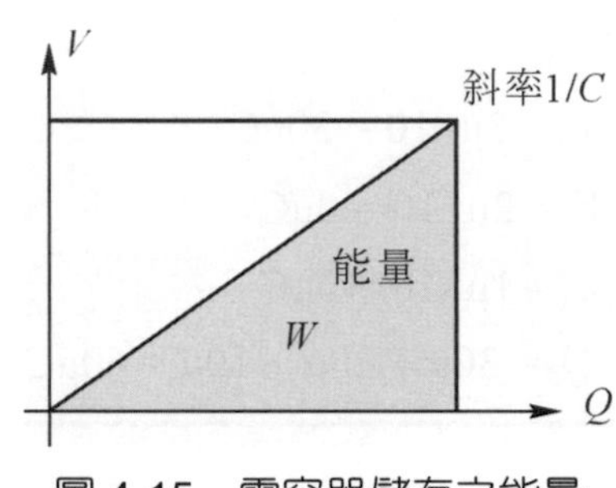

圖 4-15　電容器儲存之能量

因此，電容器儲存之能量爲：

$$W = \frac{1}{2}QV = \frac{1}{2}CV^2 = \frac{1}{2} \times \frac{Q^2}{C} \tag{4-10}$$

式中，W 爲能量，單位爲焦耳；C 爲電容器之容量，單位爲法拉；Q 爲電容器儲存之電量，單位爲庫侖；V 爲外接之電壓，單位爲伏特。

EXAMPLE
例題 4-9

有一電容器容量爲 10μF，若由 20V 充電至 80V，問在充電期間所儲存之能量爲多少？

解 (1) 開始充電時之能量爲 W_1

$$W_1 = \frac{CV^2}{2} = \frac{10 \times 10^{-6} \times 20^2}{2} = 0.002\text{J}$$

(2) 充電完成時之能量爲 W_2

$$W_2 = \frac{CV^2}{2} = \frac{10 \times 10^{-6} \times 80^2}{2} = 0.032\text{J}$$

(3) 充電期間之能量爲 W

$$W = W_2 - W_1 = 0.032 - 0.002 = 0.03\text{ J}$$

EXAMPLE
例題 4-10

20μF 之電容器充電至 100V 時，其儲存之能量爲多少焦耳？

解 $W = \frac{1}{2}CV^2 = \frac{1}{2} \times 20 \times 10^{-6} \times 100^2 = 0.1\text{ J}$

4-1-7　*RC* (電阻-電容)暫態電路

4-1-7-1　*RC* 充電過程

如圖 4-16 所示爲 *RC* 串聯電路，將單刀雙投開關 *S* 撥在位置 1 時，電池之正電荷(+*e*)流經電阻，進入電容器並蓄積於正電板。電池之負電荷(−*e*)則蓄積於電容器之負電板。

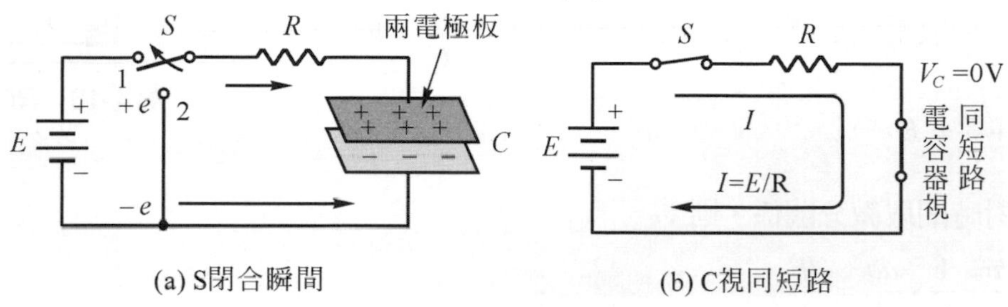

(a) S閉合瞬間　　(b) C視同短路

圖 4-16　*RC* 充電過程

開關閉合瞬間，正負電板上未蓄積足夠的電量(Q)，無法於兩電板間形成電位差(V)，因電位差 $V=\dfrac{Q}{C}$ 與電量 Q 成正比，若電量 $Q=0$ 庫侖，則 $V=\dfrac{0}{C}=0$ 伏特，電容器形同短路，如圖 4-16(b)所示。電路電流 $I=\dfrac{E}{R}$ 爲最大值。隨著電板上電量的增加，電板間之電位差也隨之增大，則電路電流 $I=\dfrac{(E-V_C)}{R}$ 會漸漸地減少。當電容兩電極板間之電位差 V 增爲 $V_C=E$ 時，電路電流 $I=\dfrac{(E-V_C)}{R}=\dfrac{0}{R}=0$ 安培會降爲零，電容器可視爲開路情形，如圖 4-17 所示，稱此過程爲電容之充電。

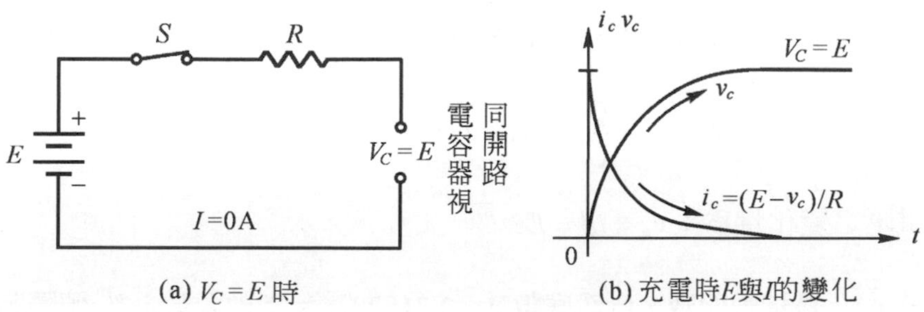

(a) $V_C=E$ 時　　(b) 充電時E與I的變化

圖 4-17　*RC* 充電的現象

4-1-7-2　$e^{-\frac{t}{RC}}$函數

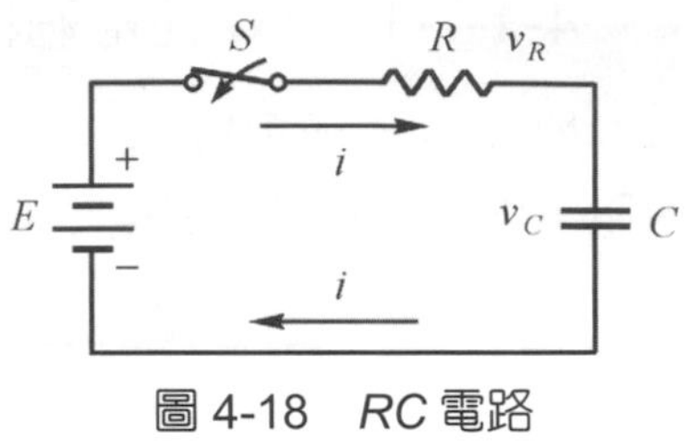

圖 4-18　RC 電路

圖 4-18 爲 RC 基本電路圖。當開關 S 閉合時，電路電流 I 流經各元件，依克希荷夫電壓定律，電路電壓之方程式爲：

$$E - V_R - V_C = 0\ (\text{V})$$

將上式轉換成電流之關係式。因 $V_R = iR$，$V_C = \frac{q}{C}$，則

$$iR + \frac{q}{C} = E$$

將上式對時間取微分關係，則：

$$\frac{Rdi}{dt} + \frac{1}{C} \times \frac{dq}{dt} = \frac{dE}{dt}$$

電流爲電荷量對時間之變化量，即 $i = \frac{dq}{dt}$，代入上式，則：

$$\frac{Rdi}{dt} + \frac{i}{C} = 0$$，再轉換爲：$$\frac{di}{i} = -\frac{dt}{RC}$$

將上式取積分關係，則

$$\int \frac{di}{i} = \int -\frac{dt}{RC} \rightarrow i = Ae^{-\frac{t}{RC}}$$；A 爲常數

當 $t = 0$ 時，電路電流 $I = \frac{(E - V_C)}{R} = \frac{E}{R}$，而常數 $A = \frac{E}{R}$，則：

充電期間電流之變化量爲：$i = \frac{E}{R} e^{-\frac{t}{RC}}\ \text{A}$ (4-11)

電容電壓之變化量爲：$v_c = \frac{Q}{C} = E(1 - e^{-\frac{t}{RC}})\ \text{V}$ (4-12)

電阻電壓之變化量爲：$v_R = iR = Ee^{-\frac{t}{RC}}$ (4-13)

數學式中，$e^{-\frac{t}{RC}}$ 是指數函數，自然底數 $e = 2.71828\ldots$。指數函數 $e^{-\frac{t}{RC}}$ 值隨時間的改變，會迅速減小至 0，而$(1 - e^{-\frac{t}{RC}})$則隨時間的改變，將逐漸增大至 1。時間的改變大約等於 5 倍的 RC 值時，電容器之充電壓值 v_c 約等於電源電壓值 E。如圖 4-19 所示爲電容充電時，電路電流與電容壓降的變化量。

在第 1 時間，電容充電電壓快速上升了 63.2%，電路電流則下降了 63.2%。在第 4 與 5 時間內，電壓與電流變化量僅 1.1%。到穩態之過程稱爲暫態(transient state)現象。

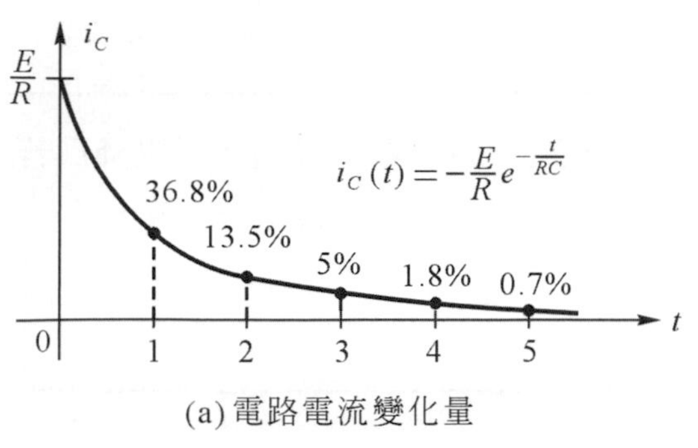

(a) 電路電流變化量

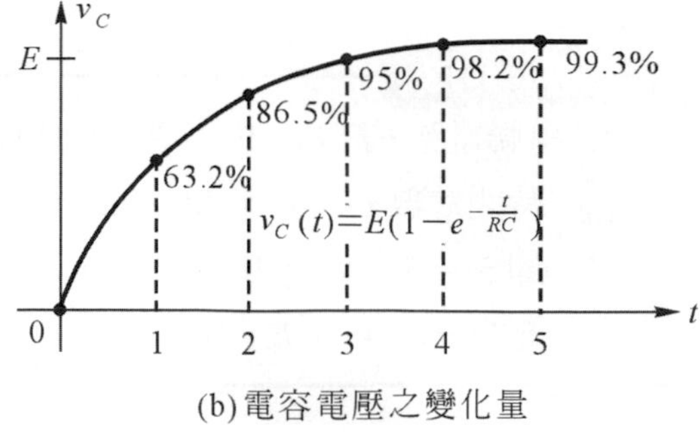

(b) 電容電壓之變化量

圖 4-19　充電中電流與電容電壓之變化量

4-1-7-3　時間常數(τ)

由圖 4-20 所示，在充電過程中，衡量電流與電容電壓之變化量，是依據時間 t 與 RC 之乘值的關係來判斷。時間 t 與 RC 的關係，說明如下：

$$R\times C=\frac{V}{I}\times\frac{Q}{V}=\frac{Q}{I}=\frac{It}{I}=t\text{ ；}R=\frac{V}{I}\text{，}C=\frac{Q}{V}\text{，}Q=It$$

因 $RC=t$，故稱 RC 為電路系統的時間常數(time constant)，單位為秒(s)。數學式為：

$$\tau=RC \qquad (4\text{-}14)$$

時間常數的符號為希臘字母 τ。R 為電阻值，單位為歐姆(Ω)；C 為電容量，單位為法拉(F)。時間常數對充電期間的影響。

EXAMPLE

例題 4-11

RC 串聯電路，若 $R=10\text{k}\Omega$，$C=10\mu\text{F}$，求時間常數？

解　時間常數之公式 $\tau=RC=10\text{k}\Omega\times10\mu\text{F}=100\times10^{-3}$ (秒，s)= 0.1 (秒，s)

EXAMPLE

例題 4-12

RC 串聯電路，$E=10\text{V}$，$R=1\text{M}\Omega$，$C=1\mu\text{F}$，當通電 2 秒後，求電阻之壓降 v_R、電路電流 i 及電容器之壓降 v_c 為多少？

解　時間常數 $\tau=RC=1\times10^{-6}\times1\times10^{-6}=1\text{s}$

電阻壓降 $v_R=E\times e^{-\frac{t}{RC}}=10\times e^{-\frac{2}{1}}=10\times0.135=1.35\text{V}$

電路電流 $I=\frac{VR}{R}=\frac{1.35}{1\times10^{6}}=1.35\times10^{-6}=1.35\ \ \mu\text{A}$

電容電壓 $v_c=E-v_R=10-1.35=8.65\text{V}$

EXAMPLE 例題 4-13

RC 串聯電路，若 $E = 10\text{V}$，$R = 1\text{k}\Omega$，$C = 2\mu\text{F}$，求充電完成之時間及電容器壓降爲若干？

解　時間常數 $\tau = RC = 1\text{k}\Omega \times 2\mu\text{F} = 2\times10^{-3} = 2\text{ms}$。充電完成需 5 個時間常數，

即 $5\tau = 5\times 2\text{ms} = 10\text{ms}$

充電完成 $V_C = E = 10\text{V}$

4-1-7-4　RC 放電過程

如圖 4-20 所示，開關撥在位置 1，一段時間後，將開關撥在位置 2 時，電容器會以相對於充電時之時間常數 RC，開始釋放電板上之電荷 Q，電路上會有電流流動。比較充電時流經電阻之電流，兩電流方向相反，電阻上之電壓極性也與充電時相反。電板上之電荷消耗在電阻器上，電容兩端之電壓也在消減中，電路電流也會逐漸減小。

電容在放電過程時間常數之變化，如同充電期間，時間常數 $\tau = R\times C$。經 5 個時間常數後，如圖 4-20 所示，電容器電板上之電荷量將降爲零，兩端之電壓會降爲零，電路電流也會降爲零，此時電路不會有任何變化，稱爲穩態。

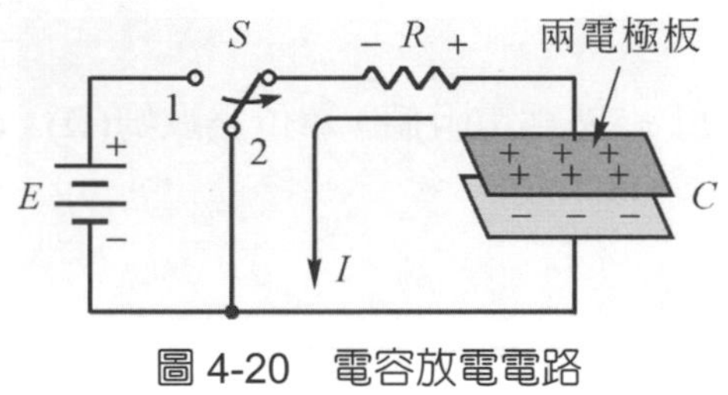

圖 4-20　電容放電電路

4-1-7-5　$e^{-\frac{t}{RC}}$ 函數

放電時電容電壓的變化，於開關 S 切斷電源電壓之瞬間產生，此時，電容釋放貯存的電荷，電壓與電路電流的變化，如圖 4-21 所示。

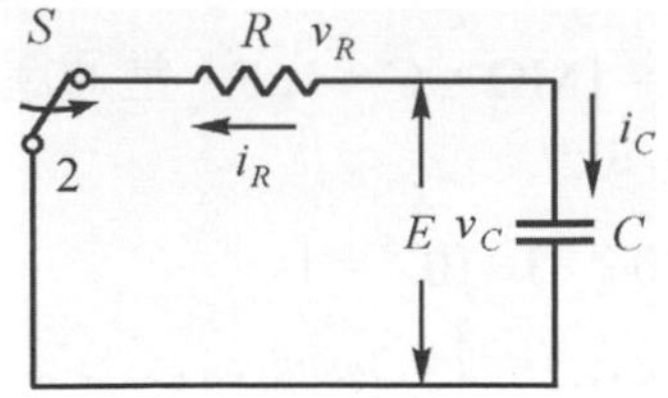

圖 4-21　電容放電電路

圖中，電容瞬間電壓 $v_C(0) = E$ 電源電壓，i_C 設爲充電時之電流，i_R 設爲放電時之電流。依克希荷電流定律 KCL 得電路數學式爲：

$$i_C + i_R = 0\text{，}\ i_C = -i_R$$

由公式：$Q = CV$，$I = \dfrac{V}{R}$，且 $Q = It = CV$，$I = \dfrac{CV}{t}$，代入上式爲：

$$C\frac{dv_C}{dt} = -\frac{v_C}{R} \rightarrow \frac{dv_C}{dt} = -\frac{v_C}{RC} \rightarrow \frac{dv_C}{v_C} = -\frac{1}{RC}dt$$

$$\ln v_C = -\frac{t}{RC} + \ln A \rightarrow v_C(t) = Ae^{-\frac{t}{RC}} = v_C(0)e^{-\frac{t}{RC}}$$

放電時，電容電壓之數學式為：

$$v_C(t) = Ee^{-\frac{t}{RC}} \quad \text{V} \tag{4-15}$$

電容電流之數學式為：

$$i_C(t) = C\frac{dv_C}{dt} = -\frac{E}{R}e^{-\frac{t}{RC}} \quad \text{A} \tag{4-16}$$

[註]：負號表示與充電時方向相反

電阻電流之數學式為：

$$i_R(t) = \frac{v_C}{R} = \frac{E}{R}e^{-\frac{t}{RC}} \quad \text{A} \tag{4-17}$$

因指數函數 $e^{-\frac{t}{RC}}$ 會隨著時間的增加，而呈現遞減的現象，放電電路上之電容電壓值 v_C 與電流 i_C 的變動，如圖 4-22 所示，約 5 個時間常數時，將會減為零。

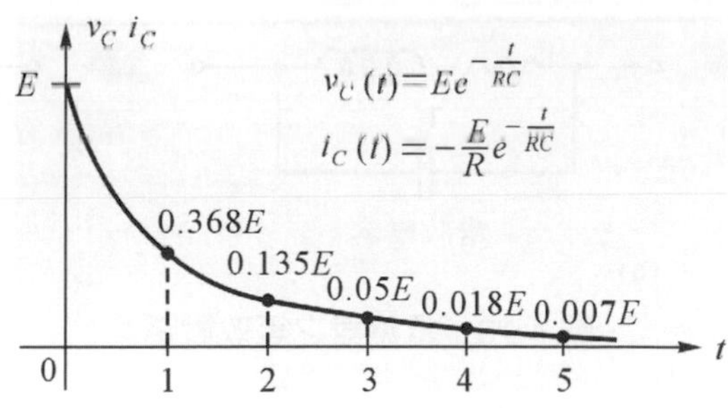

圖 4-22　放電時，電壓與電流之變化情形

EXAMPLE

例題 4-14

RC 串聯電路，若 $R = 5\text{k}\Omega$，$C = 2\mu\text{F}$，求放電時之時間常數為多少？

解　時間常數之公式 $\tau = RC = 5\ \text{k}\Omega\times 2\mu\text{F} = 10\times 10^{-3}$ (秒，s)= 0.01 (秒，s)

EXAMPLE

例題 4-15

RC 串聯電路，$E = 10\text{V}$，$R = 1\text{M}\Omega$，$C = 1\mu\text{F}$，當放電 2 秒後，求電阻之壓降 v_R、電路電流 i 及電容器之壓降 v_c 為多少？

解　首先求出時間常數 $\tau = RC = 1\times 10^{6}\times 1\times 10^{-6} = 1\text{s}$

公式 $v_R = -E\times e^{-\frac{t}{RC}} = -10\times e^{-\frac{2}{1}} = -10\times 0.135 = -1.35\text{V}$

電路電流 $i = -\dfrac{v_R}{R} = -\dfrac{1.35}{1\times10^6} = -1.35\times10^{-6} = -1.35\mu A$

電容電壓 $v_C = v_R = -1.35V$

EXAMPLE
例題 4-16

RC 串聯電路，若 $E = 10V$，$R = 1k\Omega$，$C = 2\mu F$，求放電完成之時間及電容器壓降爲若干？

解 時間常數 $\tau = RC = 1\ k\Omega\times2\mu F = 2\times10^{-3} = 2ms$。放電完成需 5 個時間常數，

即 $5\tau = 5\times2ms = 10ms$。

放電完成 $V_C = 0V$。

4-2 電感器

4-2-1 電感器之種類

每個電感器 L 都存有線圈電阻 R 及雜散電容 C，如圖 4-23(a)所示爲電感器之等效電路。

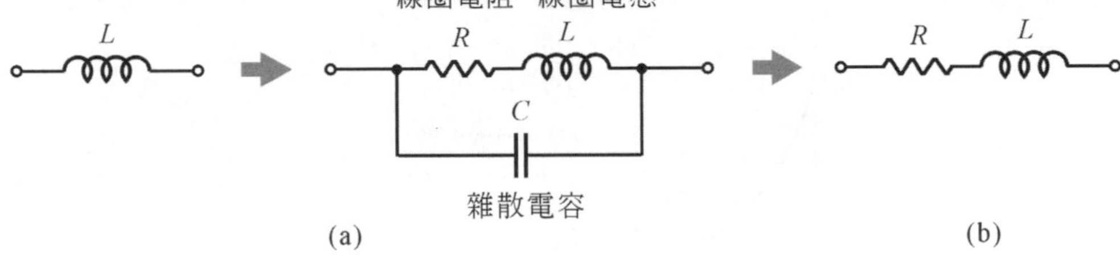

圖 4-23 電感器之等效電路

在實用上，常將雜散電容忽略，如圖 4-23(b)所示。線圈電阻 R 對電感影響很大，因 $R = \dfrac{\rho L}{A}$，當線圈又細(A 小)又長(L 大)時，電阻 R 會由幾歐姆變成幾百歐姆。不過在分析時，皆視電感器爲理想元件。電感器之符號，如圖 4-24 所示。

(a) 空氣心　(b) 鐵心　(c) 可調式(可變導磁率)

圖 4-24 電感器之符號

電感器之種類，可分爲可調與固定兩類。說明於下：

一、可調式電感器

可調式爲調節導磁係數的線圈。在線圈內，有一可轉動的鐵磁軸，藉由磁軸的轉動以改變交鏈的磁通量，而改變電感値。可調式電感器應用在各種射(或高)頻(RF)電路，作爲振盪器之配件，如通信之對講機、電視機之選台器及無線電中之可變電感等。其電感値爲 1μH～100μH。

二、固定式電感器

1. 固定電感線圈

固定電感線圈是將絕緣導線，如漆包線等，一圈圈地繞在絕緣管上。絕緣管有空心、鐵芯或磁粉芯等種類。線圈的 Q 值(品質因數)愈高，電路的消耗愈小。線圈的 Q 值通常為幾十到幾百。固定電感線圈有引腳型與貼片型兩類，如圖 4-25 所示。固定電感線圈廣泛地使用在網路、電信、電腦、交流電源和周邊設備上。

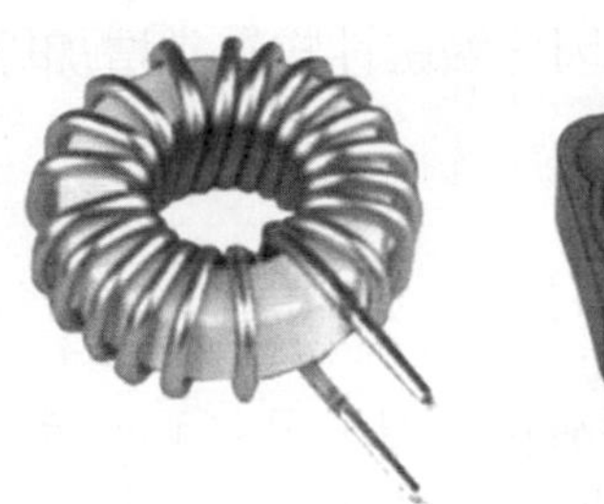

圖 4-25　固定電感線圈

2. 射頻電感器

射頻電感器，如圖 4-26 所示，具有高頻、高共振頻率及高 Q 值等特性。且結構性佳及使用方便。廣泛應用於呼叫器、行動式電話、數位相機及高頻通訊類產品，如全球定位系統、無線網絡、藍牙模組及汽車電子產品等。電感值為 1μH～100μH。

(a) 線圈型

(b) 繞線型(SMD)

(c) 晶片型

圖 4-26　射頻電感器

3. 功率電感器

在開關電源中，功率電感器，如圖 4-27 所示，可作儲能元件。在開關導通期間儲存磁能；在開關斷開期間，將儲存的能量傳送到負載。具有整流及濾波的作用。磁芯是磁滯損失造成的損耗，若加大導磁係數，則磁滯曲線之面積會變小，磁芯之損耗也會變小。功率電感器應用於電源供應器，作為電機、電腦及自動化設備之直流/直流(DC/DC)轉換器。

圖 4-27　功率電感器(SMD)

通訊器材之技術日益精進，電子產品朝輕、薄、短、小與多功能方面發展。相對於電子產品，零組件之要求，整合性與裝配密度要高，裝配成本則要下降。

4-2-2 電感量

當線圈通上交變電流時，線圈會產生電感量對應電流之變化，電感量是線圈之自我電感(self-inductance)簡稱電感。電感之量測單位爲亨利(Herrirs，H)，用來紀念美國物理學家 Joseph Herry(1797～1878)。電感量與線圈之磁性有關，因此鐵磁性物質常增加線圈交鏈的磁通，以增加線圈的電感量。電感有自感與互感的分別。

4-2-2-1 自感

如圖 4-28 所示電路，當按下開關 S，電流 I 流經線圈，用右手四指指向電流方向，大姆指指向圖示磁通(或磁力線)方向。磁通形成之空間即磁場，將磁通 ϕ 乘以線圈之圈(或匝) N 數稱爲磁通鏈(flux linkage)。在線圈上，單位電流產生之磁通鏈稱爲電感量(inductance)，以 L 表示，單位爲亨利(H)。

$$L=\frac{N\phi}{I} \tag{4-18}$$

式中，N 爲線圈繞有之圈數，單位爲匝；ϕ 爲磁通或磁力線，SI 單位爲韋伯(Wb)。

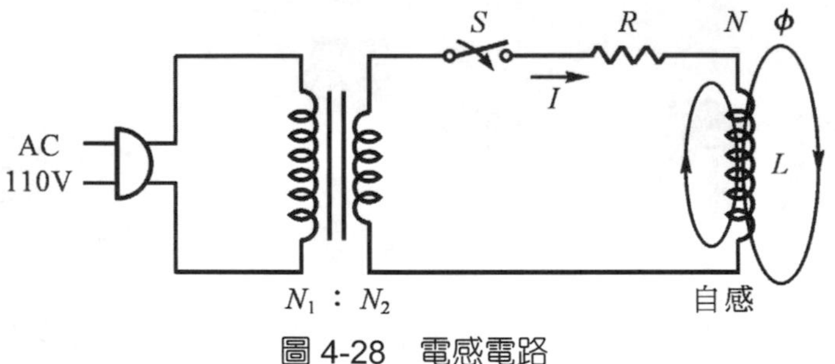

圖 4-28 電感電路

EXAMPLE 例題 4-17

繞有 2000 匝之線圈，通入 2 安培之電流，產生 5×10^{-3} 韋伯之磁通，問(1)自感量、(2)若線圈之匝數增加 3 倍，則自感量變爲多少？

解 線圈之自感量爲：

$$L=\frac{N\phi}{I}=\frac{2000\times5\times10^{-3}}{2}=5\,\mathrm{H}$$

線圈之自感量 $L=\dfrac{N^2}{R}$，因只改變匝數，磁阻維持不變，則

$$L'=3^2\times L=9\times5=45\mathrm{H}$$

例題 4-18

線圈通入 5 安培電流，產生 0.004 韋伯磁通，若線圈之匝數為 1500 匝，問產生之自感量為多少？若線圈增為 3000 匝，則自感量變為多少？

解　自感量 $L=\dfrac{N\phi}{I}=\dfrac{1500\times 0.004}{5}=1.2\text{ H}$

因 $L=\dfrac{N^2}{R}$，則 $\dfrac{L}{L'}=(\dfrac{N}{N'})^2$

$L'=(3000/1500)^2\times 1.2=4.8\text{H}$

4-2-2-2　互感

如圖 4-29 所示，將兩線圈相鄰放置，當兩線圈通上交流電源時，兩線圈產生之磁通會相互交流，稱為互感應(mutual-inductance)，簡稱互感，以 M 表示，單位為亨利(H)。

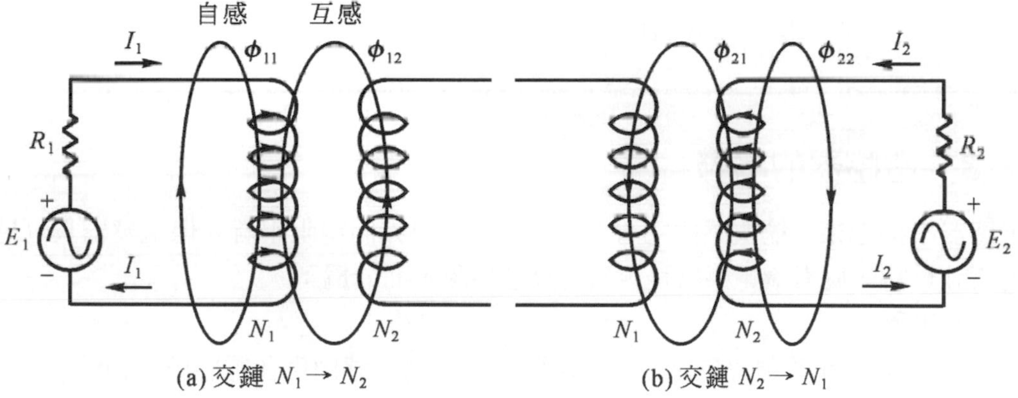

圖 4-29　互感

1. 圖(a)，當線圈 N_1 流經電流 I_1 時，產生之磁通量為 ϕ_1。$\phi_1=\phi_{11}+\phi_{12}$，磁通 ϕ_{11} 不與線圈 N_2 交鏈稱漏磁通。磁通 ϕ_{12} 稱交鏈磁通。N_1 之交鏈磁通為：

$$M_{12}=\frac{N_2\phi_{12}}{I_1} \tag{4-21}$$

2. 圖(b)，當線圈 N_2 流經電流 I_2 時，產生之磁通量為 ϕ_2。$\phi_2=\phi_{22}+\phi_{21}$，磁通 ϕ_{22} 不與線圈 N_1 交鏈稱漏磁通。磁通 ϕ_{21} 稱交鏈磁通。N_2 之交鏈磁通為：

$$M_{21}=\frac{N_1\phi_{21}}{I_2} \tag{4-22}$$

3. 耦合係數為交鏈磁通量與電流磁通量之比值，以 K 表示，K 值恆小於 1。

$$K=\frac{\phi_{12}}{\phi_1}=\frac{\phi_{21}}{\phi_2}<1$$

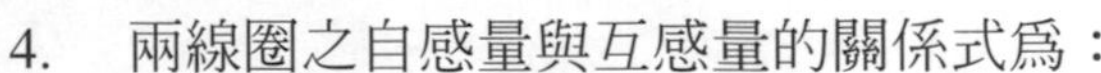

4. 兩線圈之自感量與互感量的關係式為：

$$M = K\sqrt{L_1 L_2} \tag{4-24}$$

式中，L_1 與 L_2 為線圈 N_1 與 N_2 的自感量，K 為兩線圈的耦合係數。

EXAMPLE 例題 4-19

兩線圈之自感量分別為 0.6 亨利及 0.15 亨利，若耦合係數為 0.5，則互感 M 為多少？

解 互感 $M = K\sqrt{L_1 L_2} = 0.5 \times \sqrt{0.6 \times 0.15} = 0.5 \times \sqrt{0.09} = 0.5 \times 0.3 = 0.15\,\text{H}$

EXAMPLE 例題 4-20

兩線圈之互感為 0.1 亨利，耦合係數為 0.5，若一線圈之電感量為 0.1 亨利，則另一線圈之電感量為何？

解 互感 $M = K\sqrt{L_1 L_2} = 0.5 \times \sqrt{0.1 \times L_2} = 0.1$

$$L_2 = \frac{(0.2)^2}{0.1} = \frac{0.04}{0.1} = 0.4\,\text{H}$$

4-2-3 電感器的串聯

將電感器串接起來，總電感值為增大，串聯的效果如同電阻串聯。但電感器具互感應的影響，故實際計算時，應考慮電感器是否具有互感現象，而分為：

1. 無互感的串聯

如圖 4-30 所示為無互感之電感器串聯電路。總電感值為各電感值之和為：

$$L_T = L_1 + L_2 + L_3 .... + L_N \tag{4-25}$$

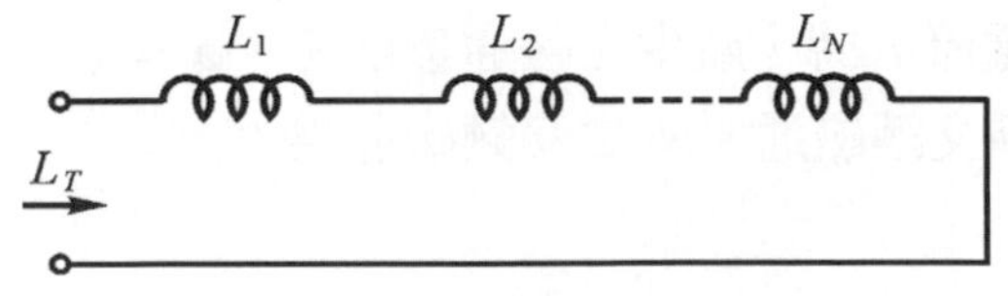

圖 4-30 無互感之電感串聯

2. 具互感的串聯

將具有互相感應的電感器串接在一起，必須考慮因磁力線(或磁通)方向的相同或相反，產生總磁力線數的增加或減少，對總電感值的影響。說明於下：

(1) 串聯互助：如圖 4-31 所示電路，兩線圈的磁力線方向相同，磁力有增強的趨勢，互感值取正。

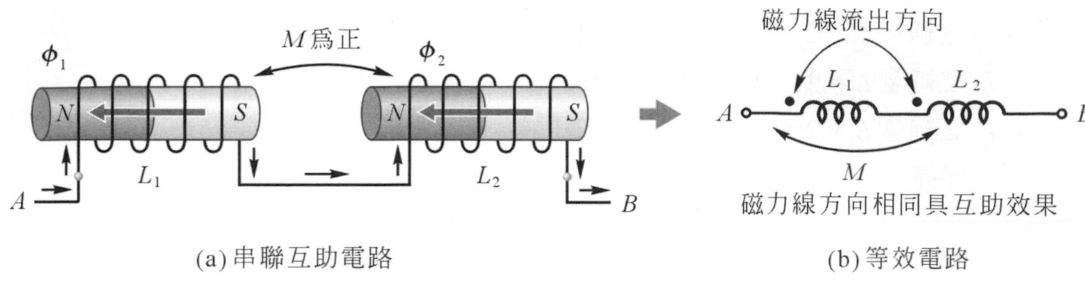

(a) 串聯互助電路　　(b) 等效電路

圖 4-31　串聯互助

線圈 N_1 之電感值爲 L_1+M，線圈 N_2 之電感值爲 L_2+M，總電感值 L_T 的數學式爲：

$$L_T = L_1 + L_2 + 2M \tag{4-26}$$

(2) 串聯互消：如圖 4-32 所示電路，兩線圈的磁力線方向相反，磁力有減弱的趨勢，互感值取負。

線圈 N_1 之電感值爲 L_1-M，線圈 N_2 之電感值爲 L_2-M，總電感值 L_T 的數學式爲：

$$L_T = L_1 + L_2 - 2M \tag{4-27}$$

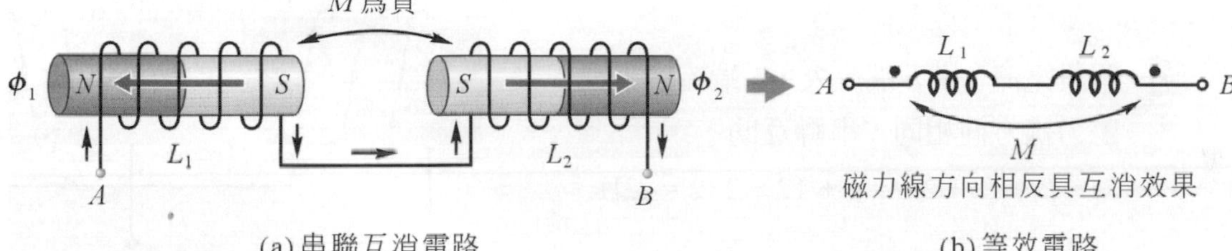

(a) 串聯互消電路　　(b) 等效電路

圖 4-32　串聯互消

EXAMPLE
例題 4-21

如圖所示，兩線圈之耦合係數 $K = 0.5$，則 A、B 兩端間之總電感爲多少？

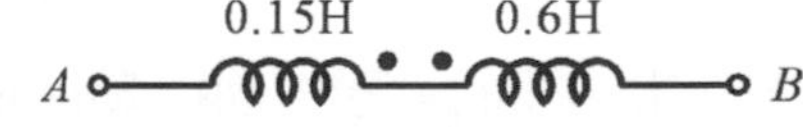

解　互感量 $M = K\sqrt{L_1L_2} = 0.5\times\sqrt{0.15\times0.6} = 0.5\times0.3 = 0.15$

總電感 $L_T = L_1 + L_2 - 2M = 0.15+0.6-0.15\times2 = 0.45\text{H}$；兩線圈之磁力線方向相反。

EXAMPLE
例題 4-22

如圖所示，若 $L_1 = 2\text{H}$、$L_2 = 3\text{H}$、$L_3 = 2.5\text{H}$，則總電感量爲多少？

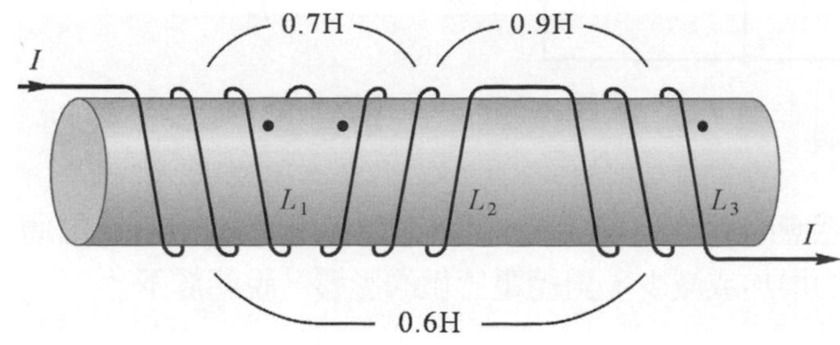

解 L_1 之純量 $L_1' = 2 - 0.7 + 0.6 = 1.9\text{H}$

L_2 之純量 $L_2' = 3 - 0.7 - 0.9 = 1.4\text{H}$

L_3 之純量 $L_3' = 2.5 - 0.9 + 0.6 = 2.2\text{H}$

總電感量 $L_T = L_1' + L_2' + L_3' = 1.9 + 1.4 + 2.2 = 5.5\text{H}$

EXAMPLE 例題 4-23

如圖所示電路，$L_1 = 6\text{H}$，$L_2 = 12\text{H}$，$M = 2\text{H}$，求 L_{ab} 爲多少？

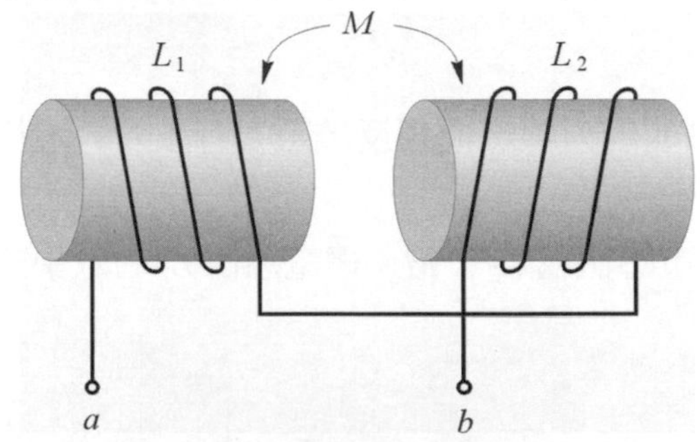

解 假設電流 I 由 a 端流入，b 端流出，則：

磁力線方向相同，串聯互助

$L_T = L_1 + L_2 + 2M = 6 + 12 + 2\times 2 = 22\text{H}$

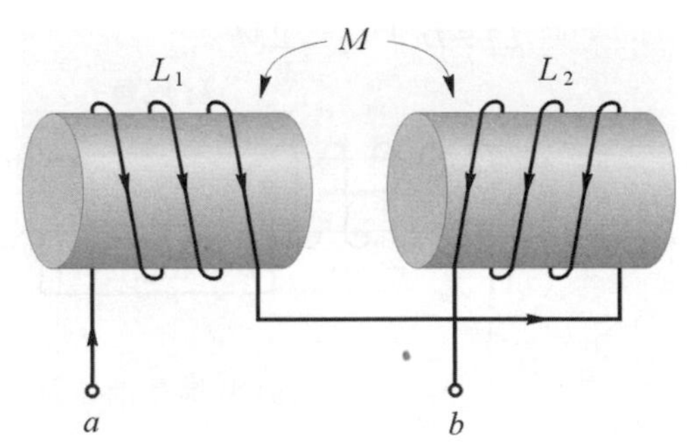

4-2-4 電感器的並聯

電感器的並聯，因線圈磁通的有無互相感應，分爲無感應與有感應並聯電路。說明於下：

1. 無互感的並聯

如圖 4-33 所示爲無互感應的電感器並聯電路。總電感值的求法同電阻並聯，爲各電感值之倒數和，再取倒數值。

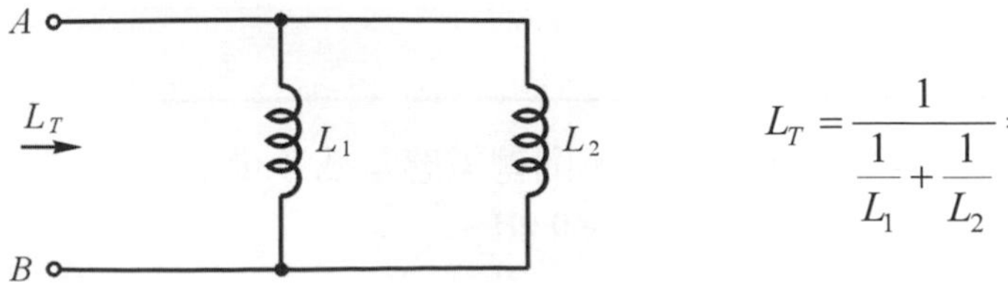

$$L_T = \frac{1}{\frac{1}{L_1} + \frac{1}{L_2}} = \frac{L_1 \times L_2}{L_1 + L_2}$$

圖 4-33 無互感的並聯

2. 有互感的並聯

將具有互相感應的電感器並接在一起，必須考慮因磁力線(或磁通)方向的相同或相反，產生總磁力線數的增加或減少，對總電感值的影響。說明於下：

(1) 並聯互助：如圖 4-34 所示電路，兩線圈的磁力線方向相同，磁力有增強的趨勢，互感值取正。

線圈 N_1 的電感爲 $L_1 + M$，線圈 N_2 的電感爲 $L_2 + M$，總電感值 L_T 爲：

$$L_T = \frac{L_1 L_2 - M^2}{L_1 + L_2 - 2M} \tag{4-28}$$

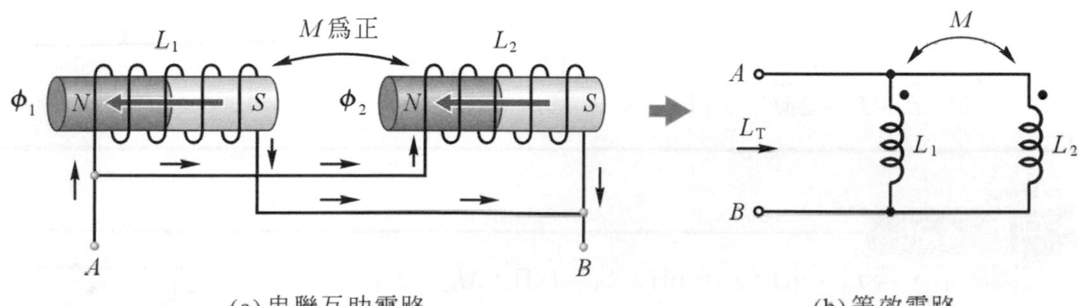

(a) 串聯互助電路　　(b) 等效電路

圖 4-34　並聯互助

(2) 並聯互消：如圖 4-35 所示電路，兩線圈的磁力線方向相反，磁力有減弱的趨勢，互感值取負。

線圈 N_1 的電感爲 $L_1 - M$，線圈 N_2 的電感爲 $L_2 - M$，總電感值 L_T 爲：

$$L_T = \frac{L_1 L_2 - M^2}{L_1 + L_2 + 2M} \tag{4-29}$$

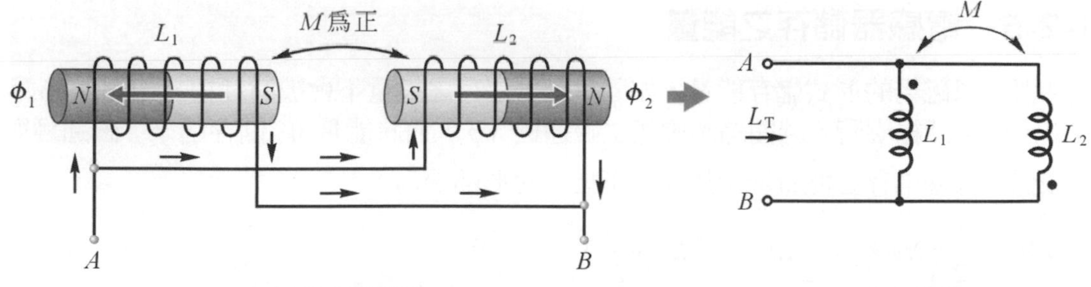

(a) 串聯互消電路　　(b) 等效電路

圖 4-35　並聯互消

EXAMPLE
例題 4-24

如圖所示爲兩電感器並聯電路，若 $L_1 = 6\text{H}$，$L_2 = 3\text{H}$，則並聯線總電感 L_T 爲多少？

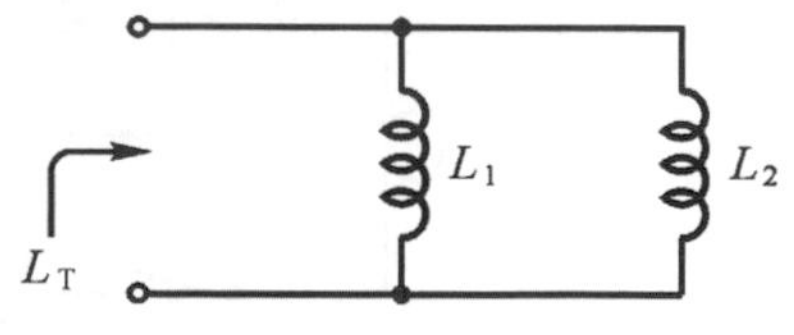

解　兩電感未相互感應，並聯總電感之求法，如同並聯電阻。

$$L_T = \frac{L_1 L_2}{L_1 + L_2} = \frac{6 \times 3}{6 + 3} = \frac{18}{9} = 2\ \text{H}$$

例題 4-25

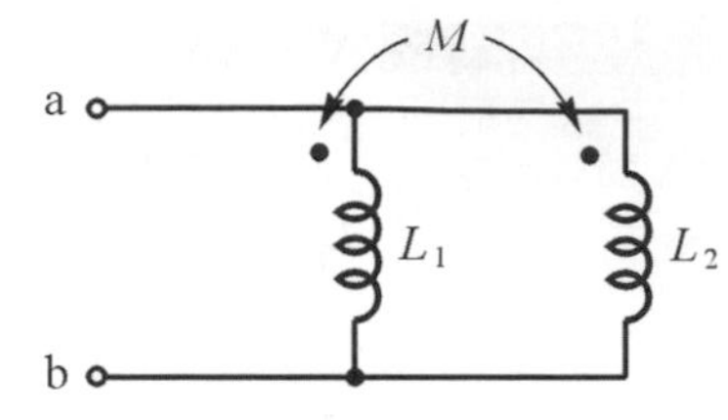

如圖所示為電感並聯電路，其中 $L_1 = 3\text{H}$，$L_2 = 6\text{H}$，互感 $M = 2\text{H}$，則 a、b 兩端之總電感值 L_{ab} 應為多少？

解　圖示為有相互感應 M 之並聯電路，並聯互助之總電感值的數學式為：

$$L_T = \frac{L_1L_2 - M^2}{L_1 + L_2 - 2M} = \frac{3\times6-2^2}{3+6-2\times2} = \frac{14}{5} = 2.8\,\text{H}$$

例題 4-26

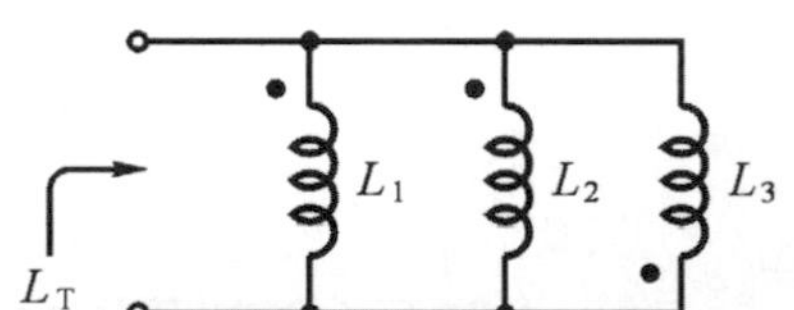

如圖所示，若 $L_1 = 9\text{H}$，$L_2 = 6\text{H}$，$L_3 = 14\text{H}$，$M_{12} = 3\text{H}$，$M_{23} = 6\text{H}$，$M_{31} = 6\text{H}$，試求等值電感 L_T 為多少？

解　L_1 受互感後之等值 $L_1' = 9 + 3 - 6 = 6\text{H}$

L_2 受互感後之等值 $L_2' = 6 + 3 - 6 = 3\text{H}$

L_3 受互感後之等值 $L_3' = 14 - 6 - 6 = 2\text{H}$

等值電感 $L_T = \dfrac{6\times3\times2}{6\times3+3\times2+2\times6} = \dfrac{36}{36} = 1\,\text{H}$

4-2-5　電感器儲存之能量

電感器會以磁場的形式儲存能量，如同電容器儲存之能量不會被消耗掉。如圖 4-36 所示電路，當電流經電感線圈時，線圈週圍會產生磁通鏈 $N\phi$，而將能量 W_L 儲存起來。磁通鏈與電流成線性關係，線圈儲存之能量顯示於曲線下之三角形部份為：

$$W_L = \frac{1}{2}\times N\phi\times I = \frac{1}{2}LI^2 \quad (\because L = \frac{N\phi}{I}) \tag{4-30}$$

式中，W_L 為電感量儲能，單位為焦耳(J)。

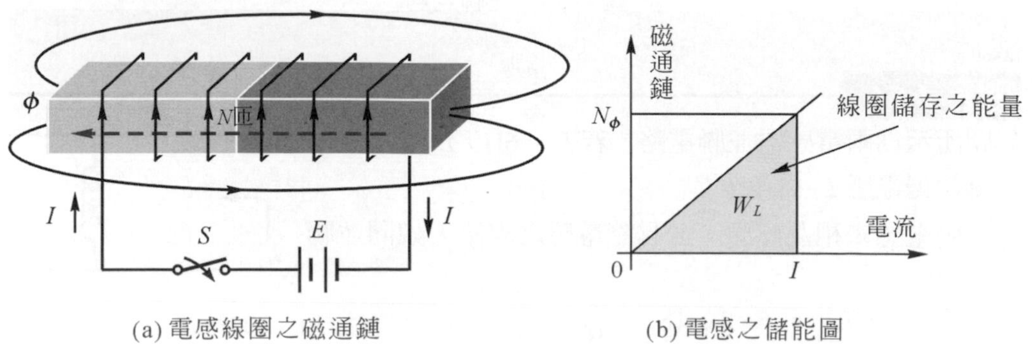

(a) 電感線圈之磁通鏈　　(b) 電感之儲能圖

圖 4-36　電感之儲能

EXAMPLE
例題 4-27

如圖所示，當電流達到穩定值時，試求電感中之能量爲多少？

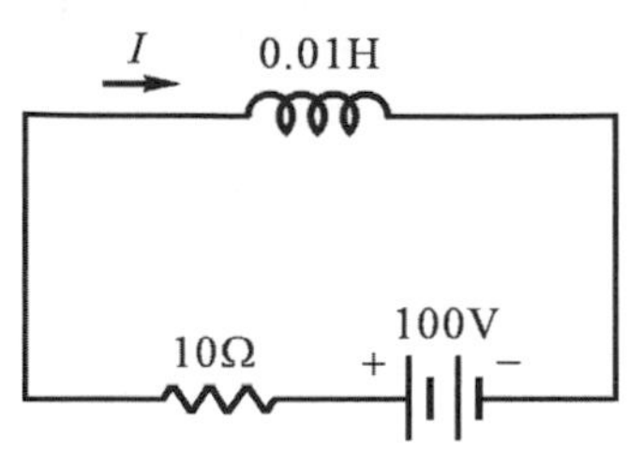

解　電流 $I=\dfrac{100}{10}=10\text{A}$，電感器視同短路。

儲存能量 $W=\dfrac{LI^2}{2}=\dfrac{0.01\times10^2}{2}=0.5\text{ J}$

EXAMPLE
例題 4-28

如圖所示，設有兩串聯之電感器 L_1 及 L_2，其中 $L_1=L_2=6$ 亨利，兩者之間之耦合係數 K 爲 0.8，兩電感器所儲存的總能量爲多少？

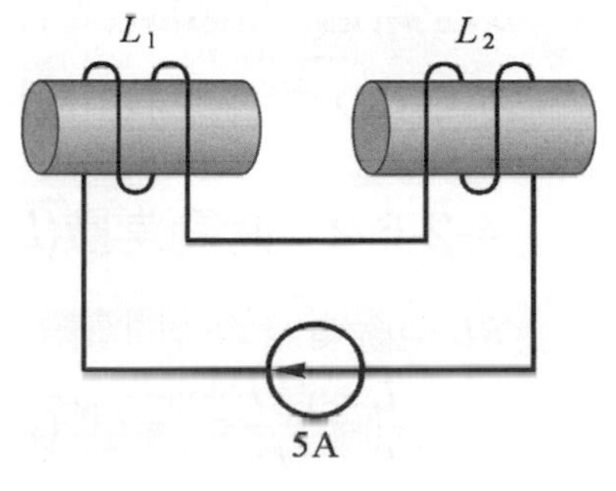

解　互感量 $M=K\sqrt{L_1L_2}=0.8\times\sqrt{6\times6}=0.8\times6=4.8$

兩線圈之磁力線方向相反，串聯互消之電感值爲：

$L_T=L_1+L_2-2M=6+6-2\times4.8=12-9.6=2.4\text{ H}$

線圈之儲能 $W=\dfrac{LI^2}{2}=\dfrac{2.4\times5^2}{2}=30\text{ J}$

4-2-6　*RL* 暫態電路

4-2-6-1　感應電壓(v_L)

在電感電路上，電感器產生感應電壓的時機，以圖 4-37 說明。電路電流如圖(a)所示，通過電感量 $L=10\text{mH}$ 時，電感器產生感應電壓(或電壓降)爲：

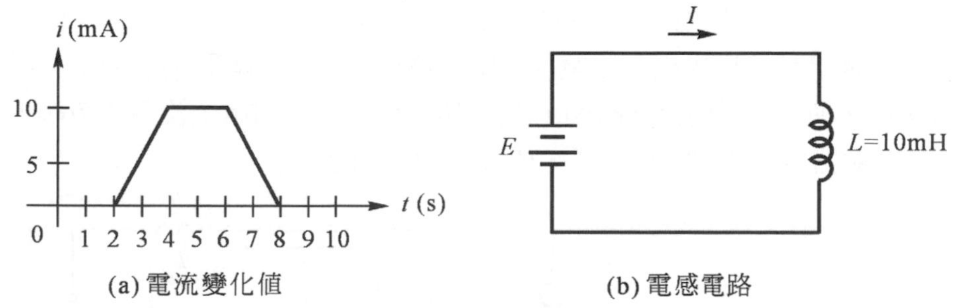

(a) 電流變化值　　(b) 電感電路

圖 4-37　電感器之感應電壓

(1)　當時間之變動爲 $t=0\rightarrow2$ 秒時，電感之感應電壓爲：

$$v_L=L\frac{di}{dt}=10\times10^{-3}\times\frac{0-0}{2-0}=0\text{ V}$$

(2) $t=2 \to 4$ 秒時，電感之感應電壓爲：

$$v_L = 10\times10^{-3}\times\frac{(10-0)\times10^{-3}}{4-2} = \frac{100\times10^{-6}}{2} = 50\times10^{-6} = 0.05\text{ mV}$$

(3) $t=4 \to 6$ 秒時，電感之感應電壓爲：

$$v_L = 10\times10^{-3}\times\frac{(10-10)\times10^{-3}}{6-4} = \frac{10\times10^{-3}\times0}{2} = 0\text{ V}$$

(4) $t=6 \to 8$ 秒時，電感之感應電壓爲：

$$v_L = 10\times10^{-3}\times\frac{(0-10)\times10^{-3}}{8-6} = \frac{-100\times10^{-6}}{2} = -50\times10^{-6} = -0.05\text{ mV}$$

以上所述，電感器在電流隨時間變化時，產生感應電壓。電流值維持定值時，電感器沒有感應電壓(v_L)產生。可知電感之感應電壓由流經線圈之電流變化率($\frac{di}{dt}$)來決定。

4-2-6-2　時間常數(*L*/*R*)

RL 串聯電路的時間常數，由電感量(*L*)與串接電阻值(*R*)之關係決定。

$$\frac{L}{R} = \frac{v\times t}{i} \div \frac{v}{i} = t\text{ 秒(s)}；v = L\times\frac{i}{t}，R = \frac{v}{i}$$

式中，$\frac{L}{R}$爲 *RL* 暫態電路的時間常數。其數學式爲：

$$\tau = \frac{L}{R}\text{ 秒(s)} \tag{4-31}$$

希臘字母 τ 爲時間常數的符號，單位爲秒(s)，*L* 爲電感量，單位爲亨利(H)，*R* 爲電阻，單位爲歐姆(Ω)。

4-2-6-3　充電過程

如圖 4-38(a)所示爲 *RL* 串聯電路。若撥動開關 *S* 在位置 1 時，流經線圈之電路電流 *i*。依楞次定理，線圈上之電感將阻止電路電流瞬間變化，並產生相當的感應電壓 v_L。因電流是由零安培開始增加，故線圈會感應產生相反之電壓以阻止電流的增大，剛開始變動時，電感之感應電壓值等於電源電壓，使得開關閉合之瞬間，電路電流等於 0A，電阻上沒電流流經，電阻壓降也爲 0V，$v_R=0$，電感器兩端如同開路狀態，如圖 4-38(b)所示。

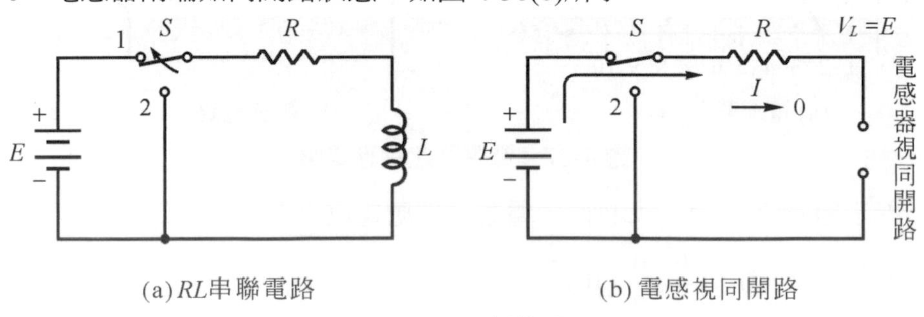

(a) *RL*串聯電路　　(b) 電感視同開路

圖 4-38　*RL* 暫態電路

當電路電流 i 由 0 開始增加時，電阻上也開始建立電壓降。依克希荷電壓定律：$E - v_R - v_L = 0$，$v_L = E - v_R$，電感上之電壓降開始減少，而電路電流與電阻壓降將持續地增加，直到電感兩端之壓降 v_L 降為 0V 為止，此時電路電流 $i = E/R$ 為最大值。如圖 4-39 所示。

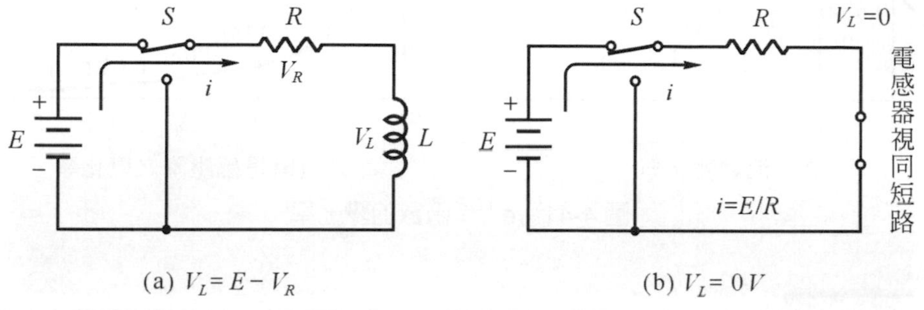

(a) $V_L = E - V_R$　　(b) $V_L = 0\,V$

圖 4-39　電路電流之變化

4-2-6-4　$e^{-\frac{t}{L/R}}$ 函數

如圖 4-40 所示為 RL 暫態電路。設電流初始值 $i(0^-) = I_0$，依克希荷夫電壓定律 KVL，電壓之關係式為：

$$v_R + v_L = E \rightarrow L\frac{di}{dt} + Ri = E \rightarrow \frac{di}{dt} + \frac{R}{L}i = \frac{E}{L}$$

$$i(t) = e^{-\frac{tR}{L}}\int e^{\frac{tR}{L}}\frac{E}{L}dt + Be^{-\frac{tR}{L}} = \frac{E}{R} + Be^{-\frac{tR}{L}} = \frac{E}{R} + (I_0 - \frac{E}{R}e^{-\frac{tR}{L}})$$

圖 4-40　RL 暫態電路

當開關閉合瞬間 $t(0^-)$，電感感應電壓($v_L = E$)等於電源電壓，電路流電流等於 0 安培($I_0 = 0\,\text{A}$)，因此，電路電流的數學式為：

$$i(t) = \frac{E}{R} + (0 - \frac{E}{R}e^{-\frac{tR}{L}}) = \frac{E}{R}(1 - e^{-\frac{tR}{L}})\ \text{A} \tag{4-32}$$

相對於 RC 暫態電路的指數函數 $e^{-\frac{tR}{L}}$，RL 暫態電路之指數函數 $e^{-\frac{tR}{L}}$ 為遞減函數，$(1 - e^{-\frac{tR}{L}})$ 為遞增函數。充電過程中，電路電流 i 與電感壓降 v_L 的變化量，如圖 4-41 所示。在第 1 個時間常數兩者的變化率最大，約為 63.2%。其它的時間常數之變化率。

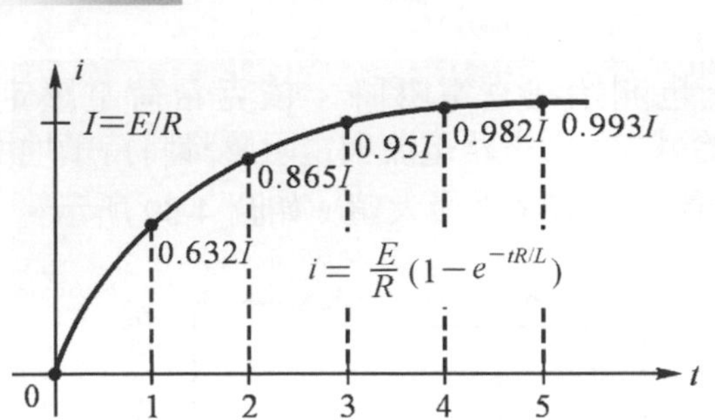

(a) 電流之變化率

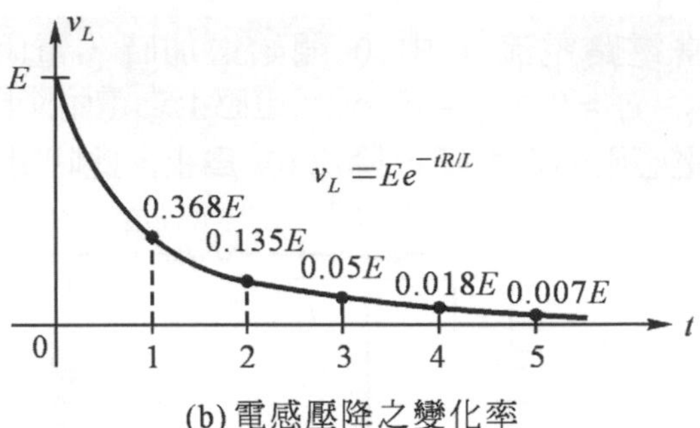

(b) 電感壓降之變化率

圖 4-41 $e^{-t/L/R}$ 函數的變化率

例題 4-29

有一 RL 串聯電路，若 $R = 0.01\Omega$，$L = 100\text{mH}$，試求時間常數爲何？

解 公式：$\tau = \dfrac{L}{R} = \dfrac{100\times10^{-3}}{0.01} = 10$ (s，秒)

例題 4-30

如圖所示，將開關撥至位置 1 時，若 $E = 10\text{V}$，$R = 100\Omega$，$L = 100\text{mH}$，試求：

(1) 經過 2m 秒時之電路電流值。
(2) 經過 4m 秒時之電阻電壓值。
(3) 充電完成時，需時多少？

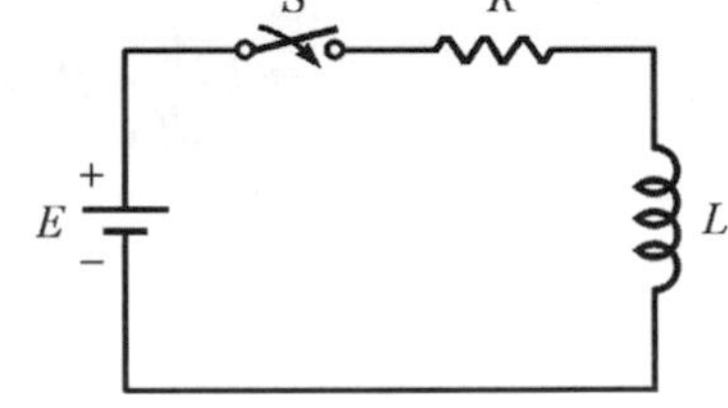

解 首先求出電路之時間常數 $\tau = \dfrac{L}{R} = \dfrac{100\times10^{-3}}{100} = 1\text{ms}$

(1) 公式：$i = \dfrac{E}{R}\times(1-e^{-\frac{t}{L/R}}) = \dfrac{10(1-e^{-2})}{100} = 0.1\times0.865 = 0.0865\text{A}$

(2) 公式：$v_R = E\times(1-e^{-\frac{t}{L/R}}) = 10(1-e^{-4}) = 10\times0.982 = 9.82\text{V}$

(3) 充電完成需 5 個時間常數 $5\tau = 5\times1\text{m} = 5\text{ms}$

4-2-6-5 放電過程

圖 4-42 經 5 個時間常數 $\dfrac{5L}{R}$ 後，將開關 S 撥至位置 2，因切斷供應電壓源 E 之瞬間，電路電流中斷，電流瞬間減小，依楞次定律，電感會感應相同之電勢，減緩電流減小。電路電流若要不減小，放電時之電流方向應與充電時相同，才具有減緩的作用。圖中，黑色箭頭表示充電時的電流方向，紅色箭頭表示放電時的電流方向，兩者應同向，電源流出電流端爲正，表示電感器上之電壓極性，應與充電時相反。

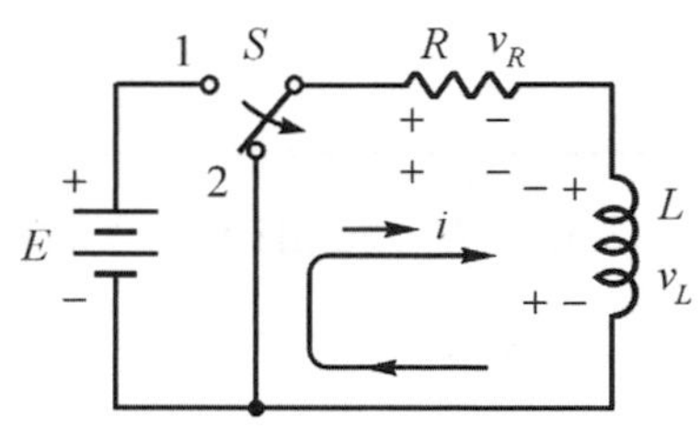

圖 4-42　比較充、放電間電流方向與電壓之極性

如圖 4-43 所示爲 *RL* 放電電路。設電流之初始値 $i(0)=I_0$，依克希荷夫電壓定律，電路之電壓關係式爲：

$$v_L + v_R = 0$$

因 $v_L = L\dfrac{di}{dt}$ 及 $v_R = iR$ ，代入上式，則

$$L\frac{di}{dt} + iR = 0 \rightarrow \frac{di}{dt} + \frac{R}{L}i = 0 \rightarrow \frac{di}{i} = -\frac{R}{L}dt$$

$$\ln i(t) - \ln I_0 = -\frac{R}{l}t \rightarrow i(t) = I_0 e^{-\frac{tR}{L}}$$

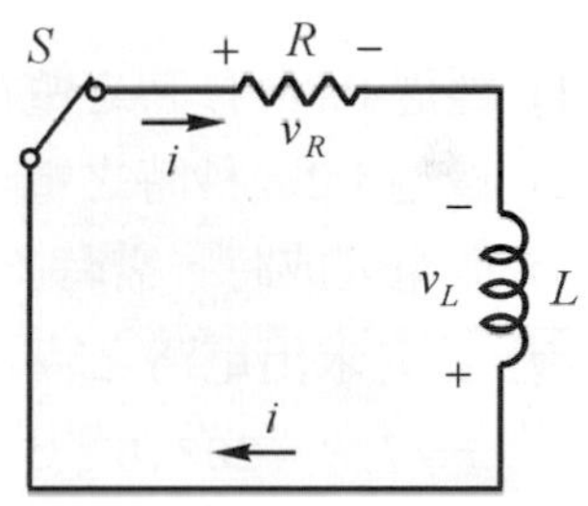

圖 4-43　*RL* 放電電路

電路開始放電時，因電感電壓值 v_L 爲最大($l_L = E$)，則電路電流 $I_0 = \dfrac{v_L}{R} = \dfrac{E}{R}$ 亦爲最大值。隨著時間的變動，電感之電壓值與電路電流值會逐漸減小，直至爲零。

$$i = \frac{E}{R}e^{-\frac{tR}{L}}\ \text{A}，\ v_L = -Ee^{-\frac{tR}{L}}\ \text{V} \tag{4-33}$$

電感電壓 v_L 與電流 i 隨著指數函數 $e^{-\frac{tR}{L}}$ 變化的情形，如圖 4-44 所示，兩者皆爲遞減的狀態。

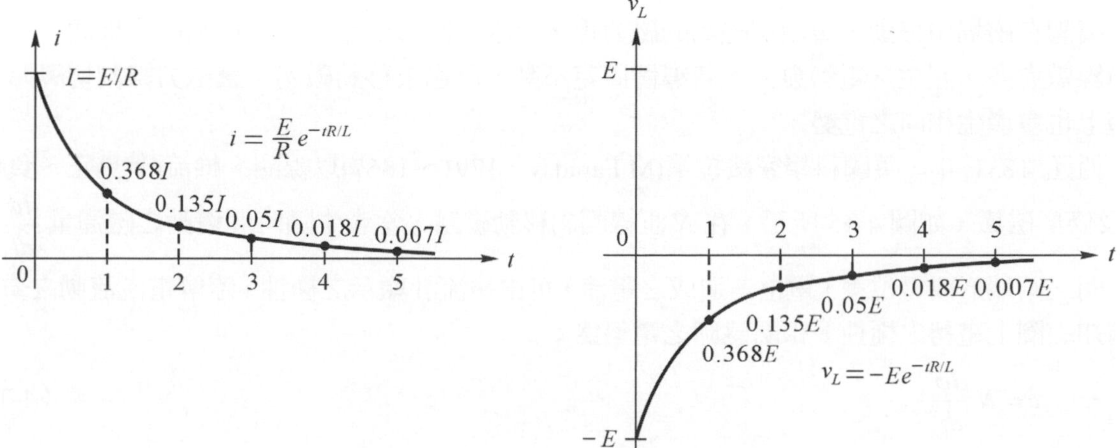

圖 4-44　v_L 與 i 值隨時間變化之狀態

EXAMPLE

例題 4-31

有一 RL 串聯電路，若 $R = 100\Omega$，$L = 50\text{mH}$，問其時間常數爲何？

解　公式：$\tau = \frac{L}{R} = \frac{50 \times 10^{-3}}{100} = 0.5\text{ms}$

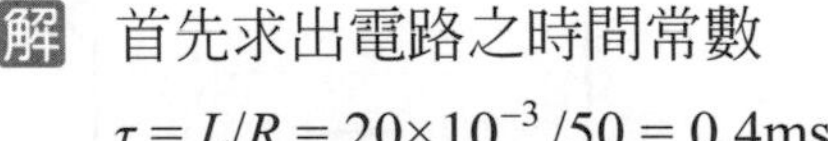

EXAMPLE

例題 4-32

如圖所示，將開關撥至位置 2 時，若 $E = 10\text{V}$，$R = 50\Omega$，$L = 20\text{mH}$，試求：

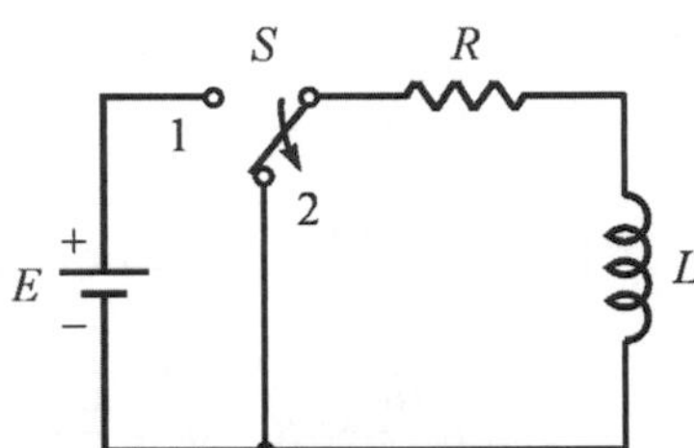

(1) 經過 0.8m 秒時之電路電流值。
(2) 經過 1.2m 秒時之電阻電壓值。
(3) 放電完成時，需時多少？

解　首先求出電路之時間常數

$\tau = L/R = 20\times10^{-3}/50 = 0.4\text{ms}$。

(1) 公式：$i = \frac{E}{R} \times e^{-\frac{t}{L/R}} = \frac{10e^{-2}}{50} = 0.2\times0.135 = 0.027\text{A}$。

(2) 公式：$v_R = E\times e^{-\frac{t}{L/R}} = 10\times e^{-3} = 10\times0.05 = 0.5\text{V}$。

(3) 放電完成需時 5 個時間常數 $5\tau = 5\times0.4\text{m} = 2\text{ms}$。

4-2-7　電磁感應

4-2-7-1　法拉第定律(Faraday's law)

導體在磁場中移動，會割切磁場的磁力線，於兩端間形成電位差。移動中之導體，若割切磁力線數愈多，產生之電勢愈大。若導體固定不動，反過來移動磁場，讓磁力線割切導體，在導體上也會產生相同之電勢。

西元 1831 年，英國科學家法拉第(M.Faradsy，1791～1867)以線圈、檢流計(具正、負極刻度)及條形磁鐵，如圖 4-45 所示，在 N 匝線圈內移動磁鐵，當產生隨時間變動之磁通量 $\frac{d\phi}{dt}$ 時，在線圈之兩端形成電位差，電位差造成之電流，可由檢流計顯示之極性，瞭解電流流動之方向，並判知線圈上電勢之極性。線圈感應之電勢爲：

$$e = N\frac{d\phi}{dt} \tag{4-34}$$

式中，N 爲線圈的匝數，$\frac{d\phi}{dt}$ 爲磁通隨時間變動的變化量，SI 制單位爲韋伯/秒，CGS 制單位爲馬克士威。【提示】：1 韋伯 $= 10^8$ 馬克士威 $= 10^8$ 線。

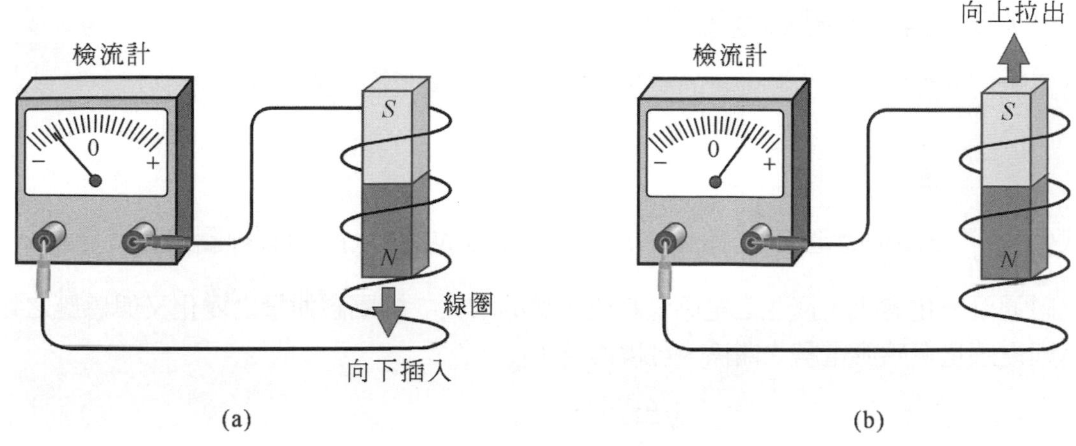

圖 4-45　法拉第電磁感應實驗

4-2-7-2　冷次定理(Lenz's law)

法拉第證實，磁場在線圈內變動，線圈兩端會產生電勢。電勢形成之電流的方向，則於西元 1834 年，德國科學家冷次(H.Lenz，1804～1865)提出說明。如圖 4-46 所示，當磁鐵 N 極端插入線圈，線圈兩端感應出電勢，電勢使電流流經線圈，電流將產生與原磁通變化相反之磁通量，來抑制原磁通量的變化。依安培右手定則，大姆指指向反向磁通，四指表示如圖 4-46(a)之電流方向。

如圖 4-46(b)所示，當抽出磁鐵，磁場之磁通量將減弱，感應之電勢形成之電流會產生與原相同之磁通，以阻止磁通量之減少，電流之方向如圖 4-46(b)，此稱冷次定律，線圈感應之電勢為：

$$e = -N\frac{d\phi}{dt} \tag{4-35}$$

式中，負號表示感應電勢的方向為反抗原磁通的變化。感應電勢又稱反電勢。

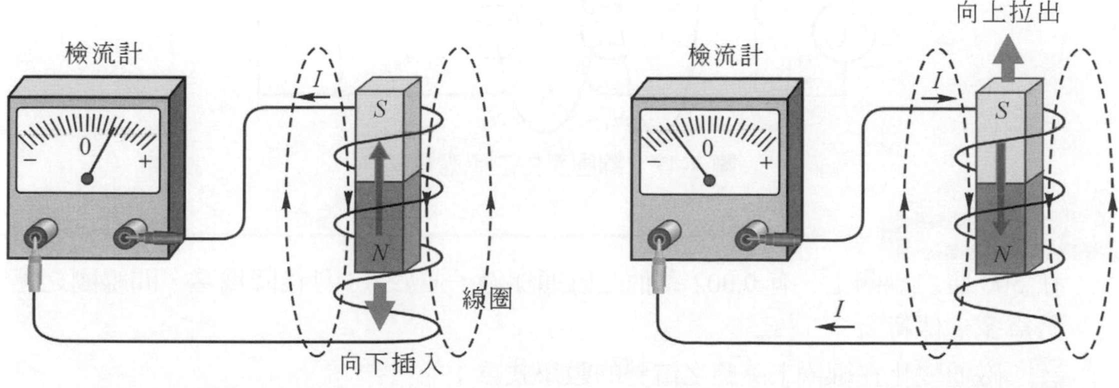

(a) 反向磁通-抑制增加　　(b) 相同磁通-阻止減弱

圖 4-46　冷次定律說明電流方向

4-2-7-3　自感電勢與互感電勢

當電流流經線圈，產生磁通量的變化，線圈之電感量也隨之變化。變動之電感量爲：

$$L = N\frac{d\phi}{di} \tag{4-36}$$

式中，$\frac{d\phi}{di}$ 爲磁通隨電流之變化量。當線圈之匝數 N 固定時，流經線圈爲隨時變動之電流，引起之磁通量變化愈大，產生之電感量將成正比的增大。線圈磁通量之變化又與感應之電勢成正比，則電感量與感應電勢之關係，可轉換爲：

$$e = -N\frac{d\phi}{dt} = -N\frac{d\phi}{dt}\times\frac{di}{di} = -N\frac{d\phi}{di}\times\frac{di}{dt} = -L\frac{di}{dt} \tag{4-37}$$

式中，線圈之感應電勢與電感量及電流之變化量成正比。此感應電勢係線圈之自感應量產生，故稱爲自感電勢。負號表示自感電勢之方向在阻止線圈電流的變化。

如圖 4-47 所示，當電流 i_1 流經線圈 N_1，產生磁通 Ω_1，$\phi_1 = \phi_{11} + \phi_{12}$。互感量 Ω_{12} 將割切線圈 N_2，產生感應電勢 e_2。e_2 稱爲互感電勢。互感電勢之大小爲：

$$e_2 = -N_2\frac{d\phi_{12}}{dt} = -N_2\frac{d\phi_{12}}{dt}\times\frac{di_1}{di_1} = -M\frac{di_1}{dt} \tag{4-38}$$

式中，M 爲互感量，單位爲亨利(H)。$M = \frac{d\phi_{12}}{di_1}$。負號表示互感電勢之方向在阻止電流的變化。

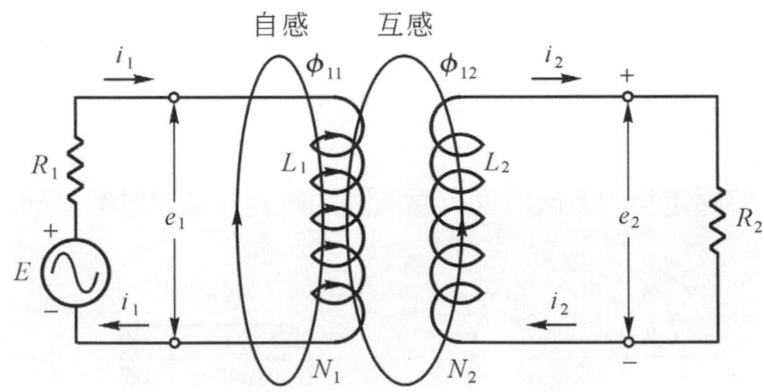

圖 4-47　線圈產生之感應電勢

EXAMPLE 例題 4-33

在 500 匝之線圈上，有 0.002 韋伯之磁通穿過，並於 0.5 秒後降爲零，問線圈之感應電勢爲多少伏特？

解　磁通變化在線圈上感應之電勢的數學式爲：

$$e = N\frac{d\phi}{dt} = 500\times\frac{0.002}{0.5} = 2\ \text{V}$$

EXAMPLE 例題 4-34

如圖所示，當開關 S 切入之瞬間，AB 線圈因而感應電勢，則 AB 兩端之電位關係為何？

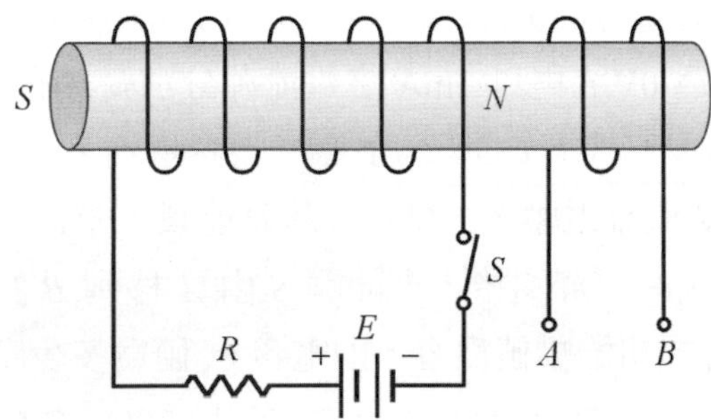

解　依冷次定律，當開關 S 關上之瞬間，線圈之磁通切割 AB 端線圈，AB 端線圈會產生相反之磁通，如圖所示，A 端為 N 極，B 端為 S 極，再依螺管定則可知，電流方向由 B 端流入，A 端流出。
故，A 端之電位高於 B 端，即 $V_A > V_B$。

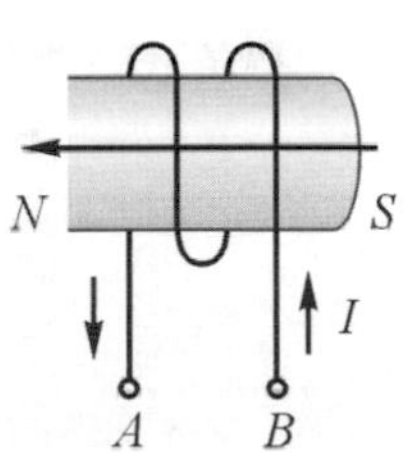

EXAMPLE 例題 4-35

有一繞有 2000 匝之空氣心線圈，當通入 5A 之電流時，線圈產生 4×10^{-3} 韋伯之磁通，試求(1)線圈之自感為何？(2)若線圈中之電流在 0.5 秒內降為零，則線圈所產生之自感應電勢為多少？

解　(1) 線圈自感量 L 之數學式為 $L = N\dfrac{d\phi}{di}$，與磁通隨電流之變化成正比，則

$$L = 2000\times\frac{4\times10^{-3}}{5} = \frac{8}{5} = 1.6\,\text{H}$$

(2) 自感應電勢 $e = -L\dfrac{di}{dt} = -1.6\times\dfrac{5}{0.5} = -16\,\text{V}$

(伏特，負號表示電勢將阻止線圈電流之變化)

習 題

EXERCISE

1. 兩個法拉數標示不清之電容器 C_1 及 C_2，已知其均可耐壓 600V，某甲先將它們完全放電，並確定其端電壓為 0V，再以 1mA 之電流源分別對其充電 1 分鐘，結果其端壓各為 V_1=100V 及 V_2=200V，試求 C_1 與 C_2 並聯之總容量為多少 μF？
2. 有一電容器接上 400V 直流電壓後，儲存 8 焦耳能量，求此電容的電容量為多少？
3. 如圖(1)所示，C_1 為 33μF 充滿電後，把開關 S 由 A 移到 B 點，則 C_1 之電壓降為 75V 後達到穩定。假設 C_x 之初始壓值為零，則電容 C_x 值為多少？
4. 如圖(2)，若 C_1 上之電荷為 5000μC，C_2 上之電荷為 3000μC，$C_1 = 30μF$，$C_2 = 15μF$，求 C_3 為多少？

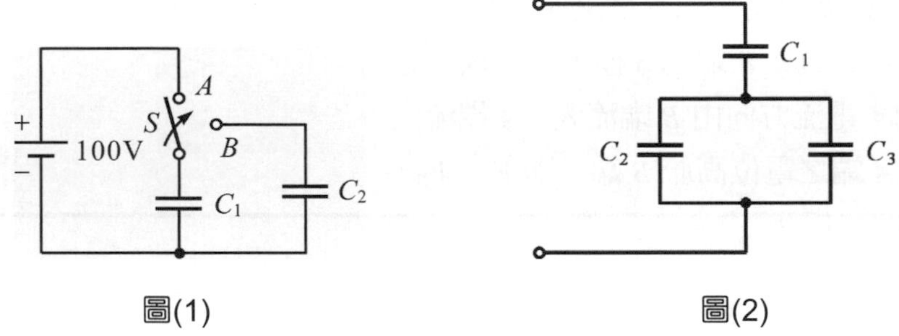

圖(1) 圖(2)

5. 如圖(3)所示電路，求 $t = 1.5$ 秒及 $t = 3$ 秒時之 $i(t)$ 為多少？

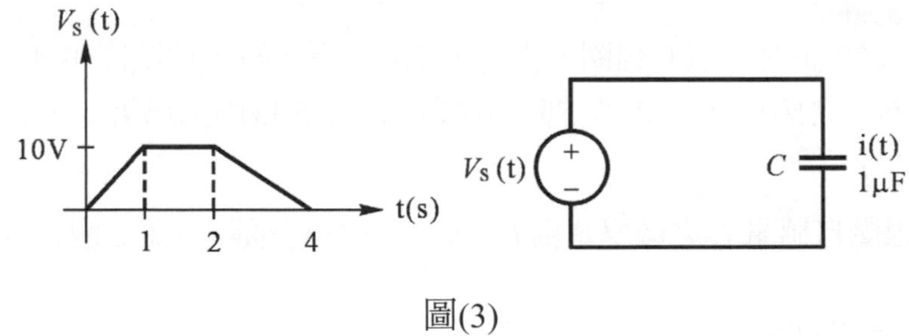

圖(3)

6. 如圖(4)，ab 兩端的電容量為多少？
7. 若某兩個電容器串聯時之總電容量為 2.4μF，已知其中之一電容器的電容量為 4.8μF，當這兩個電容器並聯時之總電容量應為多少 μF？
8. 0.01μF 之電容器與 0.04μF 之電容器並聯後，施加 500V 之直流電壓，求電容器之總儲存能量為多少？

9. 如圖(5)所示，求 3μF 壓降 V_{AB} 爲多少 V？

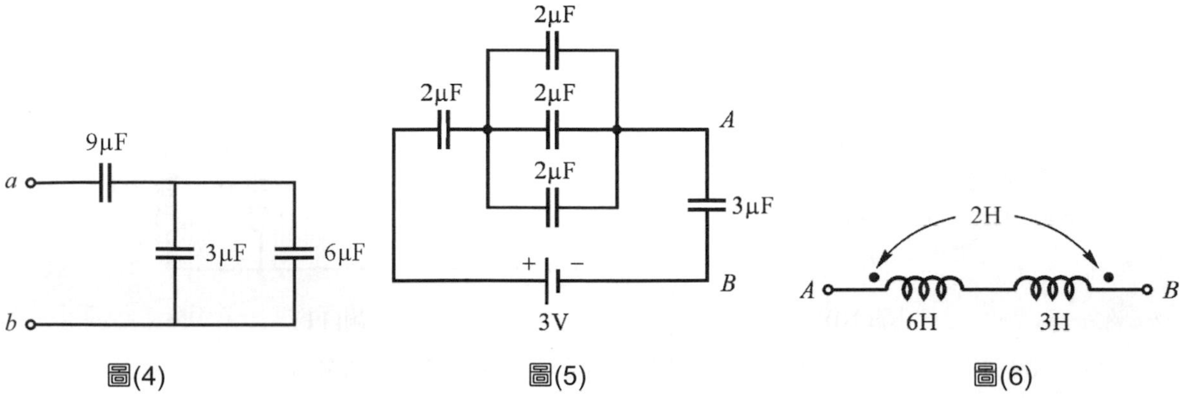

圖(4)　圖(5)　圖(6)

10. 一個電容量爲 10μF 的電容器，如果該電容器儲存有 0.25mC(毫庫侖)電荷量時，此電容器兩端的電壓爲多少？

11. 若 100V 電壓施加於 1μF 的空氣介質電容器，若改用 $\varepsilon_r = 8$ 之玻璃介質，則電荷量約增爲原來的幾倍？

12. 如圖(6)所示電路，求 A、B 兩端的總電感 L_{AB} 爲多少？

13. 兩個不同磁性材料之鐵心電感 L_1 及 L_2，已知其鐵心上所繞之線圈匝數均爲 100 匝，若分別通以 1A 之電流，其產生之磁通分別爲 $\phi_1 = 1\text{mWb}$ 及 $\phi_2 = 4\text{mWb}$，再將此兩電感器串聯，若其磁通互助且耦合係數爲 0.1，則此兩電感串聯之總電感量 L_T 爲多少？

14. 如圖(7)，若鐵心中的 $B_C = 0.5\text{Wb/m}^2$，且假設鐵心與氣隙之面積相同並忽略邊緣效應，求在氣隙中之磁場強度爲何？

15. 如圖(8)所示，M 爲互感量，則 L_{ab} 值爲多少？

16. 有一 3mH 之電感器，在 $t \geqq 0$ 秒時，其端電流 $i(t) = 10 - 10e^{-100t}(3\cos 200t + 4\sin 200t)\text{A}$，則在 $t = 0$ 秒時，此電感器儲存之能量爲多少？

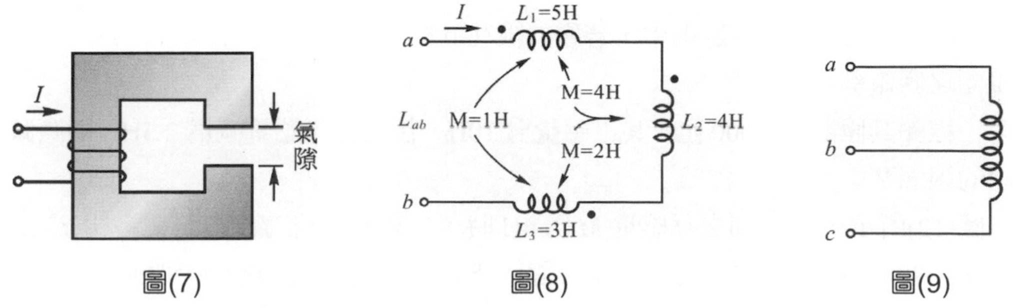

圖(7)　圖(8)　圖(9)

17. 如圖(9)，若 b 爲 ac 的中心抽頭，而 L_{ac}=8H，則 L_{ab} 爲多少？

18. 如圖(10)，$L_1 = 1\text{H}$，$L_2 = 2\text{H}$，$L_3 = 3\text{H}$，$M_{12} = 0.5\text{H}$，$M_{23} = 0.5\text{H}$ 及 $M_{13} = 0.2\text{H}$，則總電感爲多少？

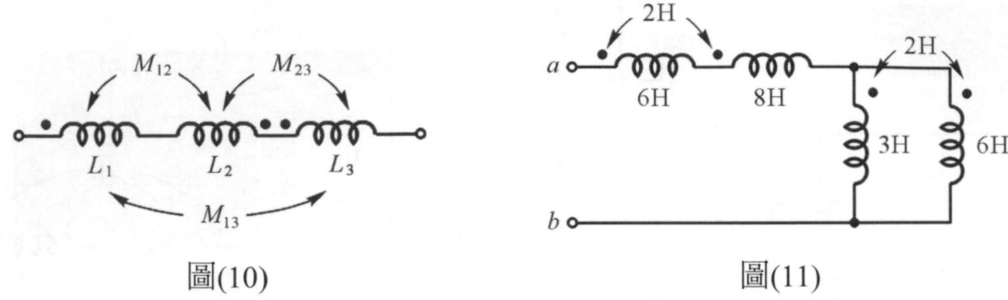

圖(10)　　圖(11)

19. $N_1 = 200$ 匝與 $N_2 = 400$ 匝之兩線圈相鄰放置，當 N_1 線圈有 4A 電流流過時，產生 6×10^{-3} 線的磁通與 N_1 交鏈，而其中 4×10^{-3} 線的磁通與 N_2 交鏈，則 N_1 線圈的自感及兩線圈間的互感分別爲多少？

20. 如圖(11)所示，a、b 兩端之等效電感爲多少？

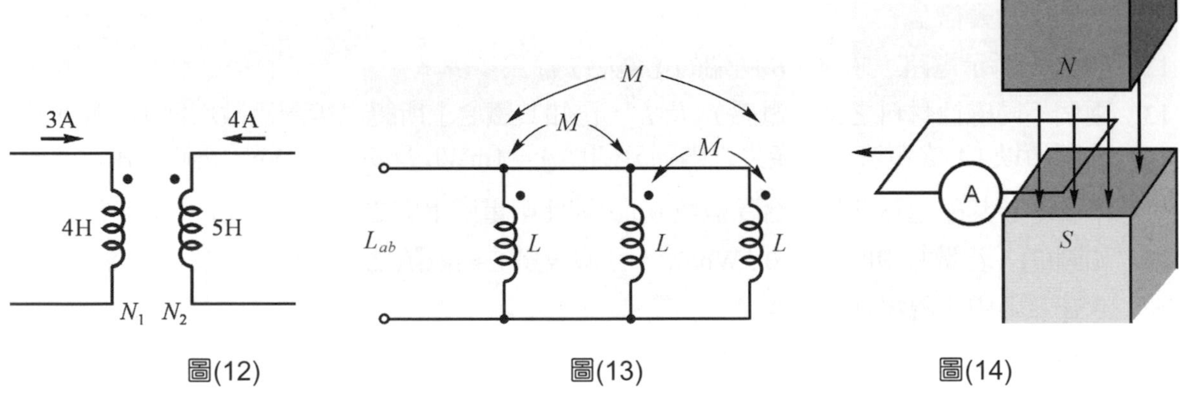

圖(12)　　圖(13)　　圖(14)

21. 兩線圈 A 和 B 分別爲 300 匝及 400 匝，當 A 線圈通以 10 安培電流時，產生磁通 5×10^{-3} 線與之交鏈，若其中之 2×10^{-3} 線與 B 線圈相鏈，則兩線圈間之互感爲多少？

22. 有一線圈共 20 匝置於磁場中，若磁力線在 0.5 秒內由 0.1 韋伯增加至 0.4 韋伯，則此線圈之應電勢爲多少？

23. 有一線圈其匝數爲 1000 匝，其電感量爲 10H，若欲將自感量減爲 2.5H，則應減少多少匝的線圈？

24. 如圖(12)所示，當其間之互感量 M 爲 4H 時，二線圈所儲存之能量爲多少？

25. 兩根長度均爲 50 公尺之導體，平行置於空氣中相距 50 公分，分別通以同方向之電流 100 安培及 1000 安培，則其間之作用力爲多少牛頓？

26. 如圖(13)所示，$L = 3\text{mH}$，$M = 1\text{mH}$，則輸入端等效電感 L_{ab} 爲多少？

27. 一線圈在向下磁場中往左移動，如圖(14)所示，則流經安培計 A 的電流方向爲何？

28. 有一 80 匝之方形線圈，具有 0.05 平方公尺之面積，今置於和磁通密度 $0.8\text{T}(\text{Wb/m}^2)$ 磁場垂直，若在 0.2 秒內轉動線圈使線圈和磁場平行，則線圈之平均感應電勢爲多少？

交流電基本概念

交流電是指電壓值或電流值之正、負極性，隨時間之變化作交替的(alternating)改變。交流電壓的代號爲“ACV”，如一般家庭電器電壓的指示值－AC110V、AC125V 或 AC220V 等。其中 AC 原文爲“Alternative Current”。

5-1 波形

直流電是固定值與時間的變動無關，其波形爲一條水平線。交流電之波形有正弦形(sin wave)與非正弦形(nonsinusoidal waveform)兩種。非正弦波是由正弦波與多次諧波結合而成，有：方波(square wave)、脈波(pulse wave)、三角波(triangle wave)及鋸齒波(sawtooth wave)等。故，正弦波又稱爲基本波形(fundamental waveform)。

5-1-1 正弦波之產生

如圖 5-1 之圖形爲發電機上某一繞組在均勻磁場中旋轉一圈(360 度)時，割切磁場磁通所產生之感應電勢的分佈圖形，如圖 5-1 所示。

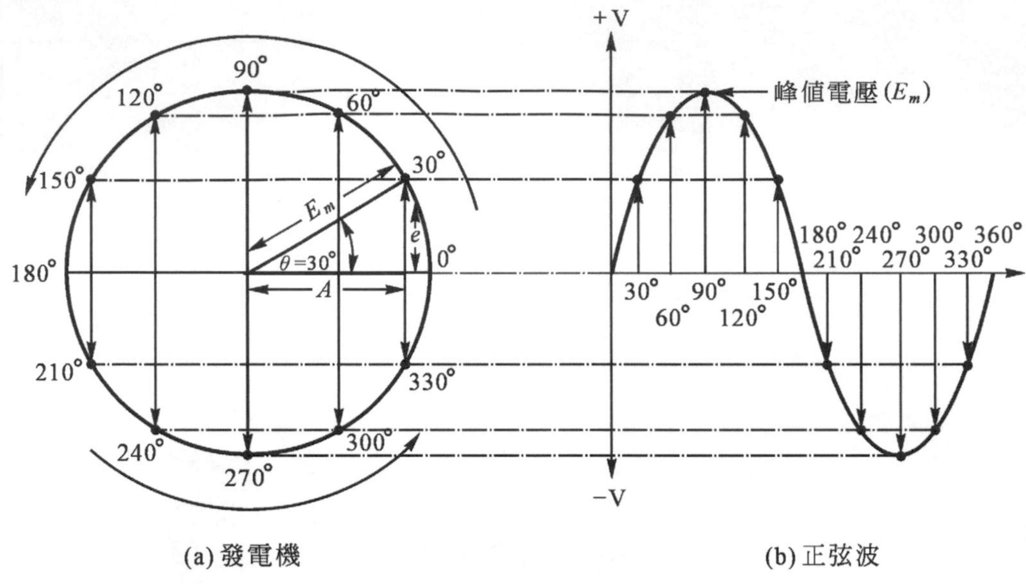

(a) 發電機　　(b) 正弦波

圖 5-1　正弦波之產生

將繞組置放在磁場中旋轉，當繞組與磁場成某一角度 θ 時，感應產生之電勢 $e = Blv\sin\theta$ 伏特。e 爲繞組在磁場中產生之感應電勢，單位爲伏特，B 爲磁通密度，單位爲韋伯/平方米，l 爲繞組割切磁力線之有效長度，單位爲公尺(m)，v 爲繞組在磁場中之旋轉速度，單位爲米/秒(m/s)。若繞組與磁場成 90 度時，$e = Blv\sin\theta = Blv\sin 90° = Blv$ 伏特，感應電勢爲最大值，記爲 E_m。繞組旋轉至任一角度時，產生之感應電勢的關係式，如圖 5-2 所示。

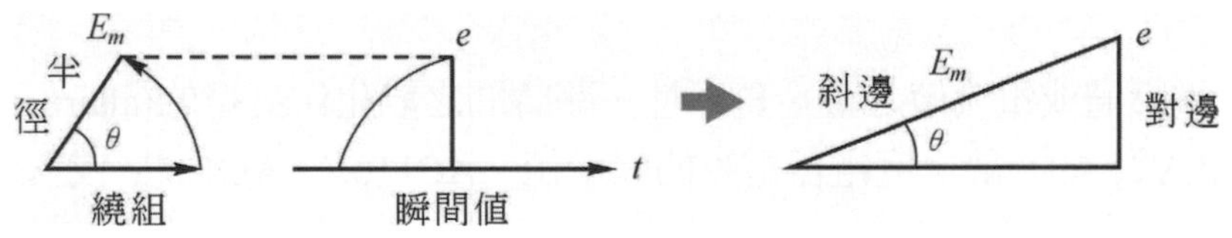

圖 5-2　繞組在任一角度之感應電勢

圖中，當繞組旋轉一角度 θ 時，感應電勢 e(對邊)與感應電勢之最大值 E_m(斜邊)，以直角三角函數之正弦關係，表示爲：

$$\sin\theta = \frac{對邊}{斜邊} = \frac{e}{E_m} \tag{5-1}$$

則繞組之感應電勢爲：

$$e = E_m \sin\theta \tag{5-2}$$

式中，e 爲感應電勢之瞬時值，單位爲伏特，稱爲正弦(sin)波之一般式。

EXAMPLE

例題 5-1

發電機之繞組有效長度爲 100 公分，在均勻磁場 5000 高斯之磁場中以每秒 40 毫米之速度旋轉，問導體放置與磁力線(1)互相垂直時、(2)成 30°角時，產生之感應電勢爲多少？

解　磁場單位 1 高斯 = 10^{-4} Wb/m²。

(1) $\theta = 90°$，$\sin 90° = 1$，

$e = Blv = 5\times10^3\times10^{-4}\times100\times10^{-2}\times40\times10^{-3} = 2\times10^7\times10^{-9} = 2\times10^{-2} = 0.02\text{V}$

(2) $\theta = 30°$，$\sin 30° = 1/2$，

$e = Blv\sin 30° = 5\times10^3\times10^{-4}\times100\times10^{-2}\times40\times10^{-3}\times0.5 = 1\times10^{-2} = 0.01\text{V}$

5-2 頻率與週期

頻率(frequency)爲正弦波形的變化，係在一秒時間內正弦波形重複的次數，以 f 表示，單位爲赫芝(hertz，Hz)。如頻率爲 60 赫芝，是指該波形在 1 秒內重複出現了 60 次。週期(period)指波形重複出現一次所需的時間(time)，以 T(或 t)表示，單位爲秒(second，s)，如圖 5-3 所示。依同步機之轉速(n)與頻率成正比之關係，則頻率爲：

$$f = \frac{Pn}{120} \text{ Hz} \tag{5-3}$$

式中，P 爲磁極之極數，n 爲轉速，單位是每分鐘有多少轉(revolution per minute, rpm)。

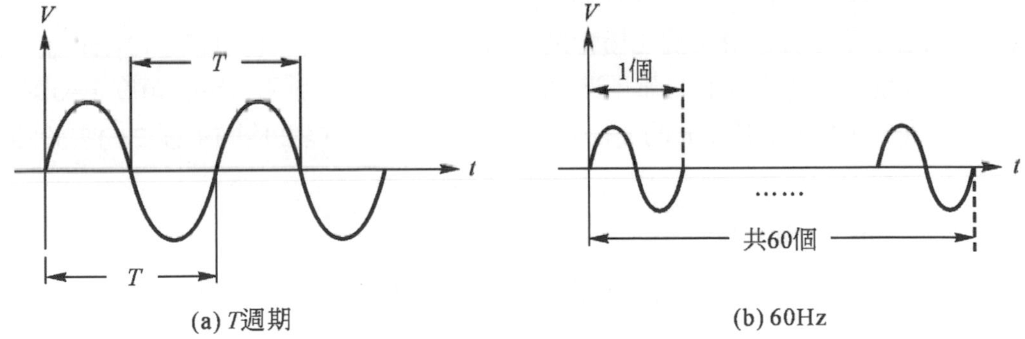

圖 5-3　週期(T)與頻率(f)

波形之頻率與週期的關係，如頻率爲 60 赫芝是相同波形重複出現了 60 次，$f = 60\text{Hz}$。波形重複出現一次所需之時間爲 1/60 秒，即 $t = 1/60$ 秒，所以週期爲頻率的倒數，兩者成反比。

$$t = 1/f \tag{8-6}$$

波長爲重複出現之波形，經過一週期後所行經的距離，以 λ 表示，單位爲公尺(m)。波長與頻率之關係爲：

$$\lambda = c/f \tag{5-4}$$

式中，c 爲光速，等於 3×10^8 公尺/秒。

EXAMPLE
例題 5-2

正弦波之週期為 1ms，波形之頻率為多少？

解 頻率與週期成反比：$f = 1/T = 1/10^{-3} = 10^{3} = 1000 = 1\text{kHz}$

EXAMPLE
例題 5-3

有一電機之磁極數為 4 極，轉速為 1500rpm，問感應電勢之頻率為多少？

解 頻率 $f = \dfrac{Pn}{120} = \dfrac{4 \times 1500}{120} = 50\text{Hz}$

EXAMPLE
例題 5-4

有一無線電波波長為 10 公尺，求其頻率為多少？

解 波長 $\lambda = c/f$，頻率 $f = c/\lambda = 3\times10^{8}/10 = 3\times10^{7} = 30$ MHz (M = 10^{6})

5-2-1 角速度(ω)

如圖 5-4(a)所示為正弦波形，圖之橫軸是以角度(degree)表示，也可以弳度(radian)表示，如圖 5-4(b)所示。弳度的定義為圓形的弧長等於圓形的半徑時，圓弧所對應的角度，如圖 5-4(c)所示之 θ 角。一圓為 360 度可為弳度 θ 的 n 倍，而圓的周長等於直徑(2 倍的半徑 $2r$)乘於弳度量 π，則圓弧與弳度的關係為：

$$n\theta = 2\pi r = nr \rightarrow n = 2\pi$$

式中，一圓為 360 度，弳度表示為 2π，即：$360° = 2\pi \rightarrow 1\pi = 180° \rightarrow 1$ 弳度(rad) $= 180°/\pi = 57.3°$

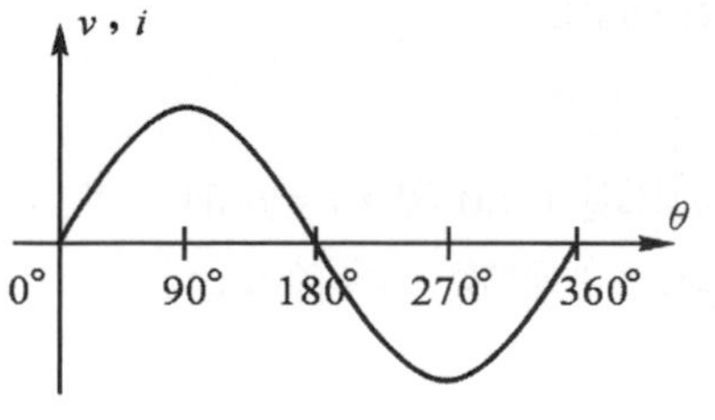

(a) 橫軸單位為角度

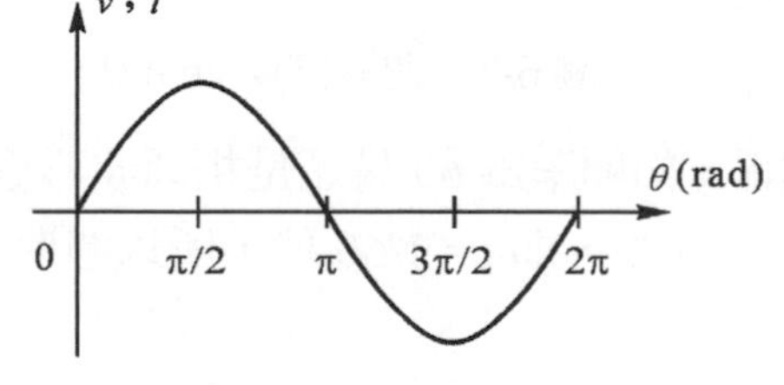

(b) 橫軸單位為弳度

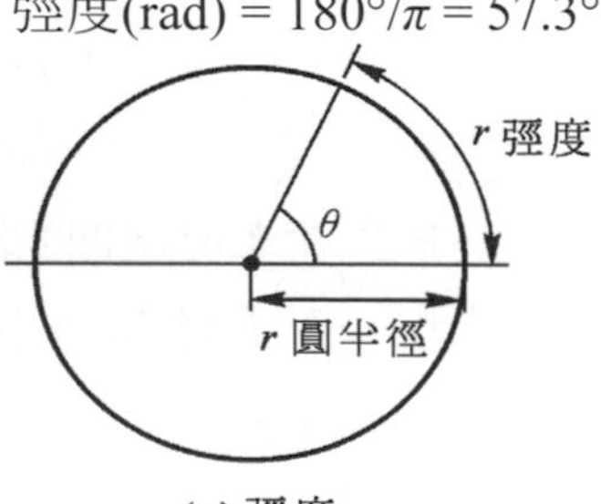

(c) 弳度

圖 5-4 正弦波角度與弳度表示法

弳度與角度的換算式為：

$$\text{弳度(rad)} = \frac{\pi}{180^{o}} \times \text{角度}$$

$$\text{角度(degree)} = \frac{180^{o}}{\pi} \times \text{弳度}$$

EXAMPLE
例題 5-5

將角度 45°、90°、225°轉換爲弳度。

解 (1) 45° = __π/4__ rad；rad = π×45°/180° = π/4

(2) 90° = __π/2__ rad；rad = π×90°/180° = π/2

(3) 225° = __5π/4__ rad；rad = π×225°/180° = 5π/4

EXAMPLE
例題 5-6

將弳度 π/4、π/2、2π/3 轉換爲角度。

解 (1) π/4 = __45°__；角度= 180°× π/4/π = 180°/4 = 45°

(2) π/2 = __90°__；角度= 180°× π/2/π = 180°/2 = 90°

(3) 2π/3 = __120°__；角度= 180°×2π/3/ π = 180°×2/3 = 120°

繞組(如圖之半徑向量)在磁場中旋轉的速度(或弳度)，稱爲角速度(angular velocity)，以希臘字母 ω 表示。如圖 5-5 所示。如同速度之一般式，定義爲單位時間行經之距離；

$$\omega = \frac{\text{距離(角度或弳度)}}{\text{時間(秒)}}$$

圓周運動之角度若以「弳度」(rad)表示，繞組在磁場旋轉一圈，所行經之弳度(距離)，有兩種表示法，一爲旋轉一圈以 360 度表示，即 $\omega = \dfrac{360°}{t}$，稱爲度度量，一爲一圈以 2π 表示，即 $\omega = \dfrac{2\pi}{t}$，稱爲弳度量(rad)。度度量與弳度量轉換之關係爲：$2\pi = 360°$，則角速度爲：

$$\omega = \frac{\theta}{t} = \frac{2\pi}{t} = 2\pi f \tag{5-5}$$

式中，ω 爲角速度，單位爲弳/秒(rad/s)，t 爲時間，單位秒，f 爲頻率，單位爲赫芝。此表示繞組旋轉一圈 2π 弳需時一週期 T。

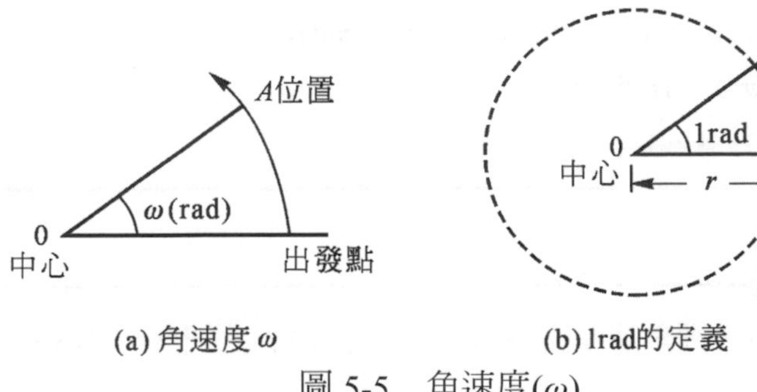

圖 5-5　角速度(ω)

5-3 波形值

波形值是用測量儀器量測交流電的結果。若以示波器測量交流電，可以觀察完整之正弦波形，以測量範圍之選擇與面板刻度的關係，可求得波形最高點至最低點的間距，稱爲峰對峰值(peak to peak)。若以三用電表之交流電壓檔(ACV)測得之交流電壓值，稱爲有效值(dffective value)。若以三用電表之直流檔(DCV)測得之直流電壓值，此稱爲平均值(average value)。各值在正弦波上的表示，如圖 5-6 所示。

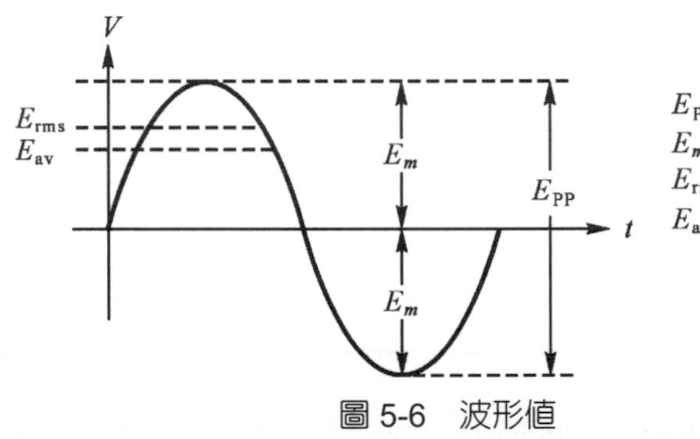

圖 5-6　波形值

5-3-1　瞬時值

瞬時值是指發電機之繞組，旋轉至任何位置，所測得的電壓或電流值。以交流電壓表示爲：

$$e(t) = E_m\sin\theta = E_m\sin\omega t \tag{5-6}$$

式中，$e(t)$爲交流電壓之瞬時值，是繞組旋轉一段時間(t)或一個角度(弳度)，所產生之電壓值。$\theta = \omega t$，θ 爲繞組旋轉一弳度之大小，有如繞組行經一段距離，而距離=速度 × 時間。

EXAMPLE 例題 5-7

將下列各角度，作角度與弳度互換：(1)30°，120°；(2) $\pi/3$(rad)，$3\pi/4$(rad)。

解　因：$2\pi = 360°$得 $1\pi = 180°$，$1° = \pi/180°$(rad)

度→弳：$30° = 30°\times\pi/180° = \pi/6$ (rad)

$120° = 120°\times\pi/180° = 2\pi/3$ (rad)

弳→度：$\pi/3 = 180°/3 = 60°$

$3\pi/4 = 180°\times3/4 = 135°$

EXAMPLE 例題 5-8

若頻率爲 60Hz，則角速度爲少?若角速度爲 314 弳/秒，則頻率及週期分別爲多少？

解　(1)　公式：$\omega = 2\pi f = 2\times3.14\times60 = 376.8 \doteqdot 377$ (rad/s)

(2)　$f = \omega/2\pi = 314/2\times3.14 = 50$ (Hz)，$T = 1/f = 1/50 = 0.02$ (s)

5-3-2　最大值

最大(maxium)值或稱峰(peak)值，是繞組旋轉一圈，產生之最大瞬時值，以 V_m 或 V_p 表示。若繞組旋轉至與磁場成 90 度，即 $\theta = 90°$，則 $v(t) = V_m \sin 90° = V_m$ 伏特。

5-3-3　平均值

正弦波是正負半波對稱的圖形，若取其一週波形所涵蓋總面積之平均，其值因正負相互抵消而為零。故，一般在衡量週期性對稱之交流電的平均值時，是指一週期之正半週或負半週的平均值，以 E_{av} 或 I_{av} 表示，如圖 5-7 所示。

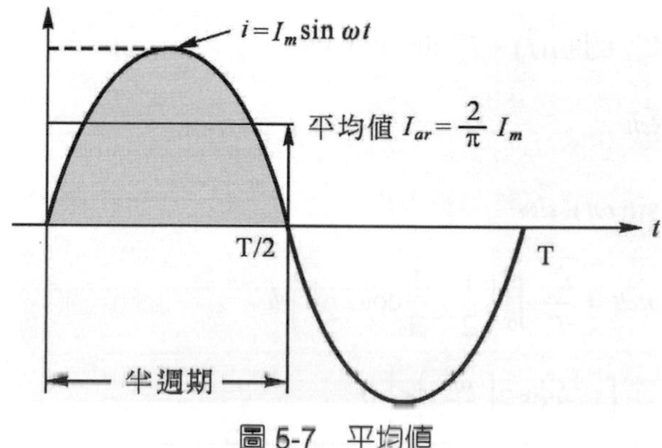

圖 5-7　平均值

因 $\omega = 2\pi f = 2\pi / T$，正弦波之平均值 I_{av} 為：

$$I_{av} = \frac{1}{T/2}\int_0^{T/2} I_m \sin \omega t dt = \frac{1}{T/2}\int_0^{T/2} I_m \sin \frac{2\pi}{T} t dt$$

$$I_{av} = \frac{I_m}{T/2} \times \frac{T}{2\pi}\left[-\cos \frac{2\pi}{T} t\right]_0^{T/2} = \frac{I_m}{\pi}\left[-\cos \frac{2\pi}{T} \times \frac{T}{2} + \cos \frac{2\pi}{T} \times 0\right]$$

$$I_{av} = \frac{I_m}{\pi}[-\cos \pi + \cos 0] = \frac{2I_m}{\pi} \fallingdotseq 0.637 I_m \tag{5-7}$$

正弦波之平均值為最大值之 0.637 倍。

5-3-4　有效值

以相同之電阻值 R，加上不同之電壓源產生之能量，兩者來作比較。一加上交流電壓，產生之能量 $W = i^2 Rt$ (J)，另一加上直流電壓，產生之能量 $W' = I^2 Rt$ (J)。若兩者產生之能量相等，即 $W = W'$，則稱直流電壓或電流值為交流電壓或電流值之有效值，以 E 或 E_{eff} 表示，如圖 5-8 所示。

當電阻 R 接上直流壓源，會以 $P = I^2 R$ 之速率發熱而散逸能量。當電阻接上交流電壓源，會以能功率 $P = i(t)^2 R$ 之瞬間功率散逸能量。若交流之週期為 T，則電阻發熱散逸之能量 W_a 為：

$$W_a = \int_0^T i^2(t) R dt$$

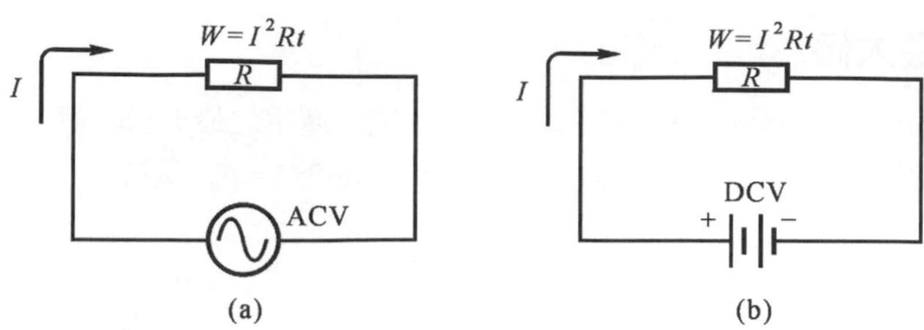

圖 5-8　有效值之定義

直流之時間同爲交流之週期爲 T，則電阻發熱散逸之能量 W_d 爲：

$$W_d = I^2RT$$

有效值建立在 $W_d = W_a$，且 $i(t) = I_m \sin\omega t$，則：

$$I^2RT = \int_0^T i^2(t)Rdt$$

$$I^2RT = R\int_0^T (I_m \sin\omega t)^2 dt$$

$$I^2 = \frac{I_m^2}{T}\int_0^T \sin^2\omega t dt = \frac{I_m^2}{T}\int_0^T \left(\frac{1}{2} - \frac{1}{2}\cos 2\omega t\right)dt$$

$$I^2 = \frac{I_m^2}{T}\left(\int_0^T \frac{1}{2}dt - \int_0^T \frac{1}{2}\cos 2\left(\frac{2\pi}{T}\right)t\right)dt$$

$$= \frac{I_m^2}{T}\left(\frac{1}{2}(T-0) - \frac{1}{2}\times\frac{1}{2}\times\frac{T}{2\pi}\sin 2\times\frac{2\pi}{T}\times(T-0)\right)$$

$$I^2 = \frac{I_m^2}{T}\left(\left(\frac{T}{2}\right) - 0 - 0\right) = \frac{I_m^2}{2} \tag{5-8}$$

有效值 $I = I_{eff} = \dfrac{I_m}{\sqrt{2}} = 0.707I_m$，爲最大值之 0.707 倍或 $I_m = \sqrt{2}I = 1.414I$，最大值爲有效值之 1.414 倍。有效值又稱爲均方根值(rms)，係將電壓或電流之波形值平方(square)後求其平均(mean)，再開方(root)，如圖 5-9 所示。

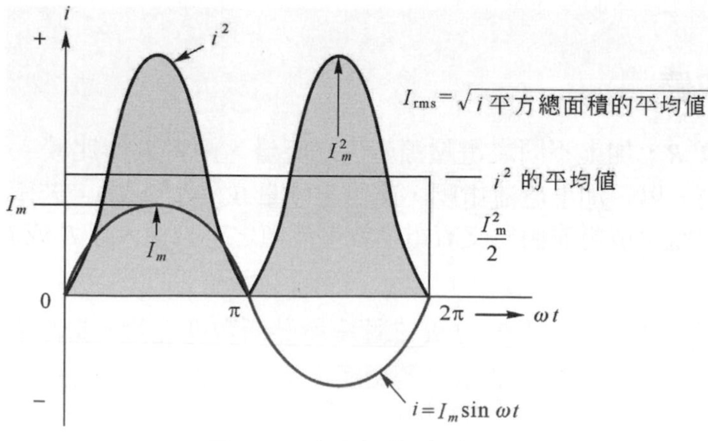

圖 5-9　均方根值(有效值)

EXAMPLE
例題 5-9

電流弦波一般式為 $i(t) = 1.414\sin(377t + 45°)$A，試求電流之有效值及平均值為多少？

解　由式 $i(t) = I_m\sin(\omega t + \theta)$知：$I_m = 1.414$A，$\omega = 377$rad/s，$\theta = 45°$。則

$I_{\text{rms}} = 0.707I_m = 0.707 \times 1.414 = 1$ (A)，$I_{av} = 0.636I_m = 0.636 \times 1.414 = 0.9$A

5-3-5　波形因數、波峰因數

波形因數與波峰因數之定義為：

波形因數為交流電壓或電流之有效值與平均值的比值，稱為波形因數(Form Factor)，簡稱 F.F。即：

$$\text{F.F} = \frac{\text{有效值}}{\text{平均值}} \tag{5-9}$$

波峰因數為交流電壓或電流之最大值與有效值的比值，稱為波峰因數(Crest Factor)，簡稱 C.F。即：

$$\text{C.F} = \frac{\text{最大值}}{\text{有效值}} \tag{5-10}$$

常用波形之波形因數與波峰因數，如表 5-1 所示：

表 5-1

波形型態	波形因數(F.F)	波峰因數(C.F)	波形型態	波形因數(F.F)	波峰因數(C.F)
正弦波	$\frac{\pi}{2\sqrt{2}}$ (=1.11)	$\sqrt{2}$ (=1.414)	鋸齒波(三角波)	$\frac{2}{\sqrt{3}}$ (=1.155)	$\sqrt{3}$ (=1.732)
方波	1.0	1.0	直流	1.0	1.0

【提示】：有效值與平均值之比值，可先將各值轉換成與最大值之關係式。如：以電壓為例。

$$\text{波形因數 F.F} = \frac{\frac{1}{\sqrt{2}} \times V_m}{\frac{2}{\pi} \times V_m} = \frac{\pi}{2\sqrt{2}} = 1.11$$

EXAMPLE
例題 5-10

在半波整流電路中，電壓之有效值為 V_{rms}，平均值為 V_{av}，則 $\frac{V_{\text{rms}}}{V_{av}}$ 為多少？

解　兩值作比較，應以兩者共同之因素為參考值，該值為最大值(V_m)，故：

$$\frac{V_{\text{rms}}}{V_{av}} = \frac{0.5V_m}{0.318V_m} = \frac{0.5}{0.318} = 1.57$$

5-4 相位

發電機之繞組，若以水平方向軸為參考(reference)，當繞組旋轉至某一角度(angle)時，其與參考軸之相對關係，稱為相位(phasor)，或稱為相位角(phase angle)，如圖 5-10 所示。

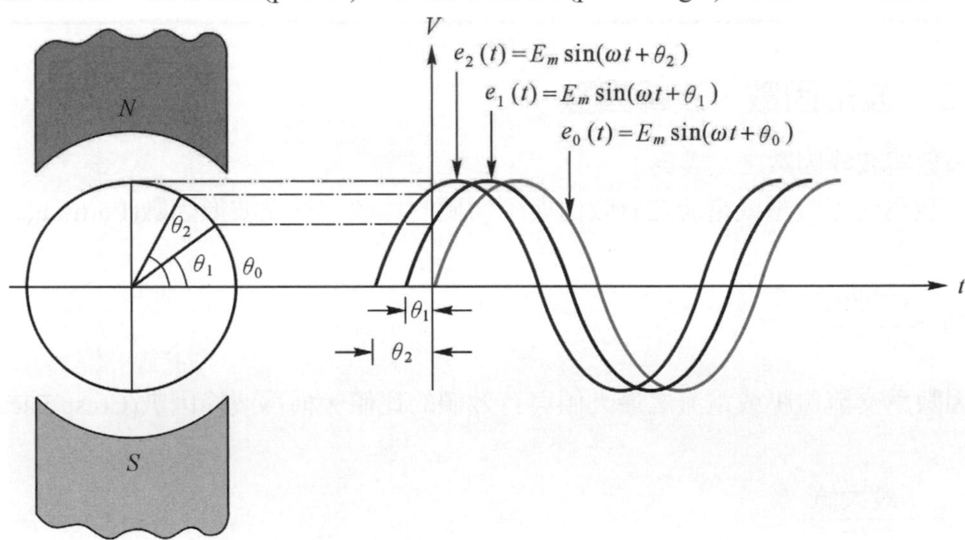

圖 5-10　相位角

圖中，θ_0 為設定之參考角度，θ_1、θ_2 為相位角。參考波形之相位角為 θ_0，而 $\theta_0 = 0°$，正弦波之瞬間電壓值 $e_0(t)$ 為：

$$e_0(t) = E_m \sin(\omega t + \theta_0) \tag{5-11}$$

1. 領前(lead)

   領前是指相位角之關係。如圖 5-10 兩繞組在相同方向旋轉，繞組 1 行進之方位較參考繞組 0 為先。而繞組 1 之瞬間電壓值 $e_1(t)$ 為：

   $$e_1(t)=E_m\sin(\omega t + \theta_1) \tag{5-12}$$

   兩繞組相位角之關係為：$\theta_1-\theta_0 = +90°$，稱繞組 1 領前繞組 0 有 90°。

2. 滯後(lag)

   如圖 5-11 兩繞組在相同方向旋轉，繞組 2 行進之方位較參考繞組 0 落後。而繞組 2 瞬間電壓值 $e_2(t)$ 為：

   $$e_2(t) = E_m\sin(\omega t+\theta_2) \tag{5-13}$$

   兩繞組相位角之關係為：$\theta_2-\theta_0 = -90°$，稱繞組 2 滯後繞組 0 有 90°。

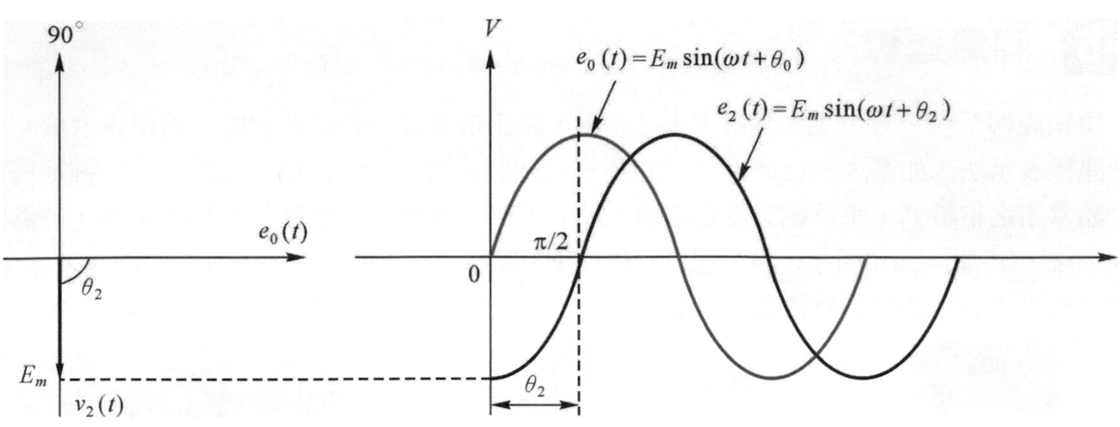

圖 5-11　滯後之相位關係圖

5-4-1　相位差

在交流電路中，設電壓 $e(t) = E_m\sin(\omega t - \theta_1)$，電流 $i(t) = I_m\sin(\omega t + \theta_2)$，如圖 5-12 所示。電壓與電流相位之關係為：$-\theta_1-\theta_2= -\theta$，$\theta$ 稱為相位差，負表示電壓滯後電流一個相位角 θ。若以 $\theta_2-(-\theta_1) = +\theta$，正表示電流領前電壓一個相位角 θ。相位差之關係為：

(1)　相位差 $\theta = 0°$：表示電壓與電流是同相位。

(2)　相位差 $\theta > 0°$：表示電流領前。

(3)　相位差 $\theta < 0°$：表示電壓滯後。

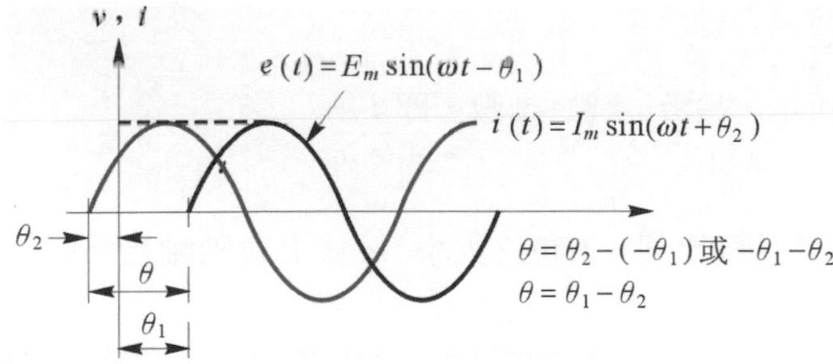

圖 5-12　相位差

5-4-2　相位角

各種正弦(sin)與餘弦(cos)函數間的關係，如圖 5-13 所示，數學式的表示法為：

$$\cos\theta = \sin(\theta + 90°)$$
$$-\cos\theta = \sin(\theta + 270°) = \sin(\theta - 90°)$$
$$\sin\theta = \cos(\theta - 90°)$$
$$-\sin\theta = \sin(\theta \pm 180°)$$
$$\cos(-\theta) = \cos\theta；\sin(-\theta) = -\sin\theta$$

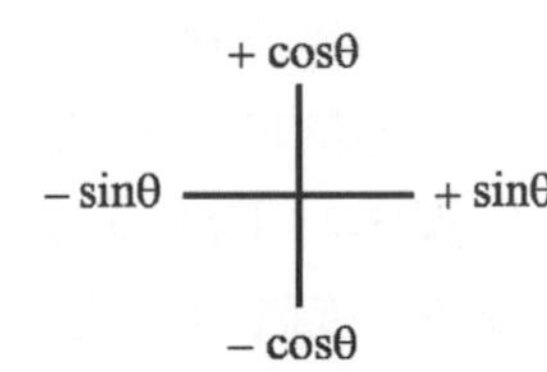

圖 5-13　正弦與餘弦函數之關係

5-5 向量運算

繞組旋轉至任一方位上，其值大小之表示，除正弦波之一般式外，還有兩種表示法。一爲直角座標表示法，如圖 5-14(a)所示，繞組所在之空間位置，若轉換爲一座標，水平軸定爲實數軸，如常用之整數列，垂直軸定爲虛數軸，以 j 表示，則繞組感應值之大小爲 $a+jb$。一爲極坐標表示法，如圖 5-14(b)所示，設繞組感應值爲 V，旋轉之角度爲 θ，其表示法爲 $\overline{V}=V\angle\theta$。直角座標及極坐標表示法統稱爲複數表示法。

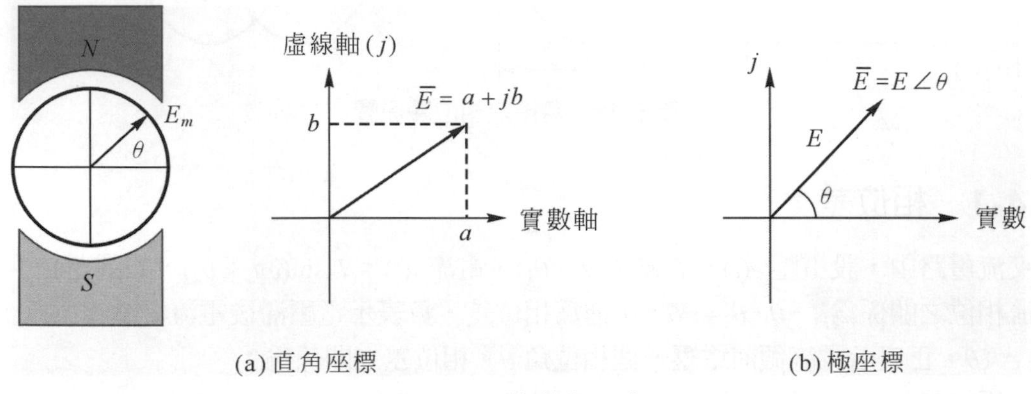

(a) 直角座標　　(b) 極座標

圖 5-14　複數表示法

5-5-1　直角座標與極坐標

1. 直角座標表示法：

   如圖 5-14(a)所示，複數=實數+虛數，即：

   $$\overline{V}=a+jb \tag{5-14}$$

   式中，A 爲繞組旋轉至某一方位之大小，a 爲 V 實數軸之分量，b 爲 V 虛數軸之分量。

2. 極座標表示法：

   如圖 5-14(b)所示，繞組若依逆時針方向旋轉至某一方位，大小值爲 V，角度爲 θ，表示法爲：

   $$\overline{V}=V\angle\theta° \tag{5-15}$$

【提示】：繞組若依順時針方向旋轉，角度應取負值，即 $-\theta$。

3. 直角座標與極座標表示法之互換：

   (1) 極座標轉換成直角座標

   如圖 5-15 所示，繞組旋轉了 θ 角，其值爲 A，在實數軸之分量爲 a，在虛數軸之分量爲 b。依直角三角形之關係，得：

   $$a=A\cos\theta$$

   $$b=A\sin\theta$$

   即：$\overline{A}=A\angle\theta°=a+jb=A\cos\theta°+jA\sin\theta°$　(5-16)

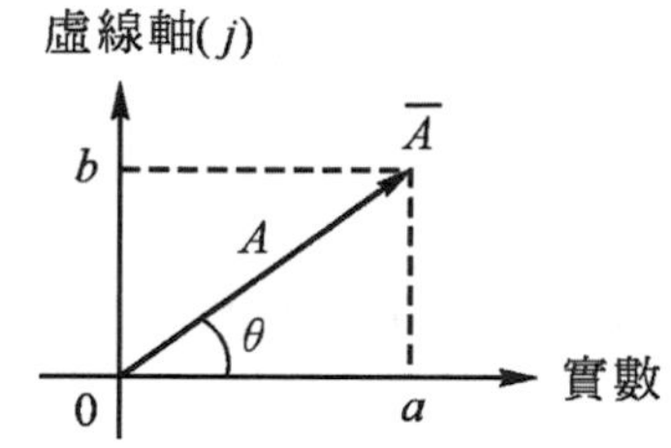

圖 5-15　極座標轉換成直角座標

(2) 直角座標轉換成極坐標

如圖 5-16 所示，若以直角三角形討論，A 爲三角形之斜邊，b 爲對邊，a 爲底邊，θ 爲斜邊與底邊之夾角。則直角三角形之關係爲：

$$\text{A}=\sqrt{a^2+b^2}$$

$$\theta=\tan^{-1}\frac{b}{a}$$

即：$\overline{A}=a+jb=\sqrt{a^2+b^2}\ \angle\tan^{-1}\dfrac{b}{a}$ (5-17)

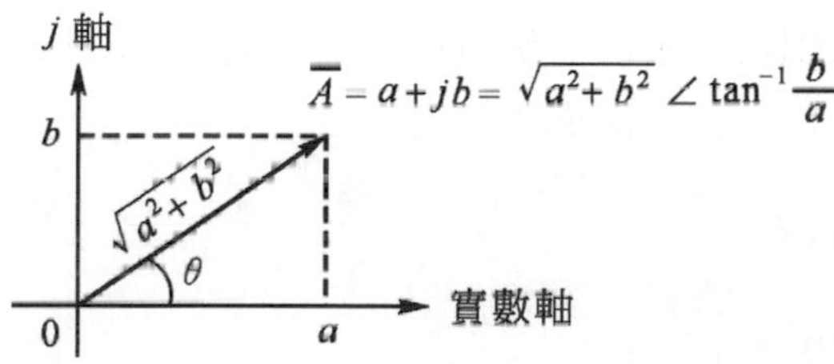

圖 5-16　直角座標轉換成極座標

5-5-2　複數之運算

基本上，複數之運算，在作加、減時，用直角座標法較方便；乘、除時，用極座標法較方便。

1. 直角座標法

設有兩複數分別爲，$\overline{A}=a+jb$，$\overline{B}=c+jd$，其運算如下所示：

(1) 加法：$\overline{A}+\overline{B}=(a+jb)+(c+jd)=(a+c)+j(b+d)=$(實數相加)$+j$(虛數相加)

(2) 減法：$\overline{A}-\overline{B}=(a+jb)-(c+jd)=(a-c)+j(b-d)=$(實數相減)$+j$(虛數相減)

(3) 乘法：$\overline{A}\times\overline{B}=(a+jb)\times(c+jd)$

$$=ac+jad+jbc+j^2bd=ac-bd+jad+jbc=(ac-bd)+j(ad+bc)$$

(4) 除法：$\dfrac{\overline{A}}{\overline{B}}=\dfrac{a+jb}{c+jd}=\dfrac{a+jb}{c+jd}\times\dfrac{c-jd}{c-jd}=\dfrac{(ac+bd)+j(bc-ad)}{c^2+d^2}$

2. 極座標法

設有兩複數分別爲，$\overline{A}=A\angle\varphi$，$\overline{B}=B\angle\theta$，其運算如下所示：

(1) 加法及減法：極座標法無法直接計算，必須轉換成直角座標法，當計算出結果，再轉換爲極座標法。如範例所示。

(2) 乘法：$\overline{A}\times\overline{B}=(A\angle\varphi)\times(B\angle\theta)=A\times B\angle\varphi+\theta$

(3) 除法：$\dfrac{\overline{A}}{\overline{B}}=\dfrac{A\angle\varphi}{B\angle\theta}=\dfrac{A}{B}\angle\varphi-\theta$

【提示】：極座標法作乘及除法運算，乘法時角度應相加，除法則相減。

5-5-3 複數應用於正弦波

向量(vector)一般用在物理量，表示其大小及方向。在電學上，表示交流值之大小，如電感或電容值，除了數值大小外，還有相位角(phase angle)關係，而表示其大小及相位角，則以相量(phasor)稱之。相量之表示法與複數表示法是相通的。

相量表示法

繞組在磁場中旋轉，其電壓之瞬時值爲：

$$v(t)=V_m\sin(\omega t+\theta)=\sqrt{2}\,V_{rms}\sin(\omega t+10°)$$

在電學中，其交流式的相量表示法，是直接取均方根值(或有效值)V_{rms}爲其大小，相位角 θ 相同於複數座標之角度。則相量表示法爲：

$$\overline{V}=V_{rms}\angle\theta=\frac{V_m}{\sqrt{2}}\angle\theta \tag{5-18}$$

式中，$\overline{V}$ 爲 $v(t)$的相量表示式。

EXAMPLE
例題 5-11

比較下列各波形之相位關係：

(1)$e_1=10\cos(377t+50°)$，$e_2=10\sin(377t+30°)$

(2)$i_1=-5\cos(377t+50°)$，$i_2=5\sin(377t+10°)$。

解 (1) cos 爲餘弦，非正弦基本式，應先轉換餘弦爲正弦，即：$\cos\theta=\sin(\theta+90°)$

則：$\cos(377t+50°)=\sin(377t+50°+90°)=\sin(377t+140°)$

以 e_1 爲參考軸，則：$140°-30°=110°$，表示 e_1 領前 e_2 爲 110°

(2) 負號表示旋轉了 180°，參考圖(8-28a)所示。若消去負號，則角度應減去 180°

即：$-5\cos(377t+50°)=5\cos(377t+50°-180°)=5\cos(377t-130°)$

$=5\sin(377t-130°+90°)=5\sin(377t-40°)$

以 i_1 爲參考軸，則：$-40°-10°=-50°$，表示 i_1 落後 i_2 爲 50°

EXAMPLE
例題 5-12

轉換(1)$10\angle 30°$爲直角座標式、(2) $-3+j4$ 爲極座標式。

解 (1) $10\angle 30° = 10\cos 30° + j10\sin 30° = \dfrac{10\sqrt{3}}{2} + \dfrac{j10\times 1}{2} = 5\sqrt{3} + j5$

(2) $-3+j4 = \sqrt{3^2+4^2}\tan^{-1}\dfrac{4}{-3} = 5\angle -233.2°$ (順時針方向) $= 5\angle 126.8°$ (逆時針)

EXAMPLE
例題 5-13

若 $\overline{A}=10\angle 0°$，$\overline{B}=10\angle 90°$，則 $\overline{A}+\overline{B}$ 爲多少？(極座標式表示)

解 $\overline{A}+\overline{B}=10\angle 0°+10\angle 90°=10\cos 0°+j10\sin 0°+10\cos 90°+j10\sin 90°=10+j10$

$=\sqrt{10^2+10^2}\tan^{-1}\dfrac{10}{10}=10\sqrt{2}\angle 45°$

EXAMPLE
例題 5-14

若 $v(t) = 10\sqrt{2}\cos\omega t$V，其相量式爲何？

解 先轉換爲正弦波一般式。$\cos\omega t = \sin(\omega t + 90°)$ 則：

$v(t) = 10\sqrt{2}\sin(\omega t + 90°) = 10\angle 90° = 10\cos 90° + j10\sin 90° = j10$

習　題 EXERCISE

1. 有一頻率爲 60 赫芝交流發電機，有 30 極，則此機每分鐘轉速爲多少？
2. 正弦波之角速度爲 314 弳/秒，則其週期爲多少？
3. 某電台所發射的電波頻率爲 5 MHz，則此電波的波長爲多少？
4. 有一弦式電壓信號，其時間式爲 $v(t) = 10\sqrt{2}\cos(6280t + 60°)$V，則此電壓信號的週期與有效值分別爲多少？
5. 有效值爲 10V 之正弦電壓，其峰對峰值爲多少？
6. 如圖(1)所示，此波形之平均值爲多少？

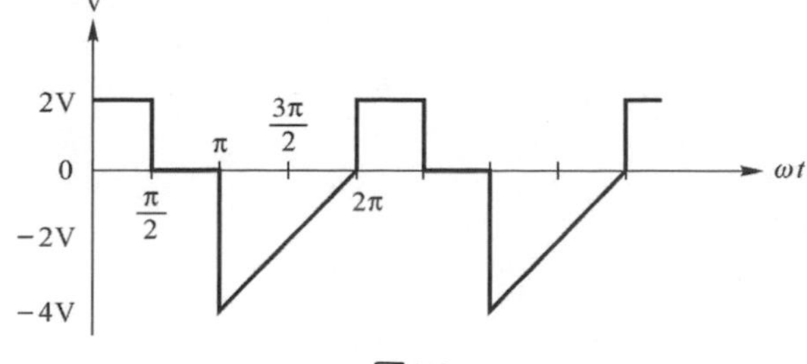

圖(1)

7. 設 $i_o = 3$A，$i_1 = 8\sin\omega t$A，$i_2 = 4\cos 3t$A，則 $I = i_o + i_1 + i_2$ 之有效值為多少？
8. 設以 $v(t) = 100\cos 377t$V，表示交流電壓，則此交流電壓之有效值為多少？
9. 如圖(2)所示電路，其中電壓 V_i 為週期 $T = 4$ 秒的函數，求電阻 R_1 所消耗的平均功率為多少？

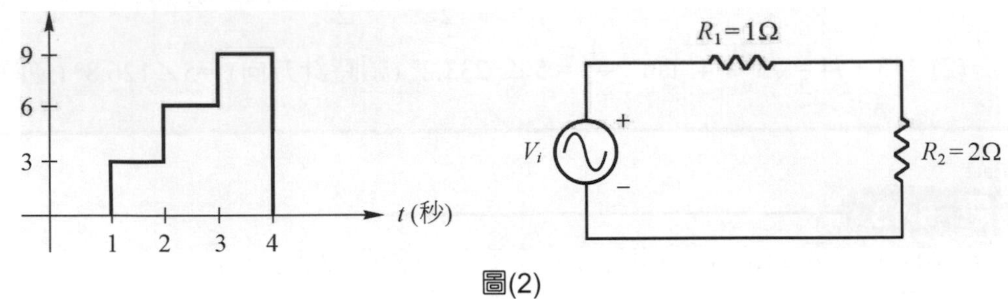

圖(2)

10. 正弦波經全波整流後，測得其峰對峰值電壓為 100V，則其均方根值(rms)為多少？
11. 5 歐姆的電阻器加上 $v(t) = 100\sqrt{2}\sin(\omega t)$V 的電壓時，則電路內通過的電流有效值為多少安培？
12. 有一正弦波電流一般式表示成 $i(t) = 100\sin(377t - 60°)$A，求當 $t = 1/240$ 秒時之瞬間電流值為何？
13. 正弦波之波峰因數(crest factor)為多少？
14. 若交流電流波形為正弦波曲線，則該電流的有效值為平均值的多少倍？
15. 電壓相角 0°，電流超前電壓 30°，頻率 60Hz，電流有效值 10A，則電流 $i(t)$之方程式應為何？
16. 設有交流電壓與電流如下：$v(t) = 220\cos(314t + 30°)$V，$i(t) = -10\sin(314t + 60°)$A，則其相位關係，若以電機角度表示電壓與電流之關係為何？
17. $\overline{A} = 6\angle 0°$ ，$\overline{B} = 8\angle 90°$，則 $\overline{A} + \overline{B} =$？(試以直角座標表示)
18. $\overline{A} = 6 + j8$，$\overline{B} = 8 - j6$，則 $\overline{A} \cdot \overline{B} =$？(試以極座標表示)

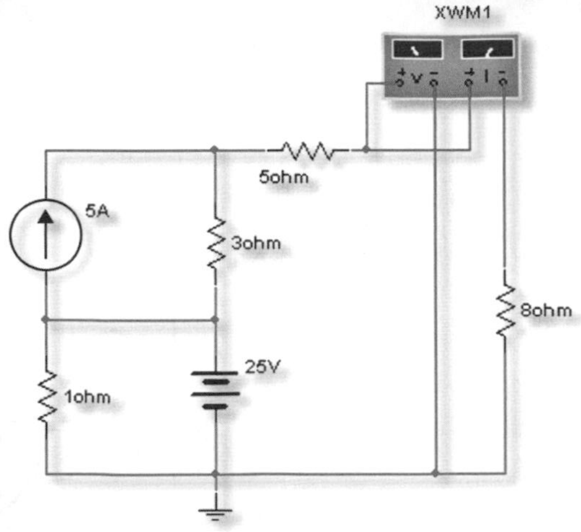

Chapter 6

交流基本電路

6-1 *RC* 串聯電路

在電容電路中，當接上交流電源 e，電容之電極板開始貯存電荷，因 $v_C=\dfrac{Q}{C}$，且電容 $C=\varepsilon\dfrac{A}{D}$ 爲定值，電容壓降 v_C 值開始增加，流過電容之電流值 $i_C=\dfrac{Cdv_C}{dt}$ 也開始增加，v_C 與 i_C 兩者成正比關係。

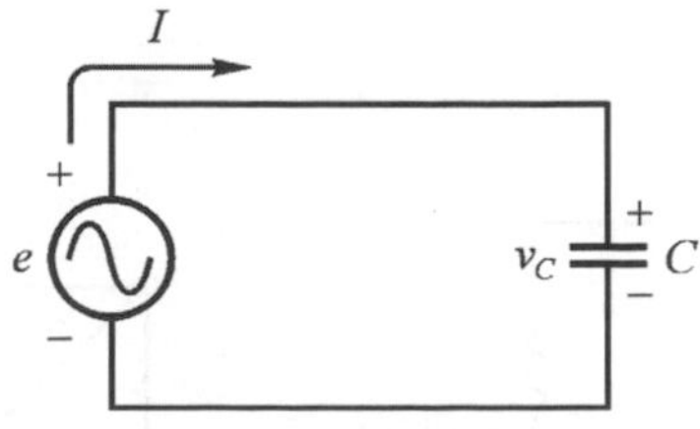

圖 6-1　電容電路

在電容電路中，電容上之 v_C 與 i_C 之關係：設電壓 $e=V_m\sin\omega t$ 伏特，流過電容之電流爲：

$i_C=C\dfrac{dv_C}{dt}=C\dfrac{d}{dt}(V_m\sin\omega t)$；純電容電路 v_C 等於供應電壓 e。

$i_C=C\omega V_m\cos\omega t=\omega CV_m\sin(\omega t+90°)=I_m\sin(\omega t+90°)$

式中，電容電路之特性爲：

1. 電容電路之電流 i_C 領前電壓 v_C 有 90°，或稱 v_C 滯後 i_C 有 90°。
   以 i_C 相位角減去 v_C 之相位角，則 90°−0°= +90°；(+表示領前)。

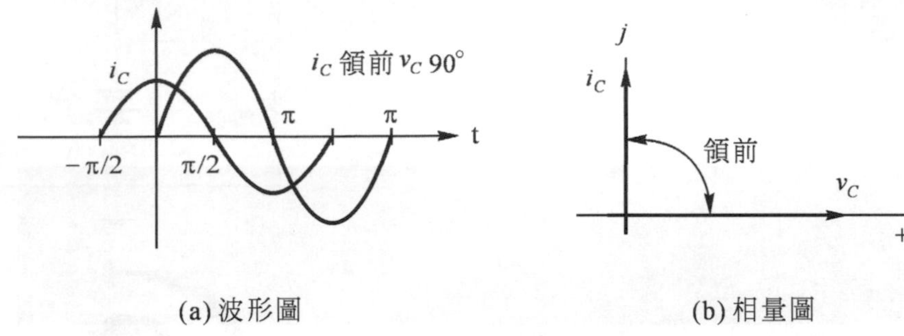

(a) 波形圖　　(b) 相量圖

圖 6-2　電容電壓與電流之關係

2. 電容之電抗稱爲電容抗，簡稱容抗(capacitive reactance)，符號爲 X_c
   依歐姆定律，電阻 $R=$ 電壓 V/電流 I，單位爲歐姆(Ω)，則

$$\text{電抗}=\frac{V_m}{I_m}=\frac{V_m}{\omega C V_m}=\frac{1}{\omega C}$$

式子，$1/\omega C$ 爲電容之電抗，符號爲 X_C，單位爲歐姆(Ω)。

$$X_C=\frac{1}{\omega C}=\frac{1}{2\pi fC} \tag{6-1}$$

式中，f 爲頻率，單位是赫芝(Hz)，C 爲電容量，單位是法拉，ω 爲角速度，單位是弳/秒(rad/s)。$\overline{X}_C$ 爲容抗之相量式，$\overline{X}_C=-jX_c=X_c\angle-90°$。負號表示電容壓降滯後電路電流有 90 度。

阻抗

如圖 6-3(a)所示，爲電阻、電容串聯電路，當接上交流電源時，電阻與電容之相位關係，如圖 6-3(b)，電阻值與電路電流相位相同，稱同相，電容抗因與電容壓降成正比，故滯後電路電流 90 度。電阻值與電容抗之合成值，稱爲阻抗，符號爲 Z，單位是歐姆(Ω)。依直角三角形之關係，爲：

$$Z=\sqrt{R^2+X_C{}^2}\ \Omega \tag{6-2}$$

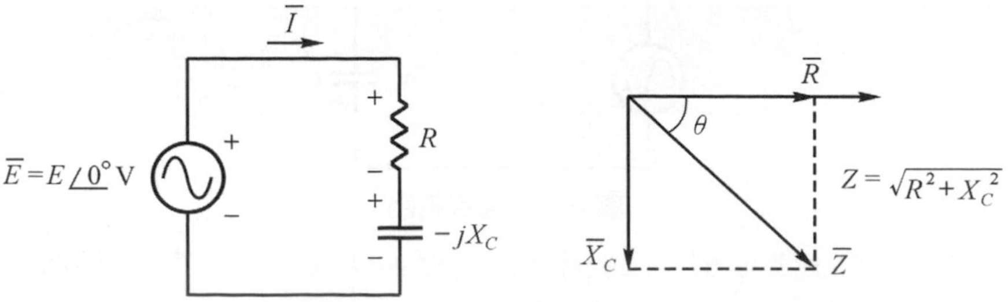

$\overline{I}$
$\overline{E}=E\angle 0°$ V
R
$-jX_C$
$\overline{R}$
θ
$Z=\sqrt{R^2+X_C^2}$
$\overline{X}_C$
$\overline{Z}$

(a) R_C 串聯接法　　(b) 阻抗相量圖

圖 6-3　*RC* 串聯電路

依直角座標的相位關係，爲：

$$\overline{Z} = R - jX_c = \sqrt{R^2 + X_C^{\ 2}} \angle \tan^{-1}\frac{-X_C}{R}\,\Omega \tag{6-3}$$

負號表示總電壓滯後總電流，滯後之角度 $\theta = \tan^{-1}\dfrac{X_C}{R}$ 。

電路之電流及電壓值

如圖 6-4 所示，電阻、電容串聯電路，設交流電壓 $e(t) = E_m\sin\omega t$，阻抗 $\overline{Z} = Z\angle -\theta$ 電路電流(總電流)I 爲：

$$\overline{I} = \frac{\overline{E}}{\overline{Z}} = \frac{E\angle 0^\circ}{Z\angle -\theta} = \frac{E}{Z}\angle 0 + \theta = I\angle\theta \text{ (A) (相量計算，應考慮相位角)} \tag{6-4}$$

電阻壓降 $\overline{E}_R$ 爲：

$$\overline{E}_R = \overline{I}\,\overline{R} = I\angle\theta \times R\angle 0^\circ = IR\angle\theta + 0^\circ = E_R\angle\theta \text{ (V)} \tag{6-5}$$

電容壓降 $\overline{E}_C$ 爲：

$$\overline{E}_C = \overline{I}\,\overline{X}_C = I\angle\theta \times X_C\angle -90^\circ = IX_C\angle\theta - 90^\circ = E_C\angle\theta - 90^\circ \text{ (V)} \tag{6-6}$$

總電壓(電源電壓)E 爲：

$$E = IZ = I\sqrt{R^2 + X_C^{\ 2}} = \sqrt{E_R^{\ 2} + E_C^{\ 2}} \tag{6-7}$$

$$\overline{E} = \overline{I}\,\overline{Z} = I\angle\theta \times Z\angle\theta_2 = IZ\angle\theta + \theta_2 \text{ (V)} \tag{6-8}$$

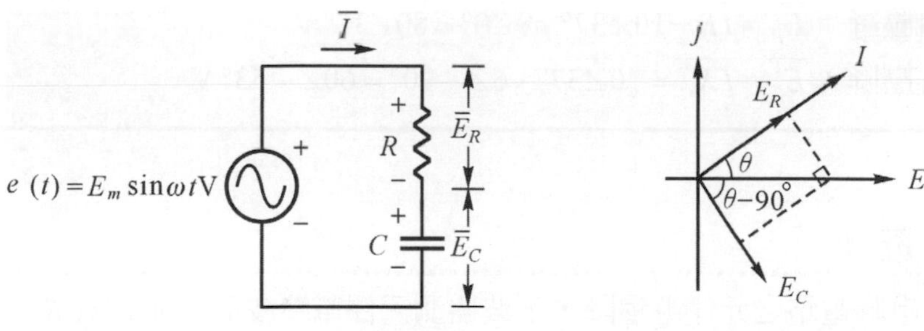

圖 6-4　*RC* 串聯電路

EXAMPLE
例題 6-1

RC 串聯電路，$R = 8\Omega$，$C = 442\mu F$，$E = 100V$，$f = 60Hz$，試求 X_C、Z、I、E_R、E_C、θ。

解　容抗：$X_C = \dfrac{1}{2\pi fc} = \dfrac{1}{2\times 3.14\times 60\times 442\times 10^{-6}} = 6\,\Omega$

阻抗：$Z = \sqrt{R^2 + X_C^{\ 2}} = \sqrt{8^2 + 6^2} = 10\,\Omega$

電流：$I = \dfrac{E}{Z} = \dfrac{100}{10} = 10\,A$

電阻壓降：$E_R = IR = 10\times 8 = 80V$

驗證：$E=\sqrt{E_R{}^2+E_C{}^2}=\sqrt{80^2+60^2}=100\text{ V}$

電容壓降：$E_C=IX_C=10\times6=60\text{V}$

相位角：$\theta=\tan^{-1}\dfrac{-X_C}{R}=\tan^{-1}\dfrac{-6}{8}=\tan^{-1}\dfrac{-3}{4}=-37°$(負號表示電壓落後電流)

阻抗圖：

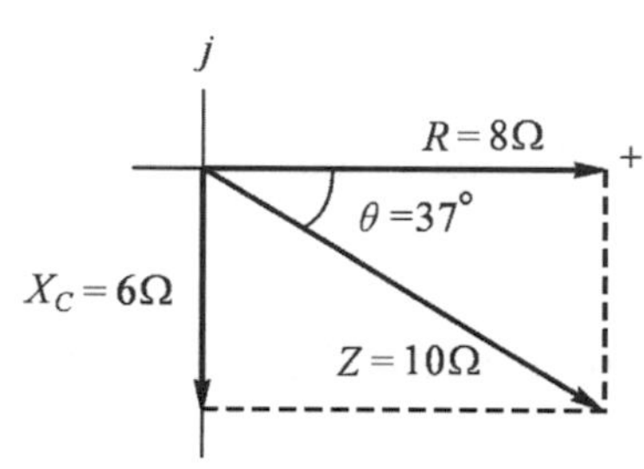

EXAMPLE 例題 6-2

RC 串聯電路，$R=8\Omega$，$C=442\mu\text{F}$，$E=100\text{V}$，$f=60\text{Hz}$，試求 $\overline{Z}$ 、$\overline{I}$ 、$\overline{E_R}$ 、$\overline{E_C}$ 。

解 同前例題 $X_c=6\Omega$。

$$\overline{Z}=R-jX_C=\sqrt{R^2+Xc^2}\angle\tan^{-1}\frac{-Xc}{R}=\sqrt{8^2+6^2}\angle\tan^{-1}\frac{-6}{8}=10\angle-37°\ (\Omega)$$

電流：$\overline{I}=\dfrac{\overline{E}}{\overline{Z}}=\dfrac{100\angle0°}{10\angle-37°}=10\angle37°\text{ A}$

電阻壓降：$\overline{E_R}=\overline{I}\,\overline{R}=10\angle37°\times8\angle0°=80\angle37°\text{ V}$

電容壓降：$\overline{E_C}=\overline{I}\,\overline{X_C}=10\angle37°\times6\angle-90°=60\angle-53°\text{ V}$

COMPUTER TEST 電腦模擬

量測 RC 串聯電路之元件電壓降，示波器測元件電壓波形，並比較 RC 之相位差。

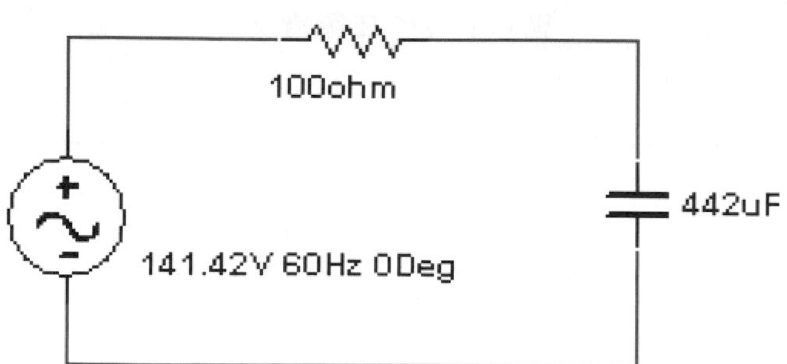

解 1.　量測電路：接上交流電壓表及示波器，如圖所示。

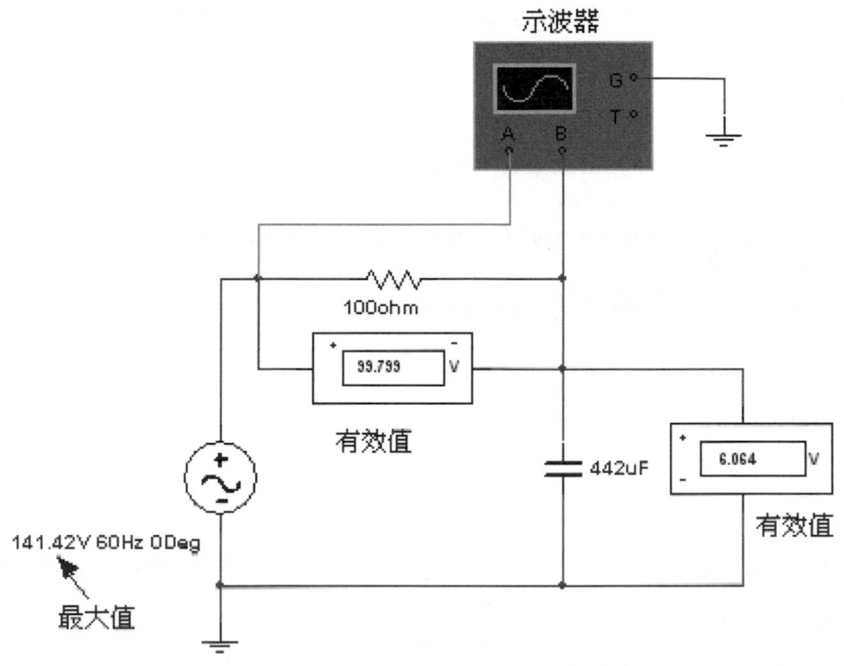

2.　示波器顯示結果，如圖所示，V_R 領前 V_C 有 90 度。

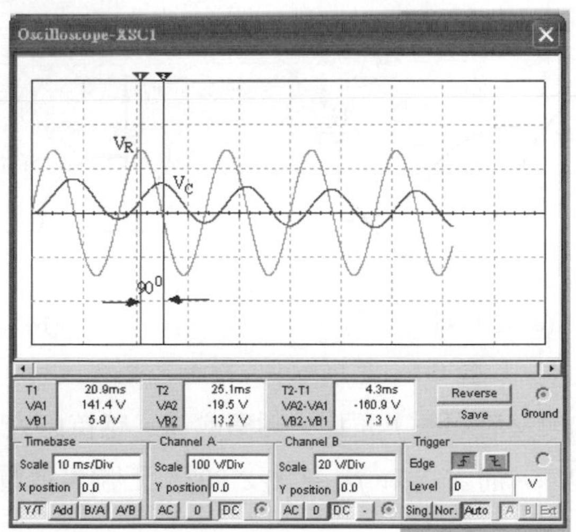

6-2 RL 串聯電路

在電感電路，電感之感應電勢 v_L 與線圈之電感量 L 及流過線圈之電流變化量 di/dt 有關

$$v_L = L\frac{di_L}{dt}\text{ V}$$

假設流過線之電流為 $i_L = I_m \sin\omega t$ (A)，則電感之感應電勢 v_L 為：

$$v_L = L\frac{di_L}{dt} = L\frac{d}{dt}(I_m \sin\omega t) = \omega L I_m \cos\omega t = \omega L I_m \sin(\omega t + 90°)$$

式中，電感電壓 v_L 之相位較流過之電流 i_L 領前 90°。故

$$v_L = V_m \sin(\omega t + 90°)\text{ (V)}$$

比較兩式，則

$$V_m = \omega L I_m \rightarrow \omega L = \frac{V_m}{I_m} = \frac{V}{I}$$

式中，ωL 稱為電感電抗，簡稱感抗，符號為 X_L，單位為歐姆(Ω)。$\omega = 2\pi f$ 弳度/秒，則

$$X_L = \omega L = 2\pi f L\ (\Omega) \tag{6-9}$$

在交流電中，電感電路之特性為：

(1) 依相位角之關係，電感器之壓降(V_L)領前電感電流(i_L) 90°。

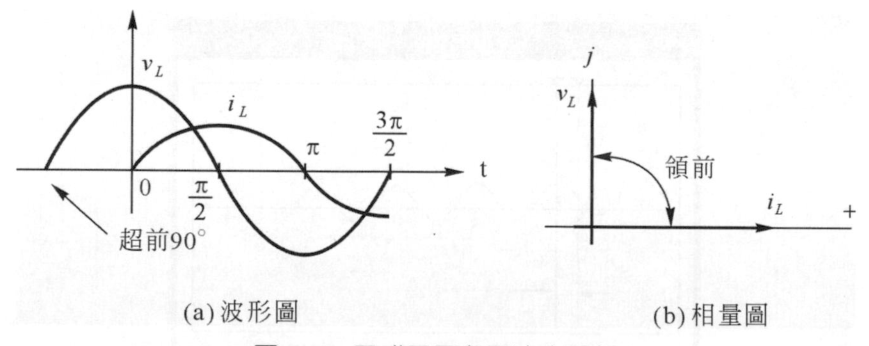

(a) 波形圖 (b) 相量圖

圖 6-5 電感電壓與電流之關係

(2) 電感器之感抗(X_L)與交流頻率 f 正比，頻率愈高，感抗愈大。

(3) 感抗之相量式為 $\overline{X}_L$。而 $\overline{X}_L = +jX_L = X_L\angle 90°$。正號表示電感壓降領前電路電流有 90 度。

阻抗

如圖 6-6(a)所示，為電阻 R、電感 L 串聯電路，當接上交流電源時，電阻與電感之相位關係，如圖 6-6(b)所示，串聯電路電阻與電流同相位，電感抗因與電感壓降成正比，故領前電流 90 度。依直角三角形之關係，串聯電路之阻抗為：

$$Z = \sqrt{R^2 + X_L^2}\ \Omega \tag{6-10}$$

依複數之直角座標的相位關係，則：

$$\overline{Z}=R+jX_L=\sqrt{R^2+X_L{}^2}\ \angle\tan^{-1}\frac{X_L}{R}\ \Omega \tag{6-11}$$

式中，阻抗之相位角 $\theta=\angle\tan^{-1}\dfrac{X_L}{R}$ 為正值，表示電路總電壓領前總電流。

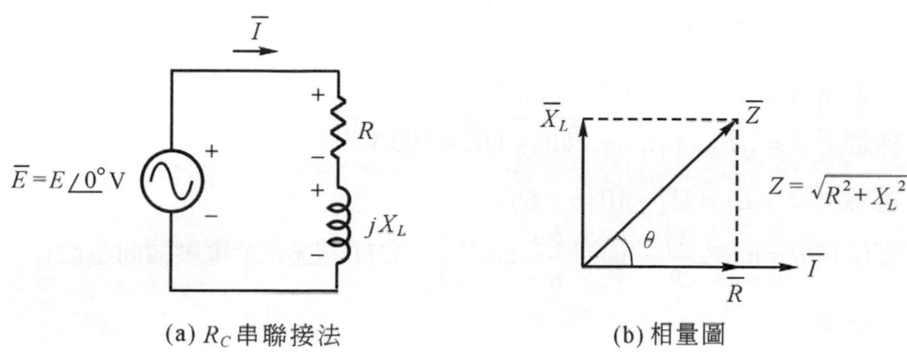

(a) R_C 串聯接法　　(b) 相量圖

圖 6-6　*RL* 串聯電路

電路之電流及電壓值

如圖 6-7 所示，電阻、電感串聯電路，設交流電壓 $e(t)=E_m\sin(\omega t)$V，$\overline{Z}=Z\angle\theta\,\Omega$，則電路電流(總電流)$I$ 為：

$$\overline{I}=\frac{\overline{E}}{\overline{Z}}=\frac{E\angle 0°}{Z\angle\theta}=\frac{E}{Z}\angle 0-\theta=I\angle-\theta\,\mathrm{A}\quad(\text{相量計算，應考慮相位角}) \tag{6-12}$$

電阻壓降 $\overline{E}_R$ 為：

$$\overline{E_R}=\overline{I}\ \overline{R}=I\angle-\theta\times R\angle 0°=IR\angle-\theta+0°=E_R\angle-\theta\ \mathrm{V} \tag{6-13}$$

電感壓降 $\overline{E}_L$ 為：

$$\overline{E_L}=\overline{I}\ \overline{X_L}=I\angle-\theta\times X_L\angle 90°=IX_L\angle 90°-\theta=E_L\angle 90°-\theta\ \mathrm{V} \tag{6-14}$$

總電壓(電源電壓)E 為：

$$E=IZ=I\sqrt{R^2+X_L{}^2}=\sqrt{E_R{}^2+E_L{}^2} \tag{6-15}$$

$$\overline{E}=\overline{I}\ \overline{Z}=I\angle\theta\times Z\angle\theta_2=IZ\angle\theta+\theta_2\ \mathrm{V} \tag{6-16}$$

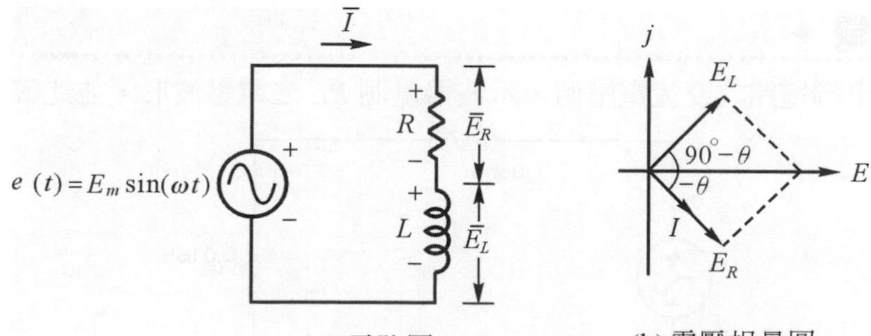

(a) 電路圖　　(b) 電壓相量圖

圖 6-7　*RL* 串聯電路

EXAMPLE
例題 6-3

RL 串聯電路，$R = 8\Omega$，$L = 0.016\text{H}$，$E = 100\text{V}$，$f = 60\text{Hz}$，試求 X_L、Z、I、E_R、E_L、θ。

解 電感抗：$X_L = 2\pi fL = 2\times3.14\times60\times0.016 \fallingdotseq 6\Omega$

阻抗：$Z = \sqrt{R^2 + {X_L}^2} = \sqrt{8^2 + 6^2} = 10\,\Omega$

電流：$I = \dfrac{E}{Z} = \dfrac{100}{10} = 10\,\text{A}$

電阻壓降：$E_R = IR = 10\times8 = 80\text{V}$

驗證：$E = \sqrt{{E_R}^2 + {E_L}^2} = \sqrt{80^2 + 60^2} = 100\text{ V}$

電感壓降：$E_L = IX_L = 10\times6 = 60\text{V}$

相位角 $\theta = \tan^{-1}\dfrac{X_L}{R} = \tan^{-1}\dfrac{6}{8} = \tan^{-1}\dfrac{3}{4} = 37°$ (正號表示電壓領前電流)

阻抗圖：

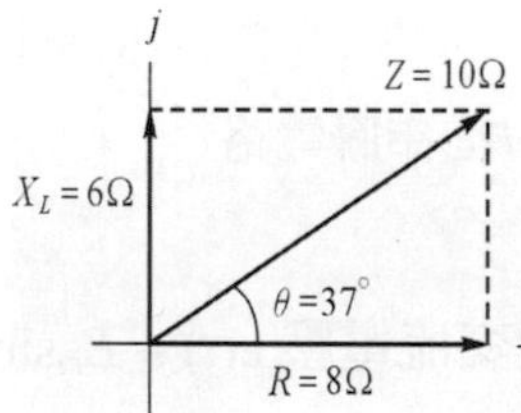

EXAMPLE
例題 6-4

RL 串聯電路，$R = 8\Omega$，$L = 0.016\text{H}$，$E = 100\text{V}$，$f = 60\text{Hz}$，試求 $\overline{Z}$ 、$\overline{I}$ 、$\overline{E_R}$ 、$\overline{E_L}$ 。

解 同範例 $X_L = 6\Omega$。$\overline{Z} = R + jX_\text{L} = \sqrt{R^2 + {X_L}^2}\ \angle\tan^{-1}\dfrac{X_L}{R} = \sqrt{8^2 + 6^2}\ \angle\tan^{-1}\dfrac{6}{8}$

$= 10\angle37°\ \Omega$

電流：$\overline{I} = \dfrac{\overline{E}}{\overline{Z}} = \dfrac{100\angle0°}{10\angle37°} = 10\angle-37°\text{ A}$ (負號表示電流滯後電壓)

電阻壓降：$\overline{E_R} = \overline{I}\,\overline{R} = 10\angle-37°\times8\angle0° = 80\angle-37°\text{ V}$

電感壓降：$\overline{E_L} = \overline{I}\,\overline{X_L} = 10\angle-37°\times6\angle90° = 60\angle53°\text{ V}$

COMPUTER TEST
電腦模擬

量測 *RL* 串聯電路之交流電壓值，示波器量測 *RL* 之電壓波形，並比較其相位差。

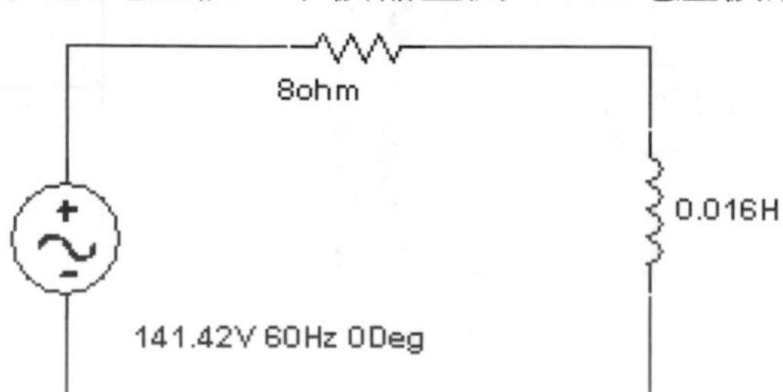

解　1.　量測電路：接上交流電壓表及示波器。

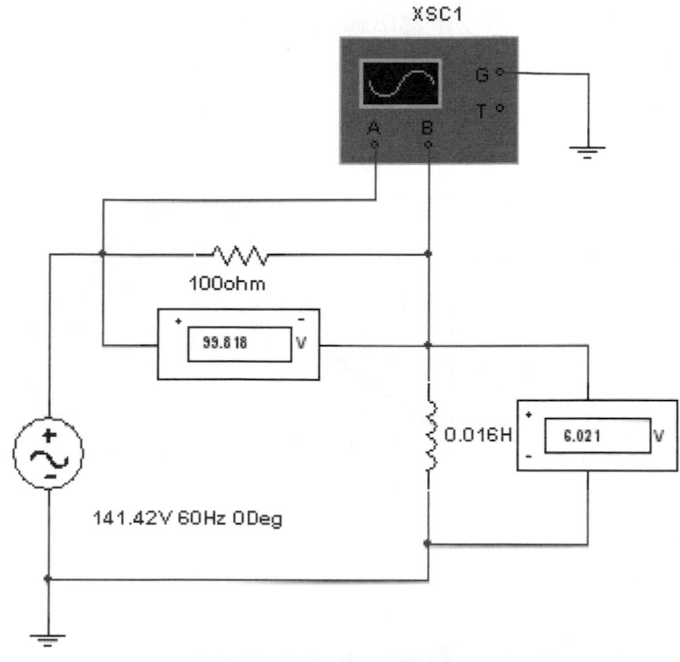

2.　量測結果，如圖所示。V_L 領前 V_R 約有 90 度相位角。

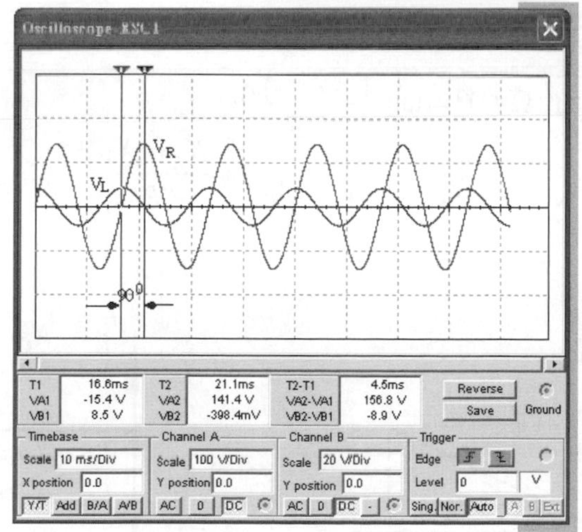

6-3 RLC 串聯電路

如圖 6-8(a)所示，為電阻、電感及電容串聯之交流電路，當電路接上交流電壓 $e(t) = E_m\sin\omega t$ V 時，各元件之相位關係，以串聯電流為參考軸，如圖 6-8(b)所示。電感抗領前電阻 90 度，電容抗滯後電阻 90 度。而電感抗 X_L 與電容抗 X_C 之比值，將影響電路之性質，有下列三種情形，為：

(1) 若 $X_L > X_C$ 時，電路為電感性，總電壓領前電流 θ 角。

(2) 若 $X_L < X_C$ 時，電路為電容性，總電壓滯後電流 θ 角。

(3) 若 $X_L = X_C$ 時，電路為電阻性，總電壓與電流同相，如圖 6-7(c)所示。

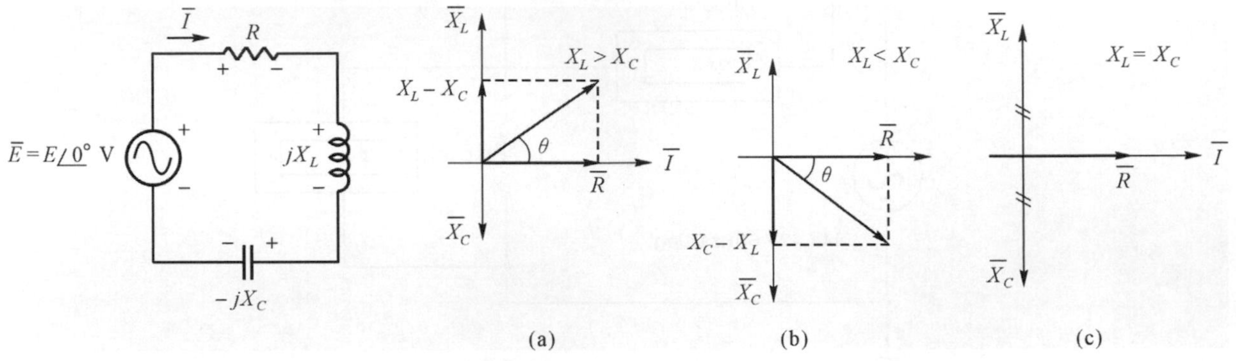

圖 6-8 RLC 串聯電路

阻抗

如圖 6-9 所示，串聯交流電路之總阻抗 Z，為：

$$Z=\sqrt{R^2+(X_L-X_C)^2}\ \Omega，\ \theta=\tan^{-1}\frac{X_L-X_C}{R} \tag{6-17}$$

$$\overline{Z}=R+j(X_L-X_C)=\sqrt{R^2+(X_L-X_C)^2}\ \angle\tan^{-1}\frac{X_L-X_C}{R}=Z\angle\theta\,(\Omega) \tag{6-18}$$

阻抗圖

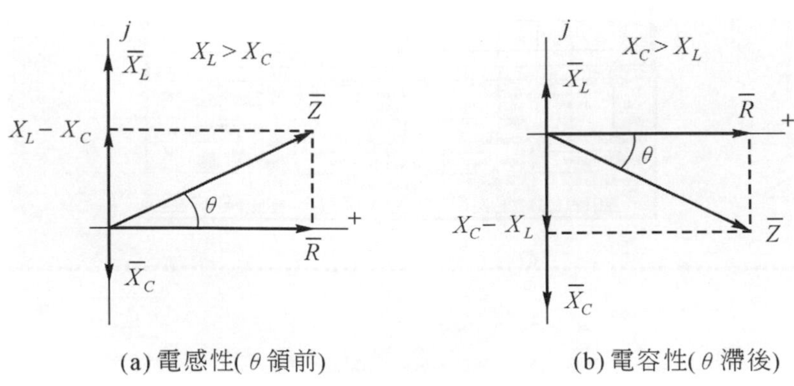

圖 6-9 阻抗圖

總電流(電路電流)

如圖 6-10 所示，串聯交流電路之電路電流 I，爲：

$$I=\frac{E}{Z}\,(\mathrm{A}) \tag{6-19}$$

$$\overline{I}=\frac{\overline{E}}{\overline{\overline{Z}}}=\frac{E\angle 0^0}{Z\angle\theta}=I\angle-\theta\,(\mathrm{A}) \tag{6-20}$$

式中，電源電壓 $e(t)=E_m\sin\omega t=E\angle 0°$ (V)，E 爲有效值(或均方根值)。

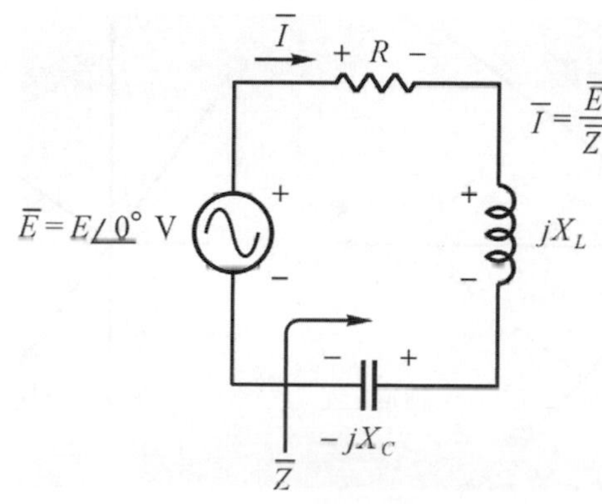

圖 6-10　電路電流 I

各元件之電壓降

如圖 6-11 所示，電阻、電感及電容之壓降分別爲，E_R、E_L、E_C，則：

$$E_R=IR\text{；}E_L=IX_L\text{；}E_C=IX_C$$

$$\overline{E_R}=\overline{I}\cdot R\angle 0°=I\angle-\theta\times R\angle 0°=I\cdot R\angle-\theta\,\mathrm{V} \tag{6-21}$$

$$\overline{E_L}=\overline{I}\cdot\overline{X_L}=I\angle-\theta\times X_L\angle 90°=I\cdot X_L\angle 90°-\theta\,\mathrm{V} \tag{6-22}$$

$$\overline{E_C}=\overline{I}\cdot\overline{X_C}=I\angle-\theta\times X_C\angle-90°=I\cdot X_C\angle-90°-\theta\,\mathrm{V} \tag{6-23}$$

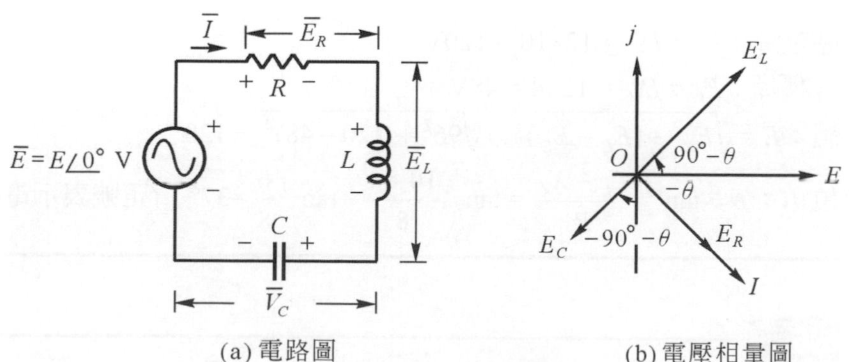

(a) 電路圖　　(b) 電壓相量圖

圖 6-11　各元件之電壓

總電壓

電路之總電壓 E，即電源供應電壓，為電路所有電壓降之和。即：

$$E=\sqrt{E_R{}^2+(E_L-E_C)^2}\ (\text{V}) \tag{6-24}$$

$$\overline{E}=\sqrt{E_R{}^2+(E_L-E_C)^2}\angle\tan^{-1}\frac{E_L-E_c}{E_R} \tag{6-25}$$

相量圖

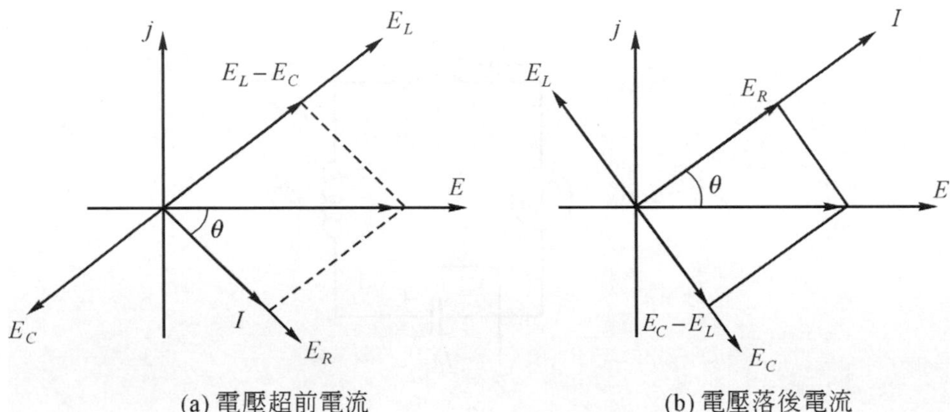

(a) 電壓超前電流　(b) 電壓落後電流

圖 6-12　電壓相量圖

EXAMPLE

例題 6-5

RLC 串聯電路，$R=8\Omega$，$X_L=10\Omega$，$X_C=4\Omega$，$E=120\text{V}$，試求 Z、I、E_R、E_L、E_C、θ。

解　阻抗：$Z=\sqrt{R^2+(X_L-X_C)^2}=\sqrt{8^2+(10-4)^2}=10\Omega$

電流：$I=\dfrac{E}{Z}=\dfrac{120}{10}=12\text{ A}$

電阻壓降：$E_R=IR=12\times8=96\text{V}$

電感壓降：$E_L=IX_L=12\times10=120\text{V}$

電容壓降：$E_C=IX_C=12\times4=48\text{V}$

驗證：$E=\sqrt{E_R{}^2+(E_L-E_C)^2}=\sqrt{96^2+(120-48)^2}=120$

相位角：$\theta=\tan^{-1}\dfrac{X_L-X_C}{R}=\tan^{-1}\dfrac{10-4}{8}=\tan^{-1}\dfrac{6}{8}=37°$　(正號表示電路呈電感性)

EXAMPLE

例題 6-6

RLC 串聯電路，$R=6\Omega$，$X_L=4\Omega$，$X_C=12\Omega$，$v(t)=100\sqrt{2}\sin(377t)\text{V}$，試求 $\overline{Z}$、$\overline{I}$、$\overline{E_R}$、$\overline{E_L}$、$\overline{E_C}$。

解　阻抗：$\overline{Z}=R+j(X_L-X_C)=\sqrt{R^2+(X_L-X_C)^2}\ \angle\tan^{-1}\dfrac{X_L-X_C}{R}$

$=\sqrt{6^2+(4-12)^2}\ \angle\tan^{-1}\dfrac{4-12}{6}$

$= 10\angle \tan^{-1}\dfrac{-8}{6} = 10\angle -53°\ \Omega$　(負號表示電路呈電容性，電壓落後電流。)

電流：$\bar{I} = \dfrac{\overline{E}}{\overline{Z}} = \dfrac{100\angle 0°}{10\angle -53°} = 10\angle 53°\ \text{A}$

電阻壓降：$\overline{E_R} = \bar{I}R\angle 0° = 10\angle 53° \times 6\angle 0° = 60\angle 53°\ \text{V}$　(電阻與電流同相)

電感壓降：$\overline{E_L} = \overline{I}\,\overline{X_L} = 10\angle 53° \times 4\angle 90° = 40\angle 143°\ \text{V}$

電容壓降：$\overline{E_C} = \overline{I}\,\overline{X_C} = 10\angle 53° \times 12\angle -90° = 120\angle -37°\ \text{V}$

COMPUTER TEST

電腦模擬

量測 *RLC* 串聯電路各元件之電壓降及電壓波形表示之關係。

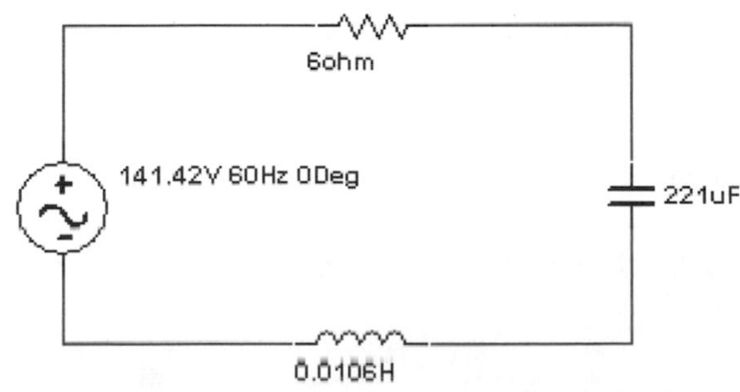

解　1.　量測電路：連接示波器及交流電壓表，量測元件電壓值。

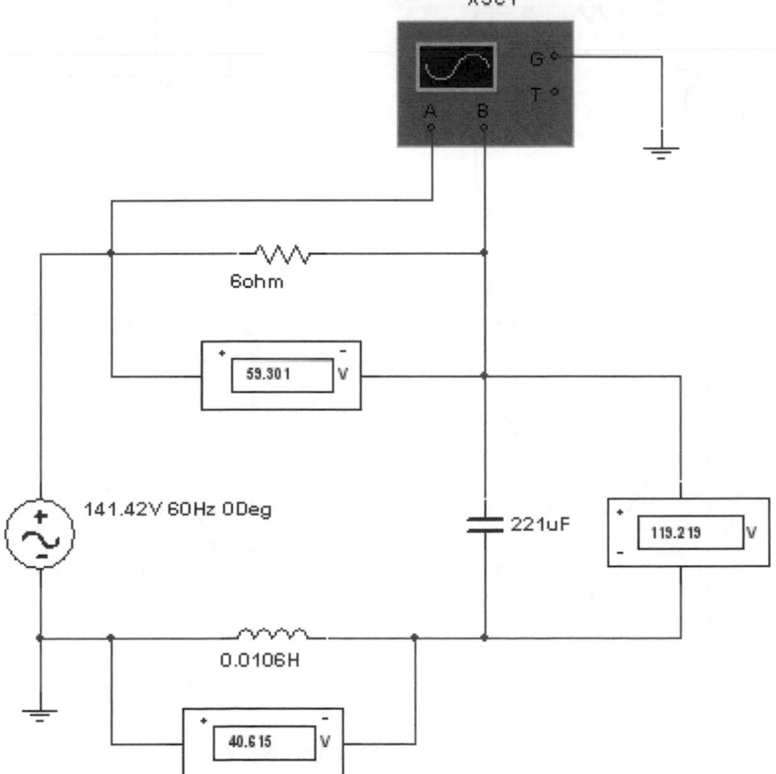

2. 示波器顯示電壓波形之關係：電壓滯後電流約 37°，(V_L-V_C)滯後 V_R。

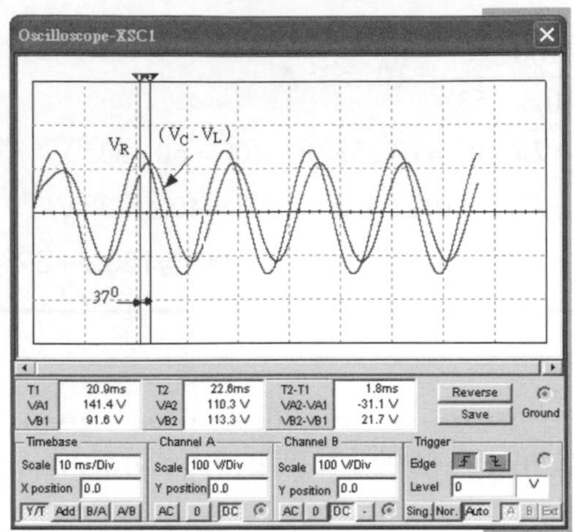

6-4 串聯諧振電路

如圖 6-13(a)所示，爲 *RLC* 串聯交流電路。負載爲電抗性，總阻抗(*Z*)爲電阻(*R*)與電抗值(*X*)的相量和，即：

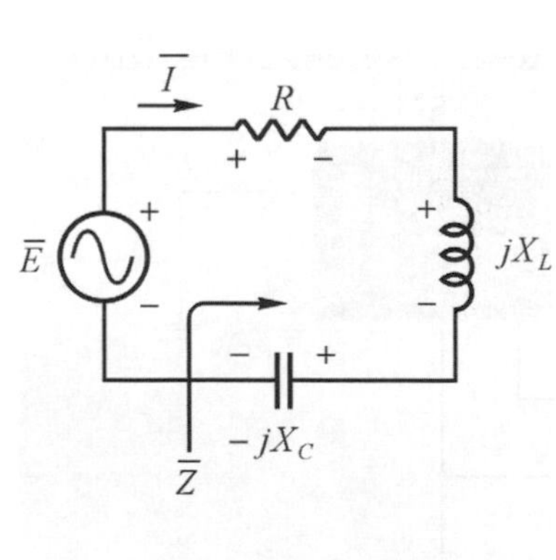

(a) RLC串聯電路

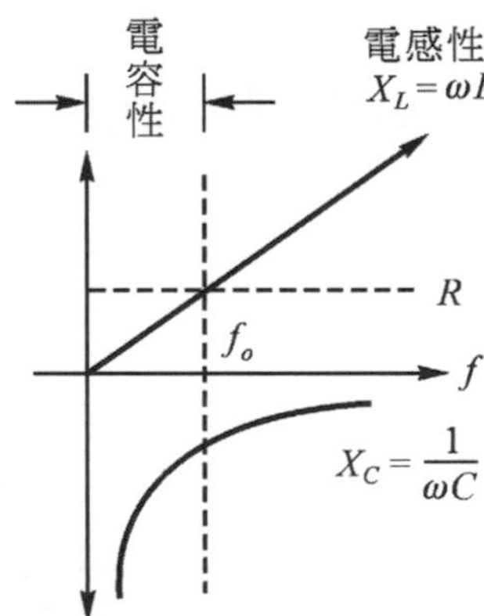

(b) 電抗與頻率的關係

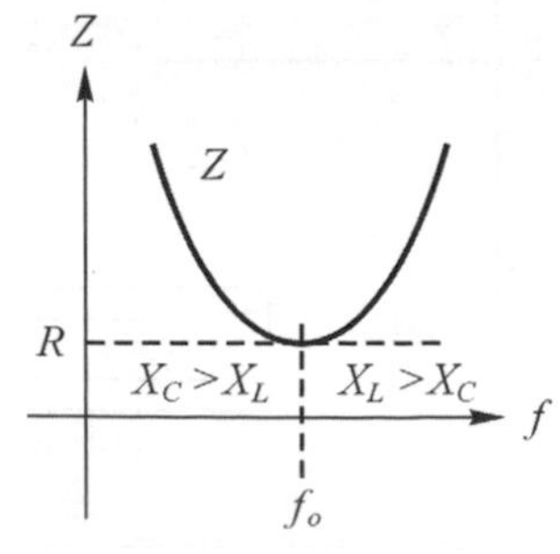

(c) $Z=R$

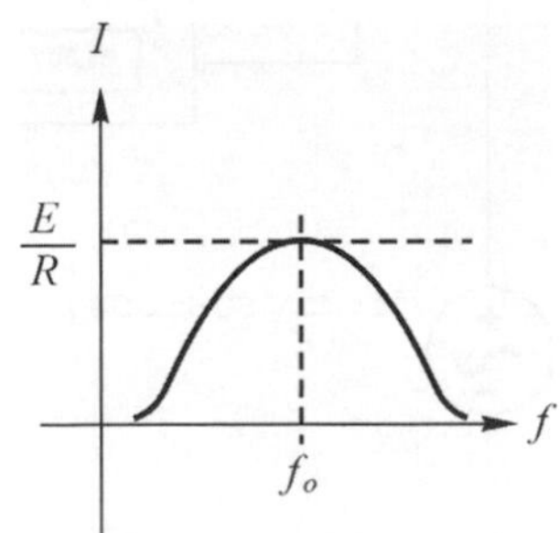

(d) *I*最大

圖 6-13 串聯諧振之特性

$\overline{Z} = R + jX\,(\Omega)$

式中，X 為電抗值，單位是歐姆(Ω)，大小為 $X_L - X_C$，是感抗與容抗之差。

6-4-1　諧振頻率

在交流電路中，感抗(X_L)與容抗(X_C)皆隨電源頻率變化，當兩值相等時，電路產生諧振，即：

$X_L = X_C$

電路之總阻抗 $Z = \sqrt{R^2 + (X_L - X_C)^2} = \sqrt{R^2} = R$，交流電路呈電阻性。此時之電路頻率稱為諧振頻率(resonant frequency)，符號為 f_0，單位是赫芝(Hz)。其數學式為：

$X_L = X_C$

$2\pi f_0 L = \dfrac{1}{2\pi f_0 C}$，$\omega_0 L = \dfrac{1}{\omega_0 C}$

$$f_0 = \frac{1}{2\pi\sqrt{LC}} = f\sqrt{\frac{X_C}{X_L}}，\omega_0 = \frac{1}{\sqrt{LC}} \tag{6-26}$$

式中，$\omega_0 = 2\pi f_0$ 為諧振角速度，單位是弳/秒(rad/s)，L 是電感之符號，單位為亨利(H)，C 是電容之符號，單位是法拉(F)，X_L 是電感抗，X_C 是電容抗，兩者單位是歐姆(Ω)。圖 11-1(b)，當電源頻率 f 為諧振頻率 f_0 時，即 $f = f_0$，稱為串聯諧振電路。

【提示】：交流電路，諧振條件：$X_L = X_C$。

EXAMPLE
例題 6-7

RLC 串聯電路中，$R = 100\Omega$，$L = 4\text{mH}$，$C = 10\mu\text{F}$，$E = 100\text{V}$，電源頻率 $f = 1\text{kHz}$，求電路之諧振頻率為多少？

解　諧振頻率：$f_0 = \dfrac{1}{2\pi\sqrt{LC}} = \dfrac{1}{2\times 3.14\times\sqrt{4\times 10^{-3}\times 10\times 10^{-6}}} = \dfrac{1}{6.28\times 2\times 10^{-4}} = 796.18\text{Hz}$

EXAMPLE
例題 6-8

在 RLC 串聯電路中，若 $R = 100\Omega$，$X_L = 20\Omega$，$X_C = 80\Omega$，$E = 100\text{V}$，電源頻率 $f = 1\text{kHz}$，求電路之諧振頻率為多少？

解　諧振頻率：$f_0 = f\sqrt{\dfrac{X_C}{X_L}} = 1000\sqrt{\dfrac{80}{20}} = 1000\times 2 = 2000 = 2\text{ kHz}$

6-4-2　阻抗特性

如圖 6-14(c)所示，為串聯電路之阻抗值與頻率之關係。感抗(X_L)值與頻率成正比，容抗(X_C)值與頻率成反比，電阻則與頻率無關。在低頻時，容抗大於感抗，即 $X_C > X_L$，在高頻時，感抗大於容抗，即 $X_L > X_C$。交流電路隨著頻率之增加，負載之阻抗特性為：

(1) $f<f_0$：阻抗 $\overline{Z} = R + j(X_C - X_L)$ 電路呈電容性，I 的相角領前 E。

(2) $f=f_0$：阻抗 $\overline{Z} = R$ 電路呈電阻性，I 與 E 同相。

(3) $f>f_0$：阻抗 $\overline{Z} = R + j(X_L - X_C)$ 電路呈電感性，I 的相角滯後 E。

串聯諧振電路之阻抗與頻率之關係，在諧振時，阻抗等於電阻值，是最小值。

6-4-3 電流特性

交流串聯電路之電流，以相量式表示為：$\overline{I} = \dfrac{\overline{E}}{\overline{Z}}$ (A)。當電流頻率等於諧振頻率時，負載阻抗值為電阻性，則電路電流的大小為：

$$I = \frac{E}{R}\ (\text{A})$$

式中，電路電流與電壓之相位相同(同相)，電流值最大，如圖(6-13d)所示。

6-4-4 電壓特性

交流串聯電路之總電壓，以相量式表示為：$\overline{E} = \overline{V_R} + \overline{V_L} + \overline{V_C}$。總電壓(電源電壓)為各元件之壓降和。電路諧振時，電流 $I = E/R$，則各元件之壓降為：

$$(1)\quad \overline{V}_R = \overline{I}\,\overline{R} = \frac{\overline{E}}{\overline{R}} \times \overline{R} = \overline{E} \tag{6-27}$$

$$(2)\quad \overline{V_L} = \overline{I} \times jX_L = \frac{\overline{E}}{\overline{R}} \times jX_L = j\frac{\overline{E}}{\overline{R}}X_L \tag{6-28}$$

$$(3)\quad \overline{V_C} = \overline{I}(-jX_C) = \frac{\overline{E}}{\overline{R}} \times (-jX_C) = -j\frac{\overline{E}}{\overline{R}}X_C \tag{6-29}$$

諧振時，$X_L = X_C$，電感與電容之壓降相等，即 $V_L = V_C$，但極性相差 180 度，表示電感與電容之壓降因極性相反會相互抵消，但不表示合成電壓值為零。尤有甚者，電感或電容個別之壓降值，可能較電源電壓 E 值高很多。例如，在 RLC 串聯諧振電路，若 $R = 10\Omega$、$X_L = X_C = 40\Omega$、$v(t) = 20\sqrt{2}\sin\omega t$V，則電感或電容之壓降為：電路諧振阻抗 $Z = R = 10\Omega$，電流 $I = E/Z = 20/10 = 2$A。故電感或電容壓降

$V_L = V_C = IX_L = IX_C = 2\times40 = 80 > E = 20$V。

EXAMPLE 例題 6-10

RLC 串聯電路中，$R = 10\Omega$，$L = 4$mH，$C = 10\mu$F，$E = 200$V，電源頻率 $f = 1$kHz，求諧振時電感與電容之壓降各為多少？

解 諧振頻率：$f_0 = \dfrac{1}{2\pi\sqrt{LC}} = \dfrac{1}{2\times3.14\times\sqrt{4\times10^{-3}\times10\times10^{-6}}} = 796.18$Hz

阻抗値等於電阻値：$Z = R = 10\Omega$

電路電流：$I = E/Z = 200/10 = 20\text{A}$

電感抗：$X_L = 2\pi f_0 L = 2\times3.14\times796.18\times4\times10^{-3} \fallingdotseq 20\Omega = X_C$

電感壓降=電容壓降：$V_L = V_C = IX_L = IX_C = 20\times20 = 400\text{V}$

6-4-5　諧振之功率

交流電路之總功率(視在功率)爲平均功率(P)與虛功率(Q)之和。即：$S = P + jQ$ 伏安。電路諧振時，平均功率及虛功率分別爲：

$$P_R = I^2R \text{ (W)} \tag{6-30}$$

$$Q_L = I^2X_L \text{ (var)} \tag{6-31}$$

$$Q_C = I^2X_C \text{ (var)} \tag{6-32}$$

因 $X_L = X_C$，則視在功率爲電阻消耗之功率，功率因數爲 1，即：

$$S = P_R = I^2R \text{ (VA)} \tag{6-33}$$

$$\cos\theta = P_R / S = 1 \tag{6-34}$$

EXAMPLE

例題 6-11

RLC 交流串聯路，$E = 100\text{V}$、$R = 10\Omega$、$L = 0.3\text{mH}$、$C = 10\mu\text{F}$，當電路達到諧振時，試求電路消耗功率爲多少？功因値爲多少？

解　諧振時，$Z = R = 10\Omega$，電流 $I = E/R = 100/10 = 10\text{A}$

消耗功率 $P_R = I^2R = 10^2\times10 = 1000\text{W} = 1\text{kW}$

功率因數 $\text{PF} = R/Z = 10/10 = 1$ (表示純電阻性)

EXAMPLE

例題 6-12

RLC 串聯電路，$R = 1\Omega$、$L = 0.02\text{H}$、$C = 0.0002\text{F}$、$E = 100\text{V}$，求電路諧振之　(1)頻率 f_0　(2)感抗 X_L 與容抗 X_C　(3)電感與電容之壓降 V_L、V_C。

解　(1)　諧振頻率 $f_0 = f_0 = \dfrac{1}{2\pi\sqrt{LC}} = \dfrac{1}{2\times3.14\sqrt{0.02\times0.0002}} = \dfrac{1}{0.01256} \fallingdotseq 80\text{Hz}$

(2)　感抗 $X_L = 2\pi f_0L = 2\times3.14\times80\times0.02 = 10\Omega$

容抗 $X_C = 1/2\pi f_0C = 1/(2\times3.14\times80\times0.0002) = 10\Omega$

(3)　電路電流 $I = E/Z = E/R = 100/1 = 100\text{A}$

電感與電容壓降 $V_L = V_C = IX_L = IX_C = 100\times10 = 1000\text{V}$

量測 *RLC* 串聯電路之諧振頻率及諧振時之電路電壓波形。

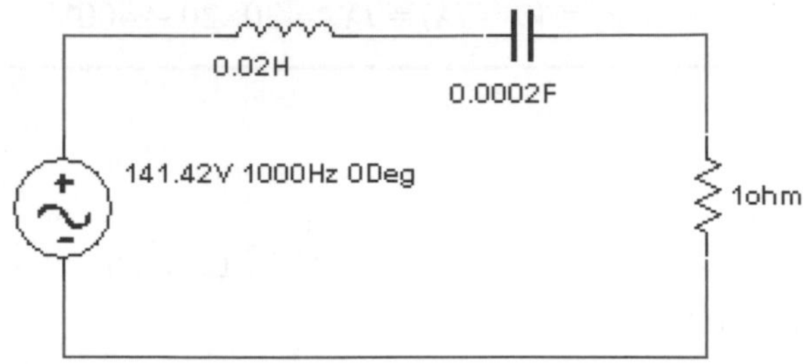

解 1. 量測電路：連接波德儀(Bode Plotter)，如圖所示。

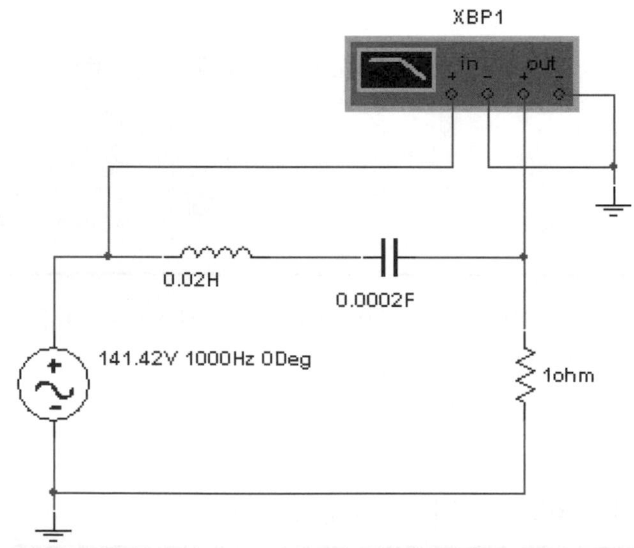

2. 波德圖儀可量測電路之頻率響應情形，以求得諧振頻率，如圖所示。

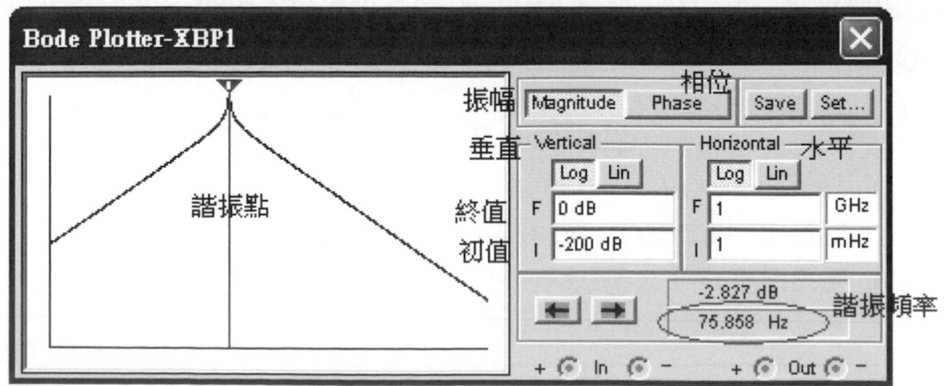

3. 量測諧振電路之電壓波形。

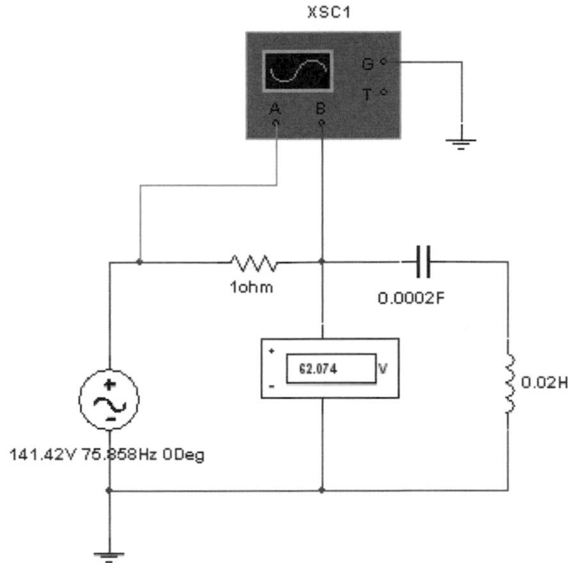

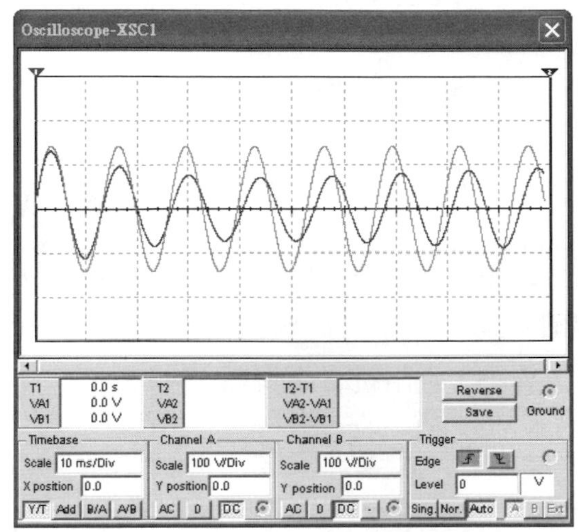

6-5 RC 並聯電路

電阻(R)、電容(C)並聯之交流電路，如圖 6-14(a)所示。並聯電路中，因電壓源 E 與電阻壓降 E_R 及電容壓降 E_C 相等，即 $E = E_R = E_C$，相量關係圖應以定值電壓爲參考軸，各元件之電流值以相量關係表示，如圖 6-15(b)所示，流經電容器之電流 I_C 領前電壓 90 度，電阻上之電流 I_R 則與電壓同相位。並聯之計算爲方便起見，常將電阻 R、容抗 X_C 及阻抗 Z 值，轉換爲電導 G、電容納(capacitive susceptance) B_C 及導納(admittance)Y 值，單位是姆歐(℧)或西門子(S)。導納是測量電路可接受電流的程度，若導納值愈高，則同電位之電流值就愈大。並聯交流電路之式子爲：

$$I = \sqrt{I_R^{\ 2} + I_C^{\ 2}}$$

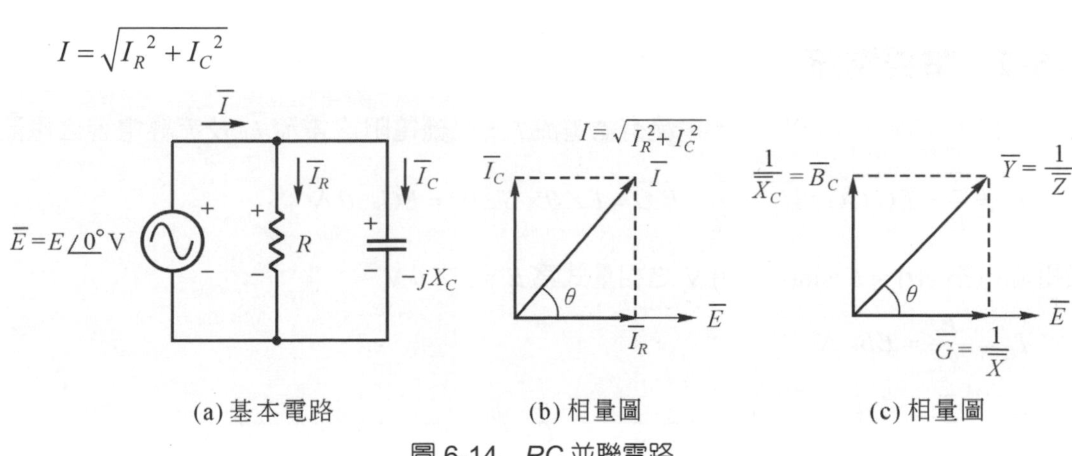

(a) 基本電路　(b) 相量圖　(c) 相量圖

圖 6-14　*RC* 並聯電路

6-5-1 電導、電容納

電導 G 爲電阻 R 之倒數，電容納 B_C 爲容抗 X_C 之倒數。

$$G=\frac{1}{R}\text{，}\overline{G}=\frac{1}{\overline{R}}=\frac{1}{R\angle 0^\circ}=G\angle 0^\circ \tag{6-35}$$

$$B_C=\frac{1}{X_C}=\omega c\ (\omega=2\pi f) \tag{6-36}$$

$$\overline{B_C}=\frac{1}{\overline{X_C}}=\frac{1}{-jX_C}=\frac{1}{X_C\angle -90^\circ}=\frac{1}{X_C}\angle 90^\circ=B_C\angle 90^\circ \tag{6-37}$$

式中，電容納之相位角爲 +90 度，表示電流領前電壓。

導納

導納 Y 爲阻抗 Z 之倒數 $Y=1/Z$。

$$\mathrm{Y}=\frac{1}{Z}=\sqrt{G^2+B_C{}^2} \tag{6-38}$$

$$\overline{Y}=\frac{1}{\overline{Z}}=G+jB_C=\sqrt{G^2+B_C{}^2}\angle\tan^{-1}\frac{B_C}{G} \tag{6-39}$$

式中，導納 Y 之相位角 $\theta=\tan^{-1}\dfrac{B_C}{G}$ 爲正値，表示電路總電流領前總電壓。

導納圖

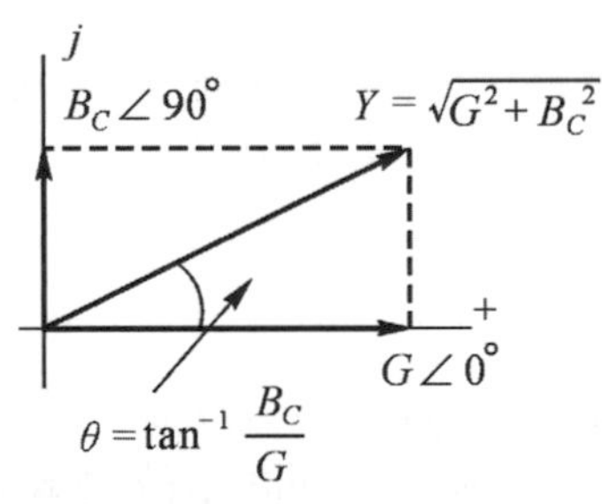

圖 6-15　導納圖

6-5-2 電路電流

並聯電路，如圖 6-14(b)所示，電流有總電流 $\overline{I}$、流經電阻之電流 $\overline{I}_R$ 及流經電容之電流 $\overline{I}_C$。

$$I_R=\frac{E}{R}=EG\,(\mathrm{A})\text{，}\overline{I_R}=\frac{\overline{E}}{\overline{R}}=\overline{E}\,\overline{G}=E\angle\theta\times G\angle 0^\circ=EG\angle\theta\ \mathrm{A}$$

設電源電壓 $e(t)=E_m\sin(\omega t+\theta)$ V 之相量式爲 $\overline{E}=E\angle\theta$ V。

$$I_C=\frac{E}{X_C}=EB_C\ \mathrm{A}$$

$$\overline{I_C}=\frac{\overline{E}}{\overline{X_C}}=\frac{\overline{E}}{-jX_C}=j\frac{\overline{E}}{X_C}=jB_C\overline{E}=E\angle\theta\times B_C\angle 90^\circ=EB_C\angle\theta+90^\circ\ \mathrm{A}$$

$$I=\frac{E}{Z}=EY=\sqrt{{I_R}^2+{I_C}^2}\ \text{A} \tag{6-40}$$

$$\overline{I}=I_R+jI_C=\sqrt{{I_R}^2+{I_C}^2}\angle\tan^{-1}\frac{I_C}{I_R}\ \text{A} \tag{6-41}$$

EXAMPLE 例題 6-13

RC 並聯電路，$R=10\Omega$，$X_C=5\Omega$，$E=50\text{V}$，求 Y、Z、I、I_R、I_C。

解　電導 $G=\frac{1}{R}=\frac{1}{10}=0.1$，容納 $B_C=\frac{1}{X_C}=\frac{1}{5}=0.2\ (\text{S})$

導納：$Y=\frac{1}{Z}=\sqrt{G^2+{B_C}^2}=\sqrt{0.1^2+0.2^2}=0.2236\text{S}$

阻抗：$Z=\frac{1}{Y}=\frac{1}{0.2236}=4.472\Omega$

電流：$I=EY=50\times0.2236=11.18\text{A}$

電阻分路電流：$I_R=EG=50\times0.1=5\text{A}$

電容分路電流：$I_C=EB_C=50\times0.2=10\text{A}$

驗證：$I=\sqrt{{I_R}^2+{I_C}^2}=\sqrt{5^2+10^2}=11.18\text{A}$

[另解]：將電阻和容抗轉換成電導及容納，若感不便，可以分路電流之觀念求解電路。

並聯電壓相同，則分路電流爲：

$I_R=\frac{E}{R}=\frac{50}{10}=5\ \text{A}$，$I_C=\frac{E}{X_C}=\frac{50}{5}=10\text{A}$

總電流 $I=\sqrt{{I_R}^2+{I_C}^2}=\sqrt{5^2+10^2}=11.18\text{A}$

阻抗 $Z=\frac{E}{I}=\frac{50}{11.18}=4.472\Omega$

【提示】：並聯阻抗之求法(相量)，千萬勿用兩電阻並聯之求法(純量)。如：

$Z=\frac{5\times10}{5+10}=3.33$，因有相位角，結果不同。

導納 $Y=\frac{1}{Z}=\frac{1}{4.472}=0.2236\text{S}$

EXAMPLE 例題 6-14

RC 並聯電路，$R=10\Omega$，$X_C=10\Omega$，$\overline{E}=50\angle0°\ \text{V}$，求 $\overline{Y}$、$\overline{Z}$、$\overline{I}$、$\overline{I_R}$、$\overline{I_C}$。

解　電導 $G=\frac{1}{R}=\frac{1}{10}=0.1$，容納 $B_C=\frac{1}{X_C}=\frac{1}{10}=0.1\text{S}$

導納：$\overline{Y}=G+jB_C=\sqrt{G^2+{B_C}^2}\angle\tan^{-1}\frac{B_C}{G}=\sqrt{0.1^2+0.1^2}\angle\tan^{-1}\frac{0.1}{0.1}=0.1414\angle45°\ \text{S}$

阻抗：$\overline{Z}=\frac{1}{\overline{Y}}=\frac{1}{0.1\sqrt{2}\angle45°}=7.07\angle-45°\ \Omega$ (負號表示電壓滯後電流)

電流：$\overline{I}=\overline{E}\,\overline{Y}=50\angle 0°\times 0.1414\angle 45°=7.07\angle 45°$ A

電阻分路電流：$\overline{I_R}=\overline{E}\,\overline{G}=50\angle 0°\times 0.1\angle 0°=5\angle 0°$ A

電容分路電流：$\overline{I_C}=\overline{E}\,\overline{B_C}=50\angle 0°\times 0.1\angle 90°=5\angle 90°$ A

量測 RC 並聯電路之電路總及分路電流值。

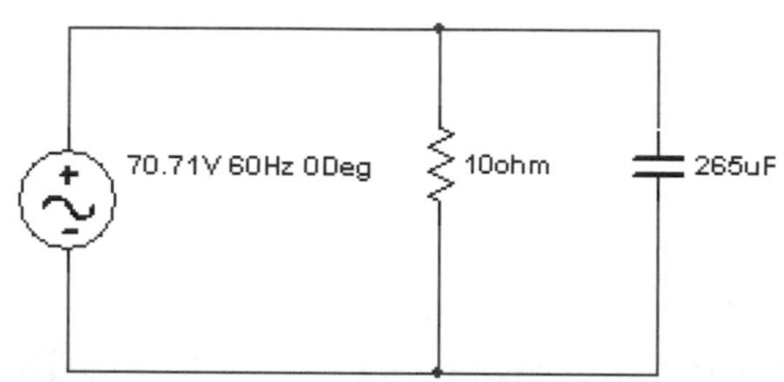

解 量測電路：連接交流電流表，量測值如圖所示。

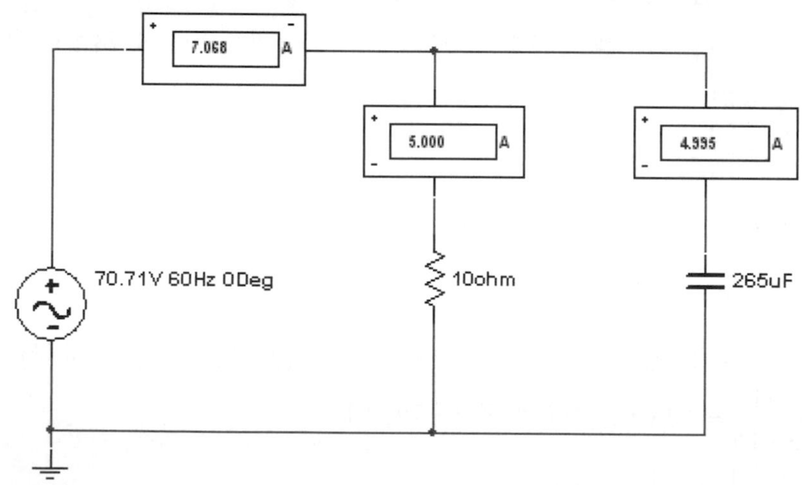

驗證：$I=\sqrt{I_R^2+I_C^2}=\sqrt{5^2+5^2}=5\times 1.414=7.07$ A

6-6 *RL* 並聯電路

電阻(R)、電感(L)並聯之交流電路，如圖 6-16(a)所示。圖 6-16(b)表示流經各元件之電流值的相量關係。流經電感器之電流 $\overline{I}_L$ 落後電壓 90 度，電阻上之電流 $\overline{I}_R$ 則與電壓同相位。但爲計算方便起見，常將電阻 R、感抗 X_L 及阻抗 Z 值先轉換爲電導 G、電感納(inductive susceptance) B_L 及導納 Y 值，單位是姆歐(℧)或西門子(S)。

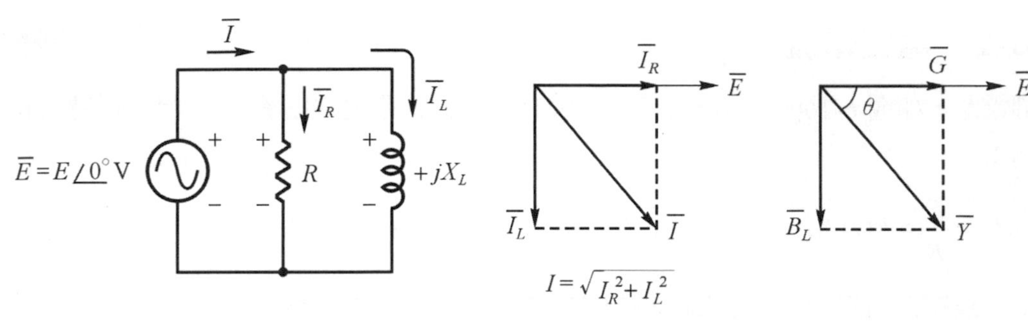

(a) 基本電路　　(b) 相量圖　　(c) 相量圖

圖 6-16　*RL* 並聯電路

6-6-1　電導、電感納

電導 G 爲電阻 R 之倒數，電感納 B_L 爲感抗 X_L 之倒數。

$$G = \frac{1}{R}\text{，}\ \overline{G} = \frac{1}{\overline{R}} = \frac{1}{R\angle 0^\circ} = G\angle 0^\circ$$

$$B_L = \frac{1}{X_L} = \frac{1}{\omega L} \tag{6-42}$$

$$\overline{B_L} = \frac{1}{\overline{X_L}} = \frac{1}{jX_L} = \frac{1}{X_L\angle 90^\circ} = \frac{1}{X_L}\angle -90^\circ = B_L\angle -90^\circ \tag{6-43}$$

式中，電感納之相位角爲 − 90 度，表示電流滯後電壓。

導納

導納 Y 爲阻抗 Z 之倒數。其關係式爲：

$$Y = \frac{1}{Z} = \sqrt{G^2 + B_L^{\ 2}} \tag{6-44}$$

$$\overline{Y} = \frac{1}{\overline{Z}} = G - jB_L = \sqrt{G^2 + B_L^{\ 2}}\angle \tan^{-1}\frac{-B_L}{G} \tag{6-45}$$

式中，導納 Y 之相位角 $\theta = \tan^{-1}\dfrac{-B_L}{G}$ 爲負值，表示電路總電流滯後總電壓。

導納圖

j　$G\angle 0^\circ$　+　θ

$B_L\angle -90^\circ$　$Y = \sqrt{G^2 + B_L^{\ 2}}$

$\theta = \tan^{-1}\dfrac{-B_L}{G}$

圖 6-17　導納圖

6-6-2 電路電流

並聯電路，如圖 6-16(b)所示，電流有總電流$\overline{I}$、流經電阻之電流$\overline{I}_R$及流經電感之電流$\overline{I}_L$，關係式為：

$$I_R=\frac{E}{R}=EG\,(\text{A})，\overline{I_R}=\frac{\overline{E}}{\overline{R}}=\overline{E}\,\overline{G}=E\angle\theta\times G\angle 0^\circ=EG\angle\theta\,(\text{A}) \tag{6-46}$$

式中，設電源電壓 $e(t)=E_m\sin(\omega t+\theta)$ V，相量式為$\overline{E}=E\angle\theta$ V。

$$I_L=\frac{E}{X_L}=EB_L\,(\text{A}) \tag{6-47}$$

$$\overline{I_L}=\frac{\overline{E}}{\overline{\overline{X_L}}}=\frac{\overline{E}}{jX_L}=-j\frac{\overline{E}}{X_L}=-jB_L\overline{E}=E\angle\theta\times B_L\angle-90^\circ=EB_L\angle\theta-90^\circ\,(\text{A}) \tag{6-48}$$

$$I=\frac{E}{Z}=EY=\sqrt{{I_R}^2+{I_L}^2}\,(\text{A}) \tag{6-49}$$

$$\overline{I}=I_R-jI_L=\sqrt{{I_R}^2+{I_L}^2}\angle\tan^{-1}\frac{-I_L}{I_R}\,(\text{A}) \tag{6-50}$$

EXAMPLE
例題 6-15

RL 並聯電路，$R=10\Omega$，$X_L=10\Omega$，$E=100$V，求 Y、Z、I、I_R、I_L。

解 電導 $G=\frac{1}{R}=\frac{1}{10}=0.1$，容納 $B_L=\frac{1}{X_L}=\frac{1}{10}=0.1$ (S)

導納：$Y=\frac{1}{Z}=\sqrt{G^2+{B_L}^2}=\sqrt{0.1^2+0.1^2}=0.1414$S

阻抗：$Z=\frac{1}{Y}=\frac{1}{0.1414}=7.07\Omega$

電流：$I=EY=100\times0.1414=14.14$A

電阻分路電流：$I_R=EG=100\times0.1=10$A

電感分路電流：$I_L=EB_L=100\times0.1=10$A

驗證：$I=\sqrt{{I_R}^2+{I_L}^2}=\sqrt{10^2+10^2}=14.14$

EXAMPLE
例題 6-16

RC 並聯電路，$R=10\Omega$，$X_L=10\Omega$，$\overline{E}=50\angle0^\circ$ V，求$\overline{Y}$、$\overline{Z}$、$\overline{I}$、$\overline{I_R}$、$\overline{I_C}$。

解 電導 $G=\frac{1}{R}=\frac{1}{10}=0.1$，容納 $B_L=\frac{1}{X_L}=\frac{1}{10}=0.1$S

導納：$\overline{Y}=G-jB_L=\sqrt{G^2+{B_L}^2}\angle\tan^{-1}\frac{-B_L}{G}=\sqrt{0.1^2+0.1^2}\angle\tan^{-1}\frac{-0.1}{0.1}$

$=0.1414\angle-45^\circ$ S

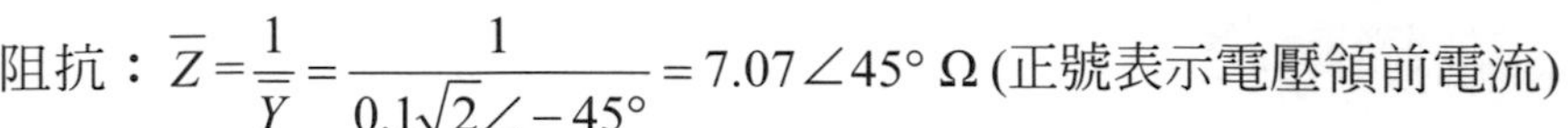

阻抗：$\overline{Z}=\dfrac{1}{\overline{Y}}=\dfrac{1}{0.1\sqrt{2}\angle-45^\circ}=7.07\angle 45^\circ\ \Omega$ (正號表示電壓領前電流)

電流：$\overline{I}=\overline{E}\overline{Y}=50\angle 0^\circ\times 0.1414\angle-45^\circ=7.07\angle-45^\circ\ \text{A}$

電阻分路電流：$\overline{I_R}=\overline{E}\overline{G}=50\angle 0^\circ\times 0.1\angle 0^\circ=5\angle 0^\circ\ \text{A}$

電感分路電流：$\overline{I_L}=\overline{E}\overline{B_L}=50\angle 0^\circ\times 0.1\angle-90^\circ=5\angle-90^\circ\ \text{A}$

量測 RL 並聯電路之總及分路電流值。

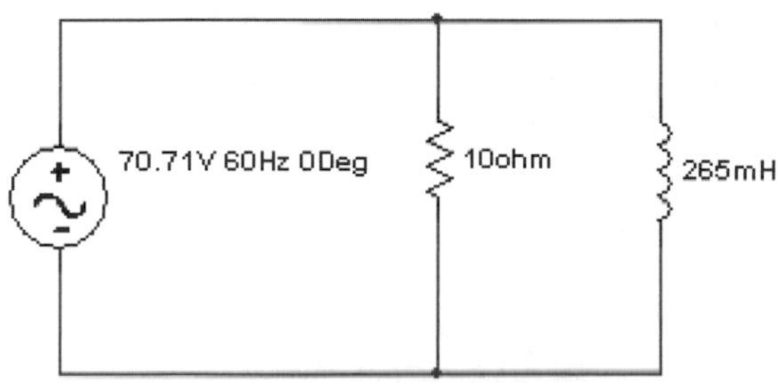

解　量測電路：連接交流電流表，量測值如圖所示。

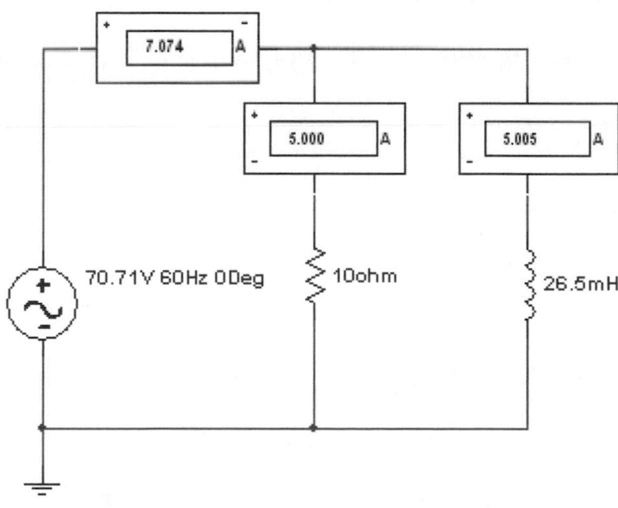

驗證：$I=\sqrt{I_R^2+I_L^2}=\sqrt{5^2+5^2}=5\times 1.414=7.07\ \text{A}$

6-7 RLC 並聯電路

電阻、電感及電容並聯之交流電路，如圖 6-18(a)所示。當接上交流電壓源 $e(t) = E_m\sin(\omega t+0°)$V 時，流經電阻之電流為 $\overline{I}_R$ 、電感之電流為 $\overline{I}_L$ 及電容之電流為 $\overline{I}_C$ ，電流三者之相位關係以電壓為參考軸，如圖 6-18(b)所示。而流經電感及電容之電流大小的比值，將決定電路之屬性。其關係為：

(1). 若 $I_L > I_C$，即 $B_L > B_C$，則為電感性電路。

(2). 若 $I_C > I_L$，即 $B_C > B_L$，則為電容性電路。

(3). 若 $I_C = I_L$，即 $B_C = B_L$，則為電阻性電路。

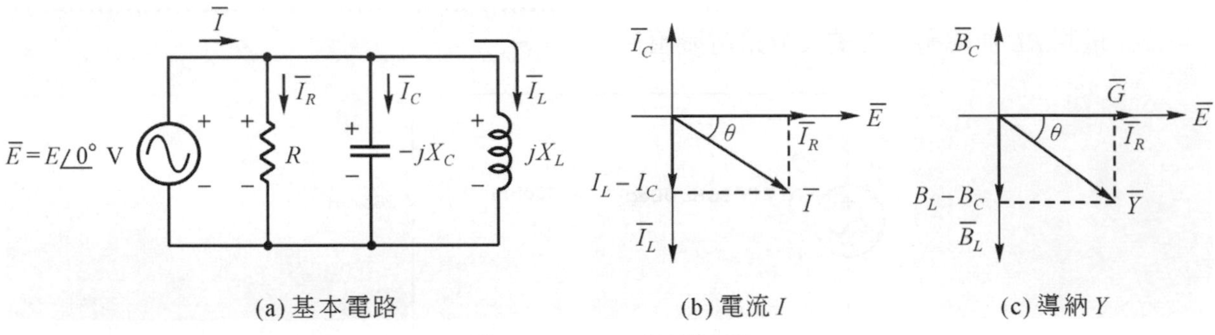

圖 6-18 RLC 並聯電路

6-7-1 導納

如圖 6-18(c)所示，交流並聯電路，電路之總導納 Y 為總阻抗 Z 之倒數。其關係式為：

$$Y=\frac{1}{Z}=\sqrt{G^2+(B_C-B_L)^2} \tag{6-51}$$

$$\overline{Y}=\frac{1}{\overline{Z}}=G-jB_L+jB_C=G+j(B_C-B_L)$$

$$\overline{Y}=G+j(B_C-B_L)=\sqrt{G^2+(B_C-B_L)^2}\ \angle\tan^{-1}\frac{B_C-B_L}{G} \tag{6-52}$$

式中，並聯電路之導納 Y 的大小為 $\sqrt{G^2+(B_C-B_L)^2}$ ，相位角為 $\angle\tan^{-1}\dfrac{B_C-B_L}{G}$ 。

導納圖

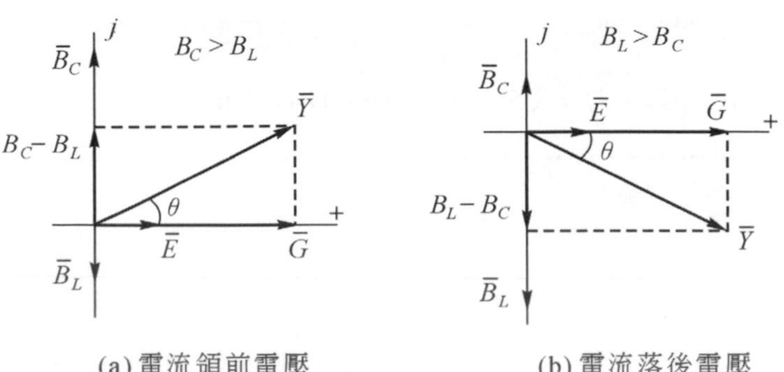

圖 6-19 導納圖

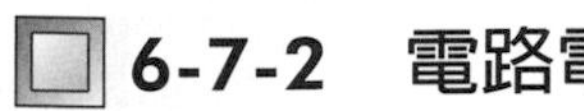

6-7-2　電路電流

如圖 6-18(a)所示，並聯電路之總電流為$\overline{I}$，分路電流分別為$\overline{I}_R$、$\overline{I}_L$、$\overline{I}_C$。其關係式為：

$$I_R=\frac{E}{R}=EG\text{，}I_L=\frac{E}{X_L}=EB_L\text{，}I_C=\frac{E}{X_C}=EB_C \tag{6-53}$$

$$\overline{I_R}=\frac{\overline{E}}{\overline{R}}=\frac{\overline{E}}{R\angle 0^\circ}=\frac{\overline{E}}{R}\angle 0^\circ=\overline{E}G\angle 0^\circ=I_R\angle 0^\circ\text{ A} \tag{6-54}$$

$$\overline{I_L}=\frac{\overline{E}}{\overline{\overline{X_L}}}=\frac{\overline{E}}{jX_L}=-j\frac{\overline{E}}{X_L}=-jB_L\overline{E}=-jI_L=I_L\angle -90^\circ\text{ A} \tag{6-55}$$

$$\overline{I_C}=\frac{\overline{E}}{\overline{\overline{X_C}}}=\frac{\overline{E}}{-jX_C}=j\frac{\overline{E}}{X_C}=jB_C\overline{E}=jI_C=I_C\angle 90^\circ\text{ A} \tag{6-56}$$

$$\overline{I}=\overline{I_R}+\overline{I_L}+\overline{I_C}=I_R+j(I_C-I_L)=\sqrt{{I_R}^2+(I_C-I_L)^2}\angle\tan^{-1}\frac{I_C-I_L}{I_R}\text{ A} \tag{6-57}$$

式中，並聯電路之總電流的大小為$\sqrt{{I_R}^2+(I_C-I_L)^2}$，相位角為$\angle\tan^{-1}\frac{I_C-I_L}{I_R}$。

EXAMPLE

例題 6-17

RLC 並聯電路，$R=10\Omega$，$X_L=10\Omega$，$X_C=20\Omega$，$E=60\text{V}$，求 Y、Z、I、I_R、I_L、I_C。

解　$G=\frac{1}{R}=\frac{1}{10}=0.1\text{S}$，$B_L=\frac{1}{X_L}=\frac{1}{10}=0.1\text{S}$，$B_C=\frac{1}{X_C}=\frac{1}{20}=0.05\text{S}$

$Y=G+j(B_C-B_L)=\sqrt{G^2+(B_C-B_L)^2}=\sqrt{0.1^2+(0.05-0.1)^2}=0.112\text{S}$

$Z=\frac{1}{Y}=\frac{1}{0.112}=8.94\Omega$

$I=EY=60\times 0.112=6.7\text{A}$

$I_R=EG=60\times 0.1=6\text{A}$

$I_L=EB_L=60\times 0.1=6\text{A}$

$I_C=EB_C=60\times 0.05=3\text{A}$

驗證：$I=\sqrt{{I_R}^2+(I_C-I_L)^2}=\sqrt{6^2+(3-6)^2}=\sqrt{45}=6.7\text{A}$

EXAMPLE

例題 6-18

RLC 並聯電路，$R=333.3\Omega$，$X_L=200\Omega$，$X_C=1000\Omega$，$v(t)=100\sqrt{2}\sin(377t)\text{V}$，試求$\overline{Y}$、$\overline{Z}$、$\overline{I}$、$\overline{I_R}$、$\overline{I_L}$、$\overline{I_C}$。

解　$G=\frac{1}{R}=\frac{1}{333.3}=0.003\text{S}$，$B_L=\frac{1}{X_L}=\frac{1}{200}=0.005\text{S}$，$B_C=\frac{1}{X_C}=\frac{1}{1000}=0.001\text{S}$

$\overline{Y}=G+j(B_C-B_L)=\sqrt{G^2+(B_C-B_L)^2}\ \angle\tan^{-1}\frac{B_C-B_L}{G}$

$=\sqrt{0.003^2+(0.001-0.005)^2}\ \angle\tan^{-1}\frac{0.001-0.005}{0.003}=0.005\angle -53^\circ\text{ S}$

$$\overline{Z}=\frac{1}{\overline{Y}}=\frac{1}{0.005\angle-53^\circ}=200\angle53^\circ\ \Omega$$

$$\overline{I}=\overline{E}\,\overline{Y}=100\angle0^\circ\times0.005\angle-53^\circ=0.5\angle-53^\circ\ \text{A}$$

$$\overline{I_R}=\overline{E}\,\overline{G}=100\angle0^\circ\times0.003\angle0^\circ=0.3\angle0^\circ\ \text{A}$$

$$\overline{I_L}=\overline{E}\,\overline{B_L}=100\angle0^\circ\times0.005\angle-90^\circ=0.5\angle-90^\circ\ \text{A}$$

$$\overline{I_C}=\overline{E}\,\overline{B_C}=100\angle0^\circ\times0.001\angle90^\circ=0.1\angle90^\circ\ \text{A}$$

COMPUTER TEST
電腦模擬

量測 *RLC* 並聯電路之電路總及分路電流值。

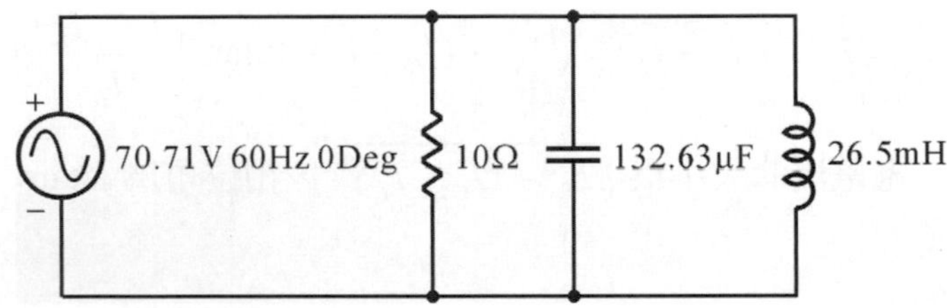

解　量測電路：連接交流電流表，量測結果如圖所示。

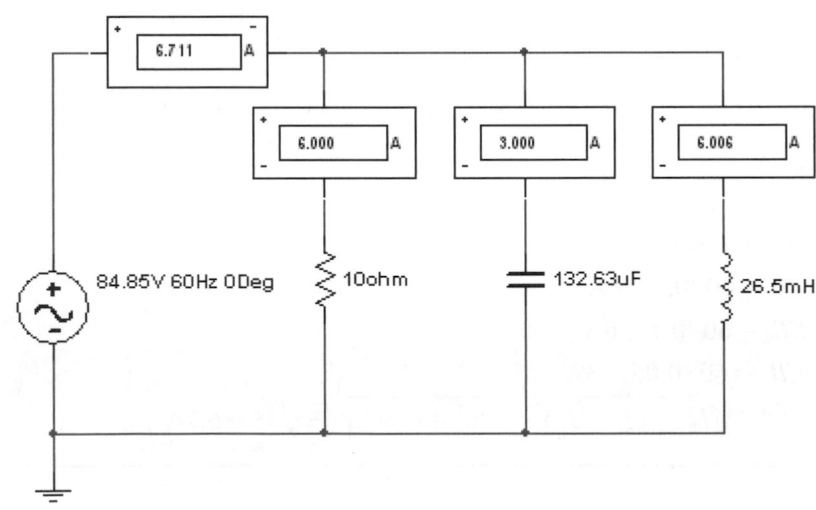

驗證：$I=\sqrt{I_R^2+(I_C-I_L)^2}=\sqrt{6^2+(3-6)^2}=\sqrt{45}=6.7\ \text{A}$

6-8 並聯諧振電路

如圖 6-20(a)所示，爲 RLC 並聯交流電路。當 $X_L = X_C$時，電路產生諧振，諧振頻率同串聯諧振，即：

$$f_o = \frac{1}{2\pi\sqrt{LC}} = f\sqrt{\frac{X_C}{X_L}}\ (\text{Hz})，\ \omega_0 = \frac{1}{\sqrt{LC}} \tag{6-58}$$

式中，f_0爲並聯諧振頻率，單位是赫芝，L 爲電感量，單位是亨利，C 爲電容量，單位是法拉。

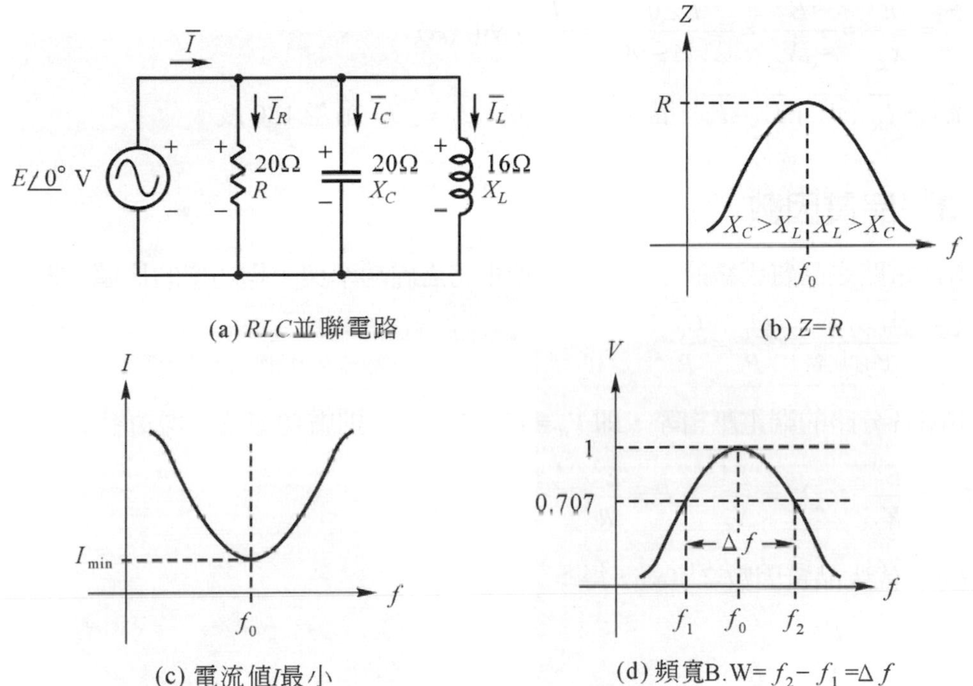

圖 6-20　並聯諧振之特性

6-8-1　阻抗特性

如圖 6-20(b)所示，RLC 交流並聯電路之總導納 Y 爲：

$$\overline{Y} = \frac{1}{\overline{Z}} = G + j(B_C - B_L)\ (\text{S}) \tag{6-59}$$

電路諧振時，$X_L = X_C$，即 $B_C = B_L$，則：

$$Y = \frac{1}{Z} = \frac{1}{R} = G\ ，Z = R\ (\Omega) \tag{6-60}$$

交流並聯電路隨頻率之變化而改變，其電路總阻抗之持性爲：

(1) $f < f_0$：$X_C > X_L$，$I_L > I_C$，電路呈電感性。

(2) $f = f_0$：$X_C = X_L$，$I_L = I_C$，電路呈電阻性，且阻抗 $Z = R$，爲最大值。

(3) $f > f_0$：$X_C < X_L$，$I_L < I_C$，電路呈電容性。

並聯諧振電路之阻抗與頻率的關係曲線，如圖 6-20(b)示，諧振時，電路電阻爲最大值。

6-8-2 電流特性

當諧振時，如圖 6-20(c)，電路電流 I 爲最小，即：

$$I = E/R \text{ (A)}$$

式中，E 爲電源電壓，負載爲電阻性，則 $I = I_R$。分路電流 I_L、I_C 爲：

$$\overline{I_L} = \frac{\overline{E}}{\overline{\overline{X_L}}} = \frac{\overline{E}}{jX_L} = \frac{E\angle 0^\circ}{X_L\angle 90^\circ} = \frac{E}{X_L}\angle -90^\circ \text{ (A)} \tag{6-61}$$

$$\overline{I_C} = \frac{\overline{E}}{\overline{\overline{X_C}}} = \frac{\overline{E}}{-jX_C} = \frac{E\angle 0^\circ}{X_C\angle -90^\circ} = \frac{E}{X_C}\angle 90^\circ \text{ (A)} \tag{6-62}$$

總電流 $\overline{I} = \overline{I_R} + \overline{I_L} + \overline{I_C} = \overline{I_R}$，因 $\overline{I_L} + \overline{I_C} = 0$，$\overline{I_L} = -\overline{I_C}$ 相差 180 度。

6-8-3 品質因數

並聯諧振電路之品質因數的定義爲：諧振電路之虛功率與平均功率的比值。即：

$$Q = \frac{\text{虛功率}}{\text{平均功率}} = \frac{Q_L}{P} = \frac{Q_C}{P} \tag{6-63}$$

並聯電路各分路的端電壓相等，即 $V_R = V_L = V_C = E$，則虛功率及平均功率爲：

$$Q_L = \frac{E^2}{X_L}，Q_C = \frac{E^2}{X_C}，P = \frac{E^2}{R} \tag{6-64}$$

將式(6-64)代入品質因數之定義，得：

$$Q = \frac{Q_L}{P} = \frac{\frac{E^2}{X_L}}{\frac{E^2}{R}} = \frac{R}{X_L} \quad \text{或} \tag{6-65}$$

$$Q = \frac{Q_C}{P} = \frac{\frac{E^2}{X_C}}{\frac{E^2}{R}} = \frac{R}{X_C} = R\sqrt{\frac{C}{L}} \tag{6-66}$$

由式(6-66)可知，當 C/L 之比值爲定值時，品質因數 Q 與電阻值 R 成正比。

6-8-4　頻帶寬度

如圖 6-20(d)所示，電壓之頻率響應曲線。諧振時，電壓值最大(設為 1)，當降至 0.707 倍值，頻率 f_1、f_2 分別稱為下限、上限截止頻率。而上下限頻率之差值即為頻帶寬度 BW。

$$\mathrm{BW}=\Delta f=f_2-f_1=\frac{f_0}{Q}\ (\mathrm{Hz}) \tag{6-67}$$

下限頻率：$f_1=f_0-\dfrac{\mathrm{BW}}{2}\ (\mathrm{Hz})$　(6-68)

上限頻率：$f_2=f_0+\dfrac{\mathrm{BW}}{2}\ (\mathrm{Hz})$　(6-69)

EXAMPLE
例題 6-19

RLC 並聯電路，諧振頻率 f_0 = 800kHz，R = 200kΩ，$X_L=X_C$= 2kΩ，求　(1)Q　(2)BW　(3)f_1、f_2。

解 (1) $Q=\dfrac{R}{X_L}=\dfrac{200000}{2000}=100$

(2) $\mathrm{BW}=\dfrac{f_0}{Q}=\dfrac{800000}{100}=8000=8\ \mathrm{kHz}$

(3) $f_1=f_0-\dfrac{\mathrm{BW}}{2}=800\mathrm{k}-\dfrac{8\mathrm{k}}{2}=796\ \mathrm{kHz}$

$f_2=f_0+\dfrac{\mathrm{BW}}{2}=800\mathrm{k}+\dfrac{8\mathrm{k}}{2}=804\ \mathrm{kHz}$

EXAMPLE
例題 6-20

RLC 並聯電路，E = 100V，R = 20Ω，當諧振頻率為 100Hz 時，$X_L=X_C$= 10Ω，求 (1)品質因數　(2)頻寬　(3)電流 I、I_L、I_C　(4)電感量 L 及電容量 C。

解 (1) $Q=\dfrac{R}{X_L}=\dfrac{20}{10}=2$

(2) $\mathrm{BW}=\dfrac{f_0}{Q}=\dfrac{100}{2}=50\mathrm{Hz}$

(3) $I=\dfrac{E}{Z}=\dfrac{E}{R}=\dfrac{100}{20}=5(\mathrm{A})$，$I_L=I_C=QI=2\times5=10\mathrm{A}$

(4) $C=\dfrac{1}{2\pi f_0X_C}=\dfrac{1}{(2\times3.14\times100\times10)}=16\times10^{-3}=16\mathrm{mF}$

$L=\dfrac{X_L}{2\pi f_0}=\dfrac{10}{(2\times3.14\times100)}=0.02\mathrm{H}$

量測 *RLC* 並聯電路之諧振頻率。

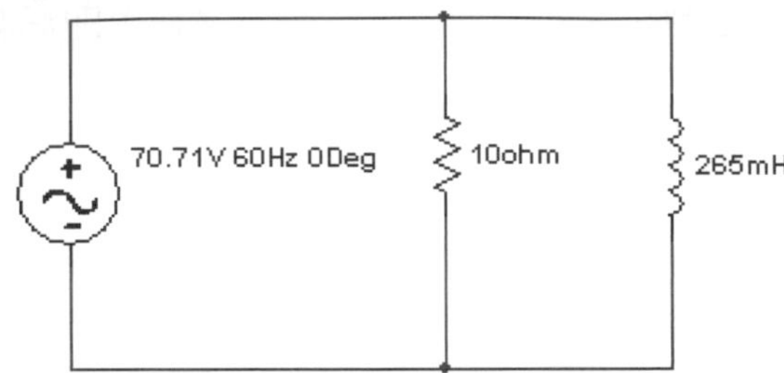

解 量測電路：使用波德圖儀量測電路之諧振頻率，量測結果如圖所示。

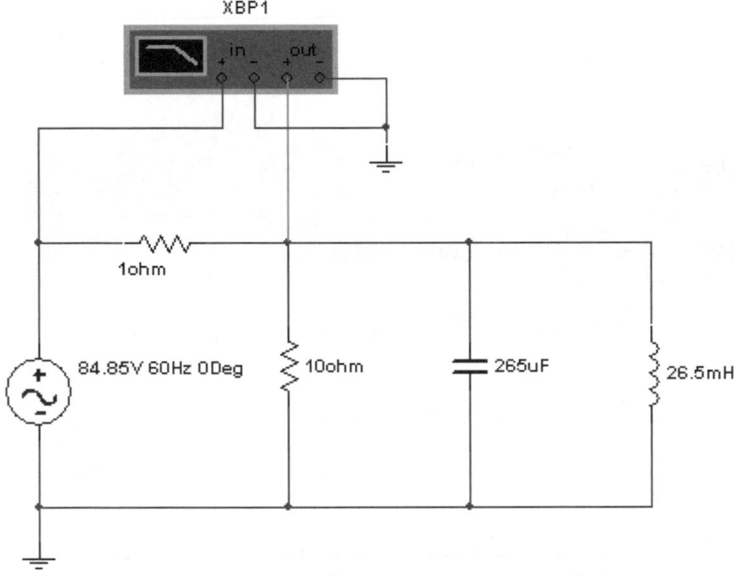

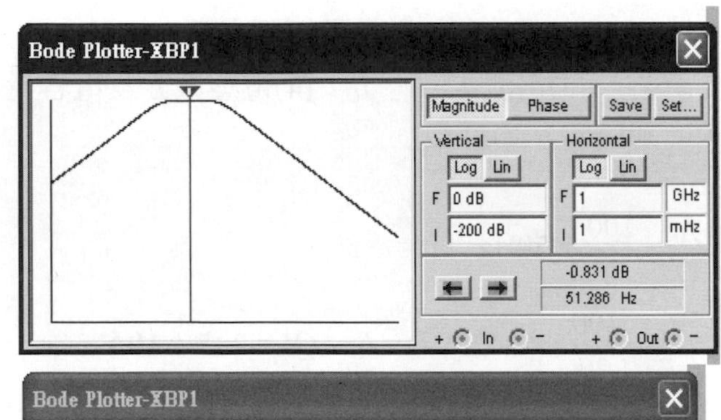

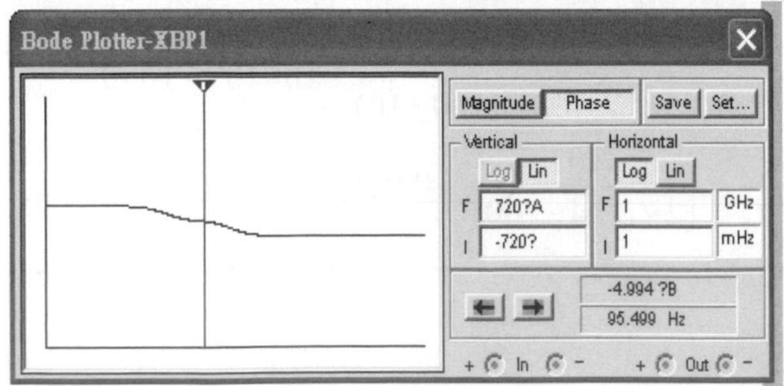

交流電路分析法：Simulate–Analyses–AC Analysis–Output variables–Simulate，結果爲；

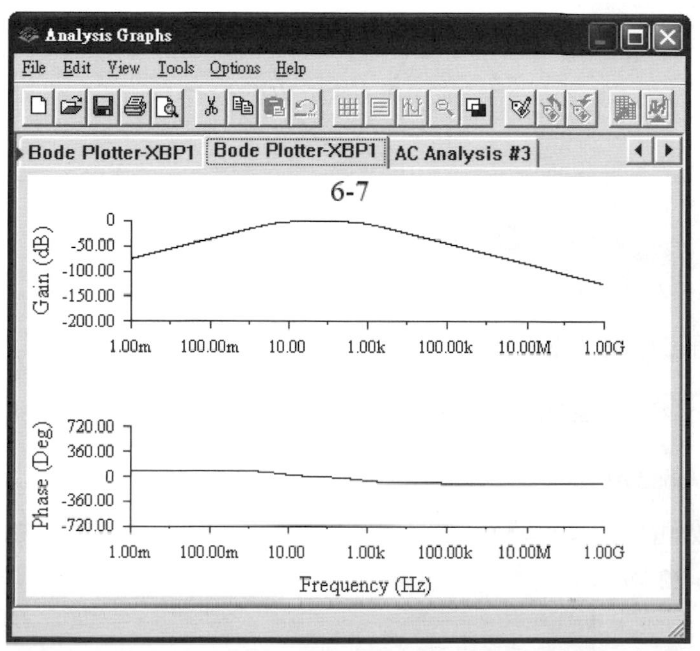

6-9 交流功率

6-9-1 瞬間功率

在交流電路中，電感器與電容器是儲能元件，不像電阻般消耗功率，只有在適當時機釋放儲存的能量供應電路使用。電感與電容會因其特性造成電路之相位角或相位差的關係，如圖 6-22 所示。若電路電壓領前(leading)電流 θ 角，則電壓與電流之瞬間值設定爲：

$$v(t) = V_m \sin(\omega t + \theta)$$

$$i(t) = I_m \sin\omega t$$

兩瞬間值之乘積，即 $v \times i$，稱爲瞬間功率(instantaneous power)，符號爲 p，單位是瓦特(W)。即：

$$P = v(t) \times i(t) = V_m \sin(\omega t + \theta) \times I_m \sin\omega t = V_m I_m \sin(\omega t + \theta) \times \sin\omega t$$

依據三角函數積化和差的公式，上式可簡化爲：

$$p = V_m I_m \times \frac{1}{2} [\cos(\omega t + \theta - \omega t) - \cos(\omega t + \theta + \omega t)] = \frac{V_m I_m}{2} [\cos\theta - \cos(2\omega t + \theta)] \tag{6-70}$$

式(6-70)爲交流之瞬間功率，其波形是以 2ω 頻率作變化，變化之波形，將因電路之屬性有所不同。如圖 6-27 所示。

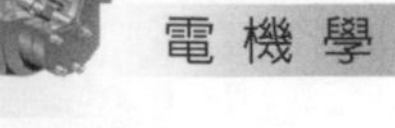

【提示】：三角函數積化和差的公式：$\sin\alpha\sin\beta = 2[\cos(\alpha-\beta)-\cos(\alpha+\beta)]$。

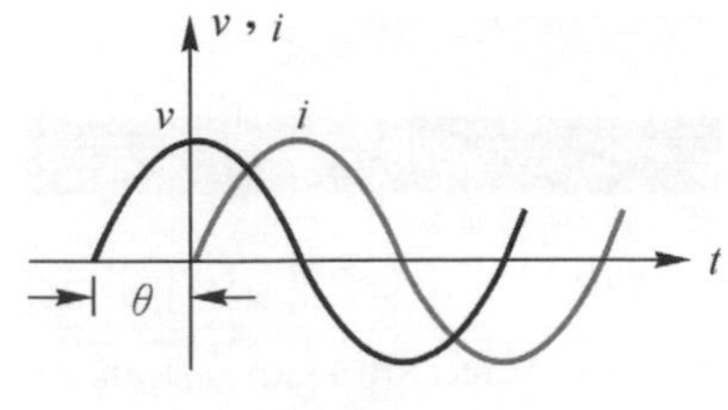

v 領前 $i\,\theta$ 角

圖 6-21　v 與 i 相位角之關係

電阻性電路

電阻性交流電路之電壓與電流沒有相位差(同相)，θ =0º 代入(6-70)式，則

$$P_R = \frac{V_m I_m}{2}[\cos\theta - \cos(2\omega t + \theta)] = \frac{V_m I_m}{2}[\cos 0° - \cos(2\omega t + 0°)]；\cos 0° = 1，\frac{V_m I_m}{2} = VI$$

$$P_R = VI - VI\cos 2\omega t$$

式中，VI 爲有效値(與直流電路相同)，$-\cos 2\omega t$ 爲 2 倍輸入頻率的負餘弦波。電阻性電路之功率波形圖，如圖 6-22 所示：

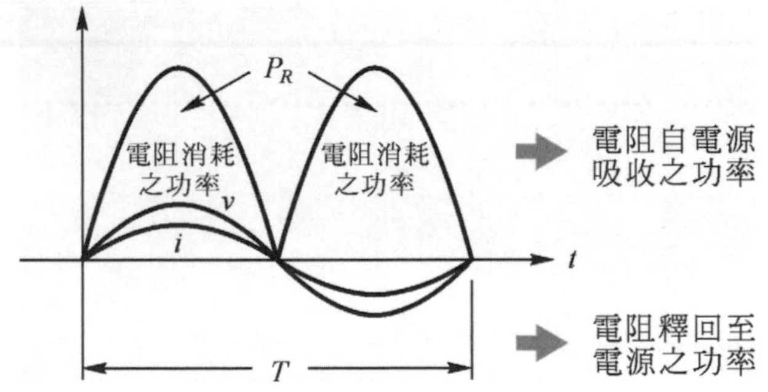

圖 6-22　電阻性電路之功率波形圖

在功率波形圖中，因 $P_R = vi$，功率波形皆在正半週，且輸入信號一週期內，電阻消耗之功率經過了兩個週期，表示電阻自電源吸收之功率，皆以熱能的形式消耗掉。電阻電路之功率爲：

$$P = \frac{V_m I_m}{2} = VI = \frac{V^2}{R} = I^2 R$$

電感性電路

電感性交流電路之電壓領前電流 90°，$\theta = 90°$代入(6-87)式，則

$$P_L = \frac{V_m I_m}{2}[\cos\theta - \cos(2\omega t + \theta)] = \frac{V_m I_m}{2}[\cos 90° - \cos(2\omega t + 90°)]；\cos 90° = 0$$

$$P_L = -\frac{V_m I_m}{2}\cos(2\omega t + 90°) = \frac{V_m I_m}{2}\cos(2\omega t + 90° - 180°) = \frac{V_m I_m}{2}\cos(2\omega t - 90°)$$

$$P_L = \frac{V_m I_m}{2}\sin 2\omega t = VI\sin 2\omega t$$

式中，VI 爲峰值，$\sin 2\omega t$ 爲輸入信號 2 倍頻率的正弦波。電感性電路之功率波形圖，如圖 6-23 所示：

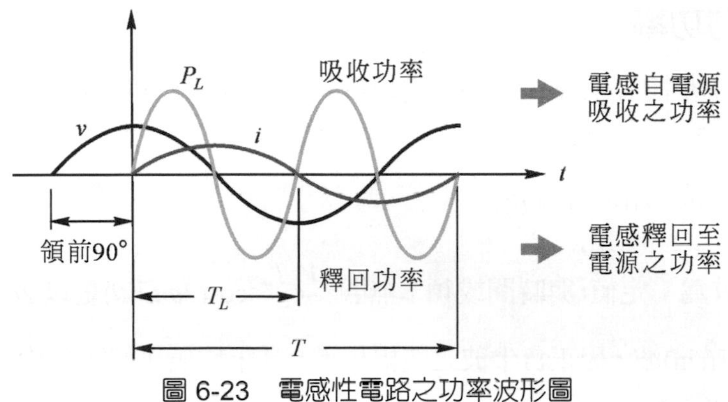

圖 6-23　電感性電路之功率波形圖

圖中，T_L 爲電感波形之週期，T 爲輸入信號之週期，$T = 2T_L$。週期內電感自電源吸收功率與釋回至電源之功率相等，總功率爲零，對電感而言，週期內消耗功率之淨値爲零，等於沒有消耗功率。

電容性電路

電容性交流電路之電壓落後電流 90°，$\theta = -90°$代入(6-87)式，則

$$P_C = \frac{V_m I_m}{2}[\cos\theta - \cos(2\omega t + \theta)] = \frac{V_m I_m}{2}[\cos(-90°) - \cos(2\omega t - 90°)]\text{；}\cos 90° = 0$$

$$P_C = -\frac{V_m I_m}{2}\cos(2\omega t - 90°) = \frac{V_m I_m}{2}\cos(2\omega t - 90° - 180°) = \frac{V_m I_m}{2}\cos(2\omega t - 270°)$$

$$P_C = -\frac{V_m I_m}{2}\sin 2\omega t = -VI\sin 2\omega t$$

式中，$\sin 2\omega t$ 爲輸入信號 2 倍頻率的正弦波。電容性電路之功率波形圖，如圖 6-24 所示：

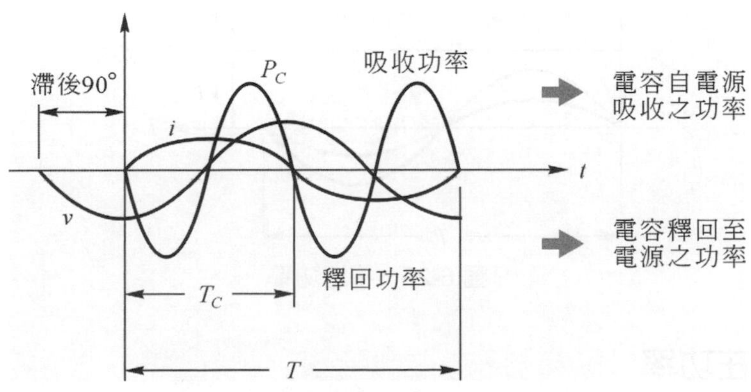

圖 6-24　電容性電路之功率波形圖

圖中，T_C 爲電容波形之週期，T 爲輸入信號之週期，$T = 2T_C$。週期內電容釋回至電源之功率相等於吸收至電源之功率，總功率爲零，對電容而言，週期內消耗功率之淨値爲零，等於沒有消耗功率。

6-9-2 平均功率

交流電路之平均功率(average power)，定義為某一週期內，瞬時功率之平均值，符號為 P，單位是瓦特。以圖 6-25 所示及式(6-71)說明平均功率：

$$p = \frac{V_m I_m}{2}[\cos\theta - \cos(2\omega t + \theta)]$$

式中，$\frac{V_m I_m}{2}\cos\theta$ 為一定值，與時間或頻率無關。$\frac{V_m I_m}{2}\cos(2\omega t + \theta)$是以 2ω 之速度作餘弦(cos)波形變化，如同正弦(sin)波，因正負半波之波幅相等，其平均值正好正負半週相互抵消而為零。故交流電路之平均功率為：

$$P = \frac{V_m I_m}{2}\cos\theta \qquad (6\text{-}71)$$

式中，若以相量式表示瞬間電壓與電流值，則：

$$v(t) = V_m\sin(\omega t + \theta) \;\rightarrow\; \overline{V} = V\angle\theta$$

$$i(t) = I_m\sin\omega t \;\rightarrow\; \overline{I} = I\angle 0°$$

其中，V 與 I 為有效值(或為均方根值)，與最大值之關係為：$V_m = \sqrt{2}\,V$，$I_m = \sqrt{2}\,I$，將此兩關係式代入式(6-90)，平均功率改為：

$$P = \frac{V_m I_m}{2}\cos\theta = \frac{\sqrt{2}V \times \sqrt{2}I}{2}\cos\theta = VI\cos\theta \qquad (6\text{-}72)$$

式中，θ 為電路電壓與電流之相位角，或為阻抗 Z 的相位角。

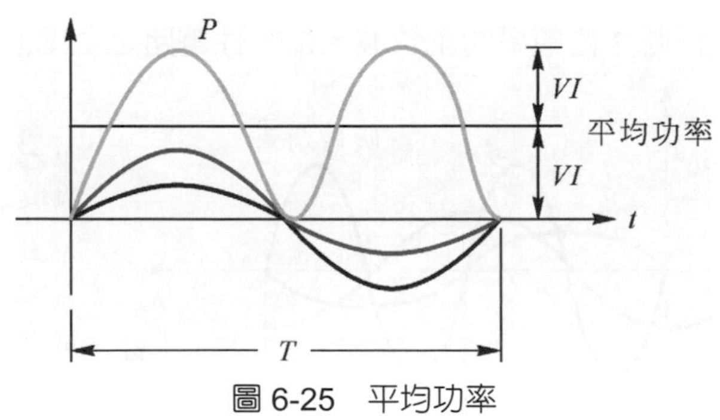

圖 6-25 平均功率

6-9-3 視在功率

在交流電路中，若負載為純電阻性，則電路電壓與電流之乘積。

$$S = VI \qquad (6\text{-}73)$$

S 稱為視在功率(apparent power)，單位是伏安(volt ampere，VA)。視在功率等於平均功率，即 $S = P = VI$。若負載為電感與電容之組合，設阻抗之相位角為 θ，電壓與電流值以相量表示為：

$\overline{V} = V\angle\theta$

$\overline{I} = I\angle 0°$

相位角 θ 爲正值，表示電路電壓領前電流，則交流電路之視在功率爲：

$$\overline{S} = \overline{V}\,\overline{I} = \overline{V} = V\angle\theta \times \overline{I} = I\angle 0° = VI\angle\theta + 0° = VI\angle\theta \tag{6-74}$$

將式(10-6)轉換成正弦波之一般式，得：

$$S = VI\cos\theta + jVI\sin\theta$$

式中，交流電路之視在功率，由實數軸之 $VI\cos\theta$ 與虛數軸之 $VI\sin\theta$ 組合而成。實數軸之功率稱爲平均功率或稱爲實功率(true power)，是由電阻產生，符號爲 P，單位是瓦特。

$$P = VI\cos\theta \tag{6-75}$$

虛數軸之功率稱爲電抗功率(reactive power)、無效功率或虛功率(imaginary power)，由阻抗中之電抗部份產生，符號爲 Q，單位是乏(volt ampere reactive，VAR)。

$$Q = VI\sin\theta \tag{6-76}$$

6-9-4　虛功率

虛功率由電抗(X)造成，因電路中的電感器或電容器爲儲能元作，本身不會消耗功率，反而具有儲能的特性，在適當時機會釋放出儲存之能量，供電路使用。對電路而言，是屬於沒有用的功率，稱之爲無效功率或虛功率，符號爲 Q。

$$Q = VI\sin\theta \quad 或 \quad Q = I^2X$$

式中，X 爲電抗值，即 $X = X_L - X_C$。若爲電感性電路 Q 值爲正，若爲電容性電路 Q 值爲負。

6-9-5　功率三角形

如圖 6-26(c)所示，視在功率 S、平均功率 P 與虛功率 Q 形成功率三角形(power triangle)，或阻抗三角形的關係。圖中斜邊代表視在功率 S，底邊代表平均功率(或實功率)P，對邊代表虛功率 Q，其關係式爲：

$$S = VI = \sqrt{P^2 + Q^2} = P + jQ = I^2R + jI^2X \tag{6-77}$$

$$P = S\cos\theta = VI\cos\theta = I^2R \tag{6-78}$$

$$Q = S\sin\theta = VI\sin\theta = I^2X \tag{6-79}$$

式中，平均功率 P 若爲正值，表示吸收功率，若爲負值，表示供給功率。

虛功率 Q 若爲正值，表示電路爲電感性，若爲負值，表示電路爲電容性。

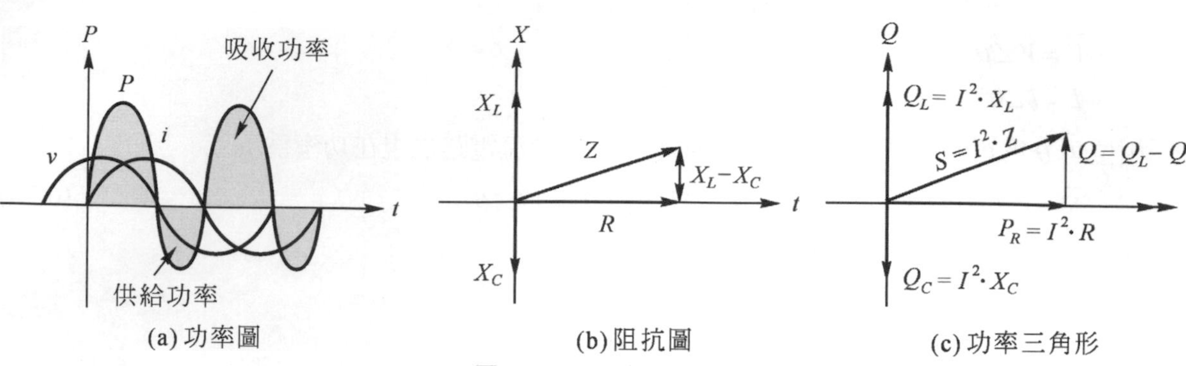

(a) 功率圖　　(b) 阻抗圖　　(c) 功率三角形

圖 6-26　電感性負載

EXAMPLE 例題 6-21

交流電路中，若 $v(t) = 100\sin(200t + 35°)$V，$i(t) = 0.1\sin(200t + 80°)$A，試求(1)視在功率 S、(2)平均功率 P、(3)虛功率 Q。

解 (1) 視在功率 $S = VI = \dfrac{100}{\sqrt{2}} \times \dfrac{0.1}{\sqrt{2}} = 5$ (VA，伏安)

(2) 平均功率 $P = VI\cos\theta = S\cos\theta$。$\theta$ 爲電壓與電流之相位角，即 $\theta = 35° - 80° = -45°$

$P = 5\cos(-45°) = 5 \times 0.707 = 3.535$ (W，瓦特)

(3) 虛功率 $Q = VI\sin\theta = S\sin\theta = 5\sin(-45°) = 5 \times (-0.707)$

$= -3.535$ (VAR，乏爾)；負表示電路爲電容性。

EXAMPLE 例題 6-22

串聯電路的阻抗 Z 接上 $\overline{E} = 100\angle 90°$V 之電源時，$\overline{I} = 20\angle 36.8°$A，試求電路之視在功率、平均功率及虛功率。

解 (1) 視在功率 $S = VI = 100 \times 20 = 2000 = 2$ kVA

(2) 平均功率 $P = VI\cos\theta = S\cos\theta$。$\theta$ 爲電壓與電流之相位角，即 $\theta = 90° - 36.8° = 53.2°$

$P = 2000\cos 53.2° = 2000 \times 0.6 = 1200 = 1.2$ kW

(3) 虛功率 $Q = VI\sin\theta = S\sin\theta = 2000\sin 53.20 = 2000 \times 0.8 = 1600 = 1.6$ kVAR

EXAMPLE 例題 6-23

設 $R = 8\Omega$，$X_L = 20\Omega$，$X_C = 14\Omega$，串聯於 100V 之交流電壓，試求視在功率、平均功率及虛功率爲多少？

解 視在功率 $S = VI = V^2/Z$，$Z = \sqrt{R^2 + (X_L - X_C)^2} = \sqrt{8^2 + (20-14)^2} = 10\,\Omega$

$S = 100^2/10 = 1000 = 1$kVA

平均功率 $P = I^2R$，$I = V/Z = 100/10 = 10$A

$P = 10^2 \times 8 = 800$W

虛功率 $Q \rightarrow S = \sqrt{P^2 + Q^2} \rightarrow Q = \sqrt{S^2 - P^2} = \sqrt{1000^2 - 800^2} = \sqrt{360000} = 600$VAR

6-9-6　功率因數

在交流電路，平均功率與視在功率之比值，定義爲功率因數(power factor，PF)。

$$PF=\frac{平均功率}{視在功率}=\frac{P}{S}=\frac{VI\cos\theta}{VI}=\cos\theta \tag{6-80}$$

式中，θ 又稱爲功率因數角。功率因數可用以表示平均功率在視在功率所佔之比率，當功率因數值較大時，平均功率所佔之比率高，虛功率則較低，表示電力在傳輸線路中功率之損失較少。交流電路中之功率因數 PF 值，係由負載之阻抗性質決定：

(1). 純電阻：功率因數角 $\theta=0°$，$PF=\cos0°=1$，$S=P$，$Q=0$。

(2). 純電感：功率因數角 $\theta=90°$，$PF=\cos90°=0$，$S=Q$，$P=0$。

(3). 純電容：功率因數角 $\theta=-90°$，$PF=\cos(-90°)=0$，$S=-Q$，$P=0$。

交流電路之功率因數

在交流電路中，不論其爲串或並聯接法，功率因數爲：

$$PF=\cos\theta=\frac{P}{S}=\frac{P}{\sqrt{P^2+Q^2}} \tag{6-81}$$

EXAMPLE
例題 6-24

交流電路中，若 $v(t)=100\sin(200t+35°)$V，$i(t)=0.1\sin(200t+80°)$A，試求電路之功率因數爲多少？

解　相位角 $\theta=35°-80°=-45°$

$PF=\cos\theta=\cos(-45°)=0.707$

EXAMPLE
例題 6-25

串聯電路的阻抗 Z 接上 $\overline{E}=100\angle90°$V 之電源時，$\overline{I}=20\angle36.8°$A，試求電路之功率因數爲何?

解　相位角 $\theta=90°-36.8°=53.2°$

$PF=\cos\theta=\cos53.2°=0.6$

6-10　三相電源

電力系統除之多相系統(poly–phase system)，以相數來區分，有二相、三相、四相及六相等。三相系統爲例，相位角 $\theta=\frac{360°}{3}=120°$，表示三相系統中，各相間之相位差爲 120°。相位(phase)在複數中是相量的關係用語，在發電機中是指繞組所在之空間位置。三相(three phase)交流系統用於現代電力輸配系統，可降低系統之設置及維護費用、效率高及具良好之起動及運轉特性和穩定之直流輸出。

6-10-1 三相發電機

三相發電機，如圖 6-27(a)所示爲轉磁式，以字母 A、B、C 表示定子上三繞組。三繞組之相位差爲 120°，發電機由此固定的三繞組上取出三相電壓。

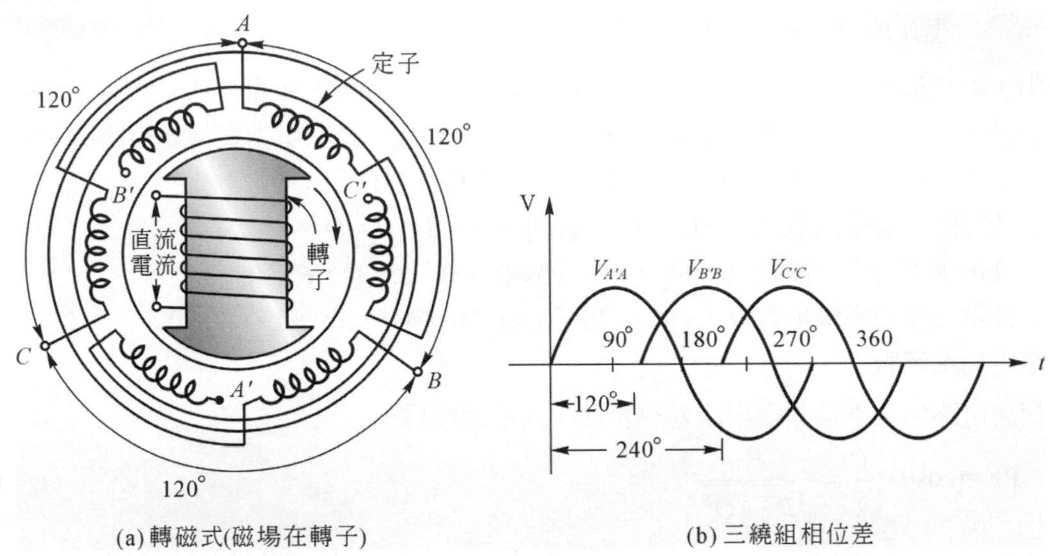

(a) 轉磁式(磁場在轉子)　　(b) 三繞組相位差

圖 6-27　三相發電機

轉磁式發電機的每一繞組都有相同之匝數及旋轉之角速度 ω，可產生相同之正弦波電壓 $V_{A'A}$、$V_{B'B}$、$V_{C'C}$，如圖 6-27(a)所示。三繞組分別爲，$A'A$、$B'B$、$C'C$，每二繞組 A-B、B-C、C-A 間相位差爲 120°，依正弦波瞬間電壓之數學式，$v(t) = V_m\sin(\omega t + \theta)$ V，三繞組產生之瞬間電壓的關係爲：

$$V_{A'A} = V_m\sin(\omega t + 0°) \tag{6-82}$$

$$V_{B'B} = V_m\sin(\omega t - 120°) \tag{6-83}$$

$$V_{C'C} = V_m\sin(\omega t - 240°) \tag{6-84}$$

式中，V_m 爲最大值電壓，如圖 6-27(b)所示。以相量式表示爲：

$$V_{A'A} = V\angle 0° \tag{6-85}$$

$$V_{B'B} = V\angle -120° \tag{6-86}$$

$$V_{C'C} = V\angle -240° = V\angle 120° \tag{6-87}$$

式中，$V_{A'A}$、$V_{B'B}$、$V_{C'C}$ 爲三相線電壓(line voltage)，設 V 爲三相相電壓(phase voltage)之有效值，則 $V = \dfrac{V_m}{\sqrt{2}}$。以直角座標表示相量電壓爲：

$$V_{A'A} = V\angle 0° = V(\cos 0° + j\sin 0°) = V$$

$$V_{B'B} = V\angle -120° = V(\cos -120° + j\sin -120°) = V\left(-\frac{1}{2} - j\frac{\sqrt{3}}{2}\right)$$

$$V_{C'C} = V\angle -240° = V(\cos -240° + j\sin -240°) = V\left(-\frac{1}{2} + j\frac{\sqrt{3}}{2}\right)$$

將三相電壓相加：

$$V_{A'A}+V_{B'B}+V_{C'C}=V\left(1-\frac{1}{2}-j\frac{\sqrt{3}}{2}-\frac{1}{2}+j\frac{\sqrt{3}}{2}\right)=0$$

由式可知，在任意瞬間，三相電壓之代數和爲零。

$$\Sigma(V_{A'A}+V_{B'B}+V_{C'C})=0$$

6-10-2　平衡三相系統

平衡三相(balanced three–phase)系統之三繞組產生之正弦電壓具有相同的頻率及波幅，三者相位差爲 120°，如圖 6-28 所示。若任一相電壓爲零時，另二相電壓爲最大值之 86.6%。當任一相電壓爲最大值(峰值)時，另二相電壓爲最大值的一半，且與最大值之極性相反。

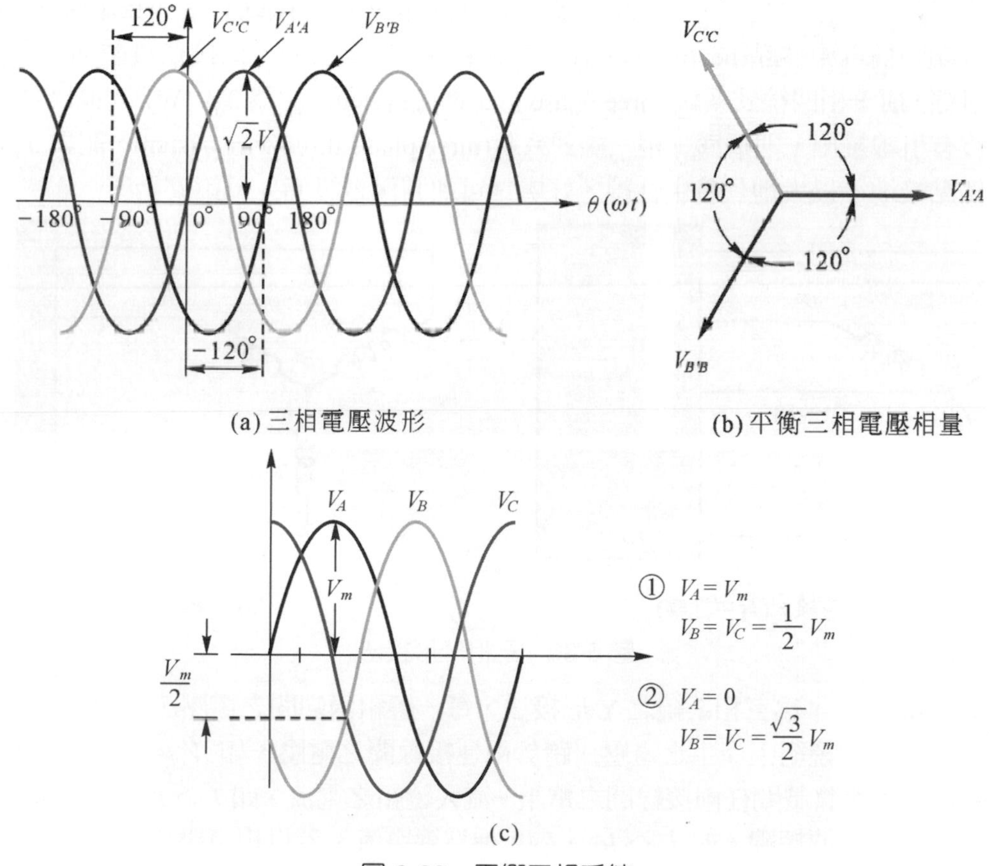

圖 6-28　平衡三相系統

相序(phase sequence)是三相各繞組之電壓波形在時間軸上的先後次序。如圖 6-29 所示有正負之分。正相序(positive phase sequence)指三相繞組依逆時針方向旋轉時，依圖例爲 *A-B-C*，三繞組形成之相位關係。負相序(negative phase sequence)指三相繞組依順時針方向旋轉，依圖例爲 *A-C-B*。相序不會影響發電機之電壓、電流及功率，但會影響電動機之旋轉方向。

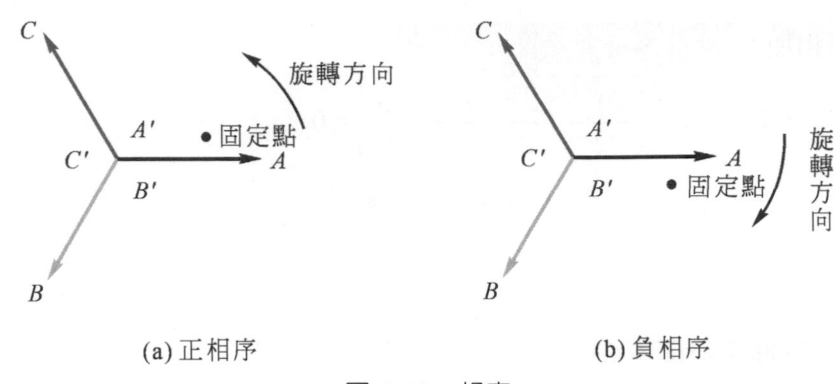

(a) 正相序　　(b) 負相序

圖 6-29　相序

6-10-3　Y 形接法

三相繞組之 Y 形接法是將三繞組的一端接在共同點 N，另一端則分接在負載端，如圖 6-30(a)所示。共同端點稱爲中性點(neutral point)，若由中性點接出引線，並接在負載端，則接在負載端有四條引線，稱三相四線式系統(three phase four wire system，記爲 3ϕ4W)。如圖 6-30(b)所示，若中性點沒有引線接出，則稱爲三相三線式系統(three phase three wire system，記爲 3ϕ3W)。一般是將中性點接地，以大地代替中性線，好處是可加裝保護設備，以策安全。

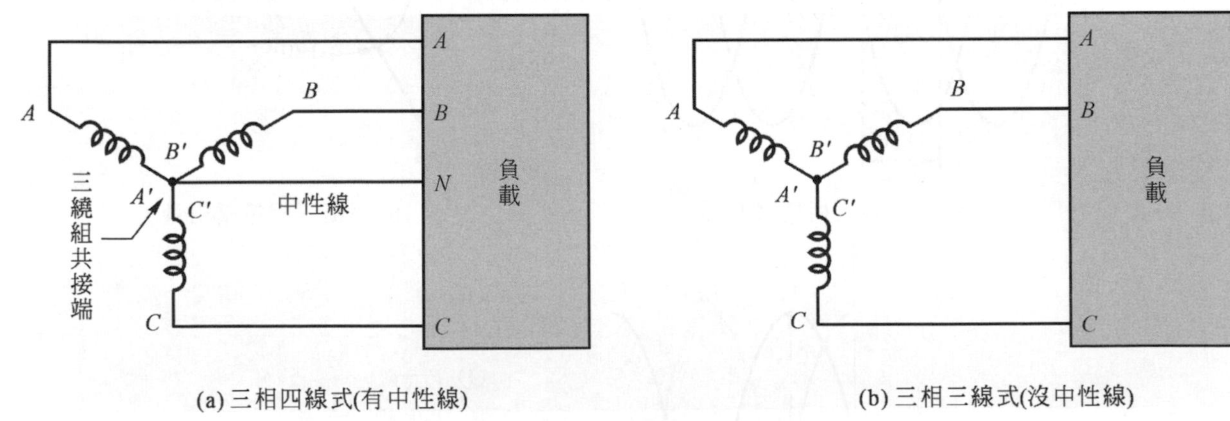

(a) 三相四線式(有中性線)　　(b) 三相三線式(沒中性線)

圖 6-30　三相 Y 形接法

如圖 6-31(a)所示，爲三相系統之 Y 形接法，每一繞組兩端間之電壓，如 V_{oa}、V_{ob}、V_{oc}，稱爲相電壓。相電壓指繞組上產生之電壓。跨於兩連接線間之電壓，如 V_{ab}、V_{bc}、V_{ca}，稱爲線電壓。線電壓爲電源與負載間任兩接線間之電壓。流入繞組之電流，如 I_{oa}、I_{ob}、I_{oc}，稱爲相電流，流過電源與負載間之連接線，如 $I_{aa'}$、$I_{bb'}$、$I_{cc'}$，稱爲線電流。若以相電壓 V_{oa} 作爲相量圖之參考軸，如圖 6-31(b)所示，則三相三線式系統之線電壓與相電壓之關係爲：

$$V_{ab} = V_{ao} + V_{ob} = V_{ao} - V_{bo}$$

$$V_{bc} = V_{bo} + V_{oc} = V_{bo} - V_{co}$$

$$V_{ca} = V_{co} + V_{oa} = V_{co} - V_{ao}$$

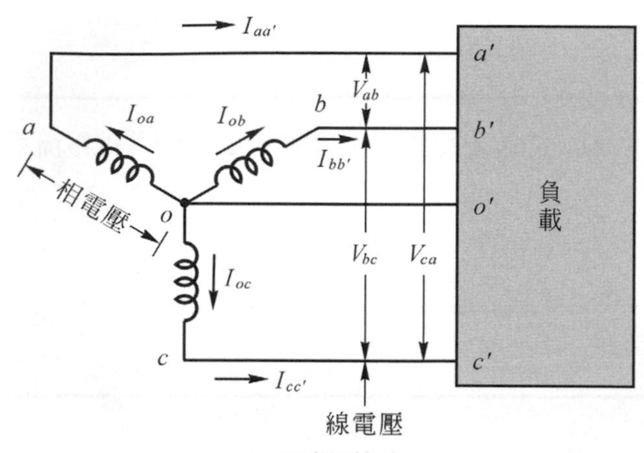

(a) 三相Y接法

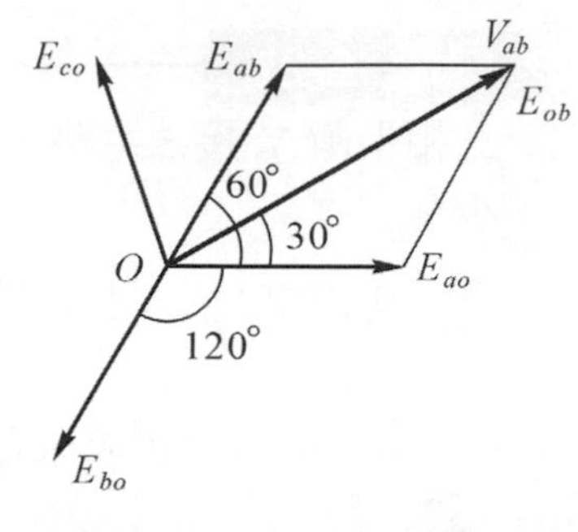

(b) 總電壓(V_{ab})與相電壓(E_{ao})之關係

圖 6-31　三相 Y 形接法電路

相量式表示為：

$$V_{ao} = \mathrm{V}\angle 0°\ \mathrm{V}，V_{bo} = \mathrm{V}\angle -120°\ \mathrm{V}，V_{co} = \mathrm{V}\angle -240°\ \mathrm{V}$$

將上式代入式( )，得：

$$V_{ab} = V_{ao} - V_{bo} = \mathrm{V}\angle 0° - \mathrm{V}\angle -120° = \mathrm{V} - \mathrm{V}\,[\cos(-120°) + j\sin(-120°)]$$

$$= \mathrm{V} - \mathrm{V}\left[-\frac{1}{2} - j\frac{\sqrt{3}}{2}\right] = \mathrm{V}\left(\frac{3}{2} + j\frac{\sqrt{3}}{2}\right)$$

$$V_{ab} = \sqrt{3}\,\mathrm{V}\angle 30° \tag{6-88}$$

式中，V 為相電壓，表示 Y 形接法之線電壓 V_{ab} 為相電壓 V 的 $\sqrt{3}$ 倍，相電流等於線電流，如同串聯電路，即：

$$I_{oa} = I_{aa'}，I_{ob} = I_{bb'}，I_{oc} = I_{cc'}$$

所以在三相系統之 Y 形接法，相與線之電壓、電流關係為：

(1) 線電流 I_L=相電流 I_P；線 Line，相 Phase。

(2) 線電壓 $V_L = \sqrt{3}$ 相電壓 V_P；線電壓較相電壓大 $\sqrt{3}$ 倍。[註]：$\sqrt{3} = 1.732$。

EXAMPLE
例題 6-26

三相平衡 Y 接法電路，若其相電壓 V_P 為 200V，則其線電壓為多少？

解　三相平衡 Y 接法，其相、線電壓關係為：

線電壓 $V_L = \sqrt{3}$ 相電壓 $V_P = 1.732 \times 200 = 346.4\mathrm{V}$

EXAMPLE 例題 6-27

三相平衡 Y 接法電路，若其線電壓 V_L 為 86.6V，每相阻抗 Z 為 10Ω，則其線電流為多少？

解 相電壓$V_P = \dfrac{V_L}{\sqrt{3}} = \dfrac{86.6}{1.732} = 50\text{V}$

線電流 I_L=相電流 $I_P = \dfrac{V_P}{Z} = \dfrac{50}{10} = 5\text{A}$

6-10-4 相序

相序係指相電壓(發電機之繞組產生之感應電壓)之相量值通過固定點時之順序，如圖 6-32 所示。發電機之相序若不相同，即使三繞組之頻率與電壓之有效值相同，會因繞組間相位之關係，於繞組間形成環流，增加電機的銅損而降低其工作效率。

三相發電機三繞組分別為 A、B、C。以逆時針方向旋轉，通過固定點 P 的順序為 A-C-B 時，稱三相發電機的相序為 ACB，此是以繞組 A 作為參考點的相序。若以 B 或 C 作參考點，其相序可稱為 BAC 或 CBA。

相序作用於三相電機，係在判別電機之旋轉方向。若將其中兩繞組的位置對調，令其相序相反，表示該電機以反向旋轉。

相序可以線電壓表示，如圖 6-33 所示。依參考點有 ABC、BCA 或 CAB，方式同相電壓。

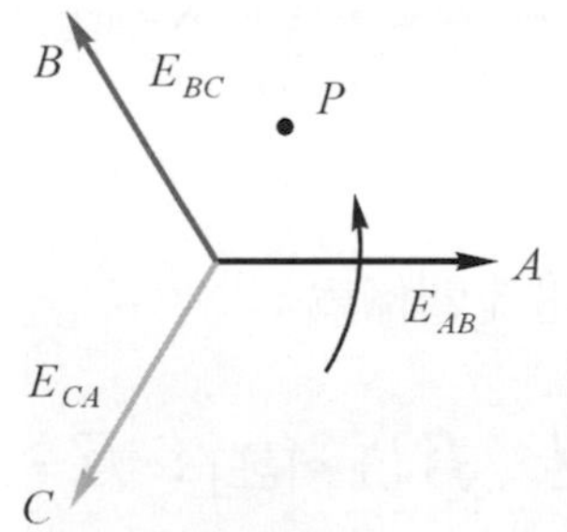

以線電壓作相序

B E_{BN} P A E_{AN} E_{CN} C

以相電壓作相序

圖 6-32 相序　　圖 6-33 相序由電壓決定

相序另一作用是指定某繞組為參考電壓，即可判知另兩繞組之相量關係式，為：

線電壓：$E_{AB} = E_{AB}\angle 0°$ (參考電壓)

$E_{CA} = E_{CA}\angle -120°$

$E_{BC} = E_{BC}\angle +120°$

相電壓：$E_{AN} = E_{AN}\angle 0°$ (參考電壓)

$E_{CN} = E_{CN}\angle -120°$

$E_{BN} = E_{BN}\angle +120°$

圖例爲三相 Y 形電路，若相序爲 *A-B-C*，問相角各爲多少？

解　相序爲 *ABC*，係以 *A* 爲參考點，

則：$\theta_1 = 0°$，$\theta_2 = -120°$，$\theta_3 = -240°$ 或 $+120°$

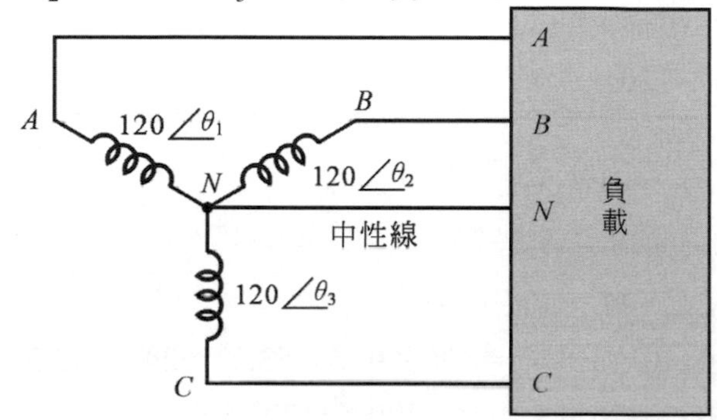

6-10-5　Y–Y 接法

三相系統 Y-Y 接法，指發電機之三繞組與負載皆爲 Y 形接法，如圖 6-34 所示。Y-Y 接法具有中性線，若三相系統平衡，中性線電流 $I_N = 0\text{A}$，此時拿掉中性線也不會影響電路之運作。若三相不平衡，中性線將有電流 I_N 通過，由負載流回發電機。此爲三相不平衡必須考慮的狀況。

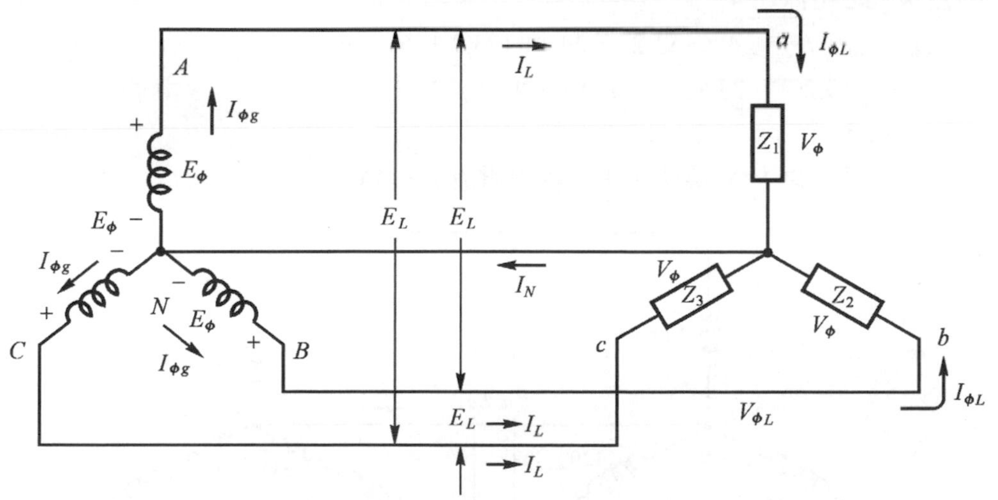

圖 6-34　發電機與負載皆為 Y 接法

假設 Y-Y 接法三相系統平衡，表示發電機上的每相電流與每線電流大小相等。

$$I_{\phi g} = I_L = I_{\phi L} \tag{6-89}$$

式中，$I_{\phi g}$ 爲相電流。I_L 爲線路電流。$I_{\phi L}$ 爲流過負載之電流。對負載而言，不論系統是否平衡，因具中性線，故，$V_\phi = E_\phi$。由於 $I_{\phi L} = V_\phi / Z_\psi$，而線電壓大小仍爲相電壓之 $\sqrt{3}$ 倍。即：

$$E_L = \sqrt{3}\, V_\phi \tag{6-90}$$

以實例說明三相平衡系統 Y-Y 接法，如圖 6-35 所示。設相序爲 *A-B-C*：

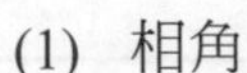

(1) 相角

由於相序爲 ABC，相角爲：

$\theta_1 = 0°$ (參考相角)，$\theta_2 = -120°$，$\theta_3 = +120°$

(2) 線電壓 E_{AB}、E_{BC}、E_{CA}

因線電壓 $=\sqrt{3}$ 相電壓，則：

$E_L = \sqrt{3}\,E_\phi = 1.732 \times 120 = 208\text{V}$ ($\sqrt{3} = 1.732$)

$E_{AB} = E_{BC} = E_{CA} = 208$ V

(3) 線電流 I_{Aa}、I_{Bb}、I_{Cc}

由於 $V_\phi = E_\phi$，則：

$V_{an} = E_{An}$，$V_{bn} = E_{Bn}$，$V_{cn} = V_{Cn}$

$I_{an} = V_{an}/Z_{an} = 120\angle 0°/(3+j4) = 120\angle 0°/5\angle 53.2° = 24\angle -53.2°$ A

$I_{bn} = V_{bn}/Z_{bn} = 120\angle -120°/(3+j4) = 120\angle -120°/5\angle 53.2° = 24\angle -173.2°$ A

$I_{cn} = V_{cn}/Z_{cn} = 120\angle 120°/(3+j4) = 120\angle 120°/5\angle 53.2° = 24\angle 66.8°$ A

因相電流 I_{Aa}=線電流 I_{an}，則：

$I_{Aa} = 24\angle -53.2°$ A

$I_{Bb} = 24\angle -173.2°$ A

$I_{Cc} = 24\angle 66.8°$ A

中性線上之電流爲：

$I_N = I_{Aa} + I_{Bb} + I_{Cc} = 24\angle -53.2° + 24\angle -173.2 + 24\angle 66.8°$

$=14.4 - j19.2 + (-23.83 - j2.87) + 9.43 + j22.07$

$= 0 + j0$ A

三相平衡系統之 Y-Y 接法，中性線之電流 $I_N = 0$A。

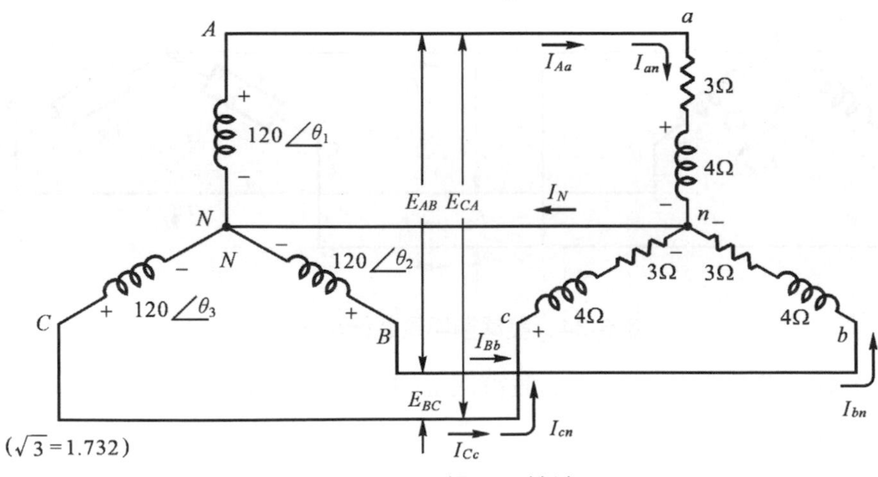

圖 6-35 三相 Y-Y 接法

6-10-7　Δ 形接法

三相發電機繞組之 Δ 形接法，是將三繞組之頭、尾兩端，接在負載相對之頭、尾兩端。各對應間形成一封閉迴路，如圖 6-36 所示。Δ 形接法因沒有中性端引出接線，接線的方式只有三相三線(3 ϕ 3W)式系統。每一繞組與對應的負載並接一起，故繞組之相電壓 V 等於線路電壓 V_{ab}，則：

$$V = V_{ab}$$

由圖所示，相電流與線電流之關係，依節點(A、B、C)電流關係，為：

$$I_{aa'} = I_{ca} + I_{ba}$$
$$I_{bb'} = I_{ab} + I_{cb}$$
$$I_{cc'} = I_{bc} + I_{ac} \tag{6-91}$$

式中，$I_{aa'}$、$I_{bb'}$、$I_{cc'}$為線電流，I_{ab}、I_{bc}、I_{ca} 為相電流。並設相電流 I 作為相量圖之參考軸，且令三相系統為正相序，則：

$$I_{ab} = I\angle 0°$$
$$I_{bc} = I\angle -120°$$
$$I_{ca} = I\angle 120° \tag{6-92}$$

將式(12-21)代入式(12-20)，為：

$$I_{aa} = I_{ca} + I_{ba} = I_{ca} - I_{ab} = I\angle 120° - I_{ab} = I\angle 0° = I\left(-\frac{3}{2} + j\frac{\sqrt{3}}{2}\right)$$

$$I_{aa} = \sqrt{3}\, I\angle 150° \tag{6-93}$$

同理可得另兩線電流之相量關係式為：

$$I_{bb'} = \sqrt{3}\, I\angle 30°$$
$$I_{cc'} = \sqrt{3}\, I\angle -90°$$

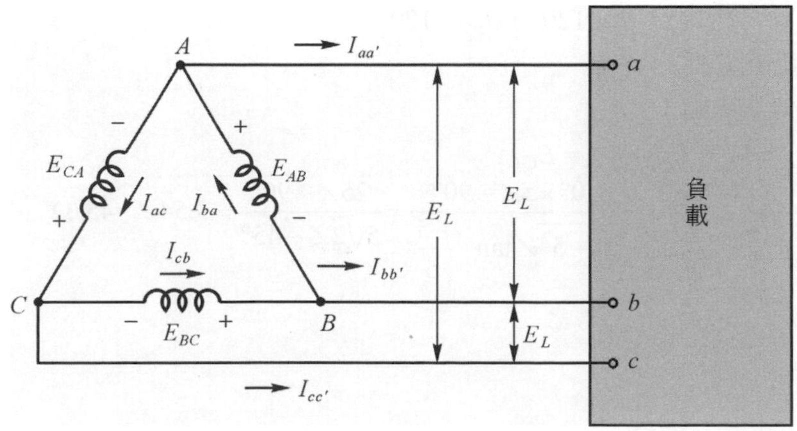

圖 6-36　三相 Δ 形接法

在三相系統之 Δ 形接法，相與線之電壓、電流關係為：

(1) 相電壓=線電壓。

(2) 線電流=$\sqrt{3}$ 相電流，如圖 6-37 所示。

相序

Δ 形接法之線與相電壓相同，一般是以線電壓表示相序，如圖 6-38 所示。其相量表示法為：

$E_{AB}=E_{AB}\angle 0°$ (參考電壓)

$E_{BC}=E_{BC}\angle -120°$

$E_{CA}=E_{CA}\angle -240°$ 或 $E_{CA}=E_{CA}\angle +120°$

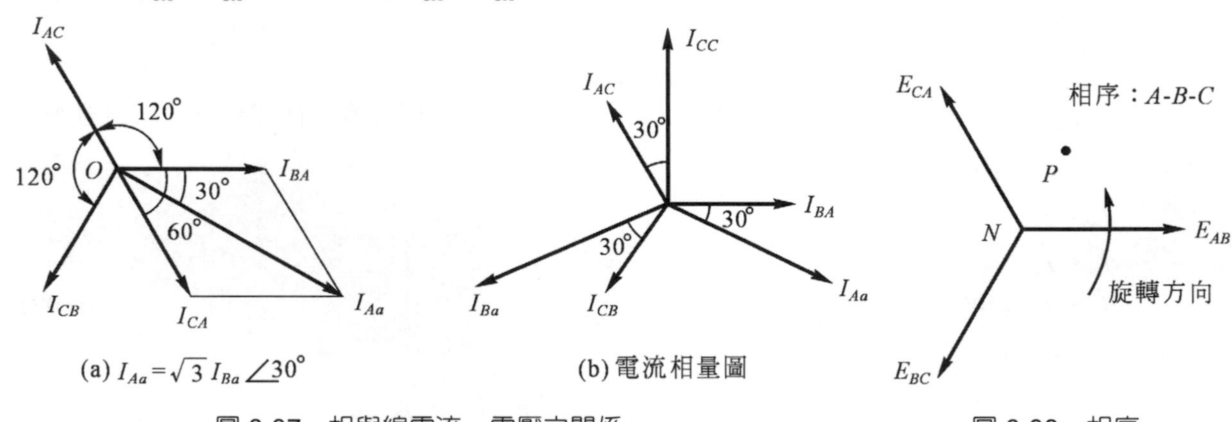

圖 6-37　相與線電流、電壓之關係　　　圖 6-38　相序

6-10-8　Δ－Δ 接法

例題說明，如圖 6-39 所示為三相系統 Δ–Δ 接法，設相序為 A-C-B，則：

(1) 相角

由於相序為 ACB，相角為：

$\theta_1=0°$ (參考相角)，$\theta_2=120°$，$\theta_3=-120°$

(2) 各相之負載電流

由於 $V_\phi=E_L$，則：

$V_{ab}=E_{AB}$，$V_{bc}=E_{BC}$，$V_{ca}=E_{CA}$

阻抗 $Z=\dfrac{5\times(-j5)}{5-j5}=\dfrac{5\angle 0°\times 5\angle -90°}{\sqrt{5^2+5^2}\angle\tan^{-1}\dfrac{-5}{5}}=\dfrac{25\angle -90°}{5\sqrt{2}\angle -45°}=3.54\angle -45°\Omega$

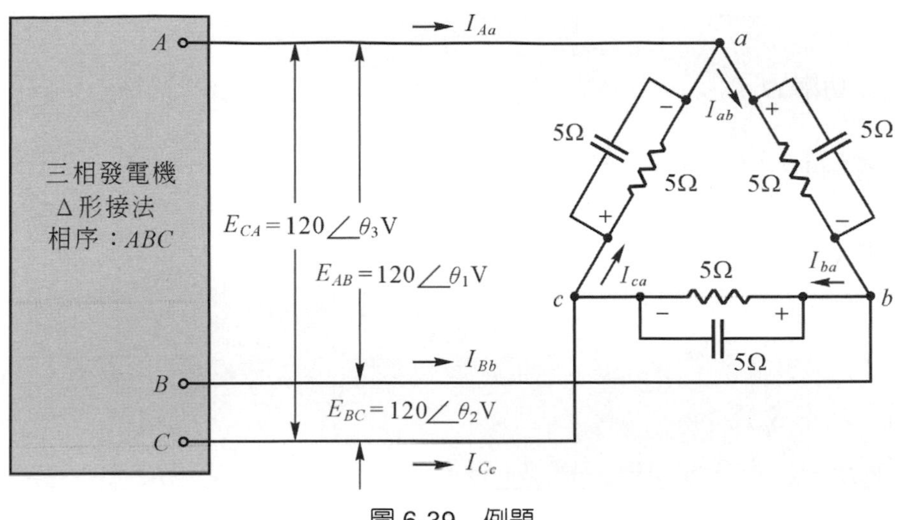

圖 6-39　例題

$$I_{ab}=\frac{V_{ab}}{Z_{ab}}=120\angle 0°/3.54\angle -45°=33.9\angle 45°\text{A}$$

$$I_{bc}=\frac{V_{bc}}{Z_{bc}}=120\angle 120°/3.54\angle -45°=33.9\angle 165°\text{A}$$

$$I_{ca}=\frac{V_{ca}}{Z_{ca}}=120\angle -120°/3.54\angle -45°=33.9\angle -75°\text{A}$$

(3) 各線電流

$I_L=\sqrt{3}\,I_\phi=1.732\times 33.9=58.72\text{A}$，即：

$I_{Aa}=I_{Bb}=I_{Cc}=58.72\text{A}$

6-11 三相系統的總功率

在三相系統中，總功率爲單相功率的總和與 Y 或 Δ 的接法無關。

$$P_T=P_1+P_2+P_3$$

式中，P_T 爲總功率，P_1、P_2、P_3 爲單相功率。在平衡三相系統中，因各相之電壓及電流相同，故其功率應相等，即：

$$P_1=P_2=P_3=P$$

因此，總功率應爲單相功率之 3 倍。即：

$$P_T=P_1+P_2+P_3=3P \tag{6-94}$$

6-11-1 Y 形接法之總功率

三相系統在 Y 形接法中，其相電流 I_p = 線電流 I_l，線電壓 $V_l=\sqrt{3}$ 相電壓 V_p，總功率爲：

$$P_T=3V_pI_p=3\frac{V_l}{\sqrt{3}}I_l=\sqrt{3}\,V_lI_l \tag{6-95}$$

無效功率

每相之無效功率 Q_p 爲：

$$Q_p = V_pI_p\sin\theta = I_p^{\,2}X_p\sin\theta = \frac{V_p^2}{X_p}\sin\theta \tag{6-96}$$

負載之總無效功率爲：

$$Q_T = 3Q_p = \sqrt{3}V_lI_l = 3I_l^{\,2}X_p \tag{6-97}$$

視在功率

每相之視在功率 S_p 爲：

$$S_p = V_pI_p \tag{6-98}$$

負載之總視在功率爲

$$S_T = 3S_p = \sqrt{3}V_lI_l \tag{6-99}$$

功率因數

系統之功率因數爲：

$$\mathrm{PF} = \cos\theta = \frac{P_T}{S_T} \tag{6-100}$$

EXAMPLE

例題 6-29

三相平衡系統，負載爲 Y 形接法，若阻抗爲 $3 + j4\Omega$，線電壓爲 173.2V，試求三相系統之(1)平均功率，(2)無效功率，(3)視在功率，(4)功率因數。

解 由題意：$Z_p = 3 + j4 = \sqrt{3^2+4^2}\ \tan^{-1}\angle\frac{4}{3} = 5\angle 53.2°\ \Omega$，即：$\theta = 53.2°$

$$V_p = \frac{V_L}{\sqrt{3}} = \frac{173.2}{1.732} = 100\text{V}$$

$$I_p = \frac{V_p}{Z_p} = \frac{100}{5} = 20\text{A}$$

(1) 平均功率

每相之平均功率 $P_p = V_pI_p\cos\theta = 100\times 20\cos 53.2° = 2000\times 0.6 = 1200\text{W}$

三相總功率 $P_T = 3P_p = 3\times 1200 = 3600\text{W}$

(2) 無效功率

每相之無效功率 $Q_p = V_pI_p\sin\theta = 100\times 20\sin 53.2° = 2000\times 0.8 = 1600\text{VAR}$

三相總無效功率 $Q_T = 3Q_p = 3\times 1600 = 4800\text{VAR}$

(3) 視在功率

每相之視在功率 $S_p = V_pI_p = 100\times 20 = 2000\text{VA}$

三相總視在功率 $S_T = 3S_p = 3\times 2000 = 6000\text{VA}$

(4) 功率因數

$\text{PF} = \cos\theta = \cos 53.2° = 0.6$，另解：

$\text{PF} = P_T/S_T = 3600/6000 = 0.6$

6-11-2　Δ 形接法之總功率

三相系統在 Δ 形接法中，其線電流 $I_\ell = \sqrt{3}$ 相電流 I_p、線電壓 V_ℓ=相電壓 V_p、總功率為：

$$P_T = 3V_pI_p = 3\frac{I_\ell}{\sqrt{3}}V_l = \sqrt{3}\,V_\ell I_\ell \tag{6-101}$$

由式(12-24)及(12-30)中，若不考慮功率因率值，即功率因數為 1 時，總功率為線電壓與線電流乘積之 $\sqrt{3}$ 倍，而為相電壓與相流乘積之 3 倍。

當功率因數不為 1 時，則必須考慮單相間之電壓與電流的相位角 θ。總功率應為：

$$P_T = 3V_pI_p\cos\theta = \sqrt{3}\,V_\ell I_\ell\cos\theta \tag{6-102}$$

式中，θ 表示相電壓與相電流之相位角，不是線電壓與線電流之相位角。

同理，三相系統之虛功率為：

$$Q_T = 3V_pI_p\sin\theta = \sqrt{3}\,V_\ell I_\ell\sin\theta \tag{6-103}$$

視在功率

每相之視在功率 $S_p = V_pI_p$

三相總視在功率 $S_T = 3S_p = \sqrt{3}\,V_\ell I_\ell$ (6-104)

功率因數

$$\text{PF} = \cos\theta = P_T/S_T \tag{6-105}$$

EXAMPLE

例題 6-30

三相平衡系統，若負載為 Δ 接法，已知線電壓為 200V，負載阻抗為 $8+j6$，試求三相系統之(1)平均功率、(2)無效功率、(3)視在功率、(4)功率因數。

解　由題意：$Z = 8+j6 = \sqrt{8^2+6^2}\angle\tan^{-1}(\angle\frac{6}{8}) = 10\angle 37°\,\Omega$

$V_p = V_l = 200\text{ V}$

$I_p = \frac{V_p}{Z_p} = \frac{200}{10} = 20\text{A}$

(1) 平均功率 $P_T = 3I_p^2R = 3\times 20^2\times 8 = 9600\text{W}$

(2) 無效功率 $Q_T = 3I_p^2X = 3\times 20^2\times 6 = 7200\text{VAR}$

(3) 視在功率 $S_T = 3V_pI_p = 3\times 200\times 20 = 12000\text{VA}$

(4) 功率因數 $\text{PF} = \frac{P_T}{S_T} = \frac{9600}{12000} = 0.8$

EXAMPLE
例題 6-31

設聯結成 Y 形之三相電動機，每相阻抗為 $4+j3\Omega$，線電壓為 220V，求線電流為多少？

解　相電壓 $V_P=$ 線電壓 $\frac{V_\ell}{\sqrt{3}}=\frac{220}{\sqrt{3}}=127\text{V}$

阻抗 $Z=\sqrt{3^2+4^2}=5\ \Omega$

Y 型(串聯)聯結電流相等，$I_\ell=I_P=\frac{V_P}{Z}=\frac{127}{5}=25.4\text{A}$

習　題

EXERCISE

1. RL 串聯電路，$v(t)=100\sin(\omega t+40°)\text{V}$，$i(t)=20\sin(\omega t+3°)\text{A}$，則線路中之元件 R 及 X_L 分別為多少？
2. 將 50Ω 電阻、100mH 電感與 10μF 電容串聯，若角速度 $\omega=1000\text{rad/s}$，則其阻抗為多少？
3. 交流電壓 $v(t)=20\sin(120\pi t+30°)\text{V}$，電壓有效值及頻率分別為多少？
4. 如圖(1)所示，若 X_L 由 100Ω 起連續增加，則電流 I 之變化為何？

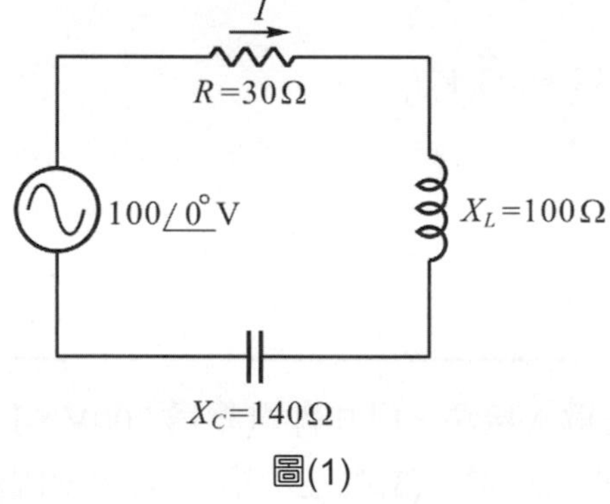

圖(1)

5. 如圖(2)所示，為 RLC 串聯電路，Z_L 之有效端電壓 V_L 為多少？
6. 如圖(3)所示，總電流 I 之值為多少安培？功率因數為多少？

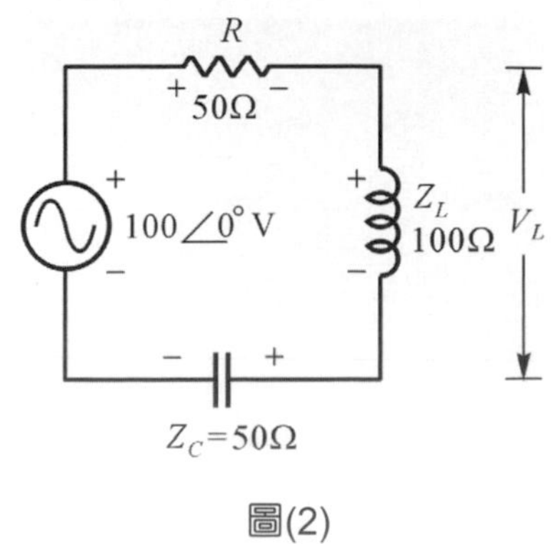

圖(2)

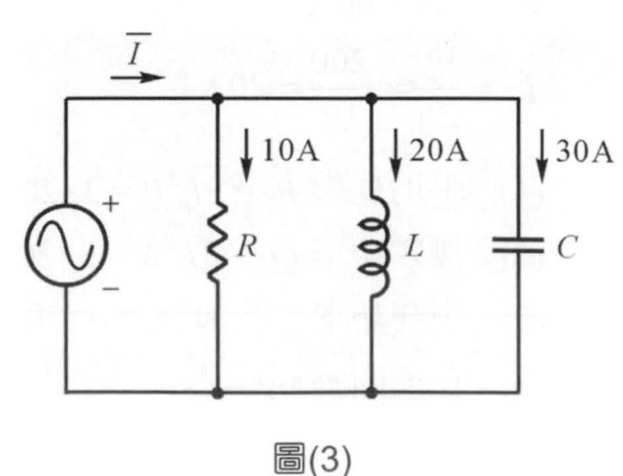

圖(3)

7. 如圖(4)所示，若交流電流表 A 的讀數為 4A 時，則 A、B 間的電壓降為多少？

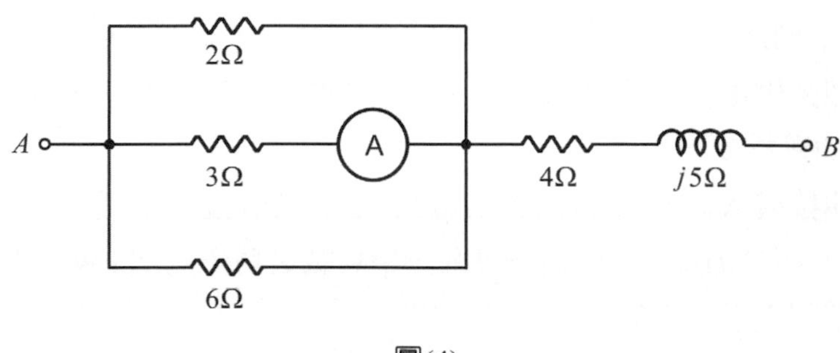

圖(4)

8. 如圖(5)所示，總阻抗 Z_T 及分路電流 I_L 與 I_c 為多少？
9. 如圖(6)所示，電路總電流 I 為多少？

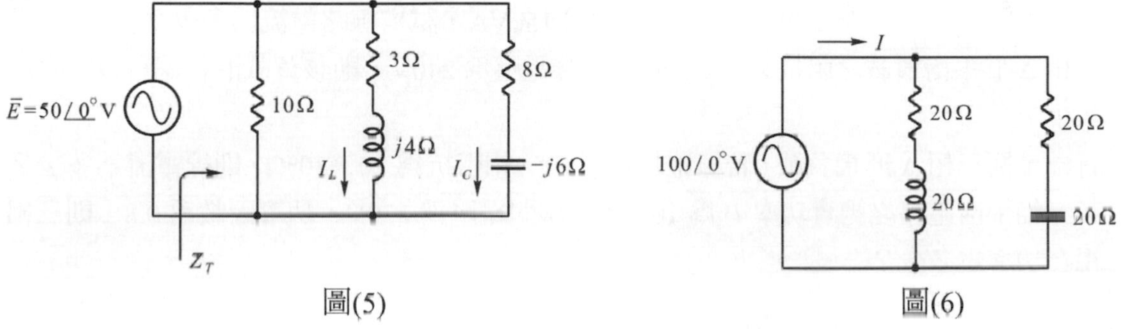

圖(5)　　　　圖(6)

10. 在 220V 的配電系統中，接上有效功率為 80kW，無效功率為 60kVAR 之負載，問系統之功率因數為多少？
11. 如圖(7)所示之交流電路，電源供電之總功率因數近似值為何？

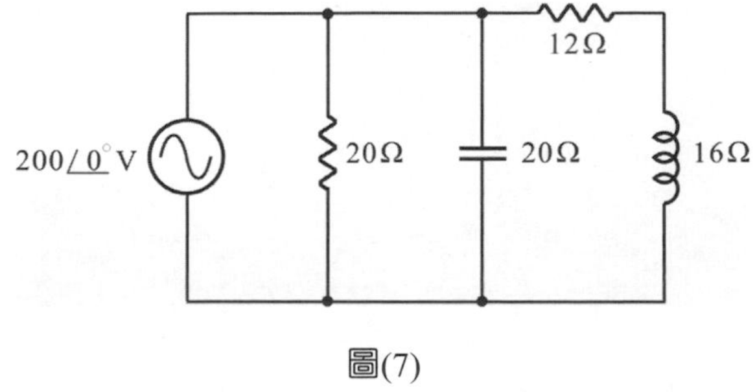

圖(7)

12. 將一電壓 $v(t) = 110\sqrt{2}\sin(\omega t + 60^\circ)$V 施於某一電路，若流經之電流為 $i(t) = 4\sqrt{2}\sin(\omega t + 30^\circ)$A，則電路消耗之實(有效)功率為多少？
13. 阻抗 $3 - j4\Omega$ 之負載，通過 $1 + j2$A 電流，求電路之平均功率及電抗(虛)功率分別為多少？
14. 有一交流電路的電壓 $v(t) = 100\sqrt{2}\sin(377t + 20^\circ)$V，電流 $i(t) = 10\sqrt{2}\sin(377t - 10^\circ)$A，求此電的無效功率為多少？
15. 在 Y 形接法三相平衡制中，相電壓的大小是線電壓大小的幾倍？

16. 三條 220V 電熱線以 Δ 接線同時接於三相 220V 電源，其消耗功率應爲 3kW，若改接成 Y 接線，其消耗功率應爲多少？
    【提示】：$P_{\Delta} = 3P_Y$。
17. 平衡三相電源，供電於 Y 形聯接負載，每相負載之阻抗爲 $8 + j6\Omega$，若三相線電壓爲 208V，則總功率爲多少？
18. 有一三相馬達接成 Δ 時，可用於 220V 電源，若將其改接成 Y 時，則可用於何種電源？
19. 220V Y 接之三相平衡電源，供給一平衡三相負載之功率爲 22kW，若線電流爲 100A，則負載之功率因數爲多少？
20. 一個功率因數爲 0.9 滯後的三相 5 馬力電動機，接至一線電壓爲 240 伏特的三相電源，試計算其線電流爲多少？
21. 平衡三相電路，若線電壓爲 220V，求各線對中性線的電壓爲多少？
22. 工廠供電爲三相三線 220V，其動力設備爲 15kVA，試求線路電流爲多少？
23. 三相 Δ 形平衡負載之阻抗 $\overline{Z} = 12\angle 60°\Omega$，線電壓爲 240V，則該負載消耗總有效功率爲多少？
24. 有一平衡三相 Δ 形接負載，若線電壓爲 200V，相阻抗爲 $20\angle 30°\Omega$，則線電流爲多少？
25. 某三相平衡電路之總實功率 P 爲 1000W，線間電壓爲 220V，功率因數爲 0.8，則三相視在功率爲多少？

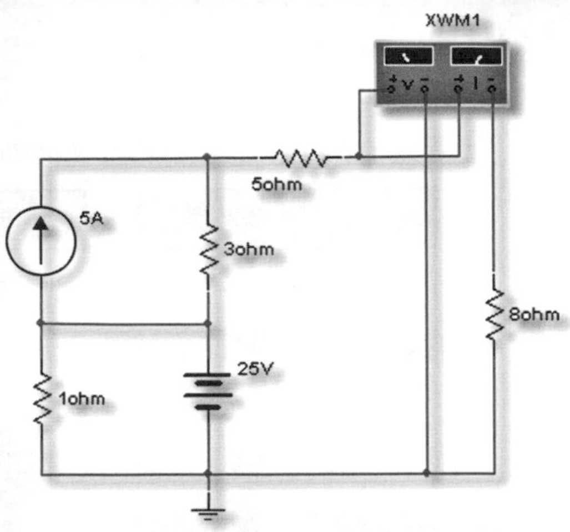

Chapter 7

電機基本概念

7-1 基本概念

電機是電能與機械能相互轉換的裝置。對發電機而言，輸入爲機械能，輸出爲電能。對電動機而言，輸入爲電能，輸出爲機械能。電機裝置可分成三部份：(1)電系統、(2)機械系統、(3)轉換系統。轉換系統爲能量貯存或釋出之場所，若輸入爲電能，經轉換系統變成機械能輸出。依能量不滅定律，電機裝置之能量轉換，如圖 7-1 所示。

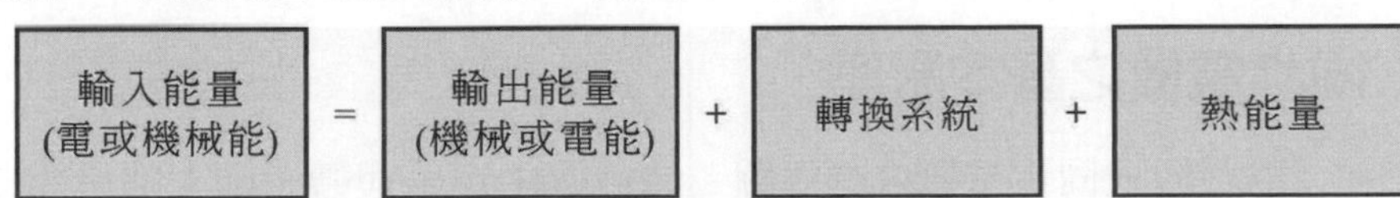

圖 7-1　電機裝置之能量轉換

熱能量爲電機轉換過程中，產生之熱能。熱能是一種損失，主要的因素有三：(1)電流流經繞組，由繞組電阻消耗的損失、(2)旋轉部份產生的摩擦及風損失、(3)轉換過程中，鐵芯及介質損失。

轉換系統若爲能量貯存之場所，係接受電系統供給的能量；若爲釋放能量之場所，則能量將進入機械系統。能量轉換過程中，有少部份能量因場損失、摩擦損失及風阻損失變成熱的型態消失。因此，任何時刻從轉換系統貯存之能量，並不等於釋出之能量。

所以，貯存之能量隨時都在變動。依能量變換原理及能量平衡之表示，如圖 7-2 所示。

輸入電能－電阻損失	=	輸出機械能＋摩擦及風阻損失	+	轉換所貯存能量＋場損失

圖 7-2　能量平衡示意圖

為便利電機運轉時之特性分析，圖 7-2 通常可寫成微分之形式。

$$dW_e = dW_m + dW_f \tag{7-1}$$

式中，dW_e 為輸入電能減去電阻損失之淨電能，dW_m 為轉換成機械能之微分能量，dW_f 為轉換系統所吸收之微分能量。

如圖 7-3 所示為電機能量轉換之圖示。在 dt 時間內，有一微小能量自電系統傳送至轉換系統。假設此微小電能量為 dW_e，則等於輸出機械能量減去電阻損失，為；

$$dW_e = v_s idt - i^2 rdt = (v_s - ir)idt = eidt \quad (\text{焦耳}) \tag{7-2}$$

式中，e 為電路之感應電勢，係轉換系統吸收能量時，電路感應產生之電勢。

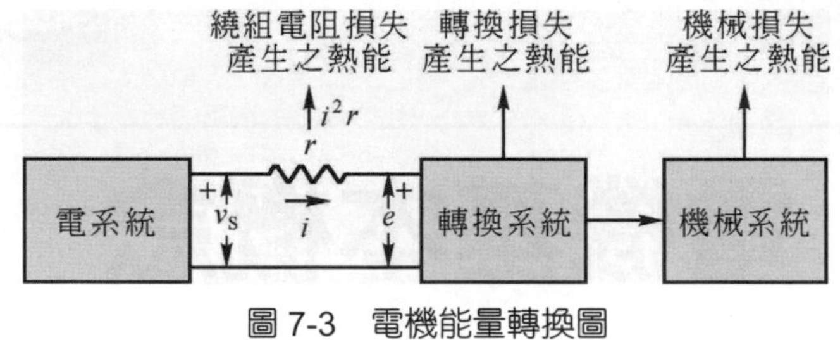

圖 7-3　電機能量轉換圖

7-2　交流電機之基本原理

交流電機有同步電機與感應電機(或稱異步電機)兩類。同步電機以發電機為主，應用於工廠作為發電使用。同步電動機作為大型或生產機械拖曳裝置，如空氣壓縮機等，優點是可以調節勵磁電流來改善電路之功率因數。感應電機以電動機為主，應用於各種生產機械，作為動力之來源。感應電動機為電力系統之負載。

7-2-1　同步電機之基本原理

如圖 7-4 所示為凸極式同步電機之剖面圖。發電機由定子與轉子兩大部份組成。定子由鐵芯和繞組組成。定子鐵芯為圓筒形，鐵芯內有線槽，線槽內嵌入線圈，形成定子繞組，又稱為交流繞組(AC winding)。轉子上安裝場極(field pole)，場極上套有線圈，形成勵磁繞組(excitation winding 或 field winding)。勵磁繞組接上直流電源，在場極上形成 N、S 極。轉子也可以永久磁鐵作為場極。

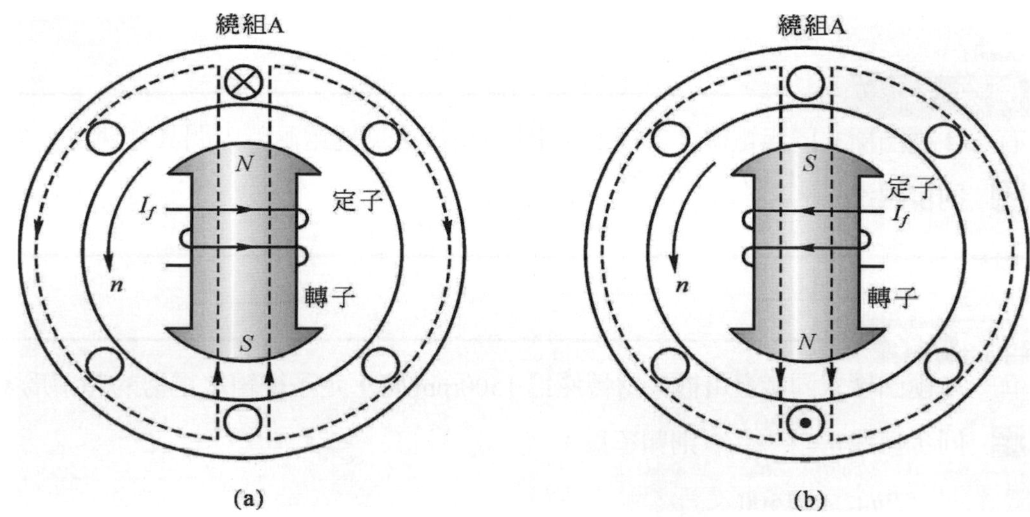

圖 7-4　同步發電機之示意圖

如圖 7-4(a)所示，當轉子勵磁繞組通入直流電流 I_f ，且原動機(prime mover)帶動轉子以逆時針方向旋轉，轉速為 n 時，依法拉第電磁感應定律，定子繞組相對於轉子磁場感應產生電勢，以繞組 A 為例，如圖 7-4(a)所示，繞組 A 正對於轉子之 N 極，轉子磁場之磁力線由 N 極出發，經氣隙進入定子，沿定子鐵芯回到轉子之 S 極。繞組 A 正切於轉子磁場，故繞組 A 產生之感應電勢為：

$$e_A = Blv\sin\theta = Blv\sin 90^o = Blv \tag{7-3}$$

式中， B 為轉子磁場之磁通密度，l 為繞組 A 割切磁場之有效長度，v 為繞組 A 相對於轉子磁場之速度。繞組 A 感應電勢之方向，依夫來明右手定則，為流入紙面。繞組 A 感應電勢之頻率為：

$$n = \frac{120f}{P} \quad \rightarrow \quad f = \frac{Pn}{120} \tag{7-4}$$

式中，感應電勢之頻率 f 正比於電機之極數 P 及定子之同步轉速 n 。

同步電動機之定子繞組自外接交變電源，形成旋轉磁場(rotating magnetic field)。轉子繞組自外接上直流電源，形成固定的磁極，相當於永久磁鐵之作用。定子與轉子磁場起交互作用，使得轉子磁場隨著定子之旋轉磁場轉動，其轉速為：

$$n = \frac{120f}{P}\,(\text{rpm}) \tag{7-5}$$

當定子之旋轉磁場與轉子之轉速相同時，稱為同步轉速，代號為 n 。同步電機之極數固定時，同步轉速 n 正比於頻率 f 。

EXAMPLE

例題 7-1

有一 4 極凸極式同步電機，當接上頻率為 60Hz 之交變電源時，問其轉速為多少？

解 同步轉速 $n = \dfrac{120f}{P} = \dfrac{120\times 60}{4} = 1800\text{ rpm}$

EXAMPLE

例題 7-2

有一 4 極凸極式同步發電機，當轉速為 1500rpm 時，定子繞組之電勢的頻率為多少？

解 同步轉速 $n = \dfrac{120f}{P}$，則頻率為：

$$f = \frac{Pn}{120} = \frac{4\times 1500}{120} = 50\text{ Hz}$$

7-2-2 感應電機之基本原理

由電機之基本結構，感應電機之定子鐵芯及繞組與同步電機相同，感應電機之轉子，如圖 7-5 所示為鼠籠型轉子之剖面圖。鼠籠型轉子鐵芯之表面上有開槽，槽內嵌有導體(或線圈)，並伸至鐵芯外，鐵芯外之導體再用短路圓環連接，形成閉合繞組，整體結構有如鼠籠，故稱鼠籠型轉子。

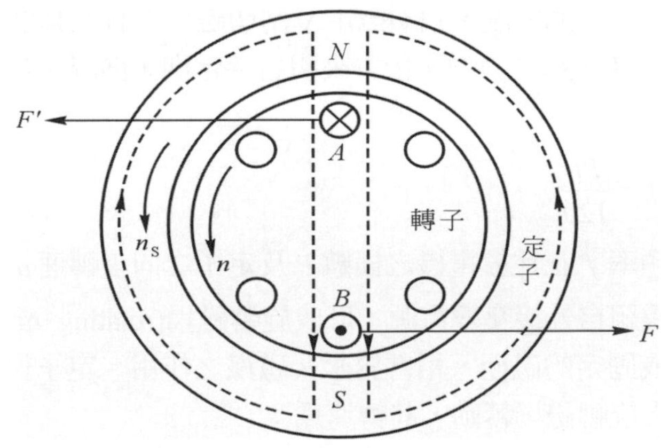

圖 7-5 感應電機之剖面圖

當電流經三相感應電機，定子繞組感應建立磁極，如圖 7-5 所示之 N、S 極，產生之旋轉磁場以逆時針方向旋轉，轉速為 n_s。轉子繞組與定子磁場相對運動，經割切定子磁場，轉子繞組會感應產生電勢，由圖之兩線邊 A 與 B 表示感應電勢之極性。感應電勢將在閉合導體上產生電流，電流方向與感應電勢的方向一致。導流體 A 與 B 和所在之磁場垂直，依電磁定律，載流導體 A 與 B 受磁力作用之大小為：

$$F = Bli \tag{7-6}$$

式中，B 為磁通密度，l 為割切磁通之有效長度，i 為流經轉子導體之電流。

依夫來明左手定則(電動機定則)可知，轉子之旋轉方向同定子繞組產生之旋轉磁場，爲逆時針旋轉，如圖 7-5 所示之轉速 n，導體 A 受力方向向左，導體 B 受力方向向右。將導體之受力與轉子的半徑相乘積，即爲作用在轉子之轉矩，亦稱爲電磁轉矩(electromagnetic torque)。電磁轉矩之方向同轉速 n。

7-3 感應電勢

7-3-1 交流發電機之感應電勢

交流發電機通常指同步發電機，如圖 7-6 所示爲 2 極凸極式(salient-pole type)發電機之剖面圖。當轉子繞組通上勵激電流，產生轉子磁場，磁力線自 N 極流出轉子鐵芯，經氣隙進入定子，在機殼之軛鐵上分成左右兩部份，構成兩個磁路，回到轉子鐵芯之 S 極。一般電機在設計上，環繞在四周之氣隙，其磁通以正弦波方式分佈，目的是希望獲得之感應電勢也爲正弦波的形態，如圖 7-7 所示。

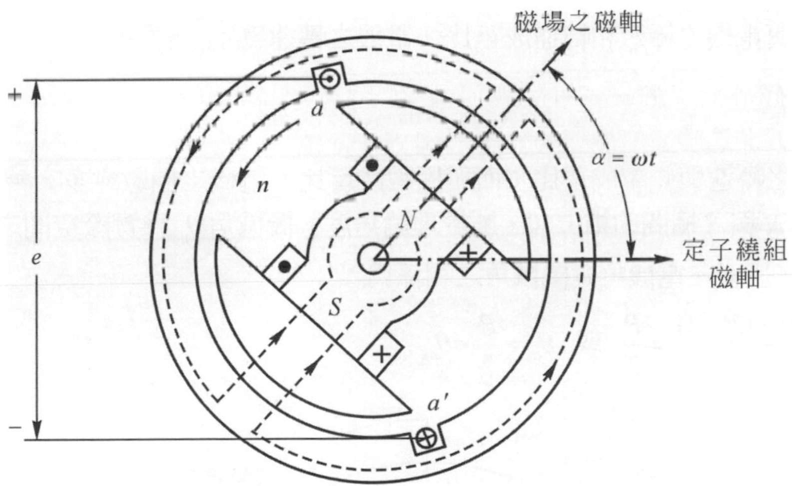

圖 7-6　2 極凸極式同步機剖面圖

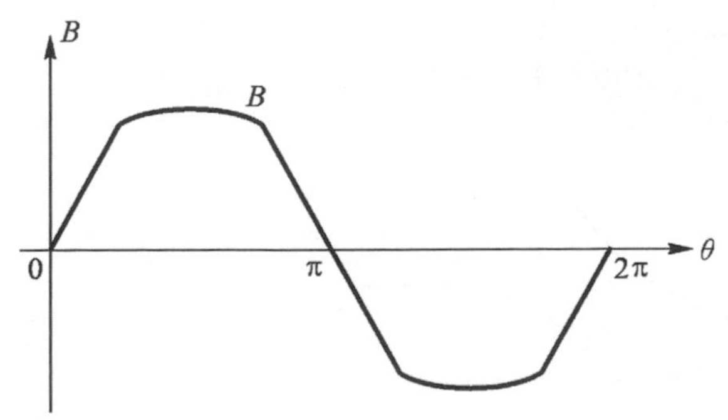

圖 7-7　氣隙中之磁通密度波形

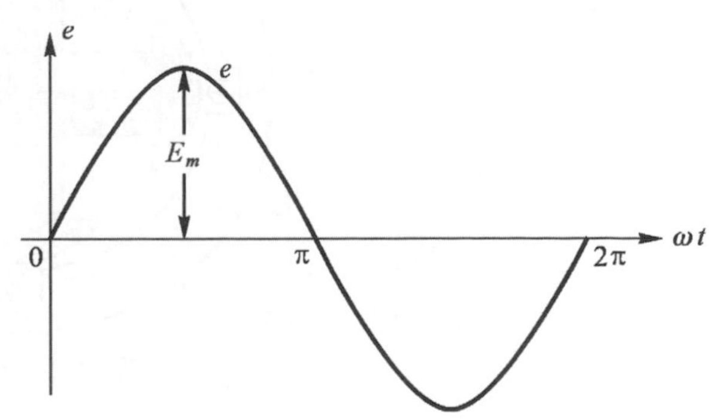

圖 7-8　感應電勢之波形

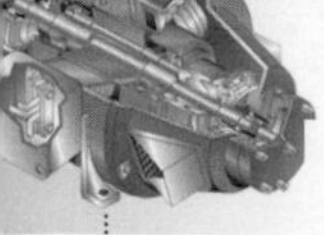

由氣隙看來，越接近磁極面的磁通愈密集且強，越離開磁極面的磁通愈疏少且弱。在磁中性軸上之磁通等於零，當原動機驅動轉子之磁極時，分佈在空間之磁場，有如在氣隙中旋轉的正弦波磁場，將使 aa' 繞組產生感應電勢 e。當轉子旋轉一週時，每一繞組感應之電勢，正好完成一次正負交替，正負交替一次為 360 度或 2π 弧度，波形為正弦波，如圖 7-8 所示。

電勢之瞬時值 e 為：

$$e = E_m \sin\theta \tag{7-7}$$

式中，E_m 為感應電勢之峰值(或最大値)。如圖 7-9 所示為 4 極同步發電機，轉子磁場感應為 N-S-N-S 兩對極性，當轉子旋轉一週，磁通之分佈就經歷了兩次波形的交變，以週期而言，相對於 4π 弧度的變化，如圖 7-10 所示。a_1、a_1' 與 a_2、a_2' 為定子之電樞繞組的兩線圈，每一線圈之跨距(span)，如 a_1、a_1' 或 a_2、a_2' 等，為磁通密度波長之 1/2 倍或為 π 弧度。而轉子旋轉一週，每線圈之感應電勢經歷共兩次的交變，則電勢的頻率等於每秒旋轉速率的 2 倍。設交流發電機的極數為 P，轉子每分鐘以 n 轉旋轉，感應電勢之頻率為：

$$f = \frac{P}{2} \times \frac{n}{60} = \frac{Pn}{120}\ (\text{Hz})$$，n：rpm 每分鐘轉數

式中，頻率與電機之極數和轉速成正比。電機之轉速為：

$$n = \frac{120f}{P}$$

式中，電機之轉速與頻率成正比，而與極數成反比。電機之極數愈多，轉速則愈慢。

電機角 θ_e 為 N 與 S 極間的相位角，屬於理論角度。機械角 θ_m 為實際空間之角度，定義為一圓周為 360°或 2π 弧度。電機角與機械角之關係為：

$$\frac{\theta_e}{\theta_m} = \frac{2\pi \times (P/2)}{2\pi} = \frac{P}{2} \quad \text{或} \quad \theta_e = \frac{P}{2} \times \theta_m \tag{7-8}$$

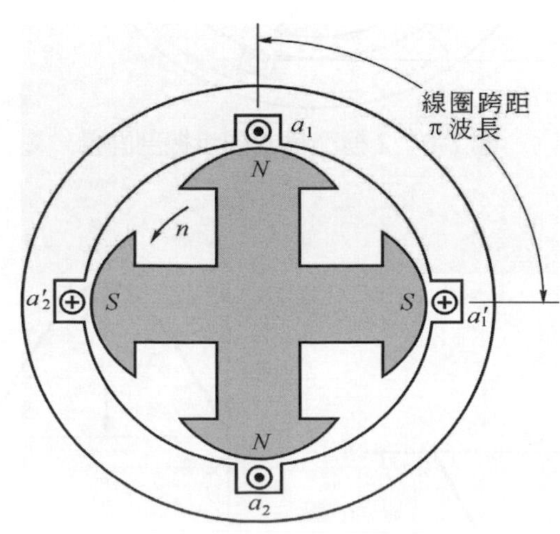

圖 7-9　4 極同步電機

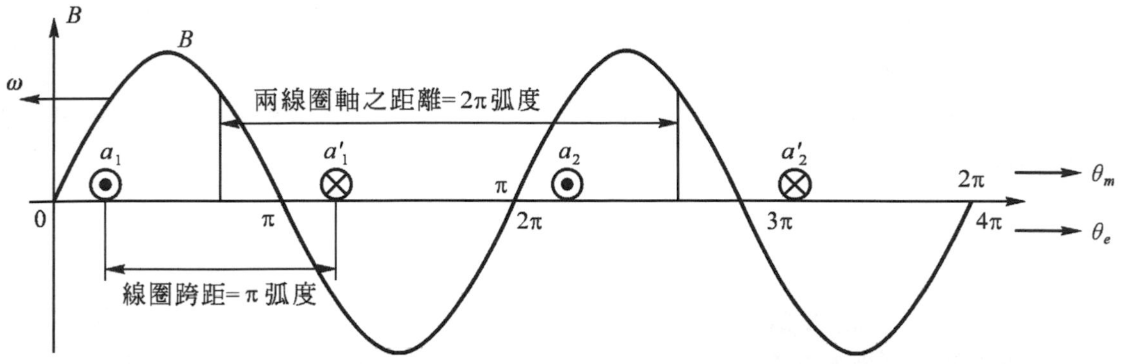

圖 7-10　4 極同發電機之磁通密度在空間的分佈

角速度爲 $\omega = 2\pi f$ 與頻率成正比。電機之角速度 ω_e 與機械之角速度 W_m 的關係爲：

$$\omega_e = 2\pi f = 2\pi \times \left(\frac{P}{2} \times \frac{n}{60}\right) = \frac{\pi P n}{60}$$

且 $\omega_m = \dfrac{2\pi n}{60}$，則：

$$\omega_e = \frac{P}{2} \times \omega_m \tag{7-9}$$

比較式(7-8)與(7-9)式，電機與機械之相位差和角速度的比值相同。

EXAMPLE
例題 7-3

12 極，220V/60Hz 之同步發電機，試求(1)轉子每分鐘之轉速、(2)感應電勢之角速度、(3)轉子之機械角速度爲何？

解 (1) 發電機之轉速爲：

$$n = \frac{120f}{P} = \frac{120 \times 60}{12} = 600 \text{ rpm}$$

(2) 感應電勢之角速度爲：

$$\omega_e = 2\pi f = 2 \times 3.14 \times 60 \fallingdotseq 377 \text{ rad/sec}$$

(3) 轉子之機械角速度爲：

$$\omega_m = \frac{2}{P} \times \omega_e = \frac{2 \times 377}{12} \fallingdotseq 62.83 \text{ rad/sec}$$

7-3-2　分佈繞組和短節距線圈之感應電勢

一、繞組分佈因數(distribution factor)

同相之電樞繞組，因線圈邊分佈在不同槽內，線圈邊之感應電勢將不同相，而每相繞組之總電勢爲該相各線圈之相量和，其值較各線圈電勢之代數和低，則繞組電勢之相量和與代數和的比值，定義爲繞組分佈因數，符號爲 k_d。

$$k_d = \frac{\text{每相繞組電勢之相量和}}{\text{每相繞組電勢之代數和}} \tag{7-10}$$

設發電機之相數為 q，每相繞組在每極中所佔的槽數為 m，槽距(相鄰兩槽之間隔)為 α 電機角，則槽距為：

$$\alpha = \frac{180°}{\text{每極之總槽數}} = \frac{180°}{m \times q} \tag{7-11}$$

如圖 7-11 (a)所示，設 A 相繞組佈在 1、2、3 與 $1'$、$2'$、$3'$ 槽中，此表示 $n=3$，相位角為 α，3 線圈之感應電勢分別為 E_1、E_2、E_3，且 $E_1=E_2=E_3$。如圖 7-11(b)所示，設 $\overline{AB}=E_1$、$\overline{BC}=E_2$、$\overline{CD}=E_3$，而 $\overline{AD}$ 表示電機之相量和，依幾何學之觀念，$\overline{AB}$、$\overline{BC}$、$\overline{CD}$ 為圓周上等長之弦，其對應之圓心角為 α 電機角，而 $\overline{AD}$ 對應之圓心角為 $m\alpha$，故

$$\overline{AB} = OA \times 2\sin\frac{\alpha}{2}$$

$$\overline{AD} = OA \times 2\sin\frac{m\alpha}{2}$$

則，分佈因數為：

$$k_d = \frac{OA \times 2\sin\frac{m\alpha}{2}}{m \times OA \times 2\sin\frac{\alpha}{2}} = \frac{\sin\frac{m\alpha}{2}}{m \times \sin\frac{\alpha}{2}} \tag{7-12}$$

由式可知，分佈因數之值恒小於 1，即 $k_d<1$。如表 7-1 所示為三相繞組之分佈因數。槽數 m 愈大，分佈因數愈小，兩者成反比。

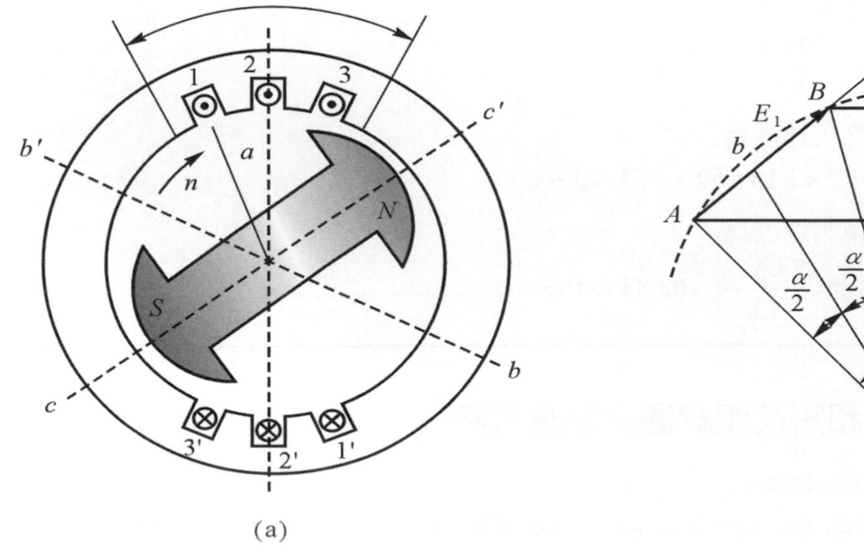

圖 7-11　分佈因數

表 7-1　三相繞組之分佈因數

每相每極之槽數 n	2	3	4	5	6	7	8
分佈因數(k_d)	0.966	0.96	0.958	0.957	0.956	0.956	0.956

二、節距因數

如圖 7-12(a)所示爲短節距線圈。繞組採用短節距繞法，目的在改善電壓波形及節省線圈之用量。短節距線圈之跨距小於 180°電機角，產生之磁通鏈較少，感應電勢也較全節距線圈小，形成兩線圈邊串聯之總電壓爲相量和，而不是代數和，如圖 7-12(b)所示。節距因數(pitch factor)爲計算每相線總電勢時，必須乘上之因數，符號爲 k_p。圖 7-12(b)兩線圈邊感應電勢之相量和爲：

$$E_C = 2E\cos\frac{(1-\beta)\pi}{2} \tag{7-13}$$

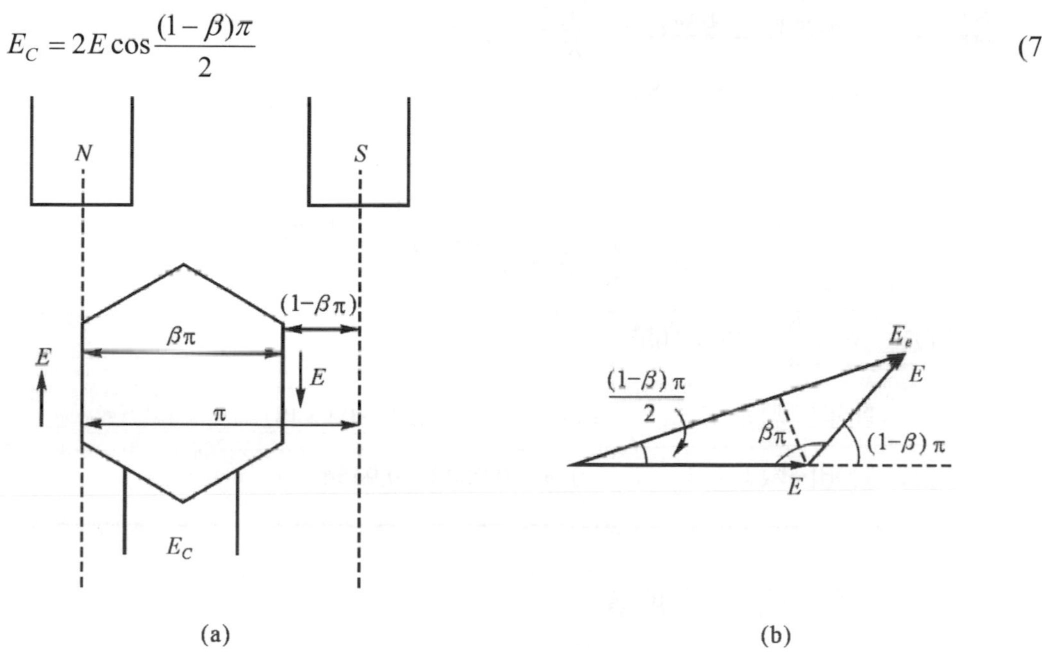

圖 7-12　節距因數

故，節矩因數爲：

$$k_p = \frac{\text{每線圈感應電勢之相量和}}{\text{每線圈感應電勢之代數和}} = \frac{E_C}{2E} = \frac{2E\cos\frac{(1-\beta)\pi}{2}}{2E}$$

$$k_p = \cos\frac{(1-\beta)\pi}{2} = \sin\frac{\beta\pi}{2} \tag{7-14}$$

(7-14)式表示節矩因數 $k_p < 1$。

表 7-2　各種節矩之節矩因數

節矩	17/18	8/9	5/6	7/9	13/18	6/9
節矩因數(k_p)	0.966	0.9848	0.9659	0.9397	0.9063	0.866

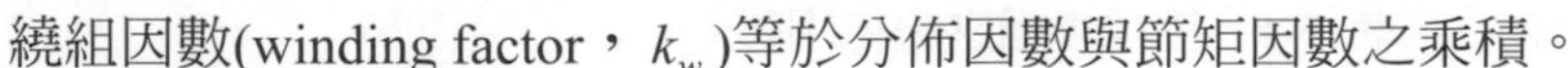

繞組因數(winding factor，k_w)等於分佈因數與節矩因數之乘積。

$$k_w = k_d \times k_p \tag{7-15}$$

綜合上述，若電機採用分佈繞組與短節矩線圈，則每相電勢應修正為：

$$E_P = 4.44 f N k_d K_p \phi = 4.44 f k_W \phi \, (\text{V}) \tag{7-16}$$

EXAMPLE

例題 7-4

三相 4 極同步發電機，定子總槽數有 36 槽，若採用 8/9 節矩，試求(1)分佈因數、(2)節矩因\數、(3)繞組因數各為多少？

解 (1) 每極每相之槽數 $m = \dfrac{\text{總槽數}}{\text{極數} \times \text{相數}} = \dfrac{36}{4 \times 3} = 3$ 槽

槽距 $\alpha = \dfrac{180°}{n \times q} = \dfrac{180°}{3 \times 3} = 20°$

分佈因數 $k_d = \dfrac{\sin\dfrac{m\alpha}{2}}{m\sin\dfrac{\alpha}{2}} = \dfrac{\sin\dfrac{3 \times 20°}{2}}{3 \times \sin\dfrac{20°}{2}} = \dfrac{0.5}{0.52} = 0.96$

(2) $\beta\pi = \dfrac{8}{9} \times 180° = 160°$

節矩因數 $k_p = \sin\dfrac{\beta\pi}{2} = \sin\dfrac{160°}{2} = \sin 80° = 0.9848$

(3) 繞組因數 $k_w = k_d \times k_p = 0.96 \times 0.9848 = 0.9454$

7-3-3 直流電機之感應電勢

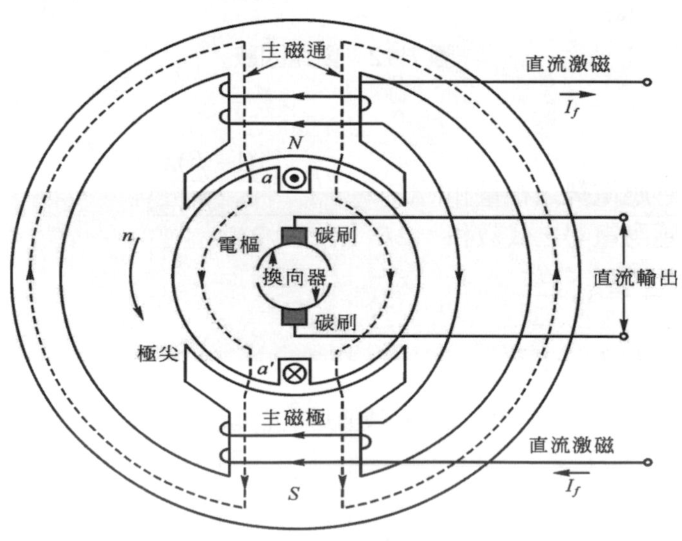

圖 7-13　2 極直流電機

如圖 7-13 所示為 2 極直流電機之剖面圖。在定子上有磁極鐵芯及直流激磁繞組，當輸入直流電源時，激磁繞組會產生磁場，磁力線之途徑係自磁極以垂直於極面之 N 極方向發出，並回至於 S 極，形成封閉之路徑。主磁極之磁通於均勻且等寬度之氣隙中分佈，如圖 7-14(a)所示。電樞繞組內感應之電勢為交變電壓，作直流電壓輸出時，並須經換向器(commutator)及碳刷(brush)轉換成直流電形式，如圖 7-14(b)所示。

EXAMPLE **例題 7-5**

有一 6 極直流電機有 50 槽，每槽有 12 根導線，電樞繞組共有 6 個並聯路徑。若每極之磁通量為 5×10^{-2} 韋伯，電樞每分鐘之轉速為 1200rpm，則直流電機之感應電勢為多少？

解 電樞總導線數 $Z = 12\times50 = 600$ (根)

感應電勢 $E = \dfrac{PZ}{60a}\times\phi\times n = \dfrac{6\times600}{60\times6}\times5\times10^{-2}\times1200 = 600\text{ V}$

7-4 旋轉磁場

如圖 7-14 所示為二極三相電機之定部繞組及磁軸分佈情形。在空間上，三相定子繞組，圖示為 a 、b 、c 三相繞組，互差 120°電機角。設在三相平衡系統下，其特性如圖 7-14(b)所示為：

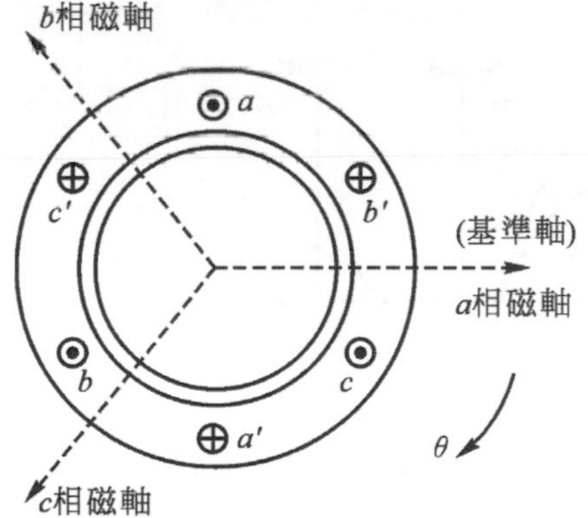

(a) 定部繞阻和三相磁軸

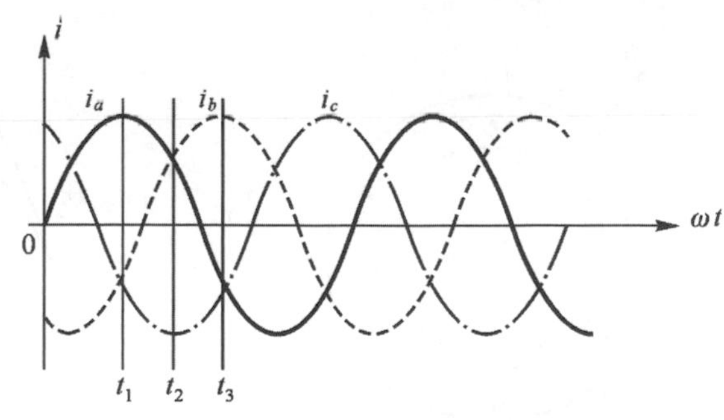

(b) 三相電流之瞬間值

圖 7-14　二極三相電機之定部繞組、三相磁軸及輸入電流之瞬間值

(1) 三繞組產生之正弦電流(或電壓)具有相同的頻率及波幅，三者間之相位差為 120°。
(2) 任一相電流為零時，另二相電流為最大值之 86.6%。
(3) 當任一相電流為最大值(峰值)時，另二相電流為最大值的一半，且與最大值之極性相反。

輸入到各相繞組的三相電流之瞬間值為：

$$i_a = I_m\cos\omega t \tag{7-17}$$

$$i_c = I_m\cos(\omega t-240°) = I_m\cos(\omega t+120°) \tag{7-18}$$

式中，設相序爲$a-b-c$或 A-B-C，逆時針方向旋轉，以 A 相作爲參考之基準磁軸。I_m爲電流之最大值(或峰值)。

1. 圖解分析法

平衡三相交流電接上定部三相繞組，設三相電流分別爲i_a、i_b及i_c，三相電流產生之磁勢變化，如圖 7-15 所示。在時間軸t_1之瞬間，如圖 7-15(a)及 7-15(b)所示，三相電流及磁勢之變化爲：

(1) A 相電流i_a及磁勢F_a爲正值且爲最大值，$F_a = F_m$，並位於 A 相繞組之磁軸上。

(2) B 與 C 相電流爲 A 相的一半，$i_b = i_c = \dfrac{I_m}{2}$，且爲負值。

(3) 磁勢$F_b = F_c = \dfrac{F_m}{2}$，並與各相磁軸之相反方向。

(4) 合成磁勢F爲三相磁勢F_a、F_b及F_c的相量和，並爲最大值之$\dfrac{3}{2}$倍，$F = \dfrac{3F_m}{2}$。

(5) 合成磁勢F之磁勢與 A 相磁勢(F_a)同軸。

當三相電流變化在t_2之瞬間時，如圖 7-15(c)及 7-15(d)所示，三相電流及磁勢之變化爲：

(1) C 相電流i_c爲最大值且爲負值，$i_c = -I_m$，A、B 相電流爲最大值之半，$i_a = i_b = \dfrac{I_m}{2}$。

(2) 磁軸在空間上逆時針旋轉了 60°電機角。

(3) 合成磁勢F爲最大值之$\dfrac{3}{2}$倍，$F = \dfrac{3F_m}{2}$，並與 C 相磁勢(F_c)同軸。

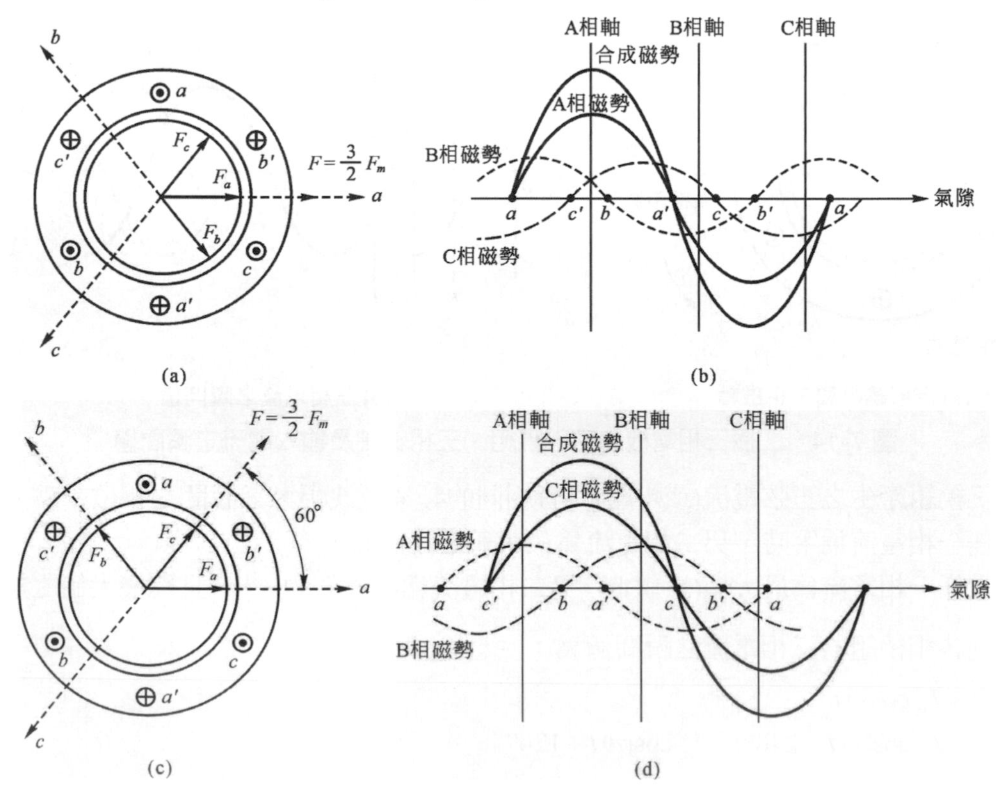

圖 7-15　旋轉磁場之圖解分析法

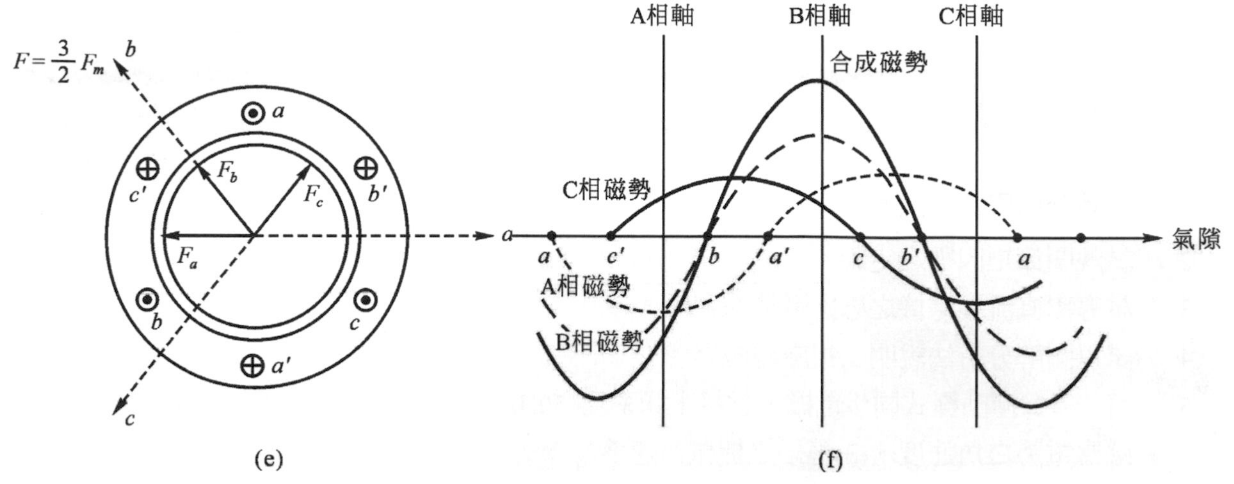

圖 7-15　旋轉磁場之圖解分析法 (續)

當三相電流變化在 t_3 之瞬間時，如圖 7-15(e)及 7-15(f)所示，三相電流及磁勢之變化為：

(1) B 相電流 i_B 為最大值且為正值，$i_b = I_m$，A、C 相電流為最大值之半，$i_a = i_c = \frac{I_m}{2}$。

(2) 磁軸在空間上再逆時針旋轉 60°電機角。

(3) 合成磁勢 F 為最大值之 $\frac{3}{2}$ 倍，$F = \frac{3F_m}{2}$，並與 B 相磁勢(F_b)同軸。

三相電流作週期性變化，合成磁勢將保持相同之波形和振幅隨三相電流變化而移動。

三相電流變化一週期後，合成磁勢將回至圖 7-15(a)所示之位置。對 2 極電極而言，磁勢波每週期旋轉一圈；對 P 極電極而言，磁勢波每週期旋轉 $\frac{P}{2}$ 圈。

三相電機之定子繞組接上平衡三相電源，在三相繞組上產生旋轉磁場。旋轉磁場之旋轉方向與電流之相序(phase sequence)有關。若電流之相序為 $i_a - i_b - i_c$，則三相繞組之旋轉磁場方向為 A-B-C 相。若調換 B 相與 C 相繞組之位置，則三相繞組之磁場方向為 A-C-B 相。若 ABC 相方向為正轉，則 ACB 相方向為逆轉。

由圖解與駐波分析法，旋轉磁場有下列三大特點：

1. 旋轉磁場之旋轉方向與電流或電壓之相序有關。
2. 旋轉磁場之速率 $n = \frac{120f}{P}$ 與頻率成正比，而與極數成反比。
3. 合成磁勢為每相磁勢最大值的 $\frac{q}{2}$ 倍。如為三相電機時，則為 $\frac{3}{2}$ 倍，並保持定值。

習　題 EXERCISE

1. 何謂分佈因數？試導出分佈因數(k_d)的關係式。
2. 試說明節矩因數之定義。
3. 試導出直流發電機之感應電勢的關係式。
4. 試以圖解分析法說明三相旋轉磁場。
5. 有一 12 極凸極式同步電機，當接上頻率為 50Hz 之交變電源時，問其：(1)轉速、(2)感應電勢之角速度、(3)轉子之機械角速為多少？
6. 有一 6 極凸極式同步發電機，當轉速為 1200rpm 時，定子繞組之電勢的頻率為多少？
7. 6 極，440V/50Hz 之同步發電機，試求：(1)轉子每分鐘之轉速、(2)感應電勢之角速度、(3)轉子之機械角速度為多少？
8. 三相 4 極同步發電機，定子總槽數有 48 槽，若採用 8/9 節矩，試求：(1)分佈因數、(2)節矩因數、(3)繞組因數各為多少？
9. 有一三相 6 極 Y 型連接同步發電機，定子有 72 槽，每槽有兩個線圈邊，每一線圈有 10 匝，採用 7/9 節距，每極磁通為 2.6×10^{-2} Wb，轉速為 1000rpm，試求每相之感應電勢與端電壓各為多少？
10. 有一 6 極直流電機有 50 槽，每槽有 12 根導線，電樞繞組共有 6 個並聯路徑。若每極之磁通量為 2.5×10^{-2} Wb，電樞每分鐘之轉速為 1000rpm，則直流電機之感應電勢為多少？
11. 有一 4 極直流電機有 48 槽，每槽有 10 根導線，電樞繞組共有 6 個並聯路徑。若每極之磁通量為 2.5×10^{-2}Wb，電樞每分鐘之轉速為 1000rpm，則直流電機之感應電勢為多少？
12. 有一 4 極直流電機，其電樞總導體數為 480 根，並聯路徑數有 6 條，若極面弧長與極距之比為 2/5，電樞電流為 50A，則：(1)每極中三角形之磁勢的峰值、(2)每一極尖磁勢為多少？
13. 有一交流電機為三相，400kVA/50Hz，Y 型連接，轉速為 300rpm 時，產生之端電壓為 3300V，電樞共有 180 槽，每槽放置一線圈邊，每線圈由 8 根導線組成，採用全節距線圈，試求在滿載時，合成磁勢之最大值為多少？
14. 一部 12 極直流發電機，並聯路徑數為 2，電樞繞組導體數為 560 匝，轉速為 200rpm，產生之電勢為 224V，試求發電機每極之磁通為多少？
15. 一部 6 極直流發電機，並聯路徑數為 6，電樞繞組之總導線數 800 匝，每極的磁通為 0.24Wb，若要產生 320V 之電勢，試問發電機之轉速應為多少？

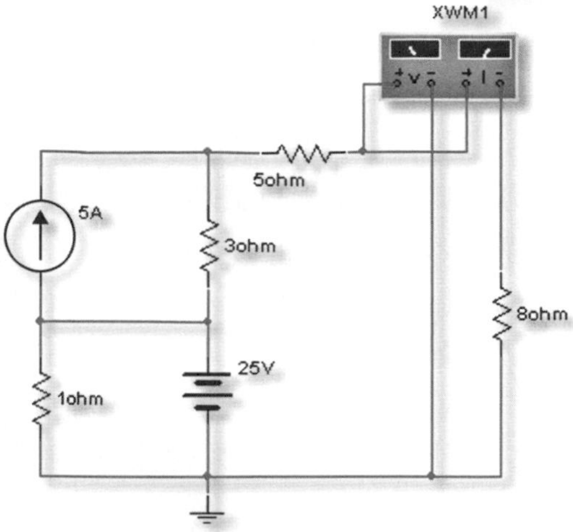

Chapter 8

變壓器

8-1 變壓器之構造

變壓器(transformer)依輸出電壓值有升壓與降壓變壓器兩種。輸入電壓為 110V，輸出電壓為 220V 或 440V 等稱為升壓變壓器；輸出電壓若為 55V 或 11V 等稱為降壓變壓器。變壓器基本構造，如圖 8-1 所示。

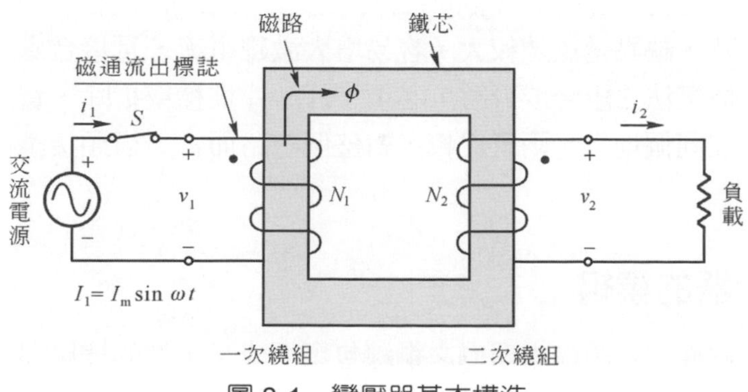

圖 8-1　變壓器基本構造

圖中，在口形鐵芯之左右兩側繞有線圈，接電源端之線圈稱一次繞組(primary winding)，或初級線圈(P)；接負載端之線圈稱二次繞組(secondany winging)，或次級線圈(S)。當閉合開關 S 時，交流電源接上一次繞組，一次繞組感應產生磁通，磁通以鐵芯作磁路，割切二次繞組，二次繞組產生感應電勢，作爲負載的用電。變壓器之特性爲：

1. 負載用電或二次側電壓，可由匝數比來任意調整。
2. 可完全隔離一、二次側的線路。
3. 相同鐵芯可繞上兩組線圈，並調整爲需要之負載電壓。

8-1-1 變壓器的鐵芯

變壓器之鐵芯(core)一般作爲磁通之磁路，故鐵芯之材料，應具備下列特性：

1. 鐵損小。
2. 高導磁性。
3. 機械強度佳。
4. 容易加工成型。
5. 成本費用較低。

鐵芯通常以厚度約爲 0.3mm～0.5mm 之薄矽鋼片堆積而成。每一矽鋼片之表面，皆會塗以絕緣漆，並經熱處理使形成氣化膜，以減少渦流損失。矽鋼片之含矽量爲 3%～4%，以減少磁滯損失及增加電阻係數，減少渦流損失。鐵芯採用材質有：

1. 鐵芯之材料：依製造的方法，又可分爲：
   (1) 熱軋延矽鋼片：熱軋延矽鋼片之特性是無方向性，係在溫度爲 950℃～1150℃下軋延而成。
   (2) 冷軋延矽鋼片：又可分爲冷軋矽鋼帶(無方向性)與單方向性矽鋼帶及雙方向性矽鋼帶等。其特性爲具良好的磁特性，可大幅度縮小體積和減輕重量。
   (3) 非結晶質磁性材料：由熔融的材料經超速冷卻後一次軋延製成。變壓器用非結晶質磁性材料係由約 80%的鐵(Fe)、20%的硼(B)及少許之碳、磷及矽等組合而成。
2. 鐵心的接續：方法有銜頭接續(butt joint)法與搭接(lap joint)法兩種。銜頭接續法在組合、分解時較方便且省時，缺點是氣隙較大，容易增大激磁電流，且接合處之磁力，會引起較大之振動及噪音。搭接法之組合或分解，必須一片一片堆積或折除，費工時外，且上下層片與片間之接縫不在同個地方。兩者比較，對整個磁路而言，銜頭接續法優於搭接法，故採用較普遍。

8-1-2 變壓器的繞組

變壓器的繞組通常採用經絕緣處理過之銅線包裹而成。小型的變壓器以圓銅線捲繞而成，中型與大型變壓器採用平角銅線或長方形銅線捲繞而成。變壓器之繞組應具備下列之特性：

1. 導電率高。
2. 熱傳導率大。
3. 耐蝕性良好。
4. 軋延等加工性好。
5. 機械強度良好。
6. 價格低廉。

變壓器之材質有銅與鋁兩種，目前中與小型變壓器已大量採用鋁材質作爲變壓器之繞組。變壓器繞組之製成，有直捲與型捲兩種。直捲是將絕緣導線直接纏捲在鐵芯上，好處是佔積率與漏磁較小，適用於小容量變壓器。型捲是把導線先纏繞在絕緣筒上，經絕緣處理完成後，再裝置在變壓器鐵芯上適用於普通變壓器上。

8-2 感應電勢

如圖 8-2 所示，當閉合開關 S 時，初級線圈接上交流電壓源 v_1 ，電流 i_1 流入線圈時，依法拉弟定律線圈上產生感應電勢 e_1 ，此自感應電勢大小爲：

$$e_1 = N_1 \frac{d\phi_m}{dt} \tag{8-1}$$

感應電勢產生之磁通量爲 ϕ_m ，磁通量經由鐵芯會割切次級線圈，線圈將感應產生電勢 e_2 。感應電勢 e_2 的大小爲：

$$e_2 = N_2 \frac{d\phi_m}{dt} \tag{8-2}$$

線圈產生之磁通有自感與互感兩種。自感之磁通(ϕ_1 與 ϕ_2)沒交鏈作用，屬於磁損失或稱漏磁通。互感應磁通 ϕ_m 或稱交鏈磁通， ϕ_m 值較 ϕ_1 與 ϕ_2 大甚多，且 $\phi_m = Ni/\Re$ 而 $i = I_m \sin\omega t$ 隨時間之變動作週期性的變化。 ϕ_m 與 i 同相位，當電流 i 流入鐵芯式變壓器之初級線圈爲最大值時，交鏈於兩線圈之磁通 ϕ_m 亦爲最大值。

$$i_1(t) = I_{1m} \sin\omega t$$
$$\phi_m = \phi_m \sin\omega t \tag{8-3}$$

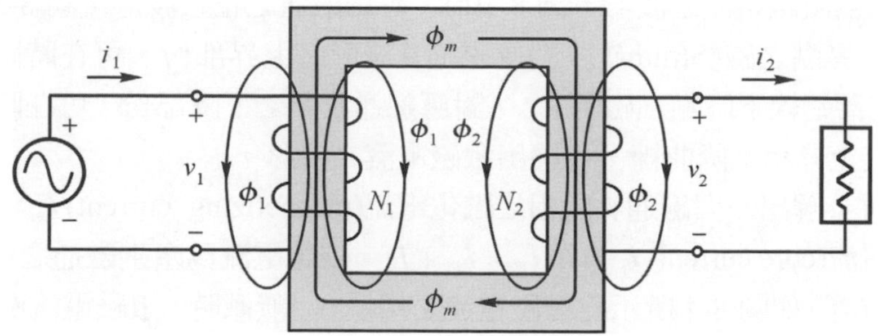

圖 8-2　變壓器之感應電勢

將式(8-3)代入式(8-1)，則初級線圈之感應電勢e_1爲：

$$e_1 = N_1 \frac{d\phi_m}{dt} = N_1 \frac{d}{dt}(\phi_m \sin \omega t)$$

微分後爲：

$$e_1 = N_1 \omega \phi_m \cos \omega t = N_1 \omega \phi_m \sin(\omega t + 90°) \tag{8-4}$$

將上式轉換爲相量式，則初級線圈之感應電壓v_1的有效值爲：

$$E_1 = \frac{N_1 \omega \Phi_m}{\sqrt{2}} = \frac{2\pi f N_1 \phi_m}{\sqrt{2}} = \frac{2\pi}{\sqrt{2}} f N_1 \phi_m = 4.44 f N_1 \phi_m \tag{8-5}$$

線圈之感應電勢與電源頻率、線圈匝數及交鏈磁通成正比，則次級線圈之感應電勢爲：

$$E_2 = 4.44 f N_2 \phi_m \tag{8-6}$$

8-3 激磁電流

激磁電流(exciting current)係流通於一次繞組之電流，其建立之磁通使一與二次側產生額定之電勢。其值甚小，約爲額定電流値之 2%～5%。

無載時，若忽略一次繞組之電阻及漏電抗的壓降，則端電壓與感應電勢相等，$v_1 = -e_1$。因繞組輸入之正弦交變電壓源，感應電勢亦爲正弦波，則

$$v_1 = -e_1 = -E_m \sin \omega t = N_1 \frac{d\phi}{dt} \tag{8-7}$$

總磁通ϕ爲：

$$\phi = -\int \frac{e_1}{N_1} dt = \frac{E_m}{\omega N_1} \cos \omega t = \phi_m \cos \omega t = \phi_m \sin(\omega t + 90°) \tag{8-8}$$

式中，因磁通ϕ作正弦波交替變化，激磁電流應不是正弦波。若考慮沒有磁滯迴線之效應下，使用傅立葉級數(Fourier series)分析激磁電流，得知激磁電流含有第三奇次諧波，其波形爲時間之函數。若考慮激磁電流含有第三奇次諧波，則激磁電流I_ϕ變爲較尖銳之曲線，也不是正弦波。

如圖 8-3 所示爲激磁電流之波形。圖 8-3(a)之ϕ'爲磁通之正弦波形，圖 8-3(b)爲磁滯迴線。首先以磁滯廻線上昇點之磁勢(mmf) F' 對應磁通ϕ波形之上昇部份，可在時間點t'求得激磁電流i'_ϕ曲線，再於磁滯廻線下降點之磁勢F''，對應磁通波形之下降部份，可在時間點t''求得激磁電流i''_ϕ曲線，連結上昇與下降曲線，可繪出激磁電流之波形。

激磁電流I_ϕ可分解出一與磁通ϕ同相之磁化電流(magnetizing current) I_m，另一爲與外加電壓同相位之鐵損電流(core current) I_c，即$\bar{I}_\phi = \bar{I}_m + \bar{I}_c$。磁化電流爲產生磁通之電流；鐵損電流爲供給鐵芯損失之電流。如圖 8-4 所示爲激磁電流之相量圖。無載時，激磁電流滯後外加電壓E_1有θ_o角時，磁化電流I_m與鐵損電流分別爲：

$$I_m = I_\phi \sin\theta_o \text{，} I_c = I_\phi \cos\theta_o \tag{8-9}$$

(8-9)式中，鐵損電流 I_c 又分爲磁滯損失電流 I_h 與渦流損失電流 I_e 兩分量。鐵芯損失之功率 P_c 爲：

$$P_c = E_1 \cdot I_c = E_1 I_\phi \cos\theta_o \tag{8-10}$$

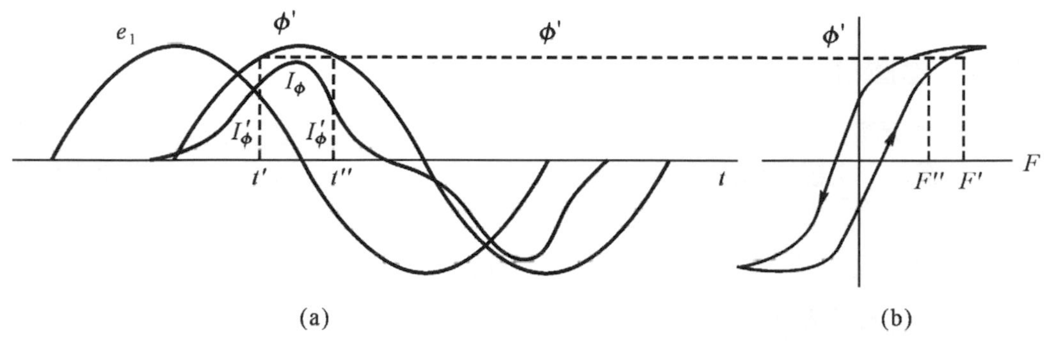

圖 8-3　激磁電流之波形

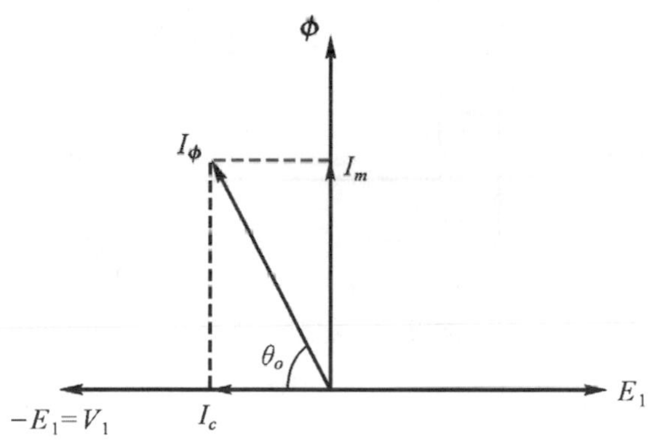

圖 8-4　激磁電流之相量圖

EXAMPLE
例題 8-1

有一變壓器，一次繞組有 200 匝，感應電勢 E_1 之有效値爲 200V，若鐵損 $P_c = 54\text{ W}$，功率因數爲 0.12 時，試求鐵損電流與磁化電流各爲多少？

解　鐵芯損失之功率 P_c 爲 $P_c = E_1 \cdot I_c$，則鐵芯電流爲：

$$I_c = \frac{P_c}{E_1} = \frac{54}{200} = 0.27\text{A}$$

激磁電流 $I_\phi = \dfrac{P_c}{E_1 \cos\theta_o} = \dfrac{54}{200 \times 0.12} = 2.25\text{A}$

磁化電流 $I_m = I_\phi \sin\theta_o = 2.25 \times 0.993 = 2.23\text{ A}$ ($\sin\theta_o = \sqrt{1-\cos\theta_o^2}$)

8-4 理想變壓器

當變壓器之二次側接上負載時，負載中便有電流流過二次繞組，產生電勢 I_2N_2，使得變壓器之特性起了變化。討論或計算變壓器之特性或電壓與電流值之變化，若不考慮繞組之電阻與漏電抗及所有之損失，則此種狀態之變壓器稱為理想變壓器。

8-4-1 電壓比(Voltage Ratio)

如圖 8-5 所示為變壓器電路，當繞上 N_1 匝之一次繞組接上交變電壓源 v 時，電流 $i_1 = I_m \sin\omega t$ A 流入一次繞組產生磁通 $\Phi(t)$。藉著鐵芯之傳遞，磁通將割切二次繞組供應負載所需之電勢 v_2。

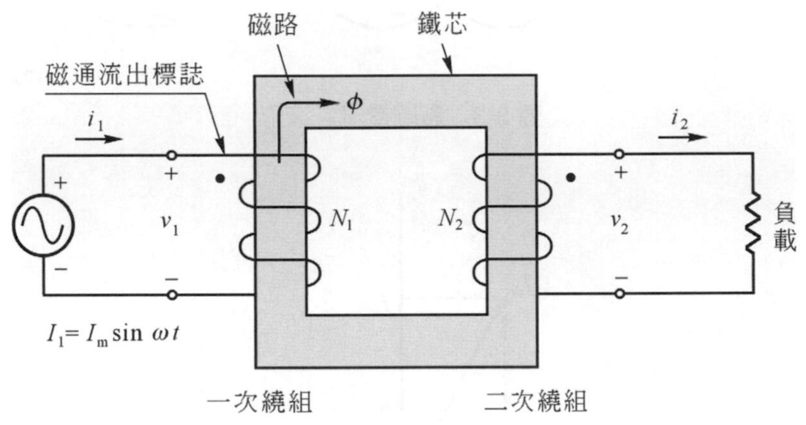

圖 8-5 變壓器電路

若在電路中，假設忽略線圈之電阻及鐵芯之損失，則一次繞組的電壓為：

$$v_1(t) = V_{1m}\cos\omega t$$

依法拉第定律，可得知

$$v_1(t) = V_{1m}\cos\omega t = N_1\frac{d\phi}{dt} \tag{8-11}$$

重新整理，並取積分關係：

$$\phi(t) = \frac{V_{1m}}{N_1\omega}\sin\omega t \tag{8-12}$$

假設一次繞組產生之磁通，全數交鏈至二次繞組，則二之繞組產生之電壓為：

$$v_2(t) = N_2\frac{d\phi}{dt} \tag{8-13}$$

將式(8-13)之磁通值 $\phi(t)$ 代入式(8-14)，可得：

$$v_2(t) = N_2\frac{d}{dt}\left(\frac{V_{1m}}{N_1\omega}\sin\omega t\right)$$

$$v_2(t)=\frac{N_2}{N_1}V_{1m}\cos\omega t$$

$$v_2(t)=\frac{N_2}{N_1}v_1(t)\ \rightarrow\ \frac{v_2(t)}{v_1(t)}=\frac{N_2}{N_1} \tag{8-14}$$

變壓器一次與二次側電壓的比值，等於一次與二次側線圈的匝數比。瞬間電壓與線圈匝數之比值，等同於峰值(V_m)或有效值(V)電壓與線圈匝數之比值，爲：

$$\frac{V_{2m}}{V_{1m}}=\frac{N_2}{N_1}\quad \text{或}\quad \frac{V_2}{V_1}=\frac{N_2}{N_1} \tag{8-15}$$

$\frac{N_1}{N_2}$ 之比值，常以小寫 a 表示，稱 a 爲匝數比，或轉換比。

8-4-2　電流比

磁通 ϕ 所需之磁動勢 F 爲流入電流 i 與線圈匝數 N 之乘積。由圖(8-5)所示兩線圈磁通流出之方向，則變壓器之總磁動勢 F 爲：

$$F=N_1i_1(t)-N_2i_2(t) \tag{8-16}$$

依羅蘭定律(或磁路歐姆定律)線圈產生之磁通 $\phi=F/R$ 與磁動勢成正比，磁動勢 $F=\phi R$ 。對理想變壓器而言，所有損失皆爲 0，線圈之內阻 R 亦等於 0，則

$$F=\phi R=0=N_1i_1(t)-N_2i_2(t)\ \rightarrow\ N_1i_1(t)-N_2i_2(t) \tag{8-17}$$

理想變壓器一次側與二次側電流之比值，與兩線圈之匝數的關係爲：

$$\frac{i_1(t)}{i_2(t)}=\frac{N_2}{N_1} \tag{8-18}$$

相對於瞬間電流值與線圈匝數之關係，有效電流值與線圈匝數之比值爲：

$$\frac{I_1}{I_2}=\frac{N_2}{N_1}=\frac{1}{a} \tag{8-19}$$

理想變壓器流入線圈之電流，與線圈之匝數成反比。

EXAMPLE
例題 8-2

設變壓器之匝數爲 1/5，試求下圖二次側之電壓及電流爲多少？

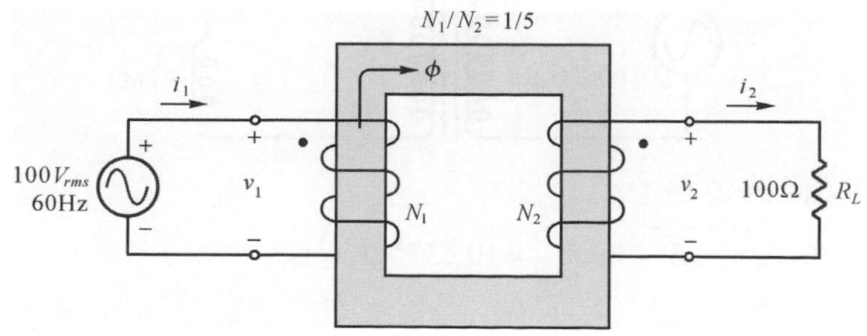

解　圖示，$v_1 = 100\text{ V}$，且 $\dfrac{v_1}{v_2} = \dfrac{N_1}{N_2}$，則 v_2 爲：

$$v_2 = \frac{N_2}{N_1} \times v_1 = \frac{5}{1} \times 100 = 500\text{ V}$$

$$i_2 = \frac{v_2}{R_L} = \frac{500}{100} = 5\text{ A}$$

8-4-3 阻抗比

如圖 8-6 所示，Z_1 與 Z_2 爲變壓器一次與二次側的線圈阻抗。Z_2 亦爲負載阻抗，其值分別爲：

$$Z_1 = \frac{V_1}{I_1}\text{ ，}Z_2 = \frac{V_2}{I_2} \tag{8-20}$$

將式之 V_2 與式之 I_2 代入式，則二次側之阻抗 Z_2 爲：

$$Z_2 = \frac{(\frac{N_2}{N_1})V_1}{(\frac{N_1}{N_2})I_1} = \left(\frac{N_2}{N_1}\right)^2 Z_1 = \left(\frac{1}{a}\right)^2 Z_1 \tag{8-21}$$

變壓器一、二次側阻抗比與線圈匝數之平方比成正比。

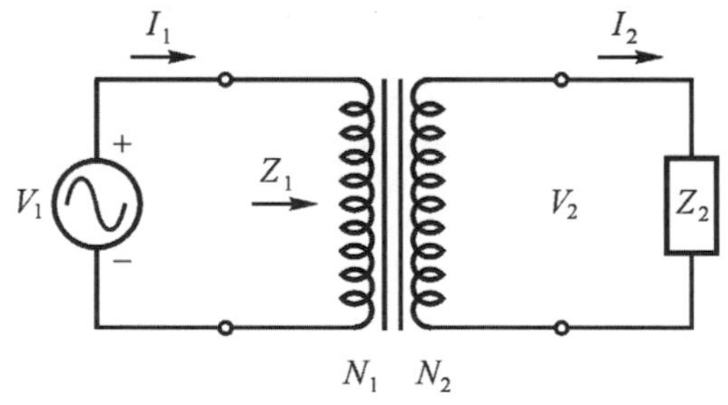

圖 8-6　變壓器一次與二次側之阻抗

EXAMPLE
例題 8-3

若變壓器之匝數比爲 $a = 10/1$，試求一次側阻抗 Z_1 及一、二側電壓與電流之相量式爲何？

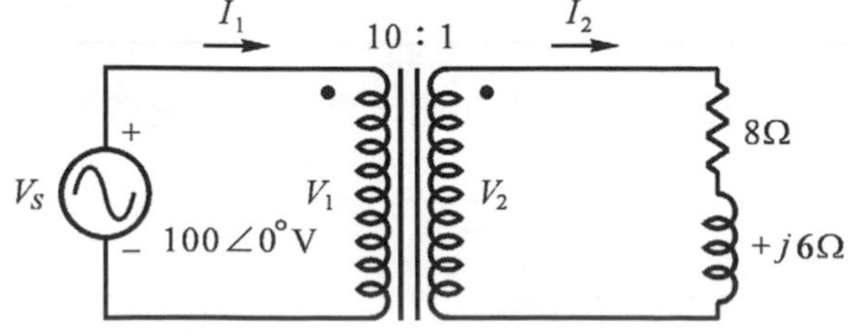

解　二次側之阻抗 Z_2 爲：

$$Z_2 = 8 + j6 = \sqrt{8^2 + 6^2}\angle\tan^{-1}\frac{6}{8} = 10\angle 37^\circ\ \Omega$$

一次側之阻抗 Z_1 爲：

$$Z_1 = \left(\frac{N_1}{N_2}\right)^2 \times Z_2 = \left(\frac{10}{1}\right) \times 10\angle 37^\circ = 100\angle 37^\circ\ \Omega$$

一次側之電流 I_1 爲：

$$I_1 = \frac{V_s}{Z_1} = \frac{100\angle 0^\circ}{100\angle 37^\circ} = 1\angle -37^\circ\ \mathrm{A}$$

一次側電壓 $V_1 = V_s = 100\angle 0^\circ$ V，則二次電壓 V_2 爲：

$$V_2 = \frac{N_2}{N_1} \times V_1 = \frac{1}{10} \times 100\angle 0^\circ = 10\angle 0^\circ\ \mathrm{V}$$

二次側之電流 I_2 爲：

$$I_2 = \frac{V_2}{Z_2} = \frac{10\angle 0^\circ}{10\angle 37^\circ} = 1\angle -37^\circ\ \mathrm{A}$$

8-5 實際變壓器

實際變壓器，即非理想變壓器，其等效電路如圖 8-7 所示。在等效電路中含有理想的變壓器，及引起非理想特性的其它元件。

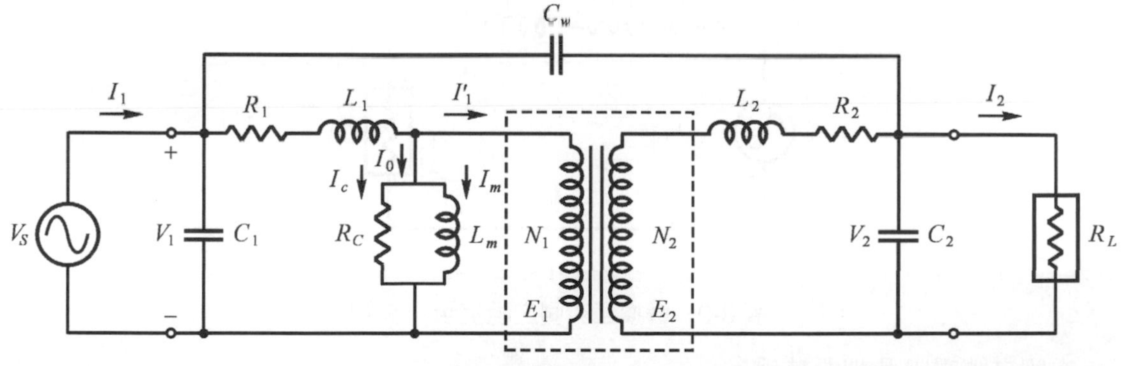

圖 8-7　實際變壓器之等效電路圖

電阻 R_1 及 R_2 爲初級及次級線圈之內阻。線圈流入電流會產生自感應與交鏈之互感應，自感因沒交鏈作用是一種磁方面的損失稱「漏磁通」，等效電路中初級與次級之漏磁通以 ϕ_{L1} 與 ϕ_{L2} 表示。鐵芯因磁交鏈作用造成之磁滯及渦流損失(鐵芯損失)以電阻 R_c 表示；鐵芯因磁化現象形成之磁通量以磁化電感 L_m 表示。電容 C_1、C_2 及 C_w 爲線圈間之際間電容，其值甚小以 pF 爲單位。[註]：p = 10^{-12} 。

在實際計算中，可簡化成如圖 8-8 所示。磁化電流 I_o 因較初級線圈輸入電流 I'_1 小甚多，計算中可忽略不計。際間電容在變壓器可操作之頻率下，其電抗值對變壓器之特性影響不大，也可忽略不計。

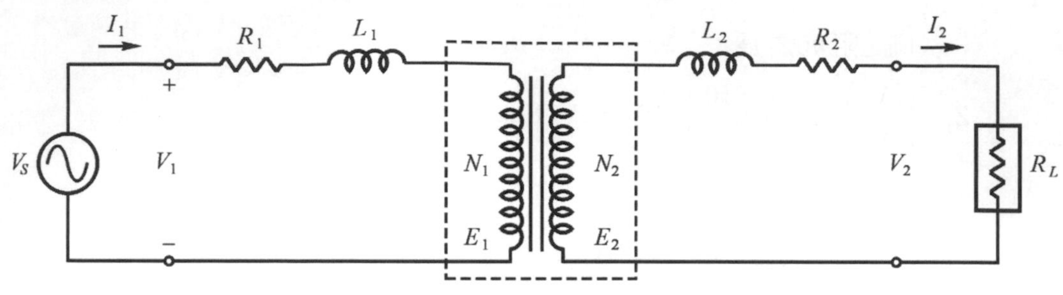

圖 8-8　簡化之等效電路

依阻抗比爲匝數平方比之關係，將二次側之電阻及電抗轉換在一次側，如圖 8-9 所示。

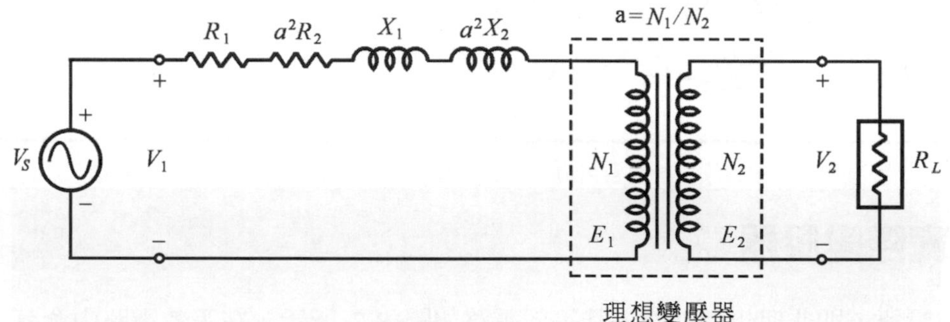

(a)

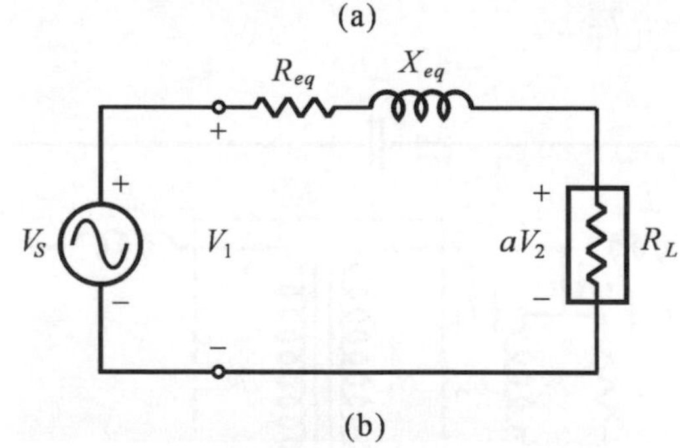

(b)

圖 8-9　轉換二次側之阻抗至一次側

一次側之總電阻及總電抗爲：

$$R_{eq} = R_1 + a^2R_2 \tag{8-22}$$

$$X_{eq} = X_1 + a^2X_2 \tag{8-23}$$

EXAMPLE
例題 8-5

如圖所示爲變壓器之等效電路，試求(1)等效電阻及電抗，(2)電源電壓及二次側電壓爲多少？

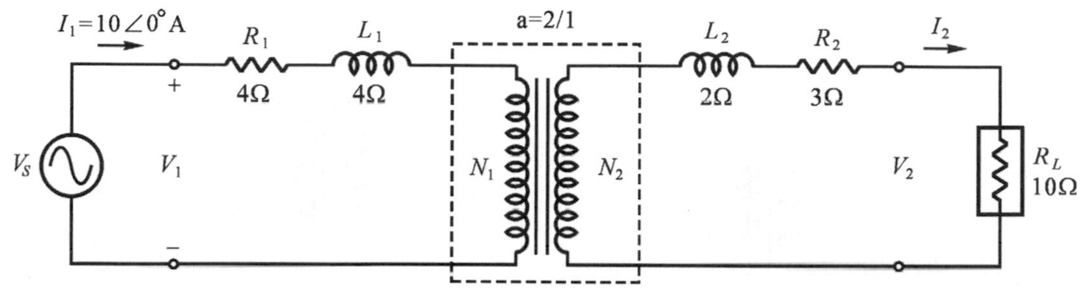

理想變壓器

解 (1) 等效電阻 $R_{eq}=R_1+a^2R_2=4+2^2\times 3=4+12=16\ \Omega$

等效電抗 $X_{eq}=X_1+a^2X_2=4+2^2\times 2=4+8=12\ \Omega$

(2) 等效電路圖：

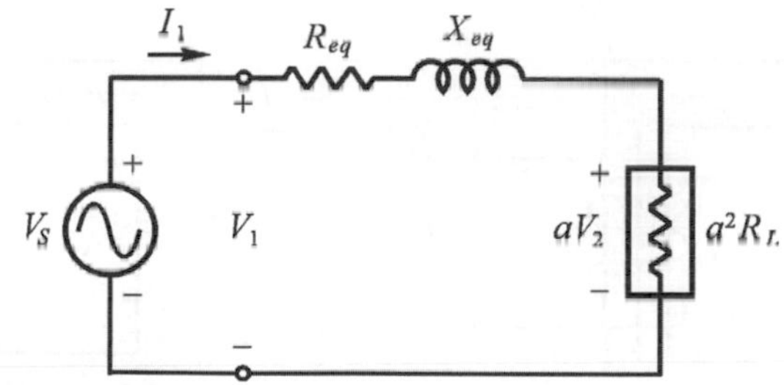

$$a^2R_L=2^2\times 10=40\,\Omega$$

$$aV_2=i_1\times a^2R_L=10\angle 0^\circ\times 40=400\angle 0^\circ\ \text{V}$$

$$V_2=400\angle 0^\circ\div 2=200\angle 0^\circ\ \text{V}$$

$$V_s=i_1(R_{eq}+a^2R_L+jX_{eq})=10\times(16+40+j12)=560+j120$$

8-6 變壓器的試驗

8-6-1　變壓器的極性試驗

變壓器的極性，因輸入是交變的電壓或電流，故指在同鐵芯內，初極與次極線圈於某一瞬間的相對應極性。極性會因線圈繞法的差異，而有不同或相同的極性對應。

變壓器的極性有加及減極性兩種。在應用上，爲了節省絕緣材料，電力輸配用變壓器採用減極性；爲了節省銅線材料及施工方便，自耦變壓器採用加極性。

變壓器加減極性使用的時機，大都在二具或以上的變壓器作並聯或三相電力連接時，為確認正確極性的接法，以免因接法的錯誤，形成短路迴路現象而繞燬變壓器的繞組。如果變壓器作單獨使用時，則無須考慮極性的問題。

變壓器的繞組端以代號表示法，如圖 8-10 所示。單相變壓器繞組之代號，一次繞組或高壓端，以 H_1、H_2 表示；二次繞組或低壓端，以 X_1、X_2 表示。

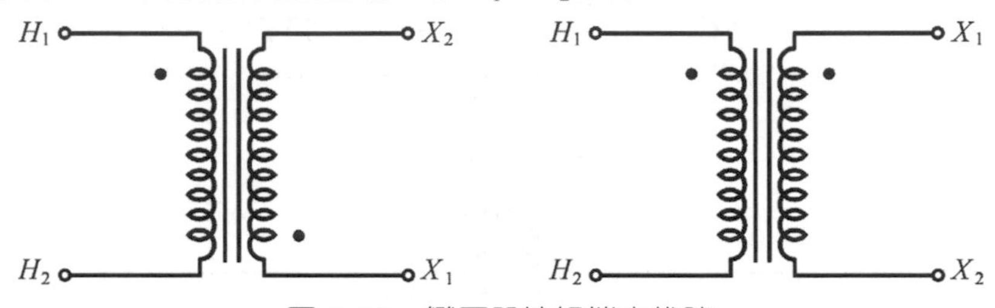

圖 8-10　變壓器繞組端之代號

如圖 8-11(a)所示，當交變電流 i_1 流入初級線圈，產生之磁通 ϕ，依冷次定理及螺管定則，次級線圈之電流 i_2 流出端為 X_1，此型接法為加極性變壓器，反之，如圖 8-11(b)所示為減極性變壓器。直接判斷法是，加極性變壓器之兩繞組之繞法相反，減極性變壓器之繞法則相同。

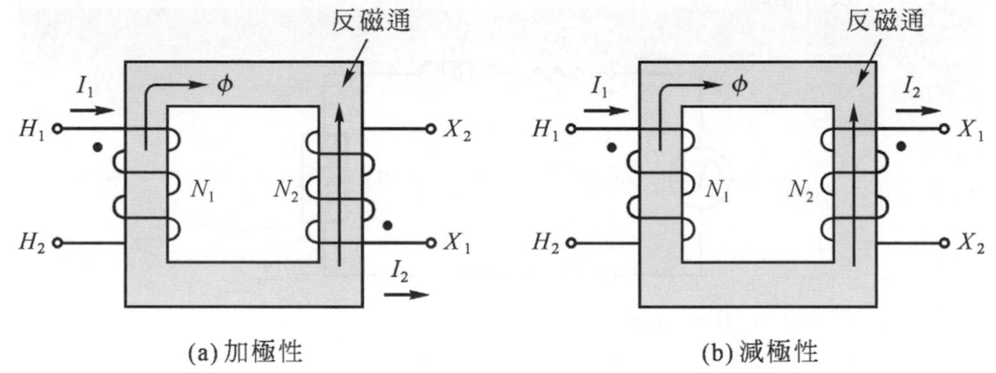

圖 8-11　變壓器之加、減極性示意圖

加、減極性變壓器之實驗法，如圖 8-12 所示。首先在初級線圈兩端並接一伏特計 V_1，再者短接初級線圈之一端與相對之次級線圈端，兩線圈另一端則接上一伏特計。實驗時，於初級線圈兩端接上交變電壓源 V_s，實驗顯示：

加極性變壓器：$V > V_1$

減極性變壓器：$V < V_1$

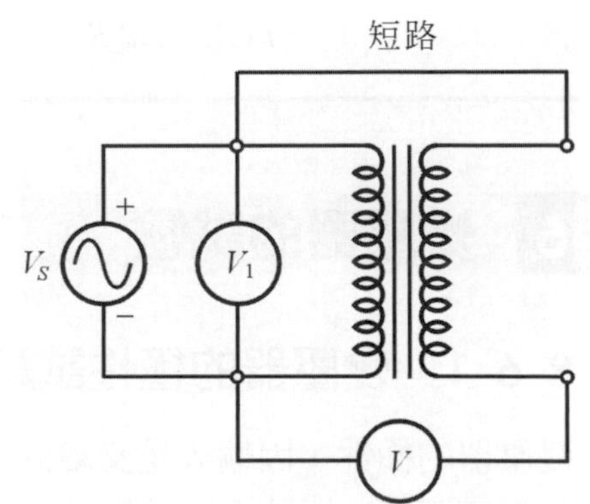

圖 8-12　加減極性實驗圖

變壓器之參數，如損失、阻抗等，可由等效電路求得，亦可由實驗取得，開路實驗可測得變壓器之鐵損、激磁導納等；短路實驗可測得變壓器之銅損、等值阻抗等。

8-6-2 開路實驗(Open Circuit Test)

開路實驗之接線，如圖 8-13 所示。變壓器初級線圈為低壓側(圈數較少)，接量測儀器及電壓源。次級線圈為高壓側(圈數較多)未接負載，呈開路現象。

圖中，伏特計、安培計及瓦特表測得的讀值為 V 伏特、I_1 安培及 P 瓦特。V 為初級線圈之感應電勢，I_1 為無載時一次側的輸入電流或激磁電流，P 可視為變壓器的鐵芯損失。等效電路之參數的計算為：

激磁阻抗 $Z = \dfrac{V}{I_1}(\Omega)$，導納 $Y = \dfrac{1}{Z}(\mathrm{S})$ (西門子)

激磁電阻 $R_C = \dfrac{P}{V^2}(\Omega)$，電導 $G_C = \dfrac{1}{R_C}(\mathrm{S})$

激磁電納 $X_m = \sqrt{Z^2 - R_C^2}$，電納 $B_m = \dfrac{1}{X_m}(\mathrm{S})$

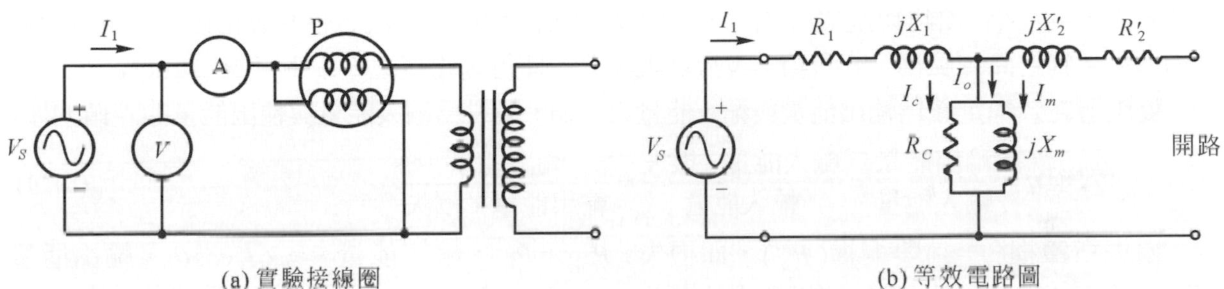

圖 8-13 開路實驗

8-6-3 短路實驗(Short Circuit Test)

變壓器短路實驗之輸入電壓源為變動值，以自耦變壓器調整。初級線圈為高壓側，次級線圈為低壓側同時短路輸出兩端。量測儀器有伏特計、安培計及瓦特表，如圖 8-14 所示，為短路實驗及其等效電路圖。

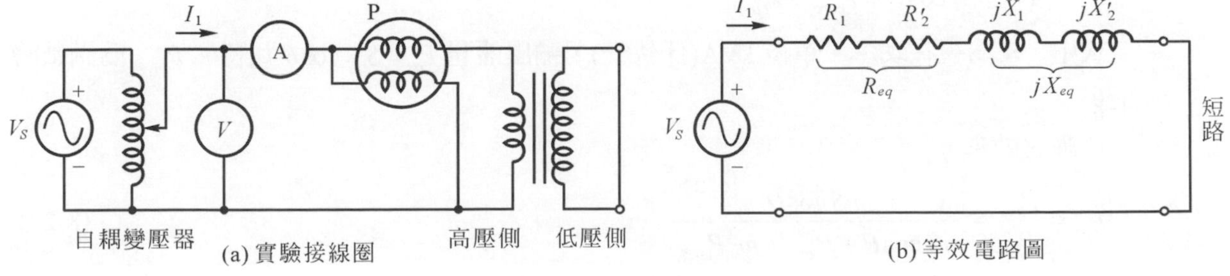

圖 8-14 短路實驗

實驗時，初級線圈(高壓側)施加可調的低電壓，約為額定值之 5%～10%，於電流值 I_1 達到額定值時，因主磁通值甚小被忽略，產生之激磁電流和鐵損亦可忽略，則瓦特表顯示線圈之銅損。等值阻抗為：

等值阻抗 $Z_{eq}=Z=\dfrac{V}{I_1}\ (\Omega)$

等值電阻 $R_{eq}=\dfrac{P}{I_1^2}\ (\Omega)$

等值電抗 $X_{eq}=\sqrt{Z_{eq}^2-R_{eq}^2}\ (\Omega)$

8-7 變壓器之效率及電壓調整率

8-7-1 變壓器之效率

變壓器之效率會隨損失之變動而改變。損失有固定及變動兩種，固定損失指變壓器動作時，造成線圈之銅損及磁通形成鐵芯的磁滯與渦流損失。變動損失指銅損隨負載而變動，如負載短路時，因電流甚小，銅損可忽略不計；負載增大時，因銅損與電流之平方成正比，其值有時較鐵損爲大。其它尚有風損、介質損失及散熱損失等，使得變壓器之效率不可視爲 100%。

變壓器之效率定義爲輸出能量與輸入能量之比值，損失爲輸入能量與輸出能量的差值，則：

$$\text{效率}\ \eta=\frac{\text{輸出能量}}{\text{輸入能量}}=\frac{\text{輸入能量}-\text{損失}}{\text{輸入能量}}=\frac{\text{輸出能量}}{\text{輸出能量}+\text{損失}} \tag{8-24}$$

損失指鐵損(P_{core})與銅損(P_{cu})，即損失$=P_{\text{core}}+P_{cu}$。輸入能量 $P_i=V_1I_1\cos\theta$，輸出能量 $P_o=V_2I_2\cos\theta$，θ 爲相位角。變壓器之效率爲：

$$\eta=\frac{P_o}{P_i}=\frac{P_o}{P_o+P_{\text{core}}+P_{cu}} \tag{8-25}$$

在電力系統中，變壓器因負載之狀況，其效率可分爲：

1. 滿載效率 η_f

$$\eta_f=\frac{P_{of}}{P_{if}}=\frac{S\times\cos\theta}{S\cos\theta+P_{\text{core}}+P_{cu.f}} \tag{8-26}$$

式中，S 爲視在功率，單位 kVA(仟伏安)，輸出能量 $P_o=S\times\cos\theta$ 瓦特。$P_{cu.f}$ 爲滿載時之銅損。

2. 任意負載之效率 η_m

$$\eta_m=\frac{P_{om}}{P_{im}}=\frac{mS\cos\theta}{mS\cos\theta+P_{\text{core}}+m^2P_{cu.f}} \tag{8-27}$$

式中，m 表示負載之百分比，$\cos\theta$ 爲功率因數(PF)，銅損失與電流之平方成正比，取 m^2 值。

3. 全日效率 η_d

事實上，在電力系統之變壓器是全天候(24 小時)供應用戶用電，稱此變壓器之動作為全日效率(all day efficiency)。變壓器之全日效率，指全天之輸出能量與輸入能量的比值為：

$$\text{全日效率}\ \eta_d=\frac{\text{全日總輸出能量}}{\text{全日總輸入能量}}=\frac{\text{輸出能量}\times h}{\text{輸出能量}\times h+P_{cu}\times h+P_{\text{core}}\times 24} \tag{8-28}$$

式中，小時(h)是變壓器負載的時數，$P_{\text{core}}\times 24$ 小時，表示變壓器不論負載與否，都會產生鐵損。

EXAMPLE
例題 8-6

有一變壓器之額定值為：20kVA、2200/220V、60Hz。假設變壓器在全日下負載，鐵芯損失 P_{core}=200W，銅損失 P_{cu}=500W。變壓器負載情形，如下所述：

(1)負載 50%，功率因數 PF = 1.0，時間 h = 8 小時。

(2)負載 80%，功率因數 PF = 0.8(滯後)，時間 h = 5 小時。

(3)負載 100%，功率因數 PF = 0.75(滯後)，時間 h = 4 小時。

(4)無載時間 h = 7 小時。

試求該變壓器之全日效率為何？

解　令 P_{core} = 200W = 0.2kW，P_{cu} = 500W = 0.5kW。總時數 h = 8 + 5 + 4 + 7 = 24 小時。

全日總輸出能量為：

$P_o = mS\cos\theta\times h = 20\times0.5\times1.0\times8 + 20\times0.8\times0.8\times5+20\times1.0\times0.75\times4+0$

$= 204$ kWh (仟瓦小時)

全日總損失為：

鐵損 $P_{\text{core}} = 0.2\times24 = 4.8$ (kWh)

銅損 $P_{cu} = m^2\times P_{cu.f}\times h = 0.5^2\times0.5\times8 + 0.8^2\times0.5\times5 + 1.0^2\times0.5\times4 + 0 = 4.6$ (kWh)

$$\text{全日效率}\ \eta_d=\frac{204}{204+4.8+4.6}\fallingdotseq 0.96$$

百分比表示 $\eta_d\,\% = 0.96\times100\% = 96\%$

8-7-2　變壓器之電壓調整率(voltage regulation，VR)

空載時，變壓器二次側為定值電壓。負載時，因線圈阻抗等因素，二次側電壓不再維持定值，將隨負載的變化而變異。

當一次側的電壓與頻率保持在額定值內，則變壓器之電壓調整率(VR%)定義為，二次側無載與滿載電壓之差值與滿載電壓的比值。

$$\text{電壓調整率 VR\%}=\frac{\text{二次側無載電壓}E_2-\text{滿載電壓}V_{2f}}{\text{滿載電壓}V_{2f}}\times100\% \tag{8-29}$$

若以二次側滿載電壓V_{2f}作爲參考，則功率因數 PF = 1 及 PF≠1 的相量圖爲：

(1) 功率因數 PF=1 時，無載電壓爲：

$$E_2 = \sqrt{(V_{2f} + I_{2f}R_{eq2})^2 + (I_{2f}X_{eq2})^2} \tag{8-30}$$

(2) 功率因數 PF≠1 時，無載電壓爲：

$$E_2 = \sqrt{(V_{2f}\cos\theta_2 + I_{2f}R_{eq2})^2 + (V_{2f}\sin\theta_2 \pm I_{2f}X_{eq2})^2} \tag{8-31}$$

式中，功率因數爲滯後時取"＋"，領前時取"－"。

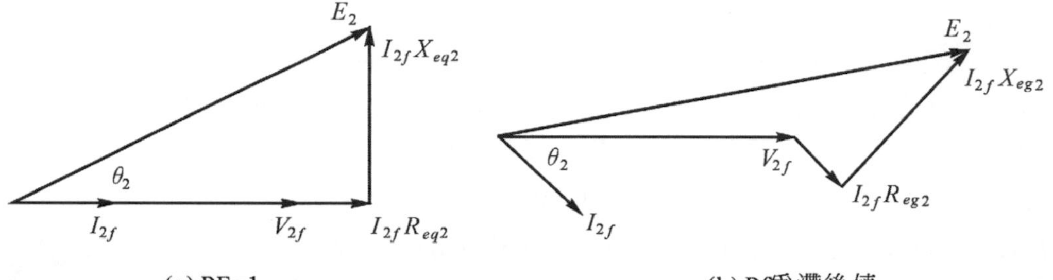

圖 8-15　以V_{2f}為參考之相量圖

EXAMPLE

例題 8-7

有一變壓器的規格爲 50kVA、60Hz、2000/200V，電阻及漏電抗值分別爲：$R_1 = 5\Omega$、$R_2 = 0.03\Omega$、$X_1 = 4\Omega$、$X_2 = 0.02\Omega$，鐵損爲 85W，試求一次側在額定電壓值且功率因數爲 0.8 滯後時，其調整率爲多少？

解 匝數比 $a = \dfrac{N_1}{N_2} = \dfrac{2000}{200} = 10$，$\sin\theta = \sqrt{1-\cos\theta^2} = \sqrt{1-0.8^2} = \sqrt{0.36} = 0.6$

等效電阻 $R_{eq} = R_1 + a^2R_2 = 5 + 10^2 \times 0.03 = 5 + 3 = 8\,\Omega$

等效電抗 $X_{eq} = X_1 + a^2X_2 = 4 + 10^2 \times 0.02 = 6\,\Omega$

一次側電流 $I_{1f} = I_{2f} = \dfrac{S}{aV_{2f}} = \dfrac{10k}{10 \times 200} = 5\text{ A}$

一次側電壓 $E_2 = V_1 = \sqrt{(aV_{2f}\cos\theta + I_{1f}R_{eq})^2 + (aV_{2f}\sin\theta + I_{1f}X_{eq})^2}$

$V_1 = \sqrt{(10 \times 200 \times 0.8 + 5 \times 8)^2 + (10 \times 200 \times 0.6 + 5 \times 6)^2} = \sqrt{4202500} = 2050\text{ V}$

調整率 $VR\% = \dfrac{V_1 - aV_{2f}}{aV_{2f}} \times 100\% = \dfrac{2050 - 2000}{2000} \times 100\% = 2.5\%$

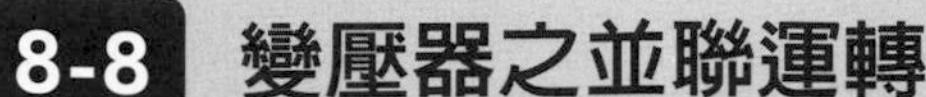

8-8 變壓器之並聯運轉

變壓器之並聯運轉是將二部或以上之變壓器的一次側並接於同個電源，二次側則並接於同一匯流排，以共同分擔電路之所有負載。並聯運轉必須具備之條件為：

1. 單相變壓器：
   (1) 感應電勢必須相等，匝數比亦相同。
   (2) 極性必須連接正確。
   (3) 具有相同標么值之阻抗。
   (4) 等效電抗及電阻比應相同。
2. 三相變壓器：

   三相變壓器或三部單相變壓器並聯運轉時，除了必須具備單相變壓器應具備之條件外，還須具備下列兩項條件。
   (1) 具有相同之相序。
   (2) 位移角必須相同。

如圖 8-16 所示為兩部單相變壓器之並聯運轉。

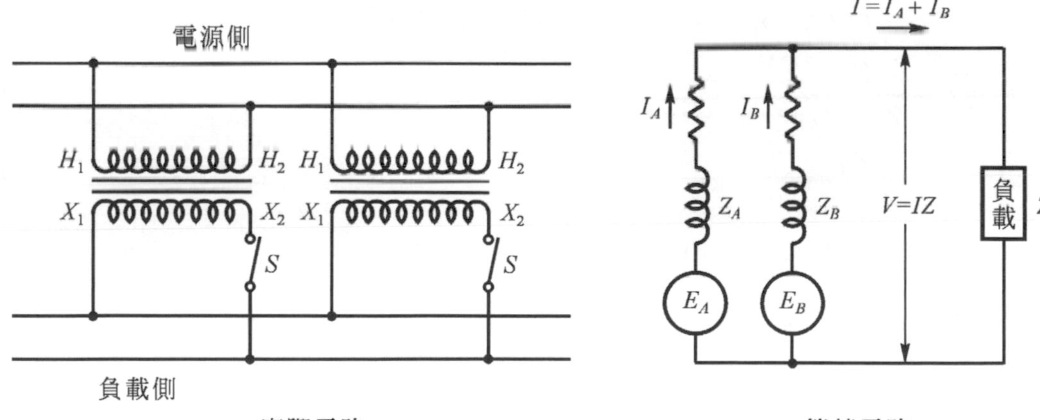

(a) 實際電路　　(b) 等值電路

圖 8-16　兩部單相變壓器之並聯運轉

若兩部變壓器之感應電勢不相等，即 $E_A \neq E_B$，依克希荷夫電壓定律(KVL)，得電路電壓方程式為：

$$E_A - I_A Z_A - (I_A + I_B)Z = 0$$

$$E_B - I_B Z_B - (I_A + I_B)Z = 0$$

解聯立方程式，得

$$I_B = \frac{(E_A - E_B) + I_A Z_A}{Z_B}$$

將式(8-31)代入式(8-32)，求得 I_A 為：

$$I_A = \frac{E_A Z_B + (E_A - E_B)Z}{Z(Z_A + Z_B) + Z_A Z_B} = \frac{E_A}{Z_A + Z + ZZ_A / Z_B} + \frac{E_A - E_B}{Z_A + Z_B + Z_A Z_B / Z} \qquad (8\text{-}32)$$

同理求得

$$I_B = \frac{E_B}{Z_B + Z + ZZ_B / Z_A} + \frac{E_B - E_A}{Z_A + Z_B + Z_A Z_B / Z} \tag{8-33}$$

由電流 I_A 與 I_B 式中之第二項，兩電勢之差分別為 $E_A - E_B$ 與 $E_B - E_A$，此表示兩電勢若不相等，電路內會有環流產生，環流會消耗部份能量，使得變壓器之效率變低，運轉特性變差。若未作適切處理，有可能燒壞繞組。

假設兩電勢相等時，$E_A = E_B$，則：

$$I_A Z_A = I_B Z_B \text{，} I_B = \frac{I_A Z_A}{Z_B}$$

$$I_L = I_A + I_B = I_A + \frac{I_A Z_A}{Z_B} = I_A \times \left(1 + \frac{Z_A}{Z_B}\right)$$

$$I_A = I_L \times \frac{Z_B}{Z_A + Z_B} \tag{8-34}$$

$$I_B = I_L \times \frac{Z_A}{Z_A + Z_B} \tag{8-35}$$

設負載的總容量為 P_L，A、B 兩變壓器所分擔的容量分別為 P_A 與 P_B，則

$$P_A = P_L \times \frac{Z_B}{Z_A + Z_B} \tag{8-36}$$

$$P_B = P_L \times \frac{Z_A}{Z_A + Z_B} \tag{8-37}$$

如圖 8-17 所示為阻抗標么值相同，$Z_{A(PU)} = Z_{B(PU)}$，則：

$$\frac{Z_A \cdot I_{A(FL)}}{E_A} = \frac{Z_B \cdot I_{B(PU)}}{E_B}$$

因為 $E_A = E_B$，則

$$\frac{I_{A(FL)}}{I_{B(FL)}} = \frac{Z_B}{Z_A}$$

同理

$$I_A Z_A = I_B Z_B \text{，} \frac{I_A}{I_B} = \frac{Z_B}{Z_A}$$

故，求得

$$\frac{I_A}{I_B} = \frac{Z_B}{Z_A} = \frac{I_{A(FL)}}{I_{B(FL)}} = \frac{I_{A(FL)} \times E_A}{I_{B(FL)} \times E_B} = \frac{\text{kVA}_A}{\text{kVA}_B} \tag{8-38}$$

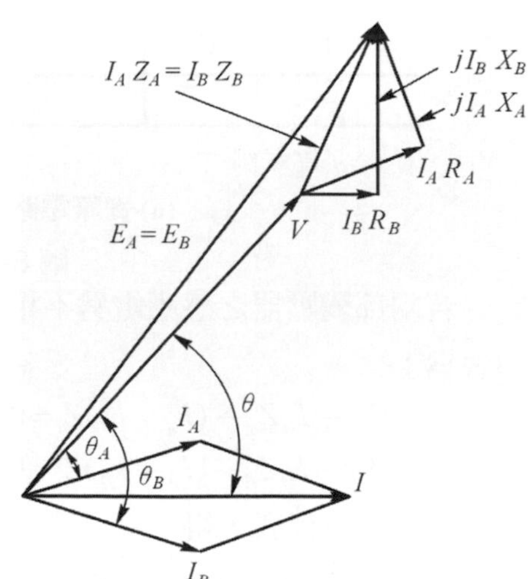

圖 8-17　並聯運轉之相量圖

式中，若變壓器之阻抗標么值相同時，阻抗電壓降也相等，各變壓器所分擔負載電流之比值與容量的比值成正比，而與阻抗之比值成反比，此表示可對負載作合理的分配。

兩部或以上變壓器作並聯運轉時，另要求其等效阻抗與等效電阻比值也應相同，使各部變壓器分擔之電流相同，不致造成因電流不同相引起的相位差，產生了環流，損壞變壓器。

變壓器並聯運轉時，一次與二次側之線電壓的相序(phase sequence)與位移角(angular displacement)也應相同，若不相同引起的環流現象，也會燒毀變壓器之繞組。

EXAMPLE

例題 8-8

有 A、B 兩部變壓器，A 變壓器之容量爲 45kVA，B 變壓器之容量爲 75kVA。設兩變壓器之二次側額定電壓爲 220V，阻抗之標么值皆爲 0.02，若漏電抗對電阻之比值相同，兩變壓器並聯運轉之負載爲 60kW，則各變壓器應負擔之負載爲多少？

解　已知；$E_A = E_B = 220\text{ V}$，$Z_{A(PU)} = Z_{B(PU)} = 0.02$

$\text{kVA}_A = 45\text{ kVA}$，$\text{kVA}_B = 75\text{ kVA}$，$P_L = 60\text{ kW}$ 則：

$$Z_A = Z_{A(PU)} \times \frac{(E_A)^2}{kVA_A \times 10^3} = 0.02 \times \frac{(220)^2}{45 \times 10^3} = 0.02\ \Omega$$

$$Z_B = Z_{B(PU)} \times \frac{(E_B)^2}{kVA_B \times 10^3} = 0.02 \times \frac{(220)^2}{75 \times 10^3} = 0.01\ \Omega$$

各部負擔之功率爲：

$$P_A = P_L \times \frac{Z_B}{Z_A + Z_B} = 60 \times \frac{0.01}{0.02 + 0.01} = 20\text{ kW}$$

$$P_B = P_L \times \frac{Z_A}{Z_A + Z_B} = 60 \times \frac{0.02}{0.02 + 0.01} = 40\text{ kW}$$

8-9 三相變壓器

三相變壓器(three-phase transformer)是由三組高、低壓線圈繞在共同之三相鐵芯上而成。其種類有內鐵式(core type)與外鐵式(shell type)兩種。

如圖 8-18 所示爲三相內鐵式變壓器。圖 8-18(a)是將三組線圈分別捲繞在三組獨立之鐵芯上。當變壓器輸入三相交流電流，三組線圈產生三相平衡之磁通 ϕ_A 、ϕ_B 及 ϕ_C ，三相磁通不論於任何瞬間總磁通量皆爲零，$\phi_A + \phi_B + \phi_C$ =0(Wb)，如圖 8-18 (b)所示，因總磁通量爲 0Wb，故可省去中間共同之鐵芯。有時爲了便利製作三相鐵芯，亦可將放射狀鐵芯改成圖 8-18 (c)之直線排列。圖 8-18 (c)之缺失是中間(B 相)之磁路較短，將使三相無法完全對稱，但因激磁電流相當小，對變壓器之運轉特性沒有太大之影響，故可忽略不計。

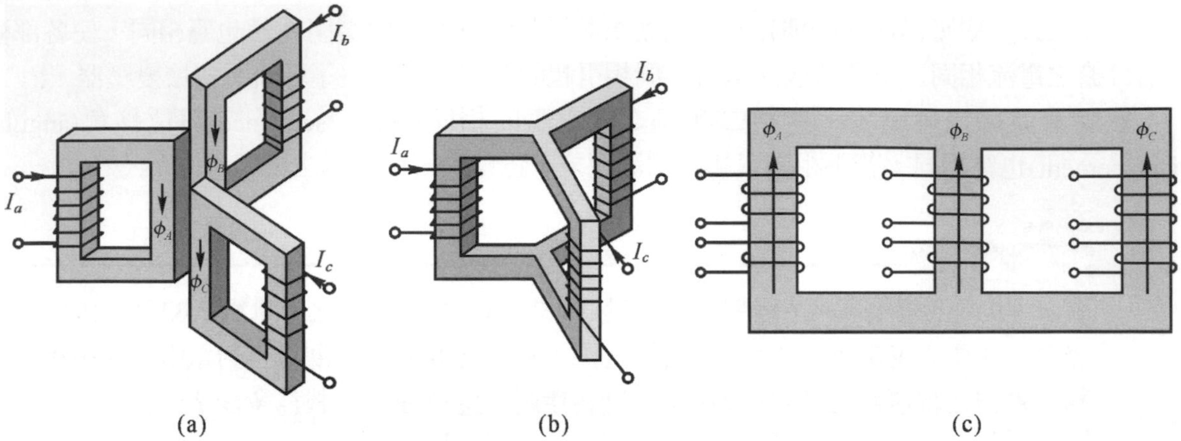

(a) (b) (c)

圖 8-18　三相內鐵式變壓器

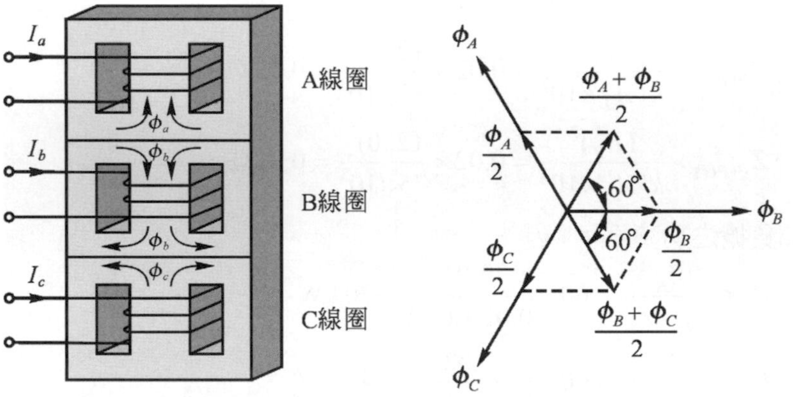

(a) (b)

圖 8-19　三相外鐵式變壓器

如圖 8-19 所示爲三相外鐵式變壓器。外鐵式由三部單相外鐵式變壓器堆疊而成。在繞法上，A 相與 C 相方向相同，而 B 相與 A、C 相相反，如圖(a)所示。則三相之磁通之相位關係爲：$\phi_A\angle 120°$、$\phi_B\angle 0°$、$\phi_C\angle -120°$，如圖(b)所示。A 與 B 線圈相鄰之軛鐵，其磁通爲：

$$\frac{\phi_A}{2}+\frac{\phi_B}{2}=\frac{\phi_A+\phi_B}{2}=\frac{\phi_B}{2}\angle 60° \tag{8-39}$$

同理，B 與 C 線圈相鄰之軛鐵，其磁通爲：

$$\frac{\phi_B}{2}+\frac{\phi_C}{2}=\frac{\phi_B+\phi_C}{2}=\frac{\phi_B}{2}\angle -60° \tag{8-40}$$

式中，因 $|1/2(\phi_A+\phi_B)|$ 與 $|1/2(\phi_B+\phi_C)|$ 之相量和與 $|\phi_B/2|$ 相量值相等，故其軛鐵之截面積可採與上端之軛鐵相同，上表示兩單相變壓器疊合處，只要使用單軛鐵之磁通值。

三相電路中，採用三相變壓器較三部單相變壓器，具有之優點與缺點爲：

1. 優點：

(1) 鐵芯材料使用量較少，節省製作成本。

(2) 鐵損較少，效率較高。

(3) 佔地空間較少。

(4) 現場施工較容易。

2. 缺點：

(1) 總體之重量及體積較重且大。

(2) 作爲備用之變壓器，其費用較高。

(3) 線路較多且複雜，更換或維修較費時。

目前三相輸電或高壓配電系統都採用三相變壓器。主因爲變壓器之鐵芯用材及絕緣材料，都有重大之改良，使得變壓器之用材，質輕量小且對變壓器之安裝及施工，在技術上亦有突破性的發展。

8-10 自耦變壓器

在構造上，自耦變壓器(auto-transformer)係將普通變壓器之一與二次繞組串接成一組繞組，如圖 8-20(b)所示，作爲電力之輸入與輸出用。自耦變壓器又稱爲單繞組變壓器(single-winding transformer)。

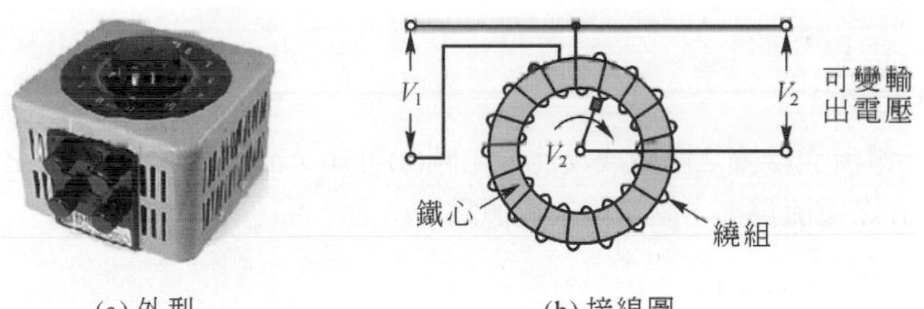

(a) 外型　　(b) 接線圖

圖 8-20　自耦變壓器

依線路之連接方式，自耦變壓器分爲降壓自耦變壓器(step-down auto-transformer)與昇壓自耦變壓器(step-up auto-transformer)兩種。如圖 8-21 所示爲單相降壓自耦變壓器，其中 N_2 線段爲一與二次繞組共用之線圈，稱爲共用繞組(common winding)，另非共用之線段 $\overline{AB}$ 稱爲串聯繞組(series winding)。其特性是兩繞組之電勢 E_{BA} 與 E_{CB}，由同一磁通產生，則兩電勢同相，且電勢比爲：

$$\frac{E_{BA}}{E_{CB}} = \frac{N_{AB}}{N_{BC}} = a' \tag{8-41}$$

無載時，若忽略電阻及漏電抗之電壓降，則 $V_1 = E_{CA}$，$V_2 = E_{CB}$，其輸入與輸出之端電壓比爲：

$$\frac{V_1}{V_2} = \frac{N_1}{N_2} = \frac{E_{CA}}{E_{CB}} = \frac{E_{CB} + E_{BA}}{E_{CB}} = 1 + a' = a \tag{8-42}$$

則 E_{BA} 與 E_{CB} 之比值爲：

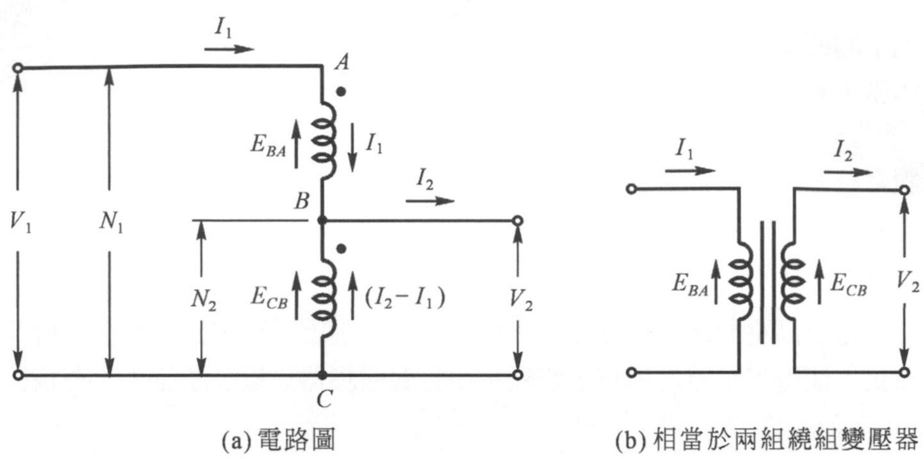

(a) 電路圖　(b) 相當於兩組繞組變壓器

圖 8-21　單相降壓自耦變壓器

$$\frac{E_{BA}}{E_{CB}} = a - 1 \tag{8-43}$$

當變壓器接上負載時，負載電流為I_2，磁動勢為$N_2 I_2$，又因兩繞組之磁勢相等，則

$$N_1 I_1 = N_2 I_2$$

兩電流之比值為：

$$\frac{I_1}{I_2} = \frac{N_2}{N_1} = \frac{1}{a} \tag{8-44}$$

(8-44)式中，電流與線圈之匝數成反比。由圖(a)可知，流過共同繞組N_2之電流為$(I_2 - I_1)$，流過串連繞組N_{BA}之電流為I_1，兩電流之比值為：

$$\frac{I_2 - I_1}{I_1} = \frac{I_2}{I_1} - 1 = a - 1 \tag{8-45}$$

由式(8-43)與式(8-45)，可得

$$E_{BA} \cdot I_1 = E_{CB} \cdot (I_2 - I_1) \tag{8-46}$$

自耦變壓器之輸出容量為：

$$VA_{(AUTO)} = V_2 I_2 = E_{CB}[I_1 + (I_2 - I_1)] = E_{CB} I_1 + E_{CB}(I_2 - I_1) = V_2 I_1 + V_2 (I_2 - I_1) \tag{8-47}$$

(8-47)式中，$V_2(I_2 - I_1)$係經由變壓器作用而變換之功率，稱為感應功率(power transferred)。$V_2 I_1$係自一次側傳導至二次側之功率，稱為傳導功率(power conducted)，自耦變壓器具有之優缺點為：

1. 優點：
   (1) 輸出容量較大，損失較少，效率較高。
   (2) 節省鐵芯與繞組之材料使用量，可降低成本費用。
   (3) 漏磁電抗較小，電壓降也小，電壓調整率也小。

2. 缺點：
   (1) 一次側電壓較高時，二次側繞組也需作同樣之絕緣。
   (2) 繞組之阻抗較小，限制短路電流之作用也小，高壓且大容量之變壓器較少採用。

EXAMPLE

例題 8-9

將一 2200/200V，20kV 安兩繞組之變壓器連接成昇壓自耦變壓器，如圖所示，若 AB 繞組為 200V，BC 繞組為 2200V，則自耦變壓器之(1)一、二次側端電壓、(2)輸出容量各為多少？(設 200 伏特之絕緣繞組可承受 2420V 的高壓)

 (1) 題意及圖示：$V_1 = 2200\,\text{V}$

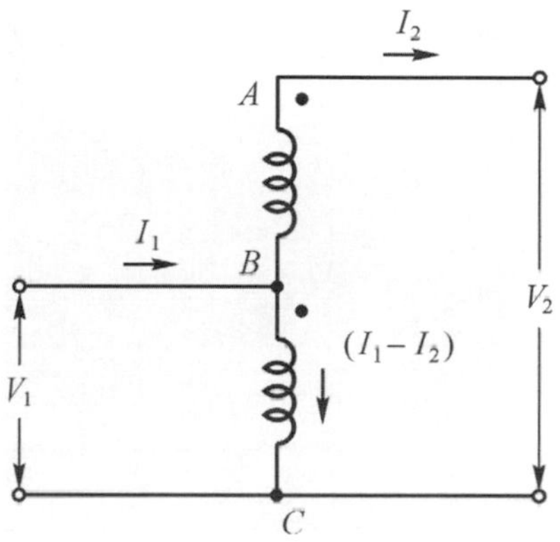

$V_2 = 2200 + 200 = 2400\,\text{V}$

(2) 二次側之電流 I_2 為：

$$I_2 = \frac{kV_{AB}}{E_{BA}} = \frac{20\times10^3}{200} = 100\,\text{A}$$

輸出容量為 $VA_{(\text{AUTO})} = V_2 I_2 = 2400\times100 = 240000 = 240\times10^3 = 240\,\text{kVA}$

8-11 計器用變壓器

8-11-1 比壓器

比壓器(potential transformer)，或稱電壓互感器，簡稱 P.T 或 V.T。比壓器如同普通兩繞組之變壓器，只是二次繞組之電壓設計為 110V 或 220V，如圖 8-22 所示為比壓器之外觀。

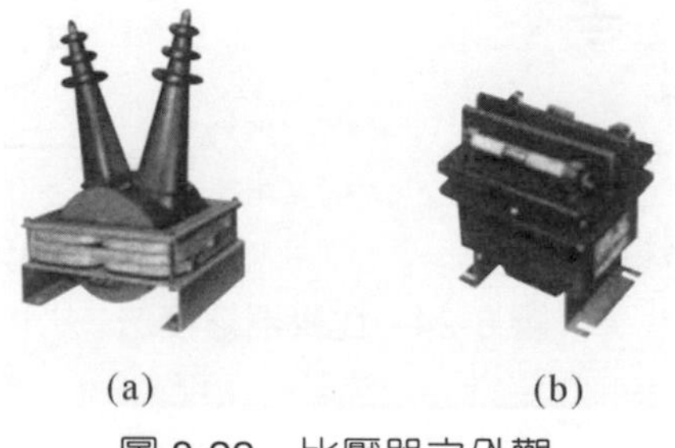

(a)　(b)

圖 8-22　比壓器之外觀

如圖 8-23 所示爲比壓器之電路圖與極性表示法，如同一般變壓器，一次側以字母 H_1、H_2 表示，二次側以字母 X_1、X_2 表示。

如圖 8-24 爲比壓器與電表之接法。圖 8-24(a)爲單相電路之接法。圖 8-24(b)～圖 8-24(d)爲三相電路之接法。一般三相平衡電路之接法都採用 V 型接法，即圖 8-24(b)之接法。

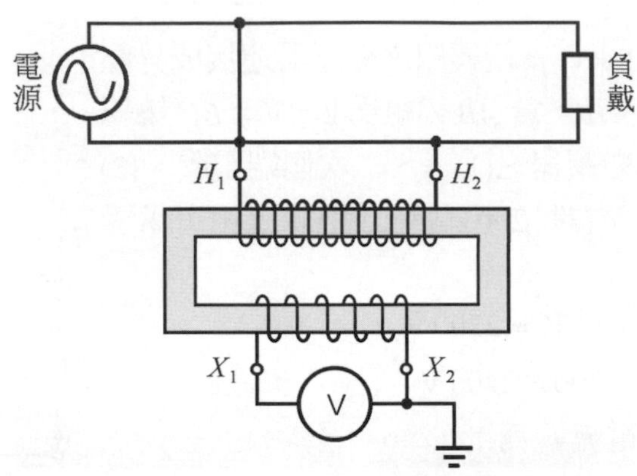

圖 8-23　比壓器之電路圖與極性表示

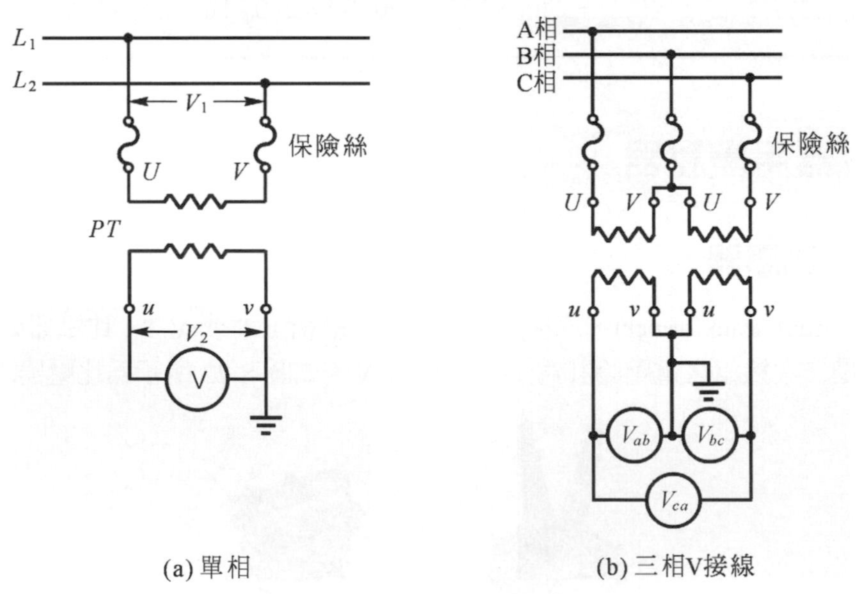

(a) 單相　(b) 三相V接線

圖 8-24　比壓器之接法

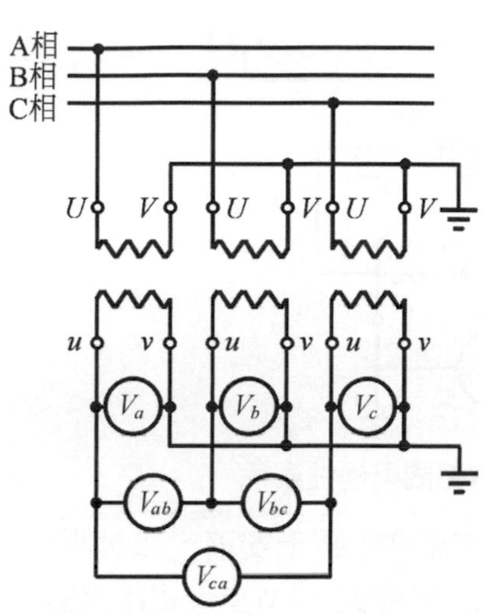

(c) 三相Y接線

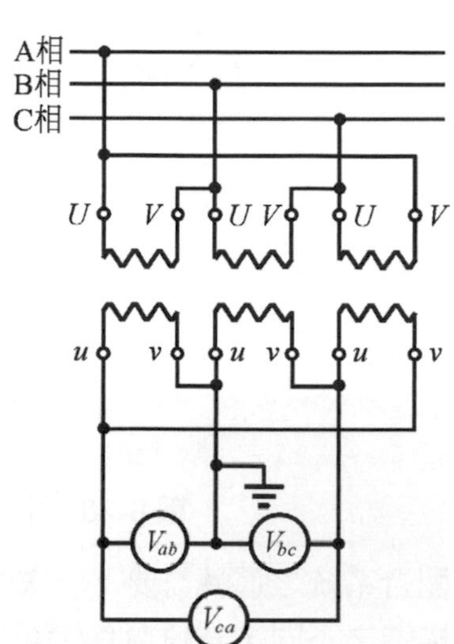

(d) 三相△接線

圖 8-24　比壓器之接法 (續)

比壓器之鐵芯皆採用高導磁係數之材料，目的在減少漏阻抗及最小之相位角差，以提昇變壓比之精確度。

使用比壓器應注意下列事項：

1. 一次側應加裝保險絲保護。
2. 低壓側之一端必須接地，可避免靜電作用，防止感電之危險。
3. 二次側不得短路連接。

8-11-2　比流器

比流器(current transformer)，或稱為電流互感器，簡稱 C.T，如圖 8-25 所示為比流器之外觀。

圖 8-25　比流器之外觀

比流器之設計皆為減極性，如圖 8-26 所示為比流器之電路圖與極性表示法。一次側以字母 H_1 與 H_2 表示，二次側以字母 X_1 與 X_2 表示。

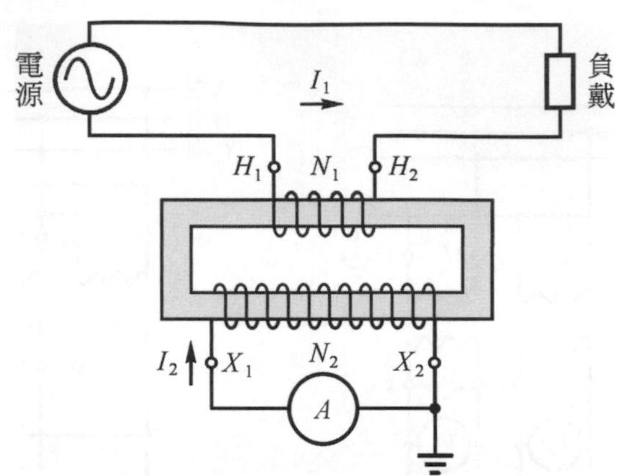

圖 8-26　比流器之電路圖與極性表示

比流器爲配合系統之運轉需要，一次側額定電流高達數千安培，二次側之額定電流爲 5 安培。比流器因構造之不同，其種類有(1)繞線式、(2)貫穿式、(3)套管式比流器。

比流器之線路接法，一次側串聯連接電路，如圖 8-27 所示爲單相與三相電路之連接。

比流器在使用時，應注意下列事項：

1. 一次側與電路串聯連接。
2. 二次側之 l 端需接地，以避免感電之危險。
3. 二次側不可開路，但檢修或換裝電流表時，應將二次側短路，以防比流器燒毀。

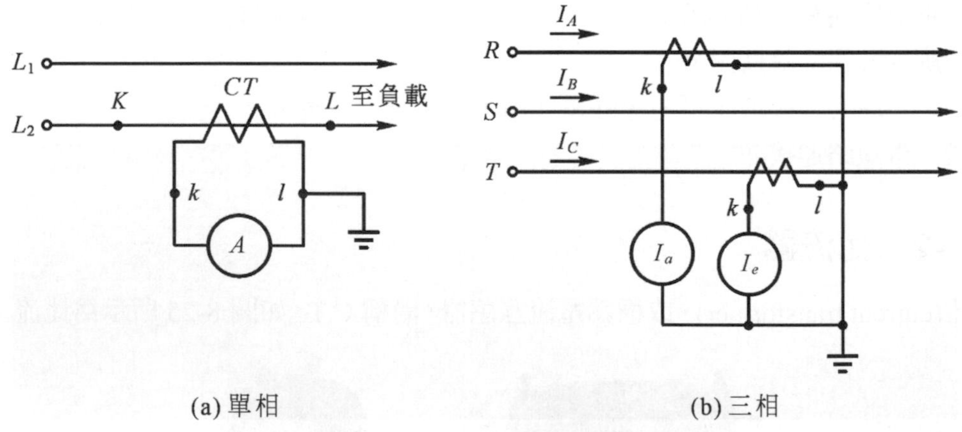

圖 8-27　比流器之線路連接法

比流器二次側不可開路之原因爲：

1. 二次側沒有抑制磁通作用，一次側之電流全變成激磁電流，將增大鐵芯之磁通，形成甚大之鐵損，產生高溫並燒毀比流器。
2. 由於二次側之匝數甚多，端電壓必定昇高，破壞絕緣，燒毀繞組。

習　題

EXERCISE

1. 試述變壓器之鐵芯應具備之條件？
2. 試繪圖簡述變壓器之構造。
3. 減少變壓器之損失，鐵芯應採用何種材質？並述理由。
4. 試問變壓器之繞組應具備那些特性？
5. 試導出變壓器初級線圈之感應電壓為何？
6. 激磁電流為何不是正弦波？試簡述其原因。
7. 試導出理想變壓器之電壓比，並簡述電壓與線圈匝數之關係。
8. 試簡述理想變壓器之電流及阻抗與線匝數之關係為何？
9. 簡述變壓器的極性試驗。
10. 簡述變壓器的開路實驗。
11. 簡述變壓器的短路實驗。
12. 變壓器之效率的定義為何？試寫出效率之種類。
13. 簡述變壓器之電壓調整率的定義。
14. 試問數部單相及三相變壓器作並聯運轉，應具備何種條件？
15. 試問三相變壓器之種類有那些？並簡述其構造。
16. 試問三相變壓器較三部單相變壓器，具有之優點與缺點為何？
17. 簡述自耦變壓器之構造及其優、缺點為何？
18. 簡述比壓器與比流器之構造及其使用時應注意之事項。
19. 有一變壓器，一次繞組有 200 匝，感應電勢 E_1 之有效值為 440V，若鐵損 $P_c = 80$ W，功率因數為 0.15 時，試求鐵損電流與磁化電流各為多少？
20. 設變壓器之匝數為 $\frac{1}{5}$，一次側之電壓為 100V，電流為 10A，試求二次側之電壓及電流為多少？
21. 若變壓器之匝數比為 $a = \frac{10}{1}$，試求一次側阻抗 Z_1 及一、二側電壓與電流之相量式為何？

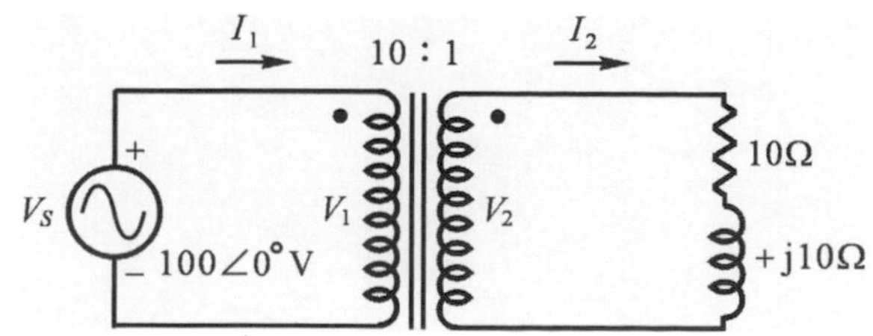

22. 如圖所示為變壓器之等效電路，試求(1)等效電阻及電抗、(2)電源電壓及二次側電壓為多少？

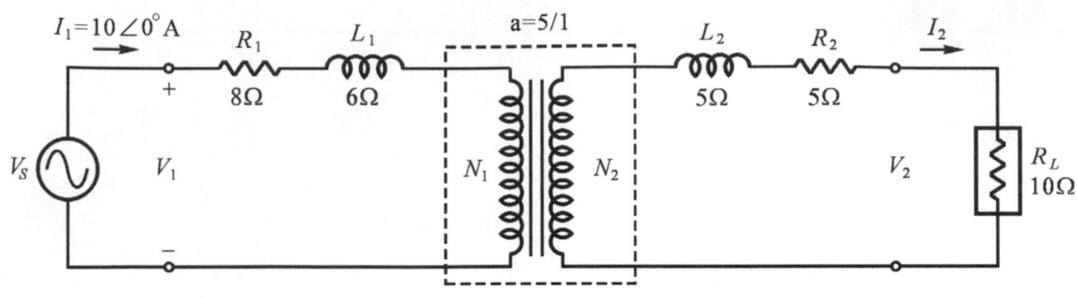

理想變壓器

23. 有一變壓器之額定值為：50kVA、2400/240V、60Hz。假設變壓器在全日下負載，鐵芯損失 $P_{\text{core}}=250$W，銅損失 $P_{cu}=450$W。變壓器負載情形，如下所述：

(1) 負載 50%，功率因數 PF = 1.0，時間 $h=10$ 小時。

(2) 負載 80%，功率因數 PF = 0.8(滯後)，時間 $h=6$ 小時。

(3) 負載 100%，功率因數 PF = 0.75(滯後)，時間 $h=6$ 小時。

(4) 無載時間 $h=2$ 小時。

試求該變壓器之全日效率為何？

24. 有一變壓器的規格為 20kVA、60Hz、2200/220V，電阻及漏電抗值分別為：$R_1=5\Omega$、$R_2=0.08\Omega$、$X_1=5\Omega$、$X_2=0.04\Omega$，鐵損為 75W，試求一次側在額定電壓值且功率因數為 0.6 滯後時，其調整率為多少？

25. 有 A、B 兩部變壓器，A 變壓器之容量為 30kVA，B 變壓器之容量為 50kVA。設兩變壓器之二次側額定電壓為 200V，阻抗之標么值皆為 0.03，若漏電抗對電阻之比值相同，兩變壓器並聯運轉之負載為 72kW，則各變壓器應負擔之負載為多少？

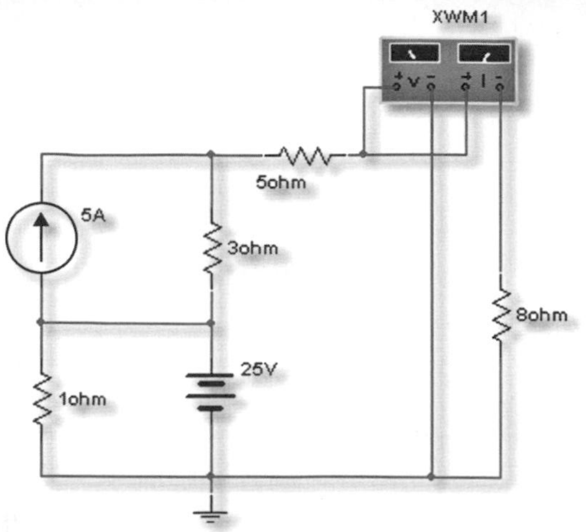

Chapter 9

直流電機

直流電機(direct current machine，DC machine)有直流發電機與直流電動機兩種。將直流電能轉換成機械能者稱直流電動機，反之，稱爲直流發電機。直流發電機可作爲電解、電鍍、蓄電池充電、同步電機激磁及直流電焊等的電源；直流電動機作用於電力機汽車、起重設備、造紙印刷機及精密車床等的動力來源。直流電機的優點是調速範圍較寬廣和便利、運行速度較平穩、有優良起動及制動；缺點是換向裝置限制了直流電機之容積，增加維修的工作量，同時提高製作之成本。

9-1 直流電機的構造

直流發電機與電動機的構造完全相同，主要的構造有靜止部份(定子)與轉動部份(轉子)兩類，如圖 9-1 所示。

圖 9-1　直流電機之構造圖

9-1-1　轉子

直流電機的轉子通稱為電樞，由鐵芯、繞組、換向器、風扇及轉軸等組成。鐵芯是主磁路的一部份，為減少鐵損，鐵芯以 0.5mm 厚之矽鋼片堆疊而成，裝置時，疊片的平面必須與轉軸垂直。

電樞繞組則嵌入鐵芯槽內，再按比例銲接到對應的換向片上，形成封閉式的電樞繞組。發電機之電樞產生的感應電勢作為電路的電源，電動機之繞組接入電流產生旋轉轉矩以作功。

換向器與電刷合稱整流子。換向器安裝在轉軸上，由多個換向片經絕緣組合而成。發電機產生之交流電勢，經換向器整流成直流電壓供應給電路或負載。電動機接上直流電源經換向器轉換成交流電源，供應繞組產生旋轉轉矩。

9-1-2　定子

定子包括主磁極、中間極(或換向極)、電刷裝置及場軛等。場軛由鑄鐵、鑄鋼或鍛鋼製成，主要作為主磁路的一部份，及支持機身全部的組件。

主磁極由鐵芯與磁場繞組組成。鐵芯由 1~2mm 厚的低碳矽鋼片堆疊而成，固定在場軛的內層。為讓激磁電流產生之磁通可以在氣隙均勻的分佈，鐵芯製成如圖 9-2 所示，極身前端成弧狀者稱為極尖。大型直流電機在前後極尖上，開些小槽並嵌入補償繞組(compensating winding)，小型直流電機則以永久磁鐵作為主磁極。磁場繞組通以直流作為激磁電流建立磁通，種類有分激場繞組、串激場繞組及複激場繞組。

中間極主要在改善換向，應用在 1kW 以上之直流電機。中間極的結構簡單，通常用整塊鋼板製成，並在其上直接嵌入中間繞組。

電刷裝置連接外接之直流電源，進入磁場繞組。電刷裝置由電刷、握刷、刷架及座等組成。電刷的材質是石墨，成塊的石墨置於握刷上，上端用彈簧適當的堆壓在換向片上。彈簧之壓力可以調節，使得電刷在電樞旋轉時，與換向片有良好的接觸面，以傳輸電流。

9-2　電樞繞組

電樞繞組主要有環形繞組及鼓形繞組兩種，如圖 9-2 所示。

環形繞組之特點是電樞電流之路徑數與極數相同，同樣的繞組可供不同極數的電機使用，繞組不受極數限制。缺點是繞組必須手工繞成，製作上費時又費力，繞成時繞組之絕緣也較不好處理。鐵芯內側之繞組，因割切磁通之角度，較不易感應電勢，形成材料之浪費，同時增加了電樞電阻值，造成自感及互感值增大，與換向的不良。

鼓形繞組係針對環形繞組之缺點而設立。電樞鐵芯採用實心柱體，繞組置於鐵芯之表面，兩線圈邊之跨距約等於一個極距，極距為 N 極與相鄰之 S 極間的理論距離為 180 度電工角。鼓形繞組之特點是採用成形繞組，可直接作絕緣處理並嵌入鐵芯槽內，形成較小之自感及互感值，換向也較環形繞組容易。缺點是不適用於極數不相同的電機。

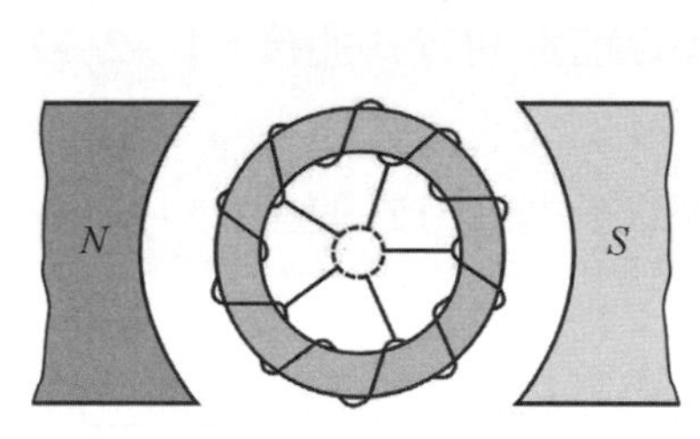

(a) 環型繞阻

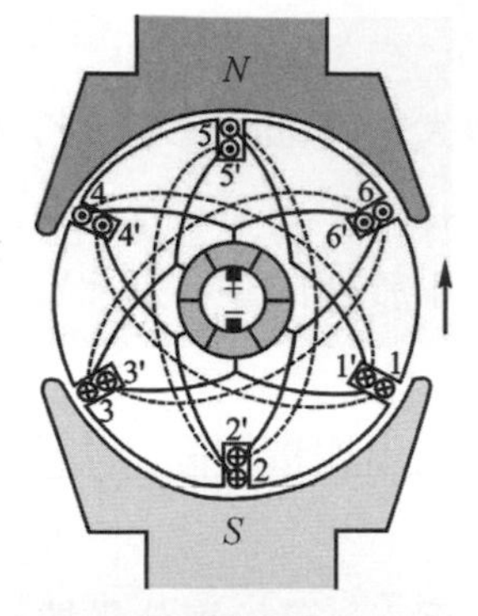

(b) 鼓型繞阻

圖 9-2　電樞繞組

9-2-1　疊形繞組(lap winding)

疊形繞組又稱摺繞或複路繞，如圖 9-3 所示。同一線圈之兩個線圈邊置於相鄰之換向片，換向片之節距 $Y_c = 1$ 稱爲單分疊繞。若依此之接法，第 n 線圈之兩線圈邊之 $n+1$ 會與第 1 片換向片相連接。

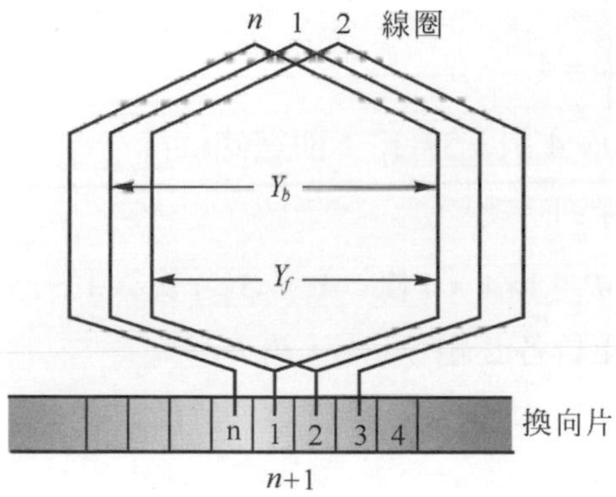

圖 9-3　單分疊繞示意圖

同一線圈兩邊之跨距稱爲後節距(back pitch)，代號爲 Y_b。跨在同一換向片之兩線圈邊稱爲前節距(front pitch)，代號爲 Y_f。圖示繞法，第 $n+1$ 線圈邊與第 1 線圈邊相連接，形成只有一個閉合廻路稱爲一次重入(reentrancy)。換向節距 $Y_c = 2$ 稱爲雙分疊形繞組(duplux lap winding)，線圈數與換向片數同爲奇數，形成一個封閉廻路，稱爲雙分疊繞之一次重入。若線圈數與換向片數同爲偶數，形成二個封閉廻路，稱爲雙分疊繞二次重入。依此類推，若換向節距 $Y_c = m$ 稱爲 m 分疊形繞組。

繞組各節距的計算

設 C 爲換向片數，m 爲複分疊繞，S 爲電樞槽數，P 爲極數，則後節距爲：

$$Y_b = \frac{S}{P} \text{ (4 捨 5 入取整數)} \tag{9-1}$$

前節距爲：

$$Y_f = Y_b \pm m \tag{9-2}$$

Y_b 與 Y_f 之關係

(1) 若後節距大於前節距，$Y_b > Y_f$，繞組係以前進的方式連接，$1 \to 2 \to 3 \ldots$，稱爲前進式繞法。

(2) 若後節距小於前節距，$Y_b < Y_f$，繞組係以後退的方式連接，$1 \to n \to n-1 \ldots$，稱爲後退式繞法。

因前進式繞法的用銅量較後退式法繞節省，疊形繞法之電機大都採用前進式繞法。

電流路徑數

設電流路徑數爲 a，等於複分疊繞 m 與極數 P 的乘積，則

$$a = mP \tag{9-3}$$

EXAMPLE

例題 9-1

有一 4 極直流電機採用雙層單分疊繞法，有 16 個線圈、16 槽、16 片換向片，試繪出電流分佈路徑圖。

解 依題意：$P = 4$、$S = 16$、$m = 1$、$C = 16$、則：

後節距 $Y_b = \dfrac{S}{P} = \dfrac{16}{4} = 4$

前節距 $Y_f = Y_b - m = 4 - 1 = 3 < Y_b$；前進式繞法

換向片節距 $Y_c = m = 1$

電流路徑數 $a = mP = 1 \times 4 = 4$ 條　$1 \to 5 \to 9 \to 13$

電刷數爲 4 組，正負各 2 組 $A_1\ A_2$，$B_1\ B_2$

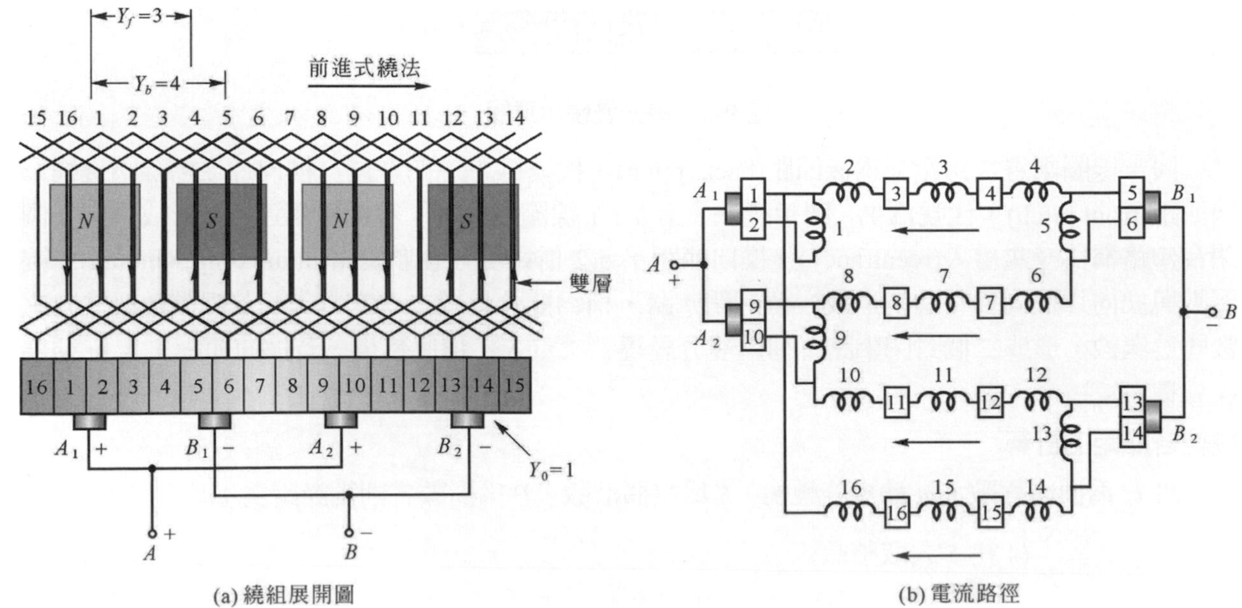

(a) 繞組展開圖　　(b) 電流路徑

圖 9-4　4 極雙層單分疊繞前進式繞組

9-2-2　波形繞組(wave winding)

波形繞組如圖 9-5 所示，一繞組之線圈邊在 N 極，另一線圈邊在 S 極，後節距 Y_b 等於一極距。線圈之換向片距(跨距)，由一線圈邊在 N 極下，至另一線圈在下一個 N 極，行經 N-S-N，共跨過 2 個極距，即 $Y_c = 2$ 個極距。繞組連接的順序，將依序經過 N-S-N-S(假設爲 4 極)一週後，回到與第 1 極(圖示爲 N 極)1 線圈相鄰的1′ 線圈，即 1 線圈連接之前一個換向片。繞組連接的方式，由一極至另一極，形狀有如波浪般稱爲波形繞組。

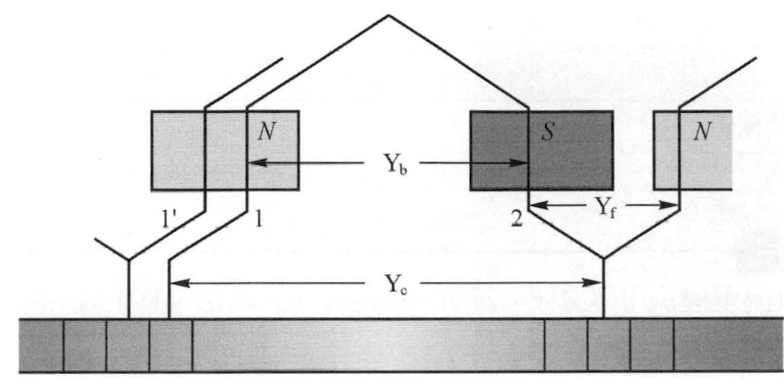

圖 9-5　波形繞組

因波形組無法形成封閉迴路，故換向片距會大於或小於 2 個極距。設 C 爲換向片數，m 爲繞組之複分數，P 爲電機極數，“＋”表示前進式繞組，“－”表示後退式繞組，則換向片距爲：

$$Y_c = \frac{C \pm m}{P/2} \tag{9-4}$$

前進式繞組之換向片距、後節距及前節距，分別爲：

換向片距 $Y_c = \dfrac{C+m}{P/2} = Y_b + Y_f$ (9-5)

後節距 $Y_b = \dfrac{S}{P}$ (4 捨 5 入取整數) (9-6)

前節距 $Y_f = Y_c - Y_b$ (9-7)

後退式繞組之換向片距、後節距及前節距，分別爲：

換向片距 $Y_c = \dfrac{C-m}{P/2} = Y_b + Y_f$ (9-8)

後節距 $Y_b = \dfrac{S}{P}$ (4 捨 5 入取整數) (9-9)

前節距 $Y_f = Y_c - Y_b$ (9-10)

波形繞組又稱爲雙路繞組或串聯繞組，設並聯路徑爲 a，則：

$$a = 2m \tag{9-11}$$

波形繞組繞線法中，後退式繞法較前進式繞法短且節省材料，故採用波形繞組之直流電機，大都採用後退式繞組。

9-2-3 疊形繞組與波形繞組之比較

依電樞的並聯路徑數與電刷數比較疊繞與波繞之差異，如表所述：

疊形繞組			波形繞組		
複分數	並聯路徑數	電刷數	複分數	並聯路徑數	電刷數
單分	P	P	單分	2	2 或 P
三分	$2P$	P	三分	4	2 或 P
四分	$3P$	P	四分	6	2 或 P
[註]：P 爲極數					

EXAMPLE
例題 9-2

有一 4 極直流電機採用單分波形繞組，採用後退式繞法，有 15 組線圈、15 槽、15 片換向片，試繪出電流分佈路徑圖。

解 依題意：$P=4$、$S=15$、$m=1$、$C=15$，則：

換向片距 $Y_c=\dfrac{C-m}{P/2}=\dfrac{15-1}{4/2}=7$

後節距 $Y_b=\dfrac{S}{P}=\dfrac{15}{4}\fallingdotseq 4$

前節距 $Y_f=Y_c-Y_b=7-4=3$

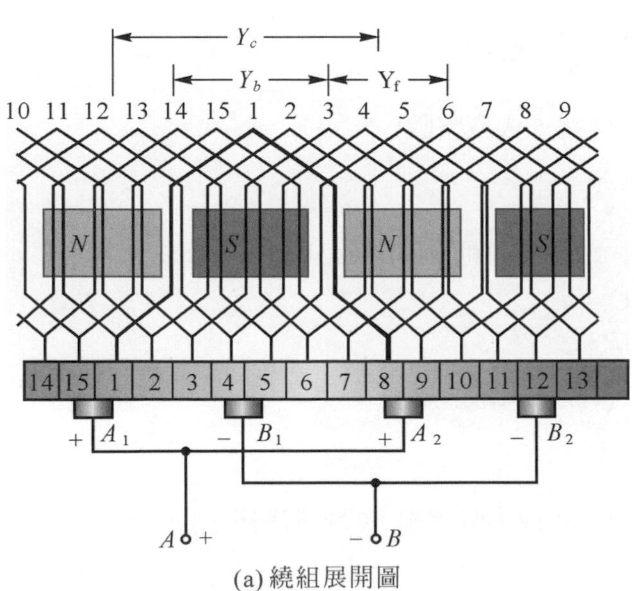

(a) 繞組展開圖

圖 9-6 4 極雙層單分波繞後退式繞組

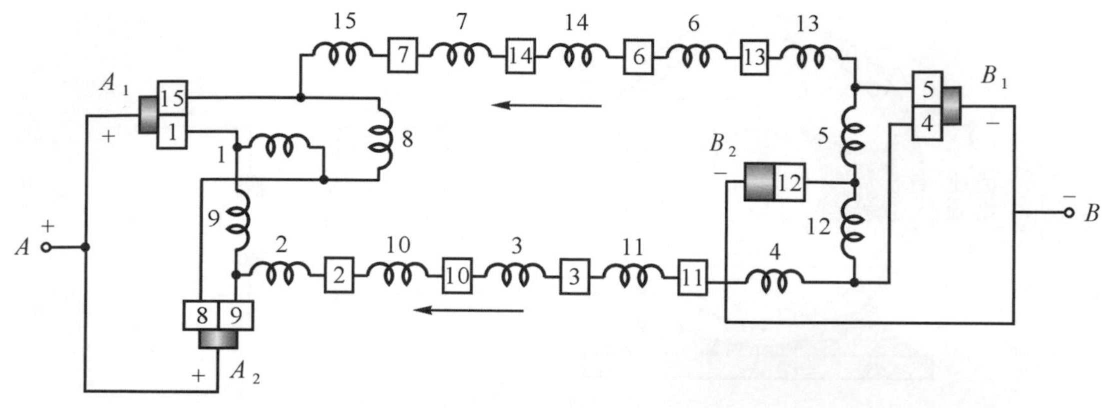

(b) 電流路徑圖

圖 9-6　4 極雙層單分波繞後退式繞組 (續)

9-3 直流電機之分類

以電路觀點，直流電機有兩種電路：電樞電路及激磁電路，兩電路表示之符號，如圖 9-7 所示。

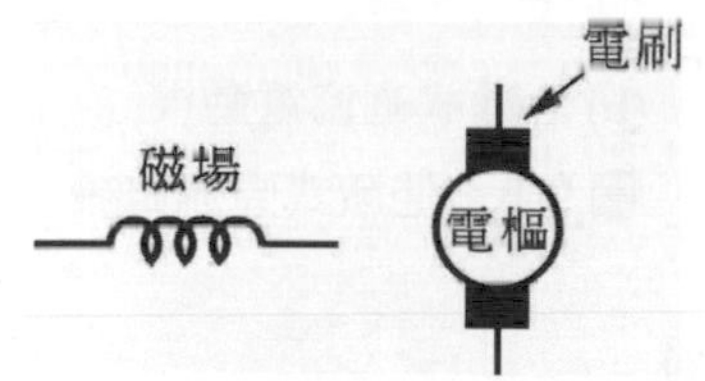

圖 9-7　電路表示之符號

直流電機之磁極獲得磁通之方式，有由激磁繞組接上交變電源產生，也有由永久磁鐵產生，一般可分下列三種：

9-3-1　磁鐵式直流電機

直流電機之磁極由永久磁鐵構成，特點是容量小。當電機運轉時，其磁通量為定值而無法控制，因此，只適合小型直流電機。

9-3-2　他激式直流電機

他激式(separately excited)又稱外激式，是指激磁繞組由外部供應直流電源，不採用電樞本身產生之直流電，表示激磁電路與電樞電路之電源各自獨立供應。如圖 9-8(a)所示為他激式直流發電機，圖 9-8(b)為他激式直流電動機。

他激式直流電機的優點是可控制激磁繞組之電流，而不會影響電樞電路。缺點是需另設置一直流電流供應器，供激磁電路使用。

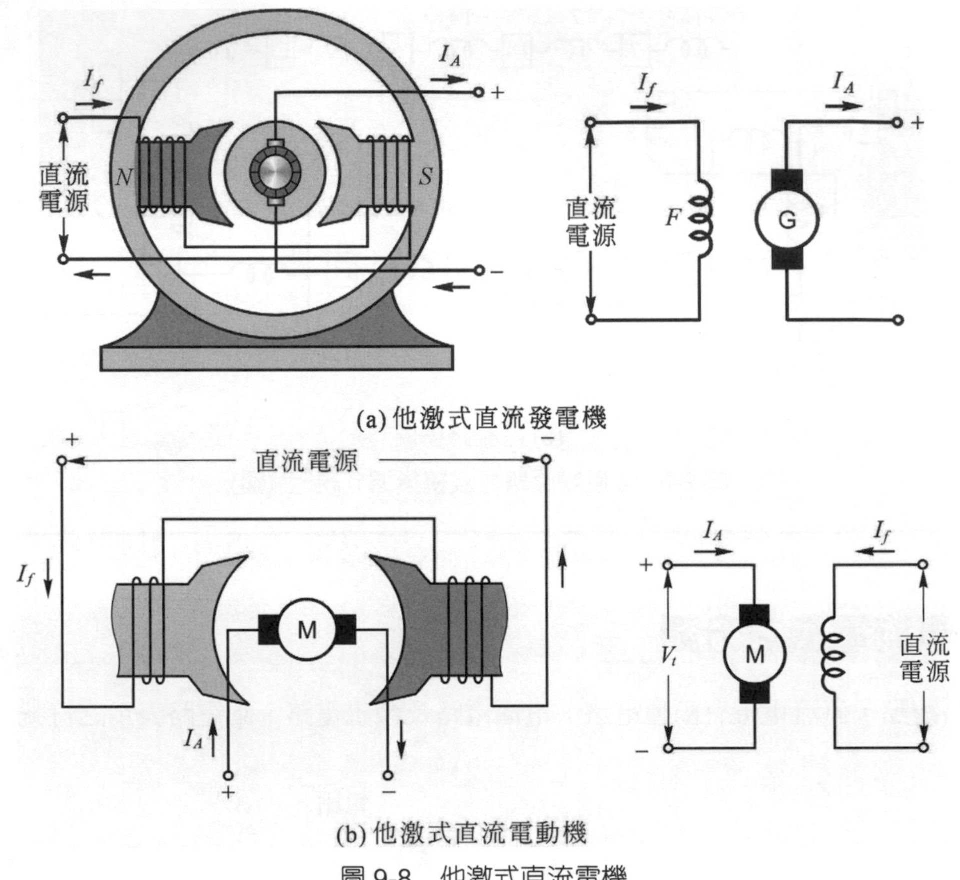

圖 9-8　他激式直流電機

9-3-3 自激式直流電機

自激式(self – excited)直流電機之激磁電路與電樞電路接成並或串聯連接，由電樞產生之直流電供應電路。自激式直流電機因激磁繞組之組合及連接方式的不同，可分爲分激式(shunt dynamo)電機、串激式(series dynamo)電機及複激式(compound dynamo)電機三種。

1. 分激式直流電機

   分激式直流電機，如圖 9-9(a)所示爲分激式發電機，圖 9-9(b)所示爲分激式電機。分激式或稱並激式，其激磁電路與電樞電路採用並聯方式連接。

   分激式直流電機之特點是激磁電流受到電樞電壓變動之影響。若電樞電壓可維持定值，激磁電流即可保持固定值，電機之電勢及轉速亦可維持定值。

2. 串激式直流電機

   串激式直流電機之激磁電路串接電樞電路，如圖 9-10(a)所示，爲串激式發電機，圖 9-10(b)爲串激式電動機。製作時應注意激磁繞組須符合電樞電流之額定值。

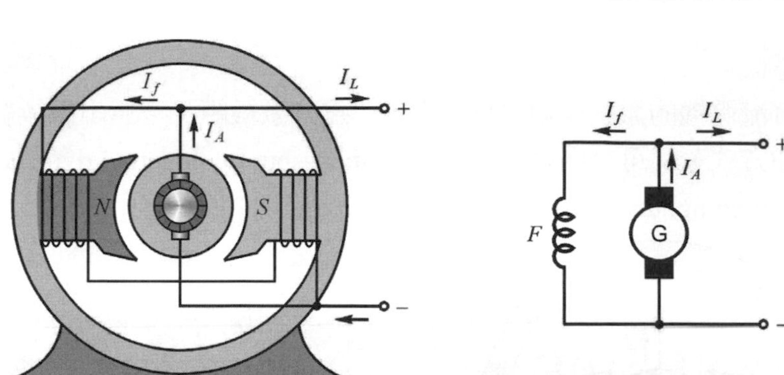

(a) 分激式直流發電機

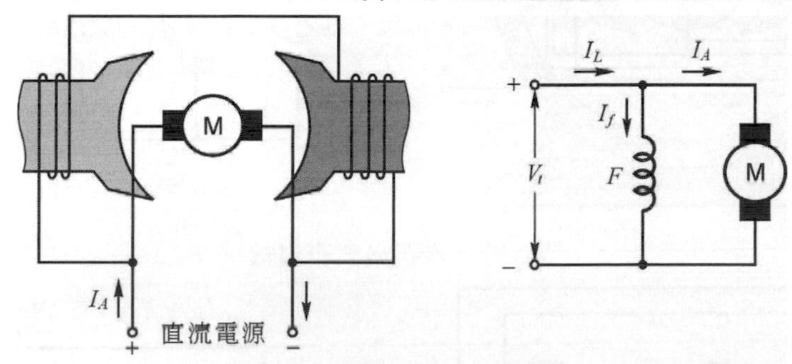

(b) 分激式直流電動機

圖 9-9　分激式直流電機

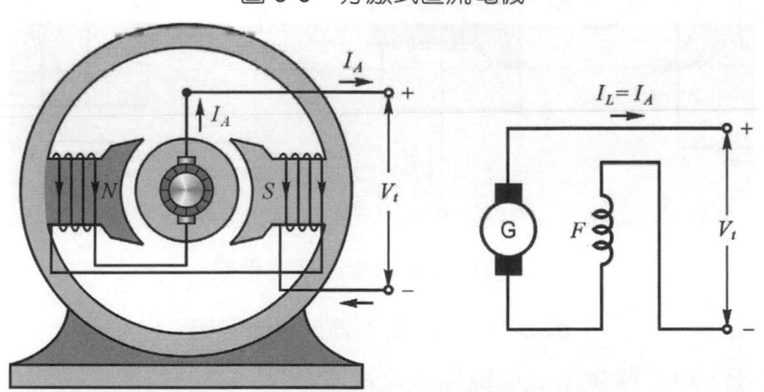

(a) 串激式發電機

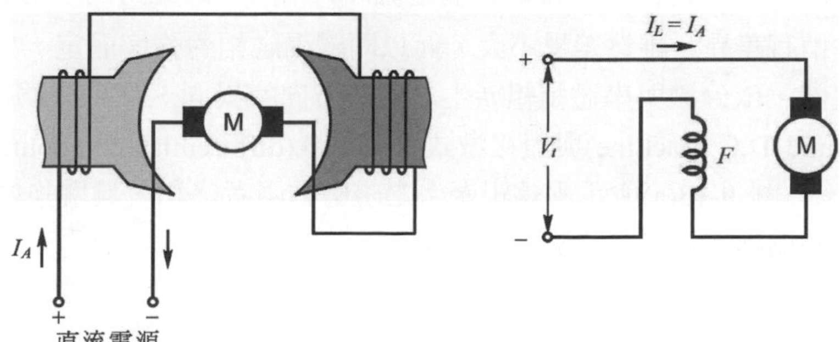

(b) 串激式直流電機

圖 9-10　串激式直流電機

3. 複激式直流電機

複激式直流電機的激磁繞組共有兩組，一為分激繞組，一為串激繞組。再由激磁電路之繞組連接的方式，又可分為短分路複激式(short-shunt compound dynamo)電機和長分路複激式(long-shunt compound dynamo)電機兩種，如圖 9-11 所示。

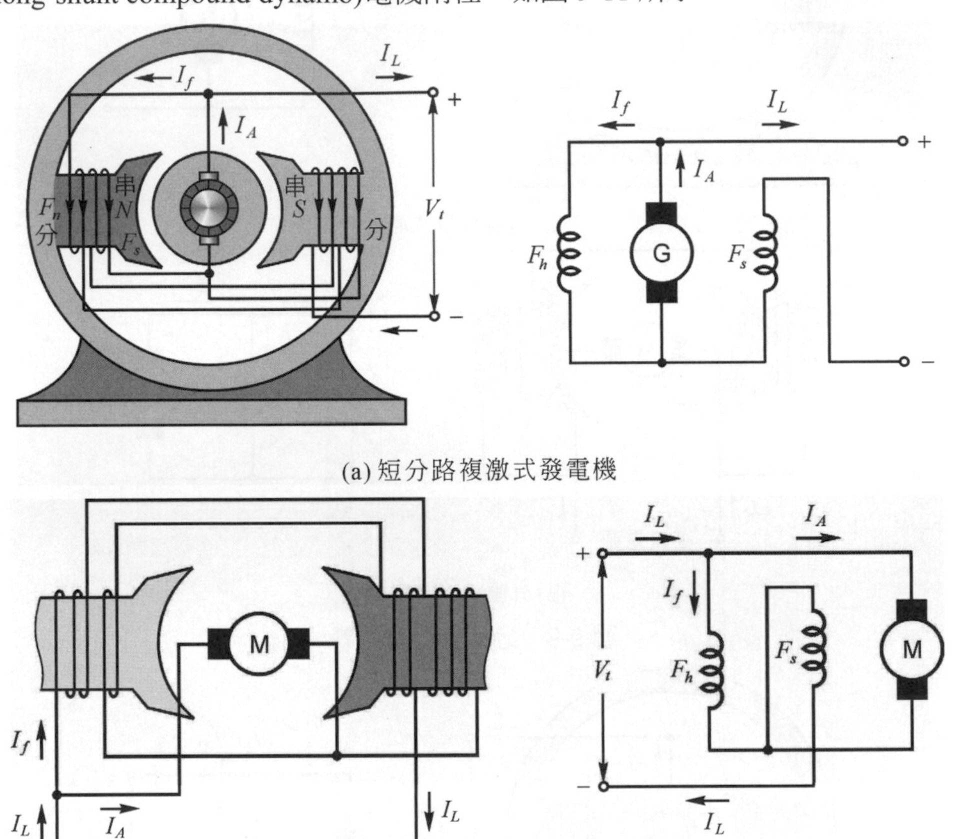

(a) 短分路複激式發電機

(b) 短分路複激式電動機

圖 9-11　短分路複激式直流電機

在連接之電路上，短分路複激式直流電機之串激繞組(F_s)的電流與負載電流(I_L)相同，長分路複激式直流電機之串激式繞組的電流與電樞電流(I_A)相同，因此對同一電機而言，接短分路或長分路，其特性稍有差異，雖然差異不大，而以兩磁場之相對強度而定，如圖 9-12 所示。

複激式直流電機，依分激與串激繞組產生之磁勢方向的異同，又可分為積複激式直流電機(cumulative compound D.C machine)與差複激式直流電機(differential compound D.C machine)兩種。如圖 9-13 所示。圖 9-13(a)所示兩繞組產生之磁勢為兩者之和，具增強效果。圖 9-13(b)所示兩繞組產生之磁勢為兩者之差，具衰減之作用。

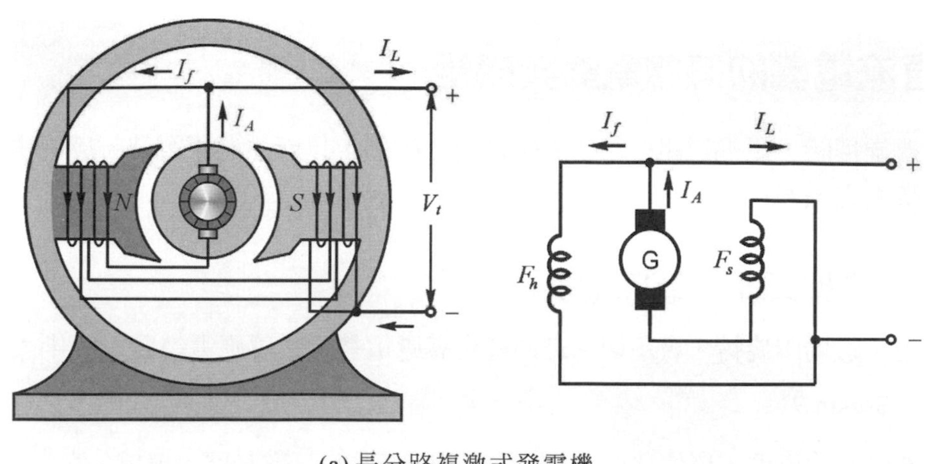

(a) 長分路複激式發電機

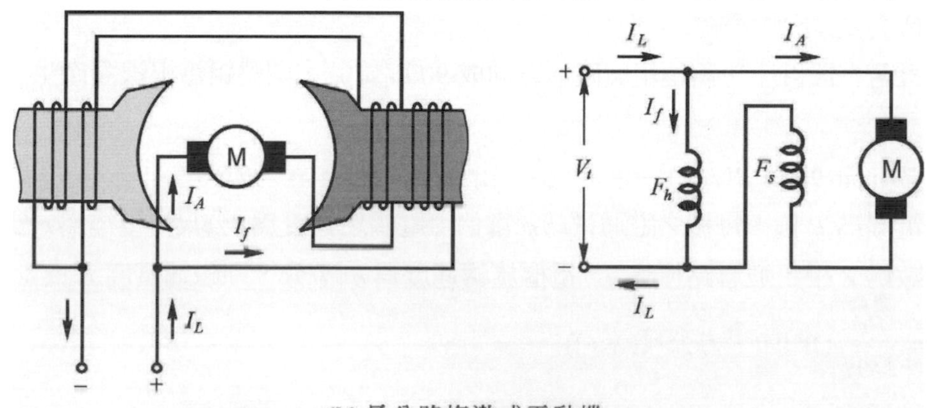

(b) 長分路複激式電動機

圖 9-12　長分路複激式直流電機

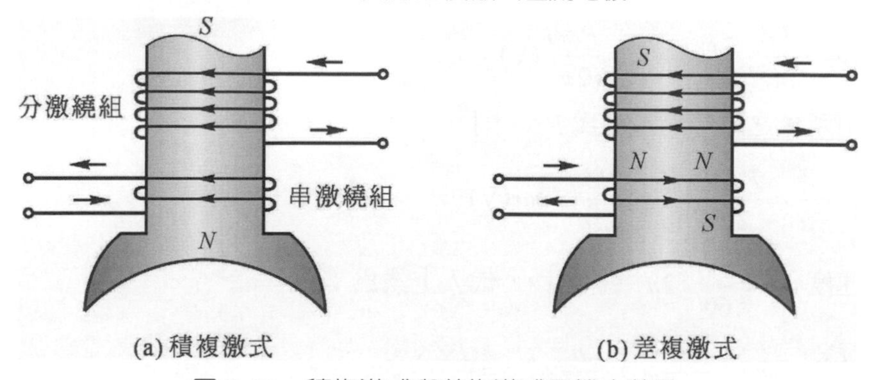

(a) 積複激式　　(b) 差複激式

圖 9-13　積複激式與差複激式電機之差異

在額定轉速下，積複激式直流電機具增磁效果，當負載電流增大時，總磁勢應增大，電樞端電壓也應增大，但因電樞反應之去磁效應與電樞電路和串激繞組的電阻壓降，將使其輸出電壓不一定會較無載時爲大。因此，滿載時之輸出電壓較無載時爲大者，稱過複激發電機(over compound generator)，滿載時之輸出電壓較無載時爲小者，稱欠複激式發電機(under compound generator)，滿載時之輸出電壓與無載時相同者，稱平複激式發電機(flat compound generator)。

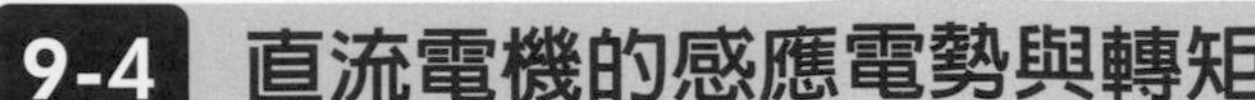

9-4 直流電機的感應電勢與轉矩

直流電機旋轉時，電樞繞組會割切主磁極建立磁通，以產生感應電勢。感應電勢形成電樞電流，電流產生之磁通與主磁通起交互作用，產生了旋轉所需之轉矩。

9-4-1 電樞繞組之感應電勢

電樞繞組在磁場中旋轉，會割切主磁通產生感應電勢。設感應電勢爲 e_a ，則：

$$e_a = Blv\sin\theta \tag{9-12}$$

式中，B 爲磁通密度，單位韋伯，l 爲繞組割切磁通的有效長度，單位公尺，v 爲繞組之旋轉速度，單位公尺/秒。

直流電機若在設計上，將繞組與磁通方向成 90 度旋轉，則繞組每根線圈產生之感應電勢 e 爲：

$$e = Blv\sin 90° = Blv\,(\text{V}) \tag{9-13}$$

設直流電機爲 P 極，每極之磁通量爲 ϕ 韋伯，電樞之長度爲 l 公尺，半徑爲 r 公尺，電樞繞組的導體根數爲 Z 根，並聯路徑爲 a，電樞旋轉速度爲 n 轉/分，則磁通密度 B 爲：

$$B = \frac{P\phi}{2\pi rl}\ (\text{韋伯/平方公尺(米}^2\text{)}) \tag{9-14}$$

$$\text{旋轉速度 } v = r \times \omega\ \ (\text{公尺/秒}) \tag{9-15}$$

電樞繞組每根線圈之感應電勢 e 爲：

$$e = Blv = \frac{P\phi}{2\pi rl} \times l \times r \times \omega = \frac{P\phi\omega}{2\pi}\,(\text{V}) \tag{9-16}$$

設電樞繞組產生之總感應電勢爲 E_a ，則

$$E_a = e \times \frac{Z}{a} = \frac{P\phi\omega}{2\pi} \times \frac{Z}{a} = \frac{PZ}{2\pi a} \times \phi\omega\,(\text{V}) \tag{9-17}$$

式中，角速度 $\omega = \dfrac{n}{60} \times 2\pi$ 弳度/秒，代入上式爲：

$$E_a = \frac{PZ}{2\pi a} \times \phi\omega = \frac{PZ}{2\pi a} \times \phi \times \frac{n}{60} \times 2\pi = \frac{PZ}{60a} \times \phi n \tag{9-18}$$

式中，電樞產生之感應電勢與磁通、旋轉速度成正比，與並聯路徑數成反比。

EXAMPLE

例題 9-3

有一 12 極單分波繞之直流電機，電樞共有 120 組繞組，每繞組有 10 匝線圈，每匝線圈之電阻爲 0.015 歐姆，每極的磁通爲 2×10^{-2} 韋伯，若電機之旋轉速度爲 600rpm，試求電機之感應電勢爲多少？

解　單分波繞之並聯路徑數 $a=2$，繞組總導體數 Z 為：

$Z=2\times120\times10=2400$ 根

電機感應電勢 E_a 為：

$$E_a=\frac{PZ}{60a}\times\phi n=\frac{12\times2400}{60\times2}\times0.02\times600=2880\text{ V}$$

9-4-2　直流電機之轉矩

載流之電樞繞組，產生之磁通與主磁通起交互作用，會產生轉矩使電機持續旋轉。直流電機之轉矩又稱為感應轉矩或電磁轉矩，如圖 9-14 所示為載流之單匝線圈，在主磁通中產生轉矩之情形。

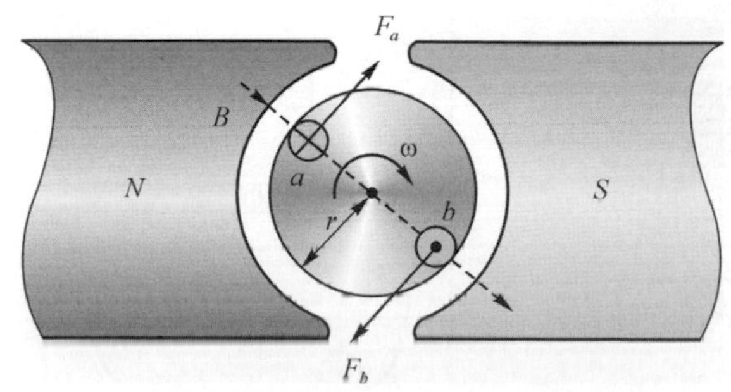

圖 9-14　載流線圈在磁通中產生之轉矩

圖中，置於磁通密度 B 中之兩載流導體 a 與 b，其與 B 之作用力為：

$$F_a=F_b=BlI\ (\text{牛頓}) \tag{9-19}$$

導體 ab(或單匝線圈)產生之轉矩 T 為：

$$T=2\times F_a\times r=2\times BlI\times r=2\times\frac{P\phi}{2\pi rl}\times l\times2\times r=\frac{P}{\pi}\phi I\ (\text{牛頓-公尺}) \tag{9-20}$$

則，電機之電磁轉矩 T_e 為：

$$T_e=T\times\frac{Z}{2}=\frac{PZ}{2\pi}\times\phi I=\frac{PZ}{2\pi a}\times\phi I_a \tag{9-21}$$

式中，I_a 為電樞電流。電機之轉矩 T 與磁通 ϕ 及流經繞組之電流 I 成正比。

EXAMPLE
例題 9-4

有一 4 極單分波繞之直流電機，電樞繞組共有 500 匝，每匝線圈之電阻為 0.015 歐姆，每極的磁通為 5×10^{-3} 韋伯，若電機之端電壓為 200V、電樞電流為 25A，試求電機之電磁轉矩為多少?

解　電樞產生之轉矩 T_e 為：

$$T_e=\frac{PZ}{2\pi a}\times\phi I=\frac{4\times500\times2}{2\times3.14\times2}\times0.005\times25\fallingdotseq39.8\text{ N-m}$$

9-5 電樞反應

電樞反應是兩磁場起交互影響的效應。當電樞導體載入電流產生磁勢時，因電流磁效應之作用，會干擾主磁場在氣隙中產生之磁通，使之發生畸變或造成換向不良等現象，稱為電樞反應(armature reaction)。

如圖 9-15 所示為兩極直流電機之電樞反應情形，圖 9-15(a)為主磁極之磁通分佈情形及磁通分佈曲線主磁極之磁通分佈情形。

設電樞導體沒載入電流，空間磁通由主磁極產生。磁極由 N 極出發，經氣隙進入電樞 S 極。若氣隙的寬度與磁阻分佈均勻，則在每極下之磁通也是均勻分佈。磁通密度曲線，如圖 9-15(a)所示。

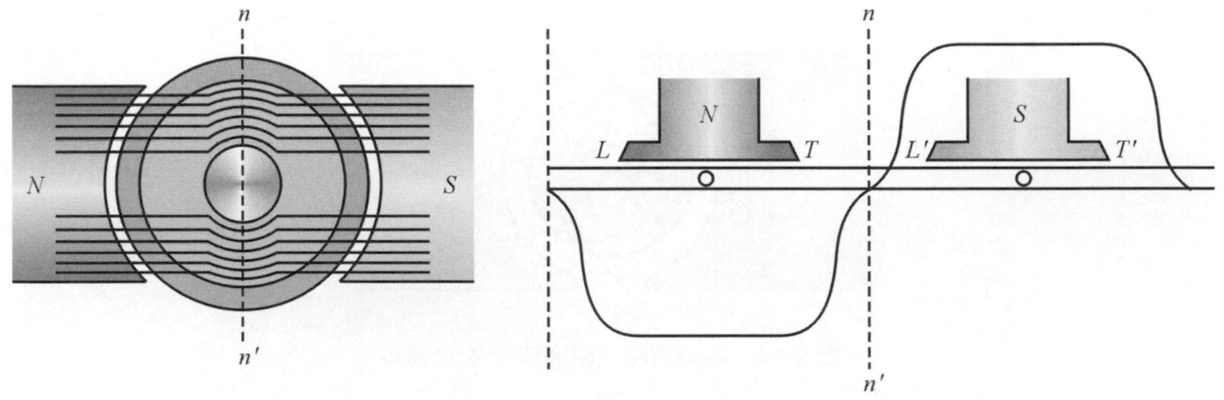

(a) 主磁極之磁通分佈情形及磁通分佈曲線主磁極之磁通分佈情形

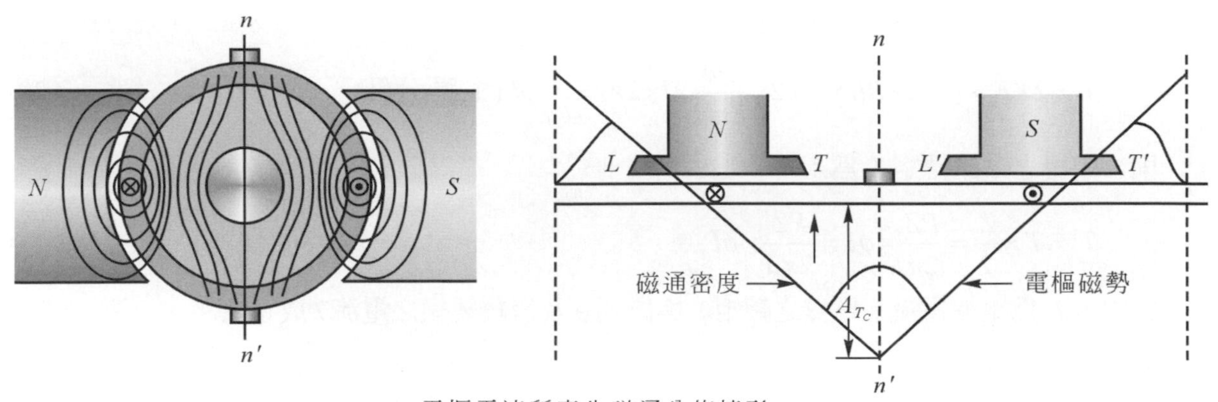

(b) 電樞電流所產生磁通分佈情形

圖 9-15　兩極直流電機之電樞反應情形

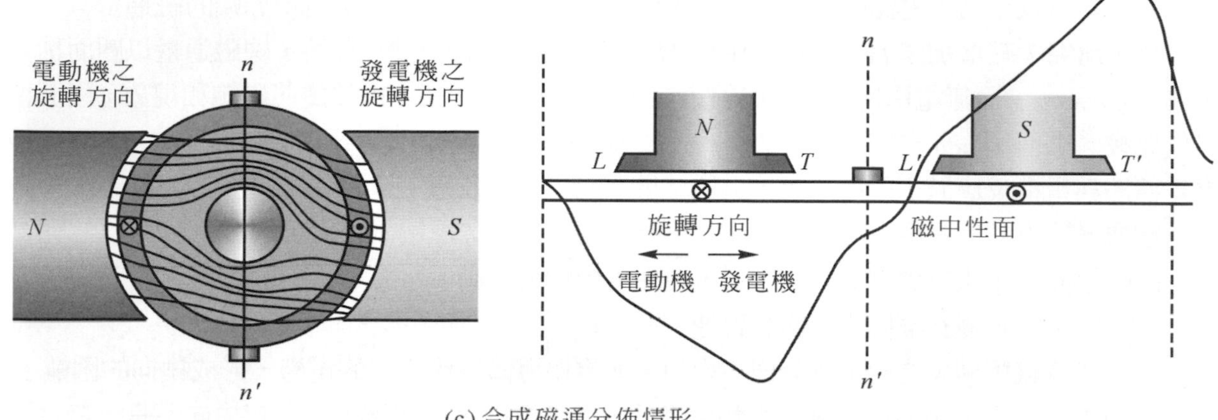

(c) 合成磁通分佈情形

圖 9-15　兩極直流電機之電樞反應情形(續)

如圖 9-15(b)所示爲電樞電流產生磁通之分佈情形。設主磁極繞組沒有激磁電流通過，電刷置放於兩磁極的正中央，圖 9-15(b)所示之 nn' 軸線上。當電樞電流經電樞導體時，產生之磁極方向，如圖 9-15(b)所示，主磁極 N 極下爲流入畫面，S 極下爲流出畫面，依安培右手定則，可決定磁通的方向。

如圖 9-15(c)所示爲圖 9-15(a)主磁極之磁通與圖 9-15(b)電樞之磁通，兩者交互作用後，合成的磁通分佈情形。由合成磁通看來，電樞磁通對主磁極磁通作用，使主磁極磁通被扭曲。在 N 極上方與 S 極下方之極尖處，兩者之磁通方向相同，其合成磁通量增加。而 N 極下方與 S 極上方之極尖處，兩者之磁通方向相反，其合成磁通量減少，造成磁中性面往右偏移，如圖 9-15(c)所示。若電樞導體載有電流，表示電機負載運轉，則發電機爲順時針旋轉，電動機爲逆時針旋轉。

如圖 9-16 所示爲電樞反應之去磁效應(demagnetizing effect of armature reaction)。曲線 OS 爲鐵芯之飽和曲線，直線 OA 爲主磁極在氣隙和極面某磁路產生之磁動勢，OA 磁動勢產生之磁通量爲 Aa。

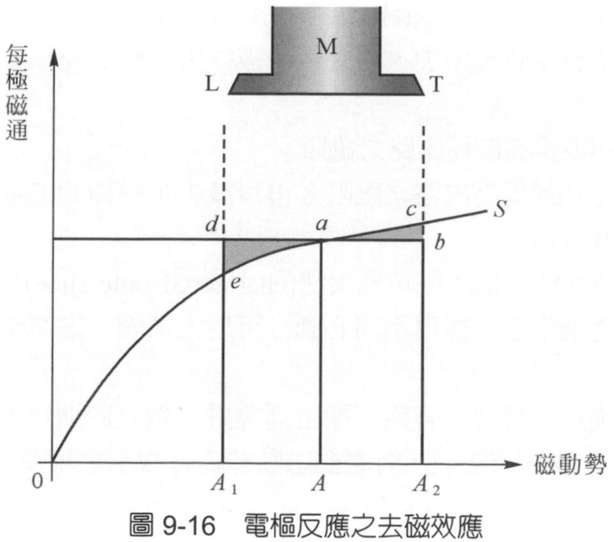

圖 9-16　電樞反應之去磁效應

當有電樞反應時，電樞產生之磁動勢 $AA_1 = AA_2$ 與磁極作用，使得極尖 L 端的磁通量減少了 de，而在極尖 T 端增加了 bc，磁極之中央 M 處的磁通量保持不變。此時，總磁通量以圖面積表示爲 $A_1eacA_2A_1$，而無電樞反應圖示總磁通量之面積爲 $A_1dbA_2A_1$，由於鐵芯磁飽和現象，兩面積若作比較，則面積 acb 爲磁通之增加量，面積 ade 爲磁通之減少量，且面積 $ade > acb$，兩面積之差值即爲電樞反應減少的磁通量，這種結果造成了去磁效應。

電樞電流引起的電樞反應，將會產生下列效應：

(1) 扭曲及干擾主磁場的分佈磁通，並使磁中性軸移動。

(2) 減少主磁極在氣隙中分佈的磁通。

(3) 造成磁極極尖之磁通量分佈不均勻，使電樞導體感應不同的電勢，形成換向的困難。

磁通量若減少，發電機感應的電勢會降低，電動機則會減弱轉矩，引起換向不良，發生閃爍現象，進而燒毀電刷和換向器。

9-5-1 電樞反應的補償對策

電樞反應對運轉之電機的影響爲：

(1) 干擾主磁極之磁通分佈，造成磁中性偏移，形成換向不良。

(2) 減少主磁極產生之磁通量。

(3) 降低發電機感應產生之電勢。

(4) 減少電動機產生之轉矩。

爲了電機能正常運轉，減少電樞反應不良之影響，通常有下列三種方法加以補救。

1. 全面或局部抵消電樞反應

   可加裝線圈產生反磁勢，以抵消電樞磁動勢。採用之方法有：

   (1) 裝設補償繞組(compensation winding)抵消全面的電樞磁動勢。

   (2) 在主磁極間裝置中間極(inter-pole)抵消局部電樞磁動勢。

2. 減少電樞之安匝數

   可增加主磁極的磁通量，以減弱電樞磁動勢，相對地會增加主磁極數，而加大電機之體積，使電機大型化，成本費用也會增加，因此較少被採用。減少電樞總導體數，減弱電樞磁動勢。

3. 讓磁極不易達到飽和或提高磁極磁路之磁阻

   讓磁極尖不易達到飽和或提高磁路之磁阻，可以減少主磁極的磁通量，減少干擾及扭曲的程度，一般採用的方法爲：

   (1) 使磁極尖不易飽和的方法：削角極尖法(chamfered pole shoe)以增大磁極尖部的氣隙；磁極的弧面與電樞中心，採用不同心圓亦可增大氣隙，讓電樞磁勢對磁極尖部磁場的影響減至最低。

   (2) 改善電樞及磁極鐵芯材料：若鐵芯採用高導磁係數之矽鋼片，如電樞齒部的磁通密度可提高至 2.24 韋伯/平方公尺，對電樞磁動勢約有 20%之增減，相對地，磁通量也有約 20%之增減，同時不會造成飽和現象。如圖 9-17 所示，以磁極矽鋼片缺右尖者和缺左

尖者交互堆疊，形成之磁極，由於極尖處之鐵芯減半，導磁係數減少，使鐵芯不易飽和，可以減少電樞磁勢對主磁通的影響，但採用此法應避免增加鐵損。

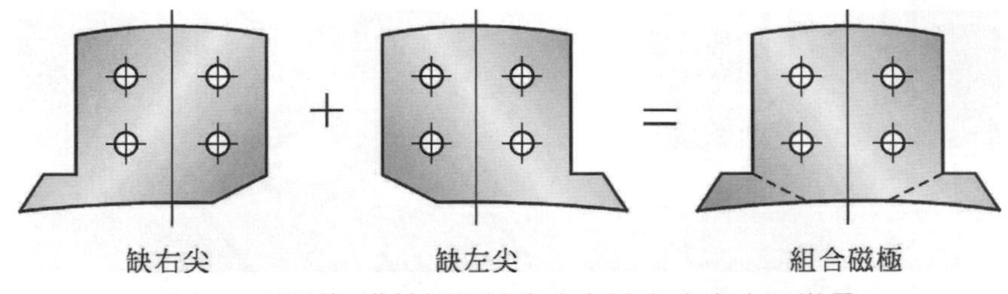

圖 9-17　磁極鐵芯採用缺右尖與缺左尖者交互堆疊

9-6 換向作用

原動機帶動發電機旋轉，電樞導體割切主磁通，於電樞導體上會感應產生交變電勢。交變電勢經轉軸上之換向器與固定在握刷器上之電刷，可將交變電勢轉換成直流電輸出，稱換向作用(commutator action)，或爲整流作用。

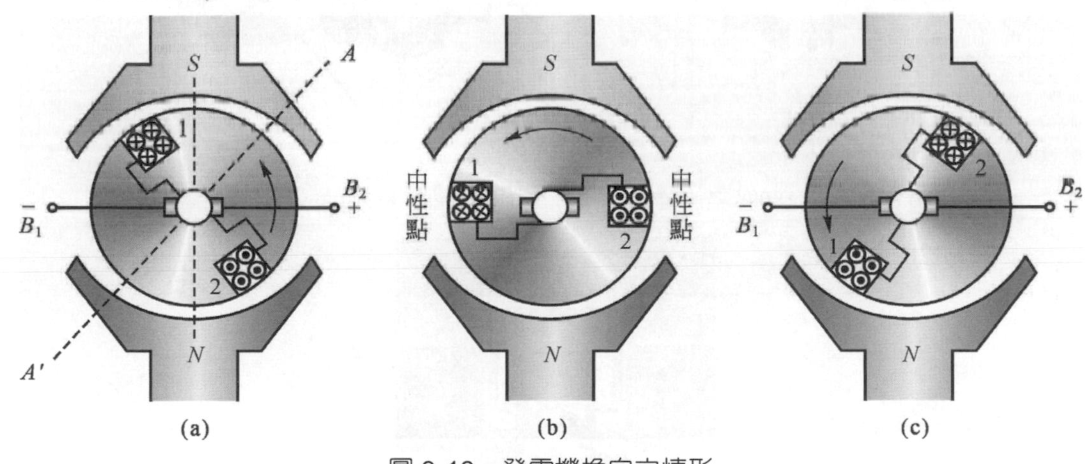

圖 9-18　發電機換向之情形

如圖 9-18 所示，係以三種不同之情況，說明直流發電機換向之情形。

圖 9-18(a)中，槽 1 與電刷 B_1 連接，槽 2 與電刷 B_2 連接，當電樞以逆時針方向旋轉，依夫來明右手定則可知，N 磁極下之電樞繞組槽 2 的電流方向爲流出畫面，S 磁極下則爲流入畫面，電刷 B_2 之電勢方向爲正極。

圖 9-18(b)中，電樞導體正好位於磁中性位置上，不產生感應電勢，因此，電刷端沒有電流輸出。

圖 9-18(c)中，電樞逆時旋轉 90°，槽 1 與電刷 B_2 連接，槽 2 與電刷 B_1 連接，電機仍以逆時針方向旋轉，依夫來明右手定則可知，電樞繞組槽 1 感應之電流方向爲流出畫面，電刷端 B_2 之電勢方向爲正極。由此可知，直流發電機輸出之電流爲直流。

如圖 9-19 所示爲直流電動機之基本原理。圖 9-19(a)中，S_1 與 S_2 爲換向片，B_1 與 B_2 爲電刷。當圖示線圈轉動時，轉動之 S_1 與 S_2 和固定之 B_1 與 B_2 交互接觸。

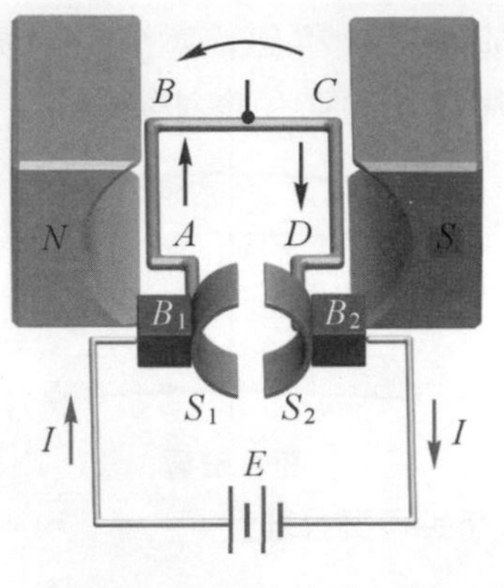

(a) 起始點位置

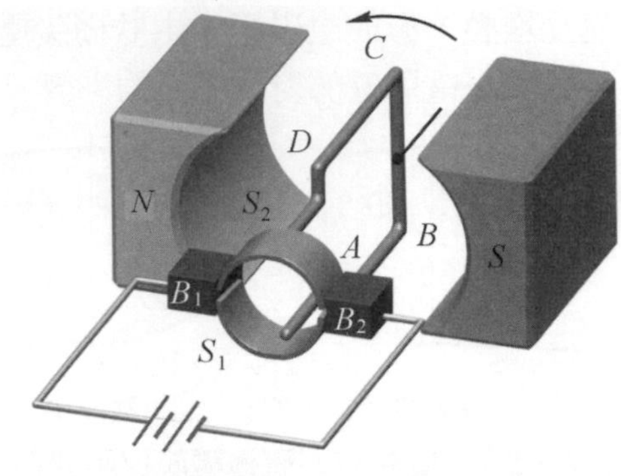

(b) 線圈旋轉90度之位置

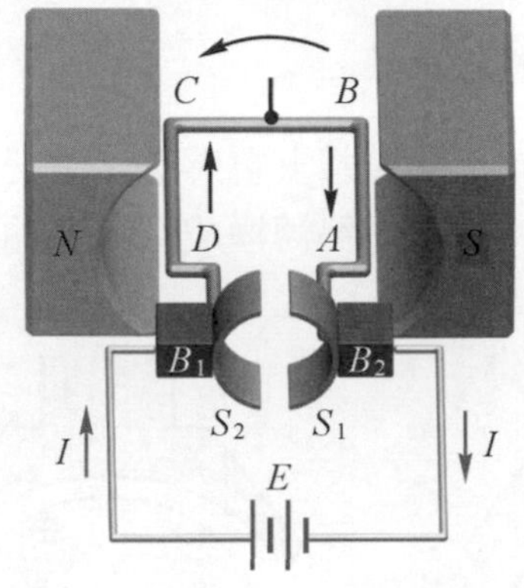

(c) 線圈旋轉180度之位置

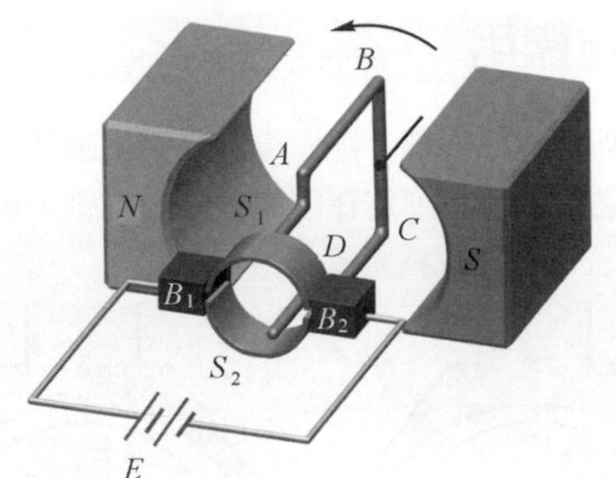

(d) 線圈旋轉270度之位置

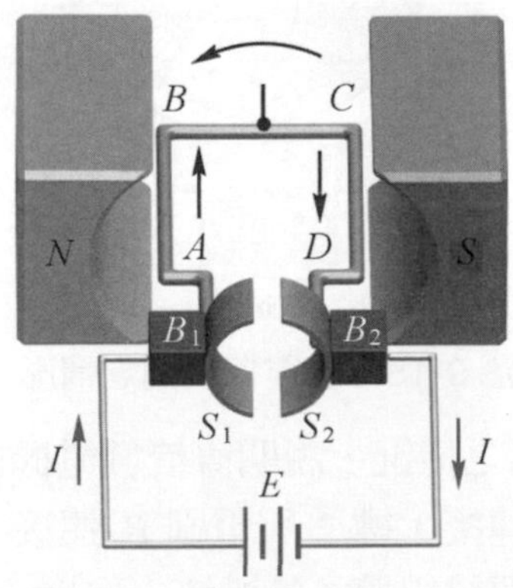

(e) 線圈旋轉回到原點之位置

圖 9-19　直流電動機之基本原理

圖 9-19(a)為電動機開始旋轉之位置，外接電源 E 之電流 I 自正端流經 B_1-S_1-線圈 A 端-B-C-D-S_2-B_2 回至電源 E 之負端，依夫來明左手定則，線圈作逆時針旋轉。此時，產生最大之轉矩，線圈一旦轉動，轉矩將逐漸減弱。

圖 9-19(b)為電動機旋轉 90°之位置。此時，線圈的方位正好與磁極磁場正交(成 90°)，電刷剛好跨於換向片之絕緣區，電流無法流入線圈，轉矩等於零。由於慣性作用，線圈將持續轉動，線圈電路為：$+E$-S_2-B_1-D-C-B-A-B_2-S_1- E 變換電流流向，成為反方向流動。

圖 9-19(c)爲電動機旋轉 180°之位置。此時轉矩又成爲最大，使線圈繼續以逆時針旋轉。

圖 9-19(d)爲電動機旋轉 270°之位置。線圈方位與磁場正交，線圈無電流流入，轉矩等於零。因慣性作用，線圈會持續轉動。

圖 9-19(e)爲電動機旋轉一圈回到起始位置。轉矩又爲最大値，電機動作狀況又回至圖(a)，再週而復始轉動。

換向片與電刷於電機旋轉半圈或 180°變更相對位置時，將改電流流入線圈之方向，以產生一定方向之轉矩，使電動機持續於同方向旋轉，這是直流電動機旋轉之基本原理。

9-6-1　換向問題的減輕與其解決方法

直流電機須具備下列三種條件，才能獲得良好的換向作用。

1. 延長換向期間 T_C

   換向期間較長較佳。比較容量相同但轉速不同之電機，轉速較快者，產生之火花較大，原因是換向期間若較短，感應之電抗電壓較大，引起之能量消耗也較大。

2. 減少電感量

   (1) 電樞鐵芯採用直徑較大，但長度較短者，以減少線圈之自感量，同時減少感應的電勢。

   (2) 採用短節距繞組，減少其它線圈引起之互感量。

   (3) 因線之電感量與線圈之匝數成正比，減少線圈之匝數，也可減少電感量。

3. 增加電刷之接觸電阻

   選用較好之電刷材料，以增加電刷與換向片之接觸電阻，使換向曲線近似於直線，獲得良好之換向效果。

直流電機一般用來改善換向問題，有下列三種：

(1) 移刷法：電刷隨負載的大小，自磁中性面移動某一角度，好處是可產生去磁效應，改善換向問題。缺點是會減弱主磁極之磁通量，同時，負載若隨時更動，電刷也應隨時變換角度。目前很少採用此法。

(2) 加裝中間極：中間極在換向期間，感應之電勢會抵消換向線圈產生之電抗電壓，使換向線圈之淨壓降爲零，所以沒環流發生，不會造成火花，同時解決換向問題。中間極設置在換向線圈之正上方，構造簡單，故普遍受採用。

(3) 設置補償繞組：補償繞組的作用在消除直流電機發生之電樞反應。因直流電機引起之電樞反應，會造成嚴重的換向不良，補償繞組抵消電樞反應，能改善換向問題。

9-7　補償繞組

在重載或負載變動時，大型直流電機在這種情形運轉，將因電樞反應及電抗電壓的產生，引起換向不良的問題，嚴重時會在換向片與電刷間產生閃絡(flashover)現象，其至發生電弧(arcing)，因而毀損換向片及電刷，造成電機無法持續運轉。如圖 9-20 所示，在磁極加裝補償繞組，可補救因電樞反應發生的換向問題。

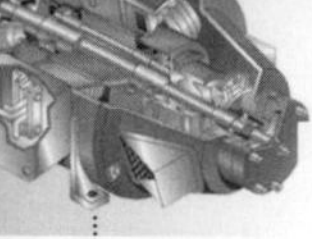

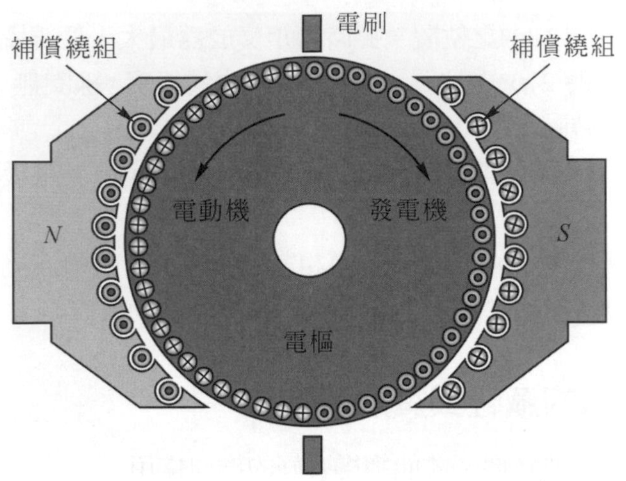

圖 9-20　具有補償繞組之直流電機

在主磁極極掌之表面上，開鑿與電樞槽平行之凹槽，用以置入補償繞組。補償繞組主要的作用，在抵消電樞反應產生之磁勢，故補償繞組之極性必須與相鄰電樞繞組之極性相異，換句話說，補償繞組與相鄰電樞繞組之電流方向應相反，電流大小應相等。如圖 9-21 所示，補償繞組與電樞電路串聯連接，因串聯電流大小相等，再改變繞組繞向即可變換電流方向。

如圖 9-22 所示爲直流電機之補償作用的平面展示圖，圖 9-22(a)爲電樞繞組產生之磁通密度的分佈情形。

圖 9-22(b)爲主磁極之補償繞組產生磁通密度的分佈情形，若與圖 9-22(a)作比較，兩者之磁通方向正好相反。圖 9-22(c)爲電樞繞組之磁通密度，與補償繞組之磁通密度合成之結果，補償繞組可以抵消大部份之電樞反應。主磁極裝置補償繞組，相關於主磁極結構問題，將提高製作成本。同時，於換向期間，尚有自感應及互感應引起的電抗電壓無法完全消除，一般還會裝設中間極。

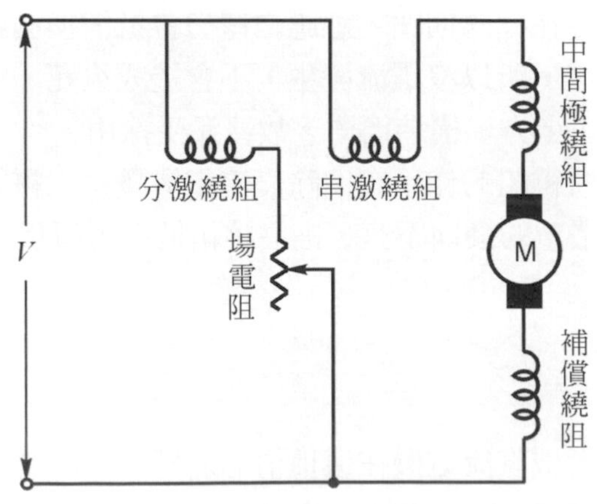

圖 9-21　設有補償繞組之複激式直流電機

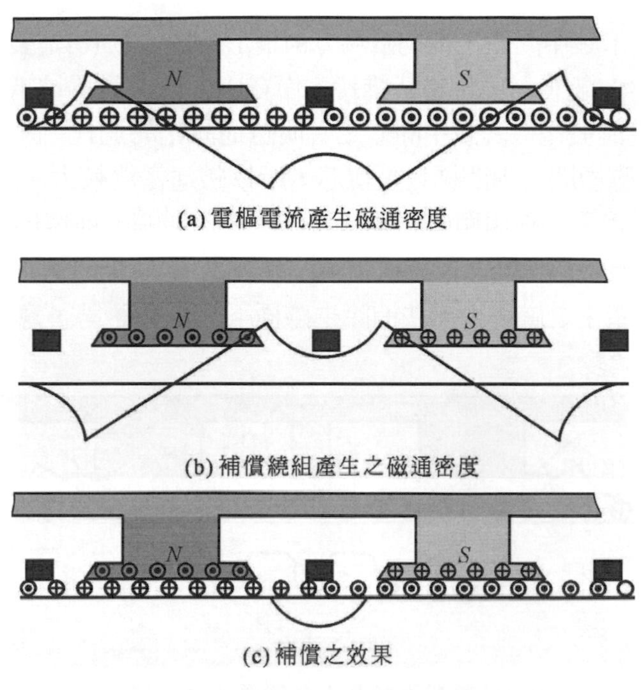

圖 9-22　電機具補償作用之平面展示圖

9-8 中間極

中間極(inter pole)，又稱換向極(commutating pole)，是在兩主磁極間裝設之狹小磁極。中間極之功用在限制電樞反應，並獲得良好的換向效果。中間極之鐵芯甚小，在設計上，僅能影響正在換向之電樞導體，而無法消除電樞反應。

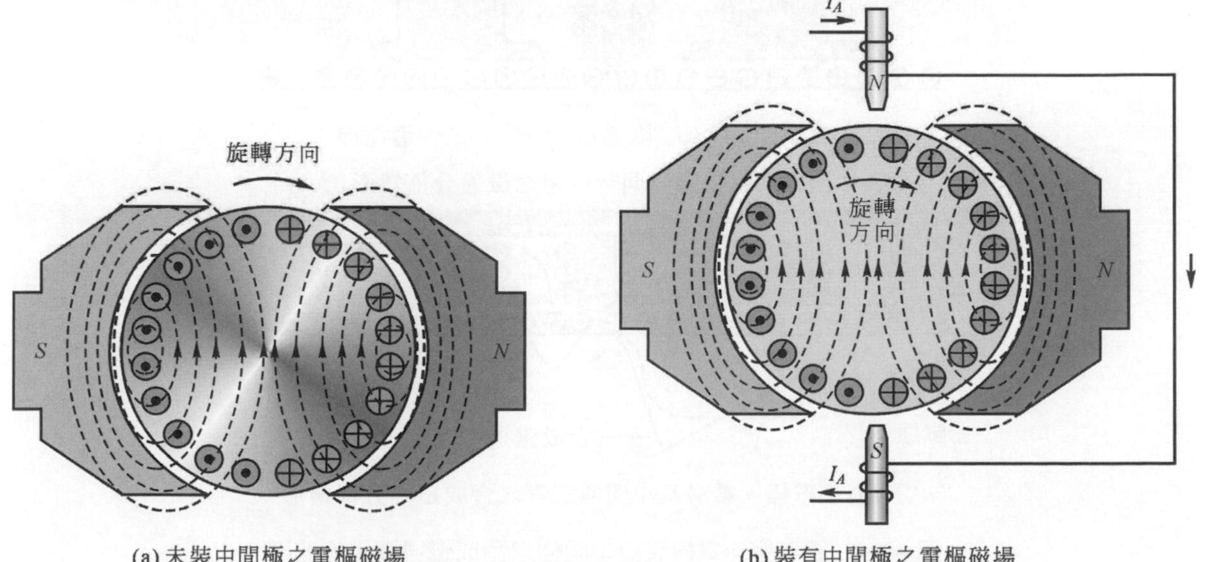

圖 9-23　裝與未裝中間極之電樞磁場比較

如圖 9-23(a)所示是未裝中間極之電樞磁場分佈情形。圖 9-23(b)是裝有中間極之電樞磁場。比較圖 9-23(a)及圖 9-23(b)電樞磁大部份皆維持，僅在中間極之磁場被抵消。

如圖 9-24 所示爲直流發電機裝設中間極之合成磁通演化的過程。圖 9-24(a)爲電樞磁勢產生磁通之分佈情形，在兩磁極間之中間極只是鐵芯，所以磁通密度較大。圖 9-24(b)爲中間極產生磁通之情形。圖 9-24(c)爲電樞磁通與中間極磁通合成之磁通的分佈情形，圖中顯示，中間極產生之磁勢，只是用來抵消電樞反應之電抗電壓。圖 9-24(d)爲考慮主磁極之磁通的情形，三者合成之磁通顯示，中間極產生之磁勢，無法消除主磁極下之電樞磁勢，意謂中間極之磁勢無法改變電樞反應引起的磁場畸變。

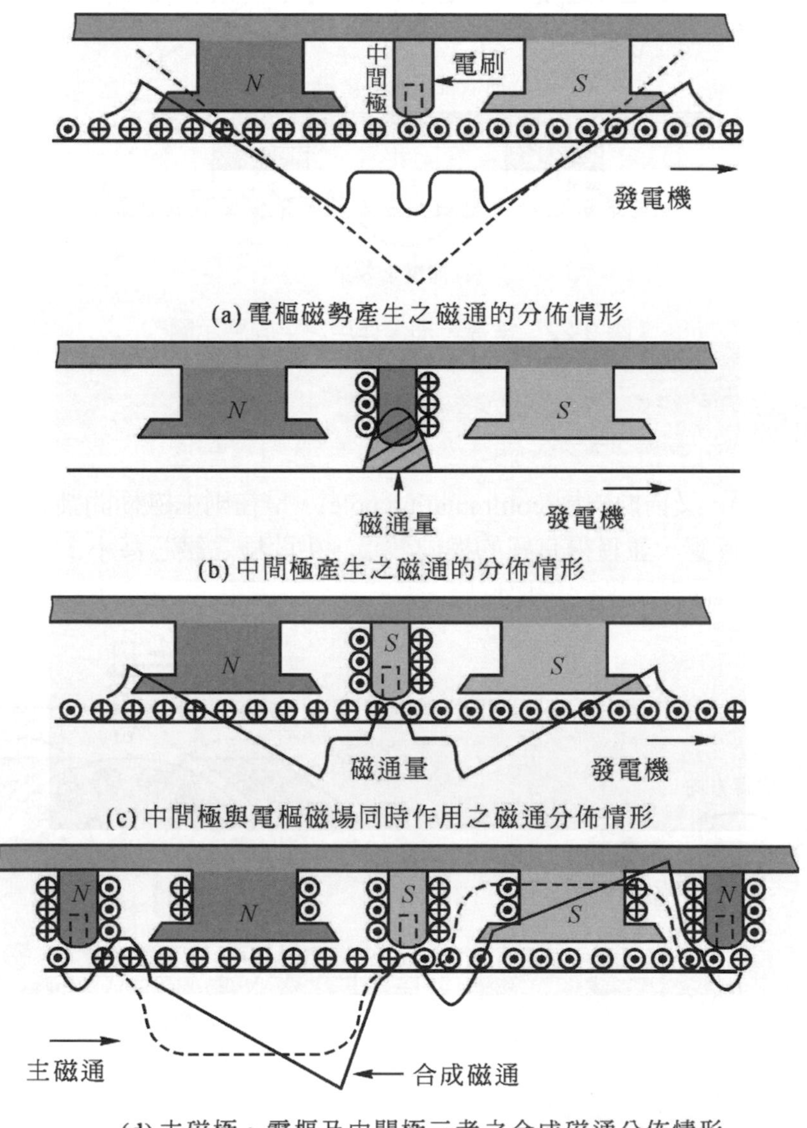

(a) 電樞磁勢產生之磁通的分佈情形

(b) 中間極產生之磁通的分佈情形

(c) 中間極與電樞磁場同時作用之磁通分佈情形

(d) 主磁極、電樞及中間極三者之合成磁通分佈情形

圖 9-24　直流發流電機裝設中間極之合成磁通演化的過程

中間極的繞組與電樞電路以串聯連接，主要在產生與負載電流成比例變化的磁勢。中間極之作用在抵消電抗電壓，在連接電路時，極性之考量爲：

1. 在發電機中，中間極必須和轉向前之主磁極的極性相同。
2. 在電動機中，中間極必須和轉向後之主磁極的極性相同。

爲了獲得理想的換向，中間極之磁勢必須達成下列要求：(1)可完全抵消換向面上之正交磁化電樞反應、(2)能夠克服氣隙磁阻、(3)能夠克服電樞鐵芯磁路中磁阻，故中間極每極之安匝數(磁勢)必須大於正交磁化電樞反應之安匝數，而常用設計直流電機的一般式：

$$中間極每極之安匝數 = (1.2\sim1.4)\cdot\frac{Z}{2P}\cdot\frac{I_A}{a}\ (安匝/每極) \tag{9-22}$$

中間極的數目常相同於主磁極的數目，有時也會只有主磁極數的一半。

9-9 直流發電機的特性及運用

直流發電機的特性以無載特性(no-load characteristic)和外部特性(extermal characteristic)較重要，說明如下：

9-9-1 無載特性

無載特性是指發電機在無負載及額定速率運轉下，磁場電流與電樞電勢之關係。

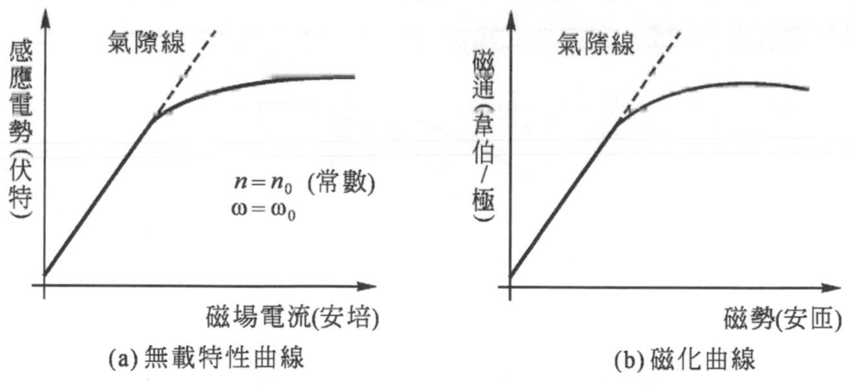

圖 9-25　直流電機之無載特性及磁化曲線

電機之磁路由小部份之氣隙和大部份之鐵芯組成，磁阻可解釋爲氣隙和鐵芯磁阻之和。一般氣隙之磁阻爲定值，鐵芯磁路之磁阻會隨磁場電流 I_f 變動。磁場電勢 E 爲場電流 I_f 與磁阻 $\Re$ 之乘積，$E=I_f\times\Re$，場電勢也不是定值，因此場電勢與場電流的關係並非直線性關係，如圖 9-25(a)所示爲典型的無載特性曲線。因磁路內有剩磁，場電勢不會由曲線之 0 點開始變化。變化剛開始，鐵芯未達飽和，場電勢與電流係直線關係；鐵芯開始飽和時，兩者之關係如彎曲曲線般變化，故彎曲曲線又稱爲飽和曲線(saturation curve)。如圖 9-25(b)所示爲場電勢與電流之關係，改用磁勢與每極之磁通的關係表示。圖中，直線部份爲氣隙線(air-gap line)，爲克服氣隙磁阻所需之磁勢。

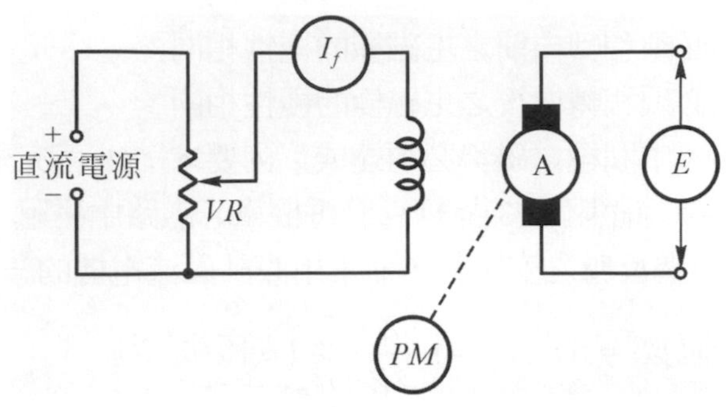

圖 9-26　無載飽和曲線之測試電路

如圖 9-26 所示爲無載飽和曲線之測試電路，注意的是發電機必需使用他激式發電機。他激式發電機之磁場激磁電流必須由直流電源供應。測試步驟爲：

(1) 原動機(*PM*)驅動發電機運轉於額定速率。

(2) 調整可變電阻值 *VR*，使激磁電流 I_f 逐次增加，直至感應電勢爲額定值，再逐次減少場電流，使場電流值爲零。記錄場電流與感應電勢之變化值。

(3) 畫特性曲線圖。依記錄之數值，以場電流 I_f 爲橫軸、電勢 *E* 爲縱軸畫出曲線，如圖 9-27 所示。

圖中，當激磁電流 I_f 增加時，感應電勢也隨之增加，*C* 點表示鐵芯開始飽和，電勢增加之速度趨於緩和，到 *d* 點前，電勢便不再增加，幾乎成一水平線。調整可變電阻值 *VR*，減少激磁電流所得之數據或畫出之曲線，與增加之曲線的路徑不同，這是因爲鐵芯之磁滯現象所造成。

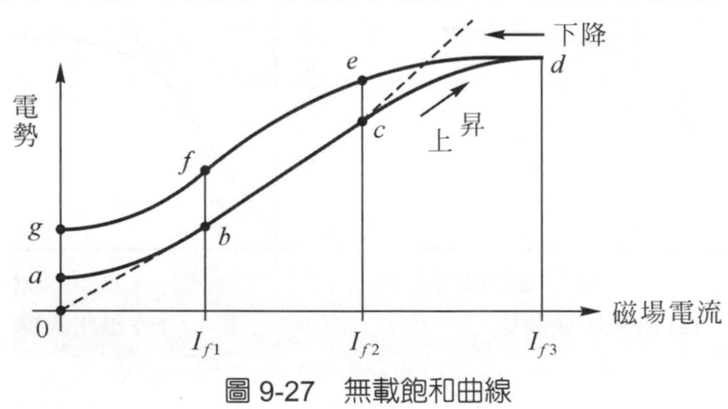

圖 9-27　無載飽和曲線

9-9-2　外部特性

當發電機在額定速率下運轉，先調整負載及磁場電流，使輸出電壓與負載電流均爲額定值，再將磁場電流保持定值，轉速維持定速時，改變負載值，求得端電壓 V_t 與負載電流 I_L 之關係，稱爲外部特性(external characteristic)。此曲線是因改變負載而求得，又稱負載特性(load characteristic)。此依據端電壓與負載電流的變化關係，繪出的關係曲線圖，稱爲外部特特性曲線(external characteristic curve)。

9-10 直流發電機的並聯運用

直流發電機並聯運用之時機，大都在負載增加，而單部發電機無法正常運作時，採用並聯的方式，共同負擔過大之負載。多機並聯較單機運轉之優點爲：

1. 運轉效率高

   發電機運轉之效率，接近滿載時最高，輕載時最低。多機並聯運轉，若爲重載時，可並聯二部或以上同時運轉，以應負載之需要，到輕載時，僅以單機運轉，如此可提高運轉效率。

2. 解決單機運轉之限制

   發電機因換向問題，無法獲得較大之輸出電壓及電流。若負載增加，單機則受限於輸出之電壓及電流，無法正常運作，並聯多機可維持穩壓輸出，並提高輸出電流，以應負載之需。

3. 減小備用發電機之容量

   爲了避免發電機因故障而停電，必須預置備用發電機。採用並聯多機運轉，可提昇供應電流、增大容量，相對地預置之備用發電機的容量可以減小。

以分激式發電機並聯運用爲例，其並聯應具備之條件爲：

(1) 電壓之額定值應相同。
(2) 電壓的極性應相同。
(3) 負載之分配應適當。
(4) 外部特性曲線應相同。

分激式發電機之並聯運用，說明如下：

如圖 9-28 所示爲兩發電機並接一負載之電路，圖中之電表用來指示發電機之輸出電壓 V 及電流 I，開關 S 作爲切換並聯連接及意外之保護用。假設 G_1 分激式發電機正在運轉，並供應負載，開關 S_1 爲閉合狀態，G_1 發電機之極性，如圖所示。當加入 G_2 發電機作並聯運用時，操作方法爲：

(1) 啓動 G_2 分激式發電機運轉，調整電阻 R_2 使電機輸出電壓 V_{t2} 與負載電壓相同。
(2) 測定 G_2 之極性，應與 G_1 相同。極性不同會引起環流，燒毀電機。

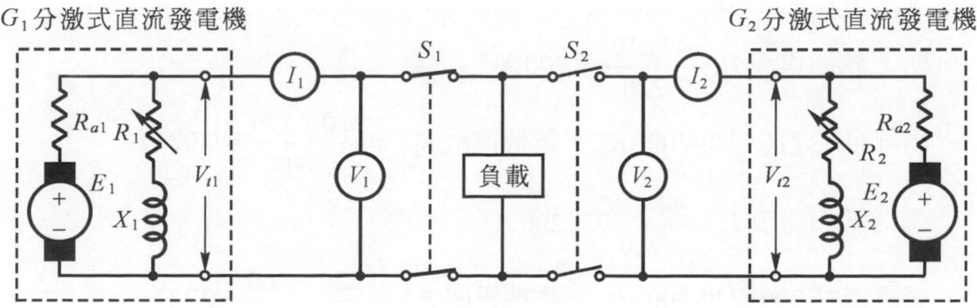

圖 9-28　兩部分激式發電機之並聯運轉測試電路

(3) 確定兩機之端電壓與極性相同時，關上 S_2 開關，讓 G_2 作並聯運轉，但 G_2 尚無輸出電流。

(4) 調高 G_2 之輸出電壓，讓 G_2 負擔部份負載。

(5) 調高電阻 R_1，使 G_1 之輸出電流 I_1 與電壓 V_1 略爲降低，以恢復原來負載時之端電壓。

(6) 反覆調整第(4)及(5)項，使發電機 G_1 及 G_2 分擔適當之負載。

如圖 9-29(a)所示，設兩發電機 G_1 與 G_2 在具有相同之端電壓 V_t 及特性曲線下，作並聯運轉，G_1 之輸出電流爲 I_1，G_2 爲 I_2，則負載電流 I_L 爲兩發電機之輸出電流的和。

$$I_L = I_1 + I_2$$

如圖 9-29(b)所示，若將 G_1 發電機之特性曲線往上移，表示其輸出電流 I_1 及端電壓增加，使得 G_1 供應較多之負載功率。如此，調整 G_1 發電機之端電壓，同時可以改變發電機之輸出功率的分配。

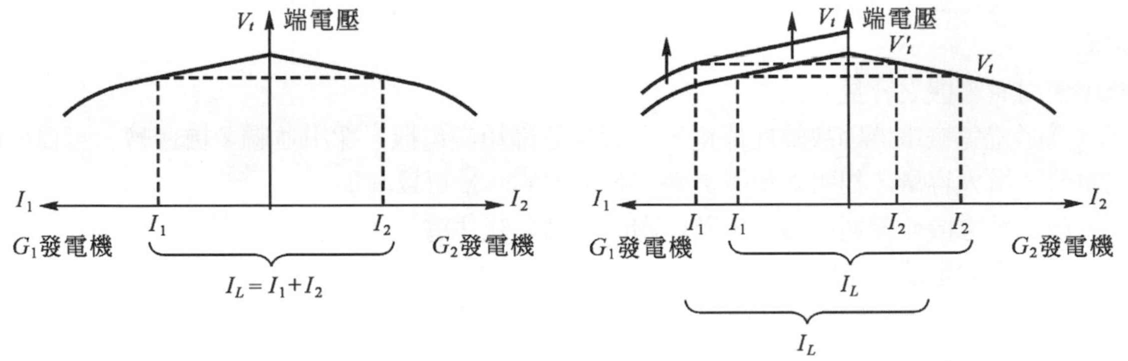

(a) 分擔的負載功率相同　　(b) 提高 G_1 發電機的轉速或磁場電流能改變負載的分配

圖 9-29　兩部發電機並聯運用之負載功率分配情形

例題 9-5

兩部 44 仟瓦，220 伏特之分激式發電機作並聯運用。在無載時，兩發電機之電壓均爲 220 伏特。若單獨使用 G_1 發電機，滿載電壓降至 216 伏特。若單獨使用 G_2 發電機，則降至 200 伏特。設總負載電流爲 300 安培，試求並聯運用時，兩發電機供應的多率各爲多少瓦特？

解　端電壓 $V_t = E - IR_a$，則

G_1 之輸出電流 $I_1 = \dfrac{44\times10^3}{220} = 200\,\text{A}$

滿載電壓 216=220-200×R_{a1}，電樞電阻 $R_{a1} = \dfrac{220-216}{200} = 0.02\,\Omega$

G_2 之輸出電流 $I_2 = \dfrac{44\times10^3}{220} = 200\,\text{A}$

滿載電壓 200=220-200×R_{a1}，電樞電阻 $R_{a2} = \dfrac{220-200}{200} = 0.1\,\Omega$

兩發電機並聯運用時，端電壓必須相等，則

$I_1R_{a1} = I_2R_{a2} \rightarrow I_1 \times 0.02 = I_2 \times 0.1 \rightarrow I_1 = 5I_2$ ……①

而 $I_1 + I_2 = 300$ ……②

將式①代入式②，得：$5I_2 + I_2 = 300 \rightarrow I_2 = 300/6 = 50\text{ A}$

$I_1 = 5I_2 = 5 \times 50 = 250\text{ A}$

兩機並時之端電壓 $V_t = E - I_1R_{a1} = 220 - 250 \times 0.02 = 215\text{ V}$

G_1 發電機之輸出功率 $P_1 = V_t \times I_1 = 215 \times 250 = 53750 = 53.75\text{ kW}$

G_2 發電機之輸出功率 $P_2 = V_t \times I_2 = 215 \times 50 = 10750 = 10.75\text{ kW}$

發電機之額定功率爲 44kW，而 G_1 分配之功率爲 53.75kW，超過甚多，故此設計甚不理想。

9-11 電壓調整率

電壓調整率(voltage regulation)爲發電機供壓負載時，其端電壓變化的程度，又稱電壓變動率。計算電壓週整率係在額定轉速下，無載與額定負載時，兩端電壓之差，再除以額定負載時之端電壓，所得之值以小數或百分數表示。

$$VR(\%) = \frac{V_{NL} - V_{FL}}{V_{FL}} \times 100\% \tag{9-23}$$

式中，V_{NL} 爲無載時之端電壓，V_{NL} 爲滿載時之端電壓。電壓調整值愈小愈好。

發電機在定速下求得之電壓調整率，稱爲固定電壓調整率，在變速下求得之電壓調整率，稱爲綜合電壓調整率。至於判斷發電機之電壓調整率的好壞，還須依據發電機的用途，如發電機用於定電壓配電，間隔距離則爲考量的要素，間隔距離愈近，電壓調整率愈小，接近零者爲最理想。若用電距離發電機甚遠，因電壓降落甚大，則須採用負値電壓調整率的過複激式發電機。若爲電弧焊接電源的發電機，則採用正値電壓調整率之差複激式發電機。若串接在輸線路間作爲補償電路壓降之電壓調整率時，則採用 100%負値的串激式發電機。

EXAMPLE

例題 9-6

有一分激式發電機滿載時之端電壓爲 200 伏特，空載時之端電壓爲 250 伏特，試問該發電機之電壓調整率爲多少？

解　電壓調整率　$\text{VR}(\%) = \frac{V_{NL} - V_{FL}}{V_{FL}} \times 100\% = \frac{250 - 200}{200} \times 100\% = 25\%$

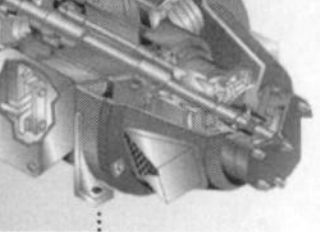

EXAMPLE
例題 9-7

有一部 200 伏特、50kW 的直流電機，若電樞電阻為 0.04 歐姆，則電壓調整率為多少？(電樞反應之去磁效應及電刷間之壓降可忽略不計)

解 發電機之輸出電流 $I_A = 50 \times 10^3 / 200 = 250\ \text{A}$

發電機之感應電壓 $E = V_t + I_A R_a = 200 + 250 \times 0.04 = 210\ \text{V}$

電壓調整率 $\text{VR}(\%) = \dfrac{V_{NL} - V_{FL}}{V_{FL}} \times 100\% = \dfrac{210 - 200}{200} \times 100\% = 5\%$

9-12 直流電動機之特性

直流電動機之特性，在明瞭電動機之轉速、轉矩及輸入電流三者之關係，其中以轉速特性(speed characteristic)和轉矩特性(torque charactetistic)兩種較為重要。

1. 轉速特性

電動機之轉速特性係在端電壓保持定值時，求得負載電流 I_L 與轉速 n 的關係。設電動機在額定直流電源下運轉，調整電動機之機械負載及激磁電流，使電動機達到額定轉速及滿載電流後，保持端電電壓與激磁電流為定值，再逐次增加負載，並取得負載電流對應轉速之各值，繪出的曲線，稱為轉速特性曲線。

2. 轉矩特性

電動機之轉速特性係在端電壓保持定值時，求得負載電流 I_L 與轉矩 T 的關係。如同轉速特性所述，係取得負載電流對應轉矩之各值，繪成的曲線，稱為轉矩特性曲線。

9-12-1 他激式電動機之特性

1. 轉速特性

直流電動機之速率為：

$$n = \frac{V_t - I_A R_a}{k\phi}\ (\text{rpm}) \tag{9-24}$$

他激式電動機之磁場由外部獨立電源供應，可設磁場 ϕ 及外加電壓 V_t 為定值，另常數 k 及電樞電阻 R_a 也為定值，則轉速 n 與電樞電流 I_A 成反比。

如圖 9-30 所示，他激式直流電動機之電樞電流近於零時，轉速甚高，再加離心力作用，會摧毀電動機。負載增加電樞電流加大時，轉速會下降，圖中實線所示，仍可視為恒定轉速之電機。

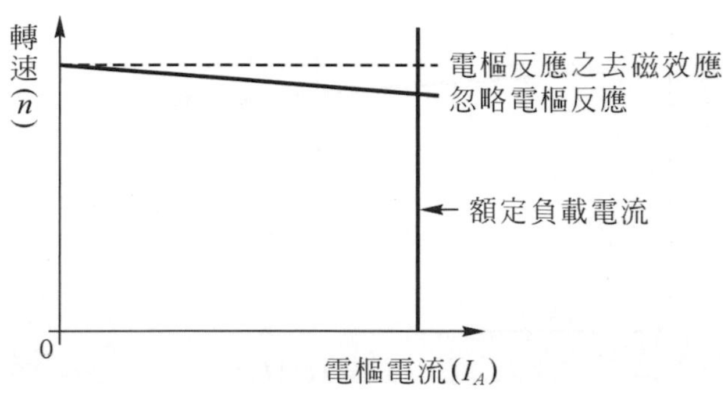

圖 9-30　他激式直流電動機之轉速特性曲線

以上討論不考慮電樞反應之去磁效應，若有大量之電樞電流，去磁作用一定非常大，轉速將隨負載之增加而加大，但因重載之關係，轉速會略為下降作為補償，使轉速更趨穩定。

3.　轉矩特性

直流電動機之轉矩，$T = K_a \cdot \phi \cdot I_A$，在 K_a 與 ϕ 為定值，及無電樞反樞之去磁效應與負載電流較小時，與電樞電流成正比。如圖 9-31 之虛線所示，若電樞反應過大，磁通會略減，轉矩隨負載增加也會稍微減小。

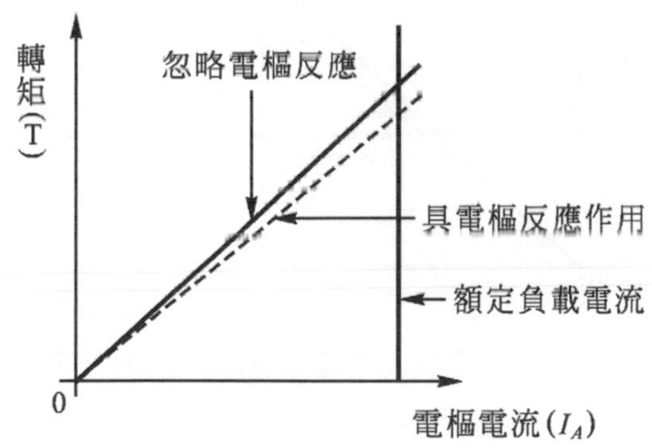

圖 9-31　他激式直流電動機之轉矩特性曲線

9-12-2　分激式電動機之特性

1.　轉速特性

由電動機之轉速公式，$n = (V_t - I_A R_a)/K\phi$，若分激式直流電動機外加之端電壓為定值，轉速與電樞電流成反比。當負載增加時，電樞電流加大，轉速會下降，如圖之實線所示。$I_A R_a$ 值通常為外加電壓之 2%～6%，轉速之降低也為 2%～6%，故分激式直流電動機之轉速，將隨負載之增加略為下降，但仍可視為定速運轉。

電樞反應之去磁效應，將使磁通隨負載之增加稍微減小，由轉速之(9-24)公式可知，分子之 I_A 與分母之 ϕ 同時減小，其轉速仍可維持定值。圖 9-32 中虛線表示，有時電樞反應過大，反而使轉速隨負載增加而加快。

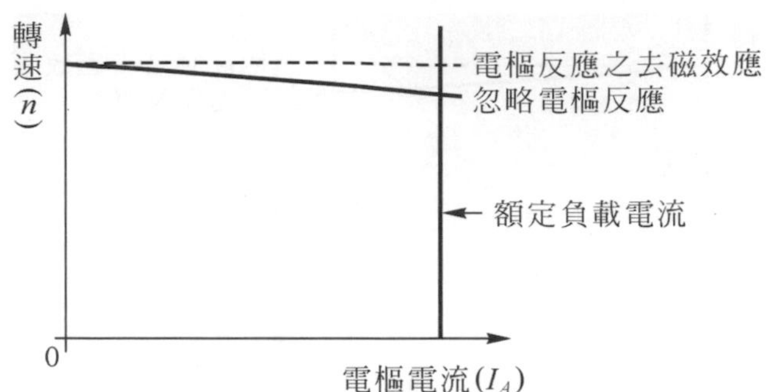

圖 9-32　分激式直流電動機之轉速特性曲線

2. 轉矩特性

直流電動機之轉矩，$T = K_a \cdot \phi \cdot I_A$，在忽略電樞反應，且磁通$\phi$爲定值時，與電樞電流成正比。

電樞電流由最小之 0 值開始增加，故轉矩特性曲線通過原點，如圖 9-33 之實線所示。圖中之虛線是考量電樞反應之去磁效應時之特性曲線。

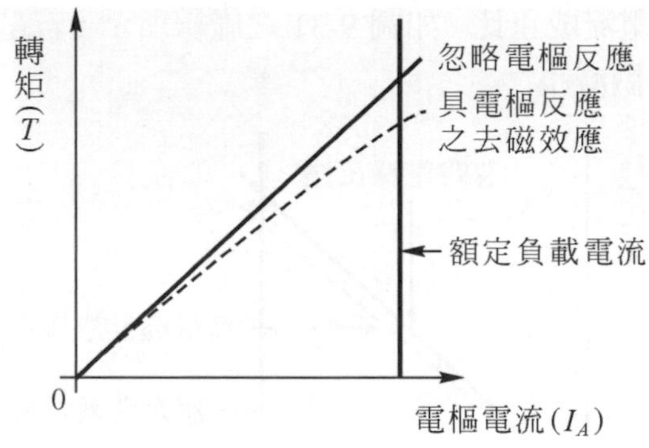

圖 9-33　分激式直流電動機之轉矩特性曲線

在運轉時，分激式直流電動機之繞組若不斷線且移去負載，因有一定之無載速率，電機不致飆速至飛崩狀態。若電機繞組斷線，電機變成無激磁情況，與他激式電動機一樣，轉速將升至極高的速度，故操作時應注意速度之變化。

分激式直流電動機主要用在定速(如：車床、鑽床、鼓風機及印刷等)及調速(如：多速鼓風機等)適應環境週節通風等二種場合。

EXAMPLE
例題 9-8

一部 40kW、200V、1200rpm、電樞電阻爲 0.08Ω，具有補償繞組之分激式直流電動機，若磁場電路之電阻爲 40 歐姆，無載時之轉速爲 1200rpm，若每一磁極的分激繞組爲 1500 匝，試求電動機之(1)輸入電流 I_1 爲 100 安培的轉速、(2)輸入電流爲 200 安培的轉速爲多少？

解　(1) $I_1 = 100$ 安培時，電樞電流 I_A 爲：

$$I_A = I_1 - I_f = I_1 - V_t / R_f = 100 - 200/40 = 95\ \text{A}$$

電勢 $E_2 = V_t - I_A R_a = 200 - 95 \times 0.08 = 192.4\ \text{V}$

設電動機之轉速爲 n_2 ，則：

$$n_2 = (E_2 / E_1) \times n_1 = (192.4 / 200) \times 1200 = 1154 \text{ rpm}$$

(2) $I_1 = 200$ 安培時，電樞電流 I_A 爲：

$$I_A = I_1 - I_f = I_1 - V_t / R_f = 200 - 200 / 40 = 195 \text{ A}$$

電勢 $E_3 = V_t - I_A R_a = 200 - 195 \times 0.08 = 184.4 \text{ V}$

設電動機之轉速爲 n_3 ，則：

$$n_3 = (E_3 / E_1) \times n_1 = (184.4 / 200) \times 1200 = 1106 \text{ rpm}$$

9-12-3　串激式電動機之特性

1. 轉速特性

串激式直流電動機之磁場繞組與電樞串聯，轉速之公式爲：

$$n = \frac{V_t - I_A(R_a + R_f)}{k\phi} (\text{rpm}) \tag{9-25}$$

當磁路飽和時，電樞電流持續增加，磁通 ϕ 可視爲定値，則轉速與電樞電流成反比。

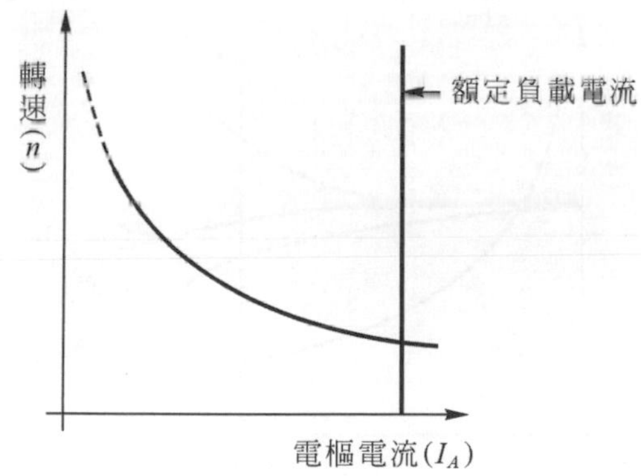

圖 9-34　串激式直流電動機之轉速特性曲線

如圖 9-34 所示，若電樞電流 $I_A = 0$ A，即 $\phi = 0$ ，轉速會至無窮大。實際上，鐵芯有剩磁存在，磁通不致爲零，但其値甚小，轉速仍相當高，而有危險之虞。因此，負載與電動機必須以耦合方式連接，若用皮帶連接，當皮帶斷裂或鬆脫，電機極高速旋轉，導致電樞有飛脫的危險。

2. 轉矩特性

直流電動機之轉矩，$T = K_a \cdot \phi \cdot I_A$ ，當磁極之磁路未達飽和時，每極產生之磁通量 ϕ 與電樞電流 I_A 成比例變化，則改寫轉矩之公式爲 $T = K' \cdot I_A^2$ ，轉矩特性曲線爲一拋物線，如圖 9-35 所示。當磁路飽和時，再增加電樞電流，磁通之增加非常有限，故磁路飽和後，轉矩 T 與電樞電流 I_A 成正比。如圖中曲線之後段。

串激式電動機屬於變速電機，轉矩與電樞電流之平方成正比，故適用於低速時需要高轉矩，且可變速之負載，如起重機、升降機及電車等。

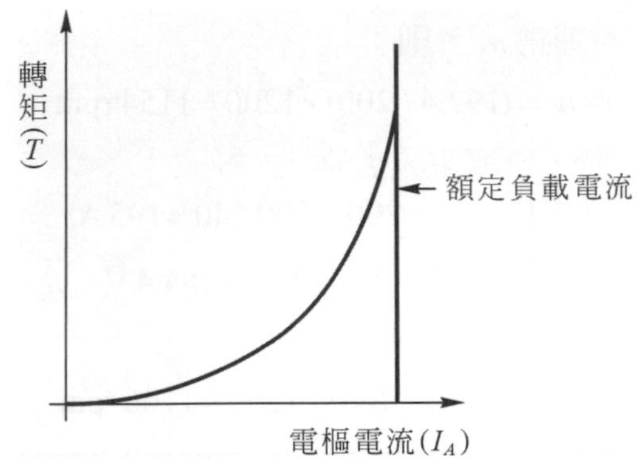

圖 9-35　串激式直流電動機之轉矩特性曲線

9-12-4　複激式電動機之特性

1. 轉矩特性

對積複激式電動機而言，空載時，分激繞組激磁，電動機可維持定速。負載時，串激和分激繞組共同激磁，隨負載電流之增大，磁通量較分激式電機略大，而較串激式電機略小，介於兩電機之間，如圖 9-36 所示。

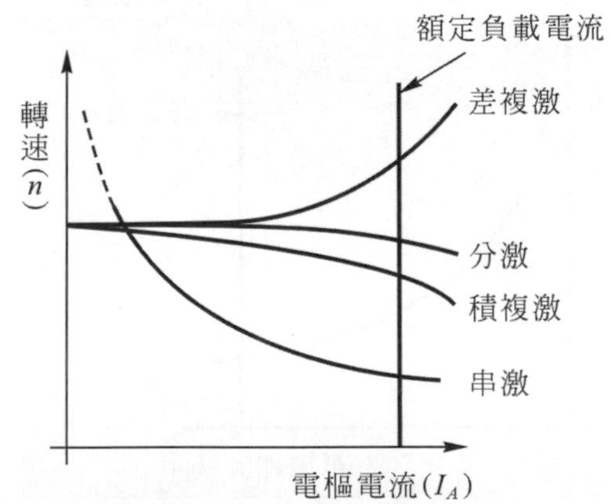

圖 9-36　複激式直流電動機之轉速特性曲線

對差複激式電動機而言，串激磁場與分激磁場相反，和有強大電樞反應之分激式電動機相同，故負載增加時，減低合成磁通量。轉速公式爲：

$$n = \frac{V_t - I_A(R_a + R_S)}{K(\phi_f - \phi_S)} \tag{9-26}$$

式中，R_a 爲電樞電阻，R_S 爲串激磁場電阻，ϕ_f 爲分激磁場之磁通量，ϕ_S 爲串激磁場之磁通量。

常數 $K = PZ/60a$ ，a 爲並聯路徑數。

2. 轉矩特性

積複激式電動機之轉矩公式爲：

$$T = K_a(\phi_f + \phi_S) \cdot I_A \tag{9-27}$$

式中，常數 $K_a = PZ / 2\pi a$。如圖 9-37 所示爲積複激式之轉矩特性，負載增加時，由於串激磁通量使得轉矩值介於分激與串激電動機間。磁通由無載時之分激磁通量開始，隨負載之增加慢慢減少，終至磁通量值爲零，這是兩磁通量值相等，方向相反之結果。在輕載時，複激式電動機之轉矩，隨負載之增加而增大，是因電樞電流之增加較磁通量之減少來得快。當負載增大至某一値時，串激繞組產生較大之磁通量，且磁通量之減少比電樞電流增加的快，致使轉矩逐漸減小。

積複激式電動機之作用介於定速與變速之間，有一定値之零載速率特性，常應用於可能變成輕載之負載上，如起重機、升降機、工作機械及空氣壓縮機等。

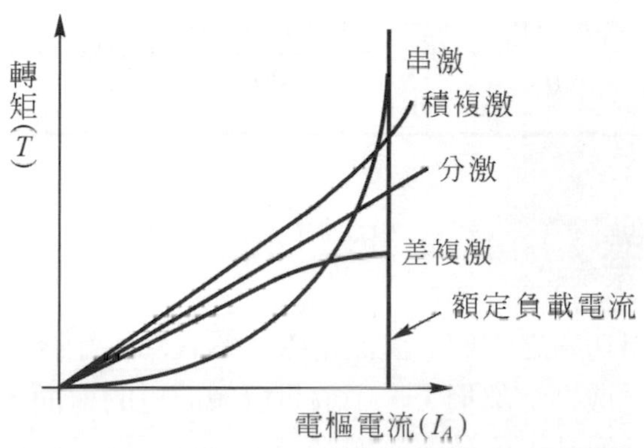

圖 9-37　複激式直流電動機之轉矩特性曲線

9-12-5　速率調整率

電動機之速率調整率定義爲：電動機在額定電壓下旋轉時，無載與滿載速率之差，再與滿載速率之比值。速率調率常以百分率表示爲：

$$速率調整率 = \frac{無載時速率 - 滿載時速率}{滿載時速率} \times 100\%$$

$$SR\% = \frac{n_o - n_f}{n_f} \times 100\% \tag{9-28}$$

在直流電動機中，速率調整值爲正者，有串激式電動機、分激式電動機及他激式電動機等；爲負值者，有差複激式電動機。

EXAMPLE
例題 9-9

有一直流電動機在無載時之轉速爲 1800rpm，滿載時之轉速爲 1760rpm，試求其速率調整率爲多少？

解　速率調整率爲：

$$SR\% = \frac{n_o - n_f}{n_f} \times 100\% = \frac{1800 - 1760}{1760} \times 100\% = 2.3\%$$

EXAMPLE
例題 9-10

有一 220V 分激式電動機，電樞電阻為 0.08Ω，滿載時電樞電流為 75A，速率為 1000rpm。若忽略場電流及電樞反應，則電動機之速率調整率為多少？

解 無載時之反電勢 $E_o = V_t = 220\ \text{V}$

滿載時之反電勢 $E_f = V_t - I_A R_a = 220 - 75 \times 0.08 = 216\ \text{V}$

無載時之速率 $n_o = 1000 \times \dfrac{220}{216} = 1019\ \text{rpm}$

速率調率 $\text{SR}\% = \dfrac{n_o - n_f}{n_f} \times 100\% = \dfrac{1019 - 1000}{1000} \times 100\% = 1.9\%$

9-13 損失及效率

損失為輸入功率與輸出功率之差值。直流電機之輸入功率始終大於輸出功率，意謂直流電機之功率損失過大。直流電機之全部損失，不論是機械或電的方面，都會轉換成熱能，使得電機之溫度昇高。電機之溫升對其工作效率影響甚鉅，而且電機溫度昇高超過限制，絕緣就會被破壞損傷電機。因此，以電機發熱之觀點而言，提高其工作效率，熱損失是該認眞討論之問題。

9-13-1 損失(losses)

直流電機之損失，可歸納成下列幾項：

A. 依損失的對象

一、旋轉損失(rotational losses)

1. 機械損失(mechanical losses)
   (1) 軸承摩擦損失(bearing friction loss)
   (2) 電刷摩擦損失(brush friction loss)
   (3) 風阻損失(winding loss)
2. 鐵芯損失(iron losses)
   (1) 磁滯損失(hysteresis loss)
   (2) 渦流損失(eddy current loss)

二、電氣損失(electrical losses)

1. 電樞繞組之銅損
2. 分激繞組之銅損
3. 串激繞組之銅損

4. 中間極繞組之銅損
5. 補償繞組之銅損
6. 電刷與換向器間之接觸損失

三、雜散負載損失(stray load losses)

1. 主磁極產生之極面損失
2. 電樞反應引起磁通之變化造成的鐵損
3. 磁通橫越導體引起之渦流損失
4. 槽齒之頻率損失
5. 換向時，電樞線圈之環流引起的銅損失
6. 電樞繞組之並聯路徑的電勢差異引起之損失

B. 依損失的性質

1. 固定損失(constant loss)
2. 可變損失(variable loss)

9-13-2　效率

1. 效率之定義

直流電機之效率(efficiency)為輸出功率 P_{out} 與輸入功率 P_{in} 之比值，以百分率(%)表示。

$$效率=\frac{輸出功率}{輸入功率}\times 100\%$$

$$\eta=\frac{p_{out}}{P_{in}}\times 100\%=\frac{P_{out}}{P_{out}+P_{loss}}\times 100\%=\left(1-\frac{P_{loss}}{P_{out}+P_{loss}}\right)\times 100\% \tag{9-29}$$

$$\eta=\frac{P_{in}-P_{loss}}{P_{in}}\times 100\%=\left(1-\frac{P_{loss}}{P_{in}}\right)\times 100\% \tag{9-30}$$

式(9-29)中沒有輸入功率值，較適合發電機，因發電機之輸出功率可用電儀表測得。式(9-30)中沒有輸出功率，較適合電動機，因電動機之輸出功率無法用電儀表測得。

EXAMPLE
例題 9-11

有一部 2 仟瓦之直流發電機，滿載運轉時，總損失為 0.5 仟瓦，試該發電機之效率為何？

解　發電機之效率為：

$$\eta=\left(1-\frac{P_{loss}}{P_{out}+P_{loss}}\right)\times 100\%=\left(1-\frac{0.5}{2+0.5}\right)\times 100\%=80\%$$

EXAMPLE
例題 9-12

有一分激式直流電動機，滿載時接 200 伏特電源，負載電流爲 80 安培之電流，總損失爲 800 瓦特，試求滿載時電動機之效率爲何？

解 輸入功率 $P_{in} = V_t \times I_L = 200 \times 80 = 16000\ \text{W}$

電動機之效率爲：

$$\eta = \left(1 - \frac{P_{loss}}{P_{in}}\right) \times 100\% = \left(1 - \frac{800}{16000}\right) \times 100\% = 95\%$$

2. 全日效率

直流電機整日運轉，且負載爲變動，其一整天之輸出總能量與輸入總能量相除之商值，稱爲全日效率(all day efficiency)。

$$\text{全日效率}(\eta_d) = \frac{\text{全日輸出總能量}}{\text{全日輸入總能量}} \times 100\% \tag{9-31}$$

$$= \frac{\text{全日輸出總能量}}{\text{全日輸出總能量} + \text{全日固定損失之總能量} + \text{全日可變損失之總能量}} \times 100\%$$

EXAMPLE
例題 9-13

有一部 120 仟瓦之直流發電機，固定損失和滿載時之可變損失皆爲 5 仟瓦，半載時之可變損失爲 2 仟瓦。設在全日中發電機之運轉情形爲：滿載 4 小時，半載 12 小時，空載 8 小時，則發電機之全日、滿載及半載效率爲何？

解 全日輸出總能量 = 120×4 + (120/2)×12 = 1200 kW

全日固定損失之總能量 = 5×24 = 120 kW

全日可變損失之總能量 = 5×4 + 2×12 = 44 kW

全日效率爲：$\eta_d = \dfrac{1200}{1200 + 120 + 44} \times 100\% = 88\%$

滿載效率爲：$\eta = \dfrac{120}{120 + 5 + 5} \times 100\% = 92.3\%$

半載效率爲：$\eta = \dfrac{120/2}{120/2 + 5 + 2} \times 100\% = 87.7\%$

9-14 均壓連接

直流電機之電樞繞組若採用疊繞法，因並聯路徑之電勢值不相等，造成的可能原因爲：(1)軸承磨損、(2)電樞軸失衡造成輕微跳動、(3)電機裝配不良、(4)鐵芯內含雜質及氣泡等。使得磁路之磁阻不相等，磁極間產生不同之磁通量，導致各路徑感應之電壓不相等，於是，在電樞繞

組內部產生環流，昇高電樞繞組之溫度，破壞絕緣而燒毀繞組。再者，環流流經換向片與電刷的接觸面產生火花(spark)，燒壞換向片及電刷。若火花甚大時，正負電刷間會發生閃絡(flashover)現象，造成嚴重的不良效果。

一般都採用均壓連接(equalizer connections)，以避免疊繞組產生之環流。方法是在電樞繞組中，每隔 360°電機度之各點，用一低電阻導線短路連接在一起，讓各點形成相同之電位，以消弭環流之形成。均壓連接線有兩大重要之功用：

1. 使電樞繞組之環流於均壓連接線內形成迴路，僅少部份環流流經電刷。
2. 環流產生之電磁效應，可均衡各磁極之磁通量，使較弱之磁極的磁通量增加，較強之磁極的磁通量減少。

如圖 9-42(a)所示，兩電刷間有環流流經，環流電刷接觸面產生之火花，將導致換向之情況惡化。改善這種情形，一般都採用均壓線短接相隔二極距之導線，如圖 9-42(b)所示，讓大部份之環流流經均壓線，少部份之環流流過電刷，消除環流對換向之影響，以改善換向之效果。

均壓線之需要量若爲全部之一半，稱爲 50%之均壓連接，全部之 1/3 稱爲 33.33%之均壓連接。由於連點各點之均壓線，必須相隔 360°之電機角，故全部之電樞線圈必須是 $P/2$ 的整數倍，或爲對極數(pair of poles)。設直流電機之線圈數爲 N，採用 100%均壓連接，需用均壓線之連接數爲：

$$均壓線之連接數目 = 2N/P$$

疊繞組之均壓連接，其方法有(1)均壓環(equalizer ring)，(2)均壓繞組(equalizing winding)等兩種。

均壓線連接之場合，可分爲：

1. 將均壓環裝設於電樞繞組之線圈前端與換向器之後端，爲內施均壓裝置(involute equalizer)。
2. 換向器前端之外側。
3. 不與換向器連接之線圈端。

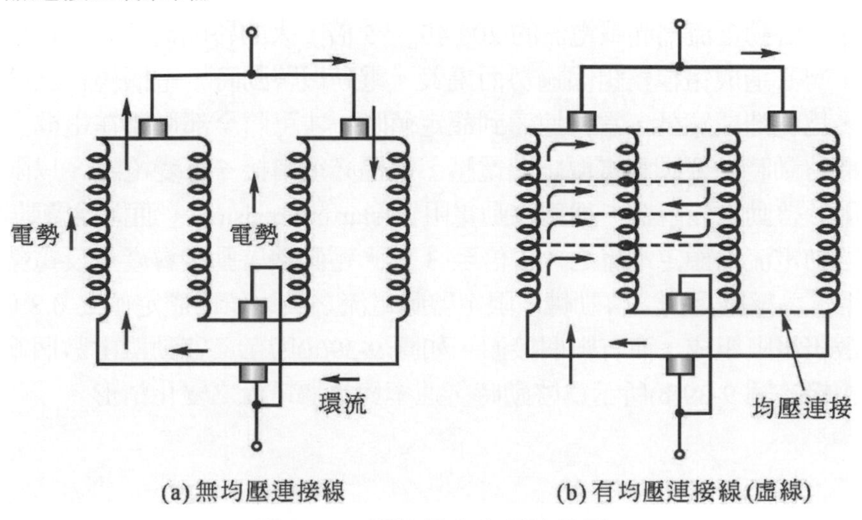

圖 9-42　疊繞組中之環流情形

9-15 電動機的啓動、制動與速率控制

9-15-1 電動機的啓動

電動機啓動必須具備兩個條件：

(1) 必須有足夠的啓動轉矩。因$T = K_a\phi \cdot I_A$，轉矩與電樞電流成正比。

(2) 啓動電流必須在安全範圍內，以免燒毀電樞繞組。

假設供給電動機之電源電壓爲V_t，反電勢爲E_C，電樞電路之電阻爲R_a，電樞電流I_A爲：

$$I_A = \frac{V_t - E_C}{R_a} \tag{9-32}$$

啓動時，電動機之轉速n爲零，反電勢($E_C = K \cdot \phi \cdot n$)也爲 0 伏特，則啓動時之電樞電流$I_S$爲：

$$I_S = \frac{V_t}{R_a} \tag{9-33}$$

式中，若電樞電路之電阻R_a很小，啓動電流I_S變得很大。

EXAMPLE
例題 9-14

有一 5 馬力之分激式電動機，額定電壓爲 100 伏特，電樞電阻爲 0.5 歐姆，滿載電流爲 40 安培，當電動機於額定電壓下啓動時，電動機之啓動電流爲多少？

解 啓動電流爲：$I_S = \frac{V_t}{R_a} = \frac{100}{0.5} = 200\text{ A} > 40\text{A}$

由例題可知，啓動電流爲滿載電流的 200/40 = 5 倍，大的啓動電流若在電樞繞組內，持續數分鐘的流動，勢必造成電樞繞組因過勢而燒毀。電動機啓動時，電樞繞組之端電壓將隨轉速之增加而提高，爲免造成意外，當轉速達到額定値時，才可將全部電壓在電樞上。因電源電壓爲定值，電動機啓動時，要調整電樞之端電壓，電樞必須串接一可變電阻，以限制啓動電流及端電壓。這種用於啓動之變阻器，稱爲啓動電阻器(starting resistor)，通稱爲啓動器(starter)。

一般規定啓動電流爲額定電流之 1.5 倍至 3 倍。電動機啓動後會產生反電勢，而減小電樞電流，降低轉矩。爲獲得足夠之啓動轉，限定啓動電流之最小値爲額定值之 0.8 倍至 1.5 倍。因此，啓動器爲數組電阻組成，而有數個接頭，如圖 9-39(a)所示。啓動器由數個電阻串接而成，並與電樞串聯相接。圖 9-39(b)所示爲啓動時，速率與電樞電流之變化情形。

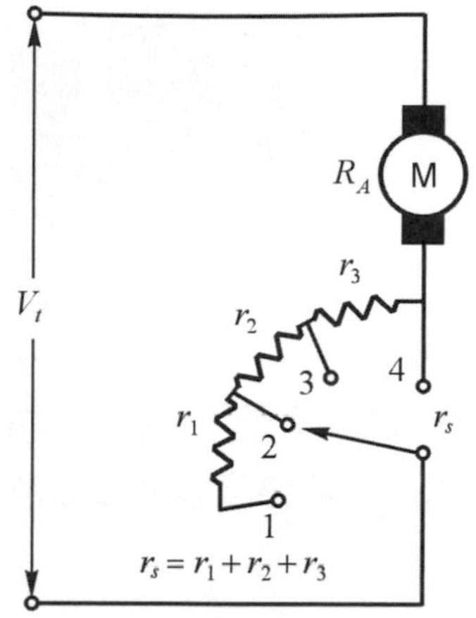

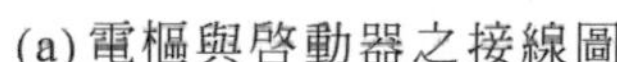
(a) 電樞與啓動器之接線圖

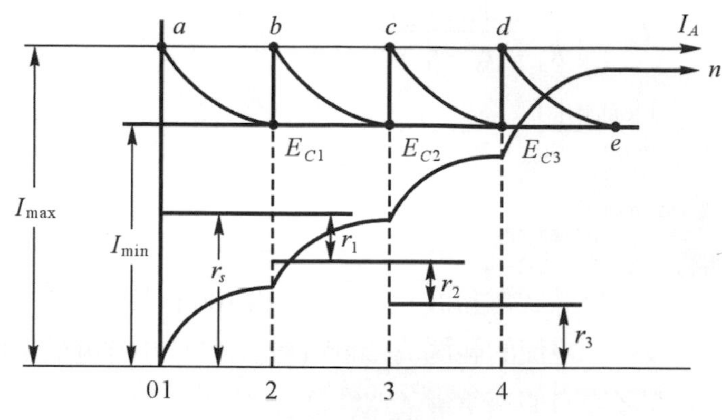

(b) 啓動中速度與電樞電流之變化情形

圖 9-39　直流電動機之啓動情形

啓動電流之最大值 I_{max} 與最小值 I_{min} 若爲已知，則每段之電阻即可求得。

在第 1 點，最大之啓動電流值 $I_{max} = \dfrac{V_t}{R_a + r_S}$ (A)

$$\text{啓動電阻 } r_S = \frac{V_t}{I_{max}} - R_a\ (\Omega) \tag{9-34}$$

在第 2 點，啓動電流爲

$$I_{min} = \frac{V_t - E_{C1}}{R_a + r_S}\ (\text{A}) \tag{9-35}$$

$$I_{max} = \frac{V_t - E_{C1}}{R_a + (r_S - r_1)}\ (\text{A}) \tag{9-36}$$

$$\text{啓動電阻 } r_S - r_1 = \frac{I_{min}(R_a + r_S)}{I_{max}} - R_a\text{，}\ r_1 = r_S - (r_S - r_1) \tag{9-37}$$

在第 3 點，啓動電流爲

$$I_{min} = \frac{V_t - E_{C2}}{R_a + (r_S - r_1)}\ (\text{A}) \tag{9-38}$$

$$I_{max} = \frac{V_t - E_{C2}}{R_a + (r_S - r_1 - r_2)}\ (\text{A}) \tag{9-39}$$

$$\text{啓動電阻 } r_S - r_1 - r_2 = \frac{I_{min}[R_a + (r_S - r_1)]}{I_{max}} - R_a\text{，}\ r_2 = (r_S - r_1) - (r_S - r_1 - r_2) \tag{9-40}$$

在第 4 點，啓動電流爲

$$I_{min} = \frac{V_t - E_{C3}}{R_a + (r_S - r_1 - r_2)}\ (\text{A}) \tag{9-41}$$

$$I_{max} = \frac{V_t - E_{C2}}{R_a + (r_S - r_1 - r_2 - r_3)} \text{ (A)} \tag{9-42}$$

$$\text{啓動電阻 } r_S - r_1 - r_2 - r_3 = \frac{I_{min}[R_a + (r_S - r_1 - r_2)]}{I_{max}} - R_a \tag{9-43}$$

EXAMPLE
例題 9-15

有一分激式電動機，額定電壓爲 100 伏特，電樞電阻爲 0.25 歐姆，額定電流爲 40 安培。設啓動電流的範圍爲 200%(最大值)到 100%(最小值)，試求啓動器應設幾個接頭及每接頭之電阻值爲多少？

解 200%時之最大啓動電流 $I_{max} = 40 \times 200\% = 80$ A

100%時之最小啓動電流 $I_{min} = 40 \times 100\% = 40$ A

啓動器第 1 抽頭之電阻爲：

$$r_S = \frac{V_t}{I_{max}} - R_a = \frac{100}{80} - 0.25 = 1\,\Omega$$

啓動器第 2 抽頭之電阻爲：

$$r_S - r_1 = \frac{I_{min}(R_a + r_S)}{I_{max}} - R_a = \frac{40 \times (0.25 + 0.75)}{80} - 0.25 = 0.25\,\Omega$$

$$r_1 = r_S - 0.25 = 1 - 0.25 = 0.75\,\Omega$$

啓動器第 3 抽頭之電阻爲：

$$r_S - r_1 - r_2 = \frac{I_{min}[R_a + (r_S - r_1)]}{I_{max}} - R_a = \frac{40 \times (0.25 + 0.25)}{80} - 0.25 = 0\,\Omega$$

$$r_2 = (r_S - r_1) - (r_S - r_1 - r_2) = 0.25 - 0 = 0.25\,\Omega$$

啓動器第 4 抽頭之電阻爲：

$$r_S - r_1 - r_2 - r_3 = \frac{I_{min}[R_a + (r_S - r_1 - r_2)]}{I_{max}} - R_a = \frac{40 \times 0.25}{80} - 0.25 = -0.125\,\Omega$$

$$r_3 = r_S - r_1 - r_2 = 0\,\Omega$$

[註]：第 4 抽頭之電阻爲負値，直接取用電樞電阻 R_a 值即可，不必再串接任何電阻。

9-15-2 各型直流電動機啓動時之比較

1. 較大型分激式電動機之啓動，爲獲得最大的磁通，分激繞組直接由外接電源供應，電樞電流則受啓動電阻限制。電動機一旦啓動後，立刻產生反電勢，以平衡大部份之外加電壓，而降低電樞電流。
2. 積複激式電動機之啓動與分激式相同，一般皆爲無載啓動。

3. 差複激式電動機若在輕載啓動時，因負載電流流經串激繞組，產生之磁動勢將抵消分激繞組之磁勢，因此啓動較困難，故常先將串激繞組短路再啓動，電動機啓動後，才接上串激繞組。
4. 串激式電動機在無載或輕載下啓動時，因負載電流非常小甚至等於零，故轉速非常高。因此，啓動時，必須加裝適量的負載。

依操作之方式，直流電動機之啓動器，可分爲人工啓動器與自動啓動器兩種。

1. 人工啓動器

人工啓動器(manual starter)是利用人工直接操作使電動機逐步啓動，又稱手動啓動器。手動啓動器包含啓動電阻及低壓保護設備，主要在啓動及加速期間，限制電樞電流，並於電源中斷或電壓太低時，藉著彈簧的張力切斷電路，停止電動機運轉，電源正常時，才可重新啓動。人工啓動器之缺點爲(1)必須現場操作，並注意其危險性、(2)必須具備熟練之操作技巧，以免損壞啓動器。常用之人工啓動器爲四點式啓動器(four-point starter)。

如圖 9-40 所示，四點式改正三點式啓動器之缺點，係將吸持線圈與分激線圈並聯，其它裝設完全相同。因此，面板上變成 A、C、N 及 P 四個接線端，線路共有三個分路。第一條分路：A 接線端 – 啓動電阻 – 電源 L_2 端。第二條分路：C 接線端 – 場變阻器 – 分激線圈 – 電源 L_2 端。第三條分路：吸持線圈 – 串聯電阻(或保護電阻) – N 接線端 – 電源 L_2 端。

電源電壓太低或斷路時，因吸持線圈跨接在電源線上，將無法吸住啓動臂，啓動臂受彈力作用，回到原來之停止點以保護電動機，故又稱爲無壓釋放器。

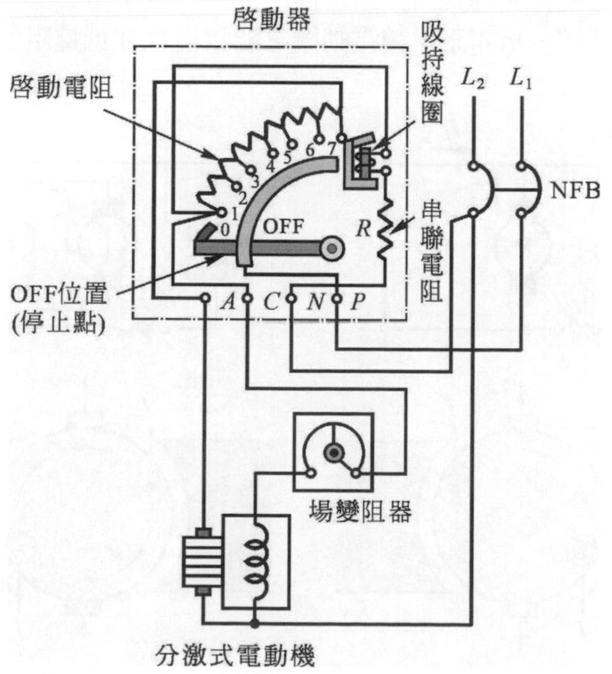

圖 9-40　四點式啓動器與分激式電動機之接線圖

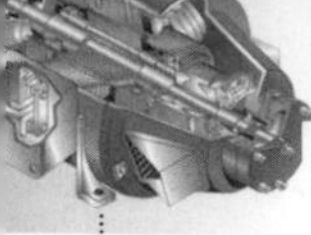

2. 自動啓動器

自動啓動器(automatic starter)使用電磁接觸器(magnetic contactor，簡稱 MC)作爲電動機之主要控制元件，配合啓動電阻器或延時電驛(time delay relay，簡稱 TR)等組成控制回路。自動啓動器依電磁接觸器之動作方法，可分爲：

(1) 反電勢型自動啓動器(counter – emf type automatic starter)。

動作原理：利用電樞之反電勢加速電驛動作，啓動電動機運轉。

(2) 限流型自動啓動器(current limit type automatic starter)

動作原理：利用啓動時之大電流，使限流電驛動作，啓動電動機運轉。啓動電流下降時，釋放限流電驛，達成控制之目的。

(3) 限時型自動啓動器(time limit type automatic starter)

動作原理：利用限時電驛限制啓動電流，達成控制電動機啓動至運轉的作業。

9-15-3　直流電動機之制動

直流電動機停止時，因慣性作用，轉子無法立刻停止轉動。制動之作業，是讓電動機停止旋轉時，可以立刻停止轉動。

制動的方法有機械式與電氣式。電氣式制動優於機械式，應用上常以電氣式制動爲主，機械式爲輔。因電氣式制動可使電動機圓滑地及時停止運轉，又無摩擦面的磨損。電氣式制動的方法有：

1. 動力制動

動力制動(dynamic braking)又稱發電制動，係將停止動作之電動機的線路改接，使磁場繼續激磁，電路則並接一低電阻，讓電動機之能量消耗在低電阻上，達到迅速停止轉動的目的。

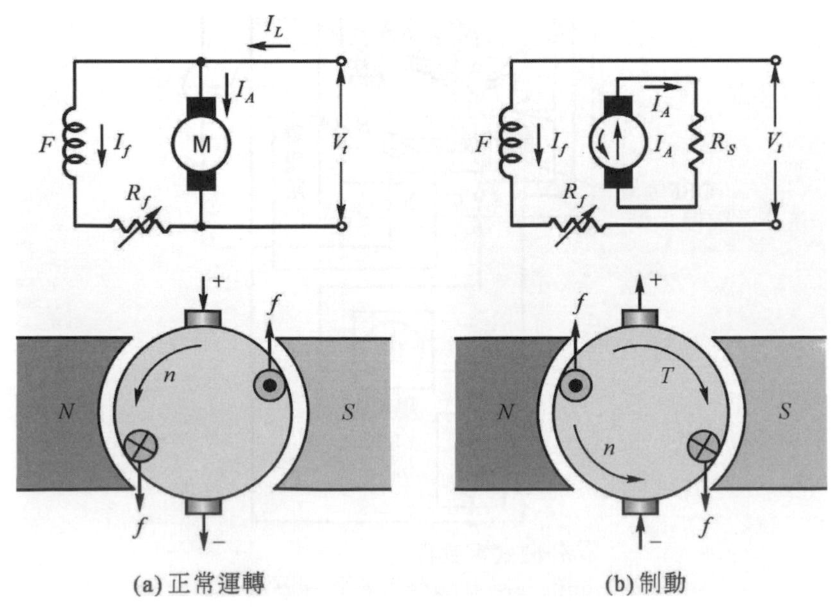

圖 9-41　分激式電動機之動力制動

對串激式電動機而言，在切離電源後，應使其串激磁場反向後再跨接電阻器，使反電勢與主磁極磁通之方向相同，才能感應電勢發生制動之效果。

對分激式電動機而言，因分激繞組仍然並接在電源上，只是切斷電樞電路，如圖 9-41(b)所示，並在電樞並接電阻 R_S，由於轉子之慣性作用，電樞產生感應電勢，圖(b)與圖(a)中，電樞電流 I_A 方向相反，感應電勢亦相反，故產生相反之轉矩而達成制動的目的。

2. 逆轉制動

逆轉制動是改變電動機與電源間之連接，使電樞電流反向，產生相反之轉矩，以制動原來之旋轉能量。當電動機與電源反接之瞬間，外接電壓與自身之反電勢相加，大約有 180% 之線路電壓加在電樞上，使得電樞電流變得很大，甚至有損壞電動機之慮。因此，必須加裝電阻器在電樞電路上，以限制過大之電樞電流，保護電動機。

3. 再生制動

再生制動是利用電動機加速，使電樞之反電勢超過端電壓時，形成發電機之作用，以減慢電動機之旋轉。若要完全停止旋轉，必須加裝其他的制動設備。採用再生制動之方法，有昇降機、啓動機及鐵路電氣用電動機等。

再生制動法，可依電動機之接線法提高磁場強度，使感應電勢比電源電壓還高即可。若用此法，串激或複激式電動機之串激繞組必須反接，否則無法產生反向轉矩來制動。

9-15-4　直流電動機的速度控制

由轉速公式：$n=(V_t-I_AR_a)/K\phi$ 可知，影響直流電動機之轉速的因素有：

(1) 電動機之輸入電壓 V_t。

(2) 電樞電路之壓降 I_AR_a。

(3) 主磁極的有效磁通 ϕ。

只要改變三要素之任一要素，可達到電動機之速度控制，故其速度控制法可分為：

1. 磁場 ϕ 控速法

如圖 9-42(a)所示，在分激式電動機之磁場電路串接一可變電阻 R_f。如圖 9-42(b)所示，在串激式電動機之磁場繞組並接一可變電阻 R_d，調節可變電阻值，以改變磁通 ϕ，即可控制電動機之速度。

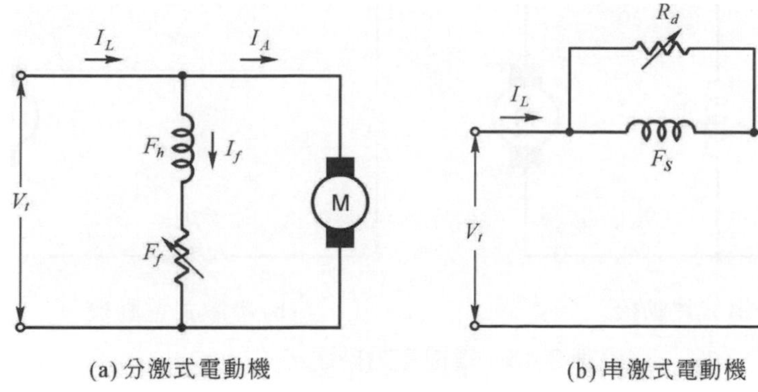

圖 9-42　磁場控速法

依轉速公式，轉速與磁通量成反比。改變電阻值減少磁通量，增加電動機之轉速，但速度之增加較爲緩慢，反電勢得立即反應磁通量之減少而下降，以增大電樞電流，又因電樞電流之增加，遠超過磁通量之減少，則電磁轉矩在瞬間大於負載所需，使電動機得以加速旋轉。電動機一旦加速後，反電勢開始上昇，電樞電流持續減少，直到電動機以定速運轉。

磁場控速法最簡單、有效且費用較低、速度調整率佳，爲普遍受使用之控速法。

EXAMPLE
例題 9-16

有一 10 馬力，110V 之直流分激式電動機，電樞電阻爲 0.05 歐姆，在滿載與額定電壓時，轉速爲 1000rpm，電樞電流爲 100 安培，設負載維持不變下，增加磁場電阻，使磁通量減少 10%，則(1)瞬間電勢、(2)瞬間電樞電流、(3)瞬間電磁轉矩、(4)穩速後之電樞電流及轉速各爲多少？

解 (1) 滿載時之電勢 $E_f = V_t - I_A R_a = 110 - 100 \times 0.05 = 105$ V

電勢與磁通量成正比，則瞬間電勢 $E = 105 \times (1 - 10\%) = 94.5$ V

(2) 瞬間電樞電流 $I_A = (V_t - E) / R_a = (110 - 94.5) / 0.05 = 310$ A

(3) 滿載時之電磁轉矩 $T_f = (105 \times 100 \times 60) / 2\pi \times 1000 = 100.3$ N-m

瞬間電磁轉矩 $T = 100.3 \times \dfrac{90}{100} \times \dfrac{310}{100} = 280$ N-m

(4) 穩速後之轉矩仍維持在 $T_f = 100.3$ N-m，則

電樞電流 $I_A = 100 / 0.9 = 111$ A

電勢 $E = 110 - 111 \times 0.05 = 104$ V

轉速 $n = 1000 \times \dfrac{104}{105} \times \dfrac{100}{90} = 1101$ rpm

2. 電樞電阻 R_a 控速法

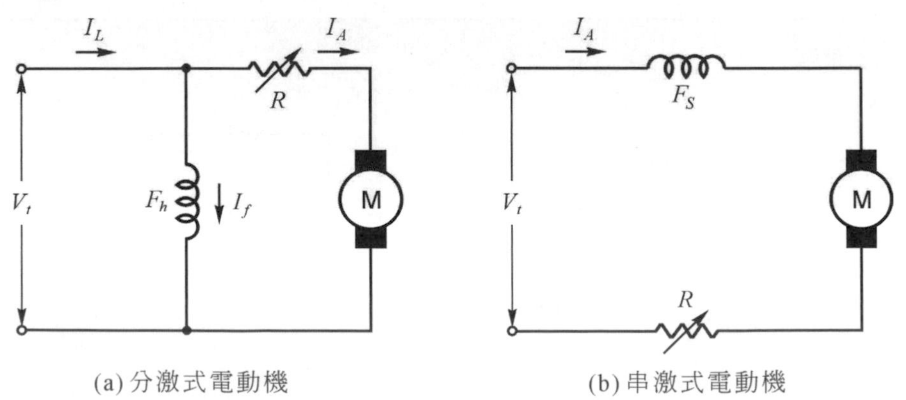

(a) 分激式電動機　　(b) 串激式電動機

圖 9-43　電樞電阻控速法

如圖 9-43(a)所示，在分激式電動機中將可變電阻 R 與電樞串聯連接。如圖 9-43(b)所示，在串激式電動機中將可變電阻 R 與串聯電路串聯連接。將串接之可變電阻調大，增加其電壓降，使得電動機之轉速下降，達成控速之作用。由於調整電阻值會大量耗損電路之功率，故電樞電阻控速法較少採用。

3. 電樞電壓控制法

電樞電壓控制法在維持磁通量爲定值下，改變電樞兩端之外加電壓，以達到控速之目的。

電樞電壓控制法受限於外加電壓，只能控制電動機基本轉速下之速度，基本速度以上之控速，可能對電樞電路造成損害。因在較低之電樞電壓下，其轉速較慢；較高之電樞電壓，才可得較高之轉速。

在電樞電壓控速法中，磁通量維持定值，若電樞電流之最大值爲 $I_{A(\max)}$ 時，電動機之最大轉矩 $T_{\max}$ 爲：

$$T_{\max} = K \cdot \phi \cdot I_{A(\max)} \tag{9-44}$$

式中，電動機之最大轉矩與轉速 n 無關。電動機之輸出功率爲 $P = T \cdot \omega$，則電動機在任何轉速下的最大功率爲：

$$P_{\max} = T_{\max} \cdot \omega \tag{9-45}$$

式中，可知電樞電壓控速法中，最大輸出功率與電動機之轉速成正比。

4. 固態控制法

固態控制法之控制電路，使用固態電子元件或稱閘流體(thyristor)，如 SCR(矽控整流器)或 TRIC(交流矽控整流器)等，作爲直流電動機之速度控制。常用者有：

(1) 相位控制(phase control)：相位控制之電源必須是交流電，利用閘流體控制電路之相位角，轉換成可變動之直流控制電壓，直接接到電動機之電樞兩端，改電樞電流控制電動機之速度。相位控制法有：

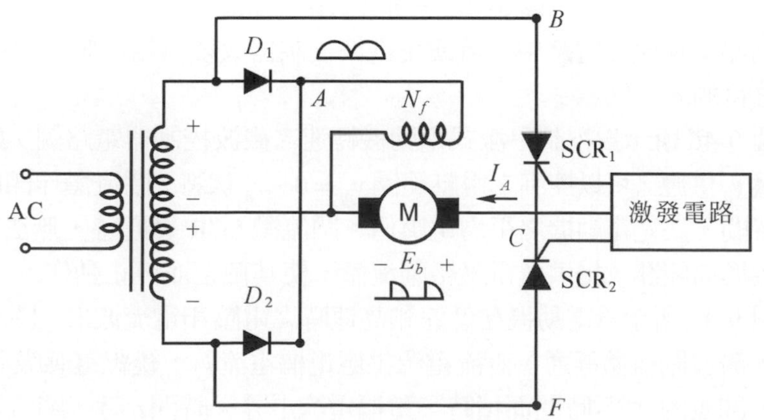

圖 9-44　全波整流控速電路

(a) 全波整流速度控制法：如圖 9-44 所示為全波整流控速電路。交流電壓經變壓器降壓，兩顆二極體 D_1 與 D_2 作全波整流，供給正半波電壓給電動機之分激繞組 N_f，產生磁通量，再利用閘流體 SCR_1 與 SCR_2 控制觸發角度，調節電動機運轉之時間，達成控速之目的。

(b) 三相半波閘流體速率控制：三相電源常用在 5 馬力或更高的直流電動機驅動系統。三相整流電路能夠提供更多的觸發電壓，使電樞電流在一週內有較寬裕的導通時間，同時增加了電流之平均值對均方根值之比率，可減少電樞發熱現象。再者，三相系統較單相系統供應較大的功率。

如圖 9-45 所示為三相半波驅動系統之電路。圖中，三閘流體並接一起，當閘流體 SCR_1 觸發時，電源電壓 v_{RN} 供應給電動機。當閘流體 SCR_2 觸發時，電源電壓 v_{SN} 供應給電動機。當閘流體 SCR_3 觸發時，電源電壓 v_{TN} 供應給電動機。三閘流體輪流供應電源電壓給電動機運轉。

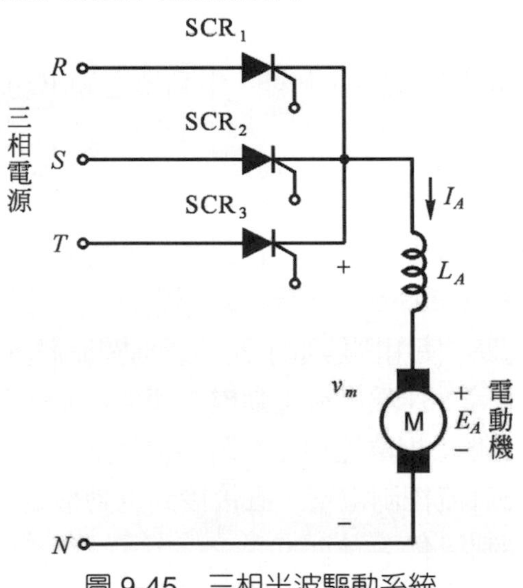

圖 9-45　三相半波驅動系統

(2) 截波控制器：在直流電路中，可使用截波控制器改變供給電動機之直流電壓值，以達成控速之目的。

如圖 9-46 所示為控制串激式電動機轉速之截波控制器電路圖。截波控制器由定值直流電壓 v_o 供應，可以控制之電壓範圍 $v_m = 0 \sim v_o$ 伏特。閘流體作開關動作，以開與閉之相對時間，決定電動機之平均電壓值。閘流體 SCR 導通時，無法自行關閉其動作，必須並接換向開關，提供負電壓給閘流體，使其截止並停止動作。

如圖 9-47 所示為電動機在低速和高速時之電壓和電流波形。圖 9-47(a)中，在時間 $t = 0$ 時，觸發閘流體導通，直流電源供應電樞電流 i_a，繞組電感吸收供應電壓 V_o 及電樞電勢 e_a 間差的伏特-時間面積時，電樞電流上昇。時間 t_1 時，閘流體截止，電樞電流下降，儲存在電路之能量送回電樞，二極體導通，電樞電流自成回路，不致流出電樞電路外。調整閘流體 ON-OFF 時間，即 t_1 / t_2 之比率，可以增加電動機之平均電壓，如圖 9-47(b)所示。

截波電路需要電感儲存能量。在串激式電動機中，串激繞組可當成電感用。在分激式電機中，必須連接外用電感器。截波電路可用脈波寬度或脈波頻率來控制。一般而言，截波電路較複雜，成本也高，但其具有高效率及可連續控制等優點。

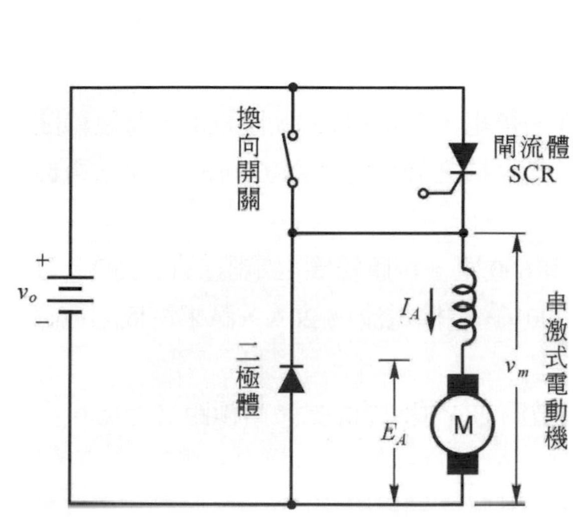

圖 9-46　截波控制器電路圖

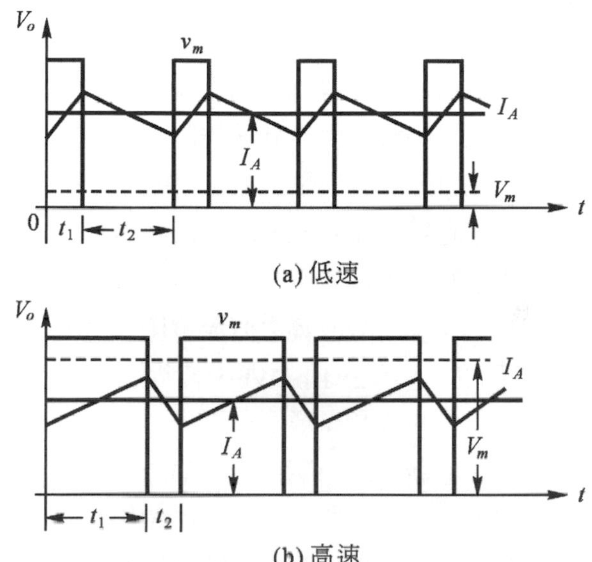

圖 9-47　電動機在低速和高速時之電壓和電流的波形

習　題 EXERCISE

1. 試問直流電機由那些部份組成，試寫出其組成元件。
2. 列表格表示疊形與波形繞組之差異。
3. 直流電機之磁極獲得磁通之方式，分成那幾類，並寫出各類之特性。
4. 試繪出電路圖比較長與短分路複激式發電機之差異？
5. 試繪圖比較積複激式與差複激式電機之差異。
6. 何謂電樞反應？試問電樞反應會導致何種結果。
7. 電樞反應如何作補償？
8. 簡述直流電機之換向作用。
9. 試寫出換向過程中，產生環流之因素為何？
10. 試寫出換向問題的減輕與其解決方法。
11. 直流電機之補償繞組裝設何處？作用為何？
12. 中間極之作用為何？發電機與電動機如何決定中間極之極性？

13. 何種情況下，直流發電機需作並聯運用？並寫出並聯運用之優點。
14. 簡述直流電動機之轉速與轉矩特性。
15. 電氣損失如何形成？種類有那些？
16. 直流電機之電樞繞組採用疊繞法之不良效果爲何？簡述解決之方式。
17. 試比較各型直流電動機之啓動的特性。
18. 何種情形下，直流電動機需作制動？簡述其方法。
19. 直流電動機如何作轉速控制？並簡述其方法。
20. 一 12 極單分波繞之直流電機，電樞共有 180 組繞組，每繞組有 16 匝線圈，每匝線圈之電阻爲 0.02Ω，每極的磁通爲 5×10^{-2} Wb，若電機之旋轉速度爲 600rpm，試求電機之感應電勢爲多少？
21. 有一 4 極單分波繞之直流電機，電樞繞組共有 600 匝，每匝線圈之電阻爲 0.025Ω，每極的磁通爲 2×10^{-3} Wb，若電機之端電壓爲 200V、電樞電流爲 20A，試求電機之電磁轉矩爲多少？
22. 有一 6 極，單式疊繞之直流電機，其電樞導體數爲 286 根，極面弧長與極距之比爲 0.7，試求每極應設置多少根補償繞組？
23. 有一分激式發電機滿載時之端電壓爲 200V，空載時之端電壓爲 205V，試問該發電機之電壓調整率爲多少？
24. 有一部 250V、40kW 的直流電機，若電樞電阻爲 0.08Ω，則電壓調整率爲多少？(電樞反應之去磁效應及電刷間之壓降可忽略不計)
25. 有一直流電動機在無載時之轉速爲 1800rpm，滿載時之轉速爲 1720rpm，試求其速率調整率爲多少？
26. 有一 200V 分激式電動機，電樞電阻爲 0.12Ω，滿載時電樞電流爲 50A，速率爲 1000rpm。若忽略場電流及電樞反應，則電動機之速率調整率爲多少？
27. 有一部 2kW 之直流發電機，滿載運轉時，總損失爲 0.45kW，試該發電機之效率爲何？
28. 有一分激式直流電動機，滿載時，接 100V 電源，負載電流爲 50A 之電流，總損失爲 700W，試求滿載時電動機之效率爲多少？
29. 有一部 100kW 之直流發電機，固定損失和滿載時之可變損失皆爲 6kW，半載時之可變損失爲 1.5kW。設在全日中發電機之運轉情形爲：滿載 4 小時，半載 12 小時，空載 8 小時，則發電機之全日、滿載及半載效率爲多少？
30. 有一 5 馬力之分激式電動機，額定電壓爲 120V，電樞電阻爲 0.3Ω，滿載電流爲 32A，當電動機於額定電壓下啓動時，電動機之啓動電流爲多少？

單相感應電動機

10-1 單相感應電動機的構造

單相感應電動機可分爲兩大類：一爲感應電動機(inductor motor)，一爲換向電動機(commutation motor)。感應電動機採用鼠籠型轉子，及適當的啓動設備。換向電動機與直流電動機相似，轉子有換向器(commutator)與電刷(brush)。單相電動機之分類爲：

1. 單相感應電動機
   (1) 分相式電動機(split-phase motor)
   (2) 電容式電動機(capacitor motor)
   (3) 蔽極式電動機(shade-pole motor)
2. 單相換向電動機
   (1) 推斥式電動機(repulsion motor)
   (2) 串激式電動機(series motor)

單相感應電動機由定子與轉子兩部份構成，如圖 10-1 所示。定子上繞有一(單)相繞組，稱爲主繞組。電動機若無法自行啓動運轉，必須加裝輔助繞組，稱啓動繞組。目的在建立旋轉磁場，啓動轉子運轉。轉子與三相鼠籠型感應電動機相同。

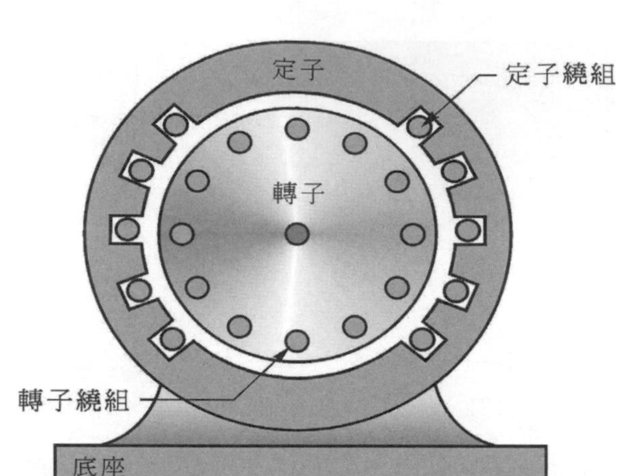

圖 10-1　單相感應電動機示意圖

10-2 雙旋轉磁場(double revolving-field)

雙旋轉磁場理論指的是將脈動的磁場，分解成二個大小相等且方向相反的旋轉磁場。轉子會對二個磁場起反應，淨轉矩則爲二個磁場所產生之轉矩和。

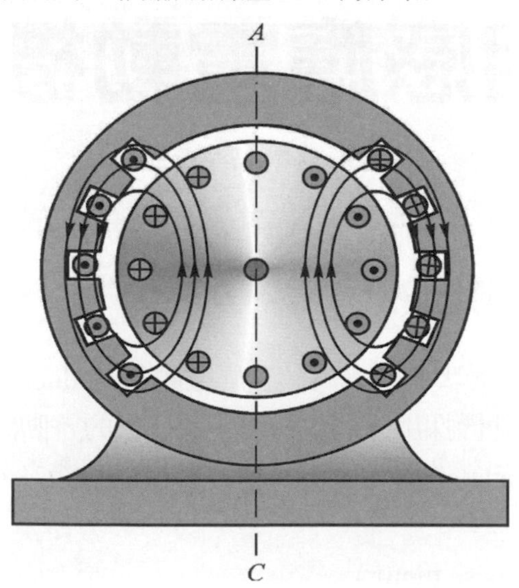

圖 10-2　定子繞組產生之磁通

如圖 10-3 所示爲單相感應電動機雙磁場之轉矩-轉速特性曲線。若考慮正向旋轉磁場與轉子繞組之關係時，如同三相感應電動機之旋轉動作原理，在空間旋轉之旋轉磁場會在轉子繞組上感應電勢及短路電流，繼而產生轉矩。因此，可以得到由正向旋轉磁場產生之轉矩-轉速特性曲線，如圖 10-3 所示之 f 虛線。同理，亦可得到圖示之 b 虛線之反向轉矩-轉速特性曲線。實線爲轉子之轉矩-轉速之特性曲線，其爲正向與反向轉矩的和。

若電動機之轉速大於零，表示正向旋轉，合成轉矩也會大於零而驅動轉軸作正向旋轉；若電動機之轉速小於零，表示反向旋轉，合成轉矩也會小於零而驅動轉軸作反向旋轉。當電動機靜止時，合成轉矩爲零，無法啓動感應電動機運轉。故感應電動機需要輔助裝置協助啓動，才能作正常性之運轉，但一旦啓動，感應電動機會朝啓動方向作持續且穩定之運轉。

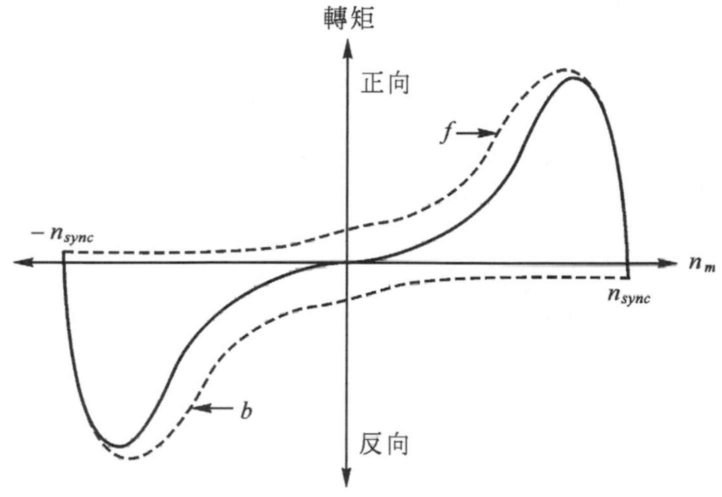

圖 10-3　雙旋轉磁場之轉矩-轉速特性曲線

10-3 分相式電動機(split – phase motor)

分相電動機是一種小容量的交流電動機，應用於運轉洗滌機器、燃油機和小型幫浦等的小馬力交流電動機。主要結構有四：(1)轉動部份，稱爲轉子、(2)靜止部份、稱爲定子、(3)端蓋，用螺釘或螺栓固定在定子的架殼上、(4)離心開開裝置在電動機的內部，與輔助線圈串接，如圖 10-4(a)所示爲分相電動機的接線圖。分相電動機之啓動轉矩有一定的限定，由離心開關控制。特性是主磁極上裝有輔助線圈，並與主線圈並接。

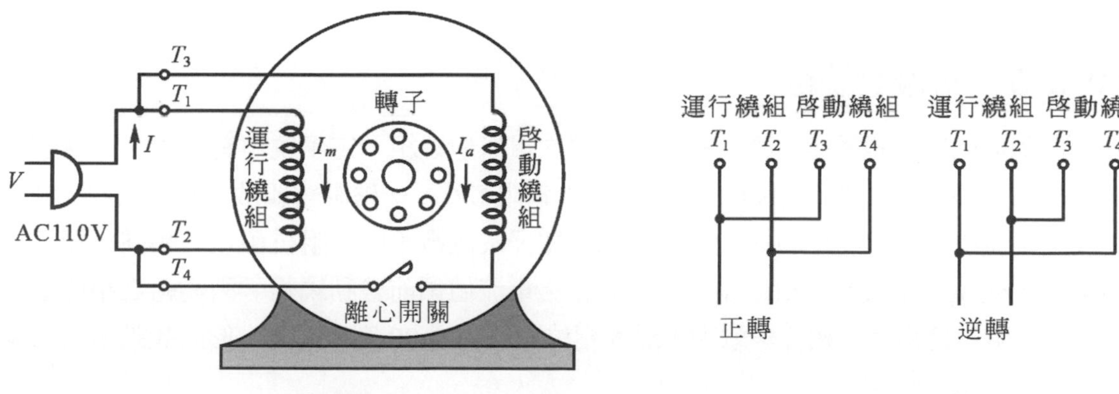

(a) 接線圖　　(b) 正逆轉配線

圖 10-4　分相電動機正逆轉接線圖

10-3-1 轉子

轉子包括三個主要部份：(1)由矽鋼片疊成之鐵芯、(2)軸承用夾固定鐵芯、(3)鼠籠型繞組，又稱短路繞組，由粗銅條或鑄鋁條置於鐵芯槽內作爲繞組，兩端再以粗銅環短路連接而成。

10-3-2 定子

定子由矽鋼疊片壓製成半閉合式之鐵芯，與鑄鐵或鋼製成的機殼組成。疊片鐵芯緊壓在機殼上，鐵芯槽內裝有兩組繞組，一爲主繞組或稱運行繞組，一爲輔助繞組或稱啓動繞組。如圖10-4(a)所示爲兩組繞組與離心開關之連接圖。啓動繞組與離心開關串接後，再與運行繞組並接於供應電源。當電動機達到預定之運行速率時，離心開關將動作切開啓動繞組與運行繞組之連接，由運行繞組單獨工作，並維持電動機繼續運轉。

10-3-3 端蓋

端蓋主要的作用在固定轉子。本身係用螺釘或螺栓固定於定子的機殼上。在固定轉子之圓孔上，裝有套筒軸或鋼珠軸承。端蓋應承受轉子的重量，並精準固定轉子於全機之中心位置，使轉子運轉時，不致和定子發生摩擦。

10-3-4 離心開關

離心開關由兩部份組成，一爲固定部份，一爲轉動部份。固定部份由兩個半環形銅片組成，銅片間相互絕緣，並裝設在電動機之前端蓋上，結構上具兩個接點，作用如同單極單投開關，用來啓或斷電路之連接。轉動部份裝在轉子上由三個銅指組成，啓動時，銅指搭在兩個半環形銅片的四周，使兩銅片短接。當電機旋轉速率達到全速率的 75%時，離心力使銅指推舉銅片，切斷電路之連接。

10-3-5 電機之繞組

分相電動機內有三組繞組，轉子繞組是短接之鼠籠型繞組，定子繞組有兩組，一爲運行繞組放置定子鐵芯槽底部，其線徑較粗、匝數較少、電阻較小。一啓動繞組放置於鐵芯槽之上部，其線徑較細、匝數較多、電阻值較大。兩繞組因線徑及匝數不同，阻抗值也不相同，接上相同之並聯電壓，產生之電流有了相位差，運行繞組之電流值領前啓動繞組。兩繞組之相位差，依阻抗比而定，阻抗比愈大，相位差愈大，最大相位差值可達 90 度。因此，形成起動所需之旋轉磁場。

10-3-6　動作原理

當電動機接上單相交變電流時，運行繞組與啓動(輔助)繞組之電流方向，如圖 10-5(a)所示。運行繞組與啓動繞組並接，兩繞組產生之磁極同爲 *N-S-N-S*，轉子繞組感應主磁極 *N* 產生相反極性 *S*。空間上，因異性相吸，轉子會被移動到啓動繞組下，如圖 10-5(b)所示，轉子主磁極之磁力轉移，*N*→*S*→*N*…，開始旋轉。兩繞組因交變電流作極性的變化稱爲旋轉磁場，轉子也因同性相斥異生相吸之作用而旋轉。啓動繞組之線圈電阻值大，因 I^2R 的結果，繞組會有過熱現象，故轉子轉速達到全速約 75%時，離心開關作用會斷開接點，將啓動線圈從電路中切斷。

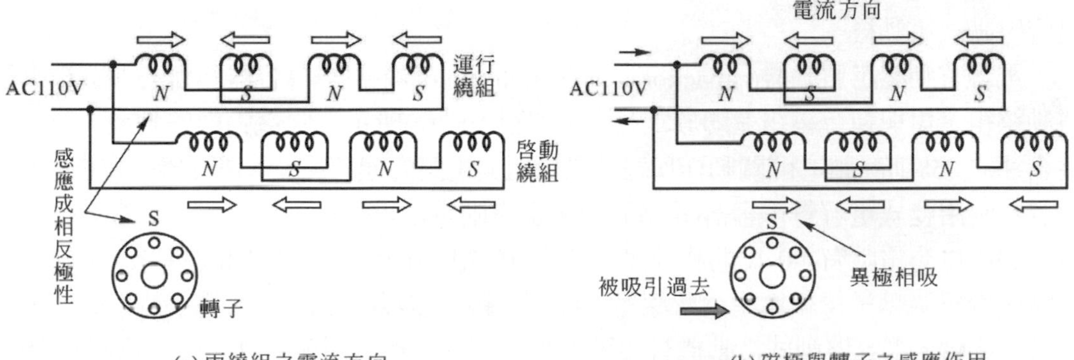

圖 10-5　轉子旋轉之示意圖

分相式電動機作正、逆轉向的控制，只需改接啓動繞組之接線端，如圖 10-4(b)所示，運行繞組之接線端必須固定不變。分相式電動機之啓動轉矩小、啓動電流大，價格低廉，常應用於啓動轉矩小及機械輸出較小之場所。額定容量約爲 1/30～1/3 馬力，轉速有 840、1140、1725 及 3450rpm 等。

當分相式電動機接上單相交流電源時，因運行繞組之 *X/R* 比值較啓動繞組大，故流經啓動繞組之電流 I_a 領前運行繞組之電流 I_m，如圖 10-6(a)所示。因此，定子部份產生之磁場，先在啓動繞組處達到峰值，再在運行繞組處達到峰值，形成不平衡的二相電流，建立了旋轉磁場。圖 10-6(b)所示爲分相式電動機之轉矩-轉速特性曲線。

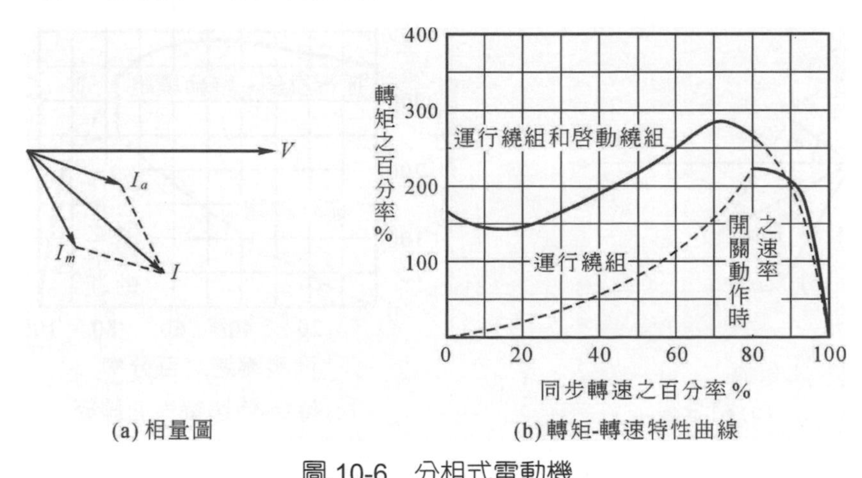

圖 10-6　分相式電動機

10-4 電容式電動機

電容式電動機較分相式電動機多加一顆電容器，以增大轉矩及改善功因，並可提高運轉效率，其餘結構大致相同。電容式電動之容量由 1/20 馬力至 10 馬力，廣泛應用在冷氣機、電冰箱、泵浦及空氣壓縮機等。電容器通常被置放在電動機之頂上。

電容式電動機為單相感應電動機，運行繞組與電源直接並接，電容器與啓動繞組串接。其種類有電容啓動式電動機、永久電容分相式電動機及雙值電容式電動機。

1. 電容啓動式電動機

   電容啓動感應電動機(capacitor – induction motor)係由一電容器與離心開關相串聯接於啓動繞組，再與運行繞組並聯於電源上，如圖 10-7(a)所示。當電動機啓動後，運行轉速約達全速之 75%時，離心開關動作切離啓動繞組與電路的連接，留下運行繞組擔任運轉工作。電容器常用乾式電解質電容器(電解質電容器有固定之正負極性接線端)。電容器可使流經之電流超前供應電壓有 90 度的相位差，如圖 10-7(b)所示，在兩繞組間將形成了旋轉磁場，旋轉磁場感應轉子繞組產生之感應電流建立了轉子磁場，兩磁場因異極性相排斥，而啓動了轉子旋轉。電容啓動式電動機有如平衡的兩相電動機，如圖 10-7(c)所示為轉矩-轉速特性曲線圖，電容啓動式具有高啓動轉矩特性。

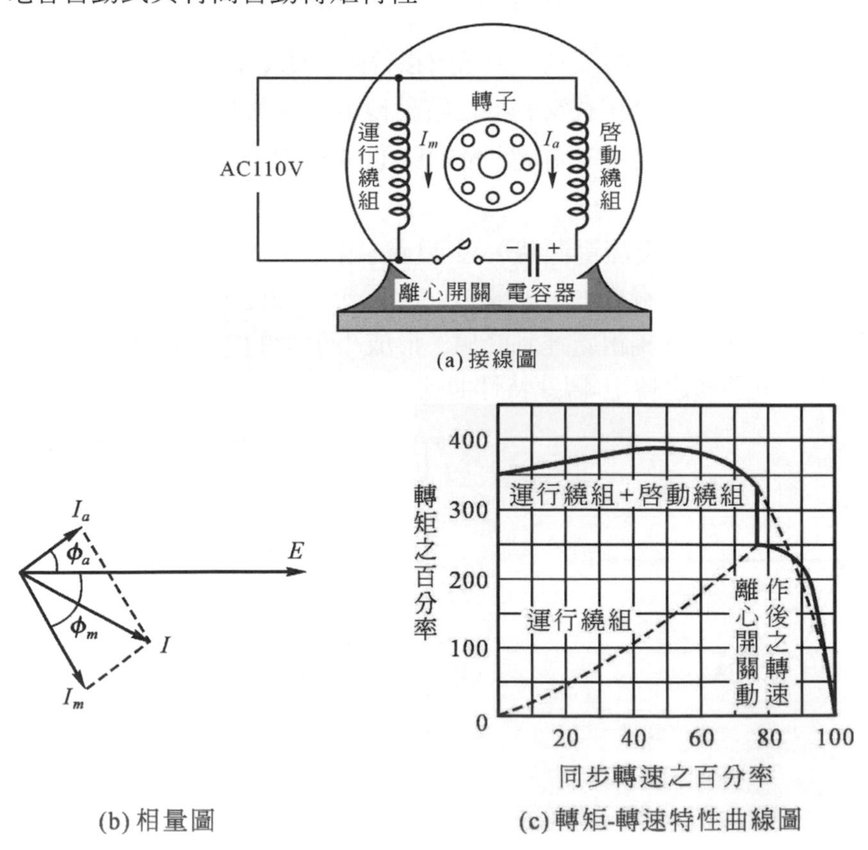

圖 10-7 電容啓動式電動機

2. 永久電容分相式電動機

永久分相電容式電動機(permanent-split capacitor motor)之線路中沒有使用離心開關，使用的電容器容量很小，數值一般為 3μF 到 25μF，通常為紙質電容器，或為充油式電容器，啓動與運轉中皆和啓動繞組串接使用，如圖 10-8(a)所示。電動機運轉時較靜，轉矩較低為單值運轉之電動機。種類有單壓單速、單壓雙速、單壓三速及雙壓單速等。永久電容分相式之繞組在任何負載下皆可完成平衡二相運轉，功率因數及效率也將獲得改善。如圖 10-8 所示為永久分相電容式電動機的接線圖及轉矩-轉速特性曲線圖。

永久電容分相式電動機之容量低，較適合作電壓調整器，應用在電扇等場所。若要電動機作逆轉運行，必須把端蓋御下，取出啓動繞組兩根接線端，與運行繞組對調連接。為避免作正逆轉接線之困擾，一般引出啓動與運行繞組共四條接線於接線匣上，如圖 10-9 所示。

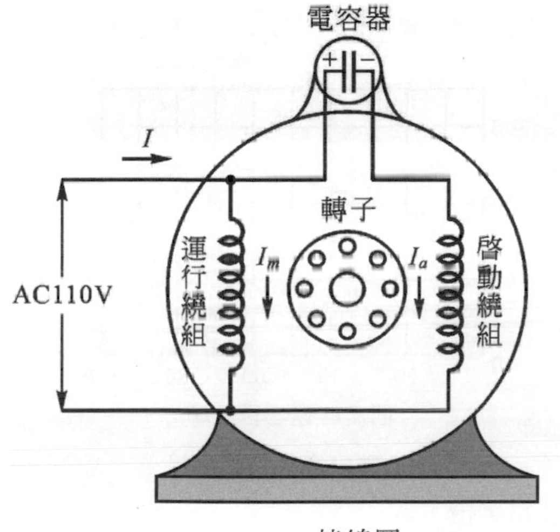

(a) 接線圖

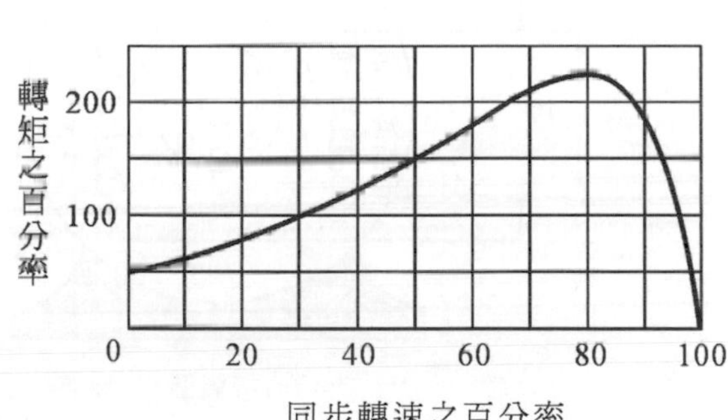

(b) 轉矩-轉速特性曲線圖

圖 10-8　永久電容分相式電動機

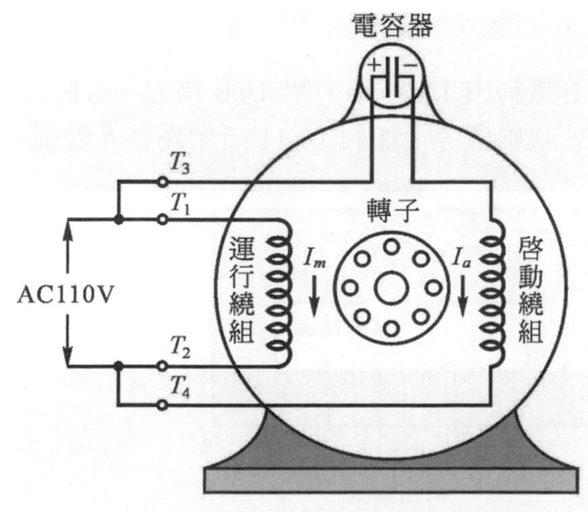

(a) 兩繞組外接之四條線

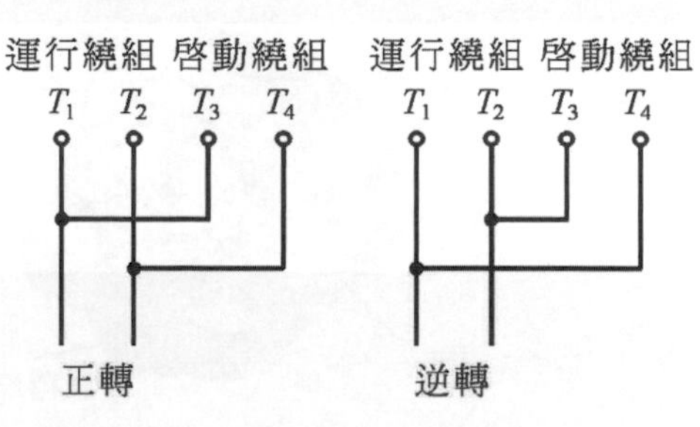

(b) 正逆轉配線

圖 10-9　正逆轉接線法

3. 雙值電容式電動機

雙值電容式電動機(two-value-capacitor motor)連接兩顆電容器，一顆專爲啓動使用，串接離心開關；一顆作爲運轉使用，如同永久電容式，又稱爲電容啓動電容運轉電動機，如圖 10-10 所示。電動機啓動時，兩只電容器並接再與啓動繞組串接，離心開關則與啓動電容器串接，當轉速達到全速 75%時，離心開關切斷啓動電容器與電路之連接，運轉電容器串接啓動繞組繼續動作，有如永久電容分相式電動機。啓動電容器之容量較運轉電容器大，目的在獲得較好的啓動特性。運轉電容器一般採用電解質電容器，啓動電容器採用紙質電容器，兩電容量相較，運轉電容器約爲啓動電容器之 10%～20%。

電動機之啓動電流約爲正常運轉之 5 至 7 倍，以 1/2 馬力電動機爲例，啓動電容量約需 300μF，運轉電容量約爲 40μF。

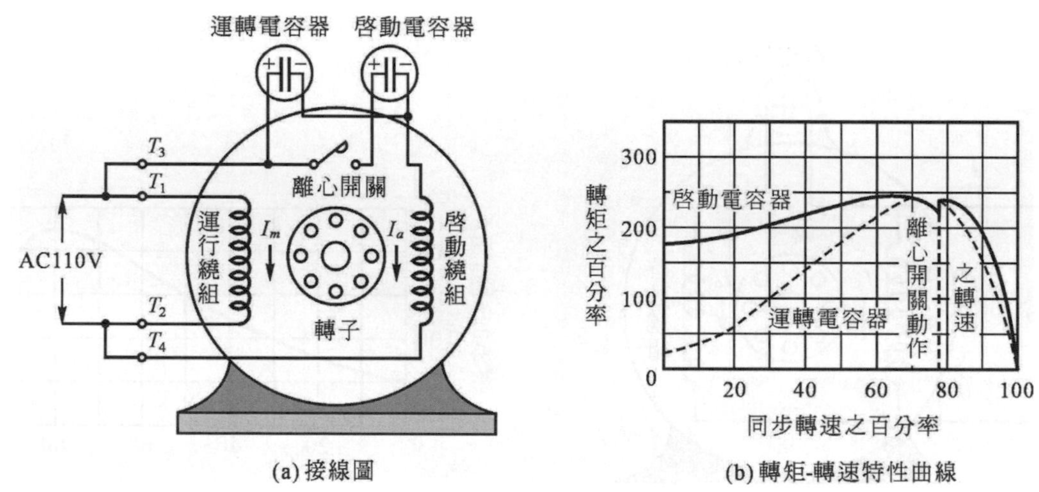

圖 10-10　雙值電容式電動機

10-5 蔽極式電動機

蔽極式電動機是小型單相交流感應電動機，容量約由 1/100 馬力至 1/20 馬力。蔽極式電動機因馬力數小，常被用在低轉矩的場所，如吊扇、吹風機等。如圖 10-11 所示爲其外觀圖。

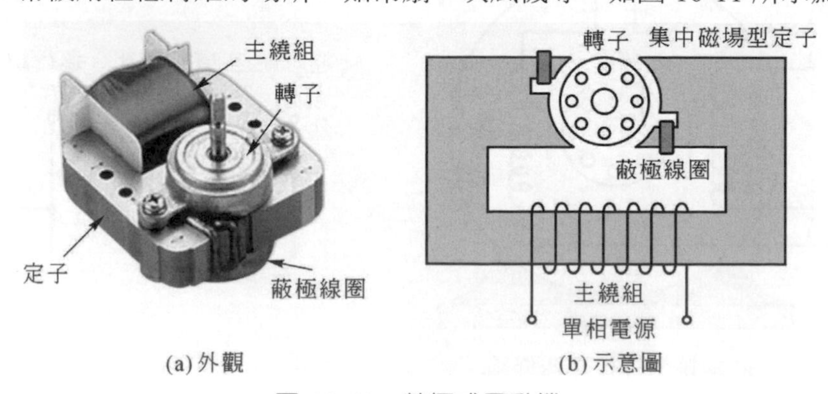

圖 10-11　蔽極式電動機

10-5-1　構造

蔽極式電動機主要構成元件有定子、主繞組、轉子及蔽極線圈等。

蔽極式電動機因應用場合，定子大都做成集中磁場型，如圖 10-12 所示。轉子嵌入定子內，兩對角線端之小圓孔為蔽極線圈插入用，蔽極線圈為較粗之導線或銅條，直接短路連接在定子鐵芯上。右端缺口組合成的口字形，主繞組則繞在定子鐵芯一邊。

轉子與分相式電動機相同，採用鼠籠式。此型電動機的端蓋，一端大都鑄在機殼上，另一端可移動。端蓋上裝有套筒軸承或鋼珠軸承，固定轉子並讓轉子可以順利轉動。

圖 10-12　蔽極式電動機之定子及轉子

10-5-2　旋轉原理

電動機接上交變電源時，主繞組產生主磁通，蔽極線圈感應的電流為反對主磁極磁通的變化，因此蔽極的磁通較主磁極滯後，使得主磁通與蔽極磁通在空間上有小於 90 度的相位差，建立了旋轉磁場，鼠籠型轉子獲得轉矩，如圖 10-13 所示為轉矩-轉速之特性曲線。蔽極式電動機構造簡單、價格低廉、效率也差。

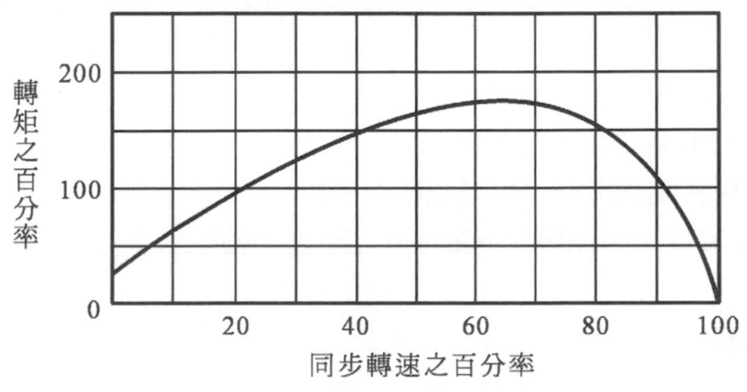

圖 10-13　轉矩-轉速之特性曲線

如圖 10-14(a)所示為蔽極式電動機基本構造圖。當主繞組接上電壓源，電流流通的方向，如圖 10-14(b)所示，繞組感應產生之磁通方向，依右手定則可知為 N 極。蔽極線圈因冷次定理感應產生之磁通，將抵消主磁通之增強作用，磁力強度會集中在未蔽極之定子上(圖示定子之左端)，如圖 10-14(c)所示。轉子因電磁感應產生與主磁通相反之極性 S 極。當主磁通隨著交變電流之變化而減弱時，蔽磁線圈因冷次定理，產生與主磁通同向之磁通，相較於未蔽極主磁極磁

力的減弱，磁力的強度被移至蔽極，如圖 10-15(d)所示，在轉子感應的 *S* 極，被蔽極的 *N* 極吸引過來。

由圖 10-14 可知，蔽極式電動機的旋轉磁場由無蔽極向蔽極方向移動，轉子的旋轉方向也由無蔽極向蔽極旋轉。

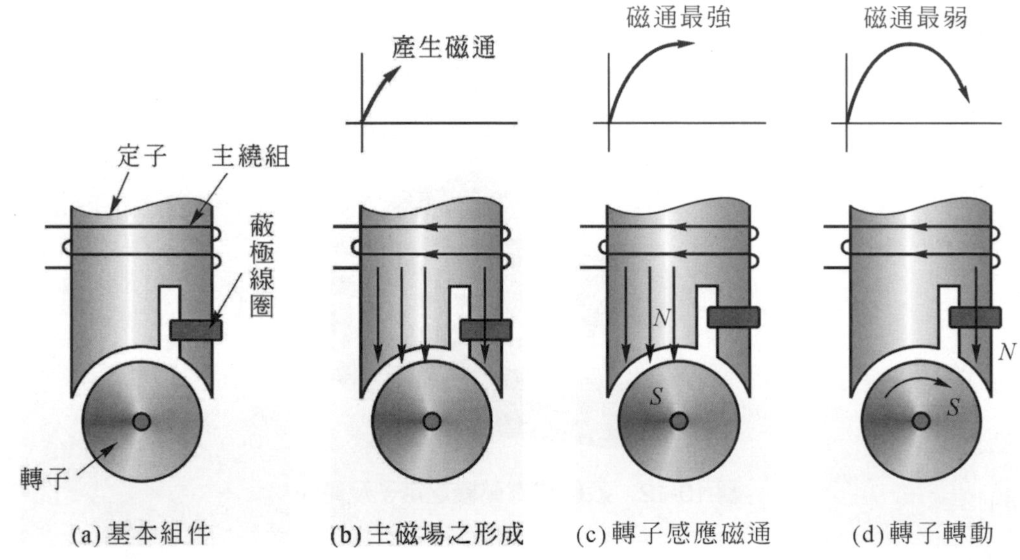

圖 10-14　蔽極式電動機轉動之形成

蔽極電動機主要應用於微波爐、吸頂式空調、桑拿浴器、空氣淨化器、取暖器、洗碗機、自動烘手機、冰箱、冷櫃、電教投影儀、水泵及油泵等。

10-6 推斥式電動機(repulsion motor)

推斥式電動機屬於單相整流型電動機。構造上，定子繞組如同分相式電動機，屬於單相激磁繞組。轉子如同單相串激式電動機，繞組接在整流片上，並在電刷上直接短路，沒有引入或引出電流的作用。推斥式電動機的優點是起動轉矩較其它單相感應電動機大，容量由 1/4 馬力至 10 馬力，常用作工具機、壓縮機及運輸機等需要啓動轉矩較大之場所。

10-6-1　種類

推斥式電動機有三種不同的種類：

1. 推斥電動機

   推斥電動機爲單相電動機。構造上，定子繞組連接單相電源，轉子繞組連接到整流片上，整流片上之電刷相互短接，並置於一固定的位置，使轉子繞組之電刷軸朝定子繞組之極軸傾斜，具有調速的特性。

2.　推斥啓動、感應運行電動機

推斥啓動、感應運行電動機爲單相電動機。構造上，同推斥電動機具有相同繞組。電動機同推斥式般啓動，當運行達到預定的速率時，轉子繞組會短路，連接成鼠籠型繞組，成爲感應電動機般運行，具有定速的特性。

3.　推斥感應電動機

推斥感應電動機爲推斥式電動機。構造上，定子繞組與推斥式電動機相同，轉子繞組尙有鼠籠型繞組。推斥感應電動機具有定速與調速的特性。

10-6-2　動作原理

推斥式電動機之旋轉取決於極軸與電刷軸的相對位置，說明如下：

1.　極軸與電刷軸一致

如圖 10-15 所示爲極軸與電刷軸同位置的情形(兩者重疊)。當定子繞組接上單相交流電源，繞組感應產生之交變磁通，轉子會依電磁效應在繞組上產生感應電勢，其方向如圖 10-15 所示右端爲流入電流方向，左端則流出電流，兩電刷間之短接線路電流，由 A 刷流向 B 刷。電刷右半邊繞組產生逆時針方向之轉矩，左半邊產生順時針方向之轉矩，左右兩邊之轉矩大小相等、淨轉矩爲零、轉子保持靜止。

2.　極軸與電刷軸正交

如圖 10-16 所示極軸與電刷軸相差 90 度的情形。當定子繞組接上單相交變電源時，繞組產生交變磁通，轉子依電磁感應繞組產生感應電勢，感應電勢以電刷軸爲中心，左右兩邊之大小相等、方向相反、淨電勢爲零，在繞組及電刷之短接線路上皆沒有電流流通，因無法產生轉矩，故無法自行啓動。

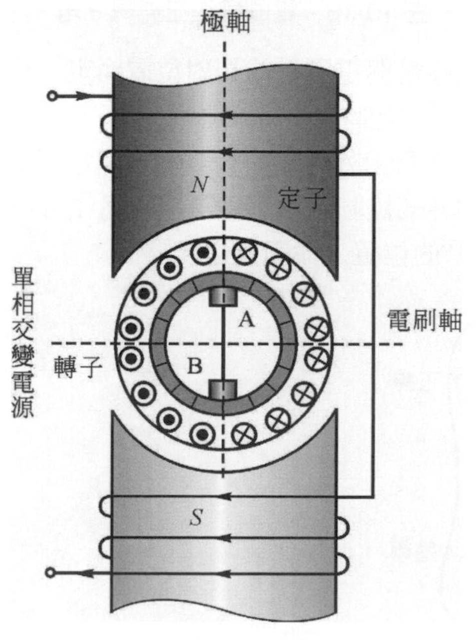

圖 10-15　兩軸位置一致

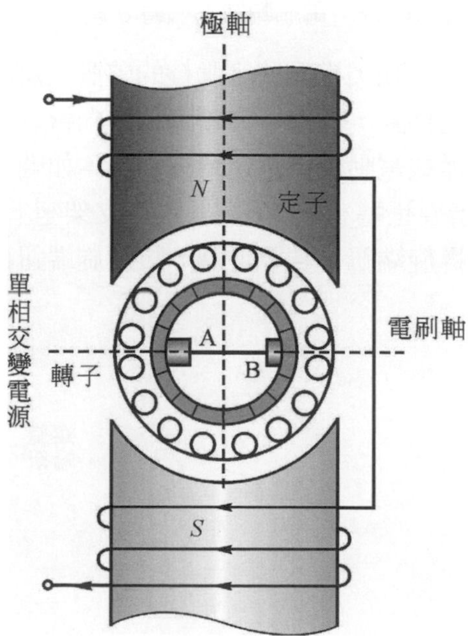

圖 10-16　極軸與電刷軸正交

3. 電刷軸往右偏轉 θ 角

如圖 10-17 所示電刷往右偏轉 θ 角，在圖示之 ZZ′ 軸線上。電刷軸偏左之繞組產生之感應電勢較右邊大，發生之轉矩也是左邊較大，因此推斥力作用，轉子依順時針方向旋轉。

4. 電刷軸往左偏轉 θ 角

如圖 10-18 所示電刷往左偏轉 θ 角，在圖示之 ZZ′ 軸線上。電刷軸偏右之繞組產生之感應電勢較左邊大，發生之轉矩也是右邊較大，因此推斥力作用，轉子依逆時針方向旋轉。

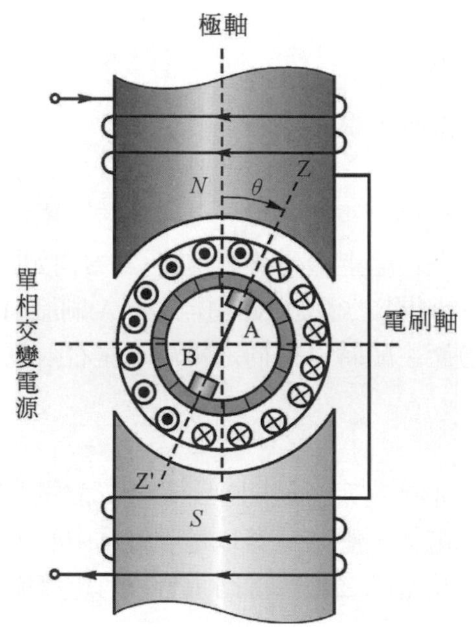

圖 10-17　電刷軸往右偏轉 θ 角

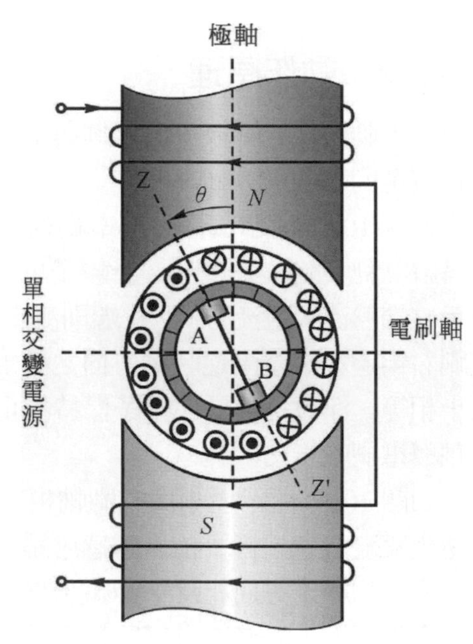

圖 10-18　電刷軸往左偏轉 θ 角

由此可知，推斥式電動機的啓動與旋轉方向，依極軸與電刷軸的相對位置而定。電刷若順時針方向移動，則轉子作順時針方向轉動；反之，轉子作逆時針方向轉動。

推斥式電動機作正逆轉控制時，如圖 10-19 所示，可由外部端鈕控制極軸與電刷軸的相對位置。若要正轉，用板手旋鬆電刷支架座上的螺旋，由外部控制將電刷移至記號爲“F”的位置上，再旋緊螺旋端鈕。若要逆轉，將螺旋端鈕移至記號“R”的位置，並固定之。

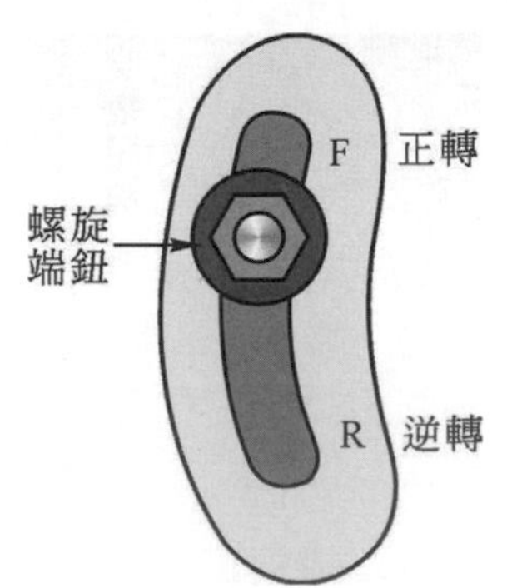

圖 10-19　正逆轉調整端鈕

10-7 串激式電動機

串激式電動機，如圖 10-20 所示主繞組與電樞(轉子)繞組相串聯。串激式電動機適用於直、交流電源者，稱為萬用或通用電動機(universal motor)。串激式電動機旋轉之方向與線路電壓的極性無關，轉矩則與線路電流的平方成正比。小型串激式電動機適用於果汁機、吸塵器、縫紉機及小型工具機等，大型串激式電動機用作軌道電車的驅動器。

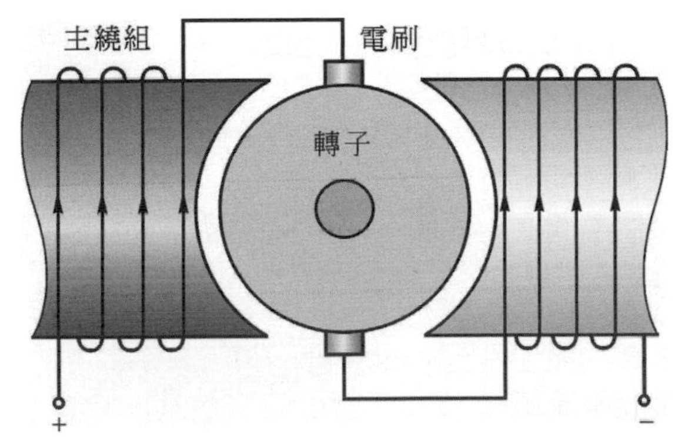

圖 10-20　串激式電動機接線圖

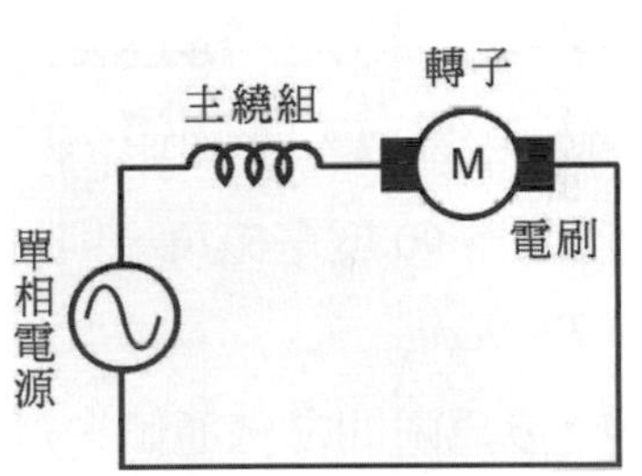

圖 10-21　等效電路圖

10-7-1 動作原理

串激式電動機接上交變電源時，因主繞組與電樞(轉子)繞組串接，流經之線路電流皆相同，兩繞組感應產生之磁通方向也一致。當主磁極的極性隨電流流向改變時，電樞的極性也隨之變動，但兩繞組產生之轉矩的方向不受影響，恆保持不變，此表示轉子旋轉的方向也不改變，保持一定的轉向，如圖 10-22 所示。

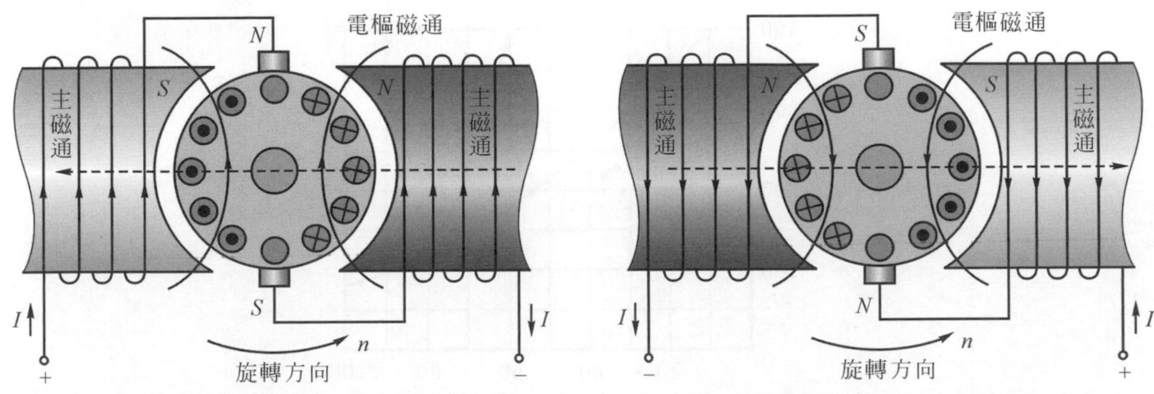

(a) 主繞組之電流方向：左正右負　　(b) 主繞組之電流方向：左負右正

圖 10-22　主繞組電流方向改變轉子之轉向不變

當主繞組的電流方向由左端流入、右端流出時，依安培右手定則，主磁通由右端(N)流向左端(S)，電樞繞組感應之磁通上端為 N 極、下端為 S 極，依同極性相斥異極性相吸之現象，轉子成逆時針方向旋轉，如圖 10-22(a)所示。改變主繞組之電流方向，右端流入、左端流出，依電磁感應現象，轉子保持同一方向轉動，如圖 10-22(b)所示。

10-7-2 串激式電動機使用在交流時應作的修正

串激式電動機雖適用於交流電源，若爲獲得優良的轉矩特性，減少壓降大、鐵損增加、功率因數及效率降低，有些部份需作修正。

1. 避免鐵損過大，主磁極及軛鐵必須採用疊片鐵芯，以減少感應電勢形成之渦流損。
2. 減少主繞組之匝數，以降低漏電抗，避免功率因數降低引起之熱消耗。
3. 減少電樞繞組，避免換向的困難。
4. 設置補償繞組或中間極抵消電樞反應，避免電抗電壓影響功率因數。

10-7-3 轉矩-轉速之特性

串激式電動機之電刷固定於主磁極與電樞磁間之中性面，兩磁極間互差 90 度之電機角，則轉矩角亦爲 90 度電機角，則瞬間之轉矩爲：

$$T = K\phi i \tag{10-1}$$

式中，ϕ 爲瞬間之磁通值，i 爲繞組之瞬間電流值。

若忽略磁路之飽和現象，又因磁通與電流成正比關係，式可改爲：

$$T = Ki^2 \tag{10-2}$$

則轉矩之平均值爲：

$$T = Ki^2 = KI^2 \tag{10-3}$$

式中，電流 I 爲有效值(或均方根值)。轉矩之平均值與電流有效值之平方成正比，可串激式電動機之啓動轉矩甚大。

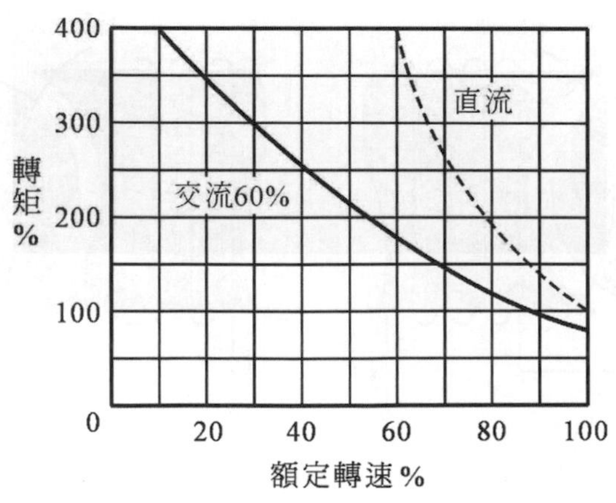

圖 10-23 轉矩-轉速之特性曲線

如圖 10-23 所示，在交流電時之轉速甚低於直流電，原因在於主繞組與電樞繞組產生之電抗電壓影響，雖然在兩電源電壓相同下，但因電樞之反電勢較低，轉速也隨之降低。這種現象可外加電壓頻率來改善，如美國交流電動機車使用之頻率爲 25Hz，歐洲則用 15 Hz 及$16\frac{3}{8}$ Hz。

10-8 單相感應電動機的等效電路

單相感應電動機當轉子靜止不動，且定子繞組激磁時，如同變壓器的二次繞組短路的情形完全相同，其等效電路如圖 10-24(a)所示。R_{1m} 及 X_{1m} 表示定子繞組之電阻及漏電抗，X_ϕ 爲磁化電抗，R_2 及 X_2 表示在轉子靜止時換算爲定子繞組之電阻及漏電抗。當外加電壓爲 V 時，流過定子繞組的電流爲 I_m，定子繞組兩端感應 E_m 電勢。

依據雙旋轉磁場理論，定子磁勢 F_1 可分爲兩個大小相同，皆爲$(1/2)F_{1(\max)}$ 之正向與反向旋轉磁勢波。在轉子靜止時，氣隙合成磁通之正向與反向兩分量的振幅相等，爲原振幅之 1/2 倍。如圖 10-24(b)所示，等效電路可分爲正向 f 與反向 b 兩磁場效應電路。

當感應電動機正常運轉時，啓動繞組斷開、運行繞組作用，設順向磁場之轉差率爲 s，則順向磁場產生之轉子電流頻率爲 sf ，f 爲電源頻率。此表示定子是以同步轉速旋轉，轉子電流產生之正向旋轉磁勢波，則以轉差速率 sn_s 旋轉，由定子與轉子之正向磁勢在氣隙中，產生之合成磁勢以同步速率旋轉割切定子繞組，感應產生電勢 E_{mf} ，轉子之等效電路爲電抗($j0.5X_\phi$)與阻抗($0.5R_2/s+j0.5X_2$)並聯，如圖 10-24(c)所示標示有 f 與 b 處。數字 0.5 表示定子磁勢分爲正向與反向兩分量。

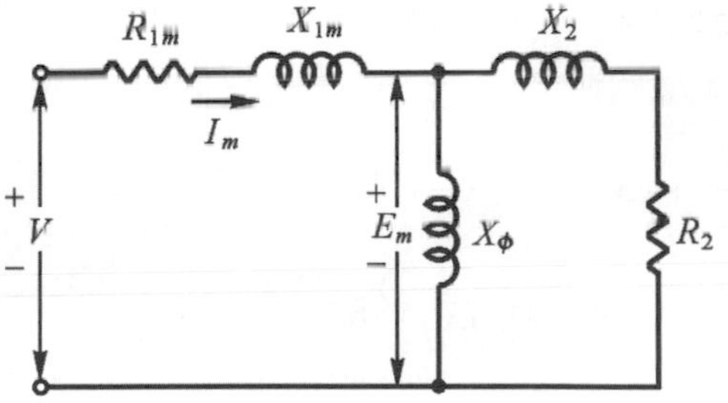

(a)

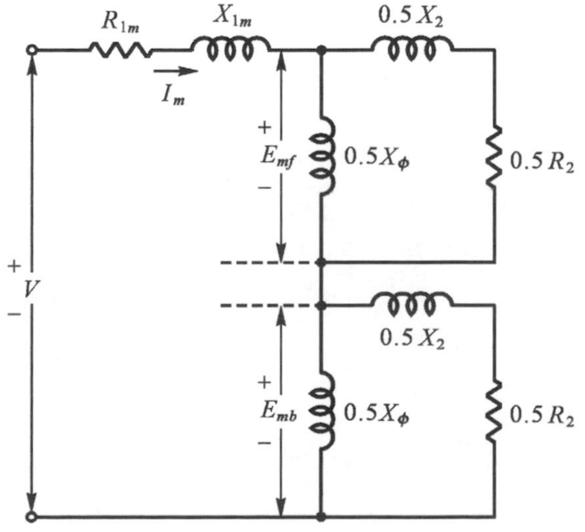

(b)

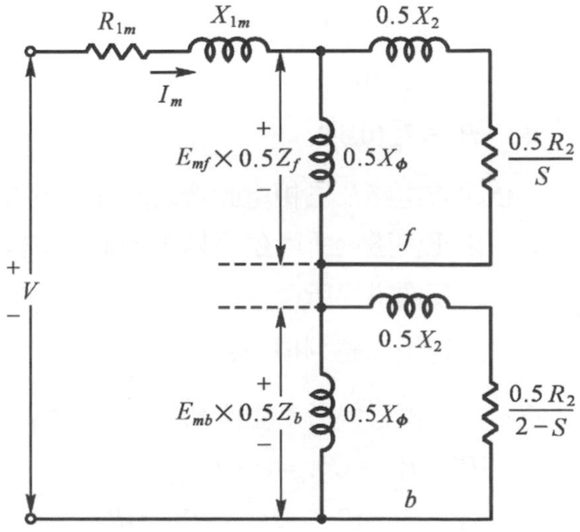

(c)

圖 10-24　單相感應電動機之等效電路

因轉子對正向磁場之轉差率仍爲 s，故轉子對反向磁勢波之速度爲$(n+n_s)$，則反向轉差率 s_b 爲：

$$s_b=\frac{n+n_s}{n_s}=1+\frac{n}{n_s}=1+\frac{(1-s)n_s}{n_s}=2-s \tag{10-4}$$

式中，反向旋轉磁場在轉子上感應頻率爲$(2-s)\,f$ 的電流。若轉差率 s 甚小，則轉子頻率約爲定子的兩倍。對定子而言，轉子反向電流產生之反向磁勢波，仍以同步速率旋轉，只是方向與正向相反，如圖 10-24 所示，標示爲 b 處爲反向旋轉磁場的等效電路。E_{mb} 爲反向磁場割切定子繞組產生之電勢。因此，如圖 10-24(c)所示爲單相感應電動機在運轉中之等效電路。

10-9 單相感應電動機之轉矩

當轉差率爲 1 時，$s=1$，依雙旋轉磁場理論，正向與反向兩磁場所產生之轉矩，大小相等但方向相反，其淨轉矩等於零，所以單相感應電動機無法自行啓動。

假設轉子依正向旋轉磁場方向轉動，正向轉矩將逐漸增大，表示電機開始加速運轉。當轉矩等於負載與風阻及摩擦等之和時，電機便停止加速，而以平穩的速度持續運轉。

圖 10-24(c)爲單相感應電動機之等效電路，而單相電動機之機械輸出，因正向與反向磁場係分開處理，故總轉矩應爲正、反向兩者之差，則正、反向磁場所反應之阻抗爲：

$$Z_f=R_f+jX_f=\left(\frac{R_2}{s}+jX_2\right)\text{與 } jX_\phi \text{ 並聯} \tag{10-5}$$

$$Z_b=R_b+jX_b=\left(\frac{R_2}{2-s}+jX_2\right)\text{與 } jX_\phi \text{ 並聯} \tag{10-6}$$

由上式，正向磁場反應之阻抗爲 Z_f，反向磁場反應之阻抗爲 Z_b。

假設定子繞組之正向與反向磁場所發出之功率爲 P_{1f} 與 P_{1b}，則由等效電路爲：

$$P_{1f}=I_m^2(0.5R_f) \tag{10-7}$$

$$P_{1b}=I_m^2(0.5R_b) \tag{10-8}$$

再依等效電路及三相電動機之原理，可得：

由正向磁場所產生之轉子銅損 $=sP_{1f}$ (10-9)

由反向磁場所產生之轉子銅損 $=(2-s)P_{1b}$ (10-10)

則轉子之總銅損$=sP_{1f}+(2-s)P_{1b}$ (10-11)

正、反向兩磁場所產生之功率，分別爲：

$$P_f=P_{1f}-sP_{1f}=(1-s)P_{1f} \tag{10-12}$$

$$P_b=P_{1b}-(2-s)P_{1b}=-(1-s)P_{1b} \tag{10-13}$$

單相電動機之總內建機械功率 P 爲：

$$P = P_f + P_b = (1-s)P_{1f} - (1-s)P_{1b} = (1-s)(P_{1f} - P_{1b}) \tag{10-14}$$

單相電動機之總內轉矩為：

$$T = \frac{p}{\omega} = \frac{(1-s)(P_{1f} - p_{1b})}{(1-s)\omega_s} = \frac{1}{\omega_s}(P_{1f} - P_{1b}) \tag{10-15}$$

則，由正、反向兩磁場產生之內轉矩分別為：

$$T_f = \frac{P_f}{\omega} = \frac{P_{1f}}{\omega_s} \tag{10-16}$$

$$T_b = \frac{P_b}{\omega} = \frac{-P_{1b}}{\omega_s} \tag{10-17}$$

式中，ω 表示轉子之機械角速率，ω_s 為同步角速率，單位為弧度/秒。

綜合上述，單相感應電動機由於反向磁場產生之電磁功率與轉矩皆為負值，表示與正向磁場相反。正功率為電動機之輸出功率，負功率為電動機回饋(feedback)於電源之功率。由此可見，單相感應電動機由於存在有反向磁場之作用，將減小其功率與轉矩。

EXAMPLE 例題 10-1

四極單相電容啓動式電動機馬力數為 1/4，接交流 110V/60Hz，其數據為：

$R_{1m} = 2.15\,\Omega$，$X_{1m} = 2.5\,\Omega$，$X_\phi = 57.75\Omega$，$R_2 = 4.05\,\Omega$，$X_2 = 2.25\,\Omega$

若鐵芯損為 30 瓦特，摩擦及風阻損為 15 瓦特，在轉差率 $s = 0.05$ 時，定子電流、功率因數、輸出功率、轉矩、轉速及效率各為多少？(設供應之電壓與頻率皆為額定值)

解　先求出等效電路之總阻抗 Z：如簡化之等效電路圖。

$$Z_f = R_f + jX_f = \left(\frac{R_2}{s} + jX_2\right)(jX_\varphi) / \left(\frac{R_2}{s} + j(X_\varphi + X_2)\right)$$

$$= \left(\frac{4.05}{0.05} + j2.25\right)(j57.75) / \left(\frac{4.05}{0.05} + j(2.25 + 57.75)\right)$$

$$= (-130 + j4678) / (81 + j60)$$

$$= 27 + j38\,\Omega$$

$$Z_b = R_b + jX_b = \left(\frac{R_2}{2-s} + jX_2\right)(jX_\varphi) / \left(\frac{R_2}{2-s} + j(X_\varphi + X_2)\right)$$

$$= \left(\frac{4.05}{2-0.05} + j2.25)\right)(j57.75) / \left(\frac{4.05}{2-0.05} + j(2.25 + 57.75)\right)$$

$$= (-130 + j116) / (2 + j60) = 1.86 + j2.23\,\Omega$$

圖示各階段的阻抗值為：

$R_{1m} + jX_{1m} = 2.15 + j2.5$

$0.5(R_f + jX_f) = 13.5 + j19$

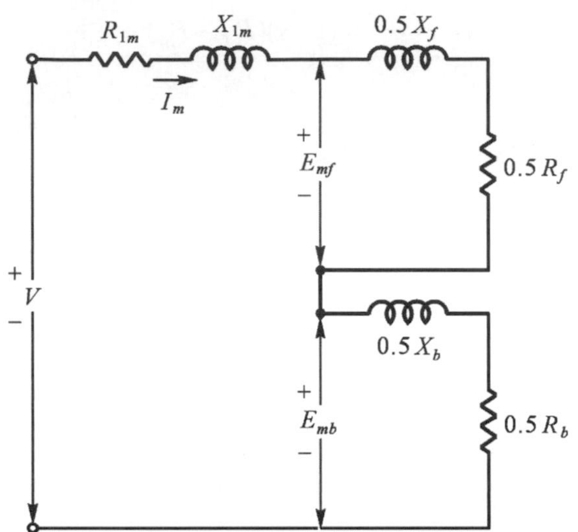

單相電動機簡化之等效電路

$0.5(R_b + jX_b) = 0.93 + j9.5$

等效電路總阻抗 Z 為：

$Z = (R_{1m} + jX_{1m}) + 0.5(R_f + jX_f) + 0.5(R_b + jX_b) = 17 + j31\Omega$

定子電流 $I_m = V / Z = 110 / \sqrt{17^2 + 31^2} = 110 / 35 = 3.14$ A

功率因數 $\text{PF} = \cos\theta = R/Z = 17/35 = 0.49$

輸入功率 $P_1 = VI_m \cos\theta = 110 \times 3.14 \times 0.49 = 169\text{W}$

$P_{1f} = I_m^2 \times 0.5R_f = 3.14^2 \times 13.5 = 133$ W

$P_{1b} = I_m^2 \times 0.5R_b = 3.14^2 \times 0.93 = 9$ W

內建機械功率 $P = (1-s)(P_{1f} - P_{1b}) = (1-0.05)(133-9) = 118$ W

無載旋轉損=鐵損+摩擦及風阻損 $= 30 + 15 = 45\text{W}$

輸出功率 P_o=機械功率 － 損失 $= 118 - 45 = 73\text{W}$

同步速率 $n_s = \dfrac{120f}{P} = \dfrac{120 \times 60}{4} = 1800$ rpm

角速率 $\omega_s = 2\pi \times \dfrac{n_s}{60} = \dfrac{2 \times 3.14 \times 1800}{60} = 188.4$ rad/sec

轉子速率 $n_r = (1-s)n_s = 0.95 \times 1800 = 1710$ rpm

角速率 $\omega = \dfrac{2\pi n_r}{60} = \dfrac{6.28 \times 1710}{60} = 179$ rad/sec

輸出轉矩 $T = \dfrac{P_o}{\omega} = \dfrac{73}{179} = 0.41$ N-m

效率 $\eta = \dfrac{P_o}{P_1} = \dfrac{73}{169} = 0.42$ ， $\eta\% = 42\%$

10-10 步進電動機

步進電動機(stepper motor)屬於同步電機。同步電動機控制的方式，是用電流脈波觸動，電機便旋轉一固定角度。通常接受一個電流脈波，電機旋轉之角度爲 15°、7.5°或更小的角度。若輸入一系列脈波，電機便可轉到設定的位置。例如，電機藉著傳動裝置帶動工具機進行切割，同時可保持切割運轉之固定位置到下個工作物。因此，步進電動機非常適合由微處理機作系列數位控制。

依工作之性質及要求，步進電動機之定子繞組，設計成多極或多相，轉子構造也有可變磁阻式(variable-reluctance type)及永久磁鐵式(permanent-magnet type)兩種。

1. 可變磁阻式步進電動機

如圖 10-26 所示爲可變磁阻式之定子電路。定子與轉子鐵芯皆採用薄矽鋼片疊積而成。當定子繞組接上直流電源時，開關 S_1 首先接通，第 1 相繞組激磁，如圖 10-26(a)所示，轉子感應起交互作用，停止於第 1 相繞組之位置。接通開關 S_2，並打開 S_1，第 2 相繞組激磁，轉子作用順時旋轉，停在第 2 相繞組之位置，如圖 10-26(b)所示。接通開關 S_3，並打開 S_2，第 3 相繞組激磁，轉子作用順時旋轉，停在第 3 相繞組之位置，如圖 10-26(c)所示。如此順序控制開關次序，使多相定子繞組依序激磁，轉子即可依設定之方向旋轉。

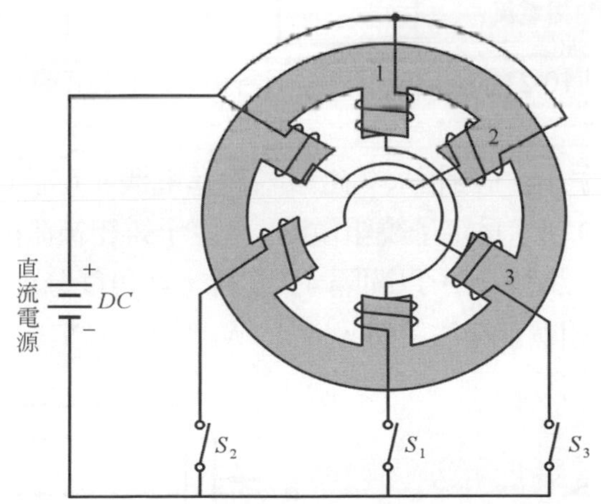

圖 10-25　可變磁阻式電動機之定子電路

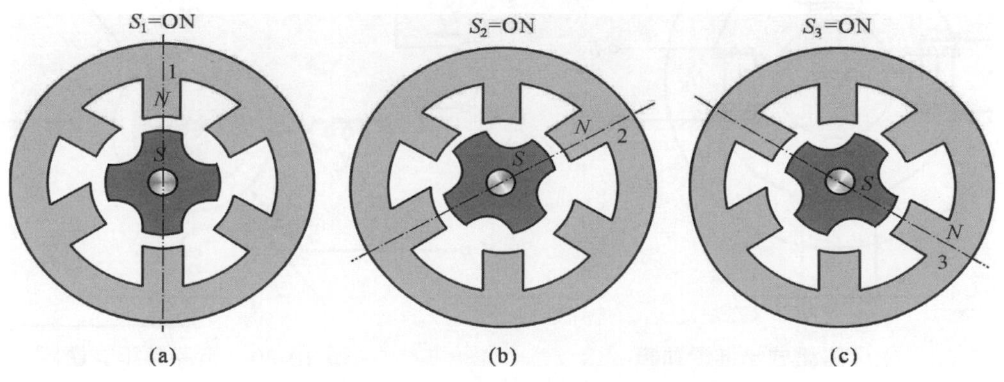

圖 10-26　可變磁阻式電動機之轉動情形

如圖 10-27 所示為開關順序之變換，與各相定子繞組激磁的關係。輸入脈波用微處理機之數位電路控制。若將開關之順序改為 $S_1 \to S_3 \to S_2$.....時，依圖所示，則步進電動機之旋轉方向變為逆時針。步進電動機操作簡單與方便是其特性之一。

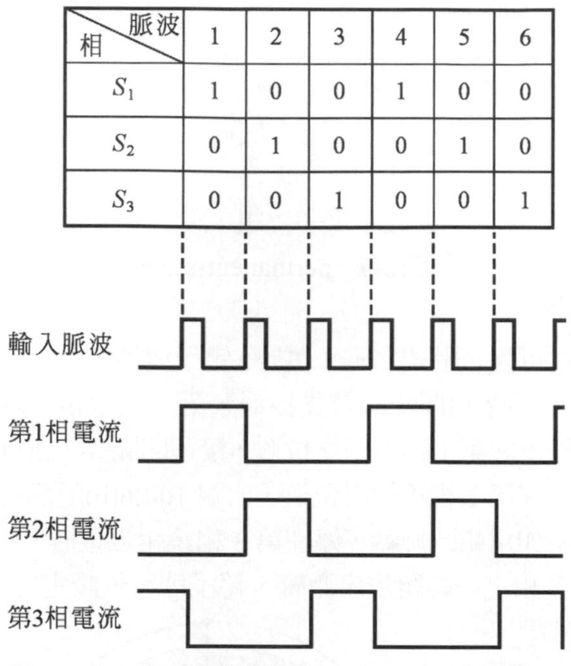

相 \ 脈波	1	2	3	4	5	6
S_1	1	0	0	1	0	0
S_2	0	1	0	0	1	0
S_3	0	0	1	0	0	1

圖 10-27　開關依序變換與各相繞組激磁的關係

2.　永久磁鐵式步進電動機

如圖 10-28 所示為二極、四相永久磁鐵式步進電機。定子有四凸極，轉子為二極圓筒形永久磁鐵。如圖 10-29 所示為定子繞組電路。當定子繞組被激磁之順序為：N_a、N_a+N_b、N_b、N_b+N_c、N_c、.....時，轉子以間隔 45°旋轉，其角度分別為：0°、45°、90°、135°、180°、......。當定子繞組個別被激磁時，N_a、N_b、N_c、N_a、....，轉子以間隔 90°旋轉。

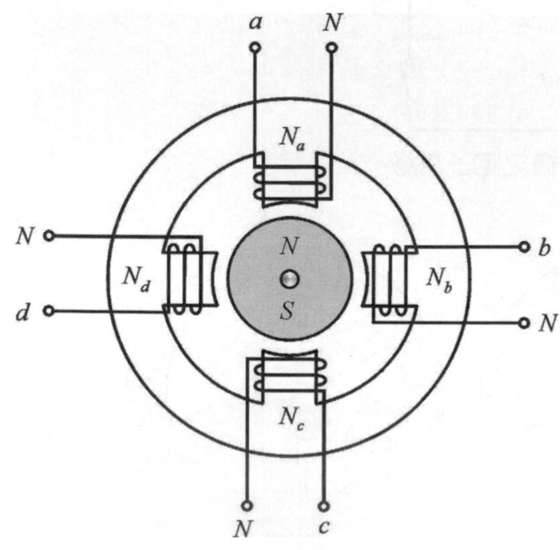

圖 10-28　永久磁鐵式步進電動機

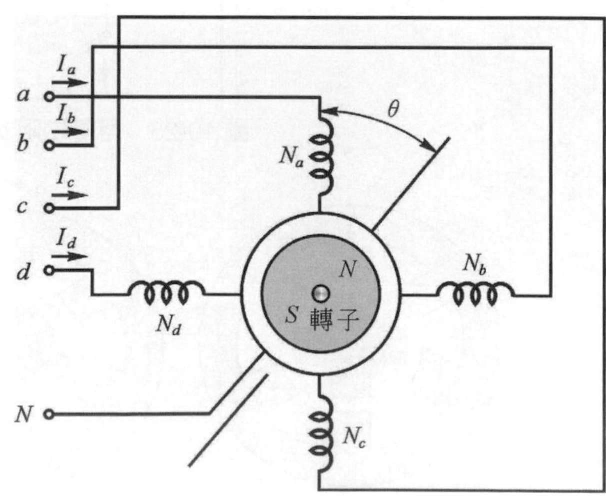

圖 10-29　定子繞組之電路

如圖 10-30 所示為步進電動機之轉矩-脈動頻率之特性曲線。圖示當輸入脈波頻率或步進頻率(stepping rate) 增加時，轉子驅動負載所提供之轉矩減少。啓動區內，電動機依脈動頻率可正常驅動負載。旋轉區(slew range)內，負載速度依脈動頻率驅動，但無法依指令啓動、停止或自行反轉。最大轉矩點表示電機所能提供之最大穩定負載的轉矩。輕載時，最大旋轉率可能是位置響應的 10 倍大。

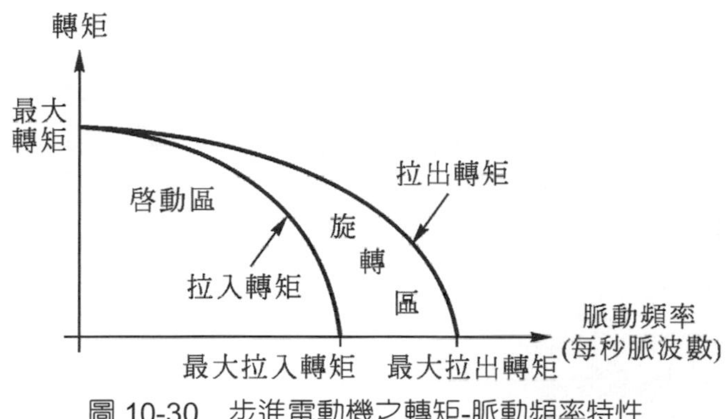

圖 10-30　步進電動機之轉矩-脈動頻率特性

步進電動機之優點是體型小與費用低。可變磁阻式步進電動機的最高脈波頻率可達 1200pps，每步移動 15°或更小。永久磁鐵式步進電動機，每步最大可移動 90°，最大響應脈波頻率為 300pps。

步進電動機應用於工具機在工作台之定位，驅動帶子傳輸，驅動記錄筆及作 X-Y 繪圖器等。

習　題

EXERCISE

1. 試列出單相電動機的種類。
2. 何以單相電動機無法自行啓動運轉，試述其原因。
3. 試述單相感應電動機之雙旋轉磁場理論。
4. 寫出下列單相感應電動機可以使用何種型式的電動機？
   眞空吸塵器、冰箱、洗衣機、吹風機、桌上型電扇、食物攪拌機、抽水機、記錄器。
5. 試簡述單相推斥式電動機的啓動及運轉原理。
6. 試繪圖說明如何控制推斥式電動機作正逆旋轉。
7. 試述電容式電動機可分為那些種類？並列出其優點。
8. 試述蔽極式電動機如何啓動運轉？
9. 分相式電動機如何啓動運轉及如何控制正逆旋轉？
10. 蔽極式電動機可否改變旋轉方向？試述其理由。

11. 試述可變磁阻式步進電動機之動作原理。
12. 試述永久磁鐵式步進電動機之動作原理。
13. 試比較分相式、永久電容式、蔽極式電動機之優劣點。

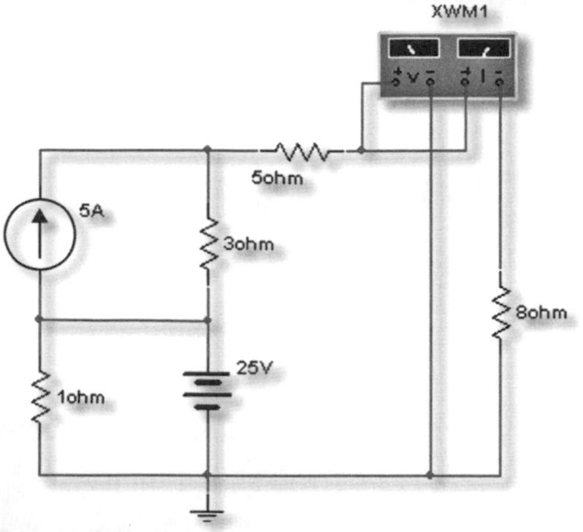

Chapter 11

三相感應電動機

11-1 構造

感應電動機的主要構成有定子與轉子兩部份。定子部份包括：定子鐵芯、定子繞組、框架、端蓋及軸承等；轉子部份包括：轉子鐵芯、轉子繞組、轉軸及風扇等。如圖 11-1 所示為感應電動機之剖視圖。

圖 11-1　三相感應電動機之剖視圖

11-1-1 定子

1. 定子鐵芯

鐵芯採用 0.35mm 或 0.5mm 矽鋼片疊積組成。受限於矽鋼片之最大寬度爲 914mm，小型電機使用整張沖成之矽鋼片，大型電機採用扇形沖片之矽鋼片。疊積之鐵芯每 7～10 公分應加設通風道(ventiating ducts)，以獲得良好之散熱效果。通風道的寬度，小型電機爲 10mm 左石，大型電機爲 13mm 左右。線槽的形式，中、小型電機採用半閉口槽(semiclosed solt)，大型電機採用開口槽(open slot)，目的在減少氣隙之磁阻與齒部之損失。

2. 定子繞組

定子繞組放置於鐵芯槽內。感應電機之定子繞組有單層繞與雙層繞兩類。單層繞係於槽內放置一組線圈邊，其繞組的數量爲槽數的一半；雙層繞係於槽內放置二組線圈邊，繞組之數量與槽數相同。

三相感應電動機繞組之接線型式，有 Y 形(星形或 T 形))與 Δ 形(三角形或 π 形)接線兩種。Y 形接線之特點是線電壓等於 $\sqrt{3}$ 倍的相電壓，高壓感應電動機常採用。Δ 形接線之線電壓與相電壓相等，低電壓感應電動機較常採用，但應工作場合需要，也有採用 Y 形接線者，如圖 11-2 所示。

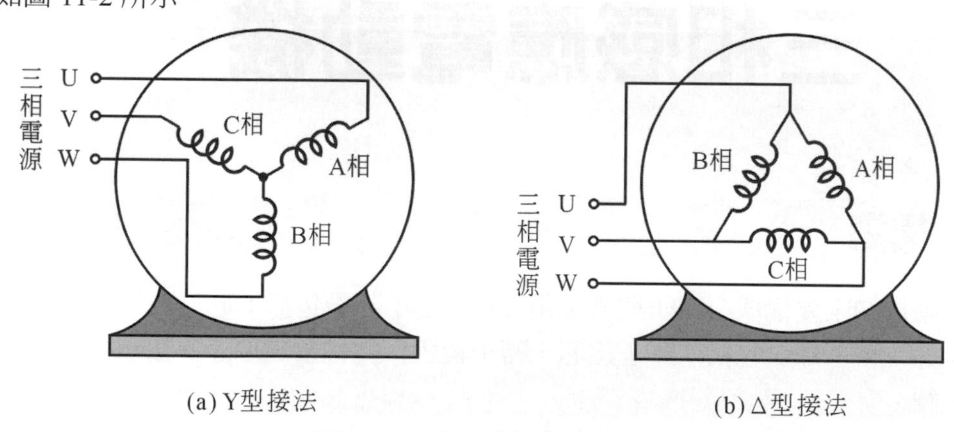

圖 11-2 定子繞組之連接法

3. 框架

框架的作用有三：(1)作爲定子鐵芯的支架、(2)保護機內機件、(3)散熱用。框架大都以鑄鐵或鋼板熔接而成。

4. 端蓋

端蓋置於框架前後兩端，中央部份裝有軸承，可以支持轉軸及轉子，同時可以保護定子繞組。

5. 軸承

軸承可讓轉子順利轉動。中小型感應電動機採用球軸承(ball bearing)或滾球軸承(roller bearing)，防止轉子磨損，也可設計成較小之氣隙。大型感應電動機則用套管軸承(sleeve bearing)。

11-1-2　轉子

轉子鐵芯使用矽鋼片積疊而成，其沖片之形式，若爲中小型電機的轉子，採用整片沖成，直接按裝在軸上；大型電機採用整片沖成之扇狀。轉子的種類爲：

1. 鼠籠型轉子

   轉子繞組以鋁條或銅條替代，如圖 11-3 所示，銅條兩端以端環短路連接，整體之形狀像一個鼠籠。作爲導體之鋁條或銅條，以斜向的方式置入槽內，稱爲斜形槽(skewed slot)，目的在減少定子與轉子間磁阻之變化，使轉子運轉平穩，並減少噪音干擾。鋁條或銅條與轉子鐵芯間不作絕緣處理，因鋁或銅之電阻遠小於鐵芯，故轉子運轉時產生之感應電勢，形成之感應電流皆流向鋁或銅條，於鼠籠內造成環路電流，因此可以限制啓動電流。鼠籠型電動機之構造簡單，一般皆用在小容量之電動機。

圖 11-3　鼠籠型感應電動機之轉子

2. 繞線型轉子

   如圖 11-4 所示爲繞線型轉子。在構造上較鼠籠型轉子複雜，啓動時需經滑環、電刷，再與外接之電阻器連接，以限制啓動電流，增大啓動轉矩。控制外接電阻值，還可以控制轉速。

   轉子繞組皆採用波形繞法，目的在使各相感應之電壓相對稱，以減少損失。因軸承經久使用，容易磨損，加大定子與轉子間之氣隙，使主磁通分佈不均勻，形成各相間不相等的感應電勢。

圖 11-4　繞線型感應電動機之轉子

11-2 基本原理

感應電動機接上三相平衡電源，定子繞組感應產生之主磁通時，於氣隙中形成了旋轉磁場。旋轉磁場之轉速與繞組電流之頻率相同，稱爲同步速率(synchronous speed)。同步速率爲：

$$n_s = \frac{120 f_1}{p}\ (\text{rpm}) \tag{11-1}$$

式中，n_s 爲同步速率，單位爲每分鐘的轉數(rpm)，f_1 爲定子電流之頻率，單位赫芝(Hz)，p 爲定子繞組之極數。

旋轉磁場經過轉子，轉子繞組感應產生感應電勢，形成了感應電流。轉子繞組之電流建立了轉子磁場。定子之主磁場與轉子磁場起交互作用，形成了電磁轉矩，啓動轉子運轉，轉子轉向與定子建立之旋轉磁場方向相同。

11-2-1 轉差率

定子之旋轉磁場與轉子磁場之速率差稱爲轉差。轉子之磁場經由定子磁場感應得來，因磁場隨時間之變化而變動，兩磁場間因磁通的轉移，自然造成時間的落後差，兩磁場形成之速率，也會有先後之間隔差。轉差與同步轉速之比值，稱爲轉差率(slip)。轉差率爲：

$$s=\frac{n_s-n_r}{n_s} \tag{11-2}$$

式中，s 爲轉差率，n_s 爲定子磁場之同步轉速(或旋轉磁場)，n_r 爲轉子轉速。

由上式可知，轉子之轉速爲：

$$n_r=(1-s)\cdot n_s \tag{11-3}$$

當轉差率 $s=0$ 或無載時，轉子之轉速接近於同步轉速。

三相感應電動機之轉差率，與負載成正比；負載增加時，轉差率也增加，反之，轉差率將減少。一般大型感應電動機之轉差率都較中小型爲小。商用之感應電動機，滿載時之轉差率約爲 1%～10%。

11-2-2 轉子之頻率

三相感應電動機於無載時，轉子轉速 n_r 等於同步轉速 n_s，轉差率 $s=0$。當電動機穩定運轉時，轉差率 s 爲定值，此時轉子之轉速不爲 n_r，若設定爲 n_2，則轉子轉速 $n_2=n_s-n_r$，而轉子頻率 f_2 爲：

$$f_2=\frac{pn_2}{120}=\frac{p(n_s-n_r)}{120}=\frac{p(n_s-(1-s)n_s)}{120}=\frac{psn_s}{120}=s\cdot f_1 \tag{11-4}$$

式中，f_1 爲定子電流之頻率，轉子頻率 f_2 又稱爲轉差頻率，等於定子頻率與轉差率之乘積。一般三相感應電動機之轉差率 $s=0.01$～0.05，或更低，若 $f_1=60$ Hz，$f_2\leqq$3Hz。

EXAMPLE
例題 11-1

三相感應電動機有 4 極，接上 60Hz 之三相平衡電源，於滿載時轉速爲 1764rpm，試求轉差率爲多少？

解 轉差率 $s=\dfrac{n_s-n_r}{n_s}$，同步轉速 $n_s=\dfrac{120f_1}{p}=\dfrac{120\times 60}{4}=1800\text{ rpm}$

$$s=\frac{1800-1764}{1800}=\frac{36}{1800}=0.02$$

EXAMPLE
例題 11-2

有一 8 極、60Hz 之三相感應電動機，於滿載時，轉差率為 3%，試求轉速為多少？

解　同步轉速 $n_s = \dfrac{120 f_1}{p} = \dfrac{120 \times 60}{8} = 900 \text{ rpm}$

轉子轉速 $n_r = (1-s) \cdot n_s = (1-0.03) \times 900 = 873 \text{ rpm}$

EXAMPLE
例題 11-3

有一感應電動機接上 60Hz 之三相平衡電源，定子之旋轉磁場為 1200rpm，滿載轉速為 1152rpm，試求(1)電動機之極數、(2)滿載時之轉差率、(3)轉子之頻率為多少？

解　(1)　因　$n_s = \dfrac{120 f_1}{p}$，則極數 $p = \dfrac{120 f_1}{n_s} = \dfrac{120 \times 60}{1200} = 6$ 極

(2)　轉差 $s = \dfrac{n_s - n_r}{n_s} = \dfrac{1200-1152}{1200} = \dfrac{48}{1200} = 0.04$，$s\% = 0.04 \times 100\% = 4\%$

(3)　轉子頻率 $f_2 = s \times f_1 = 0.04 \times 60 = 2.4 \text{ Hz}$

11-3 等效電路

感應電動機之定子繞組輸入三相平衡電流，產生定子旋轉磁場，將與轉子感應電流建立之旋轉磁場合併，在氣隙上產生合成之旋轉磁場。合成之旋轉磁場也以同步速率旋轉，於是定子繞組產生了反電勢。反電勢與外加電壓的差，等於定子繞組中之電阻和漏磁電抗造成之壓降 V_1。

$$V_1 - E_1 = I_1(R_1 + jX_1)\text{，}V_1 = E_1 + I_1(R_1 + jX_1) \tag{11-5}$$

式中，V_1 為定子繞組每相之電壓，E_1 為合成磁場之感應電勢，I_1 為定子電流，R_1 為每相之線電阻，X_1 為每相之漏電抗。

在氣隙上，定子電流與轉子電流形成之合成磁場，與變壓器之一與二次線圈形成之合磁通相同。定子電流可分成兩部份，一為負載電流 I_2，一為激磁電流 I_ϕ。負載電流佔定子電流的大部份，激磁電流約佔滿載電流的 30%～50%。激磁電流可分為鐵損電流 I_C 與磁化電流 I_m，鐵損電流與合成磁場之感應電勢 E_1 同相，激磁電流滯後 E_1 有 90 度。如圖 11-5 所示為定子之等效電路類同變壓器一次側。圖中，g_C 為鐵損之電導，b_m 為激磁電納。

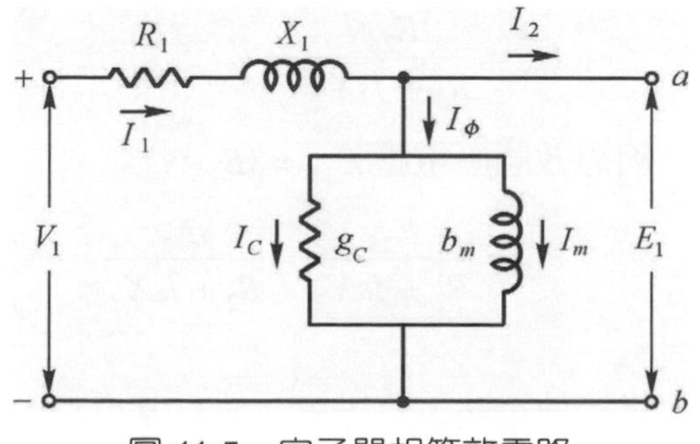

圖 11-5　定子單相等效電路

如圖 11-6 所示爲轉子等效電路。轉子等效電路之轉換係以定子作爲基準。假設定子繞組每相之有效線圈數爲轉子之 a 倍，而定子與轉子之磁通與轉速均相同，則轉子感應之電勢爲 E_2 時，其等效之感應電壓 E_{2S} 爲：

$$E_{2S} = aE_2 \tag{11-6}$$

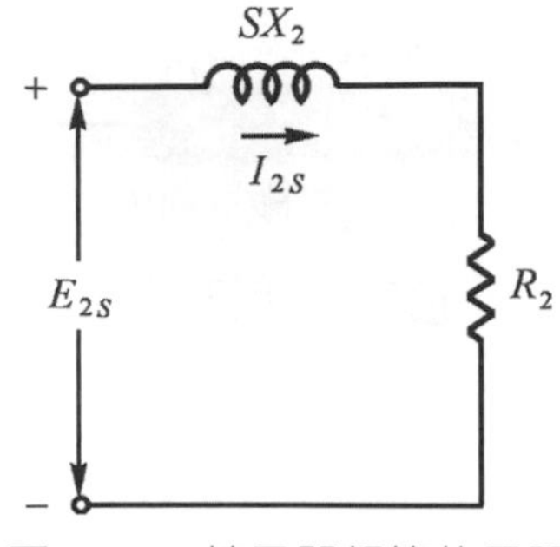

圖 11-6　轉子單相等效電路

在磁性方面，若定子與轉子之特性皆相同，則其磁動勢 $F = NI$ (安匝)也會相等，因此實際與等效轉子電流間之關係，及漏阻抗間之關係爲：

$$I_{2S} = \frac{I_2}{a} \tag{11-7}$$

$$Z_{2S} = \frac{E_{2S}}{I_{2S}} = \frac{aE_2}{\frac{I_2}{a}} = a^2\frac{E_2}{I_2} = a^2 Z_2 \tag{11-8}$$

式中，I_{2S} 爲等效轉子電流，I_2 爲實際轉子電流，Z_{2S} 爲等效轉子之漏阻抗，Z_2 爲實際轉子之漏阻抗。

感應電動機之轉子線路係短接，在轉差頻率下，等效感應電壓 E_{2S} 與電流 I_{2S} 之相互關係爲：

$$\frac{E_{2S}}{I_{2S}} = Z_{2S} = R_2 + jsX_2 \tag{11-9}$$

式子係以定子作爲參考基準下之等效阻抗 Z_{2S} 、每相之等效電阻 R_2 及漏電抗 sX_2 。 X_2 爲變換成定子頻率之轉子漏電抗，且電抗與轉子頻率及轉差率成比例，則轉子等效之漏電抗爲 sX_2 。如圖 11-5 所示爲以定子爲基準之每相轉子的等效電路。

對定子而言，磁通與磁動勢也以同步速率旋轉，在轉差頻率下，磁通感應轉子產生之感應電勢爲 E_{2S}，令 E_1 爲定子之反電勢，在無轉速效應時，$E_{2S} = E_1$。實際上，轉子以轉差率 s 運轉，磁通之相對速率對應於定子之速率爲 s 倍，則定子與等效轉子間之感應電壓的有效值爲：

$$E_{2S} = sE_1 \tag{11-10}$$

當轉頻率爲 f_2 時，轉子線路感應電壓 $E_{2S} = I_{2S}(R_2 + jsX_2)$ ，轉子電流爲：

$$I_{2S} = \frac{E_{2S}}{R_2 + jsX_2} \tag{11-11}$$

因等效感應電壓 $E_{2S} = sE_2$ ，

$$I_{2S} = \frac{E_{2S}}{R_2 + jsX_2} = \frac{sE_2}{R_2 + jsX_2} = \frac{E_2}{\frac{R_2}{s} + jX_2} \doteqdot I_2 \tag{11-12}$$

當等效電路以定子率 f_1 作爲基準時，兩不同頻率(f_1與f_2)下之轉子電流近乎相同。

比較 11-11 式與 11-12 式，得：

$$\frac{E_{2S}}{I_{2S}}=\frac{sE_1}{I_2}=R_2+jsX_2 \quad \text{(消去轉差率 } s\text{)}$$

$$E_1=I_2(\frac{R_2}{s+jX_2}) \tag{11-13}$$

由上式可知，轉子等效電路轉換成定子之等效阻抗$\dfrac{R_2}{s+jX_2}$。三相感應電動機單一相之等效電路，如圖 11-7 所示。

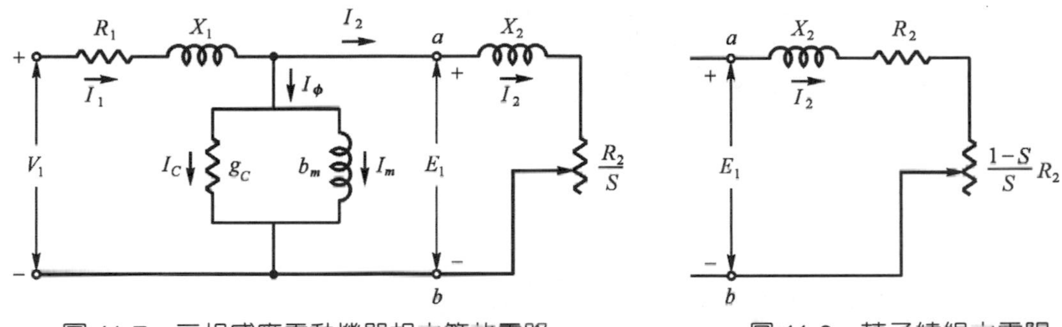

圖 11-7　三相感應電動機單相之等效電路　　　圖 11-8　轉子繞組之電阻

轉子頻率轉換成定子頻率 f_1，表示電動機之轉子爲靜止狀態，圖中，轉子電阻轉換成 R_2/s，意謂轉子繞組除本身之電阻 R_2 外，尙多出與轉速有關之電阻$\left(\dfrac{1-s}{s}R_2\right)$，此電阻爲轉子機械功率的等效電阻，如圖 11-8 所示。

轉矩 T 及功率 P 並不是轉軸之實際輸出值，還需注意轉子之摩擦、極間之風阻及雜散等損失，扣除這些損失時，剩下者才是有用的電機輸出值。感應電動機之激磁電流達滿載電流之 30%～50%，且漏電抗甚大，分析等效電路時，不若變壓器可省略激磁部份，但電機之鐵芯損失常併到機械損失計算，合稱爲無載旋轉損失。因此，激磁部份之並聯電導 g_c (或並聯電阻 R_C)可省略，則等效電路簡化成如圖 11-9 所示。

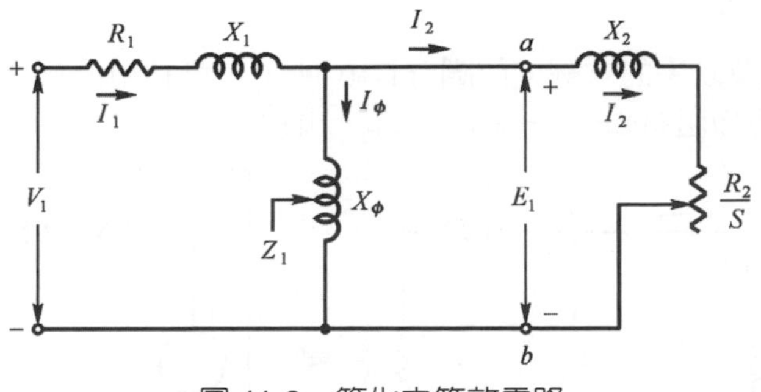

圖 11-9　簡化之等效電路

EXAMPLE
例題 11-4

三相 6 極 Y 型感應電動機接在 220V/60Hz 電壓源，轉速為 1176rpm，以定子作為基準之每相阻抗值分別為：$R_1 = 0.25\,\Omega$、$X_1 = 0.56\,\Omega$、$X_\phi = 12.36\,\Omega$、$R_2 = 0.12\,\Omega$、$X_2 = 0.25\,\Omega$，若電機無載旋轉損失為 480W，且電機在額定電壓與頻率下運轉，試求定子電流 I_1 、同步轉速 n_s 及轉差率 s 為多少?

解 同步轉速 $n_s = \dfrac{120 f_1}{p} = \dfrac{120 \times 60}{6} = 1200\,\text{rpm}$

轉差 $s = \dfrac{n_s - n_r}{n_s} = \dfrac{1200 - 1176}{1200} = 0.02$

每相定子繞組(相)電壓 $V_1 = \dfrac{220}{\sqrt{3}} = 127\,\text{V}$

並聯阻抗 $Z_1 = \dfrac{1}{\dfrac{1}{Z_\varphi} + \dfrac{1}{Z_2}}$，$Z_\phi = X_\phi = 12.36$，$Z_2 = \dfrac{R_2}{s + jX_2} = \dfrac{0.12}{0.02 + j0.25}$

$$Z_2 = 6 + j0.25 = \sqrt{6^2 + 0.25^2} \doteqdot 6$$

$$Z_1 = \frac{1}{\dfrac{1}{Z_\varphi} + \dfrac{1}{Z_2}} = \frac{1}{\dfrac{1}{12.36} + \dfrac{1}{6}} \doteqdot 4\Omega$$

等效電阻之總阻抗

$$Z_T = (R_1 + jX_1) + Z_1 = (0.25 + j0.56) + 4 = 4.25 + j0.56 = \sqrt{4.25^2 + 0.56^2} \doteqdot 4.6\Omega$$

定子電流 $I_1 = \dfrac{V_1}{Z_T} = \dfrac{127}{4.6} = 27.6\,\text{A}$

11-4 轉矩及功率

感應電動機之轉矩及功率的求解，如圖 11-10 所示，可利用簡化之戴維寧等效電路。設戴維寧等效電壓為 V_{Th}，等效阻抗為 $Z_{Th} = R_{Th} + jX_{Th}$，則：

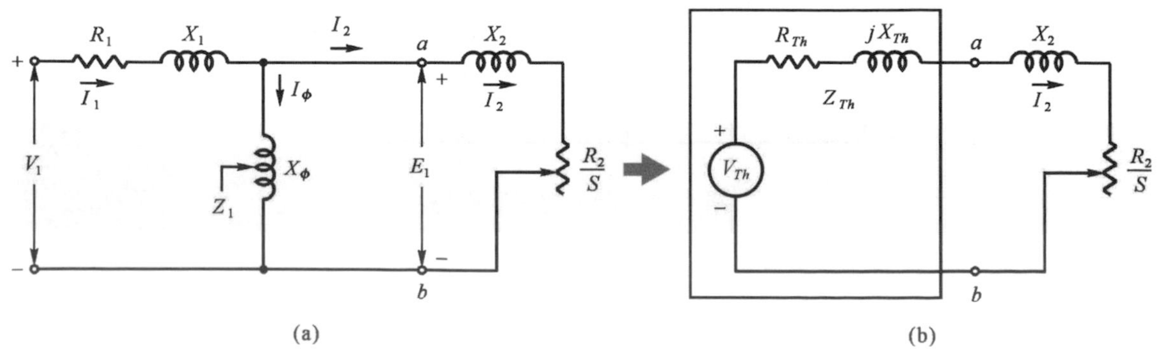

圖 11-10　簡化之戴維寧等效電路

1. 戴維寧等效阻抗 Z_{Th}：令交變電壓源為 0V，即電源電壓短路，如圖 11-11 所示 $Z_{Th} = R_1 + jX_1$與X_ϕ 並聯。

$$Z_{Th} = \frac{(R_1 + jX_1) \times jX_\phi}{(R_1 + jX_1) + jX_\phi} = \frac{(R_1 + jX_1)(jX_\phi)}{R_1 + j(X_1 + X_\phi)} = \frac{(R_1 + jX_1)(jX_\phi)}{R_1 + jX_{11}} \qquad (11\text{-}14)$$

式中，X_{11}為定子每相之電抗(包括繞組與激磁)。

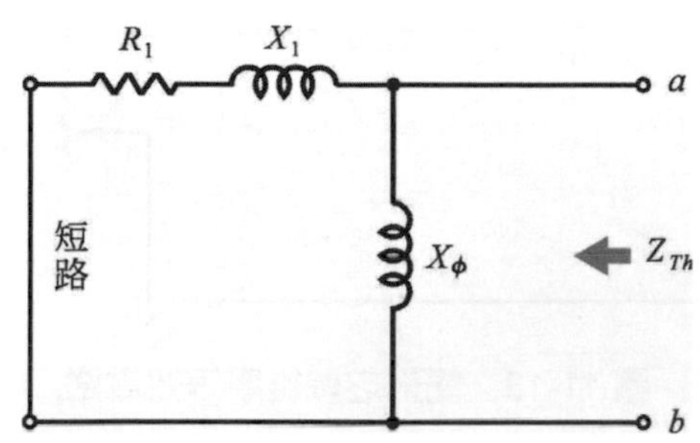

圖 11-11　等效阻抗求解之電路圖

2. 戴維寧等效電壓V_{Th}：圖 11-12 所示等效電壓$V_{Th}=$ 激磁電抗 X_ϕ之壓降。

$$V_{Th} = I_\phi \times (jX_\phi) = \frac{V_1}{R_1 + j(X_1 + X_\phi)} \times (jX_\phi) = \frac{jX_\phi}{R_1 + jX_{11}} \times V_1 \qquad (11\text{-}15)$$

如圖 11-13 所示之簡化電路，轉子電流I_2為：

$$I_2 = \frac{V_{Th}}{(R_{Th} + R_2/s) + j(X_{Th} + X_2)} = \frac{V_{Th}}{\sqrt{(R_{Th} + R_2/s)^2 + (X_{Th} + X_2)^2}} \qquad (11\text{-}16)$$

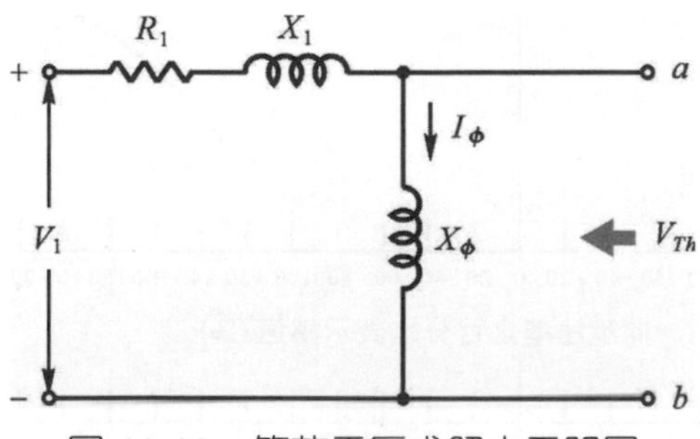

圖 11-12　等效電壓求解之電路圖

感應電動機之機械功率P_e，如圖 11-13 所示為：

$$P_e = q \times I_2^2 \left(\frac{1-s}{s}\right) R_2 = q \times \left(\frac{V_{Th}}{\sqrt{(R_{Th} + R_2/s)^2 + (X_{Th} + X_2)^2}}\right)^2 \times \left(\frac{1-s}{s}\right) R_2$$

$$P_e = q \times \left(\frac{V_{Th}^2}{(R_{Th} + R_2/s)^2 + (X_{Th} + X_2)^2}\right) \times \left(\frac{1-s}{s}\right) R_2 \qquad (11\text{-}17)$$

式中，q 為感應電動機之相數。感應電動機之轉矩 T 為：

$$T = \frac{1}{\omega_S} \times q I_2^2 \times \frac{R_2}{s} = \frac{q}{\omega_S} \times \frac{V_{Th}^2}{(R_{Th} + R_2 / s)^2 + (X_{Th} + X_2)^2} \times \frac{R_2}{s} \tag{11-18}$$

式中，ω_S 為角速度，單位為弳度/秒，$\omega_S = 4\pi f / P$，P 為極數。

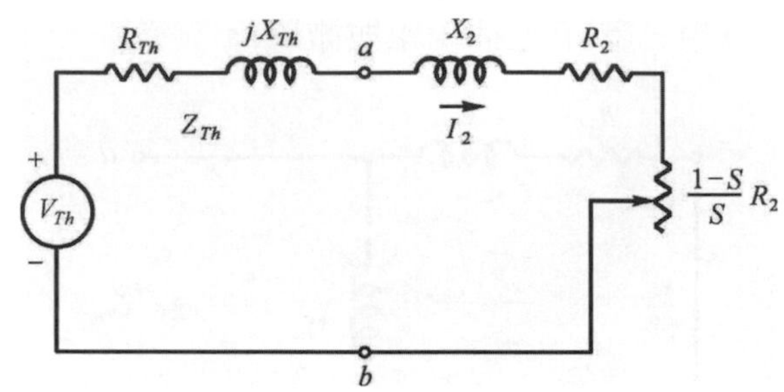

圖 11-13　簡化之戴維寧等效電路

如圖 11-14 所示為轉矩-轉差率曲線。一般感應電動機之轉矩-轉差率曲線可分為三區：煞車區、電動機區及發電機區，說明如下：

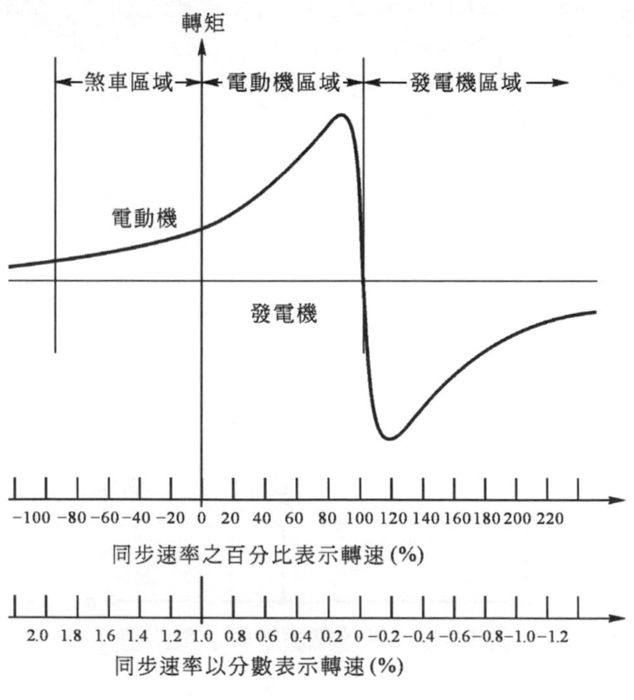

圖 11-14　感應電動機之轉矩-轉差率曲線

1. 煞車區(braking region)：運轉中之電動機在區域可迅速停止旋轉。其轉差率 $s = 1.0$～2.0 間。任意調換供電三線中之二線，電動機之旋轉磁場將產生反向轉矩，切斷供電源並讓電動機停止運轉，此稱為插入法(plugging)。
2. 電動機區：感應電動機作正常運轉，轉差率 $s = 1.0$～0 間。電動機之旋轉方向與定子之旋轉磁場相同，速率由零到同步速度間。

3. 發電機區：發電機之作用區，轉差率 $s < 0$。發電機之定子繞組接在三相平衡電源，轉子由原動機以高於同步速率驅動，所以轉差率爲負值。

EXAMPLE
例題 11-5

三相 6 極 Y 型感應電動機接在 220V/60Hz 電壓源，以定子作爲基準之每相阻抗值分別爲：$R_1 = 0.25\,\Omega$、$X_1 = 0.56\,\Omega$、$X_\phi = 12.36\,\Omega$、$R_2 = 0.12\,\Omega$、$X_2 = 0.25\,\Omega$，若電機無載旋轉損失爲 480W，且電機在額定電壓與頻率下運轉，試求轉差率 $s =$ 0.03 時，定子負載之分流 I_2、機械功率 P_e 及轉矩 T 爲多少？

解　定子相(繞組)電壓 $V_1 = \dfrac{220}{\sqrt{3}} \fallingdotseq 127$ V，

定子每相之電抗 $X_{11} = X_1 + X_\phi = 0.56 + 12.36 = 12.92\Omega$

等效電壓 $V_{Th} = \dfrac{jX_\phi}{R_1 + jX_{11}} \times V_1 = \dfrac{j12.36}{0.25 + j12.92} \times 127 = \dfrac{12.36}{12.92} \times 127 = 121.5$ V

等效阻抗

$$Z_{Th} = \frac{(R_1 + jX_1)(jX_\phi)}{R_1 + jX_{11}} = \frac{(0.25 + j0.56)(j12.36)}{0.25 + j12.92} = \frac{j3.09 - 6.92}{12.92} = -0.54 + j0.24\,\Omega$$

定子負載之分流

$$I_2 = \frac{V_{Th}}{\sqrt{(R_{Th} + R_2 / s)^2 + (X_{Th} + X_2)^2}} = \frac{121.5}{\sqrt{(-0.54 + 0.12 / 0.03)^2 + (0.24 + 0.25)^2}}$$

$$I_2 = \frac{121.5}{3.5} = 34.7\,(\text{A})$$

機械功率 $P_e = q \times I_2^2 \times \left(\dfrac{1-s}{s}\right) R_2 = 3 \times 34.7^2 \times \left(\dfrac{1-0.03}{0.03}\right) \times 0.12 = 1494.5\text{ W} \fallingdotseq 1.5\text{kW}$

角速度 $\omega_S = \dfrac{4\pi f}{P} = \dfrac{4 \times 3.14 \times 60}{6} = 125.6$

轉矩 $T = \dfrac{1}{\omega_S} \times qI_2^2 \times \dfrac{R_2}{s} = \dfrac{1}{125.6} \times 3 \times 34.7^2 \times \dfrac{0.25}{0.03} \fallingdotseq 240$N-m

11-5 鼠籠型感應電動機依轉矩特性之分類

三相鼠籠型感應電動機配合工業上之需要，在不同電壓及轉速下，其輸出容可高達 200 馬力。依國際電工製造協會(NEMA)規定，鼠籠型感應電動機可分爲 A、B、C 及 D 等四類型。四類型之轉子構造，如圖 11-15 所示。

1. A 型設計

A 型設計爲低電阻單鼠籠型轉子之電動機。A 型之特性爲正常啓動轉矩、正常啓動電流及低轉差率。在額定電壓啓動時，其電流大約爲額定電流之 5～8 倍，最大轉矩常超過滿載轉矩的 200%，且最大轉矩時，其轉差率都在 0.2 以下。A 型設計應用在 7.5 馬力以上，皆需使用啓動補償器，以降低電壓利於啓動。

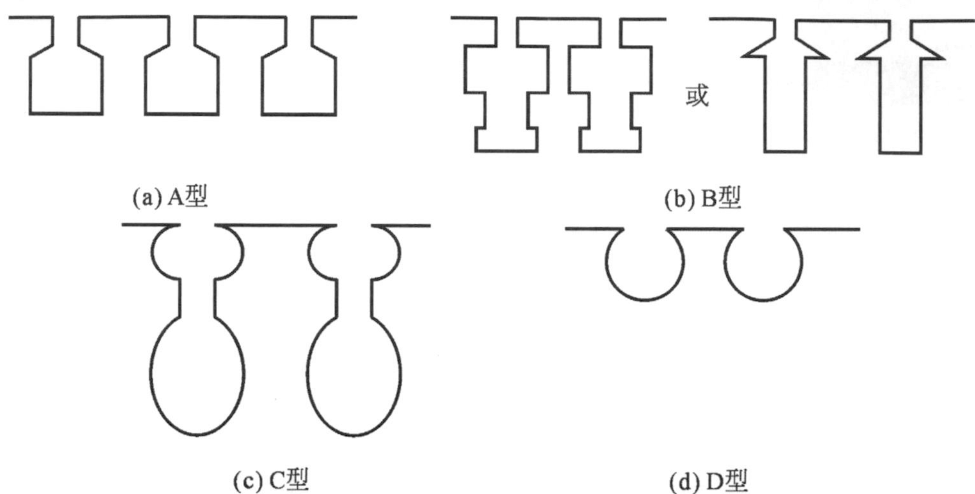

圖 11-15　鼠籠型轉子之構造

2.　B 型設計

B 型設計爲雙鼠籠型或窄深導棒式轉子。B 型之啓動轉矩與 A 型很接近，啓動電流則較 A 型小，可直接用額定電壓啓動，體型較 A 型大，運轉特性與 A 型相類似。B 型之特性爲正常啓動轉矩、低啓動電流及低轉差率。缺點爲漏磁電抗較高、功率因數稍低，最大轉矩約爲滿載轉矩之 200%。在運用上，B 型電動機之容量爲 7.5 馬力～200 馬力。B 型主要用於定速驅動且不需太大啓動轉矩之設備，如電扇、抽水機及送風機等場所。

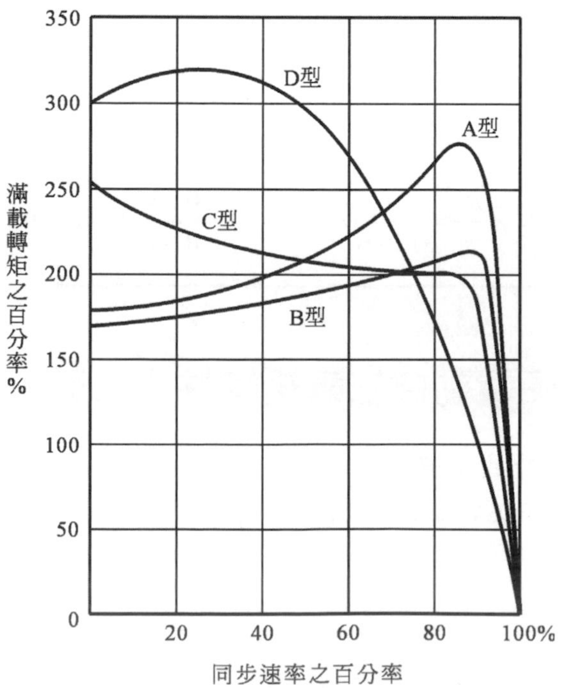

圖 11-16　轉速 1800rpm 為例之轉矩-速率特性曲線

3. C 型設計

C 型設計常爲雙鼠型轉子。C 型之特性爲高啓動轉矩、低啓動電流。C 型轉子之電阻較 B 型爲高，故啓動特性良好，運轉效率較低，轉差率也較 A 與 B 型爲大。C 型電動機都用在驅動壓縮與運輸等裝置。

4. D 型設計

D 型設計通常爲鼠籠型高電阻轉子。D 型之之特性爲高啓動轉矩與高轉差率。D 型設計可在低啓動電流下，產生特高之啓動轉矩，最大轉矩時，其轉差率在 0.5～1.0 間，但滿載時，轉差率高，運轉效率低。D 型設計大都用在具高度衝擊性之負載，如鑽孔機與截斷機等。

如圖 11-16 所示爲各類型電動機之轉矩-速率特性曲線比較圖。

11-6 電動機啓動

啓動感應電動機需具備兩個條件：(1)啓動電流 I_S 應小，(2)啓動轉矩 T_S 要大。啓動時，轉差率 $s=1$，則啓動電流與啓動轉矩爲：

啓動電流爲轉子電流：
$$I_S = I_2 = \frac{V_{Th}}{\sqrt{(R_{Th}+R_2/s)^2+(X_{Th}+X_2)^2}} \quad (11\text{-}19)$$

$$= \frac{V_{Th}}{\sqrt{(R_{Th}+R_2)^2+(X_{Th}+X_2)^2}} \qquad \because s=1$$

啓動轉矩：
$$T = \frac{1}{\omega_S}\times qI_2^2\times\frac{R_2}{s} = \frac{1}{\omega_S}\times qI_2^2\times R_2 \quad (11\text{-}20)$$

由式(11-19)可知，啓動電流與電源電壓成正比，與定子及轉子之阻抗成反比；啓動轉矩與轉子電流平方及轉子電阻成正比。所以減少啓動電流，可以(1)降低電源電壓 V_1、(2)增加定子阻抗 $Z_{Th}=R_{Th}+jX_{Th}$、(3)增加轉子電路的電阻 R_2 或電抗 X_2。其中以增加轉子電阻 R_2 最佳，由上式可知，轉子電阻增大，可減少啓動電流，又可增大啓動轉矩。

通常繞線型感應電動機採用減少轉子電阻的方法啓動電動機。鼠籠型感應電動機因轉子繞組短接，必須採用其它方法啓動電動機。繞線型與鼠籠型啓動電動機之方法爲：

11-6-1　繞線型感應電動機之啓動法

繞線型感應電動機之轉子繞組，可經由滑環及電刷直接與外接之電阻啓動器串聯相接，如圖 11-17 所示。利用這個特性，每相轉子的回路串接適當的電阻，可減少啓動電流，增大啓動轉矩。

如圖 11-18 所示爲轉矩-轉速特性曲線。曲線 1 爲感應電動機原有特性電阻值爲 R_S，轉差爲 s，轉矩爲 T_S。曲線 2 爲外接電阻調至 R_{S1} 值時之特性曲線，電阻值 $R_{S1}>R_S$，轉差率 $s_1>s$，轉矩 $T_{S1}>T_S$。曲線 3 爲外接電阻調至 R_{S2} 時之特性曲線，電阻值 $R_{S2}>R_{S1}$，轉差率 $s_2>s_1$，轉矩 $T_{S2}>T_{S1}$，且轉差率接近於 1 值。當電動機正常運轉，轉差率 $s=1$時，外接電阻值爲：

$$s = \frac{R_2 + R_S}{\sqrt{R_{Th}^2 + (X_{Th} + X_2)^2}} = 1 \tag{11-21}$$

外接電阻值 $R_S = \sqrt{R_{Th}^2 + (X_{Th} + X_2)^2} - R_2$ (11-22)

依轉矩-轉速特性曲線所示，外接電阻以人工調至 R_S 爲啓動法之適當值。啓動電流則被限制在額定值之 1.5～1.8 倍。

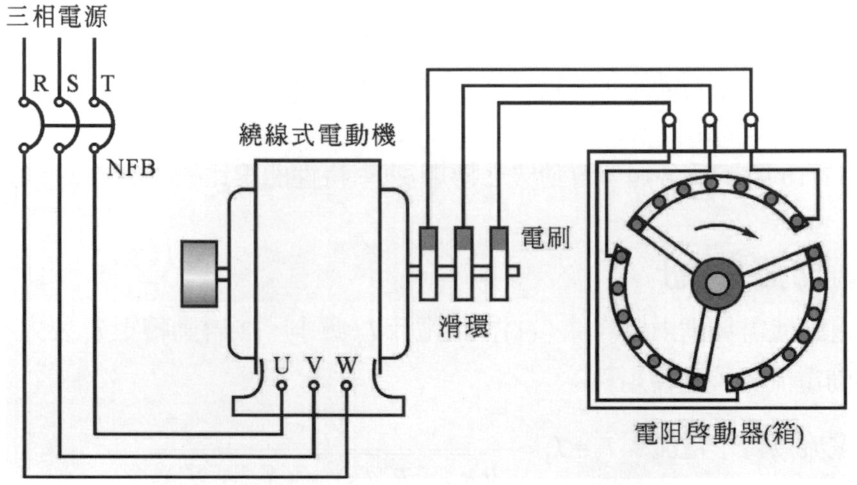

圖 11-17　繞線式感應電動機啓動控制線路

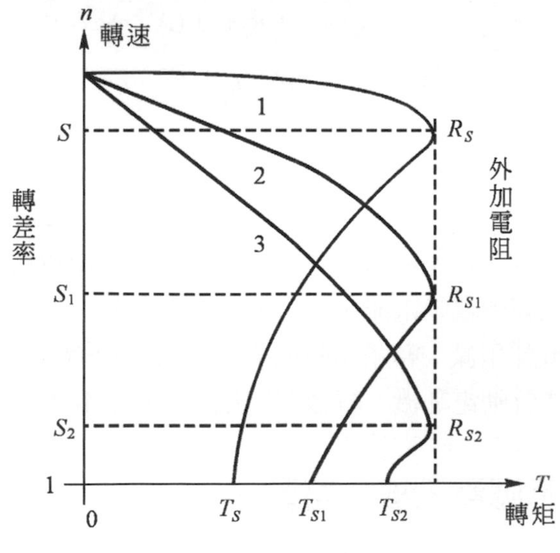

圖 11-18　轉矩-轉速特性曲線

11-6-2　鼠籠型電動機之啓動法

鼠籠型電動機啓動法依容量大小：(1)全壓啓動法、(2)降壓啓動法、(3)部份繞組啓動法等三種。

1. 全壓啓動法：

　　全壓啓動是直接將額定交變電源電壓值接在定子繞組。通常應用在 7.5hp 以下之鼠籠型電動機，因小型電動機之轉動慣量小，速率上升快，瞬間的啓動電流不會太大，對於供電線路電壓之下降也不會產生太大之干擾時，較適合全壓啓動法。採用全壓啓動法應較降壓啓動法有更大之啓動轉矩。

2. 降壓啓動法：

(1) Y-Δ 降壓啓動法：Y-Δ 降壓啓動法於電動機啓動時，將定子繞組接成 Y 型，當電動機加速時，將定子繞組轉接成 Δ 型繼續運轉。因繞組作 Y 型連接，每相繞組電流=$\dfrac{\text{線路電流}}{\sqrt{3}}$，故可以減少啓動電流。此型電動機最大之特點是無須其它輔助裝置幫助啓動，僅將定子繞組六條輸出引線，利用電磁開關作 Y-Δ 型變換，爲降壓啓動法最經濟與普遍的方法。

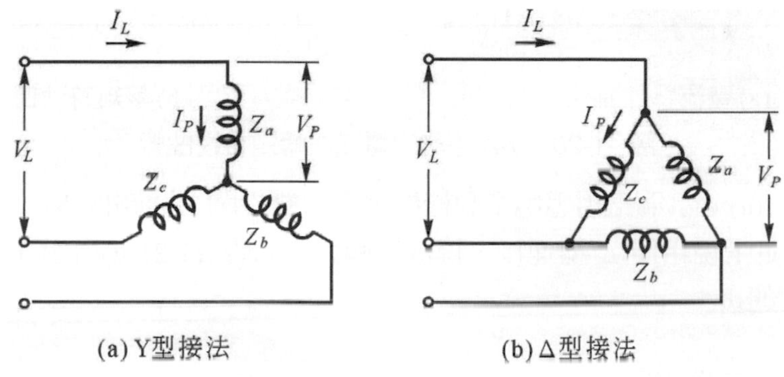

圖 11-19　定子繞組之接法

　　如圖 11-19 所示，電壓源接線路稱爲線電壓，以 V_L 表示，繞組之電壓降稱相電壓，以 V_P 表示，流過線路之電流稱線電流，以 I_L 表示，流過繞組之電流稱相電流，以 I_P 表示。電動機若以 Δ 型啓動，設每相之啓動電流爲 I_S，則：

每相之啓動電流 $I_S = I_P = \dfrac{V_P}{Z_a} = \dfrac{V_L}{Z_a}$ (11-23)

線電流 $I_{L(\Delta)} = \sqrt{3} I_P = \sqrt{3} I_S$ (11-24)

電動機若以 Y 型啓動，則啓動時之電流爲：

$$I_{L(Y)} = \frac{V_P}{Z_a} = \frac{\frac{V_L}{\sqrt{3}}}{Z_a} = \frac{I_S}{\sqrt{3}} \tag{11-25}$$

Y 與 Δ 型啓動時，線電流之比值爲：

$$\frac{I_{L(\Delta)}}{I_{L(Y)}} = \frac{\sqrt{3} I_S}{\frac{I_S}{\sqrt{3}}} = 3 \text{，} I_{L(\Delta)} = 3 \times I_{L(Y)} \tag{11-26}$$

　　感應電動機若以 Δ 型啓動，線路供應之電流較 Y 型啓動增大 3 倍，同理，轉矩也要多 3 倍，故採用 Y 型啓動才能降低啓動電流。

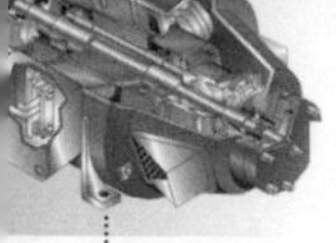

如圖 11-20 所示爲 Y-Δ 啓動之電流與轉矩特性，其啓動電流或轉矩約爲全壓啓動的 33%，所以應用上不適合作重負載(需要較大啓動轉矩)之啓動法。

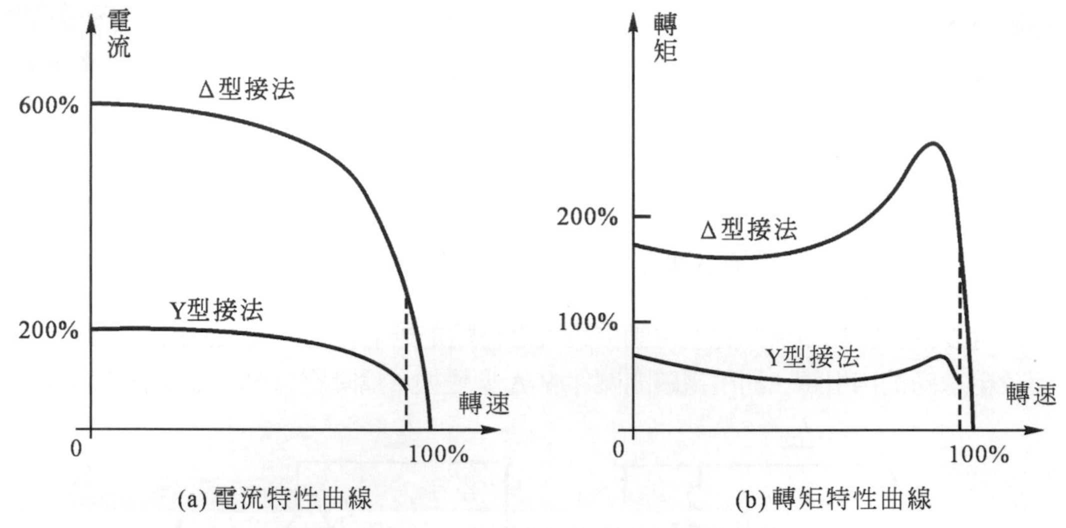

圖 11-20 Y-Δ 啓動之電流與轉矩特性曲線

如圖 11-21(a)所示爲三相感應電動機採用三刀雙投閘刀開關作 Y-Δ 啓動的接線圖。閘刀開關往左移定子繞組作 Δ 型連接，接線之觀念，如圖 11-21(b)所示。閘刀開關往右移定子繞組作 Y 型連接。

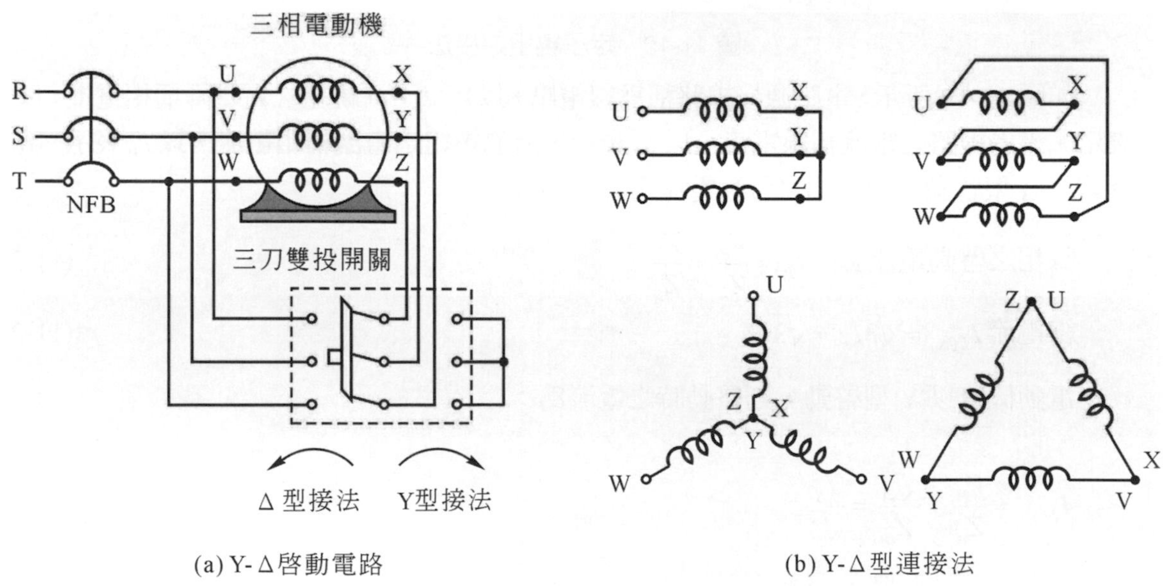

圖 11-21 三相感應電動 Y-Δ 啓動電路及接線示意圖

(2) 電阻降壓啓動法：在定子電路上串聯電阻，增大電源與電動機間之電阻值，進而限制啓動電流在適當值內。當電動機完成加速時，再以設施短路電阻，使電動機可在全壓下繼續運轉。此啓動法之優點是可得平滑之啓動，與較高之功率因數，缺點是運轉效率較低。

(3) 電抗器降壓啓動法：將定子電路之串聯之電阻器改換成電抗器，成爲電抗器降壓啓動法。其啓動法與電阻降壓啓動法相同。電抗器因取得較不容易，且設施較爲昂貴，所需之費用較高，而電動機啓動時，大都爲輕載或無載，採用電抗器降壓啓動之功率因數相當低。

(4) 補償器(compensator)降壓啓動法：補償器指的是自耦變壓器。將自耦變壓器作成 Y 型連接，或二具自耦變壓器作成 V 型連接，以降壓的方式啓動電動機。通常在自耦變壓器上，設有 50%、65%、80%等分接頭，方便於啓動時，以人工操作方式輸入不同的電壓。

EXAMPLE
例題 11-6

三相 5 馬力之感應電動機，以額定電壓 220V 啓動，設啓動電流爲 180 安培，啓動轉矩 75 牛頓-公尺，若採用 Y-Δ 降壓啓動時，試求啓動電流與轉矩爲多少？

解　每相之啓動電流 $I_{L(\Delta)} = 180\text{ A}$，每線之啓動電流 $I_{L(Y)} = \dfrac{I_{L(\Delta)}}{3} = \dfrac{180}{3} = 60\text{ A}$

轉矩 $T_Y = \dfrac{T_\Delta}{3} = \dfrac{75}{3} = 25\text{ N-m}$

11-7 電動機之速率控制

三相感應電動機轉子之轉速爲：

$$n_r = (1-s)n_s = (1-s)\times\frac{120f_1}{P} \tag{11-27}$$

由上式可知，轉子之轉速與電源之頻率 f_1、轉差率之變動 $(1-s)$ 成正比，而與定子之極數成反比。因此，改變感應電動機之轉速，可從操作定子與轉子兩方面控制。

1. 定子方面，可改變：
   (1) 外加電壓。
   (2) 電源頻率。
   (3) 極數。
2. 轉子方面，可改變：
   (1) 轉子電路之啓動裝置，如電抗、電阻及自耦變壓器等。
   (2) 二電動機作串聯連接。
   (3) 在轉子電路上增設電壓設施。

11-7-1 改變定子外接之電壓 V_1 控速法

轉矩與外加電壓之關係為：

$$T=\frac{1}{\omega_S}\times qI_2^2\times\frac{R_2}{s}=\frac{q}{\omega_S}\times\frac{V_{Th}^2}{(\frac{R_{Th}+R_2}{s})^2+(X_{Th}+X_2)^2}\times\frac{R_2}{s}=KV_{Th}^2=K'V_1^2 \tag{11-28}$$

式中，轉矩T與外加電壓V_1之平方值成正比。外加電壓指每相定子繞組之電壓，指相電壓。轉矩與外加電壓之關係，如圖 11-22 所示。虛線表示負載變動之特性。當外加電壓減半時，負載下降，轉速會由n_1降為n_2，達成控速的目的。

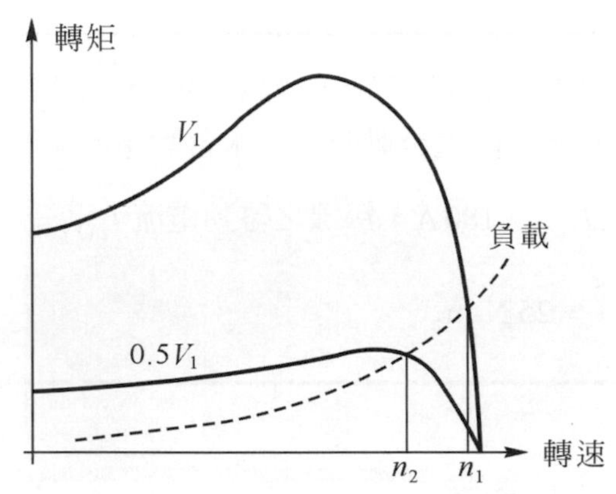

圖 11-22 外加電壓(電源電壓)控速法

改變外加電壓之控速法，其控速範圍不大，而且電動機之電流容易超出額定值，大都應用於小型鼠籠型轉子之電動機，如家用風扇等。

11-7-2 改變電源頻率控速法

依三相感應電動機之電源電壓，討論每相定子繞組電壓與電源頻率之關係：

$$V_1=E=4.44Nf_1\phi \tag{11-29}$$

式中，電源電壓與頻率成正比。當電源電壓維持定值，電源頻率f_1與合成磁通ϕ成反比，降低電源頻率，合成磁通會增大，增大之合成磁通，將使轉矩T變大；反之，轉矩會變小。若改變電源頻率控速時，電源電壓保持定值，轉矩會隨磁通的改變，而變得不穩定。因此，改變電源頻率控速法，應以頻率f_1與電壓V_1成比例變動，作為控速的方法。

當感應電動機正常運轉時，因轉差率s甚小，則$\frac{R_2}{s}>>R_{Th}$，$\frac{R_2}{s}>>(X_{Th}+X_2)$，轉子電流為：

$$I_2=\frac{V_{Th}}{\sqrt{(R_{Th}+\frac{R_2}{s})^2+(X_{Th}+X_2)^2}}\doteqdot\frac{V_{Th}}{\sqrt{(\frac{R_2}{s})^2}}=\frac{V_{Th}}{R_2}\times s \tag{11-30}$$

感應電動機之轉矩為：

$$T=\frac{1}{\omega_S}\times qI_2^2\times\frac{R_2}{s}=\frac{1}{\omega_S}\times q\times\left(V_{Th}\times\frac{s}{R_2}\right)^2\times\frac{R_2}{s}=\frac{qV_{Th}^2}{\omega_S R_2}\times s=\frac{qKV_1^2}{\omega_S R_2}\times\frac{\omega_S-\omega}{\omega_S}$$

$$T=\frac{qKV_1^2}{\omega_S^2 R_2}\times(\omega_S-\omega)=\frac{V_1^2}{(\frac{2}{P\times 2\pi f_1})^2}\times qK\times\frac{\omega_S-\omega}{R_2}=K'\left(\frac{V_1}{f_1}\right)^2\times(\omega_S-\omega)$$

$$T=K''\left(\frac{V_1}{f_1}\right)^2\times(n_S-n_r)\fallingdotseq K'''\times(n_S-n_r) \tag{11-31}$$

如圖 11-23 所示為改變 $\frac{V_1}{f_1}$ 時之轉矩-速度特性曲線。當電源電壓與頻率由 $\frac{V_1}{f_1}$ 改變成 $\frac{V_1'}{f_1'}$ 與 $\frac{V_1''}{f_1''}$ 時，轉子轉速由 n 轉為 n' 與 n''。

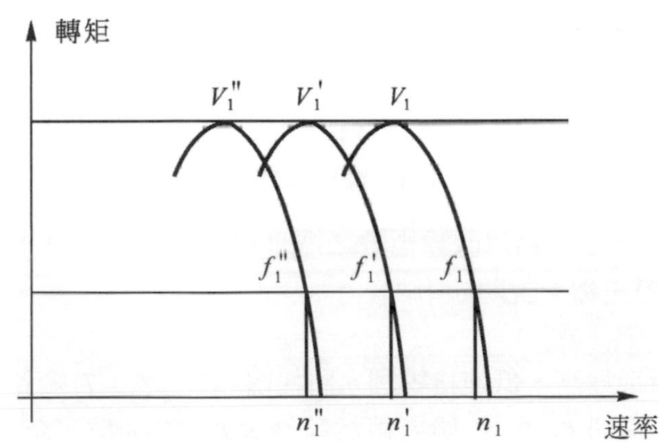

圖 11-23　改變 $\frac{V_1}{f_1}$ 時之轉矩-速度特性曲線

11-7-3　改變極數

感應電動機之轉速 n 與定子之極數 P 成反比，適當調整定子之極數，可達控速之目的。繞線型轉子感應電動機若要作轉速控制，必須同時調整定子與轉子之極數，否則因轉子繞組感應磁通之關係，有些轉子繞組會感應產生負轉矩。鼠籠型轉子因繞組短路，極數由定子繞組決定，故無此顧慮。改變定子繞組之連接法，以改變定子之極數，達到控速目的，稱此類電機為變極電動機，如圖 11-24 所示。

如圖 11-24(a)所示為 8 極接線法。四繞組以串聯方式連接，繞組 1-3-4-2，電流由 a 端流入，b 端流出，各繞組產生 N 極，繞組間產生 S 極，共有 8 極。如圖 11-24(b)所示為 4 極接線法。四繞組兩兩先串接，再並聯，繞組 1-3 串接，繞組 2-4 串接，兩串接繞組再並接。電流由 a 端流入，b 端流出，繞組 1-3 產生 N 極，繞組 2-4 產生 S 極，共 4 極。

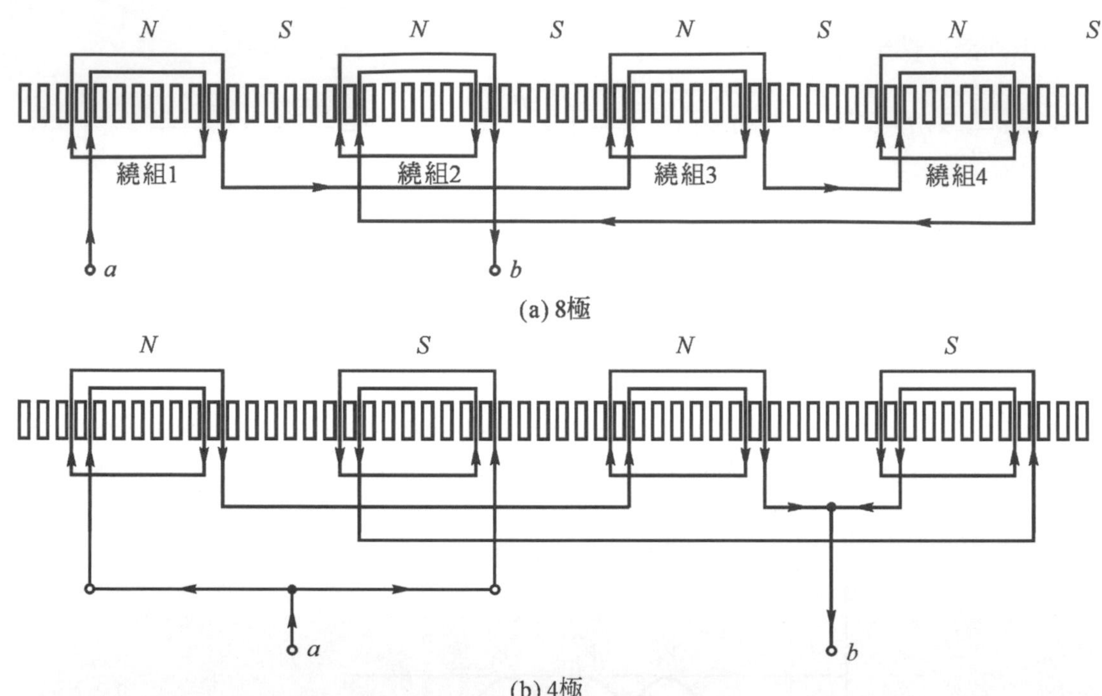

圖 11-24　變換極數之方法

變換定子繞組之連接方法，藉以改變極數之控速方法有：(1)定轉矩接線法、(2)定功率接線法、(3)可變轉矩接線法等三種。說明如下：

1. 定轉矩接線法：

如圖 11-25(a)所示爲高、低速接線圖。將接線端$T_1-T_2-T_3$短路連接，線路成爲並聯雙 Y 型接線，再由接線端$T_4 \cdot T_5 \cdot T_6$接三相電源 $R.S.T$，電動機可獲得高速運轉。若將接端$T_1 \cdot T_2 \cdot T_3$接上三相電源，接線端$T_4 \cdot T_5 \cdot T_6$與線路斷開，線路變成串聯 Δ 型連接，電動機可獲得低速運轉。此接線法之特點是高低速之最大轉矩相接近。

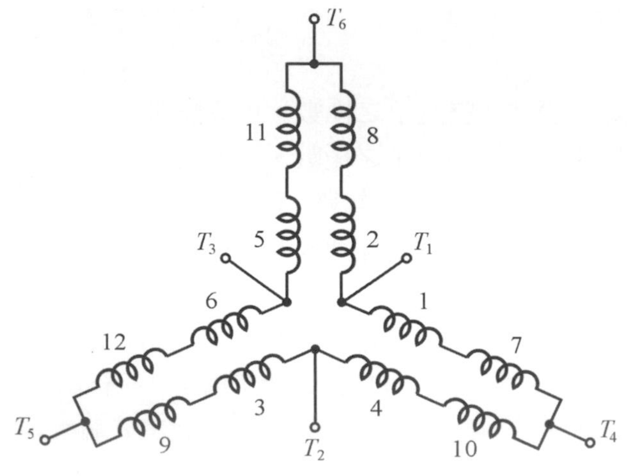

(a) 接線圖

速率	電源			備註
	R	S	T	
低速	T_1	T_2	T_3	T_4，T_5，T_6 開路
高速	T_4	T_5	T_4	T_1，T_2，T_3 短路

(b) 高低速接線說明

圖 11-25　定轉矩接線法

2. 定功率接線法：

　　如圖 11-26(a)所示爲接線圖。將接線端$T_4 \cdot T_5 \cdot T_6$與線路斷開，接線端$T_1 \cdot T_2 \cdot T_3$接三相電源，線路成串聯 Δ 型連接，電動機可獲得高速運轉。若將接線端$T_1 \cdot T_2 \cdot T_3$短路連接，接線端$T_4 \cdot T_5 \cdot T_6$接三相電源，線路成並聯 Y 型連接，電動機可獲得低速運轉。此接線法之特點是於低速時會產生約兩倍之最大轉矩，可應用於固定功率負載的驅動，且高低速輸出之功率皆相同。

3. 可變轉矩接線法：

　　如圖 11-27(a)所示之接線圖，當接線端$T_1 \cdot T_2 \cdot T_3$短路連接，接線端$T_4 \cdot T_5 \cdot T_6$接三相電源，電動機可獲得高速運轉。若接線端$T_4 \cdot T_5 \cdot T_6$開路，接線端$T_1 \cdot T_2 \cdot T_3$接三相電源，電動機可獲得低速運轉。此接線法之特點是於低速時，產生之最大轉矩很小，故適用於低速小轉矩的負載。

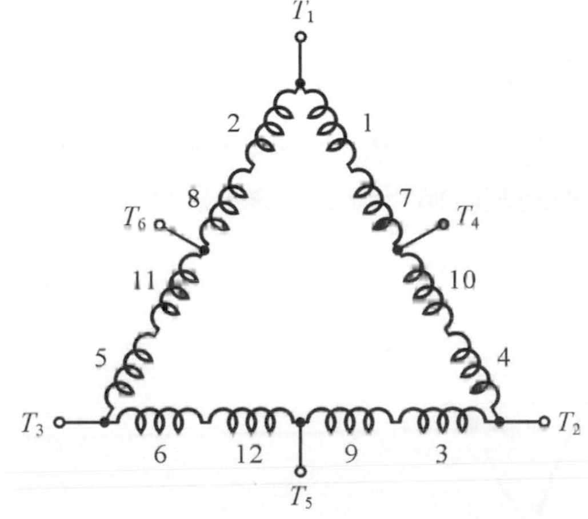

(a) 接線圖

速率	電源			備註
	R	S	T	
高速	T_1	T_2	T_3	T_4，T_5，T_6 開路
低速	T_4	T_5	T_4	T_1，T_2，T_3 短路

(b) 高低速接線說明

圖 11-26　定功率接線法

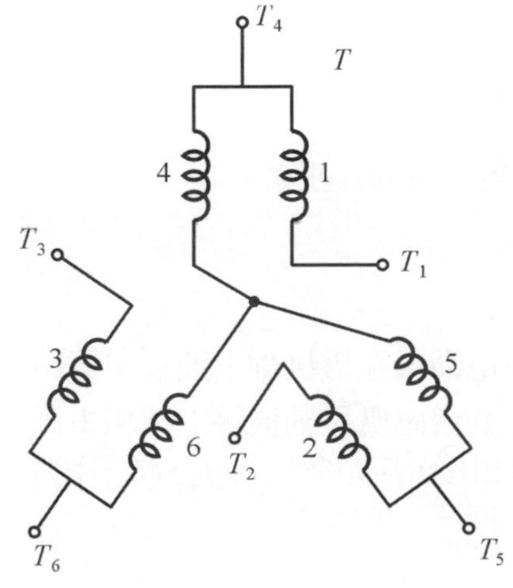

(a) 接線圖

速率	電源			備註
	R	S	T	
低速	T_1	T_2	T_3	T_4，T_5，T_6 開路
高速	T_4	T_5	T_4	T_1，T_2，T_3 短路

(b) 高低速接線圖

圖 11-27　可變轉矩接線法

以上三種轉速控制法的效率高，常使用於時常變換轉速之場所，如離心分離機、電梯、工作母機及送風機等。如圖 11-28 所示爲三種控速法之轉矩-速率特性曲線。

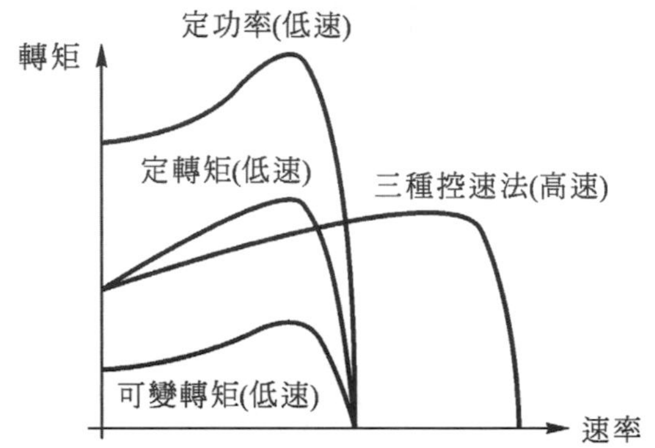

圖 11-28　轉矩-速率特性曲線-三種控速法之比較

11-7-4　轉子電路接啓動裝置(串接電阻)

在轉子電路串接電阻，作爲控制轉速之方法，如圖 11-29 所示爲轉子電路串接三種不同電阻值之特性曲線。若負載之特性如圖所示，則三種不同電阻值可得之轉速分別爲 n_1 、 n_2 及 n_3 ，所以改變轉子串接之電阻值，可達成控速之目的。

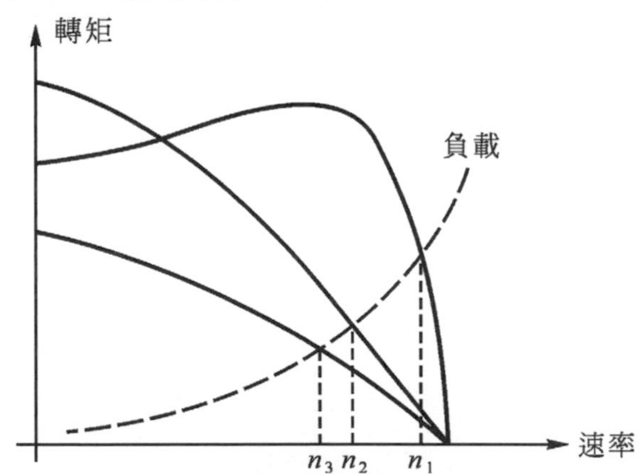

圖 11-29　轉子串接電阻控速之轉矩-速率特性曲線

11-7-5　二電動機作串聯連接運用

如圖 11-30 所示爲兩電動機作串聯連接之運用，兩電動機在機械軸上連接，電路也串聯一起，可變電阻串接在最後台電動機之轉子電路上。當第 1 台感應電動機接上三相電源，其頻率設爲 f_1，轉子頻率即爲 $s_1 f_1$，因與第 2 台感應電動機串聯相接，其頻率設爲 f_2，轉子頻率爲 $s_2 f_2$，輸出端接 Y 型連接之可變電阻 R_n 。

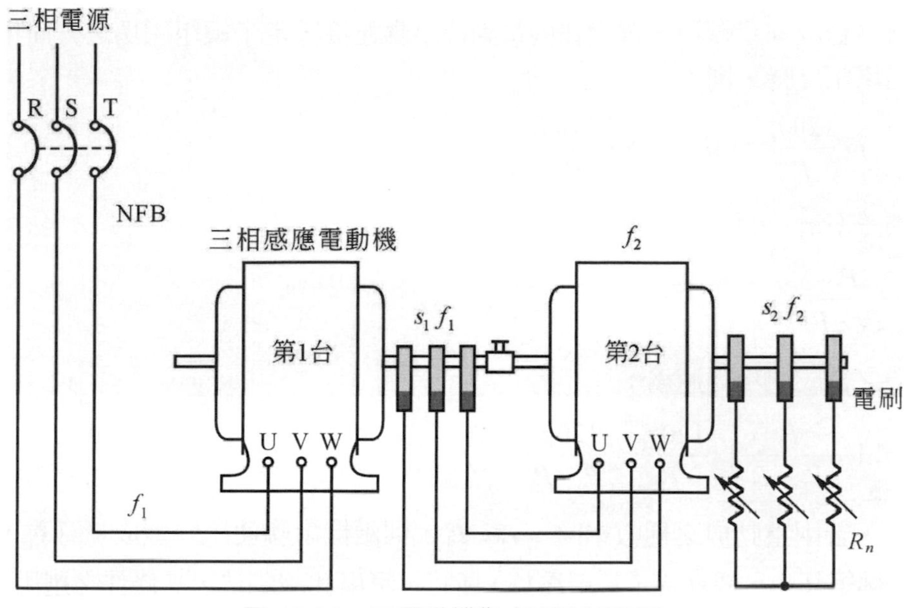

圖 11-30　二電動機作串聯連接運用

設兩台感應電動機組合成之同步轉速為 n_S，兩電動機之極數與轉差率分別為 P_1、P_2 與 s_1、s_2，則第 1 台感應電動機之轉子轉速 n_1 為：

$$n_1 = (1 - s_1) \times \frac{120 f_1}{P_1} \tag{11-32}$$

第 2 台電動機的轉子轉速 n_2 為：

$$n_2 = (1 - s_2) \times \frac{120 f_2}{P_2} = (1 - s_2) \times \frac{120 s_1 f_1}{P_2} \tag{11-33}$$

兩電動機串聯耦合共用同一轉軸，其轉子轉速必然相同，則：

$$(1 - s_1) \times \frac{120 f_1}{P_1} = (1 - s_2) \times \frac{120 s_1 f_1}{P_2}$$

求得轉差率 s_1 為：

$$s_1 = \frac{P_2}{P_1 + P_2 - s_2 P_1} \tag{11-34}$$

兩電動機合成之同步轉速，發生於轉差率 $s_2 = 0$ 時，則：

$$s_1 = \frac{P_2}{P_1 + P_2} \tag{11-35}$$

兩電動機合成之同步轉速為：

$$n_S = \left(1 - \frac{P_2}{P_1 + P_2}\right) \times \frac{120 f_1}{P_1} = \frac{120 f_1}{P_1 + P_2} \tag{11-36}$$

上式兩機之合成同步轉速，假設在兩電動機串聯連接，定子繞組磁場之方向相同。若兩電動機之定子磁場相反時，則：

$$(1-s_1)\times\frac{120f_1}{P_1}=-(1-s_2)\times\frac{120s_1f_1}{P_2}$$

同理，轉差率 $s_2=0$ 爲：

$$s_1=\frac{P_2}{P_2-P_1} \tag{11-37}$$

兩電動機之合成同步轉速爲：

$$n_S=\left(1-\frac{P_2}{P_2-P_1}\right)\times\frac{120f_1}{P_1}=\frac{120f_1}{P_1-P_2} \tag{11-38}$$

上式顯示，若兩電動機之極數相同，$P_1=P_2$，則兩機串聯使用將變成無意義，而且，在此條件下，啓動轉矩甚小，或爲零，其至爲負，所以，應用此控制法，其條件之選用，應更縝密。

11-7-6 在轉子電路上增設電壓設施

在轉子電路加上電壓，條件是必須爲轉差頻率。特點是可控制轉速，又可改善功率因數。加入之電壓：

1. 若與轉子電勢反相，控速效果與電路增加電阻相同。
2. 若與轉子電勢同相，控速效果與減低轉子電阻相同，也與引進負電阻之效應相同，可增加轉速，有時甚至會超過同步值。
3. 若部份與轉子電勢反相，功率不會損耗，但電動機的轉會降低。
4. 若部份與轉子電勢同相，因電動機可從兩方面輸入能量，轉速可提高。
5. 在轉子電路加上電壓，其頻率應與轉差率 s 對應變動，故此法以換向變頻機爲最佳。

習 題

EXERCISE

1. 試寫出三相感應電動機之構成元件。
2. 簡述定子鐵芯採用矽鋼片之目的及鐵芯之組成。
3. 試述定子繞組之種類，並列舉兩者之差異。
4. 試問鼠籠型轉子之槽爲何做成斜形槽？
5. 比較鼠籠型轉子與繞線型轉子之差異。
6. 何謂轉差？並說明轉差之定義及與負載之關係。
7. 繪出感應電動機之轉矩-轉差率曲線，並比較三區之特性。
8. 鼠籠型感應電動機依轉矩特性如何分類？並寫出各類之特性。

9. 寫出啓動感應電動機之條件，及減少啓動電流之好處。
10. 試問繞線型感應電動機之啓動法有那些？並簡述啓動方法。
11. 試問鼠籠型電動機之啓動法有那些？並簡述啓動方法。
12. 試問三相感應電動機的速度控制方法有那些？並簡述控制方法。
13. 在轉子電路加上電壓，條件是必須爲轉差頻率的特點爲何？電壓之限制爲何？
14. 三相感應電動機有 12 極，接上 60Hz 之三相平衡電源，於滿載時轉速爲 582rpm，試求轉差率爲多少？
15. 有一 6 極、60Hz 之三相感應電動機，於滿載時，轉差率爲 5%，試求轉速爲多少？
16. 有一感應電動機接上 60Hz 之三相平衡電源，定子之旋轉磁場爲 1200rpm，滿載轉速爲 1140rpm，試求(1)電動機之極數、(2)滿載時之轉差率、(3)轉子之頻率爲多少？
17. 三相 4 極 Y 型感應電動機接在 220V/60Hz 電壓源，轉速爲 1746rpm，以定子作爲基準之每相阻抗值分別爲：$R_1 = 0.22\ \Omega$、$X_1 = 0.45\ \Omega$、$X_\phi = 15.05\ \Omega$、$R_2 = 0.2\ \Omega$、$X_2 = 0.225\ \Omega$，若電機無載旋轉損失爲 400W，且電機在額定電壓與頻率下運轉，試求電子電流 I_1、同步轉速 n_s 及轉差率 s 爲多少？
18. 三相 6 極 Y 型感應電動機接在 220V/60Hz 電壓源，以定子作爲基準之每相阻抗值分別爲：$R_1 = 0.294\,\Omega$、$X_1 = 0.503\,\Omega$、$X_\phi = 13.25\,\Omega$、$R_2 = 0.144\,\Omega$、$X_2 = 0.209\,\Omega$，若電機無載旋轉損失爲 403W，且電機在額定電壓與頻率下運轉，試求轉差率 s =0.02 時，定子負載之分流 I_2、機械功率 P_e 及轉矩 T 爲多少？
19. 三相 5 馬力之感應電動機，以額定電壓 220V 啓動，設啓動電流爲 150A，啓動轉矩 60N-m，若採用 Y-Δ 降壓啓動時，試求啓動電流與轉矩爲多少?

同步電機

不論在任何負載，同步電機(synchrohous machine)在定頻率下，旋轉速度恆保持不變。意指同步電機係以同步速率(synchronous speed)旋轉。

12-1 構造

同步電機由定子與轉子兩主要部份構成，可分成轉電式與轉磁式兩大類型。分述如下；

一、轉電式同步電機

轉電式同步電機若爲小型者，其構造有定部激磁與動部電樞兩種。

1. 定部：同直流電機，由機殼、磁極、激磁繞組、電刷及握刷架等組成。
   (1) 機殼：通常用鑄鋼或鋼板折彎成圓筒形而成。機殼可支持內部機件，又可作爲磁路。
   (2) 磁場繞組：採用絕緣銅線繞製而成。當通上直流電源，電磁感應產生磁通，形成磁極。
2. 轉部：由電樞鐵芯、電樞繞組、滑環、鋼質轉軸、軸承及風扇等組合而成。

二、轉磁式同步電機

大多數之同步電機採用轉磁式。其構造有定部磁場，但磁場在轉部。

1. 定部：由電樞鐵芯、電樞繞組、機殼、軸承裝置及附屬機件組合而成。

(1) 電樞鐵芯：由厚度為 0.35mm 或 0.5mm 之矽鋼片堆疊而成。矽鋼片內側沖有線槽，可裝置電樞繞組。小型電機之鐵芯，採用整片之矽鋼片堆疊而成；大型電機之鐵芯，採用扇形矽鋼製片。鐵芯裝置在機架上時，須用鳩尾榫(dove tailed key)固定。

(2) 電樞繞組：可分為單層繞組與雙層繞組兩種。大型電機之繞組，以成型線圈(form wound coil)製成；中型電機之繞組，以平角銅線為導體；小型電機之繞組，採用漆包線、紗包線等繞製而成。

同步電機大多為三相，故電樞繞組之相與相間，可採用 Y 型或 Δ 型法連接。不過，大多的發電機都採用 Y 型連接，尤其三相四線有中性線可作為接地線，三次諧波之電壓不會出現在線間。

(3) 機殼：又叫機架，用來固定電樞鐵芯及電樞繞組等，因必須承受較大之機械應力，大都採用強力的鋼板製成，同時，也不會因電樞產生之電磁應力而變形。

2. 轉部：有圓筒形及凸極式兩種。渦輪發電機採圓筒形轉子；水軸發電機和電動機採用凸極式轉子。

(1) 圓筒形轉子：其形狀，如圖 12-1 所示係以矽鋼片堆疊而成，再置於轉軸上，成為轉子之鐵芯。設計為瘦長型之圓筒形轉子，以消除渦軸發電機轉子之高速旋轉的磁場，在其周邊速率(peripheral speed)下產生極強之應力。

(a) 剖視圖

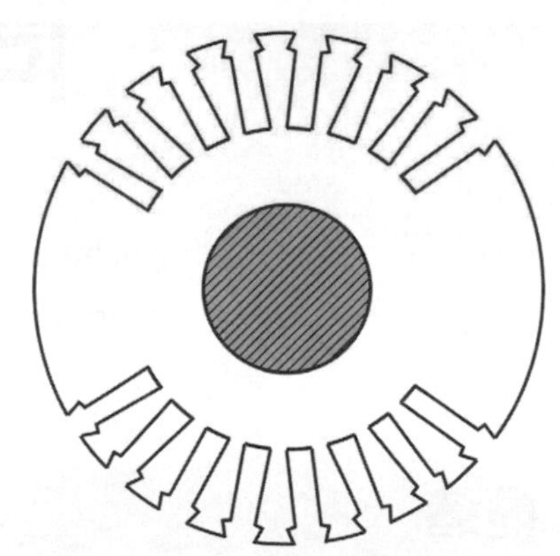

(b) 圓筒形轉子之鐵芯

圖 12-1　圓筒形同步電機

(2) 磁場繞組：由絕緣銅線繞製而成，或採用裸銅帶製成。繞組與繞組間，或繞組與鐵芯間之絕緣採用雲母。線槽口用來的楔子，採用堅固的非磁性金屬，以雲母絕緣，用鋁鞍蓋住，再用銅線綁緊，防止在高速運轉下之離心應力脫開繞組。

(3) 凸極式轉子：轉子鐵芯採用厚度 0.5mm～1.25mm 之矽鋼片堆疊而成。轉子之磁場繞組，大型電機採用扁銅線繞成；小型電機採用圓銅線繞成。繞組間或與鐵芯間之絕緣，採用雲母或其它合成之絕緣物。轉子繞組在磁極面槽內裝有阻尼繞組(damper winding)，目的在防止同步電機產生之追逐(hunting)現象。阻尼繞組使用端環(endring)在繞組前後兩端短路連接，如圖 12-2 所示。

圖 12-2　凸極式轉子

12-2 同步電機的磁通及磁勢波

如圖 12-3 所示爲圓筒形轉子發電機之磁勢($F = NI$)波，或爲磁通密度(B)波。在空間上，由轉子磁場產生之磁勢波以正弦波表示，符號爲 F_f。圖中顯示的情形爲：

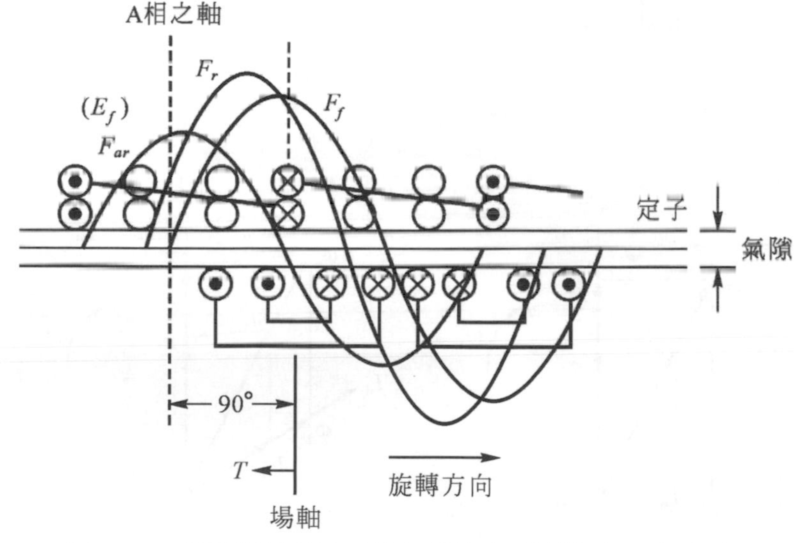

圖 12-3　圓筒形轉子發電機之磁勢波(或磁通密度波)-同相

1. 電樞電流與激磁電勢(excitation emf)同相位。
2. 以定子與轉子間之氣隙的中心線爲基線。基線之上方爲定子，下方是轉子。
3. A 相之激磁電勢爲最大值。
4. 場軸較 A 相領前 90 度的電機角，目的在使 A 相的磁通鏈變化率爲最大。

   由於轉子順時針方向以同步速率旋轉，依佛萊明右手定則，定子繞組之電流方向爲左進右出，產生之磁動勢爲 F_{ar}，其電壓記爲 E_f，稱爲激磁電勢，係由電樞導體與轉子之磁通相割切而產生，其相位較磁勢 F_f 滯後 90^0 電機角。

5. 電樞電流產生磁勢波稱電樞反應磁勢波(armature reaction magnetomotive force wave)，又稱爲電樞磁勢，符號爲 F_{ar}，與電樞電流 I_A 同相位。
6. 在氣隙中之合成磁勢 F_r 等於轉子磁勢 F_f 和定子電樞磁勢 F_{ar} 之相量和。

$$F_r = F_f + F_{ar} \tag{12-1}$$

7. 如圖 12-4 所示為轉子磁場領前氣隙合成磁通 θ 角。因作用於轉子上之電磁轉矩必與旋轉方向相反，又稱為反轉矩。如圖 12-5(a)所示，對電動機而言，轉子磁場(ϕ_f)滯後合成磁場(ϕ_r)，所以，電磁轉矩(T)與電機旋轉方向(ω)相同，因轉子磁場受軸負載之阻力轉矩的影響，滯後氣隙之合成磁通。

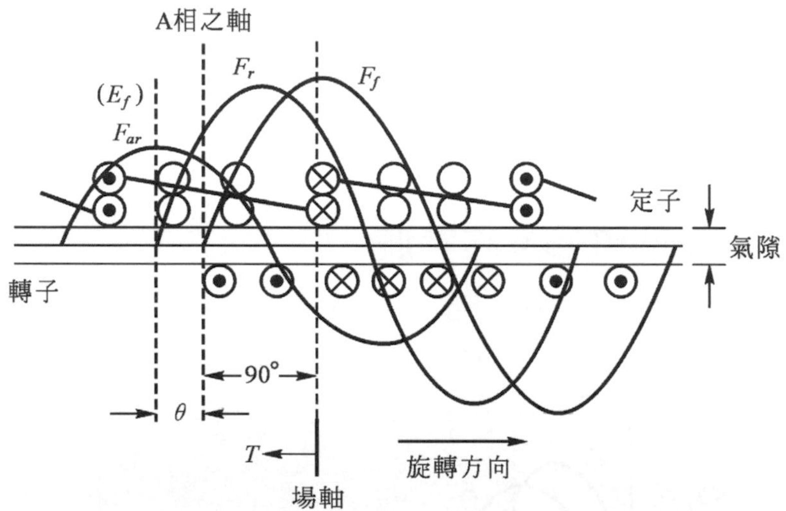

圖 12-4 圓筒形轉子發電機之磁勢波-相差 θ 角

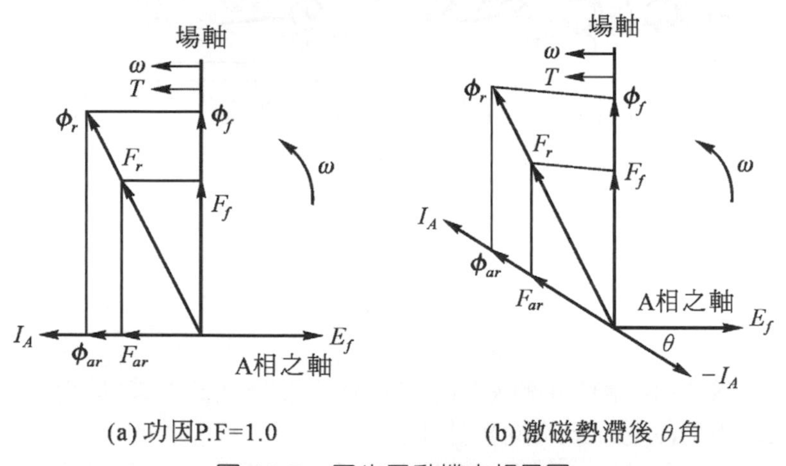

圖 12-5 同步電動機之相量圖

8. 轉矩-轉矩角之特性曲線：如圖 12-6 所示，當負載增大時，氣隙之合成磁勢 F_r 與磁通 ϕ_r 之空間相位角 δ_{rf} 也隨之加大。經一段暫態時間後，恢復成穩態之同步速率，轉矩角 δ_{rf} 就能供應負載轉矩所需之值，圖示之 m 或 g 值。

當轉矩角增至圖示之 90 度位置時，電磁轉矩 T 為最大值，稱脫出轉矩(pull-out torque)，此點又稱脫步點。若超過脫步點時，電機就無法保持穩定運轉，將使得轉子之旋轉速率逐漸慢下來，這種現象稱為脫離同步(losing synchronism)，或稱脫步。此時，電機之保護裝備就會啓動，防止同步電機損壞。

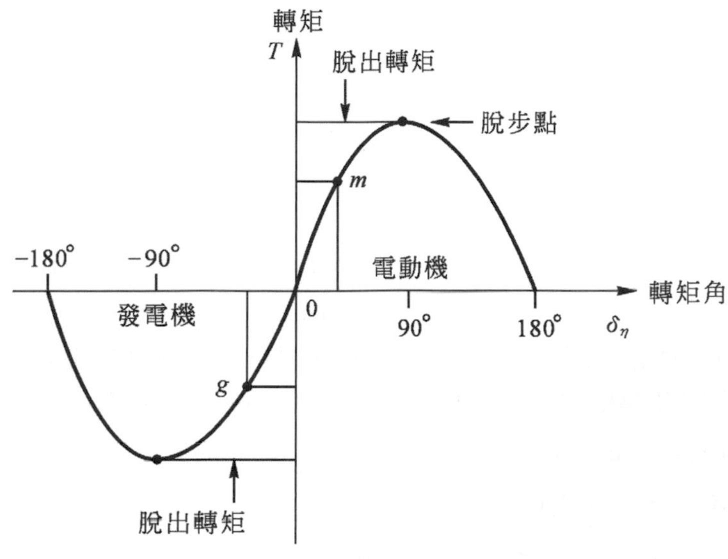

圖 12-6　轉矩-轉矩角之特性曲線

12-3 同步阻抗與等效電路

圓筒形轉子電機之氣隙皆相同，表示氣隙磁路之磁阻皆相等，因此由定子電樞磁勢 F_{ar} 與轉子磁勢 F_f 所生之磁通 ϕ_{ar} 與 ϕ_r ，應與各該磁勢成比例關係，相位則相同，如圖 12-7 所示，氣隙之合成磁勢 F_r 產生之合成磁通 $\phi_r = \phi_{ar} + \phi_f$ 的相量和。

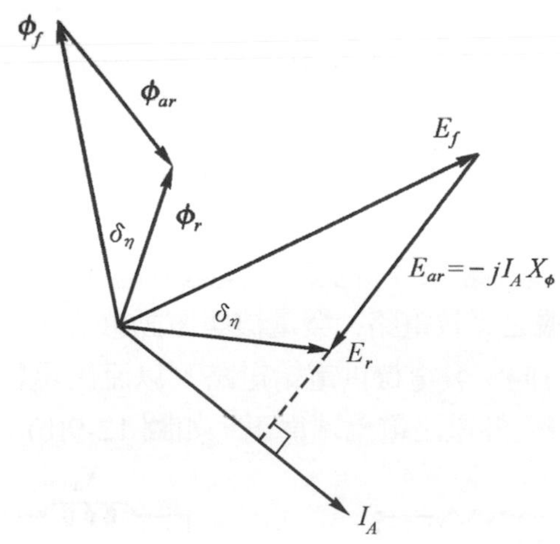

圖 12-7　通與電壓相量圖

圖中，E_f 爲激磁電勢，由 ϕ_f 感應產生，大小與 ϕ_f 成比例，滯後 ϕ_f 有 90 度相位。E_{ar} 爲電樞反應電勢，由 ϕ_{ar} 感應產生，大小與 ϕ_{ar} 成比例關係，滯後 ϕ_{ar} 有 90 度相位。因此，氣隙中之合成磁通 ϕ_r 產生之電勢 E_r 等於電樞反應與轉子電勢之相量和。

$$E_r = E_f + E_{ar} \tag{12-2}$$

圖中，電樞反應電勢 E_{ar} 與電樞電 I_A 流成正比，相位則滯後電樞電流 90 度，兩者關係為：

$$E_{ar} = -jI_A X_\phi \tag{12-3}$$

比較兩式，則合成磁通之電勢為：

$$E_r = E_f + E_{ar} = E_f - jI_A X_\phi \tag{12-4}$$

式中，$I_A X_\phi$ 為電樞反應電抗壓降(reactance drop of armature reaction)。X_ϕ 為電樞反應電抗(reactance of armature reaction)，或稱磁化電抗(magnetizing reactance)。

如圖 12-8(a)所示，實際之同步電機還有電樞繞組之電阻 r_a 與電樞漏磁電抗 X_L 產生之壓降。圖(a)所示為每相之電阻及漏磁電抗，因 X_ϕ 與 X_L 皆為電感抗，故可合併為圖 12-8(b)之 X_S。X_S 稱為同步電抗(synchronous reactance)。同步阻抗(synchronous impedance)為：

$$Z_S = r_a + jX_S \text{，而 } X_S = X_\phi + X_L \tag{12-5}$$

大型電機之電樞電阻產生之壓降，僅約為額定電壓值的百分之一以下，常可省略不計，等效電路如圖 12-8(c)所示。同步電機之電壓值為：

$$V_S = E_f \pm I_A(r_a + jX_S) \doteqdot E_f \pm I_A jX_S \tag{12-6}$$

式中，V_S 為同步電機之端電壓。正號用於電動機，負號用於發電機。

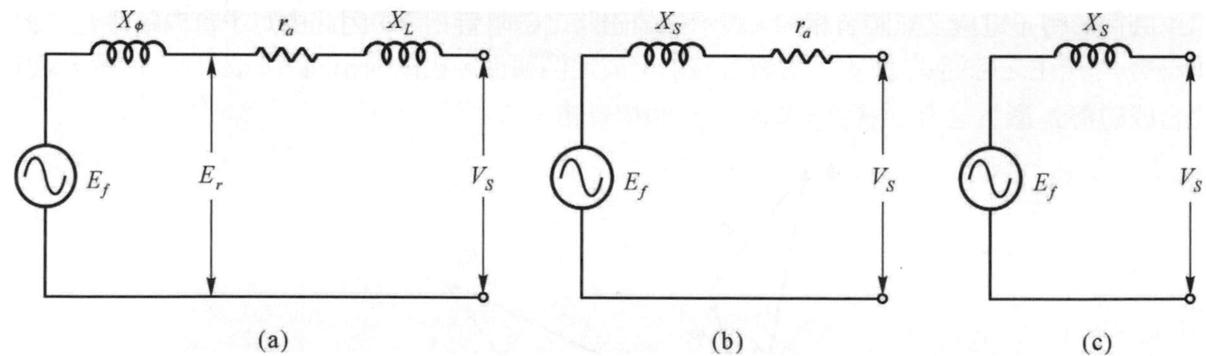

圖 12-8　同步電機之等效電路

如圖 12-9 所示為同步電機之等效電路，發電機與電動機之等效電路，實際上完全相同。唯一可區分的是電樞電流 I_A 的方向。發電機供電給電路，以流出電機端為正，如圖 12-9(a)所示。電動機受電動作而運轉，以接受外電之電流端為正，如圖 12-9(b)所示。

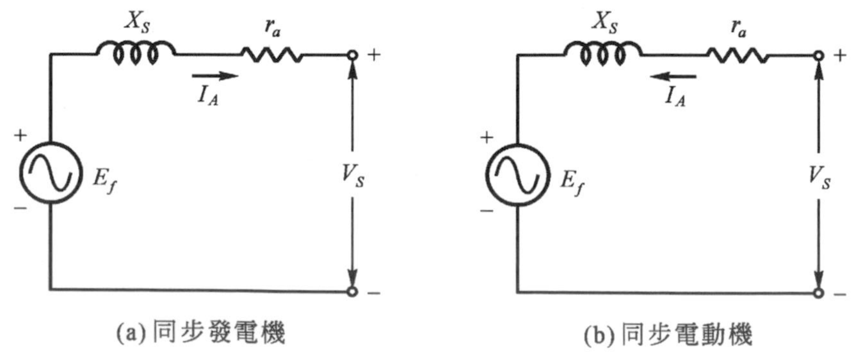

圖 12-9　電機之等效電路

12-4 開路試驗與短路試驗

如圖 12-10 所示為同步電機開路(open circuit)與短路試驗(short circuit test)之接線圖。開路與短路之試驗，在測得電機之同步電抗、無載旋轉損失(no-load rotational losses)及短路負載損失(short circuit load loss)。

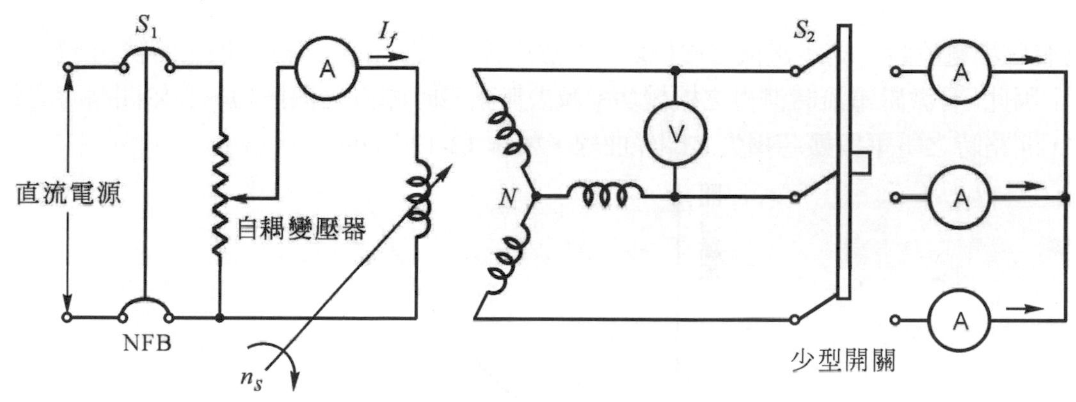

圖 12-10　開路與短路試驗之接線圖

12-4-1　開路試驗-無載旋轉損失

開路特性曲線(open circuit characteristic curve，OCC)，指同步電機在無負載及額定速度下，感應電勢與磁場電流之關係曲線，又稱無載飽和曲線(no-load saturation curve)，如圖 12-11 所示。

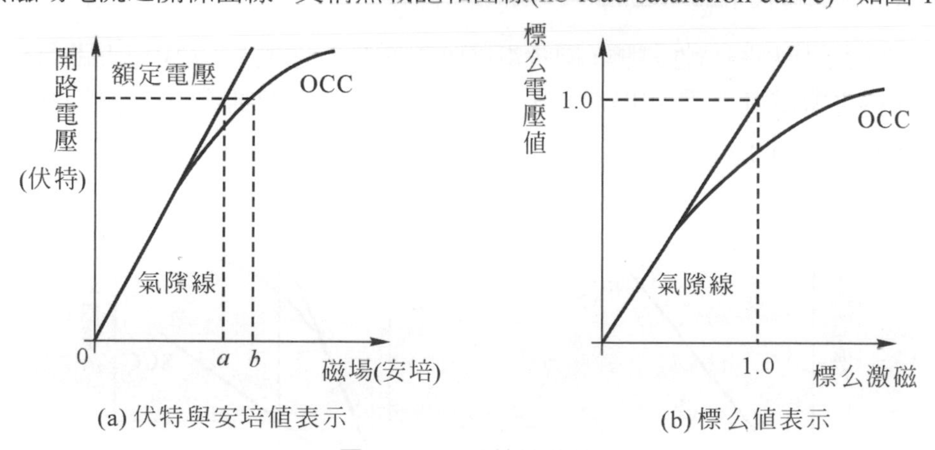

圖 12-11　路特性曲線

如圖 12-11 兩曲線之特性相同，不同在於圖 12-11(b)以標么值表示。當同步電機之鐵芯未飽和時，氣隙之磁阻較鐵芯之磁阻要大上數仟倍，所以全部之磁勢皆落在氣隙上，產生之磁通成線性增加，如圖 12-11 所示。當鐵芯飽和時，鐵芯之磁阻急速增加，形成磁通較磁勢增加的緩慢，造成了非線性之曲線。圖示之氣隙線(air-gap line)指 OCC 的線性部份。

如圖 12-10 所示之接線圖，作開路試驗時，應(1)電動機之額定速率旋轉、(2)將開關 S_2 打開，不接任何負載。當閉合電源開關 S_1，調節自耦變壓器，使磁場電流 I_f 由零漸漸增大，直至試驗

所需之額定電壓值或以上時，記錄測得之電壓(V)/電流(A)數據，便可繪出開路特性曲線。

利用開路特性之電壓與電流值，可求得驅動同步電機之機械功率。由機械功率可得到無載之旋轉損失。旋轉損失包括摩擦損失、風阻損失及鐵芯損失等。

1 同步速度下，摩擦與風阻損失皆爲常數，而鐵芯損失爲磁通的函數。因磁通與開路電壓成正比，所以不同電壓測得之無載損失不會相同。

2. 同步轉速及無激磁情況下，同步電機之機械功率，就是摩擦和風阻損失。

3. 當有磁場電流時，同步電機之機械功率等於摩擦、風阻和開路鐵芯損失的總和。

因此，有激磁電流時測得之機械功率減去無激磁時測得之機械功率等於開路時之鐵芯損失，開路時之電壓與鐵芯損失之關係曲線，如圖 12-12 所示。

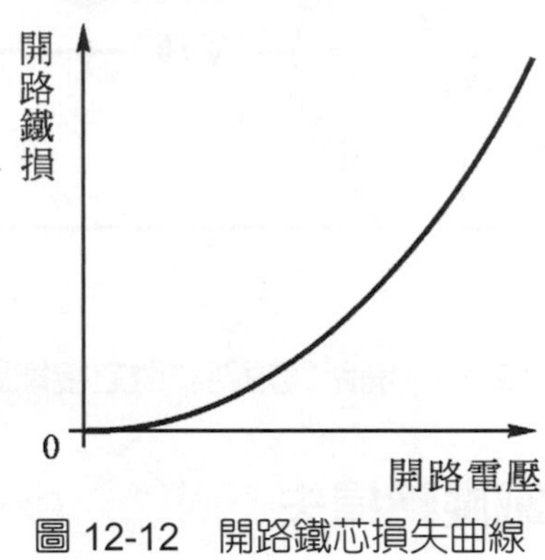

圖 12-12 開路鐵芯損失曲線

12-4-2 短路特性與短路負載損失

如圖 12-13 所示作短路特性試驗，同步電機應(1)在額定速度下、(2)接線端短路(將刀型開關往右壓下)，測得電樞電流 I_A 與磁場電流 I_f 值，兩值之關係曲線稱爲短路特性曲線(short circuit characteristic curve，SCC)。

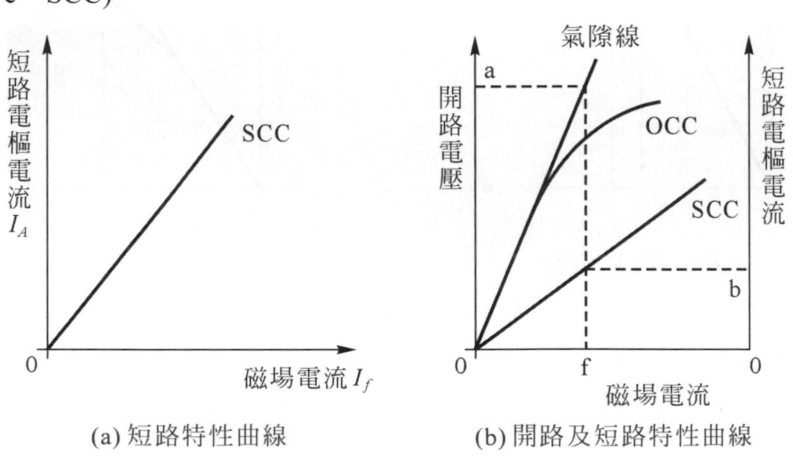

(a) 短路特性曲線　(b) 開路及短路特性曲線

圖 12-13 短路特性

短路試驗程序：(1)調整磁場電流 I_f 爲 0A、(2)刀型開關 S_2 閉合、(3)漸漸增加磁場電流 I_f 達到額定值。每相之等效電路，如圖 12-14 所示。接線端短路，端電壓爲 0V，激磁電勢 E_f 與穩

態電樞電流 I_A 間的關係爲：

$$E_f = I_A \times (r_a + jX_S) \tag{12-7}$$

對於大型同步電機，同步電抗 X_S 大於電樞繞組電阻 r_a ，即 $X_S \gg r_a$ ，若忽略電樞繞組電阻 r_a ，電樞電路將呈電感特性，激磁電勢 E_f 的相位領前電樞電流 I_A 約 90 度，使得電樞反應之磁勢，與極軸接近在同一直線上，而與場磁勢之方向相反，則氣隙合成磁勢變得更小，如圖 12-15 所示。在電機鐵芯未達飽和情形下作短路試驗，電樞電流 I_A 相當大，氣隙合成磁勢 E_r 卻甚小。

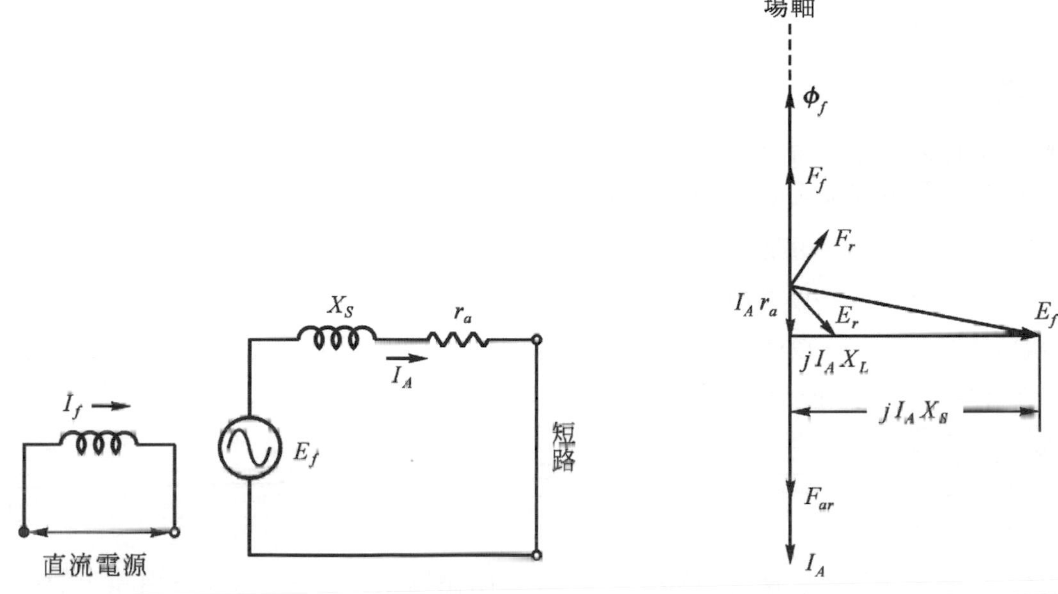

圖 12-14　短路試驗之等效電路　　圖 12-15　短路試驗之相量圖

綜合以上所述，電樞電路短路時， E_f 、 I_A 、 I_f 三者成比例變化，短路之特性線爲一直線 (SCC 線)。若忽略電樞電阻 r_a ，則鐵芯未飽和時之同步電抗 $X_{S(ag)}$ 爲：

$$X_{S(ag)} \doteqdot \frac{E_{f(ag)}}{I_{A(SC)}} \quad ;\text{下標字 } ag \text{ 指氣隙線} \tag{12-8}$$

若以每相之電壓和電流表示 $E_{f(ag)}$ 和 $I_{A(SC)}$ ，則同步電抗 X_S 爲每相之歐姆。若 $E_{f(ag)}$ 和 $I_{A(SC)}$ 以標么值表示，則 X_S 也是標么值。式爲某一場電流之同步電抗 $X_{S(ag)}$ 的近似求法，其 $E_{f(ag)}$ 值由場電流自 OCC 取得，而短路電流 $I_{A(SC)}$ 自相同場電流由 SCC 求得。若電機之鐵芯達飽和情況，由此式求得之同步電抗必有誤差。修正因飽和引起的誤差，可假設電機在額定電壓運轉時，其開路特性爲一直線，如圖所示之 OP 虛線所示。在飽和狀態之同步電抗爲：

$$X_S = \frac{V_S}{I'_{A(SC)}} \tag{12-9}$$

式中， V_S 爲每相之額定電壓值， $I'_{A(SC)}$ 短路電樞電流之對應值，如圖 12-16 之 $O'c$ 值。

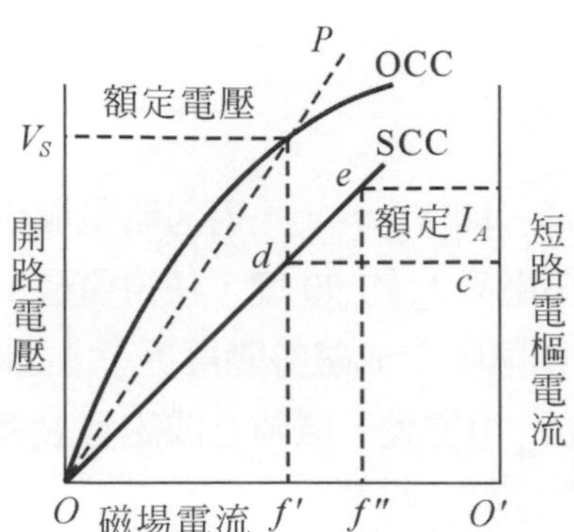

圖 12-16　開路與短路特性

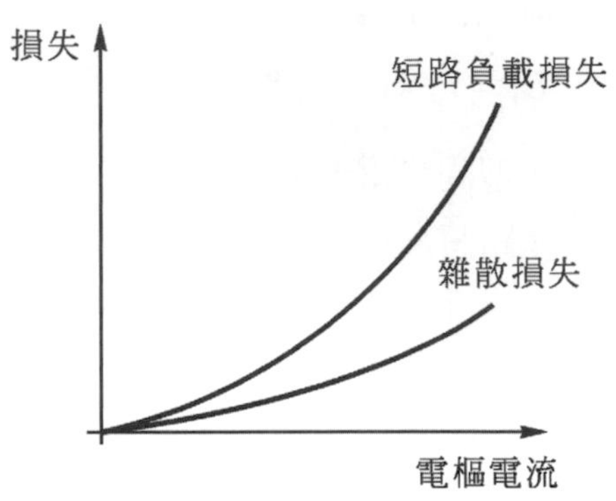

圖 12-17　短路負載損失與雜散損曲線

短路負載損失係由短路電樞電流引起的損失。同步電機作短路試驗，其機械功率等於摩擦損失、風阻損失及電樞電流造成之損失等的和，為：

短路負載損失＝短路試驗測得之機械功率－開路試驗求得之摩擦損失及風阻損失

如圖 12-17 所示，短路負載損失對電樞電流之關係，近似於拋物線曲線。短路負載損失包括(1)電樞繞組之銅損失，(2)漏磁通引起之局部鐵損，(3)合成磁通造成之鐵損，此損失較小。

電樞繞組之銅損係由繞組電阻造成，由電機運轉時溫度之變化，求出直流電阻值再計算可得銅損值。直流電阻之求法為：

$$\frac{R_2}{R_1}=\frac{234.5+T_2}{234.5+T_1} \tag{12-10}$$

式中：電機正常運轉之攝氏溫度為T_2時，其電阻值為R_2；T_1為室溫值，其電阻值為R_1。

電樞漏磁通引起之局部鐵損=短路負載損失-直流電阻損失。漏磁通引起之局部鐵損又稱雜散損失，如圖 12-17 所示，係電樞因交流效應所增加之額外損失。

在任何電機中，電樞電流造成之功率損失與電樞電流之平方，及電樞的有效電阻成正比。雜散損失為電樞電流之函數，依上述，電樞之有效電阻$r_{a(\text{eff})}$可由短路負載損失求得。

$$r_{a(\text{eff})}=\frac{\text{短路負載損失}}{(\text{電樞電流}I_A)^2} \tag{12-11}$$

12-4-3　同步電機之短路比

同步電機短路比(short circuit ratio，簡稱 SCR)之定義：開路特性之額定電壓所需的磁場電流與短路特性之額定電樞電流所需之磁場電流的比值，如圖 12-15 為：

$$\text{短路比(SCR)}=\frac{\text{開路時之額定電壓的場電流}}{\text{短路時之額定電樞電流的場電流}}=\frac{Of'}{Of''}$$

短路比也等於飽和之同步電抗標么值的倒數。

$$\text{短路比(SCR)}=\frac{Of'}{Of''}=\frac{f'd}{f''e} \tag{12-12}$$

$$短路比(SCR)=\frac{O'c}{額定之I_A}=\frac{I'_{A(SC)}}{額定之I_A}=\frac{V_S/X_S}{額定之I_A}$$

$$短路比(SCR)=\frac{1}{X_S}\times\frac{V_S}{額定之I_A}=\frac{1}{X_S}\cdot X_b=\frac{1}{X_{S(PU)}} \qquad (12\text{-}13)$$

同步電機之電壓變動率和磁場之設計與短路比之關係爲：

1. 短路比小的電機：同步阻抗及電樞反應皆大、氣隙窄、磁極磁勢小、銅用量較多。
2. 短路比大且同步阻抗小的電機；氣隙寬、磁極磁勢大、電樞反應小、用鐵量較多。
3. 短路比之值，渦輪發電機在 0.6～1.0，水輪發電機在 0.9～1.2。

一部 6 極，45 仟安，220 伏特/60 赫芝，Y 連接之三相同步電機，其開路與短路試驗資料爲：

開路試驗		短路試驗	
由 *OCC* 曲線	線電壓=220 伏特 場電流=2.84 安培	由 *SCC* 曲線	電樞電流=118 安培 場電流=2.20 安培
由 a-g 曲線	線電壓=202 伏特 場電流=2.20 安培		電樞電流=152 安培 場電流=2.84 安培

試求：(1) 同步阻抗的未飽和值(歐姆/每相)及標么值(p.u)爲多少？
(2) 額定電壓時之飽和同步電抗(歐姆/每相)及標么值(p.u)爲多少？
(3) 短路比爲多少？

解 (1) 場電流爲 2.20 安培時，氣隙線上之每相的電壓爲：

$$E_{f(ag)}=\frac{202}{\sqrt{3}}=116.7\text{ V}$$

場電流若相同，短路時之電樞電流爲：

$$I_{A(ag)}=118\text{ A}$$

未飽和時之同步電抗爲：

$$X_{S(ag)}=\frac{116.7}{118}=0.987\ \Omega/相$$

額定電樞電流爲：

$$I_A=\frac{45000}{\sqrt{3}\times 220}=118\text{ A}$$

$$E_{f(ag)}=\frac{202}{220}=0.92\text{ p.u}$$

$$I_{A(ag)}=\frac{118}{118}=1.0\text{ p.u}$$

$$X_{S(ag)}=\frac{0.92}{1.0}=0.92\text{ p.u}$$

(2) 飽和同步阻抗：

$$X_S=\frac{220\sqrt{3}}{152}=0.863\ \Omega/\text{相}$$

標么值：

$$X_{S(\text{p.u})}=\frac{220/220}{152/118}=\frac{1}{1.29}=0.775\text{ p.u}$$

(3) 短路比：

$$\text{短路比}=\frac{2.84}{2.2}=1.29$$

則，$\text{短路比}=\frac{1}{X_{s(\text{p.u})}}=\frac{1}{0.775}=1.29$

12-5 穩態運轉特性

同步電機之穩態運轉特性，是指端電壓、磁場電流、電樞電流、功率因數及效率等相互間的關係。其特性可以複合特性曲線、伏特-安培特性曲線及 V 形特性曲線等說明。

12-5-1 複合特性曲線

複合特性曲線(compounding curve)係在同步發電機之頻率、功率因數(PF)及端電壓等維持定值下，求得維持額定電壓所需之磁場電流 I_f 與負載電流 I_L 或負載 kVA 值之關係曲線，如圖 12-18 所示。

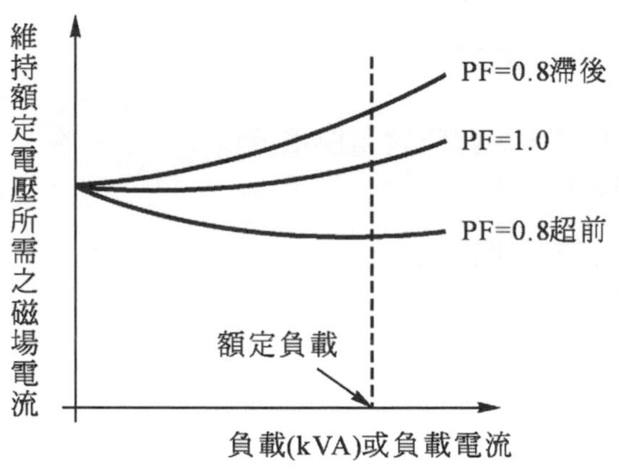

圖 12-18　同步發電機之複合特性曲線

圖示有三種在不同功率因數下之複合特性曲線。三種複合特性曲線的變化情形爲：

1. 功率因數 PF＝0.8 滯後：此種複合特性曲線稱爲過激現象，爲發電機反抗輸出功率(kVA)給予負載。爲維持端電壓爲定值，增加負載時，所需之磁場電流相對地增大，其功因值也較單位功因值來得大。

2. 功率因數 PF = 1.0：爲維持端電壓爲定值，增加負載時，所需之磁場電流會增大，其功因值會較滯後之功因值來得小。
3. 功率因數 PF = 0.8 超前：此種複合特性曲線稱爲欠激現象，發電機吸收反抗之之伏安值。爲維持端電壓爲定值，增加負載時，所需之磁場電流較單位功因值之電流來得小。

12-5-2　伏特-安培特性曲線

如圖 12-19 所示爲磁場電流維持定值時，同步發電機之伏特-安培特性曲線。每條特性曲線設定在功率因數固定，磁場電流維持定值下，說明各負載電流與端電壓間之關係。

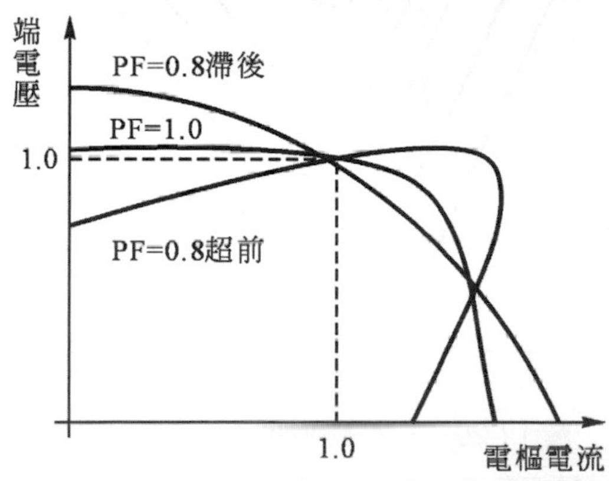

圖 12-19　發電機之伏特-安培特性曲線

圖示有三種在不同功率因數下之伏-安特性曲線。三種特性曲線的變化情形爲：

1. 功率因數 PF = 0.8 滯後：當負載 (或電樞電流)增加時，其端電壓隨之減小。
2. 功率因數 PF = 1.0：當負載增加時，其端電壓緩慢減小，至電流定值時，急速減小。
3. 功率因數 PF = 0.8 超前：當負載增加時，端電壓先增大，後急速減小，電流則不增反而減小。

利用伏特-安培特性曲線可求得電壓調整率。作法爲：使激磁電流保持定值，讓負載到達額定值，再固定功率因數值，開始逐步降低負載值，直至負載值爲零，此時即可求得無載時之端電壓 V_{NL}，所以電壓調整率($VR\%$)爲：

$$VR\% = \frac{V_{NL} - V_{FL}}{V_{FL}} \times 100\% \tag{12-14}$$

式中，V_{FL} 爲同步電機在額定負載時之端電壓值。

12-5-3　V 形特性曲線

設同步電動機在額定端電壓與定值輸出功率下運轉，若將電動機之磁場電流由欠激轉變成過激時，定子電樞電流會逐漸減小至最小值，再漸漸增大，如圖 12-20 所示，電樞電流對應磁場電流之變化，其特性曲線之形狀類似“V”字型，故稱爲 V 形特性曲線。

圖示之三條虛線為同步電動機之複合曲線。此曲線表示在固定之功因值時，磁場電流與負載電流之關係。當輸入超前電流時為過激現象，輸入為滯後電流時為欠激現象，正好與發電機相反。

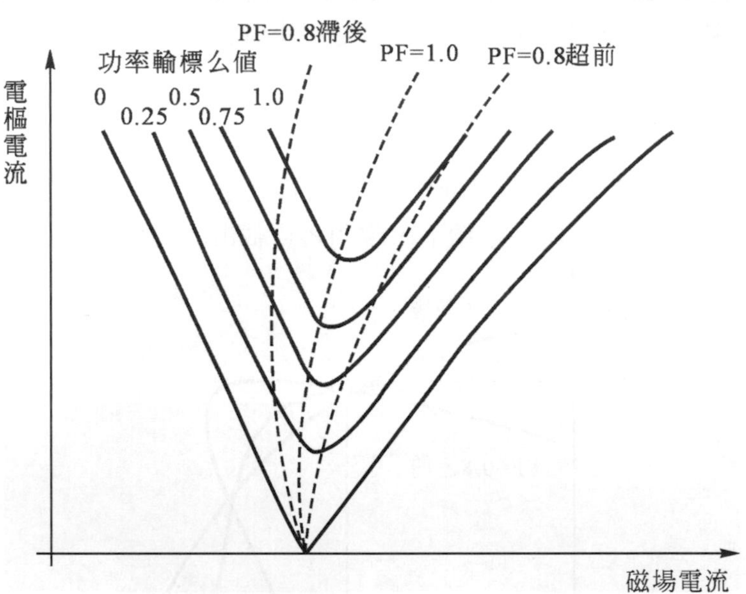

圖 12-20　同步電動機之 V 形特性曲線

設三相同步電動機之端電壓為 V_S ，電樞電流為 I_A ，則電動機每相之有效總功率為：

$$P = \sqrt{3} V_S I_A \cos\theta \tag{12-15}$$

式中，因每相功率 P 與端電壓 V_S 皆為定值時，電樞電流與功因值成反比。當功因值 $\cos\theta$ 減小時，電樞電流 I_A 會增大，所以當功因值 $\cos\theta = 1.0$ 時，電樞電流 I_A 定為最小值，此時，電源只供應有效功率給電動機，至於其它曲線，都含有無效功率。

EXAMPLE
例題 12-2

有一部 1200kVA，Y 型連接之三相同步發電機，電壓源為 4800V，電樞繞組電阻 $r_a = 2$ 歐姆/每相，漏磁電抗 $X_S = 15$ 歐姆/每相，試求下列三種情況下，發電機之滿載激磁電勢為多少伏特/每相？

(1)功率因數 PF = 0.8 滯後、(2)功率因數 PF = 1.0、(3)功率因數 PF = 0.8 超前。

解　每相端電壓之額定值為：$V_S = \dfrac{4800}{\sqrt{3}} = \dfrac{4800}{1.732} \fallingdotseq 2771.4\text{V}$

滿載時之電樞電流值為：$I_A = \dfrac{\text{kVA}}{V_S} = \dfrac{1200\text{k}}{2771.4} \fallingdotseq 433\text{A}$

以電樞電流作為參考相量，則：

(1) 功率因數 PF = 0.8 滯後：

$$E_f = V_S \times (\cos\theta + j\sin\theta) + I_A \times (r_a + jX_S)$$

$$= 2771.4 \times (4/5 + j3/5) + 433 \times (2 + j15)$$

$$= 3083 + j8158 = \sqrt{(3083)^2 + (8158)^2} \fallingdotseq 8721\text{V/相}$$

(2) 功率因數 PF = 1.0：

$$E_f = V_S + I_A \times (r_a + jX_S) = 2771.4 + 433 \times (2 + j15)$$

$$= 3637 + j6495 = \sqrt{(3637)^2 + (6495)^2} \fallingdotseq 7444\text{V/相}$$

(3) 功率因數 PF = 0.8 超前：

$$E_f = V_S \times (\cos\theta + j\sin\theta) + I_A \times (r_a - jX_S)$$

$$= 2771.4 \times (4/5 + j3/5) + 433 \times (2 - j15)$$

$$3083 - j4832 = \sqrt{(3083)^2 + (-4832)^2} \fallingdotseq 5732\text{V/相}$$

(4) 比較(1)、(2)、(3)之磁電勢值，可知，E_f 值爲：

PF = 0.8 滯後 > PF = 1.0 > PF = 0.8 超前

12-6 穩態功率角特性

如圖 12-21 所示爲同步發電機接上負載時之一相的等效路。三相發電機有效之總輸出功率爲：

$$P_T = 3V_P I_A \cos\theta \tag{12-16}$$

式中，V_P 爲每相之端電壓，I_A 爲每相之電樞電流。

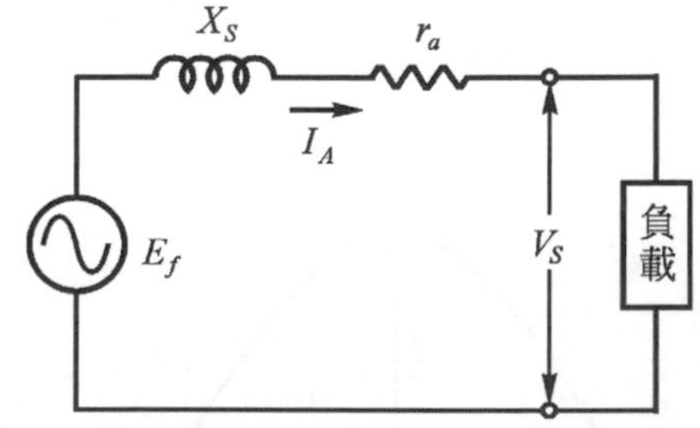

圖 12-21　同步發電機接負載時之等效電路

圖中，設電樞電阻 r_a 值甚小，即 $X_S \gg r_a$，則激磁電勢 E_f 爲：

$$E_f = V_S + jI_A X_S \tag{12-17}$$

依據上式，繪出相量圖，如圖 12-22 所示。

圖中，相位角 δ 稱功率角或轉矩，用來計算功率或轉矩有關的角度，爲端電壓 V_S 與電勢 E_f 之夾角。相位角 θ 稱功率因數角，由負載性質決定，爲端電壓 V_S 與電樞電流 I_A 之夾角。圖中之 ab 線段爲：

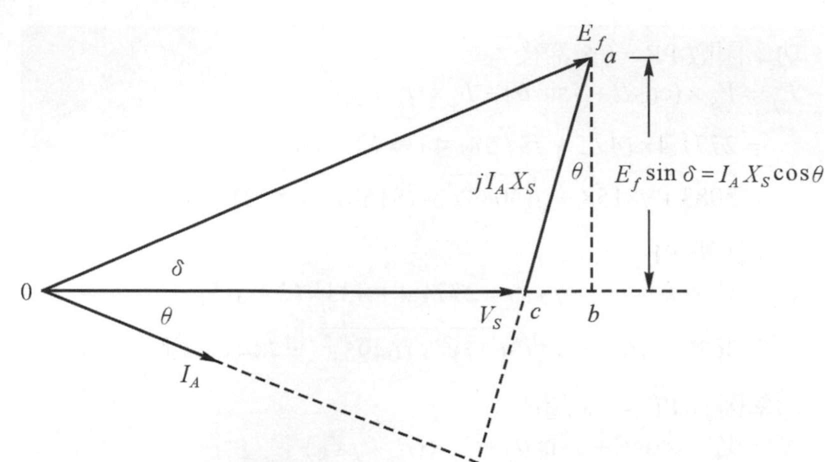

圖 12-22　省略 r_a 之相量圖

$$\overline{ab} = E_f \sin\delta = I_A X_S \cos\theta$$

$$\text{電樞電流 } I_A \cos\theta = \frac{E_f \sin\delta}{X_S} \tag{12-18}$$

將式代入式，則三相電機之總功率爲：

$$P_T = 3V_P I_A \cos\theta = \frac{3V_S E_f}{X_S}\sin\delta \tag{12-19}$$

式中，總功率爲功率角 δ 的正弦函數。當 $\delta = 90°$時，三相同步電機之總輸出功率爲最大值。即

$$P_T = \frac{3V_S E_f}{X_S} \tag{12-20}$$

如圖 12-23 所示爲功率角 δ 之特性曲線。通常電機在額定輸出下運轉時，其功率角大都在 30°以下。所以，在穩態下運轉時，輸出總功率 P_T 很難達到最大值。

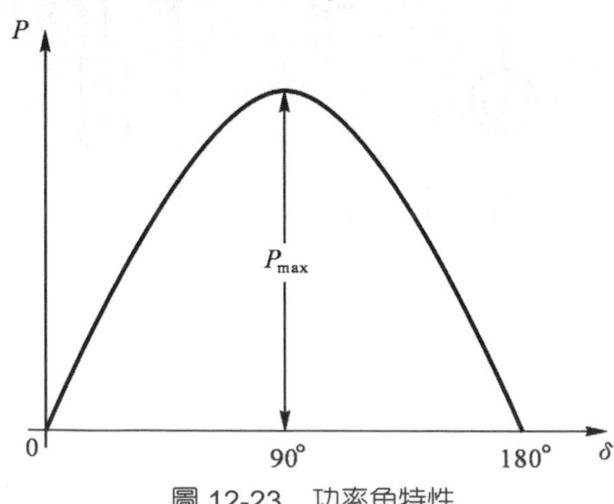

圖 12-23　功率角特性

同步電機若同步轉速 ω_S 運轉，則其最大轉矩為：

$$T_{\max} = \frac{P_T}{\omega_S} = \frac{3V_S E_f}{X_S \cdot \omega_S} \text{(牛頓-公尺)} \tag{12-21}$$

EXAMPLE
例題 12-3

三相 2 極同步發電機之規格為：2000kVA、2200V、3600rpm，每相之同步電抗 $X_S = 2.5\Omega$，試求發電機之每相激磁電勢及最大輸出功率為多少?

解 端電壓 $V_S = \dfrac{2200}{\sqrt{3}} = 1270\text{ V}$

電樞電流 $I_A = \dfrac{2000 \times 10^3}{\sqrt{3} \times 2200} \fallingdotseq 525\text{ A}$

每相激磁電勢 $E_f = V_S + jI_A X_S = 1270 + j(525 \times 2.5) = 1270 + j1312.5$

$= \sqrt{(1270)^2 + (1312.5)^2} \fallingdotseq 1826\text{ V}$

最大輸出功率 $P_T = \dfrac{3V_S E_f}{X_S} = \dfrac{3 \times 1270 \times 1826}{2.5} = 2782824 \fallingdotseq 2783\text{ kW}$

12-7 交流發電機的並聯運轉

並聯運轉(parallel operation)是指兩部或兩部以上之交流發電機，分配適當的負載連接在同一系統上。多機並聯使用：(1)可組成較大之電力系統、(2)各機可輪流應用、(3)供電可靠，運轉效率高、(4)不受單機容量之限制。

12-7-1　並聯運轉之條件

二部或以上之交流發電機作並聯運轉，欲使其可以很穩定的進行，在發電機及其驅動之原動機應具備下列條件：

1. 發電機應具備之條件
   (1) 電壓大小應相等。
   (2) 電壓之相位應相同。
   (3) 電壓之頻率應相同。
   (4) 電壓之相序必須相同。
   (5) 電壓之波形大小應一致。
2. 原動機應具備之條件
   (1) 具有均勻之角速度。
   (2) 具有適當速率下降之特性。

交流發電機並聯運轉，應具備之條件，說明如下：

1. 兩機之電壓大小應相等

如圖 12-24 爲兩台交流發電機並聯運轉之每相等效電路。E_1 與 E_2 爲每相之電壓，Z_1 與 Z_2 爲每相之同步阻抗($R+jX$)。假設 $E_1>E_2$，形成之環流 I_C，如圖所示。而環流爲：

$$I_C=\frac{E_1-E_2}{Z_1+Z_2} \tag{12-22}$$

設 $Z_1=Z_2=Z_S$，$X_S\gg r_a$，$Z_S\fallingdotseq X_S$，及 $E_1-E_2=E_C$，則：

$$I_C=\frac{E_C}{jX_S} \tag{12-23}$$

環流 I_C 對於發電機 G_1 約有 90°的滯後相位，對於發電機 G_2 約有 90°的超前相位。因此，環流僅爲零功率因數之無效電流，而與負載無關。但因功率 $I_C^2r_a$ 之耗損，會導致電機之溫度上升，及效率降低等不良的影響。

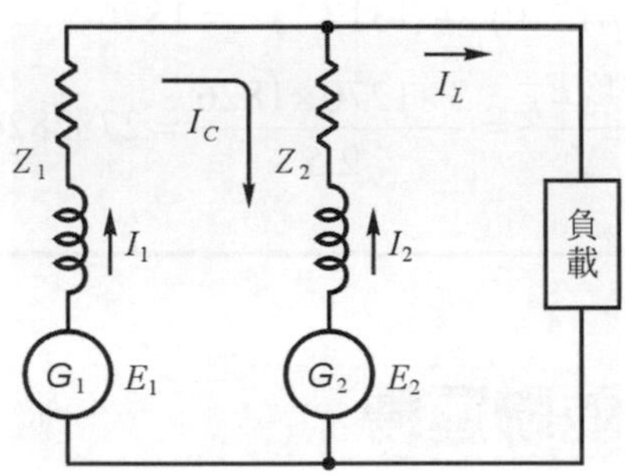

圖 12-24　並聯運轉之等效電路

2. 電壓之相位應相同

如圖 12-25 所示，若兩發電機之電壓值相等，$V_1=V_2$，相位相差 90 度電機角。當 V_2 爲 0 伏特時，V_1 爲最大值(峰值)，兩電機並聯回路，因兩電壓差會形成可觀之環流，將對電機造成脫步現象，損毀並聯之電機。

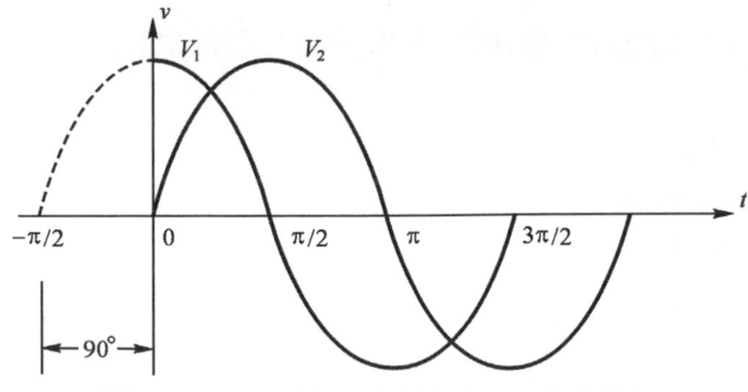

圖 12-25　兩電壓之相位相差 90 度電機角

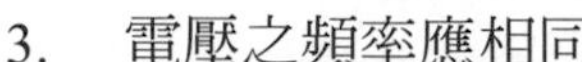

3. 電壓之頻率應相同

發電機之電壓和轉速與頻率成正比。若兩電機之頻率不相同，將形成電位差而造成環流。兩電機因頻率不同，造成兩回路之電位差，及兩電機之轉速不同，會引起兩電機追逐(hunting)現象，一快一慢，導致兩電機脫步情形，而損壞並聯之電機。

4. 電壓之相序必須相同

一組電機繞組稱爲一相，三相電機繞組依時間軸排列的順序，如圖 12-26 所示。依三相電機繞組之排列及接法情形，其與時間軸之關係，每相或每繞組之相差爲 120°電機角。三相電機之電壓與時間軸之關係爲：

$$\overline{V}_A = V_A\angle 0°\ \text{V}，\overline{V}_B = V_B\angle 120°\ \text{V}，\overline{V}_C = V_C\angle 240°\ \text{V} \tag{12-24}$$

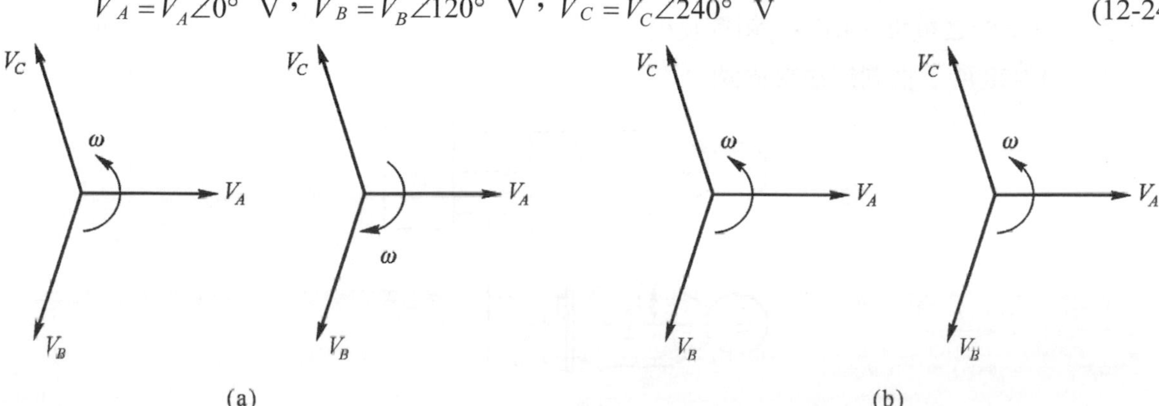

圖 12-26　不同相序的示意圖

兩電機之相序若不相同，可能之情形爲：

(1) 如圖 12-26(a)所示，若不更動接線方式，兩電機之轉向會不相同。
(2) 如圖 12-26(b)所示，若兩機之轉向不變，則必須更動接線方式。

兩並聯電機因相序不相同，造成兩機之轉速不同，或更動兩機之接線方式，產生兩機回路間之電位差，形成回路間之環流，而損毀電機。

5. 電壓之波形大小應一致

電壓之波形値意指電壓在時間軸之瞬間值皆應相等。若兩並聯電機之電壓波形不相同，其瞬間値會不相等，將產生高諧波無效環流，增加電樞繞組功率之耗損，而升高電機繞組之溫度。

6. 原動機應具有均匀之角速度

角速度 $\omega = 2\pi f$ 與頻率成正比，而與時間成反比。均匀之角速度，電機可維持穩定之轉速及電壓。反之，因電機電壓與轉速之變異，形成之電位差或轉速差，使得電機無法順利進行並聯運轉。

7. 具有適當速率下降之特性

電機接上負載後，因端電壓下降，電機轉速也會隨之下降。兩機作並聯運轉，各原動機應具依負載作適當比例之速率下降的特性。若並聯之電機無法依其容量來分擔負載，過載之電機將因轉差或電位差，致電機脫步而損壞電機。

12-7-2 並聯運轉的步驟

如圖 12-27 所示，若第 2 部發電機 G_2 欲與運轉中之第 1 部 G_1 並聯，其需要完成之步驟為：

1. 使用伏特計或三用電表之 ACV 檔，調整第 2 部發電機 G_2 之場電流，使端電壓等於運轉電機之線電壓 $V_S = V_L$。
2. 檢查電機之相序，可用相序指示器(phase-sequence indicator)、三相感應電動機或同步燈等儀器，檢驗第 2 部發電機 G_2 之相序，是否與第 1 部 G_1 相同。
3. 檢查兩電機之相位，可用同步儀(synchrpscopes)或同步燈等儀器，檢驗兩部發電機之頻率與相位是否相同。
4. 當兩發電機之電壓、相序、頻率及相位皆相同時，即可按下刀型開關進行並聯運轉。
5. 如圖 12-28 所示為同燈法接線圖。

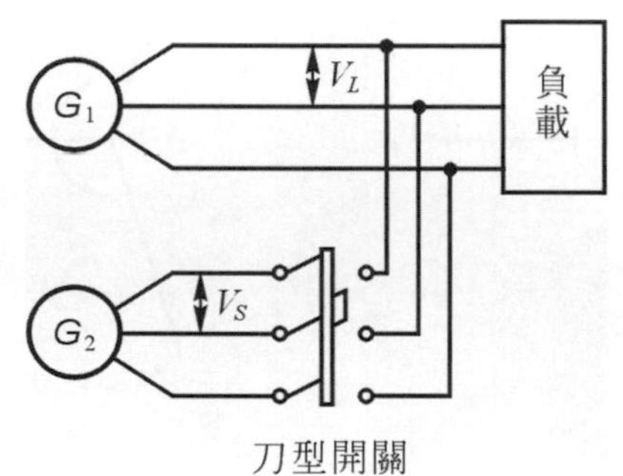

圖 12-27 一發電機與運轉中之發電機作並聯連接

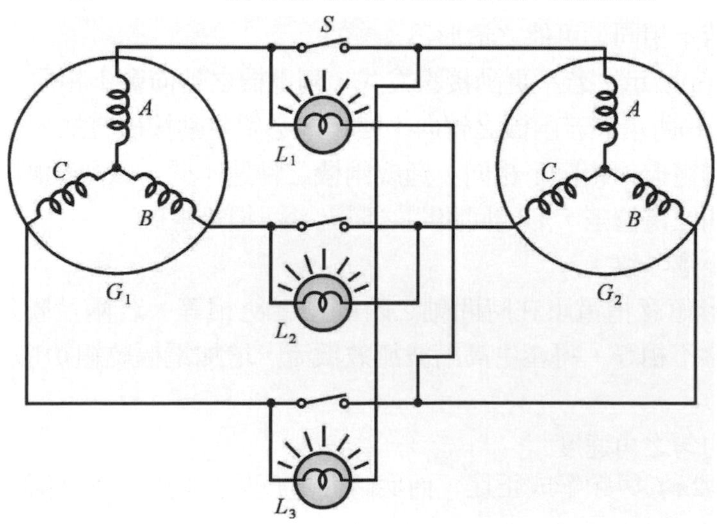

圖 12-28 同步燈法(旋轉燈法)

同燈法或稱二明一滅法(two bright，one dark method)。當兩並聯電機同步時，L_1 與 L_3 兩燈最亮，L_2 則熄滅，此即二明一滅的現象。當兩並聯電機之頻率有差異時，三燈將輪流亮滅。頻率差異愈大，三燈亮滅的次數愈頻繁；頻率愈接近，三燈明滅的情形愈慢，又稱為旋轉燈法(rotating lamp method)。此法常採用，優點是結構簡單，容易判知並聯電機之電壓、相序、頻率及相位是否同步。

12-7-3 負載之分配

交流發電機作並聯運，可藉電動機的速度和發電機之激磁電流，來調整負載之有效功效與無效功率的分配。如圖 12-29 所示爲原動機之速度或發電機的頻率與原動機輸出功率之關係曲線。

設PM_1與PM_2爲兩原動機之代號。在圖中，實斜線PM_1與PM_2表示兩原動機在變動前之速度-功率特性曲線。兩發電機之功率輸出爲P_1與P_2，負載功率爲P_L，在圖中，以 A 與 B 之水平線表示。當原動機PM_2之速度增快，即開大PM_2之節流閥時，使特性曲線往上升至PM_2'虛線，同時，負載功率也會上移至$A'B'$水平虛線。由於$AB = A'B'$，表示負載功率沒有變動，而發電機G_2之輸出功率由P_2增爲P_2'，發電機G_1由P_1減爲P_1'，同時升高了系統頻率。若要頻率回恢至原來狀態，可關小發電機G_1之節流閥，讓特性曲線下移至PM_1'，負載功率以$A''B''$水平線表示，兩發電機之輸出功率爲P_1''與P_2''。由此可知，控制原動機之速度，可控制系統之頻率及兩發電機之有效功率的分配。

如圖 12-30 所示，兩部發電機並聯時，改變激磁之效應。改變發電機之激磁能影響端電壓及無效功率之分配。圖中，水平線V_S爲端電壓，I_L爲負載電流，I_A爲發電機之電樞電流，E_f爲激磁電勢。電樞電阻r_a忽略不計，jI_AX_S爲每一發電機之同步電抗壓降。若端電壓、負載電流與負載功率都沒改變，激磁電勢E_{f1}與E_{f2}同相移動，而$E_f \sin\delta$維持不變。

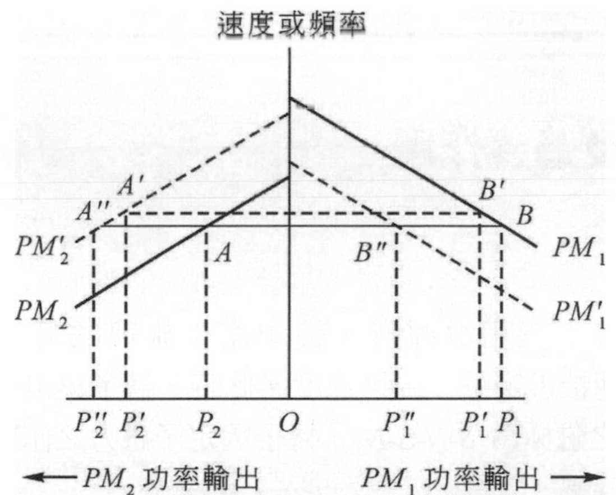

圖 12-29 原動機之速度-功率特性曲線

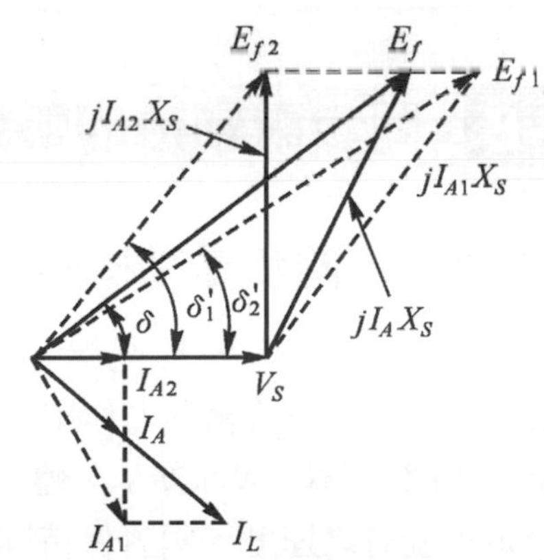

圖 2-30 改變發電機之激磁效應

如圖 12-30 之虛線相量圖所示，增加發電機G_1之激磁，可分擔更多之滯後無效功率。發電機G_1供應了全部之無效功率，發電機G_2在功率因數 PF=1.0 之情形下運轉。因此，電機在並聯運轉中，改變磁場電流來控制兩發電機之電勢與無效功率的分配。

EXAMPLE

例題 12-4

兩部發電機之額定輸出爲 1000kVA，額定電壓爲 3300V，功率因數爲 0.8。設在額定情形下作並聯運轉，當發電機G_1的激磁減少，功率因數提高至 1.0 時，若負載維持不變，試求發電機G_2之功率因數與兩發電機之輸出電流爲多少？

解 有效功率 $P=VI\cos\theta$，無效功率 $Q=VI\sin\theta$， $\sin\theta=\sqrt{1-\cos\theta^2}$

在額定情形下，兩部發電機之有效功率爲：

$$p=2\times VI\cos\theta=2\times1000\text{k}\times0.8=1600\text{ kW}$$

兩機供應之無效功率：

$$Q=\sqrt{(2\text{VA})^2-P^2}=\sqrt{(2\times1000\text{k})^2-(1600\text{k})^2}=1200\text{k VAR}$$

當發電機 G_1 的激磁減少，功率因數提高至 1.0 時，無效功率全由發電機 G_2 供應，則發電機 G_1 的有效功率爲 800kW，無效功率爲 0VAR，發電機 G_2 的有效功率爲 800kW，無效功率爲 1200kVAR，則功率因數爲：

$$\cos\theta=\frac{P}{VA}=\frac{800}{\sqrt{800^2+1200^2}}\fallingdotseq0.55$$

發電機 G_1 的輸出電流爲：

$$I_{L1}=\frac{P}{V_L\cos\theta}=\frac{800\times10^3}{\sqrt{3}\times3300\times1.0}=139.97\text{ A}$$

發電機 G_2 的輸出電流爲：

$$I_{L2}=\frac{P}{V_L\cos\theta}=\frac{800\times10^3}{\sqrt{3}\times3300\times0.55}=254.49\text{ A}$$

12-8 同步電動機的啓動方法及追逐作用

12-8-1 同步電動機的啓動方法

如圖 12-31 所示，當電機之定子繞組接上三相電源時，繞組產生旋轉磁場，轉速 $n_S=120f/P$。轉子若藉外力作用，使轉子轉速接近定子之旋轉速度。此時，轉子繞組激磁，對應定子繞組之磁極 *N-S-N-S-*，轉子繞組感應之磁極爲 *S-N-S-N-*，轉子因定子磁力之作用，會加速至定子旋轉之速度，兩者保持同步轉速而旋轉。

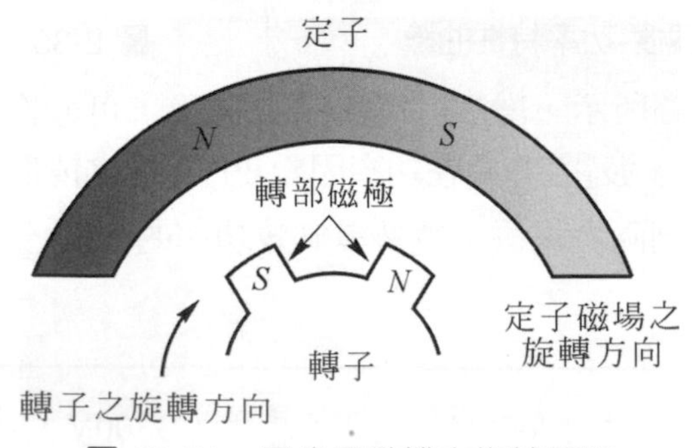

圖 12-31　同步電動機之旋轉原理

如果轉子不藉外力作用啓動旋轉，而以定子繞組產生之磁極，依電磁感應作用，當定子繞組爲 N 極時，轉子繞組感應相反極性 S 極，因異極性具相吸作用，轉子保持不動。當定子因交變電流變化半週時，定子極性由 N 極變化成 S 極，此時轉子來不及變化，仍保持 S 極，兩者極性相同，具排斥作用。交變電流再過半週，定子之極性由 S 極變化成 N 極，轉子來不及變化，仍保持 S 極，兩者因異極性具相吸作用。如此，旋轉磁場旋轉了一週，而轉子之淨轉矩等於零。所以，同步電動機於靜止時，無法自行啓動轉矩，而不能自行運轉。

綜合以上所述，同步電動機只能在同步轉速下產生轉矩，而無法自行啓動。故其啓動方法爲：

1. 降低電源之頻率

   同步轉速與電源之頻率成正比。當降低電源頻率時，同步電動機之轉速也會變慢，此時轉子感應定子磁場，啓動並加速至同步轉速，再逐漸將電源頻率增加至正常頻率 50Hz 或 60Hz，完成同步電動機啓動法。採用此法可使用變頻裝置，如變頻啓動器等。

2. 自行啓動

   如同三相鼠籠型轉子感應電動機外加啓動裝置，同步電動機藉著凸極上之阻尼繞組啓動，其方法有全壓啓動與降壓啓動兩種。

   (1) 全壓啓動法：定子電樞繞組之匝數多、線徑細、電樞電阻較大及具限流作用，也不會造成太大之電阻壓降，常用於小型之三相同步電動機，又其轉子的體積較小，因此啓動不久即可達到同步轉速。

   (2) 降壓啓動法：如圖 12-32 所示爲防止太大之啓動電流，使用啓動補償器或串聯電阻等，以降低電壓啓動。此啓動法，大都使用在中、大型同步電動機。圖示爲串聯電阻器之降壓啓動法。啓動方式爲：

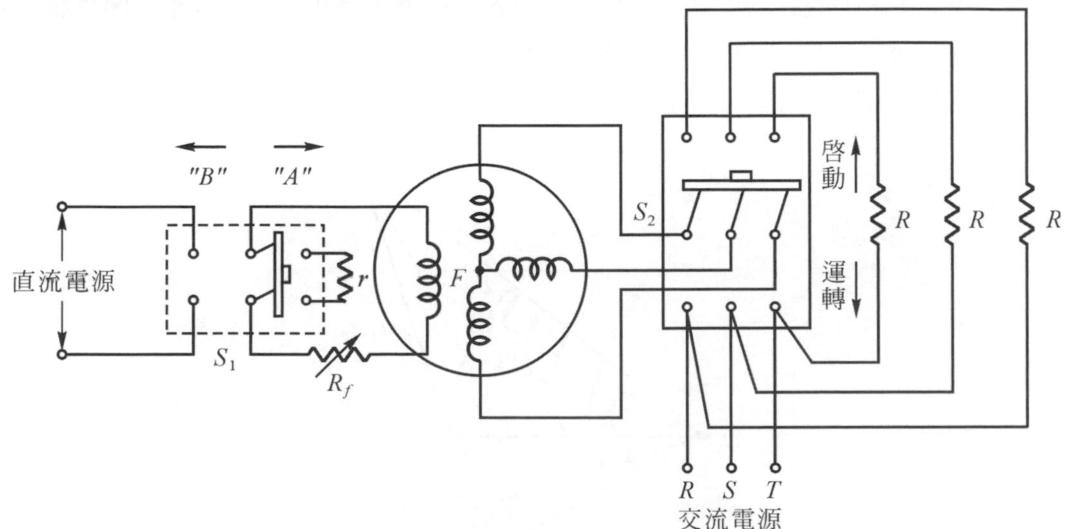

圖 12-32　降壓啓動法-串接外加電阻(R)

   (a) 將刀型開關 S_1 投置“A”處，讓激磁線圈 F 串接電阻 r，待接近同步轉速時，再將 S_1 開關投置“B”處。

(b) 投置"B"處時，激磁線圈 F 加入直流電源。同時將刀型開關 S_2 投置在"啓動"處，利用串接之電阻 R 限制啓動電流，至適當速度時，才將 S_2 投置在"運轉"處。至此，完成了啓動程序。

(c) 注意：操作刀型開關時，必須注意 S_1 與 S_2 之配合，程序不可混淆，若造成不同步現象，將無法正常運轉。

(3) 使用電動機帶動啓動：利用感應電動機或同步電動動等帶動同步電動機啓動，直至同步電動機達到同步轉速時，即切離帶動之感應電動機或同步電動機。接線法如同同步電機之並聯連接。大型同步電動機大都使用附在轉軸上之激磁機作爲帶動啓動之電動機。

(4) 超同步電動機啓動：超同步電動機之定子可以轉動，轉動之方向與轉子正常轉動之方向相反。啓動時，先不讓轉子激磁與轉動，定子則加入交流電壓，由阻尼繞組感應電流，與定子作轉磁作用，而使定子轉動。當定子轉速達到同步轉速時，轉子才加入直流電源激磁。此時開始制動定子，減緩定子之轉速，使轉子與定子之相對速度達到同步轉速，定子則藉輪掣固定位置，轉子即可以同步速度旋轉。

12-8-2 同步電動機之追逐作用及其防止法

同步電動機發生追逐現象，大都在負載突然增加或減少時。此時轉子因負載量突然的變化，而失去同步轉速會以忽快忽慢的情形運轉，稱爲追逐(hunting)現象。

如圖 12-33 所示，設同步電動機以轉矩角 δ_5 運轉。當負載突然增加時，因負載與轉子之慣性作用，轉矩角增大至 δ_1。由於轉矩過大，電動機會拉回轉子，使轉矩角變小，成爲 δ_2。轉矩角變小，轉矩不足，電動機將增大轉矩至轉矩角爲 δ_3，再著再減小至 δ_4，如此，因負載之變動，電動機會以轉矩角 δ_5 爲中心來回擺動，最終會以轉矩角 δ_5 作穩定之運轉。但如果轉子擺動之轉矩角超過 90 度時，同步電動機會因脫步現象而停止轉動。

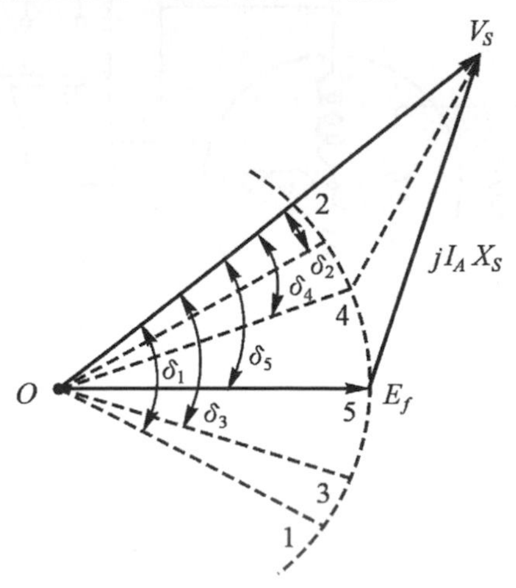

圖 12-33 轉矩與追逐作用

追逐現象防止，同步電動機通常在磁極表面上裝設阻尼繞組，如圖 12-34 所示。當轉子與定子以同步轉速旋轉時，阻尼繞組與定子電樞磁場間，因無相對切割之運動，無法建立磁場，而沒有作用。當轉子忽快忽慢旋轉時，阻尼繞組感應產生之電勢形成繞組電流，電流依電磁感應形成了反轉矩，使轉子可保持同步速度旋轉。

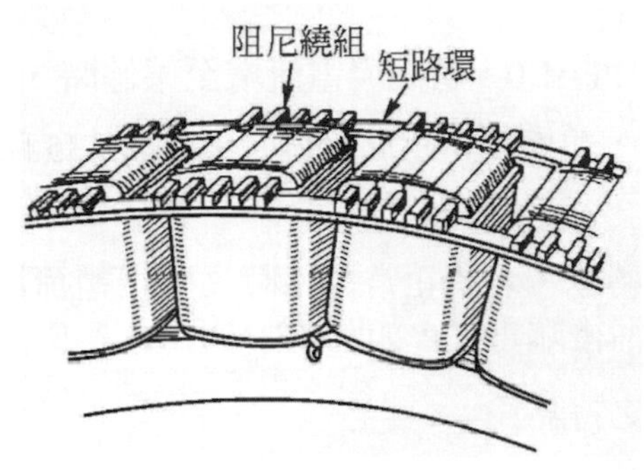

圖 12-34　阻尼繞組

追逐現象的發生，除了負載的變化外，還有端電壓或頻率之突然發生變化也會發生。防止追逐現象之發生，除了在磁極表面上裝置阻尼繞組外，還有(1)設計高電樞反應之電機、(2)設計適當之轉動慣量(moment of inertia)或加裝大飛輪效應。

12-9 磁場電流之效應

同步電動機以同步速度旋轉時，磁場電流與激磁電勢 E_f (或稱反電勢)成正比。若電樞電阻 r_a 可以忽略不計，端電壓 V_S 為：

$$V_S = E_f + jI_A X_S \tag{12-25}$$

式中，若端電壓保持不變，則磁場電流增大時，激磁電勢也也增大，電樞電流 I_A 受影響，將改變其相位與大小，如圖 12-35 所示。

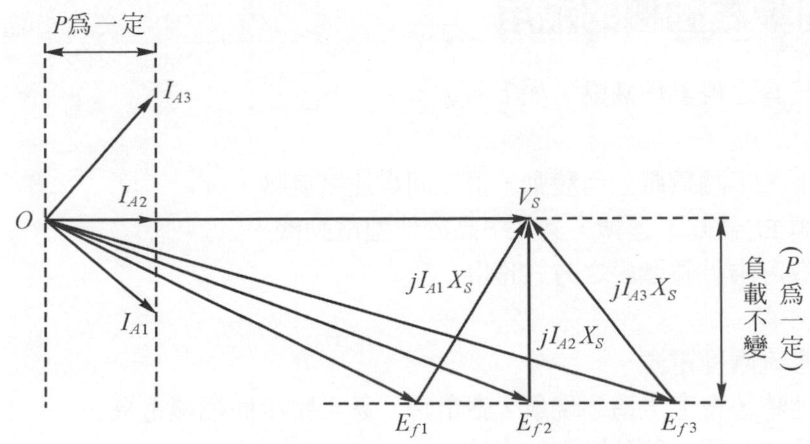

圖 12-35　磁場電流對同步電動機之影響

若負載沒有變化，轉速仍爲同步速度，電動機之輸出有效功率維持不變。當磁場電流增大時，激磁電勢 E_f 也增大，會由 E_{f1} 增爲 E_{f2} 或至 E_{f3}。電樞電流之相位也隨之改變，由 I_{A1} 變化成 I_{A2} 與 I_{A3}。

故激磁之狀況爲：

1. 正常激磁(normal excitation)

正常激磁之功率因數 PF=1.0，當磁場電流增至某値時，激磁電勢 E_f 會與端電壓 V_S 相等，此時電樞電流 I_A 最小，並與端電壓同相位，如圖 12-35 所示之 I_{A2}。

2. 欠激(under excitation)

同步電動機保持同步轉速，若將正常激磁時之磁場電流減少，激磁電勢必將減少，並小於端電壓，電樞電流則滯後端電壓，如圖 12-35 所示之 E_{f1} 及 I_{A1}。

同步電動機在欠激時之特點爲：

(1) 激磁電勢 E_f 小於端電壓 V_S。
(2) 磁場電流小於正常激磁電流。
(3) 電樞反應爲磁化作用。
(4) 恆向電流取入遲相電流。

3. 過激(over excitation)

正常激磁之磁場電流增加，激磁電勢 E_f 隨之增加，將大於端電壓 V_S，電樞電流變爲超前。此時激磁電勢與電樞電流，如圖 12-35 所示之 E_{f3} 及 I_{A3}。

同步電動機在過激時之特點爲：

(1) 激磁電勢 E_f 大於端電壓 V_S。
(2) 磁場電流大於正常激磁電流。
(3) 電樞反應爲去磁作用。
(4) 恆向電流取入進相電流。

12-10 同步電動機的應用

同步電動機具有之優點與缺點，如下所述：

1. 優點：

(1) 定頻率下，不論負載如何變動，恒以同步速度旋轉。
(2) 在功因値 PF=1.0 下運轉，其效率高於他型電動機。
(3) 功率因數可由調整激磁之方式獲得。

2. 缺點：

(1) 使用交直流兩種電源。
(2) 負載變動時，會產生追逐現象，嚴重時，甚至脫步而損壞電機。
(3) 需要輔助啓裝置，啓動操作較複雜。

同步電動機除了用來驅動負載外，還可以改善功率因數，故其應用有：

(1) 驅動一般負載：同步電動機恆以同步轉速運轉，效率也高於他型電動機，特別適用於需要固定速度之負載，如送風機、壓縮機、工具機、粉碎機、離心泵、打漿機及作爲定速發電機之驅動等。

(2) 調整電壓值：在長距離輸電線之受電端，若接有大容量之電感性負載，會引起較大之電壓降。當切離電感性負載時，因長距離輸電線之電容效應，會出現異常高之電壓，危害週遭的人或物品等。若在受電端接上同步電動機，並適當控制其磁場電流，以調整線路之電壓。當線路因電感性負載降低電壓值時，可以增加電動機之磁場電流，提高功率因數，使線路電壓值維持定值。當線路因電容效應提高電壓值時，可以減小電動機之磁場電流，讓電動機取用滯後電流，保持線路電壓爲正常值。

(3) 改善功率因數：電力系統之負載，如感應電動機、變壓器等大都爲電感性，會造成線路遲相電流，造成供電系統之功率因數降低。此時供電系統之受電端或送電之中途站，加設同步進相機(synchronous phase modifier)提拱線路進相之電流，同步進相機的作用在改良供電系統之功率因數，可以改善線路之功率因數，以減少線路之損失，提高供電系統之效率。同步進相機在過激時，取用進相電流，作用如同電容器，又稱同步電容器(synchronous condenser)。

改善線路之功率因數，好處爲：

(1) 減少線路電壓降，及獲得較佳的電壓調整。

(2) 提高系統運行之效率。

(3) 供較多負載使用。

(4) 減少系統運轉之費用。

習　題 EXERCISE

1. 何謂同步速率？試簡述之。
2. 試寫出同步電機之種類，並比較兩者之差異。
3. 繪圖簡述圓筒形轉子發電機之磁勢波之特性。
4. 何謂同步電抗及同步阻抗？試簡述之。
5. 試述同步電機之開路試驗，並說明何以爲非線性曲線？
6. 試述同步電機之短路試驗，並說明何以爲直線曲線？
7. 何謂短路比？並簡述電壓變動率和磁場之設計與短路比之關係。
8. 何謂複合特性曲線？並簡述其變化情形。
9. 何謂特-安培特性曲線？並簡述其變化情形。
10. 何謂 V 型特性曲線？

11. 試問交流發電機之並聯運轉，具那些優點？
12. 試問交流發電機並聯運轉時，必須具備那些條件？
13. 簡述兩部發電機並聯運轉之步驟。
14. 簡述同步電動機的啓動方法爲何？
15. 簡述同步電動機之追逐作用及其防止法爲何？
16. 試問阻尼繞組之功用爲何？
17. 簡述同步電動機磁場電流之效應爲何？
18. 試問同步電動機具有之優點與缺點爲何？
19. 試問同步電動機之應用爲何？
20. 三相 2 極同步發電機之規格爲：1750kVA、2300V、3600rpm，每相之同步電抗 $X_S = 2.65\Omega$，試求發電機之每相激磁電勢及最大輸出功率爲多少？
21. 一部 2500kVA，6600V，60Hz，2 極，Y 連接之三相渦輪發電機，其同步電抗爲 0.55p.u，電樞電阻爲 0.012pu，若在滿載和功率因數爲 0.8，滯後情況下運轉，試求(1)同步電抗及電樞電阻爲多少？(2)在滿載時，激磁電勢 E_f 爲多少？轉矩角爲多少？(3)發電機之損失可忽略不計，在滿載時，原動機之驅動轉矩爲多少？
22. 有一部 1000kVA，Y 型連接之三相同步發電機，電壓源爲 4600V，電樞繞組電阻 $r_a = 2\,\Omega$/相，漏磁電抗 X_S=20Ω/相，試求下列三種情況下，發電機之滿載激磁電勢爲多少？
    (1)功率因數 PF=0.8 滯後、(2)功率因數 PF=1.0、(3)功率因數 PF=0.8 超前。
23. 一三相 Y 接，45kVA，118A，220V，60Hz 之凸極式交流發電機，其 $X_d = 1.0\,\Omega$/相，$X_q = 0.6\,\Omega$/相，電樞繞組可忽略不計，若負載功因分別爲 1.0 及 0.8 滯後時，試求各需之激磁電勢爲多少？
24. 兩部發電機之額定輸出爲 1200kVA，額定電壓爲 2200V，功率因數爲 0.8。設在額定情形下作並聯運轉，當發電機 G_1 的激磁減少，功率因數提高至 1.0 時，若負載維持不變，試求發電機 G_2 之功率因數與兩發電機之輸出電流爲多少？

三角函數值對照表

角度	sin	cos	tan	角度	sin	cos	tan	角度	sin	cos	tan
0.0000	0.0000	1.0000	0.0000	31.0000	0.5150	0.8572	0.6009	62.0000	0.8829	0.4695	1.8807
1.0000	0.0175	0.9998	0.0175	32.0000	0.5299	0.8480	0.6249	63.0000	0.8910	0.4540	1.9626
2.0000	0.0349	0.9994	0.0349	33.0000	0.5446	0.8387	0.6494	64.0000	0.8988	0.4384	2.0503
3.0000	0.0523	0.9986	0.0524	34.0000	0.5592	0.8290	0.6745	65.0000	0.9063	0.4226	2.1445
4.0000	0.0698	0.9976	0.0699	35.0000	0.5736	0.8192	0.7002	66.0000	0.9135	0.4067	2.2460
5.0000	0.0872	0.9962	0.0875	36.0000	0.5878	0.8090	0.7265	67.0000	0.9205	0.3907	2.3559
6.0000	0.1045	0.9945	0.1051	37.0000	0.6018	0.7986	0.7536	68.0000	0.9272	0.3746	2.4751
7.0000	0.1219	0.9925	0.1228	38.0000	0.6157	0.7880	0.7813	69.0000	0.9336	0.3584	2.6051
8.0000	0.1392	0.9903	0.1405	39.0000	0.6293	0.7771	0.8098	70.0000	0.9397	0.3420	2.7475
9.0000	0.1564	0.9877	0.1584	40.0000	0.6428	0.7660	0.8391	71.0000	0.9455	0.3256	2.9042
10.0000	0.1736	0.9848	0.1763	41.0000	0.6561	0.7547	0.8693	72.0000	0.9511	0.3090	3.0777
11.0000	0.1908	0.9816	0.1944	42.0000	0.6691	0.7431	0.9004	73.0000	0.9563	0.2924	3.2709
12.0000	0.2079	0.9781	0.2126	43.0000	0.6820	0.7314	0.9325	74.0000	0.9613	0.2756	3.4874
13.0000	0.2250	0.9744	0.2309	44.0000	0.6947	0.7193	0.9657	75.0000	0.9659	0.2588	3.7321
14.0000	0.2419	0.9703	0.2493	45.0000	0.7071	0.7071	1.0000	76.0000	0.9703	0.2419	4.0108
15.0000	0.2588	0.9659	0.2679	46.0000	0.7193	0.6947	1.0355	77.0000	0.9744	0.2250	4.3315
16.0000	0.2756	0.9613	0.2867	47.0000	0.7314	0.6820	1.0724	78.0000	0.9781	0.2079	4.7046
17.0000	0.2924	0.9563	0.3057	48.0000	0.7431	0.6691	1.1106	79.0000	0.9816	0.1908	5.1446
18.0000	0.3090	0.9511	0.3249	49.0000	0.7547	0.6561	1.1504	80.0000	0.9848	0.1736	5.6713
19.0000	0.3256	0.9455	0.3443	50.0000	0.7660	0.6428	1.1918	81.0000	0.9877	0.1564	6.3138
20.0000	0.3420	0.9397	0.3640	51.0000	0.7771	0.6293	1.2349	82.0000	0.9903	0.1392	7.1154
21.0000	0.3584	0.9336	0.3839	52.0000	0.7880	0.6157	1.2799	83.0000	0.9925	0.1219	8.1443
22.0000	0.3746	0.9272	0.4040	53.0000	0.7986	0.6018	1.3270	84.0000	0.9945	0.1045	9.5144
23.0000	0.3907	0.9205	0.4245	54.0000	0.8090	0.5878	1.3764	85.0000	0.9962	0.0872	11.4301
24.0000	0.4067	0.9135	0.4452	55.0000	0.8192	0.5736	1.4281	86.0000	0.9976	0.0698	14.3007
25.0000	0.4226	0.9063	0.4663	56.0000	0.8290	0.5592	1.4826	87.0000	0.9986	0.0523	19.0811
26.0000	0.4384	0.8988	0.4877	57.0000	0.8387	0.5446	1.5399	88.0000	0.9994	0.0349	28.6363
27.0000	0.4540	0.8910	0.5095	58.0000	0.8480	0.5299	1.6003	89.0000	0.9998	0.0175	57.2900
28.0000	0.4695	0.8829	0.5317	59.0000	0.8572	0.5150	1.6643	90.0000	1.0000	0.0000	無限大
29.0000	0.4848	0.8746	0.5543	60.0000	0.8660	0.5000	1.7321				
30.0000	0.5000	0.8660	0.5774	61.0000	0.8746	0.4848	1.8040				

國家圖書館出版品預行編目資料

電機學 / 范盛祺,張琨璋,盧添源編著. --三版.
-- 新北市：全圖書, 2015.06
面 ； 公分
ISBN 978-957-21-9861-2(平裝)
1. CST:電機工程 2. CST:發電機
448 104008176

電機學

作者／范盛祺、張琨璋、盧添源
發行人／陳本源
執行編輯／蔣德亮
出版者／全華圖書股份有限公司
郵政帳號／0100836-1 號
印刷者／宏懋打字印刷股份有限公司
圖書編號／0614502
三版六刷／2022 年 05 月
定價／新台幣 420 元
ISBN／978-957-21-9861-2 (平裝)
全華圖書／www.chwa.com.tw
全華網路書店 Open Tech／www.opentech.com.tw
若您對本書有任何問題，歡迎來信指導 book@chwa.com.tw

臺北總公司(北區營業處)
地址：23671 新北市土城區忠義路 21 號
電話：(02) 2262-5666
傳真：(02) 6637-3695、6637-3696

南區營業處
地址：80769 高雄市三民區應安街 12 號
電話：(07) 381-1377
傳真：(07) 862-5562

中區營業處
地址：40256 臺中市南區樹義一巷 26 號
電話：(04) 2261-8485
傳真：(04) 3600-9806(高中職)
(04) 3601-8600(大專)

（請由此線剪下）

歡迎加入 全華會員

● 會員獨享

會員享購書折扣、紅利積點、生日禮金、不定期優惠活動…等。

● 如何加入會員

填妥讀者回函卡直接傳真（02）2262-0900 或寄回，將由專人協助登入會員資料，待收到 E-MAIL 通知後即可成為會員。

如何購買 全華書籍

1. 網路購書

全華網路書店「http://www.opentech.com.tw」，加入會員購書更便利，並享有紅利積點回饋等各式優惠。

2. 全華門市、全省書局

歡迎至全華門市（新北市土城區忠義路 21 號）或全省各大書局、連鎖書店選購。

3. 來電訂購

(1) 訂購專線：(02) 2262-5666 轉 321-324
(2) 傳真專線：(02) 6637-3696
(3) 郵局劃撥（帳號：0100836-1　戶名：全華圖書股份有限公司）
※　購書未滿一千元者，酌收運費 70 元。

全華網路書店 www.opentech.com.tw
E-mail: service@chwa.com.tw

※ 本會員制如有變更則以最新修訂制度為準，造成不便請見諒。

廣　告　回　信
板橋郵局登記證
板橋廣字第540號

行銷企劃部　收

23671
新北市土城區忠義路21號
全華圖書股份有限公司

讀者回函卡

掃 QRcode 線上填寫 ▶▶▶

姓名：＿＿＿＿ 生日：西元＿＿年＿＿月＿＿日 性別：□男 □女

電話：(　)＿＿＿＿ 手機：＿＿＿＿

e-mail：(必填)＿＿＿＿

註：數字零，請用 Φ 表示，數字 1 與英文 L 請另註明並書寫端正，謝謝。

通訊處：□□□□□＿＿＿＿

學歷：□高中・職 □專科 □大學 □碩士 □博士

職業：□工程師 □教師 □學生 □軍・公 □其他

學校／公司：＿＿＿＿ 科系／部門：＿＿＿＿

・需求書類：

□ A. 電子 □ B. 電機 □ C. 資訊 □ D. 機械 □ E. 汽車 □ F. 工管 □ G. 土木 □ H. 化工 □ I. 設計

□ J. 商管 □ K. 日文 □ L. 美容 □ M. 休閒 □ N. 餐飲 □ O. 其他

・本次購買圖書為：＿＿＿＿ 書號：＿＿＿＿

・您對本書的評價：

封面設計：□非常滿意 □滿意 □尚可 □需改善，請說明＿＿＿＿

內容表達：□非常滿意 □滿意 □尚可 □需改善，請說明＿＿＿＿

版面編排：□非常滿意 □滿意 □尚可 □需改善，請說明＿＿＿＿

印刷品質：□非常滿意 □滿意 □尚可 □需改善，請說明＿＿＿＿

書籍定價：□非常滿意 □滿意 □尚可 □需改善，請說明＿＿＿＿

整體評價：請說明＿＿＿＿

・您在何處購買本書？

□書局 □網路書店 □書展 □團購 □其他＿＿＿＿

・您購買本書的原因？(可複選)

□個人需要 □公司採購 □親友推薦 □老師指定用書 □其他＿＿＿＿

・您希望全華以何種方式提供出版訊息及特惠活動？

□電子報 □ DM □廣告(媒體名稱＿＿＿＿)

・您是否上過全華網路書店？(www.opentech.com.tw)

□是 □否 您的建議＿＿＿＿

・您希望全華出版哪方面書籍？＿＿＿＿

・您希望全華加強哪些服務？＿＿＿＿

感謝您提供寶貴意見，全華將秉持服務的熱忱，出版更多好書，以饗讀者。

填寫日期：　/　/

2020.09 修訂

親愛的讀者：

感謝您對全華圖書的支持與愛護，雖然我們很慎重的處理每一本書，但恐仍有疏漏之處，若您發現本書有任何錯誤，請填寫於勘誤表內寄回，我們將於再版時修正，您的批評與指教是我們進步的原動力，謝謝！

全華圖書　敬上

勘誤表

書號		書名		作者	
頁數	行數	錯誤或不當之詞句		建議修改之詞句	

我有話要說：(其它之批評與建議，如封面、編排、內容、印刷品質等・・・)